全国高等院校水利水电类精品规划教材

水工混凝土结构

主　编　李平先

副主编　孙　静　翟爱良　徐　伟

主　审　丁自强　李树瑶

黄河水利出版社

·郑州·

内 容 提 要

本书依据电力行业《水工混凝土结构设计规范》(DL/T 5057—2009)编写,同时对水利行业《水工混凝土结构设计规范》(SL 191—2008)作了介绍。全书分上、下两篇(共16章),上篇为钢筋混凝土结构基本受力构件,主要内容包括钢筋混凝土材料的物理力学性能,钢筋混凝土结构设计基本原理,受弯构件、轴心受力构件、偏心受力构件和受扭构件的承载力计算,钢筋混凝土受冲切和局部受压承载力计算,以及钢筋混凝土构件正常使用极限状态验算,预应力混凝土结构等;下篇为钢筋混凝土结构设计,主要内容包括钢筋混凝土肋形结构及刚架结构,水工钢筋混凝土结构耐久性设计,水工非杆件混凝土结构,水工钢筋混凝土结构的抗震设计,素混凝土结构构件的计算,以及《水工混凝土结构设计规范》(SL 191—2008)的设计方法等。

本书为全国高等院校水利水电类精品规划教材,可作为水利水电工程、农业水利工程、工程管理及相关专业的教材,亦可作为水利水电工程专业技术人员的参考用书。

图书在版编目(CIP)数据

水工混凝土结构/李平先主编. —郑州:黄河水利出版社,2012.8

全国高等院校水利水电类精品规划教材

ISBN 978-7-5509-0314-2

Ⅰ.①水… Ⅱ.①李… Ⅲ.①水工结构-混凝土结构-高等学校-教材 Ⅳ.①TV331

中国版本图书馆CIP数据核字(2012)第173381号

策划编辑:李洪良 电话:0371-66024331 邮箱:hongliang0013@163.com

出 版 社:黄河水利出版社 网址:www.yrcp.com

地址:河南省郑州市顺河路黄委会综合楼14层 邮政编码:450003

发行单位:黄河水利出版社

发行部电话:0371-66026940、66020550、66028024、66022620(传真)

E-mail:hhslcbs@126.com

承印单位:河南省瑞光印务股份有限公司

开本:787 mm×1 092 mm 1/16

印张:30.5

字数:705千字 印数:1—3 100

版次:2012年8月第1版 印次:2012年8月第1次印刷

定价:45.00元

出版者的话

近年来,随着我国对基础设施建设投入的加大,水利水电工程建设也迎来了前所未有的黄金时间。截至2006年,全国已建成堤防28.08万公里,各类水库85 849座,2006年水利工程在建项目4 614个,在建项目投资总规模达6 121亿元(《2006年全国水利发展统计公报》)。水利水电工程的大规模建设对设计、施工、运行管理等水利水电专业人才的需求也更为迫切,如何更好地培养适应现今水利水电事业发展的优秀人才,成为水利水电专业院校共同面临的课题。作为水利水电行业的专业性科技出版社,我社长期关注水利水电学科的建设与发展,并积极组织水利水电类专著与教材的出版。

在对水利水电类本科层次教材的深入了解中,我们发现,以应用型本科教学为主的众多水利水电类专业院校普遍缺乏一套完整构建在校本科生专业知识体系又兼顾实践工作能力的教材。在广泛调研与充分征求各课程主讲老师意见的基础上,按照高等学校水利学科专业教学指导委员会对教材建设的指导精神与要求,并结合教育部实施的多层次建设、打造精品教材的出版战略,我社组织编写了本系列"全国高等院校水利水电类精品规划教材"。

此次规划教材的特点是:

(1)以培养水利水电类应用型人才为目标,充分重视实践教学环节。

(2)在依据现有的专业规范和课程教学大纲的前提下,突出特色,力求创新。

(3)紧扣现行的行业规范与标准。

(4)基本理论与工程实例相结合,易于学生接受与理解。

本系列教材除了涵盖传统专业基础课及专业课外,还补充了多个新开课程的教材,以便于学生扩充知识与技能,填补课堂无合适教材可用的空缺。同时,部分教材由工程技术人员或有工程设计施工从业经历的老师参与编写,也是此次规划教材的创新。

本系列教材的编写与出版得到了全国21所高等院校的鼎力支持,特别是三峡大学党委书记刘德富教授和华北水利水电学院副院长刘汉东教授对系列教材的编写与出版给予了精心指导,有效保证了教材出版的整体水平与质量。在此对推进此次规划教材编写与出版的各院校领导和参编老师致以最诚挚的谢意,是他们在编审过程中的无私奉献与辛勤工作,才使得教材能够按计划出版。

"十年树木,百年树人",人才的培养需要教育者长期坚持不懈的努力,同样,好的教材也需要经过千锤百炼才能流传百世。本系列教材的出版只是我们打造精品专业教材的开始,希望各院校在对这些教材的使用过程中,提出改进意见与建议,以便日后再版时不断改正与完善。

黄河水利出版社

全国高等院校水利水电类精品规划教材

编审委员会

前　言

本教材根据全国高等院校水利水电类精品规划教材的出版规划，定位于培养应用型人才的目标，结合电力行业《水工混凝土结构设计规范》（DL/T 5057—2009）编写，同时对水利行业《水工混凝土结构设计规范》（SL 191—2008）作了介绍。

本书可作为水利水电工程、农业水利工程、工程管理及相关专业的教材，亦可作为水利水电工程专业技术人员的参考用书。全书分上、下两篇（共16章），上篇为钢筋混凝土结构基本受力构件，主要内容包括钢筋混凝土材料的物理力学性能，钢筋混凝土结构设计基本原理，受弯构件、轴心受力构件、偏心受力构件和受扭构件的承载力计算，钢筋混凝土受冲切和局部受压承载力计算，钢筋混凝土构件正常使用极限状态验算，以及预应力混凝土结构等；下篇主要为钢筋混凝土结构设计，主要内容包括钢筋混凝土肋形结构及刚架结构，水工钢筋混凝土结构耐久性设计，水工非杆件混凝土结构，水工钢筋混凝土结构的抗震设计，素混凝土结构构件的计算，以及《水工混凝土结构设计规范》（SL 191—2008）的设计方法等。为培养强化实践能力，本书编写了配套的辅助用书《水工混凝土结构习题集与课程设计》，其主要内容包括基本要求，重点、难点分析，计算例题，综合练习等。

由于我国管理体制的不同，涉及水利工程的各种标准、规范和规程等均有两套版本，一套为水利部主管的水利行业标准，另一套为国家能源局（原电力部）主管的电力行业标准。同样，水工混凝土结构设计规范也分为两个版本，一本为水利行业的水利水电工程《水工混凝土结构设计规范》（SL 191—2008），另一本为电力行业的水电水利工程《水工混凝土结构设计规范》（DL/T 5057—2009）。这两本规范除设计表达式存在较大差异外，其他大部分条文的内容基本相同或略有差异。电力行业的《水工混凝土结构设计规范》（DL/T 5057—2009）采用以概率为基础的极限状态设计法，其承载能力设计表达式采用5个分项系数，即结构重要性系数 γ_0、设计状况系数 ψ、结构系数 γ_d、荷载分项系数 γ_G 和 γ_Q、材料分项系数 γ_c 和 γ_s 表达，以保证结构应有的可靠度。而水利行业的《水工混凝土结构设计规范》（SL 191—2008），在多系数分析的基础上，将结构重要性系数 γ_0、设计状况系数 ψ、结构系数 γ_d 合并为单一安全系数 K，$K=\gamma_d\gamma_0\psi$，即采用3个系数：安全系数 K、荷载分项系数 γ_G 和 γ_Q、材料分项系数 γ_c 和 γ_s 来表达结构的可靠度，但 SL 191—2008 中的 γ_0 和 ψ 的取值与 DL/T 5057—2009 不完全一致。本书以 DL/T 5057—2009 为基础进行编写，然后单独编写一章介绍 DL/T 5057—2009 与 SL 191—2008 的主要不同之处，使读者通过本书的学习，能够掌握 DL/T 5057—2009 和 SL 191—2008 两本规范的设计方法。

本书中采用的符号、计算的基本规定、各种构件的计算与构造规定等，主要依据国家标准《建筑结构设计术语和符号标准》（GB/T 50083—97）和《水工混凝土结构设计规范》（DL/T 5057—2009）编写，同时还参考了我国其他有关规范。

本书由郑州大学、西安理工大学、沈阳农业大学、山东农业大学、华北水利水电学院和河北工程大学等六所院校合编。参加编写工作的人员有:郑州大学李平先(主要符号、绪论、第三章和第十六章),华北水利水电学院潘丽云(第一章和第十二章),西安理工大学孙静、李哲(第二章和第十章),沈阳农业大学徐伟、王瑄(第四章和第七章),山东农业大学翟爱良(第五章和第六章),郑州大学韩菊红(第八章和第十三章),河北工程大学盛朝晖(第九章和第十四章),郑州大学郭进军(第十一章、第十五章和附录)。全书由郑州大学李平先担任主编并负责统稿,由孙静、翟爱良、徐伟担任副主编,并由郑州大学丁自强教授和华北水利水电学院李树瑶教授主审。

本书编写过程中得到了黄河水利出版社领导的关心和支持,编辑部编辑人员为本书的出版付出了辛勤劳动,郑州大学李冰、华莎等协助原稿的打印、制图和校对工作,同时得到了各兄弟院校和工程单位的大力支持,在此表示衷心的感谢!

本书有些材料引自有关院校和生产、科研、设计单位编写的教材和专著、文章等,编者在此一并致谢。限于编者的水平,书中错误和缺点在所难免,恳请读者批评指正。

编　者

2011 年 12 月

目　录

下篇 钢筋混凝土结构设计

水工混凝土结构主要符号

材料性能

E_c——混凝土弹性模量；
E_s——钢筋弹性模量；
G_c——混凝土剪变模量；
μ_c——混凝土泊松比；
C20——立方体抗压强度标准值为 20 N/mm^2 的混凝土强度等级；
F100——抗冻级别为 100 的混凝土抗冻等级；
W2——抗渗级别为 2 的混凝土抗渗等级；
f_{ck}、f_c——混凝土轴心抗压强度标准值、设计值；
f_{tk}、f_t——混凝土轴心抗拉强度标准值、设计值；
f_{yk}——普通钢筋的抗拉强度标准值；
f_{ptk}——钢棒、钢丝、钢绞线、螺纹钢筋作为预应力钢筋时的强度标准值；
f_y、f_y'——普通钢筋的抗拉、抗压强度设计值；
f_{py}、f'_{py}——预应力钢筋的抗拉、抗压强度设计值；
f_{yv}、f_{yh}——竖向、水平箍筋抗拉强度设计值。

作用(荷载)和作用(荷载)效应

M、N、T、V——由各作用(荷载)标准值乘以相应的作用分项系数后所产生的效应总和再乘以结构重要性系数 γ_0 及设计状况系数 ψ 后的弯矩、轴向力、扭矩、剪力设计值；
M_k、N_k——荷载效应标准组合,由各作用(荷载)标准值所产生的效应总和再乘以结构重要性系数 γ_0 后的弯矩、轴向力；
N_p——后张法构件预应力钢筋及非预应力钢筋的合力；
N_{p0}——混凝土法向应力等于零时预应力钢筋及非预应力钢筋的合力；
V_c——混凝土的受剪承载力；
V_{sv}、V_{sh}——竖向、水平箍筋的受剪承载力；
V_{sb}——弯起钢筋的受剪承载力；
σ_{ck}——在荷载效应的标准组合下抗裂验算边缘的混凝土法向应力；
σ_{pc}——由预加应力产生的混凝土法向应力；
σ_{tp}、σ_{cp}——混凝土中的主拉应力、主压应力；
σ_s、σ_p——正截面承载力计算中纵向普通钢筋、预应力钢筋的应力；
σ_{sk}——按荷载效应的标准组合计算的构件的纵向受拉钢筋应力；

σ_{con}——预应力钢筋张拉控制应力；

σ_{p0}、σ'_{p0}——受拉区、受压区预应力钢筋合力点处混凝土法向应力等于零时的预应力钢筋应力；

σ_{pe}、σ'_{pe}——受拉区、受压区预应力钢筋的有效预应力；

σ_l、σ'_l——受拉区、受压区预应力钢筋在相应阶段的预应力损失值；

τ——混凝土的剪应力。

几何参数符号

a——纵向非预应力和预应力受拉钢筋合力点至截面近边的距离；

a_s、a'_s——纵向非预应力受拉钢筋合力点、受压钢筋合力点至截面近边的距离；

a_p、a'_p——受拉区纵向预应力钢筋合力点、受压区纵向预应力钢筋合力点至截面近边的距离；

b——矩形截面宽度，T形、I形截面腹板的宽度；

b_f、b'_f——T形或I形截面受拉区、受压区翼缘的计算宽度；

c——混凝土保护层厚度；

d——钢筋直径；

e、e'——轴向力作用点至纵向受拉钢筋合力点、纵向受压钢筋合力点的距离；

e_c——混凝土受压区的合力点到截面重心的距离；

e_0——轴向力对截面重心的偏心距；

e_{p0}、e_{pn}——换算截面重心、净截面重心至预应力钢筋及非预应力钢筋合力点的距离；

h——截面高度；

h_0——截面有效高度，即受拉钢筋的重心至截面受压边缘的距离；

h_f、h'_f——T形或I形截面受拉区、受压区翼缘的高度；

h_w——截面腹板的高度；

i——回转半径；

l_a——纵向受拉钢筋的最小锚固长度；

l_0——计算跨度或计算长度；

r_c——曲率半径；

s——箍筋或分布钢筋的间距；

x——混凝土受压区计算高度；

x_b——界限受压区计算高度；

y'_c——混凝土截面重心至受压区边缘的距离；

y_0、y_n——换算截面重心、净截面重心至所计算纤维的距离；

y_p、y'_p——受拉区、受压区的预应力合力点至换算截面重心的距离；

y_s、y'_s——受拉区、受压区的非预应力钢筋重心至换算截面重心的距离；

z——纵向受拉钢筋合力点至混凝土受压区合力点之间的距离；

A——构件截面面积；

A_c——混凝土截面面积；

A'_c——混凝土受压区的截面面积；
A_0——构件换算截面面积；
A_n——构件净截面面积；
A_s、A'_s——受拉区、受压区纵向非预应力钢筋的截面面积；
A_{te}——有效受拉混凝土截面面积；
A_p、A'_p——受拉区、受压区纵向预应力钢筋的截面面积；
A_{st}——抗扭纵向钢筋的全部截面面积；
A_{sv1}、A_{st1}——受剪、受扭计算中单肢箍筋的截面面积；
A_{sv}、A_{sh}——同一截面内各肢竖向箍筋、水平箍筋的全部截面面积；
A_{sb}、A_{pb}——同一弯起平面内非预应力、预应力弯起钢筋的截面面积；
A_l——混凝土局部受压面积；
B_s——受弯构件的短期刚度；
B——受弯构件按标准组合并考虑长期作用影响的刚度；
W_t——截面受拉边缘的弹性抵抗矩，受扭构件的截面受扭塑性抵抗矩；
W_c——截面受压边缘的弹性抵抗矩；
W_0——换算截面受拉边缘的弹性抵抗矩；
I_c——混凝土截面对其本身重心轴的惯性矩；
I_0——换算截面惯性矩；
I_n——净截面惯性矩；
W_{max}——最大裂缝宽度；
W_{lim}——最大裂缝宽度限值。

计算系数及其他

a——混凝土的导温系数；
c——混凝土的比热；
α_{cr}——裂缝宽度验算时考虑构件受力特征的系数；
α_c——混凝土线膨胀系数；
α_{ct}——混凝土拉应力限制系数；
α_E——钢筋弹性模量与混凝土弹性模量的比值；
β——混凝土的放热系数；
β_l——混凝土局部受压时的强度提高系数；
β_t——剪扭构件混凝土受扭承载力降低系数；
γ——受拉区混凝土塑性影响系数；
γ_m——截面抵抗矩的塑性系数；
γ_d——结构系数；
γ_G——永久作用(荷载)分项系数；
γ_Q——可变作用(荷载)分项系数；
γ_0——结构重要性系数；

η——偏心受压构件考虑二阶效应影响的轴向压力偏心距增大系数,局部荷载或集中反力作用面的形状系数;

θ——考虑荷载长期作用对挠度增大的影响系数;

λ——剪跨比,混凝土的导热系数;

ξ——相对受压区高度;

ξ_b——纵向受拉钢筋屈服和受压混凝土破坏同时发生时的相对界限受压区计算高度;

ρ——纵向钢筋配筋率;

ρ_{min}——最小配筋率;

ρ_{sv}——竖向箍筋或竖向分布钢筋的配筋率;

ρ_{sh}——水平箍筋或水平分布钢筋的配筋率;

ρ_{te}——纵向受拉钢筋的有效配筋率;

ρ_v——间接钢筋的体积配筋率,箍筋的体积配筋率;

φ——轴心受压构件的稳定系数;

ψ——设计状况系数;

ω——荷载分布的影响系数。

上篇　钢筋混凝土结构基本受力构件

绪　论

第一节　钢筋混凝土结构的基本概念及特点

一、混凝土结构的一般概念

结构广义上是指房屋建筑和土木工程的建筑物、构筑物及其相关组成部分的实体，狭义上是指各种工程实体的主要承重骨架或传力体系。混凝土结构(Concrete Structure)是指以混凝土为主要材料制作的结构，包括钢筋混凝土结构(Reinforced Concrete Structure)、预应力混凝土结构(Prestressed Concrete Structure)和素混凝土结构(Plain Concrete Structure)等。钢筋混凝土结构是指配置普通钢筋、钢筋网或钢筋骨架的混凝土结构；由配置受力的预应力钢筋通过张拉或其他方法建立预加应力的混凝土制成的结构称为预应力混凝土结构；素混凝土结构是指无筋或不配置受力钢筋的混凝土结构。钢筋混凝土结构是目前我国土木工程中应用最为广泛的结构，据统计，我国每年混凝土用量约 9 亿 m^3，钢筋约 2 000 万 t，我国每年用于混凝土结构的耗资达 2 000 亿元以上。

二、钢筋混凝土结构的特点

混凝土是一种人造石材，其抗压强度高，而抗拉强度很低(为抗压强度的 1/8 ~ 1/20)，同时混凝土破坏具有明显的脆性，用于以受压为主的基础、桥墩、非承重结构。

钢材的抗拉强度和抗压强度都很高，钢材一般具有屈服现象，破坏时表现出较好的延性。但细长钢筋受压时极易失稳，仅能作为受拉构件。

钢筋混凝土是将两种力学性能不同的材料——钢筋和混凝土结合成整体，共同发挥作用的一种建筑材料。

图 0-1(a)为一素混凝土梁，截面尺寸 $b \times h = 200\ \text{mm} \times 400\ \text{mm}$，跨度 4 m，混凝土强度等级为 C25，当梁的跨中作用集中力 P 时，梁截面的上部受压、下部受拉。在相对较低的荷载下，梁跨中附近截面受拉边缘混凝土达到极限抗拉强度，混凝土开裂而破坏，梁的开

裂荷载即为其破坏荷载 $P_{cr}=P_u=16.1$ kN。这种破坏是突然的，没有明显的预兆，属于脆性破坏。由此可见，素混凝土梁的承载力是由混凝土的抗拉强度控制的，而受压区混凝土的抗压强度还远没有被充分利用。

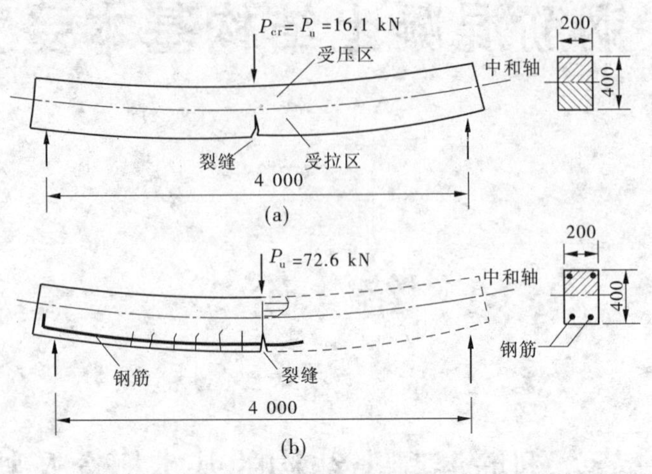

图 0-1　素混凝土梁与钢筋混凝土梁的破坏对比

如果在梁的受拉区配置两根直径为 20 mm 的 HRB400 级钢筋（2 ⌀ 20），并在受压区配置两根直径为 10 mm 的架立钢筋和适量的箍筋，形成钢筋混凝土梁（见图 0-1(b)），当荷载 $P_{cr}=16.1$ kN 时，受拉区的混凝土边缘纤维达到混凝土极限拉应变而开裂，但钢筋可以替代开裂的混凝土而承受全部的拉力，因而可继续承受荷载，直至受拉区钢筋达到屈服强度，裂缝向上延伸，受压区混凝土被压碎而破坏，破坏时的荷载 $P_u=72.6$ kN。由此可见，在素混凝土梁的受拉区配置一定数量的钢筋后可以收到以下效果：

（1）构件的承载力有很大提高。钢筋混凝土梁的承载力比素混凝土梁的承载力有很大提高，其提高程度取决于钢筋的数量和级别、截面尺寸、混凝土强度等级等。

（2）构件的受力特性得到显著改善。对素混凝土梁，当荷载较小时，截面上的应变沿截面高度呈直线分布，随着荷载的增加，受拉区边缘纤维达到混凝土极限拉应变，并出现一定的塑化高度，混凝土达到其极限抗拉强度而破坏。对钢筋混凝土梁，在受拉区开裂后，由于纵向钢筋承受拉力，裂缝不会迅速开展，梁也不会立即断裂，随着荷载的增加，裂缝向受压区延伸，直至受拉钢筋达到屈服强度，受压区混凝土的抗压强度被充分利用而破坏，破坏前，梁的变形和裂缝都得到了充分发展，呈现出明显的延性破坏。

由此可知，钢筋混凝土梁充分利用了钢筋和混凝土各自的特性，用抗压强度高的混凝土承担压力，用抗拉强度高的钢筋承担拉力，合理做到了物尽其用。

钢筋和混凝土这两种性质完全不同的材料之所以能有效地结合在一起共同工作，主要是由于钢筋和混凝土之间具有良好的黏结力，使两者能牢固地黏结在一起，共同变形；其次是由于钢筋和混凝土的温度线膨胀系数接近相等（钢筋为 1.2×10^{-5}，混凝土为 $1.0\times10^{-5}\sim1.5\times10^{-5}$），因此当温度变化时，不会产生较大的相对变形和温度应力而使黏结破坏。此外，钢筋至构件边缘之间的混凝土保护层，起着防止钢筋发生锈蚀的作用，保证结构的耐久性。

三、混凝土结构的优点和缺点

钢筋混凝土结构的主要优点：

(1)就地取材。混凝土所用的砂石料可就近、就地取材，运输费用少，造价低，也可有效利用工业废料(矿渣、粉煤灰等)作为人工骨料或外加剂改善混凝土的工作性能，保护环境。

(2)耐久性好。在钢筋混凝土结构中，混凝土的强度随时间而增长，同时钢筋被混凝土包裹，不易锈蚀，不像钢结构需经常保养和维护。

(3)可模性好。根据需要，钢筋混凝土结构可浇筑成各种形状和尺寸，特别适宜于建造外形复杂的大体积结构和空间薄壁结构。

(4)整体性好。现浇或装配整体式钢筋混凝土结构具有很好的整体性，有利于结构的抗震、防爆。同时，其防震和防辐射性能好，适用于防护结构。

(5)节约钢材。钢筋混凝土结构充分利用了钢筋和混凝土各自的优点，在一定条件下可代替钢结构，从而节约钢材，降低造价。

(6)耐火性好。混凝土传热性能差，30 mm 厚混凝土保护层可耐火 2 h。因此，发生火灾时，由于混凝土包裹在钢筋外面，钢筋不会很快达到软化的危险程度，从而避免结构倒塌破坏，比钢、木结构耐火性好。

但是，钢筋混凝土结构也存在一些缺点，主要有：

(1)自重大。不利于建造大跨度结构，同时给运输和施工带来不便。

(2)抗裂性差。正常使用情况下，一般钢筋混凝土结构中存在裂缝，这将导致结构刚度下降，变形增大，影响其耐久性，特别对要求不出现裂缝或对裂缝宽度有严格要求的水工结构，要满足这些要求，往往要增加工程造价。

(3)施工复杂、工序多。浇筑混凝土时需要模板支撑，户外施工受到季节条件限制，周期长。

(4)补强修复比较困难。

但随着科学技术的发展，钢筋混凝土存在的这些缺点正在得到克服和改善。如：采用预应力混凝土可提高其抗裂性，并可用于建造大跨度结构和防渗漏结构；采用轻质高性能混凝土可减轻结构自重，并改善隔热隔声性能；采用预制和叠合构件可节约模板，减少现场施工工序，加快施工进度等。

第二节 钢筋混凝土结构的发展和应用

一、钢筋混凝土结构的发展简况

混凝土结构自 19 世纪中叶出现，至今只有约 160 年的历史，与砖、石、木、钢结构相比，历史并不长，但发展很快。大体上可分为三个阶段：

第一阶段是从 19 世纪 50 年代到 20 世纪 20 年代。这一阶段是钢筋混凝土结构发展的初级阶段。1824 年，英国人阿斯普汀(J. Asptin)发明了波特兰水泥；1850 年，法国人朗波(L. Lambot)制成铁丝网水泥船;1856 年,转炉炼钢成功,为钢筋混凝土的发明奠定了坚实的物质基础;1861 年,法国人莫尼尔(J. Monier)取得钢筋混凝土板、管道、拱桥的专利。由于当时所采用的钢筋和混凝土的强度较低,且结构内力和构件计算均套用弹性理论,采用容许应力设计方法,因此钢筋混凝土结构在工程中的应用发展较慢,直到 1903 年才在美国辛辛那提建造了世界上第一栋钢筋混凝土框架结构的高层建筑——英格尔大楼(Ingalls Building)。在第一次世界大战(1914 ~ 1918 年)前,钢筋混凝土只是在各种板、梁、柱和拱等简单构件中应用。

第二阶段是从 20 世纪 20 年代到第二次世界大战前后。这一阶段由于钢筋和混凝土强度的提高,陆续出现了预应力混凝土结构、装配式钢筋混凝土结构以及钢筋混凝土壳体空间结构。特别是 1928 年,法国杰出土木工程师弗雷西奈(E. Fregssent)对预应力混凝土结构的贡献,使预应力混凝土进入了实用阶段,使得混凝土结构可以用来建造大跨度结构。此后,混凝土结构有了长足的发展,许多国家陆续建造了一些房屋、桥梁、码头和堤坝,同时构件的设计开始采用考虑混凝土塑性性能的破损阶段设计法。

第三阶段从第二次世界大战以后至今。这一阶段的特点是随着高强混凝土和高强钢筋的出现,预制装配式混凝土结构、高效预应力混凝土结构、泵送商品混凝土以及计算机技术和新的施工工艺与设备等广泛地应用于各类土木工程,如超高层建筑、大跨度桥梁、跨海隧道、高耸结构等。

在设计理论方面,由苏联著名混凝土结构专家格沃捷夫提出的考虑混凝土塑性性能的破坏阶段设计法逐渐发展为以概率理论为基础的极限状态设计法。

我国的钢筋混凝土结构发展比较曲折,新中国成立前几乎是空白,新中国成立后边学习苏联的经验边完善提高。新中国成立初期,由于恢复生产的需要,我国的水工混凝土结构设计主要以苏联的《水工建筑物混凝土和钢筋混凝土结构设计规范》(CH 55—59)为依据;20 世纪 60 年代初开始着手编制我国自己的规范,1965 年颁布的《水工建筑物混凝土及钢筋混凝土结构设计规范(试行)》采用以单一安全系数表达的破损阶段法,这在当时是比较先进的。20 世纪 70 年代,在总结工程实践经验和科学研究成果的基础上,编制并于 1979 年颁布的《水工钢筋混凝土结构设计规范》(SDJ 20—78)采用多系数分析单一安全系数表达的极限状态法,考虑了荷载和材料强度的变异性,基本上反映了当时我国水利水电工程钢筋混凝土结构的设计水平,对统一设计标准、保证工程质量、节约材料、降低造价起到了重要作用。

进入 20 世纪 80 年代,为提高我国混凝土结构设计规范的先进性和统一性,在开展大量专题研究,吸收国外先进理论和经验的基础上,编制了《水利水电工程结构可靠度设计统一标准》(GB 50199—1994),该标准采用以概率理论为基础的极限状态设计法,统一了水工结构设计的基本原则;1996 年又颁布了《水工混凝土结构设计规范》(DL/T 5057—1996、SL/T 191—96),与此同时,又颁布了一系列与 GB 50199—1994 配套的水利工程设计规范。这些规范和规程积累了我国半个世纪以来丰富的工程实践经验和最新的科研成果,把我国水工混凝土结构设计提高到了一个新的水平。

进入 21 世纪,为不断提高水工混凝土结构设计规范的科学性,更好地为水利工程服务,在国家有关部委的统一协调下,规范管理部门组织全国高等院校,科研、设计和施工单位进行了一系列专题研究，为《水工混凝土结构设计规范》的修订提供了科学依据。2009年颁布的《水工混凝土结构设计规范》（DL/T 5057—2009）仍然采用以概率理论为基础、以分项系数表达的极限状态设计法，其计算结果有明确的可靠度，对提高构件设计合理性具有深刻意义，并将水工混凝土结构的计算方法提高到当今的国际先进水平。

二、钢筋混凝土结构的应用

目前，混凝土结构已广泛应用于工业与民用建筑、桥梁、隧道、水利以及矿井、海港等土木工程领域，在工程实践、试验研究、理论分析、施工技术以及新材料的应用等方面都有了较快的发展。

（一）在水利工程中的应用

水利枢纽工程中的水电站、拦河坝、船闸、渡槽、倒虹吸等大都采用钢筋混凝土结构。如我国的长江三峡水利枢纽工程（见图0-2），由大坝、水电站厂房和通航建筑物三大部分组成。大坝坝顶总长3 035 m，坝高185 m；水电站左岸设14台，右岸设12台（见图0-3），共装机26台，单机容量为70万kW的水轮发电机组，总装机容量为1 820万kW，年发电量846.8亿kWh；永久通航建筑物为双线五级总水头113 m的连续级船闸（见图0-4），是世界上级数最多、总水头最高的内河船闸。

图0-2　三峡水利枢纽工程全貌

图0-3　三峡电站

图0-4　三峡永久船闸远眺

(二)在建筑工程中的应用

混凝土被广泛应用于民用建筑和工业建筑中,如住宅楼和办公楼的楼板基本上都是预制或现浇的钢筋混凝土板,小高层房屋和多层工业厂房多采用现浇钢筋混凝土梁板柱框架结构;单层厂房多采用钢筋混凝土柱,采用钢筋混凝土结构或钢-混凝土组合结构建造了大量的高层建筑。

早在1931年,美国便建成了保持世界纪录达40年之久,102层,高381 m的帝国大厦(见图0-5)。目前,世界上最高的建筑为阿联酋的哈利法塔(前称迪拜塔)(见图0-6),高828 m。排在其后的是中国台北的101大厦(见图0-7),101层,高508 m。在建的韩国釜山的千年塔世界商业中心(见图0-8),高560 m。

图0-5 美国帝国大厦

图0-6 阿联酋哈利法塔

(三)在桥梁工程中的应用

2008年建成通车的杭州湾跨海大桥(见图0-9)是目前世界上最长的跨海大桥,全长36 km,双向六车道,大桥设南、北两个航道,其中北航道桥为主跨448 m的钻石形双塔双索面钢箱梁斜拉桥,南航道桥为主跨318 m的A形单塔双索面钢箱梁斜拉桥,其余引桥采用30~80 m不等的预应力混凝土连续箱梁结构。我国1993年建成通车的上海杨浦大桥(见图0-10),总长7 654 m,跨径为602 m,主桥长1 172 m,主塔高220 m,是目前世界上最大跨径的钢-混凝土组合梁斜拉桥。1997年建成的重庆长江二桥(见图0-11),主跨444 m,是我国目前最大跨径的预应力混凝土梁斜拉桥。我国1997年建成的箱形截面的万县长江大桥(见图0-12),主跨420 m,是当今世界上最大跨度的钢筋混凝土拱桥。

(四)在其他工程中的应用

在隧道工程中,隧道的衬砌均采用混凝土结构。我国在新中国成立后修建了超过2 500 km的铁道隧道,修建的公路隧道超过80 km。地铁具有安全、舒适、运输量大、噪声

图 0-7 中国台北 101 大厦

图 0-8 釜山千年塔世界商业中心

图 0-9 杭州湾跨海大桥

图 0-10 上海杨浦大桥

小等优点,已成为城市重要的交通设施。

混凝土结构的电视塔由于其造型和施工上的特点,已逐步取代过去常用的钢结构电视塔。龟山电视塔是中国自行设计和施工的第一座钢筋混凝土结构的多功能电视塔,高311.4 m。广州新电视塔高达610 m,是目前世界上第一高塔;排名第二的是加拿大多伦多电视塔(见图0-13),高553 m;上海的“东方明珠”广播电视塔(见图0-14)排名第四,高468 m。

除上述一些工程外,还有一些特种结构,如烟囱、水塔、水池、筒仓、码头、核反应堆安全壳等。因此,混凝土结构仍将是今后一段时期内土木工程中广泛采用的结构型式。

图 0-11　重庆长江二桥

图 0-12　万县长江大桥

图 0-13　加拿大多伦多电视塔

图 0-14　上海的“东方明珠”广播电视塔

第三节　水工混凝土结构课程的性质、任务及特点

一、课程性质及其设置目的

混凝土结构是水利工程中应用最多的结构，本课程是继建筑材料、材料力学、结构力学、弹性力学等课程后的又一门重要的技术基础课。其后续课程有水工建筑物、水电站建筑物、水利工程施工等。本课程的基本任务是使学生通过课程学习能初步掌握混凝土结构的设计理论、计算原理、基本构件以及主要的水工结构的设计方法，正确运用构造知识

和使用设计规范，为学习有关专业课程和顺利地从事钢筋混凝土结构设计打下牢固基础。

二、课程主要内容

本课程按其内容性质分为两大部分：

第一部分为上篇，主要为混凝土结构的设计原理，主要内容包括混凝土和钢筋的力学性能、概率极限状态设计法、基本构件的设计和构造要求等。

第二部分为下篇，主要为混凝土结构设计，主要内容包括肋形结构及刚架结构、水工钢筋混凝土结构的抗震设计、素混凝土结构和具有水工特点的混凝土结构设计等。

三、课程的特点及学习应注意的问题

（一）两种材料组合

材料力学主要研究由单一、匀质、连续、弹性材料所组成构件的受力性能，而钢筋混凝土是由钢筋和混凝土两种力学性能完全不同的材料组成的，混凝土是非匀质、非弹性的材料，因此材料力学公式可以直接引用的不多，但在考虑了钢筋混凝土材料特性的基础上通过几何关系、物理关系和平衡关系来建立基本方程的方法是相同的，换句话说，钢筋混凝土是研究由钢筋和混凝土所组成的复合材料的材料力学。由这种材料所组成的构件，其受力特性与配筋方式和配筋数量等多种因素有关，许多公式带有经验性，学习时，应注意各计算公式与力学公式的联系和区别。

（二）以试验为基础

由于混凝土材料性能的复杂性，目前还没有建立起完善的强度理论和破坏准则，因此有关混凝土结构的材料性能以及构件的承载力计算方法常常是在大量试验的基础上建立的半理论半经验的方法。学习时要重视试验研究，了解反映试验中规律性现象的构件受力性能，掌握受力分析所采用的基本假定的试验依据，在运用计算公式时要注意其使用条件和适用范围，切不可盲目地生搬硬套。

（三）综合分析

混凝土结构设计的内容包括结构设计、材料选择、内力计算、截面形式选择、配筋计算和构造设计等。结构设计是一个综合性的问题，除应保证安全可靠外，还要满足适用性、经济性以及施工方便等方面的要求，需对各项指标进行综合分析比较，对同一问题往往有多种答案，应从中选择最优方案。因此，在学习本课程时，应注意对多种因素进行综合分析。

（四）重视构造知识

构造规定是长期科学试验或工程实践经验的总结，与结构设计和配筋计算同等重要。因此，必须充分重视对构造知识的学习，不仅要熟悉相关的构造要求的具体规定，更重要的是要弄清楚其中的道理。

（五）正确使用规范

为了贯彻国家的技术经济政策，保证设计质量，国家各部委制定了适用于各工程领域的混凝土结构设计规范，对混凝土结构构件的设计方法和构造要求等都作了具体规定。规范反映了国内外混凝土结构的研究成果和工程经验，是理论与实践的高度总结，体现了该学科在一个时期的技术水平。规范是国家制定的有关结构设计计算和构造要求的技术规定或标准,是具有约束性和立法性的文件,其中强制性条文是设计人员必须遵守的带有法律性质的技术法规。

由于科学技术水平和生产实践经验是在不断发展的,设计规范也必然要不断进行修订和补充。因此,要用发展的眼光来看待设计规范,在学习和掌握钢筋混凝土结构理论和设计方法的同时,要学会运用规范,正确理解规范具体条文的规定的实质内容,在实际工程实践中充分发挥设计者的主动性和创造性。

第一章　钢筋混凝土材料的物理力学性能

第一节　混凝土的物理力学性能

一、混凝土的强度

(一)混凝土立方体抗压强度和强度等级

普通混凝土是由水泥、石子和砂用水经搅拌、浇筑、养护和硬化后形成的一种复合材料,混凝土的物理力学性能随着混凝土中水泥胶体的不断硬化而逐渐趋于稳定,整个过程通常需要若干年才能完成,混凝土的强度随之不断增长。

在实际混凝土工程中,绝大多数混凝土均处于多向受力状态,但由于混凝土的特点,建立完善的复合应力作用下的强度理论比较困难,所以以单向受力状态下的混凝土强度作为研究多轴强度的基础和重要参数。混凝土的单轴抗压强度是混凝土的重要力学指标,是划分混凝土强度等级的依据。

对混凝土试件单向施加压力时,试件竖向受压缩短,横向膨胀扩展。由于压力试验机垫板的弹性模量比混凝土试件的弹性模量大,所以垫板的横向变形比混凝土试件的横向变形要小得多,因此垫板与试件的接触面通过摩擦力限制了试件的横向变形,增大了试件的抗压强度。当试验机施加的压力达到极限压力值时,试件形成两个对角锥形的破坏面,如图1-1(a)所示。若在试件的上下两端面涂刷润滑剂,那么在试验中试件与试验机垫板间的摩擦将明显减小,因此试件将较自由地产生横向变形,最后试件将在沿着压力作用的方向产生数条大致平行的裂缝而破坏,如图1-1(b)所示,由此所测得的抗压强度值明显较低。因此,试验方法对混凝土立方体抗压强度有较大的影响。标准的试验方法为不涂润滑剂。

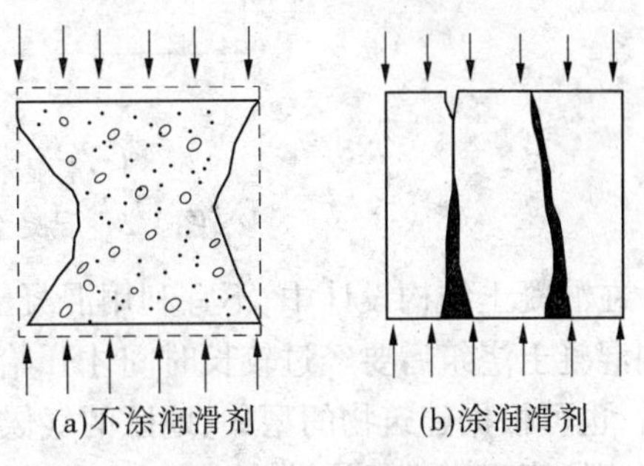

图1-1　混凝土立方体抗压破坏情形

混凝土强度等级根据标准试件在标准条件(温度为(20±3)℃,相对湿度为95%以上)下养护28 d,用标准试验方法测得的具有95%保证率的抗压强度确定。目前,国际上所用的标准试件有圆柱体和立方体两种,美国、加拿大和日本等国家采用的是圆柱体试件,我国采用的是边长为150 mm的立方体试件。标准试验方法是指混凝土试件上下两端面(即与试验机接触面)不涂刷润滑剂,以恒定加载速度每秒压应力增加0.3~0.5 N/mm^2。具有95%保证率的立方体抗压强度称为立方体抗压强度标准值,用符号$f_{cu,k}$表示。

《水工混凝土结构设计规范》(DL/T 5057—2009)根据混凝土立方体抗压强度标准值，把混凝土强度划分为 11 个强度等级，分别为 C10、C15、C20、C25、C30、C35、C40、C45、C50、C55 和 C60，其中 C 表示混凝土，C 后面的数字表示立方体抗压强度标准值，例如 C25 表示混凝土立方体抗压强度标准值为 25 N/mm^2，混凝土强度等级的级差均为 5 N/mm^2。

尺寸效应对混凝土立方体抗压强度也有较大的影响。对于同样配合比的混凝土，在其他试验条件相同的情况下，小尺寸试件所测得的抗压强度值较高。这是因为试件的尺寸越小，压力试验机垫板对它的约束作用越大，抗压强度越高。用非标准尺寸的试件进行试验，其结果应乘以换算系数，换算成标准立方体强度。根据试验，200 mm × 200 mm × 200 mm 的试件，换算系数取 1.05；100 mm × 100 mm × 100 mm 的试件，换算系数取 0.95。

值得注意的是，通过标准试件试验测得的抗压强度，只是反映出在同等标准条件下混凝土的强度和质量水平，是划分混凝土强度等级的依据，但并不代表在实际结构构件中混凝土的受力状态和性能。

施加荷载的速度对混凝土立方体抗压强度也有影响，加载速度越快，抗压强度越高。

混凝土的立方体抗压强度随着混凝土成型后龄期的增长而提高，而且前期提高的幅度较大，后期逐渐减缓，如图 1-2 所示。该过程一般需延续数年后才能完成。如果使用环境是潮湿的，那么其延续的年限更长。

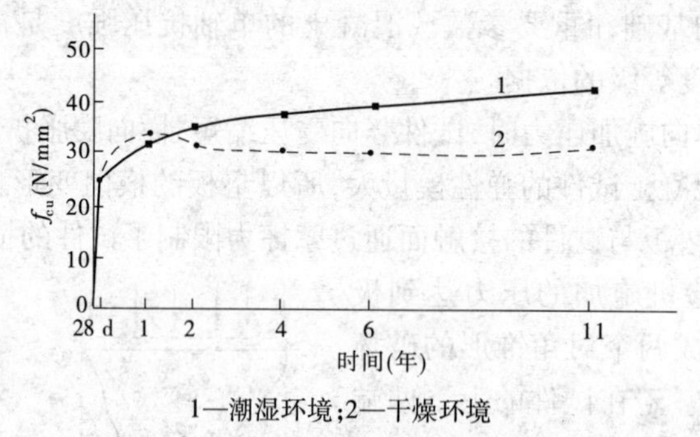

1—潮湿环境；2—干燥环境

图 1-2　混凝土强度与龄期的关系

在混凝土结构设计中，不宜利用混凝土的后期强度。某些大体积的水工建筑物也会遇到混凝土浇筑后要经过较长时间才开始承受荷载的情况。所以，规范规定，经过充分论证后，也可根据建筑物的型式、地区的气候条件以及开始承受荷载的时间，采用不同龄期混凝土抗压强度进行设计。

混凝土不同龄期的抗压强度增长率应通过试验确定。当无试验资料时，可参见表 1-1 选用。

对于大坝混凝土中的构件，若混凝土的配合比与大坝混凝土的配合比相同，采用大坝混凝土 90 d 龄期的抗压强度进行局部构件的承载力计算时，局部构件的安全度水平将偏低。为了保证大坝混凝土中局部构件承载能力极限状态下的安全度设置水平能够满足规范安全度设置水平的要求，应将大坝混凝土中局部构件的混凝土强度等级乘以换算系数。当局部构件混凝土为 90 d 龄期，保证率采用 95% 时，局部混凝土强度等级换算系数近似可取 0.8；当局部构件混凝土为 28 d 龄期，保证率采用 95% 时，局部混凝土强度等级换算系数近似可取 0.65。

表 1-1　混凝土不同龄期的抗压强度比值

水泥品种	混凝土龄期(d)				
	7	28	60	90	180
普通硅酸盐水泥	0.55 ~ 0.65	1.0	1.10	1.20	1.30
矿渣硅酸盐水泥	0.45 ~ 0.55	1.0	1.20	1.30	1.40
火山灰质硅酸盐水泥	0.45 ~ 0.55	1.0	1.15	1.25	1.30

注:①表中数字是以龄期 28 d 强度设为 1.0 时的比值。

②对于蒸汽养护的构件,不考虑抗压强度随龄期的增长。

③表中数字未计入混凝土掺合料及外加剂的影响。

④表中数字适用于 C30 及其以上的混凝土;C30 以下混凝土不同龄期的抗压强度比值,应通过试验确定。

⑤粉煤灰硅酸盐水泥混凝土不同龄期的抗压强度比值,可按火山灰质硅酸盐水泥混凝土采用。

(二)轴心抗压强度

混凝土的抗压强度与试件的尺寸及其形状有关,而且实际受压构件一般都是棱柱体,为更好地反映构件的实际受压情况,采用棱柱体试件进行抗压试验,所测得的强度称为轴心抗压强度。我国采用的棱柱体标准试件尺寸为 $b \times b \times h = 150\ \text{mm} \times 150\ \text{mm} \times 300\ \text{mm}$。试件在标准条件下养护 28 d 后,采取标准试验方法进行测试,试验时试件的上下两端的表面均不涂刷润滑剂,试验装置及试件破坏情形如图 1-3 所示。

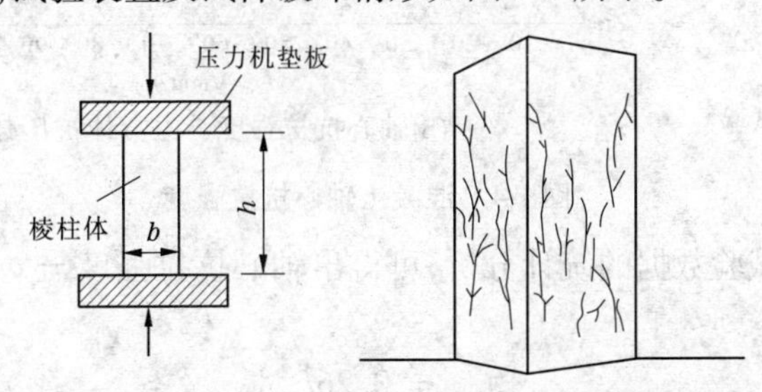

图 1-3　混凝土棱柱体抗压试验装置和试件破坏情况

试验表明,棱柱体试件的抗压强度低于立方体试件的抗压强度,而且棱柱体试件的高宽比 h/b 愈大,其强度愈低。当 h/b 由 1 增大至 2 时,抗压强度快速下降,但当 $h/b > 2$ 时,其抗压强度变化不大,所以取 150 mm × 150 mm × 300 mm 作为标准试件的尺寸,该试件中部基本处于轴心受压状态,既明显地减少了垫板与试件接触面之间摩阻力的影响,又避免了试件纵向弯曲的影响。

混凝土棱柱体抗压强度小于立方体抗压强度,而且两者之间大致呈线性关系。经过大量的试验数据统计分析,混凝土轴心抗压强度平均值为

$$f_{c,m} = 0.76\alpha_{c1}f_{cu,m} \tag{1-1}$$

式中 $f_{c,m}$——混凝土轴心抗压强度平均值;

$f_{cu,m}$——混凝土立方体抗压强度平均值;

α_{c1}——考虑高强混凝土脆性的折减系数,α_{c1} 取值为:对于 C45 以下,均取 $\alpha_{c1} = 1.0$,对于 C45,取 $\alpha_{c1} = 0.98$,对于 C60,取 $\alpha_{c1} = 0.96$,在 C45 与 C60 之间,按线性规律变化。

（三）轴心抗拉强度

混凝土的轴心抗拉强度也是混凝土的一个基本力学性能指标，可用于分析混凝土构件的开裂、裂缝宽度、变形及计算混凝土构件的受冲切、受扭、受剪等承载力。

目前，混凝土轴心抗拉试验通常采用直接轴心拉伸试验和劈裂试验两种方法。

轴心拉伸试验所采用的试件为100 mm×100 mm×500 mm的棱柱体，在其两端设有埋入长度为150 mm的Φ16变形钢筋。试验机夹紧试件两端伸出的钢筋，并施加拉力使试件受拉，如图1-4(a)所示。受拉破坏时，在试件中部产生横向裂缝，破坏截面上的平均拉应力即为轴心抗拉强度。因为混凝土的抗拉强度很低，影响因素又很多，显然，要实现理想的均匀轴心受拉试验非常困难，因此混凝土的轴心抗拉强度试验值往往具有很大的离散性。

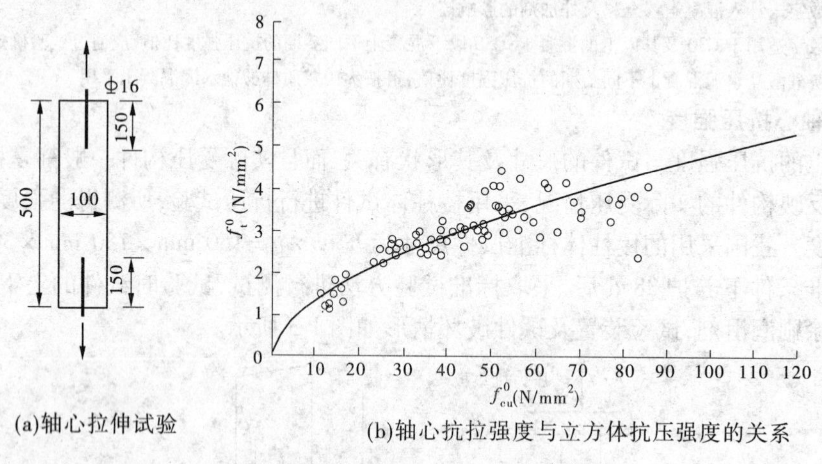

(a)轴心拉伸试验　　(b)轴心抗拉强度与立方体抗压强度的关系

图1-4　混凝土轴心抗拉强度

经过对一系列试验数据的统计分析，可得出轴心抗拉强度与立方体抗压强度的关系（见图1-4(b)）

$$f_{t,m} = 0.26 f_{cu,m}^{2/3} \tag{1-2}$$

式中　$f_{t,m}$——混凝土轴心抗拉强度平均值。

由于轴心受拉试验时要保证轴向拉力的对中十分困难，实际常常采用立方体或圆柱体劈裂试验来代替轴心拉伸试验，如图1-5所示。我国在劈裂试验时采用的试件为150 mm×150 mm×150 mm的标准试件，通过弧形钢垫条（垫条与试件之间垫以木质三合板垫层）施加竖向压力F。加载速度：当混凝土强度等级<C30时，取每秒0.02～0.05 N/mm²；当混凝土强度等级≥C30且<C60时，取每秒0.05～0.08 N/mm²。

在试件的中间截面（除加载垫条附近很小的范围外），存在有均匀分布的拉应力。当拉应力达到混凝土的抗拉强度时，试件被劈裂成两半。劈裂强度$f_{t,s}$按下式计算

$$f_{t,s} = \frac{2F}{\pi d l} \tag{1-3}$$

式中　F——劈裂试验破坏荷载；

d——圆柱体直径或立方体边长；

l——圆柱体长度或立方体边长。

应当指出，对于同一品质的混凝土，轴心拉伸试验与劈裂试验所测得的抗拉强度值并

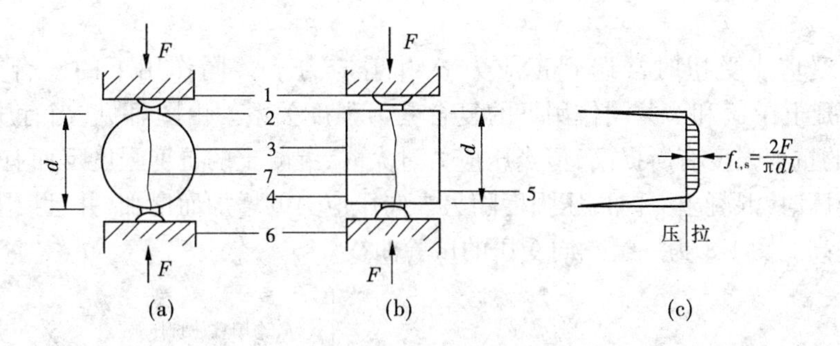

(a)圆柱体劈裂试验;(b)立方体劈裂试验;(c)劈裂面上水平应力分布

1—压力机的上压板;2—弧形垫条及垫层各一条;3—试件;4—浇模顶面;

5—浇模底面;6—压力机的下压板;7—试件破裂线

图 1-5 劈裂试验测试混凝土抗拉强度

不相同。试验表明,劈裂抗拉强度值略大于直接拉伸强度值,而且与试件的大小有关。

(四)复合应力状态下的混凝土强度

实际结构中,混凝土很少处于单向受力状态。工程上经常遇到的更多的是双向或三向受力的复合应力状态,如混凝土拱坝、核电站安全壳等。所以,研究复合应力状态下的混凝土强度条件,对进行合理设计是极为重要的。

图 1-6 为混凝土在双向应力下的强度曲线。图中分为三个区域:双向受压,双向受拉,一向受压、一向受拉。图中 σ_1、σ_2 为主应力,f_c 为单向受压时的极限强度。

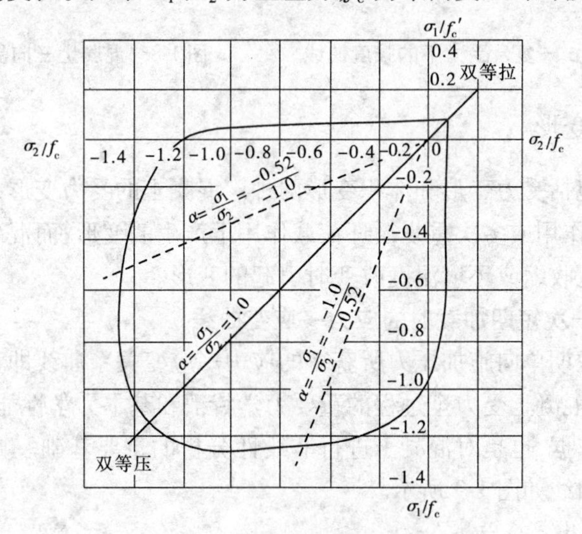

图 1-6 混凝土在双向应力下的强度曲线

由图 1-6 可见:

(1)双向受压时,双向受压强度大于单向受压强度。也就是说,一向强度随另一向压应力的增加而增加。

(2)双向受拉时,则不论应力比多大,抗拉强度均与单轴抗拉强度接近。

(3)一向受拉、一向受压时,任意应力比情况下的压、拉强度均低于相应的单轴受力时的强度。

在构件受剪或受扭时常遇到正应力 σ 和剪应力 τ 共同作用下的复合受力情况。图 1-7 为混凝土在 σ 和 τ 共同作用下的复合受力强度关系。由图可见，当有压应力存在时，混凝土的抗剪强度有所提高，但当压应力过大时，混凝土的抗剪强度反而有所降低。

三向受压时，混凝土一向抗压强度随另二向压应力的增加而增加，并且极限压应变也可以大大提高。图 1-8 为一组三向受压的试验曲线。

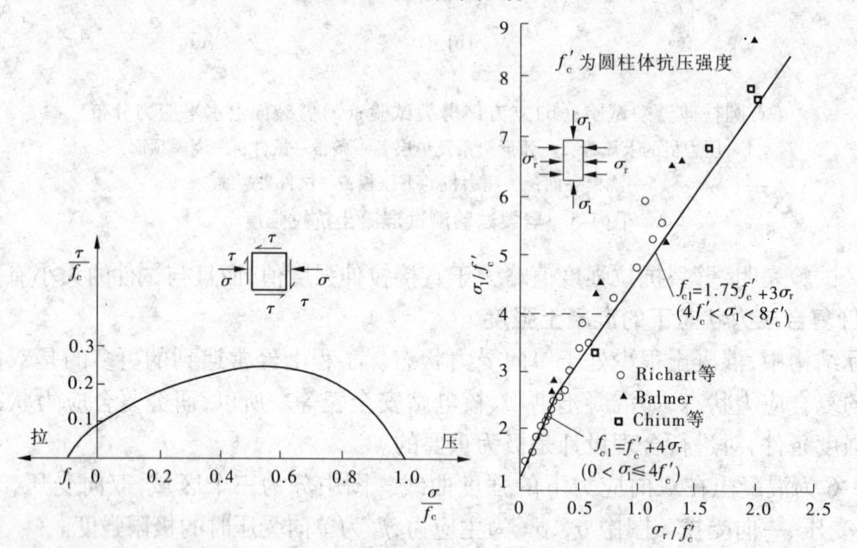

图 1-7　混凝土 σ、τ 复合受力下的强度曲线　　**图 1-8　混凝土三向受压试验曲线**

二、混凝土的变形

混凝土的变形包括受力变形和体积变形两种。混凝土的受力变形是指混凝土在一次短期加载、长期荷载作用或多次重复循环荷载作用下产生的变形；而混凝土的体积变形是指混凝土自身在硬化收缩或环境温度改变时引起的变形。

（一）混凝土在一次短期加载时的应力—应变曲线

对混凝土进行短期单向施加压力所获得的应力—应变关系曲线即为单轴受压应力—应变曲线，它能反映混凝土受力全过程的重要力学特征和基本力学性能，是研究混凝土结构强度理论的必要依据，也是对混凝土进行非线性分析的重要基础。典型的混凝土单轴受压应力—应变全曲线如图 1-9 所示。

从图 1-9 中可看出：

（1）全曲线包括上升段和下降段两部分，以 C 点为分界点，每部分由三小段组成。

（2）图中各关键点分别表示为：A—比例极限点，B—临界点，C—峰点，D—拐点，E—收敛点，F—曲线末梢。

（3）各小段的含义为：OA 段接近直线，应力较小，应变不大，混凝土的变形为弹性变形，原始裂缝影响很小；AB 段为微曲线段，应变的增长比应力稍快，混凝土处于裂缝稳定扩展阶段，其中 B 点的应力是确定混凝土长期荷载作用下抗压强度的依据；BC 段应变增长明显比应力增长快，混凝土处于裂缝快速不稳定发展阶段，其中 C 点的应力最大，即为混凝土极限抗压强度，与之对应的应变 $\varepsilon_0 \approx 0.002$ 为峰值应变；CD 段应力快速下降，应变仍在增长，混凝土中裂缝迅速发展且贯通，出现了主裂缝，内部结构破坏严重；DE 段应力下降变慢，应变较快增长，混凝土内部结构处于磨合和调整阶段，主裂缝宽度进一步增大，最后仅依赖骨料间的咬合力和摩擦力来承受荷载；EF 段为收敛段，此时试件中的主裂缝宽度快速增大而完全破坏了混凝土内部结构。

不同强度等级混凝土的应力—应变关系曲线如图 1-10 所示。可以看出，虽然混凝土的强度不同，但各条曲线的基本形状相似，具有相同的特征。混凝土的强度等级越高，上升段越长，峰点越高，峰值应变也有所增大，下降段越陡，单位应力幅度内应变越小，延性越差。这在高强度混凝土中更为明显，最后破坏大多为骨料破坏，脆性明显，变形小。

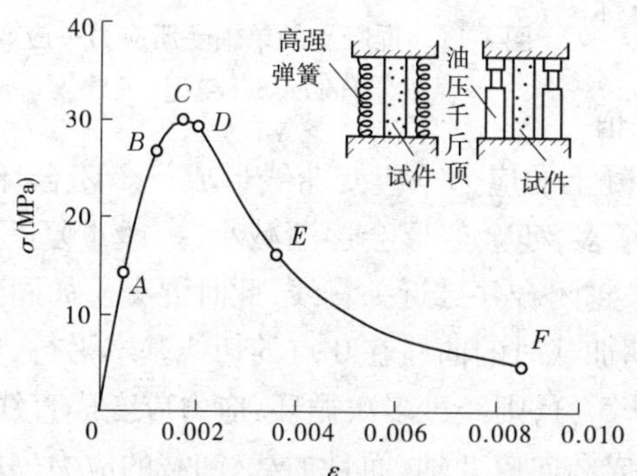

图 1-9　混凝土单轴受压应力—应变全曲线

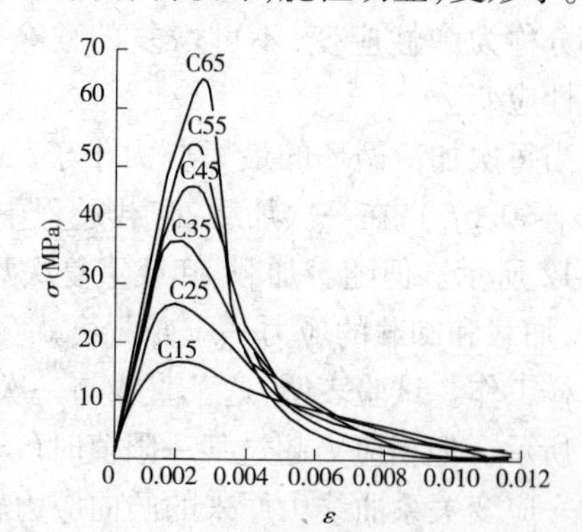

图 1-10　不同强度等级混凝土的应力—应变关系曲线

在普通试验机上采用等应力速率的加载方式进行试验时，一般只能获得应力—应变曲线的上升段，很难获得其下降段，其原因是试验机刚度不足。当加载至混凝土达到轴心抗压强度时，试验机中积蓄的弹性应变能大于试件所吸收的应变能，此应变能在接近试件破坏时会突然释放，致使试件发生脆性破坏。如果采用伺服试验机，在混凝土达极限强度时能以等应变速率加载；或在试件旁边附加设置高性能弹性元件共同承压，当混凝土达极限强度时能吸收试验机内积聚的应变能，就能获得应力—应变全曲线。

混凝土应力—应变曲线是混凝土构件受力性能分析的依据，因此应确定其数学模型。混凝土应力—应变关系的数学模型很多，国际上应用较广泛的有 Hognestad 模型、Rüsch 模型等。

Hognestad 建议的混凝土应力—应变曲线是由二次抛物线的上升段和直线形的下降段所组成的，如图 1-11 所示，其表达式为

当 $\varepsilon_c \leqslant \varepsilon_0$ 时（上升段）
$$\sigma = \sigma_c \left[2\left(\frac{\varepsilon_c}{\varepsilon_0}\right) - \left(\frac{\varepsilon_c}{\varepsilon_0}\right)^2 \right] \tag{1-4}$$

当 $\varepsilon_0 < \varepsilon_c \leqslant \varepsilon_{cu}$ 时（下降段）
$$\sigma = \sigma_c \left[1 - 0.15\left(\frac{\varepsilon_c - \varepsilon_0}{\varepsilon_{cu} - \varepsilon_0}\right) \right] \tag{1-5}$$

式中　σ_c——混凝土的峰值应力；

ε_0——对应于 σ_c 的混凝土压应变；

ε_{cu}——混凝土极限压应变。

Rüsch 建议的混凝土应力—应变曲线在上升段与 Hognestad 建议的相同。不同之处只在 $\varepsilon_c > \varepsilon_0$ 后，Rüsch 建议用更为简单的水平线来代替 Hognestad 的下降直线，并取 σ 等于 σ_c。

(二) 混凝土在重复荷载下的应力—应变曲线

混凝土在重复荷载作用下，其应力—应变曲线的变化与短期加载下的应力—应变曲线有显著不同。混凝土是弹塑性材料，初次卸载至应力为零时，应变不能全部恢复。可恢复的那一部分称为弹性应变，不可恢复的残余部分称为塑性应变。

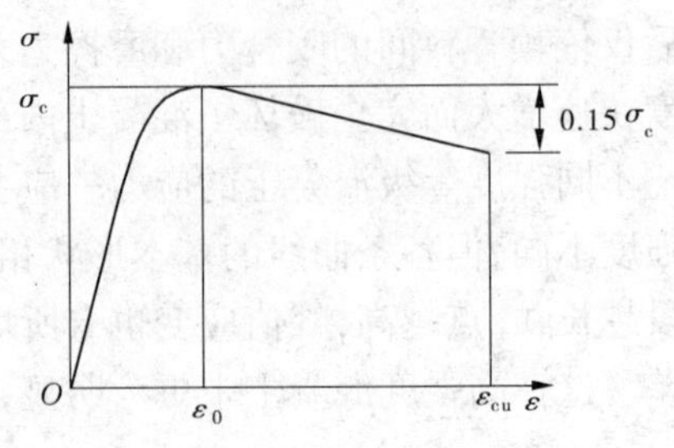

图 1-11　混凝土的单轴受压应力—应变 Hognestad 模型

当每次加荷循环的最大应力小于某一限值时($\sigma_1 < 0.5f_c$)，在一次加载、卸载过程中，混凝土的应力—应变曲线形成一个闭合环，如图 1-12 所示。但随着加载、卸载重复次数的增多，残余变形会逐渐减小，一般重复 5 ~ 10 次后，加载和卸载的应力—应变曲线就会越来越闭合并接近一直线，此时混凝土如同弹性体一样工作。试验表明，这条直线与一次短期加载时的曲线在 0 点的切线基本平行，如图 1-12 所示。但当应力超过某一限值时($\sigma_2 > 0.5f_c$)，则经过多次循环，应力应变成直线后，应力—应变关系曲线由原来的凸向应力轴变成凸向应变轴，而且加载、卸载的应力—应变关系曲线不再形成闭合环。这种现象标志着混凝土内部裂缝显著地开展，随着重复加载的次数增多，应力—应变关系曲线的倾角越来越小，最终混凝土试件因裂缝过宽或变形过大而破坏，这种因重复荷载作用引起的破坏称为混凝土的疲劳破坏。这个限值也就是材料能够抵抗周期重复荷载的疲劳强度(f_c^f)，如图 1-12 所示。

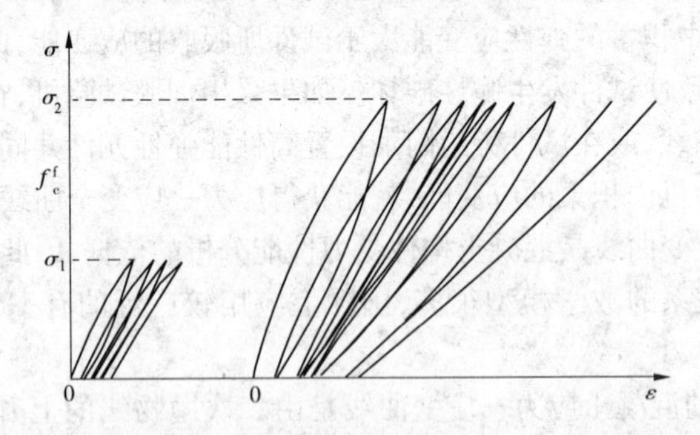

图 1-12　混凝土再重复荷载作用下的应力—应变曲线

混凝土的疲劳强度与混凝土的强度等级、荷载的重复次数、重复作用的变化幅度等有关，其值大约为 $0.5f_c$。

(三) 混凝土的弹性模量

混凝土的变形模量广泛地用在计算混凝土结构的内力、构件截面的应力和变形以及预应力混凝土构件截面应力分析之中。但与弹性材料相比，混凝土的应力与应变关系呈现非线性性质，即在不同应力状态下，应力与应变的比值是一个变数。混凝土的变形模量有三种表示方法。

1. 原点模量 E_c

原点模量也称弹性模量，在混凝土轴心受压的应力—应变曲线上，过原点作该曲线的切线，如图1-13所示，其斜率即为混凝土的原点切线模量，通常称为混凝土的弹性模量，即

$$E_c = \left.\frac{d\sigma}{d\varepsilon}\right|_{\sigma=0} = \tan\alpha_0 \tag{1-6}$$

式中　α_0——过原点所作应力—应变曲线的切线与应变轴间的夹角。

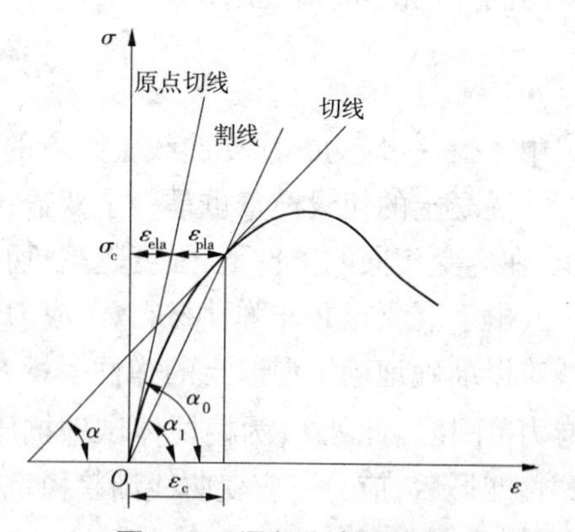

图1-13　混凝土变形模量

混凝土强度越高，弹性模量越大，如图1-14所示。混凝土弹性模量取值见附录二附表2-3。在钢筋混凝土结构受力分析中不能直接用混凝土的弹性模量分析混凝土的应力。

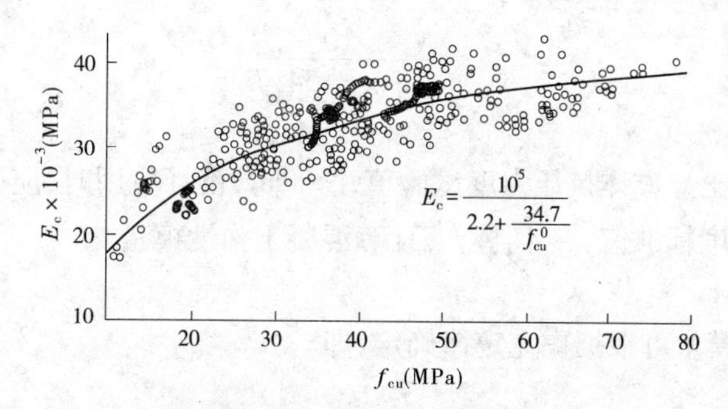

图1-14　混凝土弹性模量与立方体抗压强度的关系

2. 割线模量 E'_c

在混凝土的应力—应变曲线上任一点与原点连线，如图1-13所示，其割线斜率即为混凝土的割线模量

$$E'_c = \tan\alpha_1 = \frac{\sigma_c}{\varepsilon_c} \tag{1-7}$$

式中　α_1——割线与应变轴间的夹角；

ε_c——总应变，由弹性应变 ε_{ela} 和塑性应变 ε_{pla} 组成，其中 ε_{ela} 与 ε_c 的比值称为弹性系数 ν，所以

$$E'_c = \frac{\sigma_c}{\varepsilon_c} = \frac{\sigma_c\varepsilon_{ela}}{\varepsilon_c\varepsilon_{ela}} = \frac{\sigma_c}{\varepsilon_{ela}}\frac{\varepsilon_{ela}}{\varepsilon_c} = E_c\nu \tag{1-8}$$

因此，在混凝土应力—应变曲线的上升段任一点的应力为

$$\sigma = \nu E_c\varepsilon_c \tag{1-9}$$

由上可知，混凝土的割线模量是一个随应力不同而异的变数。在同样应变条件下，混凝土强度越高，割线模量越大。

3. 切线模量 E''_c

在混凝土的应力—应变曲线上任取一点，并作该点的切线，如图1-13所示，则其斜率

即为混凝土的切线模量，即

$$E''_c = \frac{d\sigma}{d\varepsilon} = \tan\alpha \tag{1-10}$$

式中　α——应力—应变曲线上某点的切线与应变轴间的夹角。

混凝土的切线模量也是一个变数，并随应力的增大而减小。对不同强度等级的混凝土，在应变相同的条件下，强度越高，切线模量越大。

由于混凝土并非弹性材料，其应力—应变关系呈非线性，通过一次加载试验所得的曲线难以准确地确定混凝土的弹性模量 E_c。采用标准棱柱体试件，在 $\sigma=0.5\ N/mm^2 \sim f_c^0/3$ 应力范围内（此处 f_c^0 为棱柱体试件抗压强度），通过反复加载和卸载 5 次，消除混凝土的塑性变形后，应力—应变曲线渐趋稳定并接近于一直线，该直线的正切即为混凝土的弹性模量（见图 1-12）。

中国建筑科学研究院等单位曾对混凝土弹性模量做了大量试验，经数理统计分析，得到混凝土弹性模量的计算公式为

$$E_c = \frac{10^5}{2.2 + \frac{34.7}{f_{cu}^0}} \tag{1-11}$$

式中　f_{cu}^0——混凝土立方体抗压强度试验值，N/mm^2，设计应用时，应以混凝土立方体抗压强度标准值 $f_{cu,k}$ 代替 f_{cu}^0 计算混凝土弹性模量。

4. 剪变模量 G_c

混凝土的剪变模量可根据虎克定律确定，即

$$G_c = \frac{\tau}{\gamma} \tag{1-12}$$

式中　τ——混凝土的剪应力；

γ——混凝土的剪应变。

由于现在尚未有合适的混凝土抗剪试验方法，所以要直接通过试验来测定混凝土的剪变模量是十分困难的。一般根据混凝土抗压试验中测得的弹性模量 E_c 来确定，即

$$G_c = \frac{E_c}{2(\mu_c + 1)} \tag{1-13}$$

式中　μ_c——混凝土的泊松比，一般结构的混凝土泊松比变化不大，且与混凝土的强度等级无明显关系，取 $\mu_c=0.2$。

（四）混凝土的极限应变

混凝土的极限应变反映了混凝土的受力破坏特征，混凝土的极限应变值除与混凝土自身性质有关（见图 1-15）外，主要还与加载、量测方法有关，如图 1-16 所示。由于混凝土自身的离散性，加之试验方法的不完全统一，因此极限应变的实测值可以在很大范围内变化。

混凝土偏心受压试验表明，试件截面最大受压边缘的极限压应变还随着外力偏心距的增大而增大。在计算时，均匀受压可取 $\varepsilon_{cu}=0.002$，非均匀受压取 $\varepsilon_{cu}=0.0033$。

混凝土受拉极限应变 ε_{tu} 比受压极限应变小得多，实测值也极为分散，计算时一般取

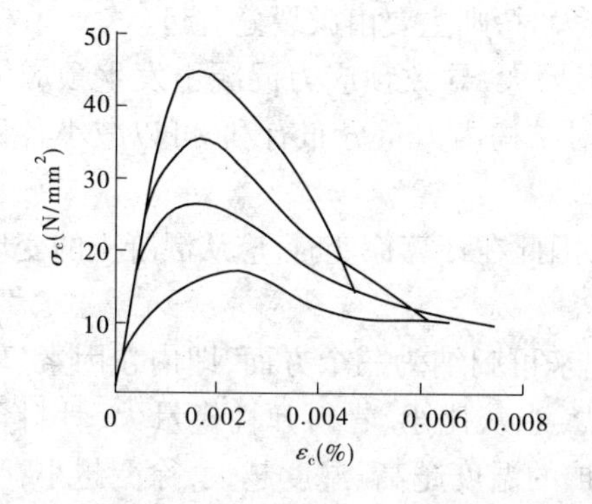

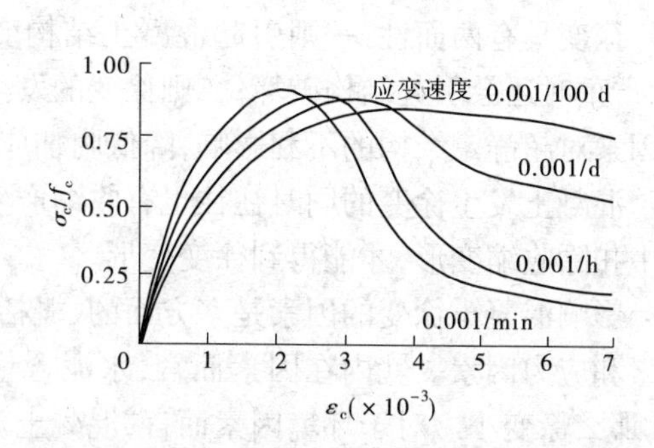

图1-15　混凝土应力—应变曲线与强度等级关系　图1-16　不同加荷速度混凝土应力—应变曲线

$\varepsilon_{tu}=0.000\,1$。混凝土受拉极限应变 ε_{tu} 值反映了混凝土抗裂能力的大小，对水工建筑物的抗裂性能有很大的影响。提高混凝土的受拉极限应变 ε_{tu} 在水利工程中是有其重要意义的。

影响混凝土的受拉极限应变 ε_{tu} 的因素很多，ε_{tu} 随着混凝土的抗拉强度增加而增加；经潮湿养护的混凝土 ε_{tu} 值比干燥存放的大20%～50%；采用高强度等级水泥可以提高 ε_{tu} 值；用低弹性模量骨料拌制的混凝土或碎石及粗砂拌制的混凝土 ε_{tu} 值也较大；水泥用量不变时，增大水灰比，会减小 ε_{tu} 值。

当然，影响混凝土裂缝的除混凝土极限拉应变值外，还有外荷载、混凝土的徐变变形及干缩变形等因素。因此，对如何获得抗裂性好的混凝土，需从各方面综合考虑。

（五）混凝土在长期荷载下的变形——徐变

混凝土构件或材料在不变荷载或应力长期作用下，其变形或应变随时间而不断增长，这种现象称为混凝土的徐变。徐变的特性主要与时间有关，通常表现为前期增长快，以后逐渐减慢，经过2～3年后趋于稳定，如图1-17所示。

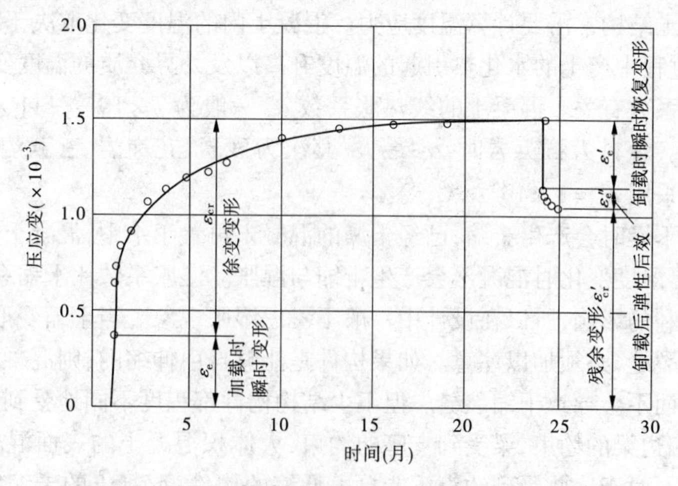

图1-17　混凝土徐变（加荷卸荷压应变与时间关系曲线）

徐变主要由两种原因引起：其一是混凝土具有黏性流动性质的水泥凝胶体，在荷载长期作用下产生黏性流动；其二是混凝土中微裂缝在荷载长期作用下不断发展。当作用的应力较小时主要由凝胶体引起，当作用的应力较大时，则主要由微裂缝引起。

徐变具有两面性：一则引起混凝土结构变形增大，导致预应力混凝土发生预应力损失，严重时还会引起结构破坏；二则徐变的发生对结构内力重分布有利，可以减小各种外界因素对超静定结构的不利影响，降低附加应力。

混凝土发生徐变的同时往往也有收缩产生，因此在计算徐变时，应从混凝土的变形总量中扣除收缩变形，才能得到徐变变形。

影响混凝土徐变的因素是多方面的，概括起来可归纳为三个方面，即内在因素、环境因素和应力因素。就内在因素而言，水泥含量少、水灰比小、骨料弹性模量大、骨料含量多，那么徐变小。对于环境因素而言，混凝土养护的温度越高、湿度越大，徐变越小；受荷龄期越大，徐变越小；工作环境温度越高、湿度越小，徐变越大；构件的体表比越大，徐变越小。而应力因素主要反映在加荷时的应力水平，显然，应力水平越高，徐变越大；持荷时间越长，徐变也越大。一般来讲，在同等应力水平下高强度混凝土的徐变量要比普通混凝土的小很多，而如果使高强度混凝土承受较高的应力，那么高强度混凝土与普通混凝土最终的总变形量将较为接近。

（六）混凝土的温度变形和干湿变形

除荷载引起的变形外，混凝土还会因温度和湿度的变化而发生体积变化，称为温度变形和干湿变形。

混凝土因外界温度变化及混凝土初期的水化热等因素而产生的变形称为温度变形。当构件能够自由变形时，温度变形不会产生大的危害。但当构件不能自由变形或变形受到约束时，则会在构件中产生温度应力，尤其是水工大体积结构，温度变化所引起的应力常可能超过外部荷载所引起的应力。温度应力超过混凝土抗拉强度时，混凝土就开裂，可能形成贯穿性裂缝，进而导致渗漏、钢筋锈蚀、整体性下降，使结构承载力和混凝土的耐久性显著降低。

大体积混凝土结构常需要计算温度应力。混凝土内的温度变化取决于混凝土的浇筑温度、水泥结硬过程中产生的水化热引起的温度升高以及外界介质的温度变化，主要还与混凝土的线热胀系数有关。混凝土的线热胀系数 α_c 一般为 $7\times10^{-6}\sim11\times10^{-6}/℃$。它与骨料性质有关。骨料为石英岩时，$\alpha_c$ 最大；其次为砂岩、花岗岩、玄武岩以及石灰岩。无详细资料时可采用 $\alpha_c=1\times10^{-5}/℃$。

混凝土失水干燥时会产生干缩，已经干燥的混凝土再置于水中，混凝土又会重新发生湿胀，这说明外界湿度变化时混凝土会产生干缩与湿胀。湿胀系数比干缩系数小得多，而且湿胀常产生有利的影响，所以在设计中一般不考虑湿胀现象。当干缩变形受到限制时，结构会产生干缩裂缝，必须加以注意。如果构件是能够自由伸缩的，则混凝土的干缩只是引起构件的缩短而不会导致干缩裂缝。但不少结构构件都程度不同地受到边界的约束作用，例如板受到四边梁的约束，梁受到支座的约束，大体积混凝土的表面混凝土受到内部混凝土的约束等。对于这些受到约束不能自由伸缩的构件，混凝土的干缩就会使构件产生有害的干缩应力，导致裂缝的产生。

混凝土干缩是由混凝土中水分的散失或湿度降低所引起的。混凝土内水分扩散的规律和温度传播规律一样，但是干燥过程比降温冷却过程慢得多。所以，对大体积混凝土，干燥实际上只限于很浅的表面。但干燥会引起表面广泛产生裂缝,这些裂缝向内延伸一定距离后,在湿度平衡区内消失。在不利条件下,表面裂缝还会发展成为危害性裂缝。对薄壁结构来说,干燥的有害影响就相当重要了。

影响干缩的主要因素是外界相对湿度,此外,水泥用量越多,水灰比越大,干缩也就越大。因此,应尽可能加强养护,不使其干燥过快,并增加混凝土密实度,减小水泥用量及水灰比。

为减少温度及干缩的不利影响,应在结构型式、施工工艺及施工程序等方面采取措施。例如,间隔一定距离设置伸缩缝,一般规范中都规定了伸缩缝的最大间距。在水利工程中,对于遭受剧烈气温或湿度变化作用的混凝土结构表面,常配置一定数量的钢筋网,能有效地使裂缝分散,从而限制裂缝的宽度,减轻危害。

三、混凝土的其他性能

除上面所介绍的力学性能外,水工混凝土还有一些特性需要在设计和施工中加以考虑。

(一)重力密度(或重度)

混凝土的重力密度与所用的骨料及振捣的密实程度有关。混凝土的重力密度(或重度)可由试验确定。当无试验资料时,可按如下数值采用:

以石灰岩或砂岩为粗骨料的混凝土,经人工振捣的23 kN/m^3,机械振捣的24 kN/m^3。

以花岗岩、玄武岩为粗骨料的混凝土,按上列标准再加1.0 kN/m^3。

设计水工建筑物时,如其稳定性需由混凝土自重来保证,则混凝土重力密度应由试验确定。

素混凝土重力密度可取24 kN/m^3。

设计时,一般钢筋混凝土结构的重力密度可近似地采用25 kN/m^3。

(二)混凝土的耐久性

混凝土的耐久性在一般环境条件下是较好的。但在一些特殊的环境条件下,混凝土的耐久性就不足。例如,混凝土如果抵抗渗透能力差,或受冻融循环的作用、侵蚀介质的作用,都可能遭受碳化、冻害、腐蚀等,给耐久性造成严重影响。

水工混凝土的耐久性与其抗渗、抗冻、抗冲刷、抗碳化和抗腐蚀等性能有密切关系,特别是对抗渗性、抗冻性要求很高。

混凝土对耐久性的要求见第十二章的内容。

第二节　钢筋的种类和力学性能

钢筋在混凝土结构中起到提高其承载能力,改善其工作性能的作用。了解钢筋的品种及其力学性能是合理选用钢筋的基础,而合理选用钢筋是混凝土结构设计的前提。混凝土结构中使用的钢筋不仅要求有较高的强度、良好的变形性能(塑性)和可焊性,而且与混凝土之间应有良好的黏结性能,以保证钢筋与混凝土能很好地共同工作。

一、钢筋的类型、品种和级别

混凝土结构中使用的钢筋，按化学成分可分为碳素钢和普通低合金钢两大类；按生产工艺和强度可分为普通混凝土用的热轧钢筋和预应力混凝土用的钢丝、钢绞线、螺纹钢筋、钢棒等；按表面形状可分为光圆钢筋和带肋钢筋等。在一些大型的、重要的混凝土构件或结构中，也可以将型钢置入混凝土中形成劲性钢筋。

碳素钢除含有铁元素外，还含有少量的碳、锰、硅、磷、硫等元素。含碳量越高，钢材的强度越高，但变形性能和可焊性越差。通常可分为低碳钢（含碳量≤0.25%）、中碳钢（含碳量0.25%～0.60%）和高碳钢（含碳量为0.60%～1.40%）。碳素钢中加入少量的合金元素，如锰、硅、镍、钛、钒等，生成普通低合金钢，如20MnSi、20MnSiV、20MnSiNb、20MnTi等。

规范规定混凝土结构中使用的钢筋主要有热轧钢筋、钢丝、钢绞线、螺纹钢筋和钢棒等。

（一）热轧钢筋

热轧钢筋主要用于钢筋混凝土结构中，也用于预应力混凝土结构中作为非预应力钢筋使用。常用热轧钢筋按其强度由低到高分为HPB235、HPB300、HRB335、HRB400、RRB400和HRB500六种，其符号和直径范围见附录二附表2-4，其中HPB235钢筋、HPB300钢筋为低碳钢，其余均为普通低合金钢。RRB400钢筋为余热处理钢筋，其屈服强度与HRB400钢筋的相同，但热稳定性能不如HRB400钢筋，焊接时在热影响区强度有所降低。

除HPB235、HPB300钢筋为光面圆钢筋外，其余强度较高的钢筋均为表面带肋钢筋，带肋钢筋的表面肋形主要有月牙纹和等高肋（螺纹、人字纹），见图1-18。

图1-18 混凝土结构用热轧钢筋的表面形式

等高肋钢筋中螺纹钢筋和人字纹钢筋的纵肋和横肋都相交，差别在于螺纹钢筋表面的肋形方向一致，而人字纹钢筋表面的肋形方向不一致，形成人字。月牙纹钢筋表面无纵肋，横肋在钢筋横截面上的投影呈月牙状。月牙纹钢筋与混凝土的黏结性能略低于等高肋钢筋，但仍能保证良好的黏结性能，锚固延性及抗疲劳性能等优于等高肋钢筋，因此成为目前主流生产的带肋钢筋。

（二）钢丝、钢绞线、螺纹钢筋和钢棒

消除应力钢丝、钢绞线、螺纹钢筋和钢棒都是高强钢筋，其符号和直径范围见附录二附表2-5，主要用于预应力混凝土结构中。

消除应力钢丝分光圆钢丝、刻痕钢丝（见图1-9(a)）和螺旋肋钢丝三种（见图1-19(b)）。钢绞线是由多根高强钢丝捻制在一起经过低温回火处理清除内应力后而制成的，有2股、3股和7股三种（见图1-19(c)）。钢丝和钢绞线不能采用焊接方式连接。

螺纹钢筋,过去习惯上称为高强精轧螺纹钢筋,目前称为预应力混凝土用螺纹钢筋,是一种热轧成带有不连续的外螺纹的直条钢筋,主要有 PSB785、PSB830、PSB930 和 PSB1080 钢筋。钢筋的公称直径范围为 18 ~ 50 mm,推荐的钢筋公称直径为 25 mm 和 32 mm。钢筋外形采用螺纹状无纵肋且钢筋两侧螺纹在同一螺旋线上。

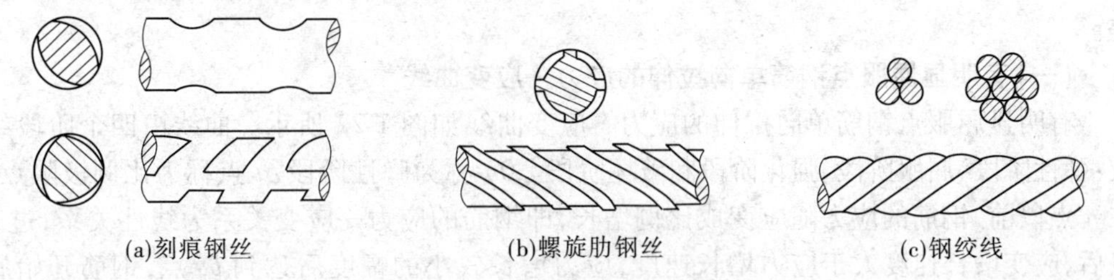

图 1-19　钢丝和钢绞线示意图

钢棒分为螺旋槽钢棒和螺旋肋钢棒。螺旋槽钢棒是指沿着表面纵向,具有规则间隔的连续螺旋凹槽的钢棒,如图 1-20 所示。螺旋肋钢棒是指沿着表面纵向,具有规则间隔的连续螺旋凸肋的钢棒,如图 1-21 所示。预应力混凝土用钢棒在我国现阶段仅用于预应力管桩的生产。

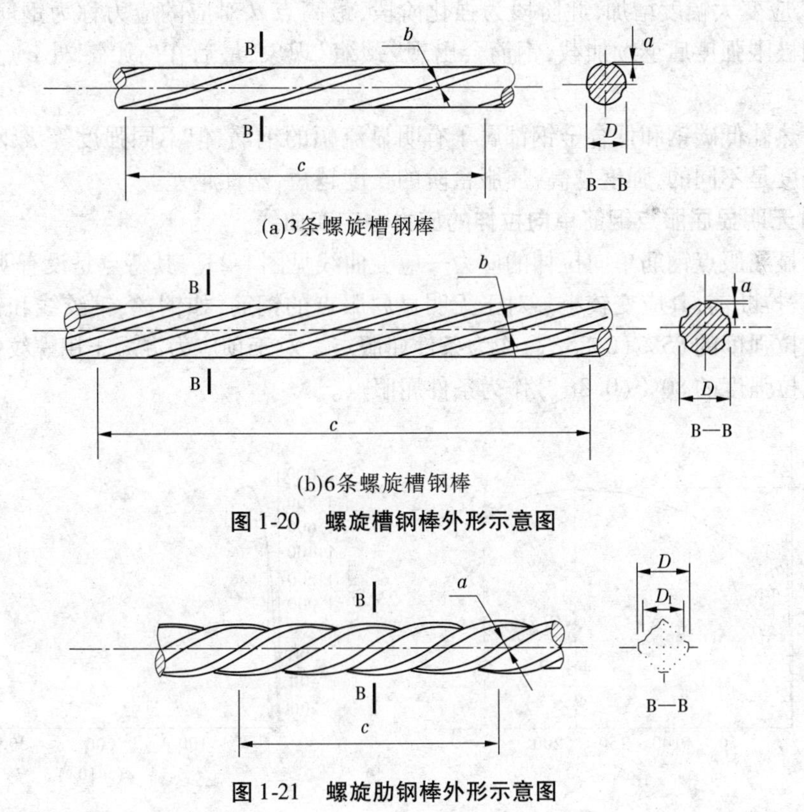

图 1-20　螺旋槽钢棒外形示意图

图 1-21　螺旋肋钢棒外形示意图

二、钢筋的力学性能

钢筋的力学性能指钢筋的强度和变形性能。钢筋的强度和变形性能可以由钢筋单向拉伸的应力—应变曲线来分析说明。钢筋的应力—应变曲线可分为两类:一类是有明显流幅的钢筋,即有明显屈服点和屈服台阶的钢筋;另一类是无明显流幅的钢筋,即没有明显屈服点和屈服台阶的钢筋。热轧钢筋属于有明显屈服点的钢筋,强度相对较低,但变形性能好;钢丝、钢绞线和钢棒及螺纹钢筋等属于无明显屈服点的钢筋,强度高,但变形性能差。

(一)有明显屈服点钢筋单向拉伸的应力—应变曲线

有明显屈服点钢筋单向拉伸的应力—应变曲线如图1-22所示。曲线由四个阶段组成:弹性阶段、屈服阶段、强化阶段和破坏阶段。0a 称为弹性阶段,a 点称为比例极限点。在 a 点以前,钢筋的应力随应变成比例增长,即钢筋的应力—应变关系为线性关系;过 a 点后,应变增长速度大于应力增长速度,应力增长较小的幅度后达到 b_h 点,钢筋开始屈服。随后应力稍有降低,达到 b_l 点,钢筋进入流幅阶段,曲线接近水平线,应力不增加而应变持续增加。b_h 点和 b_l 点分别称为上屈服点和下屈服点。上屈服点不稳定,受加载速度、截面形式和表面光洁度等因素的影响;下屈服点一般比较稳定,所以一般以下屈服点对应的应力作为有明显流幅钢筋的屈服强度。

经过流幅阶段达到 c 点后,钢筋的弹性会有部分恢复,钢筋的应力会有所增加,达到最高点 d,应变大幅度增加,此阶段为强化阶段,最高点 d 对应的应力称为钢筋的极限强度。达到极限强度后继续加载,钢筋会出现"颈缩"现象,最后在"颈缩"处 e 点钢筋被拉断。

尽管热轧低碳钢和低合金钢都属于有明显流幅的钢筋,但不同强度等级钢筋的屈服台阶的长度是不同的,强度越高,屈服台阶的长度越短,塑性越差。

(二)无明显屈服点钢筋单向拉伸的应力—应变曲线

无明显屈服点钢筋单向拉伸的应力—应变曲线见图1-23。其特点是没有明显的屈服点,钢筋被拉断前,其应变较小。对于无明显屈服点的钢筋,如钢丝、钢绞线和钢棒,规定以极限抗拉强度的85%($0.85\sigma_b$)作为条件屈服点。对于预应力混凝土用螺纹钢筋,规定以极限抗拉强度的80%($0.8\sigma_b$)作为条件屈服点。

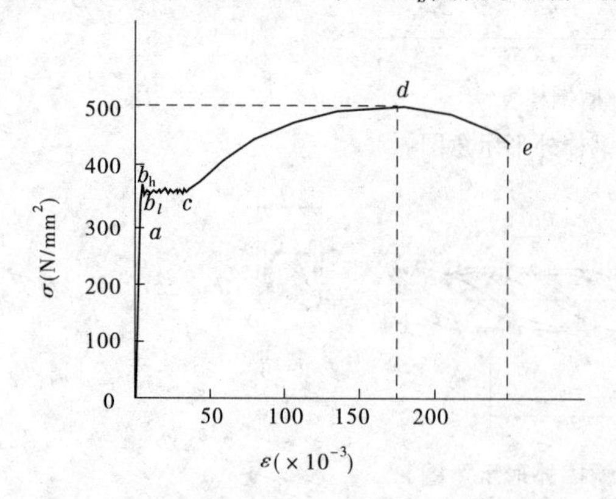

图1-22　有明显流幅钢筋的应力—应变曲线

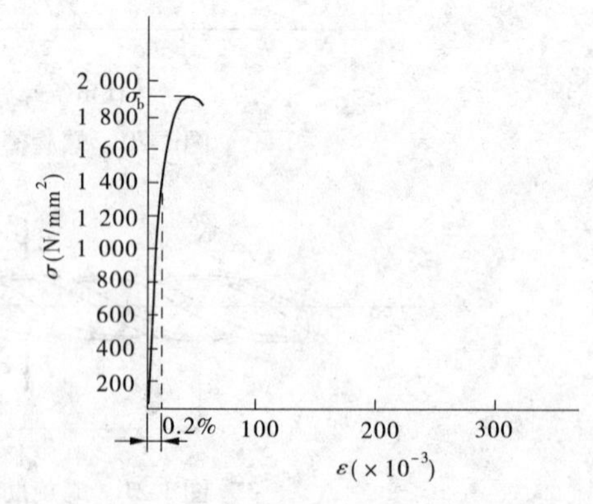

图1-23　无明显流幅钢筋的应力—应变曲线

(三)钢筋的力学性能指标

混凝土结构中所使用的钢筋既要有较高的强度,提高混凝土结构或构件的承载能力,又要有良好的塑性，改善混凝土结构或构件的变形性能。衡量钢筋强度的指标有屈服强度和极限强度，衡量钢筋塑性性能的指标有延伸率和冷弯性能。

1. 屈服强度和极限强度

钢筋的屈服强度是混凝土结构构件设计的重要指标。如上所述，钢筋的屈服强度是钢筋应力—应变曲线下屈服点对应的强度（有明显屈服点的钢筋）或名义屈服点对应的强度（无明显屈服点的钢筋）。达到屈服强度时钢筋的强度还有富余，是为了保证混凝土结构或构件正常使用状态下的工作性能和偶然作用（如地震作用）下的变形性能。钢筋拉伸应力—应变曲线对应的最大应力为钢筋的极限强度。

2. 延伸率和冷弯性能

钢筋拉断后的伸长值与原长的比值为钢筋的伸长率。国家标准规定了合格钢筋在给定标距（量测长度）下的最小延伸率，分别用 A_{10} 或 A_5 表示。A 表示断后伸长率，下标分别表示标距为 $10d$ 和 $5d$，d 为被检钢筋直径。一般 $A_5 > A_{10}$，因为残留应变主要集中在“颈缩”区域，而“颈缩”区域与标距无关。

为增加钢筋与混凝土之间的锚固性能，混凝土结构中的钢筋往往需要弯折。有脆化倾向的钢筋在弯折过程中容易发生脆断或裂纹、脱皮等现象，而通过拉伸试验不能检验其脆化性质，应通过冷弯试验来检验。合格的钢筋经绕弯芯直径为 D（$D = 1d$（HPB235、HPB300）、$4d$（HRB400），d 为被检钢筋的直径）的弯芯弯曲到规定的角度 α（α 一般取 180°）后，钢筋应无裂纹、脱皮现象。钢筋塑性越好，弯芯直径 D 可越小，弯曲角度 α 就越大（见图 1-24）。冷弯检验钢筋弯折加工性能，且更能综合反映钢材性能的优劣。

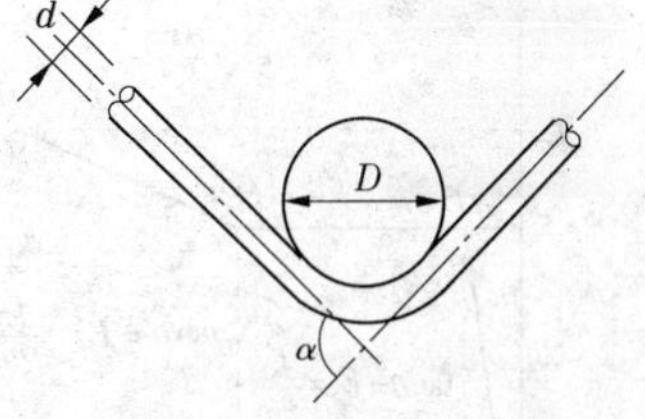

α—弯曲角度；D—弯芯直径

图 1-24　钢筋的弯曲试验

（四）钢筋应力—应变关系的理论模型

对混凝土结构或构件进行非线性分析时应用钢筋和混凝土的应力—应变关系。为了便于分析计算，把实测的应力—应变关系依据其特点进行理论化处理，并应用数学模型进行表述。进行模型化处理的应力—应变关系又称应力—应变本构关系。

1. 理想弹塑性应力—应变关系

对于流幅阶段较长的低强度钢筋，可采用理想的弹塑性应力—应变关系，见图 1-25。其特点是钢筋屈服前（弹性阶段），应力—应变关系为斜直线，斜率为钢筋的弹性模量。钢筋屈服后（塑性阶段），应力—应变关系为水平直线，即应力保持不变，应变继续增加。

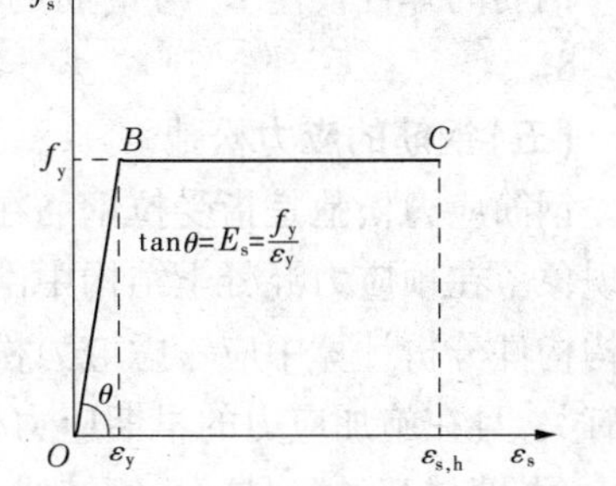

图 1-25　理想的弹塑性应力—应变关系

理想弹塑性模型的数学表达式为

弹性阶段　$\sigma_s = E_s \varepsilon_s \quad (\varepsilon_s \leqslant \varepsilon_y \text{ 时})$　(1-14)

塑性阶段　$\sigma_s = f_y \quad (\varepsilon_y \leqslant \varepsilon_s \leqslant \varepsilon_{s,h} \text{ 时})$　(1-15)

2. 三折线应力—应变关系

理想弹塑性应力—应变关系中没有考虑钢筋应力强化阶段。对于流幅阶段较短的钢筋,在大变形的情况下,有可能进入应力强化阶段。为了分析钢筋进入强化阶段的性能,需要给出钢筋进入强化阶段后的应力—应变关系,见图 1-26。三折线应力—应变关系的数学表达式为

弹性阶段 $$\sigma_s = E_s\varepsilon_s \quad (\varepsilon_s \leqslant \varepsilon_y \text{ 时}) \tag{1-16}$$

塑性流幅阶段 $$\sigma_s = f_y \quad (\varepsilon_y \leqslant \varepsilon_s \leqslant \varepsilon_{s,h} \text{ 时}) \tag{1-17}$$

应力强化阶段 $$\sigma_s = f_y + (\varepsilon_s - \varepsilon_{s,h})\tan\theta' \quad (\varepsilon_{s,h} \leqslant \varepsilon_s \leqslant \varepsilon_{s,u} \text{ 时}) \tag{1-18}$$

式中 $$\tan\theta' = E'_s = 0.01E_s \tag{1-19}$$

3. 双直线应力—应变关系

上述两种类型的应力—应变关系均描述有明显屈服点钢筋的本构关系。对于没有明显屈服点的钢筋,可采用图 1-27 所示的双直线模型描述,其数学表达式为

弹性阶段 $$\sigma_s = E_s\varepsilon_s \quad (\varepsilon_s \leqslant \varepsilon_y \text{ 时}) \tag{1-20}$$

弹塑性阶段 $$\sigma_s = f_y + (\varepsilon_s - \varepsilon_y)\tan\theta'' \quad (\varepsilon_y \leqslant \varepsilon_s \leqslant \varepsilon_{s,u} \text{ 时}) \tag{1-21}$$

式中 $$\tan\theta'' = E''_s = \frac{f_{s,u} - f_y}{\varepsilon_{s,u} - \varepsilon_y} \tag{1-22}$$

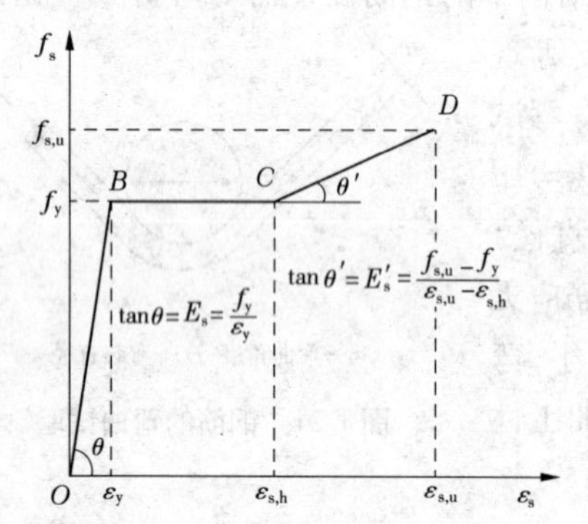

图 1-26 三折线应力—应变关系

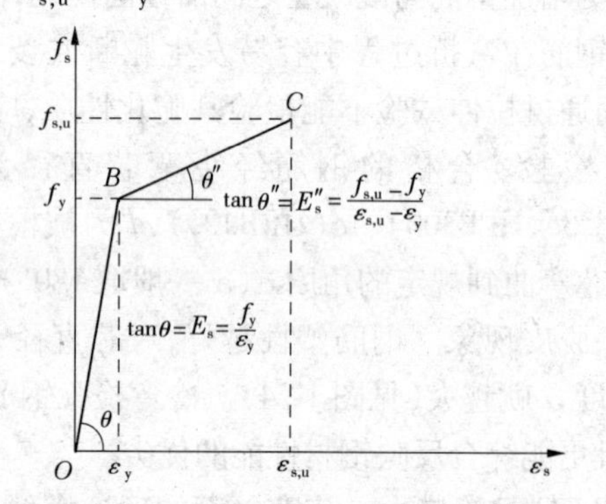

图 1-27 双直线应力—应变关系

钢筋的弹性模量 E_s 与钢筋的品种有关,强度越高,弹性模量越小,取值见附录二附表 2-8。

(五)钢筋的应力松弛

钢筋应力松弛是指受拉钢筋在长度保持不变的情况下,钢筋应力随时间增长而降低的现象。在预应力混凝土结构中由于应力松弛会引起预应力损失,所以在预应力混凝土结构构件分析计算中应考虑应力松弛的影响。应力松弛与钢筋中的应力、温度和钢筋品种有关,且在施加应力的早期应力松弛大,后期逐渐减小。钢筋中的应力越大,松弛损失越大;温度越高,松弛越大;钢绞线的应力松弛比其他高强钢筋大。

三、钢筋的选用

《水工混凝土结构设计规范》(DL/T 5057—2009)规定按下述原则选用钢筋:

(1)水工钢筋混凝土结构设计时,钢筋和用于预应力混凝土结构中的非预应力钢筋宜优先采用 HRB335 级和 HRB400 级钢筋,也可采用 HPB235 级、HPB300 级、RRB400 级和 HRB500 级钢筋。

(2)预应力钢筋宜采用钢绞线、钢丝,也可采用螺纹钢筋或钢棒。

(3)当采用冷加工钢筋及其他钢筋时,应符合专门标准的规定。

第三节　钢筋与混凝土的黏结性能

一、钢筋与混凝土之间的黏结力

(一)钢筋与混凝土黏结的作用

钢筋与混凝土黏结是保证钢筋和混凝土组成混凝土结构或构件并能共同工作的前提。如果钢筋和混凝土不能良好地黏结在一起,混凝土构件受力变形后,在小变形的情况下,钢筋和混凝土不能协调变形;在大变形的情况下,钢筋就不能很好地锚固在混凝土结构中。

钢筋与混凝土之间的黏结性能可以用两者界面上的黏结应力来说明。当钢筋与混凝土之间有相对变形(滑移)时,其界面上会产生沿钢筋轴线方向的相互作用力,这种作用力称为黏结应力,见图1-28。

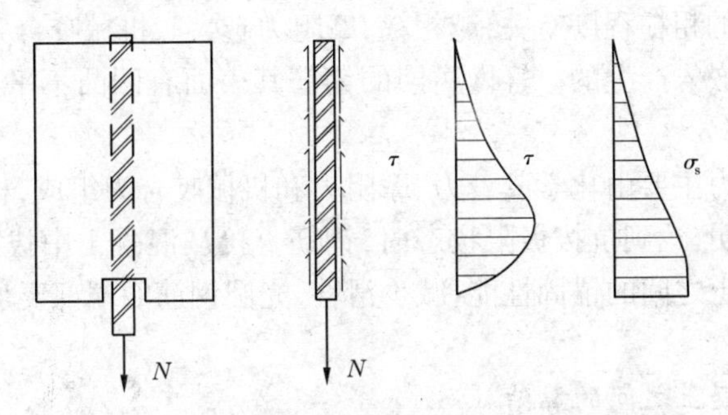

图1-28　直接拔出试验与应力分布示意图

如图1-29(a)所示在钢筋上施加拉力,钢筋与混凝土之间存在黏结力,将钢筋的部分拉力传递给混凝土使混凝土受拉,经过一定的传递长度后,黏结应力为零。当截面上的应变很小时,钢筋和混凝土的应变相等,构件上没有裂缝,钢筋和混凝土界面上的黏结应力为零;当混凝土构件上出现裂缝时,开裂截面之间存在局部黏结应力,因为开裂截面钢筋的应变大,未开裂截面钢筋的应变小,黏结应力使远离裂缝处钢筋的应变变小,混凝土的应变从零逐渐增大,使裂缝间的混凝土参与工作。

在混凝土结构设计中钢筋伸入支座或在连续梁顶部负弯矩区段的钢筋截断时,应将钢筋延伸一定的长度,这就是钢筋的锚固。只有钢筋有足够的锚固长度,才能积累足够的黏结力,使钢筋能承受拉力。分布在锚固长度上的黏结应力称为锚固黏结应力,见图1-29(b)。

(二)黏结力的组成

钢筋与混凝土之间的黏结力与钢筋表面的形状有关。

1. 光圆钢筋与混凝土之间的黏结

光圆钢筋与混凝土之间的黏结作用主要由三部分组成:化学胶着力、摩阻力和机械咬合力。化学胶着力是由水泥浆体在硬化前对钢筋氧化层的渗透、硬化过程中晶体的生长

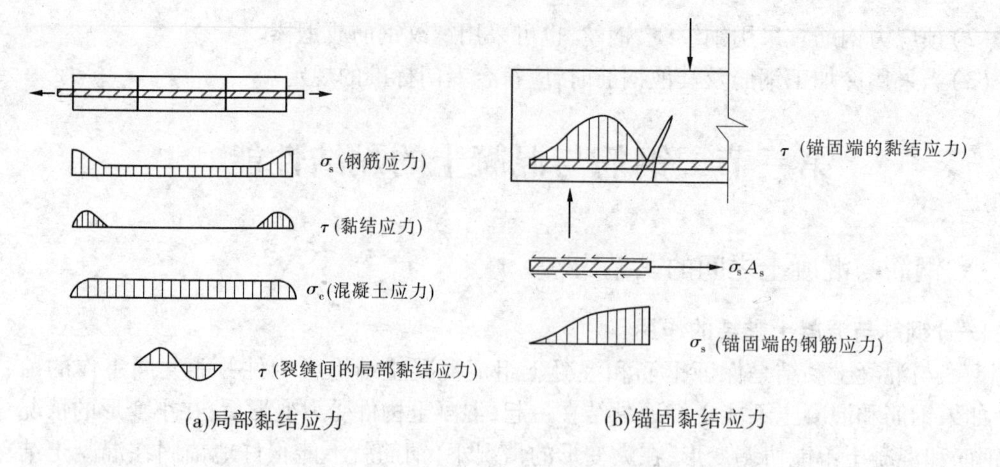

图 1-29　黏结应力机理分析

等产生的。化学胶着力一般较小,当混凝土和钢筋界面发生相对滑动时,化学胶着力会消失。混凝土硬化会发生收缩,从而对其中的钢筋产生径向的握裹力,在握裹力的作用下,当钢筋和混凝土之间有相对滑动,或有滑动趋势时,钢筋与混凝土之间产生摩阻力。摩阻力的大小与钢筋表面的粗糙程度有关,越粗糙,摩阻力越大。机械咬合力是由钢筋表面凹凸不平与混凝土咬合嵌入产生的。轻微腐蚀的钢筋其表面有凹凸不平的蚀坑,摩阻力和机械咬合力较大。

光圆钢筋的黏结力主要由化学胶着力、摩阻力和机械咬合力组成,相对较小。光圆钢筋的直接拔出试验表明,达到抗拔极限状态时,钢筋直接从混凝土中拔出,滑移大。为了增加光圆钢筋与混凝土之间的锚固性能,减少滑移,光圆钢筋的端部要加弯钩或采取其他机械锚固措施。

2. 带肋钢筋与混凝土之间的黏结

带肋钢筋与混凝土之间的黏结也由化学胶着力、摩阻力和机械咬合力三部分组成。但是,带肋钢筋表面的横肋嵌入混凝土内并与之咬合,能显著提高钢筋与混凝土之间的黏结性能,见图 1-30。

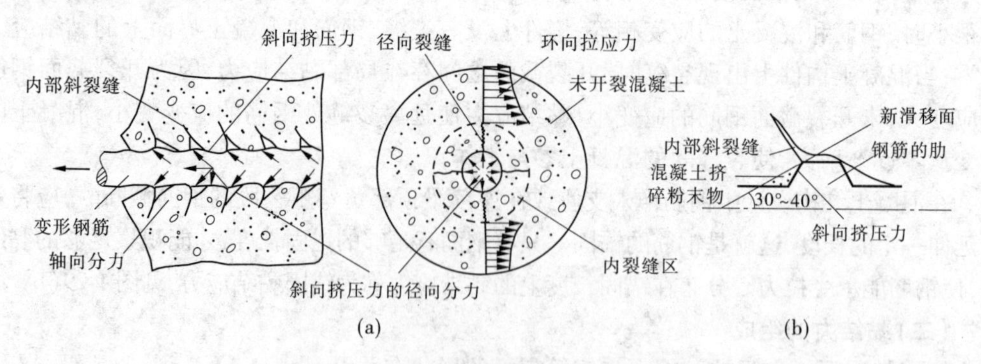

图 1-30　变形钢筋与混凝土的黏结机理

在拉拔力的作用下,钢筋的横肋对混凝土形成斜向挤压力,此力可分解为沿钢筋表面的切向力和沿钢筋径向的环向力。当荷载增加时,钢筋周围的混凝土首先出现斜向裂缝,钢筋横肋前端的混凝土被压碎，形成肋前挤压面。同时，在径向力的作用下，混凝土产生环向拉应力，最终导致混凝土保护层发生劈裂破坏。如混凝土的保护层较厚（$c/d>5\sim6$，c 为混凝土保护层厚度，d 为钢筋直径），混凝土不会在径向力作用下产生劈裂破坏，而是达到抗拔极限状态时，肋前端的混凝土完全被挤碎而拔出，产生剪切型破坏。因此，带肋钢筋的黏结性能明显地优于光圆钢筋，有良好的锚固性能。

（三）影响钢筋和混凝土黏结性能的因素

影响钢筋和混凝土黏结性能的因素很多，主要有钢筋的表面形状、混凝土强度及其组成成分、浇筑位置、混凝土保护层厚度、钢筋净间距、横向钢筋约束和侧向压力作用等。

1. 钢筋表面形状的影响

一般用单轴拉拔试验得到的锚固强度和黏结滑移曲线表示黏结性能。达到抗拔极限状态时，钢筋与混凝土界面上的平均黏结应力称为锚固强度，用下式表示

$$\tau=\frac{N}{\pi dl} \tag{1-23}$$

式中 τ——锚固强度；

N——轴向拉力；

d——钢筋直径；

l——黏结长度。

拉拔过程中得到的平均黏结应力与钢筋和混凝土之间的滑移关系，称为黏结滑移曲线，见图1-31。由图可见，带肋钢筋不仅锚固强度高，而且达到极限强度时的变形小。对于带肋钢筋而言，月牙纹钢筋的黏结性能比螺纹钢筋稍差，一般来说，相对肋面积越大，钢筋与混凝土的黏结性能越好，相对滑移越小。

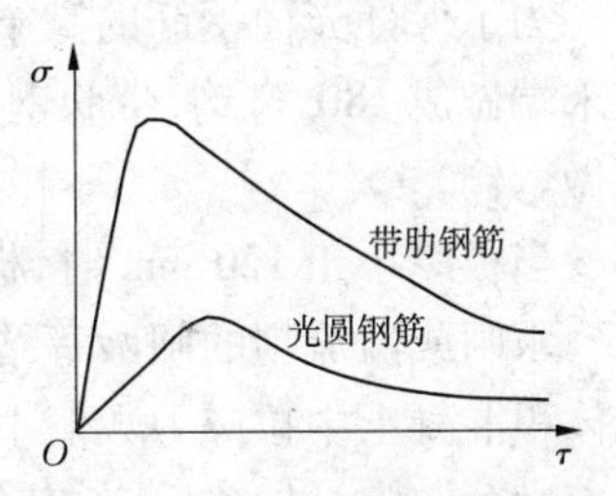

图1-31　钢筋的黏结滑移曲线

2. 混凝土强度及其组成成分的影响

混凝土的强度越高，则锚固强度越高，相对滑移越小。混凝土的水泥用量越大，水灰比越大，砂率越大，则黏结性能越差，锚固强度低，相对滑移量大。

3. 浇筑位置的影响

混凝土硬化过程中会发生沉缩和泌水。水平浇筑的构件（如混凝土梁）的顶部钢筋，受到混凝土沉缩和泌水的影响，钢筋下面与混凝土之间容易形成空隙层，从而削弱钢筋与混凝土之间的黏结性能。浇筑位置对黏结性能的影响，取决于构件的浇筑高度及混凝土的坍落度、水灰比、水泥用量等。浇筑高度越高，坍落度、水灰比和水泥用量越大，影响越大。

4. 混凝土保护层厚度和钢筋净间距的影响

混凝土保护层越厚，对钢筋的约束越大，使混凝土产生劈裂破坏所需要的径向力越大，锚固强度越高。钢筋的净间距越大，锚固强度越大。当钢筋的净间距太小时，水平劈裂可能使整个混凝土保护层脱落，显著地降低锚固强度。

5. 横向钢筋约束和侧向压力的影响

横向钢筋的约束或侧向压力的作用，可以延缓裂缝的发展和限制劈裂裂缝的宽度，从

而提高锚固强度。因此,在较大直径钢筋的锚固或搭接长度范围内,以及当一层并列的钢筋根数较多时,均应设置一定数量的附加箍筋,以防止混凝土保护层的劈裂崩落。

二、钢筋的锚固与连接

(一)受拉钢筋的锚固长度

根据上述对影响钢筋与混凝土之间黏结性能的因素分析,通过大量试验研究并进行可靠度分析,得出考虑主要因素即钢筋的强度、混凝土的强度和钢筋的表面特征,得到当计算中充分利用钢筋的抗拉强度时,受拉钢筋的基本锚固长度 l_a 的计算公式为

$$f_y A_s = l_a \bar{\tau}_b u \tag{2-24}$$

$$l_a = \frac{f_y A_s}{\bar{\tau}_b u} = \frac{f_y d}{4\bar{\tau}_b} \tag{2-25}$$

式中 $\bar{\tau}_b$——锚固长度范围内的平均黏结应力,与混凝土强度及钢筋表面形状有关;

u——钢筋周长。

从式(2-25)可知,钢筋强度越高,直径越粗,混凝土强度越低,则锚固长度要求越长。

在设计中,当计算中充分利用钢筋的抗拉强度时,受拉钢筋伸入支座的锚固长度不应小于附录四附表4-2中规定的数值。

为了保证光面钢筋的黏结强度的可靠性,规范规定在绑扎骨架中的受力光圆钢筋应在末端做成180°弯钩,带肋钢筋和焊接骨架、焊接网以及轴心受压构件中的光圆钢筋可不做弯钩。

当板厚小于120 mm时,板的上层钢筋可做成直抵板底的直钩。

水闸或溢流坝的闸墩等结构构件,当底部固结于大体积混凝土时,其受拉钢筋应伸入大体积混凝土中拉应力数值小于 $0.7f_t$ 的位置后,再延伸一个锚固长度 l_a,当底部混凝土内应力分布未具体确定时,其伸入长度可参照已建工程的经验确定。

当边墩设置上述锚固钢筋时,还应根据边墩受力情况,沿底部混凝土表面配置一定数量的水平钢筋。

对于水池或输水道等的边墙,其底部不属于大体积混凝土而是一般尺寸的底板时,则其边墙与底板交接处的受力钢筋搭接方式应按框架顶层节点的原则处理。

(二)机械锚固的修正

当受力钢筋的锚固长度有限,靠自身的锚固性能无法满足其承载力要求时,可在受力钢筋的末端采取机械锚固措施,见图1-32。但机械锚头充分受力时,往往引起很大的滑移和裂缝,因此仍需要一定的钢筋锚固长度与其配合,对于HRB335、HRB400、RRB400级和HRB500级钢筋,其锚固长度应取 $0.7l_a$。同时,为增强锚固区域的局部抗压能力,避免出现混凝土局部受压破坏,锚固长度范围内的箍筋不应少于3个,其直径不应小于锚固钢筋直径的0.25倍,间距不应大于锚固钢筋直径的5倍及100 mm。当锚固钢筋的保护层厚度大于钢筋直径的5倍时,可不配上述箍筋。

(三)受压钢筋的锚固长度

受压钢筋的黏结锚固机理与受拉钢筋基本相同,但钢筋受压后的镦粗效应加大了界面的摩擦力及咬合作用,对锚固有利,因此受压钢筋的锚固长度可以减小。当计算中充分

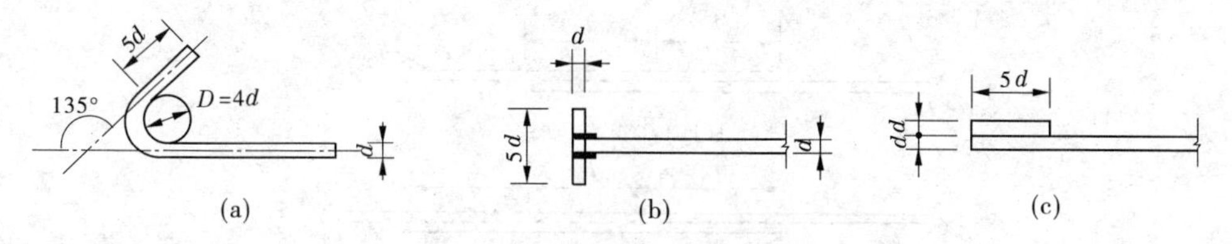

图1-32　钢筋的机械锚固

利用纵向钢筋受压时,其锚固长度可取为受拉锚固长度的0.7倍。

(四)钢筋连接的原则

由于结构中实际配置的钢筋长度与供货长度不一致,将产生钢筋的连接问题。钢筋的连接需要满足承载力、刚度、延性等基本要求,以便实现结构对钢筋的整体传力。钢筋的连接形式有机械连接、焊接和绑扎搭接,应遵循如下基本设计原则:

(1)接头应尽量设置在受力较小处,以降低接头对钢筋传力的影响程度。

(2)在同一钢筋上宜少设连接接头,以避免过多地削弱钢筋的传力性能。

(3)同一构件相邻纵向受力钢筋的接头宜相互错开,限制同一连接区段内接头钢筋面积率,以避免变形、裂缝集中于接头区域而影响传力效果。

(4)在钢筋连接区域应采取必要的构造措施,如适当增加混凝土保护层厚度或调整钢筋间距,保证连接区域的配箍,以确保对被连接钢筋的约束,避免连接区域的混凝土纵向劈裂。

(五)绑扎搭接连接

钢筋的绑扎搭接连接利用了钢筋与混凝土之间的黏结锚固作用,因比较可靠且施工简便而得到广泛应用。但是,因直径较粗的受力钢筋绑扎搭接容易产生过宽的裂缝,故受拉钢筋直径大于28 mm或受压钢筋直径大于32 mm时不宜采用绑扎搭接。轴心受拉及小偏心受拉构件的纵向钢筋,因构件全截面受拉,为防止连接失效引起结构破坏等严重后果,不得采用绑扎搭接。承受疲劳荷载的构件,为避免其纵向受拉钢筋接头区域的混凝土疲劳破坏而引起连接失效,也不得采用绑扎搭接接头。双面配置受力钢筋的焊接骨架,不得采用绑扎搭接接头。

采用绑扎接头时,从任一接头中心至1.3倍搭接长度范围内,受拉钢筋的接头比值不宜超过1/4;当接头比值为1/3或1/2时,钢筋的搭接长度应分别乘以1.1及1.2。受压钢筋的接头比值不宜超过1/2。

成束钢筋的搭接长度l应为单根钢筋搭接长度的1.4倍(2根束)或1.7倍(3根束)。2根束钢筋的搭接方式如图1-33所示。

在任何情况下,纵向受拉钢筋绑扎搭接接头的搭接长度均不应小于$1.2l_a$,且不应小于300 mm;构件中的纵向受压钢筋,当采用搭接连接时,其受压搭接长度不应小于$0.85l_a$,且不应小于200 mm。

在纵向受力钢筋搭接接头范围内应配置箍筋,其直径不应小于搭接钢筋较大直径的0.25倍。当钢筋受拉时,其箍筋间距不应大于搭接钢筋较小直径的5倍,且不应大于100 mm;当钢筋受压时,其箍筋间距不应大于搭接钢筋较小直径的10倍,且不应大于200 mm。当受压钢筋直径大于25 mm时,尚应在搭接接头两个端面外100 mm范围内各设置

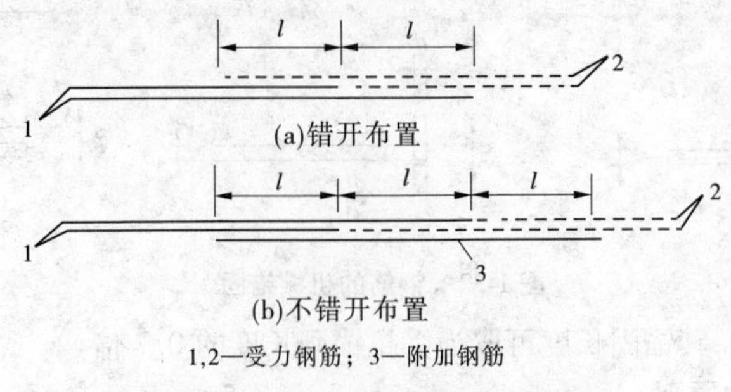

图 1-33　2 根束钢筋的搭接方式

两个箍筋。

(六)机械连接

钢筋的机械连接通过连贯于两根钢筋外的套筒来实现传力,套筒与钢筋之间通过机械咬合力过渡。主要形式有挤压套筒连接、锥螺纹套筒连接、镦粗直螺纹连接、滚轧直螺纹连接等,锥螺纹套筒连接如图 1-34 所示。

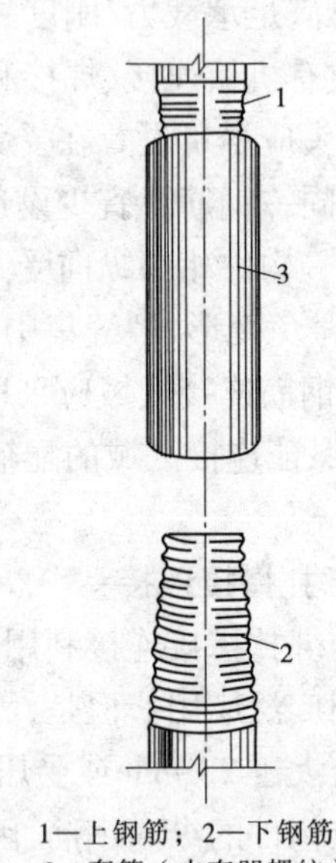

图 1-34　锥螺纹套筒连接示意图

机械连接比较简便,是规范鼓励推广应用的钢筋连接形式,但与整体钢筋相比性能总有削弱,因此应用时应遵循如下规定:

(1)钢筋机械连接接头连接区段的长度为 $35d$(d 纵向受力钢筋的较大直径),凡接头中点位于该连接区段长度内的机械连接接头均属于同一连接区段。

(2)在受拉钢筋受力较大处设置机械连接接头时,位于同一连接区段内的纵向受拉钢筋接头面积百分率不宜大于 50%。

(3)机械连接接头连接件的混凝土保护层厚度宜满足纵向受力钢筋最小保护层厚度的要求。连接件间的横向钢筋净间距不宜小于 25 mm。

(七)焊接

钢筋焊接是利用电阻、电弧或者燃烧的气体加热钢筋端头使之熔化,并用加压或填加熔融的金属焊接材料,使之连成一体的连接方式,有闪光对焊(见图 1-35(a))、电弧焊(见图 1-35(b)、(c))、气压焊、点焊等类型。焊接接头最大的优点是节省钢筋材料、接头成本低、接头尺寸小、基本不影响钢筋间距及施工操作,在质量有保证的情况下是很理想的连接形式。钢筋直径 $d \leqslant 28$ mm 的焊接接头,宜采用闪光对焊或搭接焊;$d > 28$ mm 时,宜采用帮条焊,帮条截面面积应为

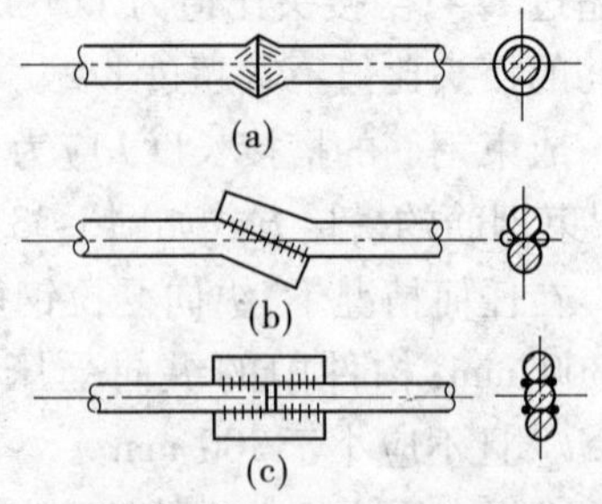

图 1-35　钢筋焊接连接示意图

受力钢筋截面面积的1.5倍。不同直径的钢筋不应采用帮条焊。搭接焊和帮条焊接头宜采用双面焊缝，钢筋的搭接长度不应小于$5d$。当施焊条件困难而采用单面焊缝时，其搭接长度不应小于$10d$。

纵向受力钢筋焊接接头连接区段的长度为$35d$（d纵向受力钢筋的较大直径）且不小于500 mm，凡接头中点位于该连接区段内的焊接接头均属于同一连接区段。位于同一连接区段内纵向受拉钢筋的焊接接头面积百分率不应大于50%。

三、钢筋混凝土结构对钢筋性能的要求

钢筋混凝土结构对钢筋性能的要求主要有以下几个方面。

（一）强度高

使用强度高的钢筋可以节省钢材，取得较好的经济效益。但钢筋混凝土结构中，钢筋能否充分发挥其高强度，取决于混凝土构件截面的应变。钢筋混凝土结构中受压钢筋所能达到的最大应力为400 MPa左右，因此选用设计强度超过400 MPa的钢筋，并不能充分发挥其高强度；钢筋混凝土结构中若使用高强度受拉钢筋，在正常使用条件下，要使钢筋充分发挥其强度，混凝土结构的变形与裂缝控制就会不满足正常使用要求，所以高强度钢筋只能用于预应力混凝土结构中。

（二）变形性能好

为了保证混凝土结构构件具有良好的变形性能，在破坏前能给出即将破坏的预兆，不发生突然的脆性破坏，要求钢筋有良好的变形性能，并通过延伸率和冷弯试验来检验。HPB235、HPB300、HRB335级和HRB400级热轧钢筋的延性和冷弯性能很好；钢丝和钢绞线具有较好的延性，但不能弯折，只能以直线或平缓曲线应用；余热处理RRB400级钢筋的延性、可焊性及冷弯性能较差，一般用于对变形和加工性能要求不高的构件中，如大体积混凝土、墙体等构件。

（三）可焊性好

混凝土结构中钢筋需要连接，连接可采用机械连接、焊接和搭接，其中焊接是一种主要的连接形式。可焊性好的钢筋焊接后不产生裂纹及过大的变形，焊接接头具有良好的力学性能。钢筋焊接质量除外观检查外，一般通过直接拉伸试验检验。

（四）与混凝土有良好的黏结性能

钢筋和混凝土之间必须有良好的黏结性能才能保证钢筋和混凝土能共同工作。钢筋的表面形状是影响钢筋和混凝土之间黏结性能的主要因素。

（五）经济性

衡量钢筋经济性的指标是强度价格比，即每单位货币可购得的钢筋强度。强度价格比高的钢筋比较经济，不仅可以减少配筋量，方便施工，还可减少加工、运输、施工等一系列附加费用。

第二章　钢筋混凝土结构设计基本原理

第一节　概率论和数理统计基本知识

一、随机变量

在结构可靠度计算以及确定荷载和材料强度指标时，都需要数理统计方面的知识。根据概率统计理论，具有多种可能结果的事件称为随机事件，表示随机事件各种可能结果的变量称为随机变量。

二、事件

在随机试验中，对一次试验可能出现也可能不出现，而在大量重复试验中却具有某种规律性的事件称为随机事件，简称事件。

在一随机试验中，它的每一个可能出现的结果都是一个随机事件，它们是这个试验的最简单的随机事件，我们称这些简单的随机事件为基本事件。

在试验中必然发生的事情叫做必然事件，不可能发生的事情叫做不可能事件。

三、频率和概率

（一）频率

一个随机试验有许多可能的结果，我们常常希望知道某些结果出现的可能性有多大。试验中，事件 A 发生的次数 k（称为频数）与试验的总次数 n 的比值，称为事件 A 发生的频率，即

$$f_n(A) = \frac{k}{n} \tag{2-1}$$

（二）概率

由试验和理论分析可知，当试验次数 n 相当大时，事件 A 出现的频率 $\frac{k}{n}$ 是稳定的，即频率的数值总是在某个常数 p 附近摆动。因此，可以用常数 p 来表示事件 A 出现可能性的大小，并把这个数值 p 称为事件 A 的概率，并记作 $P(A)=p$。

四、频率分布直方图

频率分布直方图是用一串长方形拼成的一条折线。在坐标轴上，用横轴上的点代表样本数据，用纵轴上的点代表频率除以组距所得的商。这样，每一组的频率可用以该组的组距为底、频率/组距为高的小长方形的面积来表示，于是

$$\text{小长方形的高} = \frac{\text{频率}}{\text{组距}} = \frac{1}{\text{组距} \times \text{样本容量}} \times \text{频数}$$

由于$\frac{1}{\text{组距} \times \text{样本容量}}$是常数,如果由纵轴上的一个线段来代表这个常数,那么以 h 为高,以组距为底的矩形面积恰好就是$\frac{1}{\text{样本容量}}$。这样,如果某组的频率数为 k,那么与该组相应的长方形的高就是 kh。于是,就可以画出频率分布直方图(见图 2-1)。

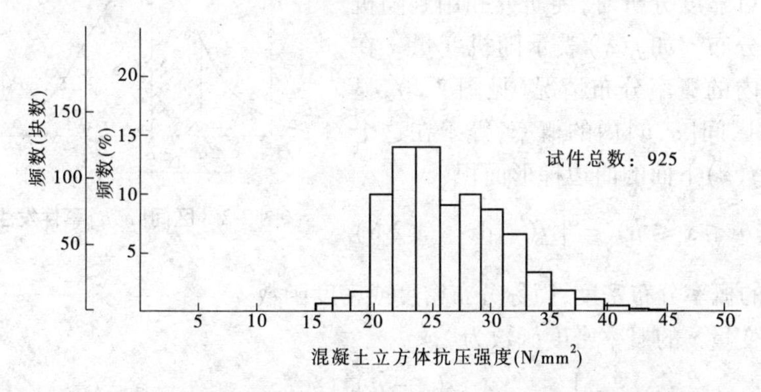

图 2-1　某预制构件厂对某工程所做混凝土试块的统计资料

五、平均值、标准差和变异系数

表示数理统计规律的三个特征值分别为随机变量的平均值 μ、标准差(均方差) σ 和变异系数 δ。

平均值是算术平均值,也称均值,通常用 μ 表示。

$$\mu = \frac{\sum_{i=1}^{n} x_i}{n} \tag{2-2}$$

平均值只能反映一组数据总的情况,但不能说明它们的变异性,为此引入标准差的概念,其表达式为

$$\sigma = \sqrt{\frac{\sum_{i=1}^{n} (\mu - x_i)^2}{n}} \tag{2-3}$$

由式(2-3)可以看出,标准差 σ 越大,这组数据越离散,即变异性越大,σ 越小,变异性越小。

在实际工程中,当试验次数较少($n < 30$)时,采用下式计算标准差,这是因为在一般情况下,总体所包含的数据较部分数据的变异性要大。

$$\sigma = \sqrt{\frac{\sum_{i=1}^{n} (\mu - x_i)^2}{n - 1}} \tag{2-4}$$

标准差 σ 只能反映两组数据平均值相同时的离散程度,而不能说明不同平均值时的离散程度,于是提出变异系数的概念,它是标准差与平均值的比值,即

$$\delta = \frac{\sigma}{\mu} \tag{2-5}$$

六、正态分布

在结构可靠度分析时,要研究和用到随机变量的概率分布。如 $f(x)$ 表示随机变量 x 在各取值范围内的概率分布情况(见图 2-2),显然,x 在任意区间$[a,b]$内的概率,等于在这个区间上曲线 $f(x)$ 下面的曲边梯形面积

$$P(a \leqslant x \leqslant b) = \int_a^b f(x)\,\mathrm{d}x \tag{2-6}$$

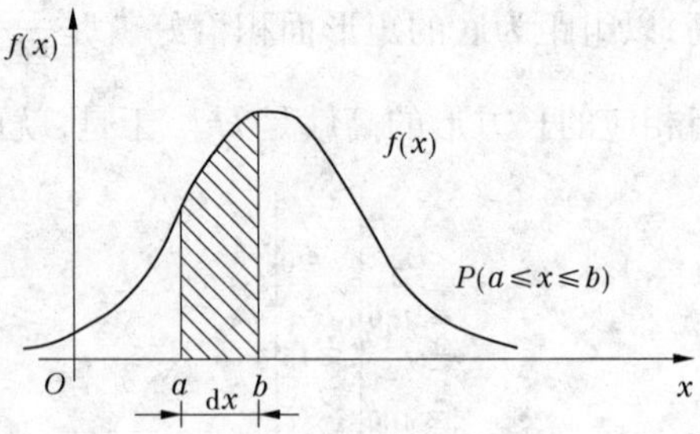

图 2-2　区间$[a,b]$事件发生的概率

$f(x)$ 称为 x 的概率分布密度,简称分布密度或密度函数。

当随机变量 x 的概率密度函数为

$$f(x) = \frac{1}{\sigma\sqrt{2\pi}}\exp\left[-\frac{(x-\mu)^2}{2\sigma^2}\right] \quad (-\infty < x < +\infty) \tag{2-7}$$

则称 x 为服从参数 μ、σ 的正态分布,其中 μ、σ 分别为 x 的平均值和标准差。正态分布的概率密度曲线如图 2-3 所示。曲线具有以下特点:

(1)曲线是单峰值曲线,峰值在 $x=\mu$ 处,并以 $x=\mu$ 为对称轴,曲线在 $x=\mu+\sigma$ 和 $x=\mu-\sigma$ 处各有一个反弯点,且向左右对称地无限延伸,并以 x 轴为渐近线。

(2)曲线与横坐标所围成的总面积,即 x 落在区间$(-\infty,+\infty)$的概率为 1.0

$$P(-\infty < x < \infty) = \int_{-\infty}^{\infty} f(x)\,\mathrm{d}x = 1 \tag{2-8}$$

x 落在$[\mu-\sigma,\mu+\sigma]$的概率为 68.26%(见图 2-4);

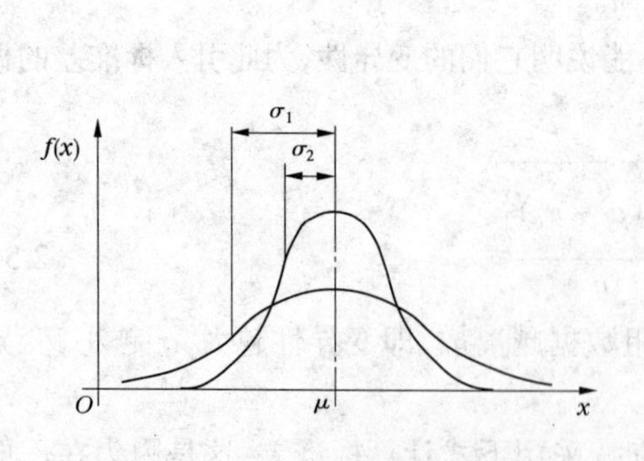

图 2-3　正态分布概率密度曲线

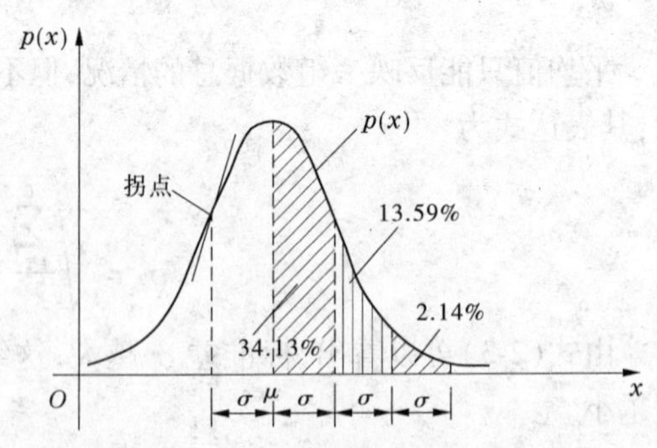

图 2-4　正态分布概率

x 落在$[\mu-2\sigma,\mu+2\sigma]$的概率为 95.44%;

x 落在$[\mp\infty,\mu\pm1.645\sigma]$的概率为 95%;

x 落在$[\mp\infty,\mu\pm2\sigma]$的概率为 97.73%。

(3)标准差 σ 越大,数据越分散,曲线越扁平;反之,标准差 σ 越小,数据越集中,曲线越高窄。

(4)平均值 μ 越大,曲线离纵轴越远。

平均值 $\mu=0$,标准差 $\sigma=1$ 的正态分布称为标准正态分布,如图2-5所示。它的概率密度函数写成

$$\varphi(x)=\frac{1}{\sqrt{2\pi}}e^{-\frac{x^2}{2}}\qquad(-\infty<x<+\infty)\tag{2-9}$$

设

$$\Phi(x)=\int_{-\infty}^{x}\varphi(t)\mathrm{d}t=\frac{1}{\sqrt{2\pi}}\int_{-\infty}^{x}e^{-\frac{t^2}{2}}\mathrm{d}t\tag{2-10}$$

则由图2-5可知,在 x 至 $+\infty$ 之间的阴影面积为 $1-\Phi(x)$,而由 $-\infty$ 至 $-x$ 之间的阴影面积为 $\Phi(-x)$,因此有

$$\Phi(-x)=1-\Phi(x)\tag{2-11}$$

$\Phi(x)$ 通过查表直接得到。

七、分位值

设 x 为随机变量,若 x_k 满足条件

$$P(x\leqslant x_k)=p_k$$

则称 x_k 为 x 的概率分布的 p_k 分位值(见图2-6)。其值可按下式计算

$$x_k=\mu\pm\alpha\sigma=\mu(1\pm\alpha\delta)$$

式中　α——与分位值 x_k 取值保证率相应的系数。

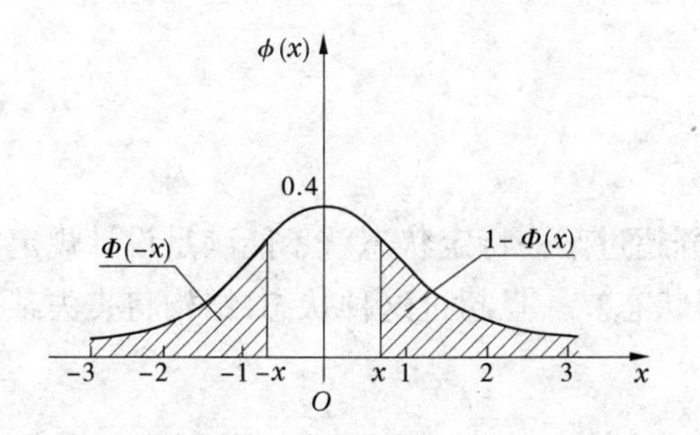

图2-5　标准正态分布概率密度曲线

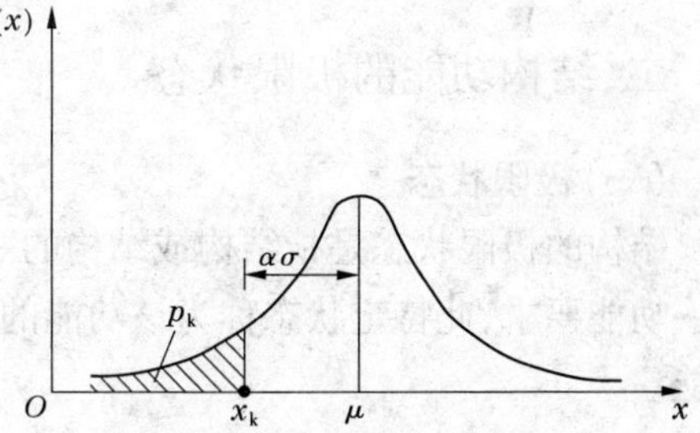

图2-6　分位值

八、随机变量的运算法则

根据随机变量的运算法则,设 X_1、X_2 均为正态分布随机变量且相互独立,其平均值分别为 μ_1、μ_2,标准差为 σ_1、σ_2,则 $Z=X_1-X_2$ 也为正态分布随机变量,且 Z 的平均值为

$$\mu_Z=\mu_1-\mu_2\tag{2-12}$$

标准差为

$$\sigma_Z=\sqrt{\sigma_1^2+\sigma_2^2}\tag{2-13}$$

第二节　结构的功能要求和极限状态

一、结构的功能要求

结构设计的主要目的是使设计的结构和构件具有足够的可靠性,也就是要保证结构设计符合技术先进、安全适用、经济合理、确保质量的要求。所谓结构的可靠性,具体是指:

(1)安全性。要求结构在正常施工和正常使用时能承受可能出现的各种作用(如荷载、温度变化、基础沉降等),以及在偶然事件(校核洪水位、地震等)发生时及发生后,结构仍能保持必需的整体承载力和稳定性。

(2)适用性。要求结构在正常使用过程中具有良好的工作性能,如不发生影响正常使用的过大变形和振动,不发生过宽的裂缝等。

(3)耐久性。要求结构在正常维护下具有足够的耐久性,即结构的承载力和刚度不应随时间增长有过大的减小,导致结构在其预定使用期间内降低安全性和适用性,缩短使用寿命。

安全性、适用性和耐久性构成了结构的可靠性,也称为结构的基本功能要求。但结构的可靠性和结构的经济性一般是相互矛盾的。比如在相同荷载条件下,加大截面尺寸、提高材料强度和增加配筋量等,一般可以提高结构的可靠性,但这将使工程造价增大,导致经济效益降低。正确的结构设计应在结构的可靠性和经济性之间寻求一种最优方案,使结构设计既安全可靠又经济合理。

二、结构功能的极限状态

(一)极限状态

结构的极限状态是指结构或结构的一部分超过某一特定状态就不能满足设计规定的某一功能要求,此特定状态称为该功能的极限状态。一旦超过这种状态,结构将丧失某一功能。

例如,某一简支梁在荷载作用下跨中的最大弯矩 $M=\frac{1}{8}ql^2$ 正好等于构件截面的抗弯能力,即$\frac{1}{\gamma_d}M_u=\frac{1}{\gamma_d}f_c bx\left(h_0-\frac{x}{2}\right)$,这说明此梁达到正截面抗弯极限状态;如果支座处的最大剪力 $V=\frac{1}{2}ql_n$ 等于构件截面的抗剪能力$\frac{1}{\gamma_d}V_u$,说明此梁达到斜截面抗剪极限状态;如果此梁在使用荷载作用下产生的最大挠度 f 等于挠度限值 f_{lim},说明此梁达到了挠度验算的极限状态;如果此梁在使用荷载作用下,梁跨中产生的最大裂缝宽度 w_{max} 等于裂缝宽度限值 w_{lim},说明此梁达到了裂缝宽度验算的极限状态。

(二)结构极限状态的分类

根据结构的功能要求,国际上把结构极限状态分为两类,即承载能力极限状态和正常使用极限状态。

1. 承载能力极限状态

这种极限状态对应于结构或构件达到最大承载能力或不适于继续承载的变形。当结构或构件出现下列状态之一时,就认为超过了承载能力极限状态。超过该极限状态,结构就不能满足预定的安全性要求。

(1)结构或结构的一部分丧失结构稳定(如细长受压构件的压曲失稳)。

(2)结构形成机动体系而丧失承载能力(如超静定结构中出现足够多塑性铰)。

(3)结构发生滑移、上浮或倾覆等不稳定情况。

(4)构件的截面因强度不足而发生破坏(包括疲劳破坏)。

(5)结构或构件产生过大的塑性变形而不适于继续承载。

满足承载能力极限状态的要求,是结构设计的首要任务,因为关系到结构能否安全使用,所以应具有较高的可靠度指标。

2. 正常使用极限状态

这种极限状态对应于结构或构件达到影响正常使用或耐久性能的某项规定限值。当结构或构件出现下列状态之一时,就认为超过了正常使用极限状态。超过该极限状态,结构就不满足预定的适用性和耐久性要求。

(1)产生过大的变形,影响正常使用和外观。

(2)产生过宽的裂缝,对耐久性有影响或者使人们心理上产生不能接受的感觉。

(3)产生过大的振动,影响使用。

当结构或构件达到正常使用极限状态时,虽然会影响结构的耐久性或使人们心理感觉无法承受,但一般不会造成生命财产的重大损失,所以正常使用极限状态的可靠度指标可以比承载能力极限状态的可靠度指标适当降低。结构设计的一般程序是先按承载能力极限状态对结构构件进行设计,然后按正常使用极限状态进行验算(校核)。

三、结构可靠度

(一)结构可靠度

结构在规定的时间内,在规定的条件下完成预定功能的概率称为可靠度。

(二)失效概率

失效概率是指结构或结构的一部分不能满足设计所规定的某一功能要求,即达到或超过了承载能力极限状态或正常使用极限状态中的某一极限的概率,或是指结构处于失效状态的概率。结构能够完成预定功能($R \geqslant S$)的概率即为“可靠概率”P_s,不能完成预定功能($R < S$)的概率即为“失效概率”P_f。结构的可靠与失效为两个互不相容事件,因此$P_s + P_f = 1$,P_f越小,可靠度越大。

结构的极限状态是用极限状态函数(或功能函数)来描述的。设有n个互相独立的随机变量$X_i(i = 1,2,\cdots,n)$影响结构的可靠度,其功能函数为

$$Z = g(X_1, X_2, \cdots, X_n) \tag{2-14}$$

当

$$Z = g(X_1, X_2, \cdots, X_n) = 0 \tag{2-15}$$

时,结构已达到极限状态,式(2-15)称为极限状态方程。

若只以结构构件荷载效应 S 和结构抗力 R 作为两个基本的随机变量来表达,则功能函数表示为

$$Z = g(R,S) = R - S \tag{2-16}$$

极限状态方程则为

$$Z = g(R,S) = R - S = 0 \tag{2-17}$$

因为 R 和 S 是随机变量,所以功能函数 Z 也是随机变量。显然,当 $Z>0$ 时,结构可靠;当 $Z<0$ 时,结构失效;当 $Z=0$ 时,结构处于极限状态。

图 2-7 表示 R 与 S 的概率密度函数曲线,在曲线的重叠区内,如果 $R<S$,则结构失

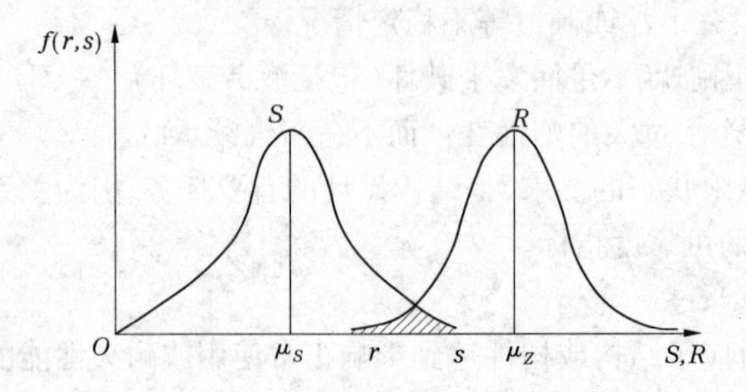

图 2-7　R 与 S 的概率密度函数曲线

效,其失效概率与重叠区的大小有关。当 $R>0$、$S>0$ 时,失效概率可以写成

$$P_f = P(Z<0) = P(R-S<0) = P(\frac{R}{S}<1)$$

$$P(\ln\frac{R}{S}<0) = P(\ln R - \ln S < 0) \tag{2-18}$$

式中　$P(\cdot)$——事件$(\cdot)$的概率。

设 R 与 S 为相互独立的随机变量且服从正态分布,R、S 的概率密度函数分别为 $f_R(r)$、$f_S(s)$,则(R,S)的联合分布函数为 $f(r,s)=f_R(r)f_S(s)$,参见图 2-7,由概率论可知

$$\begin{aligned} P_f &= \iint_{r<s} f(r,s)\,\mathrm{d}r\mathrm{d}s = \int_0^\infty \left[\int_0^s f(r,s)\,\mathrm{d}r\right]\mathrm{d}s = \int_0^\infty \left[\int_0^s f_R(r)f_S(s)\,\mathrm{d}r\right]\mathrm{d}s \\ &= \int_0^\infty f_S(s)\left[\int_0^s f_R(r)\,\mathrm{d}r\right]\mathrm{d}s \end{aligned} \tag{2-19}$$

利用式(2-9)计算并非易事,一般 $f_R(r)$、$f_S(s)$ 不易确定。

(三)可靠指标

可靠指标同样也是用于度量结构构件可靠度的指标,通常用 β 表示。分析表明,所有 S 和 R 的分布中,正态分布占有一定的比例,而一些非正态分布的随机变量(如雪载、风载)可以通过数学变换转换成当量的正态分布。因此,可以认为 S 和 R 都是正态随机变量。

水准Ⅱ的近似概率计算法,在进行可靠指标计算时,分为两种方法:①不考虑随机变量的实际分布,假定它服从正态分布或者对数正态分布,导出有关的结构构件可靠指标的解析表达式,进行分析和计算,由于分析时采用了泰勒级数在平均值处(即中心点)展开,故简称为中心点法;②考虑随机变量的实际分布,将非正态分布当量正态化,并在设计验算点进行迭代,计算可靠指标,故称为验算点法。

1. 正态分布

假定抗力 R 和作用效应 S 均服从正态分布，其平均值和标准差分别为 μ_R、μ_S 和 σ_R、σ_S，则由概率论可知，功能函数 $Z=R-S$ 也服从正态分布，Z 的平均值和标准差分别为

$$\mu_Z = \mu_R - \mu_S \tag{2-20}$$

$$\sigma_Z = \sqrt{\sigma_R^2 + \sigma_S^2} \tag{2-21}$$

图 2-8 表示随机变量 Z 的分布，$Z<0$ 的概率，即 $P_f=P(Z<0)$，此值等于图中阴影部分的面积。图中由 O 到平均值 μ_Z 这段距离，可以用标准差去度量，即

$$\mu_Z = \beta\sigma_Z \tag{2-22}$$

不难看出，β 与 P_f 之间有一一对应关系，β 小时，P_f 就大；β 大时，P_f 就小。因此，β 和 P_f 一样，也可作为衡量结构可靠性的一个指标。此时，失效概率为

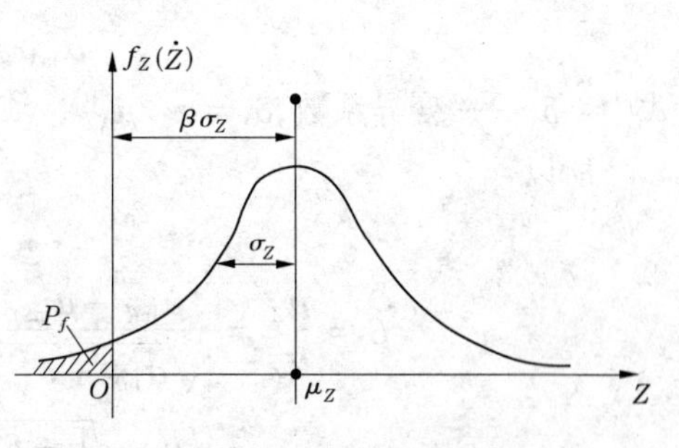

图 2-8 β 和 P_f 的关系

$$P_f = P(Z<0) = \int_{-\infty}^{0} \frac{1}{\sigma_Z\sqrt{2\pi}} \exp\left[-\frac{(Z-\mu_Z)^2}{2\sigma_Z^2}\right] dZ \tag{2-23}$$

引入标准化变量 t（即令 $\mu_t=0$，$\sigma_t=1.0$）

$$t = \frac{Z-\mu_Z}{\sigma_Z}, \quad dZ = \sigma_Z dt$$

所以

$$P_f = \int_{-\infty}^{-\frac{\mu_Z}{\sigma_Z}} \frac{1}{\sqrt{2\pi}} \exp\left(-\frac{t^2}{2}\right) dt = \Phi\left(-\frac{\mu_Z}{\sigma_Z}\right) = \Phi(-\beta) \tag{2-24}$$

式中 $\Phi(\cdot)$——标准正态分布函数。

由式(2-20)、式(2-21)和式(2-22)，得可靠指标 β 为

$$\beta = \frac{\mu_Z}{\sigma_Z} = \frac{\mu_R - \mu_S}{\sqrt{\sigma_R^2 + \sigma_S^2}} \tag{2-25}$$

由式(2-25)可知，失效概率 P_f 与可靠指标 β 之间存在一一对应的关系。当 R、S 服从正态分布时，β 与 P_f 的对应关系如表 2-1 所示。

表 2-1 β 与 P_f 的对应关系

β	2.7	3.2	3.7	4.2
P_f	3.5×10^{-3}	6.9×10^{-4}	1.1×10^{-4}	1.3×10^{-5}

由式(2-25)可以看出，如所设计的结构，当 R 和 S 的平均值 μ_R 和 μ_S 的差值越大，或它们的标准差 σ_R 和 σ_S 的数值越小时，则可靠指标 β 值就越大，失效概率就越小，结构可靠性就越高。

2. 对数正态分布

因为抗力和作用效应多趋向于偏态分布，按正态分布计算时会产生较大的误差，所以有些学者建议可认为 R 和 S 服从对数正态分布，即 R 和 S 的对数 $\ln R$ 和 $\ln S$ 服从正态分

布。$\ln R$ 和 $\ln S$ 的平均值分别为 $\mu_{\ln R}$、$\mu_{\ln S}$，标准差分别为 $\sigma_{\ln R}$、$\sigma_{\ln S}$。此时，功能函数 $Z = \ln R - \ln S$ 也服从正态分布，其平均值和标准差分别为 $\mu_Z = \mu_{\ln R} - \mu_{\ln S}$ 和 $\sigma_Z = \sqrt{\sigma_{\ln R}^2 + \sigma_{\ln S}^2}$。由对数正态分布的性质可知

$$\mu_{\ln X} = \ln \frac{\mu_X}{\sqrt{1 + \delta_X^2}}$$

$$\sigma_{\ln X}^2 = \ln(1 + \delta_X^2)$$

式中　δ_X——变异系数，$\delta_X = \sigma_X / \mu_X$。

所以

$$\beta = \frac{\mu_Z}{\sigma_Z} = \frac{\mu_{\ln R} - \mu_{\ln S}}{\sqrt{\sigma_{\ln R}^2 + \sigma_{\ln S}^2}} = \frac{\ln \frac{\mu_R}{\sqrt{1 + \delta_R^2}} - \ln \frac{\mu_S}{\sqrt{1 + \delta_S^2}}}{\sqrt{\ln(1 + \delta_R^2) + \ln(1 + \delta_S^2)}}$$

$$= \frac{\ln\left(\frac{\mu_R}{\mu_S}\sqrt{\frac{1 + \delta_S^2}{1 + \delta_R^2}}\right)}{\sqrt{\ln[(1 + \delta_R^2)(1 + \delta_S^2)]}} \tag{2-26}$$

当 δ_R 和 δ_S 均小于 0.3 时，式(2-26)可进一步简化，取

$$\ln(1 + \delta_R^2) \approx \delta_R^2,\quad \ln(1 + \delta_S^2) \approx \delta_S^2$$

其误差小于 2%，且当 δ_R、δ_S 很小或者近似相等时，则有

$$\sqrt{\frac{1 + \delta_S^2}{1 + \delta_R^2}} \approx 1$$

将上述结果代入式(2-26)，可得简化的对数正态分布可靠指标 β 的计算公式为

$$\beta \approx \frac{\ln \frac{\mu_R}{\mu_S}}{\sqrt{\delta_R^2 + \delta_S^2}} \tag{2-27}$$

四、结构安全级别及目标可靠指标

（一）水工建筑物的安全级别

水工混凝土结构设计时，应根据水工建筑物的级别，采用不同的水工建筑物结构安全级别。水工建筑物结构安全级别划分为三级，按附录一附表 1-1 采用。对有特殊要求的水工建筑物，其结构安全级别应经专门研究确定。

（二）目标可靠指标

在设计时，应使所设计的结构既安全可靠又经济合理，因此要确定一个大家所能接受的结构失效概率或可靠指标，这个失效概率称为目标失效概率（允许失效概率）或这个可靠指标称为目标可靠指标（允许可靠指标），它们代表了设计所要预期达到的结构可靠度。

结构或构件在设计基准期内，在规定的时间内，不能完成预定功能的概率 P_f 低于目标失效概率（允许失效概率）$[P_f]$，则有

$$P_f \leqslant [P_f] \tag{2-28}$$

式中　P_f——计算失效概率；

$[P_f]$——目标失效概率(允许失效概率)。

由于可靠指标与失效概率是一一对应的,所以有

$$\beta \geqslant [\beta] \tag{2-29}$$

式中　β——计算可靠指标；

$[\beta]$——目标可靠指标(允许可靠指标)。

目标可靠指标$[\beta]$依据以下原则确定:

(1)建立在对《水工钢筋混凝土结构设计规范》(SDJ 20—78)(以下简称原规范)“校准”的基础上。运用近似概率法对原规范所设计的各种构件进行分析,反算出在各种情况下相应的可靠指标β。然后,在统计、分析的基础上,针对不同情况进行适当的调整,确定合理且统一的目标可靠指标$[\beta]$。

(2)$[\beta]$与结构安全级别有关。安全级别越高,目标可靠指标就应越大。

(3)$[\beta]$与构件破坏性质有关。延性破坏构件的目标可靠指标可稍低于脆性破坏构件的目标可靠指标。因为延性破坏构件在破坏前有明显的预兆,如构件的裂缝过宽、变形较大等,属于延性破坏的构件如钢筋混凝土受弯、受拉等构件。而脆性破坏则带有突发性,构件在破坏前没有明显预兆,一旦破坏,承载力急剧降低甚至突然断裂,例如轴心受压、受剪、受扭等构件。

(4)$[\beta]$与极限状态的类型有关。承载能力极限状态的目标可靠指标应高于正常使用极限状态的目标可靠指标。因为承载能力极限状态是关系到结构构件是否安全的根本问题,而正常使用极限状态的验算则是在承载能力极限状态满足的前提下进行的,如果不满足,只影响到结构构件的适用性和耐久性,而不会影响到结构的安全性。

水工混凝土结构设计规范规定的承载能力极限状态(持久状况)设计的目标可靠指标$[\beta]$如表2-2所示。它是运用近似概率法对不同的钢筋混凝土构件在不同材料组合及不同荷载组合下,一一进行分析计算相应的可靠指标,并进行统一调整后得出的。

表2-2　不同结构安全等级的承载能力极限状态的目标可靠指标$[\beta]$

破坏类型	结构的安全等级		
	Ⅰ级	Ⅱ级	Ⅲ级
延性破坏	3.7	3.2	2.7
脆性破坏	4.2	3.7	3.2

注:当有充分依据时,表中目标可靠指标可作不超过±0.25幅度的调整。

第三节　作用效应和结构抗力

影响结构可靠度的主要因素有两个:作用效应S和结构抗力R。这是结构设计中必须要解决的两个问题。

一、结构上的作用和作用效应

（一）作用的概念和类型

结构上的作用是使结构产生内力和变形的所有因素。

按使结构产生内力和变形的原因不同，结构上的作用可分为直接作用和间接作用两类。

直接作用：以力的作用形式直接作用在结构上，习惯上称为荷载。如楼面荷载、风荷载、雪荷载、人群荷载等。直接作用是本教材介绍的重点。

间接作用：引起结构外加变形和约束的其他因素。如混凝土收缩、温度变形、基础不均匀沉降等。

结构上的作用可按不同方法进行分类。

（1）随时间变异可分为三类：永久作用、可变作用、偶然作用。

永久作用：在设计基准期内量值不随时间变化或其变化与平均值相比可以忽略不计的作用，其统计规律与时间无关。如结构自重、土压力、预应力等。

可变作用：在设计基准期内量值随时间变化，且其变化与平均值相比不可忽略的作用，其统计规律与时间有关。如楼面活荷载、安装荷载、风荷载、雪荷载、吊车荷载、汽车荷载和温度变化等。

偶然作用：在设计基准期内不一定出现，而一旦出现，其量值很大且持续时间很短的作用。如地震、爆炸、冲击荷载等。

（2）随空间位置的变异可分为固定作用、自由作用两类。

固定作用：在结构上具有固定分布的作用。如水电站厂房楼面的结构构件自重和楼面上的固定设备荷载等。

自由作用：在结构上一定范围内可以任意分布的作用。如水电站厂房楼面上的人群荷载、吊车荷载等。

（3）按结构反应特点可分为静态作用、动态作用两类。

静态作用：使结构产生的加速度可以忽略不计的作用。如结构的自重、住宅和办公楼面的活荷载作用等。

动态作用：使结构产生的加速度不可忽略的作用。如地震、吊车荷载和设备振动等作用。

（二）荷载的代表值

结构设计中所涉及的荷载，可采用随机变量或随机过程的模式加以描述。荷载可根据各种极限状态的设计要求，规定不同的量值即荷载代表值。一般荷载的代表值有标准值、设计值、组合值、频遇值和准永久值五种。其中标准值是荷载的基本代表值，其他四种代表值都可以通过荷载标准值乘以相应的系数来表示。永久荷载应采用标准值作为荷载代表值；可变荷载应采用标准值、组合值、频遇值或准永久值作为荷载代表值。

1. 荷载标准值

荷载标准值是设计基准期内最大统计分布的特征值（如均值、众值、中值或某个分位值）。由于荷载本身的随机性，因而使用期间最大荷载值也是随机变量，因此原则上应由设计基准期和在最大值概率分布的某一分位值来确定。如用概率统计规律来描述荷载标准值，则荷载标准值 S_k 可由式(2-30)计算

$$S_k = \mu_s(1 + \alpha_s\delta_s) \tag{2-30}$$

式中 μ_s——荷载的统计平均值；

δ_s——荷载的变异系数，$\delta_s = \dfrac{\sigma_s}{\mu_s}$；

σ_s——荷载的统计标准差；

α_s——荷载标准值的保证率系数。

国际标准化组织(ISO)建议取 $\alpha_s = 1.645$，此时，荷载标准值即相当于具有95%保证率的0.95分位值(假定荷载为正态分布)，换句话说，作用在结构上的实际荷载超过此值的可能性不会超过5%。但实际上目前对很多种可变荷载的统计资料还掌握得不够充分，所以很难通过合理的统计分析来确定其标准值。因此，很多荷载的取值还是沿用或参照传统习用的数值。我国《建筑结构荷载规范》(GB 50009—2001)就是按上述方法确定荷载标准值的。对于荷载概率分布取值，规范也没有规定统一的分位值，这主要是考虑所确定的荷载值不宜与过去规定的值相差太远，以免设计的结构构件材料用量变动太大。

《建筑结构荷载规范》(GB 50009—2001)对某些荷载的取值为：对结构或非结构的自重等永久荷载，由于变异性不大，而且多为正态分布，一般以其分布的均值作为荷载的标准值，即由结构设计的尺寸与材料或结构构件单位体积的自重或单位面积的自重的平均值确定；对于自重变异性较大的材料，尤其是制作屋面的轻质材料，考虑到结构的可靠性，在设计中应根据荷载对结构有利或不利，分别取自重的下限值或上限值。

对于民用建筑楼面均布荷载标准值取为：住宅及办公楼荷载2.0 kN/m^2，商店荷载3.5 kN/m^2，藏书库及档案库荷载5.0 kN/m^2。我国住宅和办公楼均布活荷载的标准值与美国、英国、欧洲的比较如表2-3所示。

表2-3　荷载标准值　(单位：kN/m^2)

国别	住宅	办公楼
中国	2.0	2.0
美国	1.92	2.4
英国	1.5~2.0	2.5
欧盟国家	2.0	3.0

由表2-3可见，我国《建筑结构荷载规范》(GB 50009—2001)规定的住宅楼面活荷载与国外比较接近，但办公楼楼面活荷载取值比国外偏低。

对于雪荷载和风荷载，《建筑结构荷载规范》(GB 50009—2001)规定取50年一遇的最大雪压和风压作为其标准值。这样，在标准上将与国外大部分国家取得一致。

2. 荷载设计值

荷载设计值为其荷载标准值乘以荷载分项系数而得。其数值大体相当于结构非正常使用情况下荷载的最大值。在进行结构承载能力极限状态计算时，采用荷载设计值。

3. 荷载频遇值

荷载频遇值是对可变荷载在设计基准期内，其超越的总时间为规定的较小比率或超越频率为规定频率的荷载值。它是正常使用极限状态按频遇组合设计可采用的一种可变荷载代表值。可变荷载的频遇值可由可变荷载标准值 Q_k 乘以相应的频遇值系数 ψ_f（$\psi_f \leqslant 1$）得出。荷载的频遇值系数 ψ_f 由 GB 50009—2001 给出。如住宅，楼面均布荷载标准值为 2.0 kN/m^2，荷载的频遇值系数 ψ_f 为 0.5，则活荷载频遇值为 $2.0\times0.5=1.0$（kN/m^2）。

4. 荷载准永久值

结构的变形和裂缝宽度与荷载作用的时间长短有关。因此，在按正常使用极限状态计算时，应分别按荷载的标准组合或标准组合并考虑长期作用的影响进行验算。在考虑长期作用影响时，永久荷载当然是一直作用的，而可变荷载不像永久荷载那样在结构设计基准期内全部以其最大值经常作用在结构上，而是时大时小、时有时无，且作用时间长短也不同，有的作用时间长，有的作用时间短。因此，在进行标准组合并考虑长期作用的影响时，可变荷载不应取标准值作为代表值，而应取其准永久值作为它的代表值。所谓准永久值，是指可变荷载在设计基准期 T 内，其超越的时间约为设计基准期一半的荷载值。它是正常使用极限状态按准永久组合和频遇组合设计采用的可变荷载代表值。可变荷载的准永久值可由可变荷载标准值 Q_k 乘以相应的准永久值系数 ψ_q（$\psi_q \leqslant 1$）得出，参见图 2-9。荷载的准永久值系数 ψ_q 由 GB 50009—2001 给出。如住宅，楼面均布荷载标准值为 2.0 kN/m^2，荷载的准永久值系数 ψ_q 为 0.4，则活荷载准永久值为 $2.0\times0.4=0.8$（kN/m^2）。

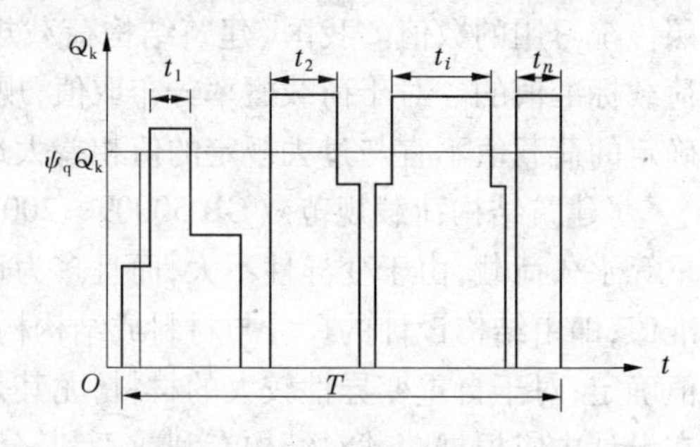

图 2-9　可变荷载的一个样本

5. 荷载组合值

当结构构件承受两种或两种以上的可变荷载时，承载能力极限状态按基本组合设计和正常使用极限状态按标准组合设计时采用的可变荷载代表值即为荷载组合值。这是由于当结构或结构构件承受两种或两种以上可变荷载时，考虑到各种可变荷载不可能同时以其最大值（标准值）出现，因此除一个主要可变荷载外，其余可变荷载应以其标准值乘以小于等于 1 的组合值系数对可变荷载标准值进行折减，使结构构件在两种或两种以上可变荷载参与组合的情况与仅有一种可变荷载参与组合的情况有大致相同的可靠指标。因此，可变荷载组合值由可变荷载标准值乘以组合值系数 ψ_c（$\psi_c \leqslant 1$）得出。如住宅，楼面均布荷载标准值为 2.0 kN/m^2，荷载的组合值系数 ψ_c 为 0.7，则活荷载组合值为 $2.0\times0.7=1.4$（kN/m^2）。

（三）作用效应

由作用引起结构或结构构件的内力、变形和裂缝等，称为作用效应。作用效应与作用一样也是随机变量。作用效应可由作用效应系数乘以作用直接得到，见式（2-31）。

$$S = CQ \tag{2-31}$$

式中　S——作用效应；

C——作用效应系数；

Q——某种作用。

作用效应系数一般由力学方法确定，它与构件的支座形式、荷载作用情况和计算跨度、构件刚度等有关。如均布荷载作用的简支梁，跨中的弯矩 $M=\frac{1}{8}ql^2$，支座剪力 $V=\frac{1}{2}ql$，最大挠度 $f=\frac{5ql^4}{384EI}$，则它们所对应的效应系数分别为$\frac{1}{8}l^2$、$\frac{1}{2}l$ 和$\frac{5l^4}{384EI}$。

二、结构的抗力

（一）结构的抗力

结构的抗力是指结构或结构构件承受内力和变形的能力，用 R 表示。如果说结构的作用是结构可靠性的外部影响因素的话，则结构抗力就是结构可靠性的内部影响因素。材料强度的离散性，构件几何参数的不确定性，决定了结构抗力的随机性，即结构抗力也是一个随机变量，其影响因素主要是材料的强度和构件几何尺寸。

（二）材料强度的标准值

材料强度也是一随机变量，故其标准值应以材料强度概率分布的某一分位值来确定。在国际上也称为材料强度特征值。当材料强度服从正态分布时，其标准值可由下式计算（见图 2-10）

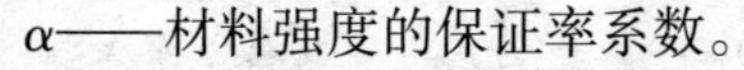

$$f_k=\mu_f-\alpha\sigma_f=\mu_f(1-\alpha\delta_f)\tag{2-32}$$

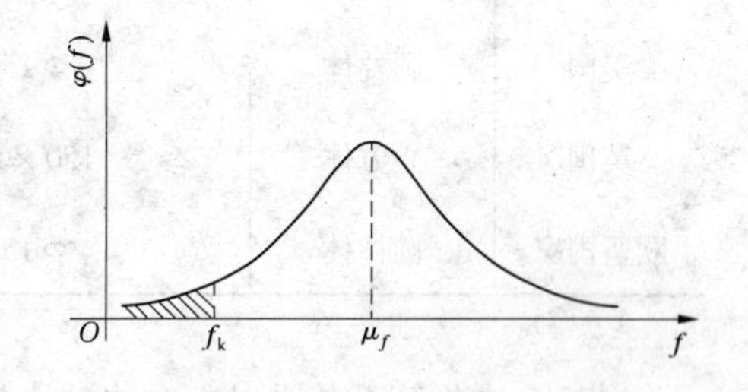

图 2-10　材料强度标准值的取值

式中　μ_f——材料强度的统计平均值；

σ_f——材料强度的统计标准差；

δ_f——材料强度的变异系数，$\delta_f=\frac{\sigma_f}{\mu_f}$；

α——材料强度的保证率系数。

按照国际标准（ISO:3893）的规定，材料强度的标准值是由材料强度概率分布的 0.05 分位值来确定的，即材料的实际强度小于强度标准值的可能性只有 5%，也就是具有 95% 的保证率，对应的保证率系数 $\alpha=1.645$。

所以

$$f_k=\mu_f-1.645\sigma_f=\mu_f(1-1.645\delta_f)\tag{2-33}$$

1. 混凝土强度标准值

1）混凝土立方体抗压强度标准值 $f_{cu,k}$

由前面所述，规范是按照混凝土立方体强度标准值的大小来划分混凝土的强度等级的，即以具有 95% 保证率的混凝土立方体抗压强度标准值作为混凝土强度等级。其值由下式确定

$$f_{cu,k}=\mu_{f_{cu}}-1.645\sigma_{f_{cu}}=\mu_{f_{cu}}(1-1.645\delta_{f_{cu}})\tag{2-34}$$

式中　$\mu_{f_{cu}}$——混凝土立方体抗压强度统计平均值；

$\sigma_{f_{cu}}$——混凝土立方体抗压强度统计标准差；

$\delta_{f_{cu}}$——混凝土立方体抗压强度的变异系数。

根据 1979 ~ 1980 年对全国十几个省、市、自治区的混凝土强度的调查统计结果，混凝土立方体抗压强度的变异系数 $\delta_{f_{cu}}$ 按表 2-4 取用。

表 2-4　混凝土立方体抗压强度的变异系数 $\delta_{f_{cu}}$

混凝土强度等级	C15	C20	C25	C30	C35	C40	C45	C50	C55	C60 ~ C80
$\delta_{f_{cu}}$	0.21	0.18	0.16	0.14	0.13	0.12	0.12	0.11	0.11	0.10

我国混凝土立方体抗压强度标准值的保证率取值与美国、英国、欧盟国家等国取值一致，如表 2-5 所示。

表 2-5　混凝土试块尺寸及强度标准值的保证率

国别	形状	尺寸(mm)	保证率(%)	换算系数
中国	立方体	150 × 150 × 150	95	1.0
美国	圆柱体	Φ150 × 300	—	0.8
英国	立方体	150 × 150 × 150	95	1.0
欧盟国家	圆柱体	Φ150 × 300	95	0.8

表 2-5 中换算系数是以立方体试块为标准的，对常用混凝土强度等级而言，例如圆柱体 C15 相当于立方体 C20，对高强混凝土的换算系数，目前国际上尚无定论。

2）混凝土轴心抗压强度标准值 f_{ck}

根据式(1-1)，混凝土棱柱体轴心抗压强度平均值 μ_{f_c} 与边长为 150 mm × 150 mm × 150 mm 立方体抗压强度平均值 $\mu_{f_{cu}}$ 之间的关系为

$$\mu_{f_c} = 0.76\alpha_{c1}\mu_{f_{cu}} \tag{2-35}$$

式中　α_{c1}——考虑混凝土脆性的折减系数，对于 C45 以下，均取 $\alpha_{c1} = 1.0$，对于 C45，取 $\alpha_{c1} = 0.98$，对于 C60，取 $\alpha_{c1} = 0.96$，中间按线性内插法确定。

在实际构件中，混凝土的受力情况和棱柱体混凝土试块的受力情况稍有差异，尺寸大小和加载速度也不一样，所以考虑实际构件和试块的差异，尚应乘以一个折减系数。根据试验数据分析及参考国内外有关规范的规定，水工混凝土结构设计规范取定这一折减系数为 0.88。这样，构件中混凝土轴心抗压强度平均值 μ_{f_c} 为

$$\mu_{f_c} = 0.88 \times 0.76\alpha_{c1}\mu_{f_{cu}} = 0.67\alpha_{c1}\mu_{f_{cu}} \tag{2-36}$$

由此，混凝土轴心抗压强度标准值为

$$\begin{aligned} f_{ck} &= \mu_{f_c} - 1.645\sigma_{f_c} = 0.67\alpha_{c1}\mu_{f_{cu}}(1 - 1.645\delta_{f_c}) \\ &= 0.67\alpha_{c1}\frac{f_{cu,k}}{1 - 1.645\delta_{f_{cu}}}(1 - 1.645\delta_{f_c}) \end{aligned} \tag{2-37}$$

假定 $\delta_{f_{cu}} = \delta_{f_c}$，则

$$f_{ck}=0.67\alpha_{c1}f_{cu,k} \tag{2-38}$$

由此,可得出不同强度等级的混凝土轴心抗压强度标准值f_{ck}。

同样,混凝土轴心抗拉强度标准值f_{tk},考虑到实际构件中混凝土强度和试件混凝土强度的差异,取0.88的折减系数,根据式(1-2),混凝土轴心抗拉强度平均值μ_{f_t}与边长为150 mm×150 mm×150 mm立方体抗压强度平均值$\mu_{f_{tu}}$之间的关系为

$$\mu_{f_t}=0.88\times0.26\mu_{f_{cu}}^{2/3}=0.23\mu_{f_{cu}}^{2/3} \tag{2-39}$$

因此,构件中的混凝土轴心抗拉强度标准值为

$$\begin{aligned} f_{tk}&=\mu_{f_t}-1.645\sigma_{f_t}=0.23\mu_{f_{cu}}^{2/3}(1-1.645\delta_{f_t})\\ &=0.23\left(\frac{f_{cu,k}}{1-1.645\delta_{f_{cu}}}\right)^{2/3}(1-1.645\delta_{f_t})\\ &=0.23f_{cu,k}^{2/3}(1-1.645\delta_{f_{cu}})^{1/3} \end{aligned} \tag{2-40}$$

式中同样假设$\delta_{f_t}=\delta_{f_{cu}}$,由此可得到混凝土轴心抗拉强度标准值$f_{tk}$。

2. 钢筋强度标准值

为了使钢筋强度标准值与钢筋的检验标准统一,热轧钢筋采用国家标准《钢筋混凝土用热轧带肋钢筋》(GB 1499.2—2007)和《钢筋混凝土用光圆钢筋》(GB 1499.1—2008)规定的屈服强度作为标准值f_{yk}、f_{pyk},其中f_{pyk}表示预应力钢筋。国家规定的屈服强度即钢筋出厂检验的废品限值。统计资料表明,废品限值大体在$\mu_f-2\sigma_f$,即相当于有97.73%的保证率,高于95%,所以是足够安全的。对于无明显屈服点的钢筋,如钢丝、钢绞线、热处理钢筋,为了与国家标准的出厂检验强度一致,采用国家标准《预应力混凝土用钢丝》(GB/T 5223—2002)、《预应力混凝土用钢绞线》(GB/T 5224—2003)、《预应力混凝土用螺纹钢筋》(GB/T 20065—2006)和《预应力混凝土用钢棒》(GB/T 5223.3—2005)等国标规定的极限抗拉强度作为标准值f_{stk}、f_{ptk},其中f_{ptk}表示预应力钢筋。其保证率也不小于95%。

3. 材料强度的设计值

为了考虑材料的离散性及不可避免的施工偏差等因素带来的使材料的实际强度低于其强度标准值的可能性,在承载能力极限状态计算中用材料强度的设计值进行计算,材料强度的设计值等于材料强度标准值除以相应的材料强度分项系数。从而,混凝土和钢筋的强度设计值可分别表示为

$$\left.\begin{aligned} f_c=\frac{f_{ck}}{\gamma_c},f_t=\frac{f_{tk}}{\gamma_c}\\ f_y=\frac{f_{yk}}{\gamma_s} \end{aligned}\right\} \tag{2-41}$$

式中　f_c、f_t—— 混凝土的抗压强度设计值和抗拉强度设计值;

f_{ck}、f_{tk}——混凝土的抗压强度标准值和抗拉强度标准值;

f_y——钢筋的抗拉强度设计值;

f_{yk}——钢筋的抗拉强度标准值;

γ_c、γ_s——混凝土强度、钢筋强度的分项系数。

第四节　水工混凝土结构设计规范的实用设计表达式

一、水工混凝土结构设计规范采用的分项系数

新编的《水工混凝土结构设计规范》(DL/T 5057—2009)采用以概率理论为基础的极限状态设计法,以可靠指标β度量结构的可靠度。如前所述,β值的计算是非常复杂的,而且需要大量的统计资料,直接在设计中应用很不方便,而且也不符合设计者以往的设计习惯。所以,DL/T 5057—2009给出了以各基本变量标准值和分项系数表示的实用设计表达式,以可靠度要求,具体考虑:

(1)计算荷载效应时,取足够大的荷载值;多种荷载组合时考虑荷载的合理组合。

(2)在计算结构抗力时,取足够低的材料强度指标。

(3)对安全等级不同的结构构件,采用一个重要性系数进行调整。

(4)对设计状况不同的结构构件,采用设计状况系数进行调整。

(5)对于由荷载推求结构构件上所受荷载效应时的计算模式不定性、几何尺寸不定性、结构构件抗力计算模式不定性,以及未能由荷载分项系数与材料强度分项系数考虑的其他各种变异因素,采用结构系数进行调整。

这样,就可以满足前述给定的目标可靠指标的要求,不需进行复杂的概率计算,规范给出同以往设计表达式形式相近的实用设计表达式。

DL/T 5057—2009在设计表达式中采用了五个分项系数,用这五个系数来保证结构的可靠度。

(一)结构重要性系数γ_0

结构的安全级别不同,目标可靠指标也要求不同(见表2-2)。为了反映这种要求,在计算荷载效应组合时,可将其值乘以结构重要性系数γ_0。水工混凝土结构设计规范通过结构可靠度分析,确定了不同结构安全级别时的结构重要性系数γ_0值。

(二)设计状况系数ψ

结构在施工、安装、运行、检修等不同时期可能出现不同的结构体系和荷载及环境条件,所以在设计时应考虑下列三种设计状况:

(1)持久状况。在结构运行使用过程中,不仅出现且持续时间很长,一般与设计基准期为同一量级的设计状况。

(2)短暂状况。在结构施工、安装、检修或使用过程中短暂出现的设计状况。

(3)偶然状况。在结构使用过程中,出现概率很小、持续时间很短的设计状况。

例如,当水闸工作桥的纵梁采用单跨预制,纵梁两端伸出钢筋,待吊装到墩墙上就位后,再将相邻两孔纵梁伸出的钢筋加以焊接,然后浇筑接缝及桥面板混凝土,构成多跨连续梁式工作桥。这样,工作桥纵梁在运行使用阶段,其结构受力形式为多跨连续梁,承受的荷载为自重、启门力及桥面荷载等。纵梁在运行使用阶段的承载力设计计算应为持久设计状况。工作桥纵梁在吊装时,其结构型式为单跨简支梁,承受的荷载为梁的自重,吊装验算时为短暂状况设计。

上述两种设计状况均应进行承载能力极限状态计算。对持久状况尚应进行正常使用极限状态验算,对短暂状况要不要进行正常使用极限状态验算,可根据具体情况决定。

不同设计状况的可靠度水平要求可以不同,在设计表达式中用设计状况系数 ψ 来调整。水工混凝土结构设计规范对不同设计状况分别给出了不同的设计状况系数 ψ 值。

(三)荷载分项系数 γ_G、γ_Q

结构构件在使用期间,实际荷载仍有可能超过预定的标准值。为了考虑这一最不利情况,在承载能力极限状态设计表达式中引入荷载分项系数(一般大于1.0,个别情况也可小于1.0)。荷载分项系数主要用来考虑荷载超过标准值的可能性。在水工建筑物设计上它实质上就是"超载系数",但也适当反映了结构可靠度要求。用 γ_G 和 γ_Q 分别表示永久荷载分项系数和可变荷载分项系数。

永久荷载分项系数:当其对结构不利时,取 $\gamma_G = 1.05$;当其对结构有利时,取 $\gamma_G = 0.95$。

可变荷载分项系数:当其对结构不利时,对一般可变荷载,取 $\gamma_{Q1} = 1.2$,对可控制的可变荷载,取 $\gamma_{Q2} = 1.1$(例如吊车可变荷载的分项系数 $\gamma_{Q2} = 1.1$);当其对结构有利时,取 $\gamma_Q = 0$。

(四)混凝土和钢筋的强度分项系数 γ_c、γ_s

为了考虑材料的离散性及不可避免的施工偏差等因素带来的使材料的实际强度低于其强度标准值的可能性,在承载能力极限状态计算中又引入混凝土强度分项系数 γ_c 及钢筋强度分项系数 γ_s。

对混凝土,取强度分项系数 $\gamma_c = 1.4$。对热轧 HPB235、HPB300、HRB335、HRB400、RRB400 级钢筋,取强度分项系数 $\gamma_s = 1.10$,预应力钢筋的强度分项系数 $\gamma_s = 1.20$。上述钢筋和混凝土的强度分项系数是根据轴心受拉构件和轴心受压构件按照目标可靠指标经过可靠度分析而确定的。HRB500 级钢筋的强度分项系数纵筋 $\gamma_s = 1.19$,箍筋 $\gamma_s = 1.39$,上述取值是根据国内近年来的试验研究结果,同时参考国内外混凝土结构设计规范的有关规定确定的。

为了应用方便,规范中直接给出了混凝土与钢筋的强度设计值。材料强度设计值中隐含了材料强度分项系数,因而本书以后各章所列的构件承载力计算公式中不再出现 γ_s 和 γ_c 这两个材料分项系数。

附录二附表 2-2、附表 2-6 和附表 2-7 列出了混凝土和钢筋的强度设计值,设计时可直接查用。

(五)结构系数 γ_d

结构系数是直接与结构构件的可靠度水平挂钩的。因为荷载分项系数、材料强度分项系数和设计状况系数已事先选定,所以可根据可靠度理论,由给定的目标可靠指标,用近似概率法,确定设计表达式中最后一个分项系数,即结构系数 γ_d 值。

对于每一种结构构件,不同材料组合,不同荷载组合,由于其变异性不同,按规定的目标可靠指标求得的结构系数是不同的。为了使最终确定的结构系数为最优值,即按此结构系数和事先选定的荷载分项系数以及材料强度分项系数所设计的结构构件,在不同的设计条件下均能较好地接近目标可靠指标,在计算结构系数时选择了水工混凝土结构中常用的七种典型构件进行研究,并考虑了五种不同材料组合和五种不同荷载组合及若干个可变荷载效应与永久荷载效应的比值ρ。对于每一结构构件,最后取不同材料组合与不同荷载组合及不同ρ值下的结构系数的加权平均值作为该构件最终的结构系数。

《水工混凝土结构设计规范》(DL/T 5057—2009)规定的结构系数γ_d值列于附录一附表1-3。

应特别注意的是,在分项系数实用设计表达式中,水工混凝土结构设计规范所采用的荷载分项系数与用于民用建筑工程的《混凝土结构设计规范》(GB 50010—2010)中的荷载分项系数是完全不同的。在GB 50010—2010中,荷载分项系数γ_G和γ_Q取值分别为1.2和1.4,它们是在可靠度分析中,由优选一组分项系数(包括荷载分项系数及材料强度分项系数)使结构构件设计中隐含的可靠指标β值能最佳地逼近目标可靠指标[β]而定出来的。其实,所取的γ_G与γ_Q不只是考虑了荷载本身的变异性,还包括了其他影响结构可靠度的因素(如计算模式的不定性)。而在新编的水工混凝土结构设计规范中的荷载分项系数(其值为1.05~1.2)主要是对荷载自身的变异性而设定的,对于内力计算及截面抗力计算公式的不确定性等影响结构构件的其他因素,则是由结构系数γ_d来反映的。而在GB 50010—2010中没有结构系数γ_d。因此,对于不同规范中的一些系数,如分项系数必须自身配套使用,而不能彼此混用。

二、承载能力极限状态实用设计表达式

对承载能力极限状态,应按作用效应的基本组合或偶然组合,采用下列极限状态表达式

$$\gamma_0 \psi S \leqslant \frac{1}{\gamma_d} R \tag{2-42}$$

$$R = R(f_d, a_k) \tag{2-43}$$

式中 γ_0——结构重要性系数,见附录一附表1-1,对结构安全级别为Ⅰ、Ⅱ、Ⅲ级的结构构件,分别取为1.1、1.0及0.9;

ψ——设计状况系数,对应于持久状况、短暂状况、偶然状况,分别取为1.0、0.95及0.85;

S——承载能力极限状态的作用效应组合设计值,分别按基本组合和偶然组合计算;

R——结构构件的抗力设计值,应按各种结构构件的承载力计算公式确定;

γ_d——结构系数,应按附录一附表1-3取用;

$R(\cdot)$——结构构件的抗力函数;

f_d——材料强度的设计值;

a_k——结构构件几何参数的标准值。

(一)基本组合

按承载能力极限状态设计时,持久状况或短暂状况下,永久作用(荷载)与可变作用(荷载)效应的组合,基本组合的表达式为

$$S = \gamma_G S_{Gk} + \gamma_{Q1} S_{Q1k} + \gamma_{Q2} S_{Q2k} \tag{2-44}$$

式中　S——作用效应基本组合的设计值；

S_{Gk}——永久作用效应的标准值，$S_{Gk}=C_G G_k$；

S_{Q1k}——一般可变作用效应的标准值，$S_{Q1k}=C_{Q1k}Q_{1k}$；

S_{Q2k}——可控制的可变作用效应的标准值，$S_{Q2k}=C_{Q2k}Q_{2k}$；

γ_G、γ_{Q1}、γ_{Q2}——永久作用、一般可变作用、可控制的可变作用的分项系数；

C_G、C_{Q1k}、C_{Q2k}——永久作用、一般可变作用、可控制的可变作用的效应系数；

G_k、Q_{1k}、Q_{2k}——永久作用(荷载)标准值、一般可变作用(荷载)标准值、可控制的可变作用(荷载)标准值。

(二)偶然组合

按承载能力极限状态设计时，永久作用(荷载)、可变作用(荷载)与一种偶然作用(荷载)效应的组合，偶然组合的表达式为

$$S=\gamma_G S_{Gk}+\gamma_{Q1}S_{Q1k}+\gamma_{Q2}S_{Q2k}+\gamma_A S_{Ak} \tag{2-45}$$

式中　S——作用效应偶然组合的设计值；

S_{Ak}——偶然作用的代表值产生的效应，偶然作用的代表值可按《水工建筑物抗震设计规范》(DL 5073)和《水工建筑物荷载设计规范》(DL 5077)的规定确定；

γ_A——偶然作用分项系数，应取1.0。

顺便指出，在本书以后各章的承载能力极限状态计算中，所有内力设计值(N、M、V、T等)是指由各作用标准值乘以相应的作用分项系数后所产生的效应总和并乘以结构重要性系数γ_0及设计状况系数ψ后的值。

三、正常使用极限状态实用设计表达式

正常使用极限状态的验算是要保证结构构件在正常使用条件下，裂缝宽度和挠度不超过相应的允许值。对于有抗裂要求的构件在正常使用条件下还应满足抗裂要求。

由于正常使用极限状态验算是在承载力已有保障的前提下进行的，其可靠指标要求可低一些，一般要求$\beta=1.0\sim2.0$。所以，与承载能力极限状态相比，材料强度的保证率可适当降低，采用材料强度的标准值而不用设计值，即材料分项系数取为1.0。计算荷载效应时，采用标准组合或标准组合并考虑长期作用的影响。荷载分项系数γ_G和γ_Q一律取为1.0，结构系数和设计状况系数也均取1.0，并应按下列设计表达式进行设计

$$\gamma_0 S_k \leqslant C \tag{2-46}$$

式中　S_k——正常使用极限状态的作用效应组合值，按标准组合(用于抗裂度验算)或标准组合并考虑长期作用的影响(用于裂缝宽度和挠度验算)进行计算；

C——结构构件达到正常使用要求所规定的变形、裂缝宽度或应力等的限值。

钢筋混凝土结构构件设计时，应根据使用要求进行裂缝控制验算。

(一)抗裂验算

承受水压的轴心受拉构件、小偏心受拉构件以及发生裂缝后会引起严重渗漏的其他构件，应进行抗裂验算。当有可靠防渗措施或不影响正常使用时，也可不进行抗裂验算。抗裂验算时，结构构件受拉边缘的拉应力不应超过以混凝土拉应力限值系数α_{ct}控制的应

力值，对于标准组合 $\alpha_{ct} = 0.85$。

(二)裂缝宽度验算

需要进行裂缝宽度验算的结构构件，应根据附录一附表1-4规定的环境条件类别，按作用效应的标准组合并考虑长期作用的影响进行验算，其最大宽度计算值不应超过附录五附表5-1规定的最大裂缝宽度限值。

预应力混凝土结构设计时，应按附录五附表5-2根据环境条件类别选用不同的裂缝控制等级：

一级——严格要求不出现裂缝的构件，按作用效应的标准组合计算时，构件受拉边缘混凝土不应产生拉应力。

二级——一般要求不出现裂缝的构件，按作用效应的标准组合并考虑荷载长期作用的影响计算时，构件受拉边缘混凝土允许产生拉应力，但拉应力不应超过混凝土拉应力限制系数 α_{ct} 控制的应力值。α_{ct} 取值见附录五附表5-2。

三级——允许出现裂缝的构件，按作用效应的标准组合并考虑荷载长期作用的影响计算时，构件的最大裂缝宽度计算值不应超过附录五附表5-2规定的最大裂缝宽度限值。

受弯构件的最大挠度应按作用效应的标准组合并考虑荷载长期作用的影响进行计算，其计算值不应超过附录五附表5-3规定的挠度限值。

四、设计一般规定

设计时，应根据承载能力极限状态及正常使用极限状态的要求，分别按下列规定进行计算和验算：

(1) 承载能力及稳定：所有结构构件均应进行承载能力计算；必要时尚应进行结构的抗倾、抗滑及抗浮稳定验算；需要抗震设防的结构，尚应进行结构构件的抗震承载能力验算或采取抗震构造设防措施。

(2) 变形：使用上需要控制变形值的结构构件，应进行变形验算。

(3) 抗裂或裂缝宽度：使用上要求进行裂缝控制的结构构件，应进行抗裂或裂缝宽度控制验算。

【例题2-1】 某厂房安全级别为Ⅱ级，采用 1.5 m × 6 m 的大型屋面板，屋面用 20 mm 厚的水泥砂浆找平；采用卷材防水屋面 0.6 kN/m²；保温层为 80 mm 厚的泡沫混凝土，一块大型屋面板的自重为 10.53 kN，屋面活荷载为 0.7 kN/m²，屋面积灰荷载为 0.5 kN/m²，雪荷载为 0.4 kN/m²，已知板的计算跨度 $l_0 = 5.87$ m。试求大型屋面板的跨中弯矩设计值。

解

1. 永久荷载

卷材防水材料	0.6 kN/m²
80 mm 厚的泡沫混凝土	$6 \times 0.08 = 0.48$ (kN/m²)
20 mm 厚的水泥砂浆	$20 \times 0.02 = 0.4$ (kN/m²)
屋面板自重	$10.53 \div (1.5 \times 6) = 1.17$ (kN/m²)
屋面板灌缝重量	0.1 kN/m²

合计　　2.75 kN/m²

所以,永久荷载标准值为

$$g_k = 2.75 \times 1.5 = 4.13(\text{kN/m})$$

2. 可变荷载

屋面活荷载与雪荷载不同时出现,因屋面活荷载较大,故取屋面活荷载组合。屋面活荷载标准值为

$$q_k = q_{1k} + q_{2k} = (0.7 + 0.5) \times 1.5 = 1.8(\text{kN/m})$$

3. 屋面板跨中弯矩值

Ⅱ级安全级别　　$\gamma_0 = 1.0$

持久设计状况　　$\psi = 1.0$

板的计算跨度　　$l_0 = 5.87$ m

按式(2-44),板跨中截面设计值为

$$\begin{aligned} M &= \gamma_0\psi(\gamma_G S_{Gk} + \gamma_Q S_{Qk}) \\ &= \gamma_0\psi(\gamma_G C_G G_k + \gamma_Q C_{Qk} Q_k) \\ &= \gamma_0\psi(\gamma_G \times \frac{1}{8}g_k l_0^2 + \gamma_Q \times \frac{1}{8}q_k l_0^2) \\ &= 1.0 \times 1.0 \times \left(1.05 \times \frac{1}{8} \times 4.13 \times 5.87^2 + 1.2 \times \frac{1}{8} \times 1.8 \times 5.87^2\right) \\ &= 28.0(\text{kN} \cdot \text{m}) \end{aligned}$$

也可先算出荷载设计值,再求弯矩设计值,即

$$g = \gamma_G g_k = 1.05 \times 4.13 = 4.34(\text{kN/m})$$

$$q = \gamma_Q q_k = 1.2 \times 1.8 = 2.16(\text{kN/m})$$

所以

$$\begin{aligned} M &= \gamma_0\psi \times \frac{1}{8}(g + q)l_0^2 \\ &= 1.0 \times 1.0 \times \frac{1}{8} \times (4.34 + 2.16) \times 5.87^2 \\ &= 28.0(\text{kN} \cdot \text{m}) \end{aligned}$$

【例题 2-2】　试求例 2-1 在正常使用极限状态验算时标准组合下板跨中截面弯矩。

解　已知 $g_k = 4.13$ kN/m,$q_{1k} = 0.7 \times 1.5 = 1.05(\text{kN/m})$,$q_{2k} = 0.5 \times 1.5 = 0.75(\text{kN/m})$。

板跨中截面弯矩的标准组合值

$$\begin{aligned} M_k &= \gamma_0(S_{Gk} + S_{Q1k} + S_{Q2k}) \\ &= \gamma_0(C_G G_k + C_{Q1k} Q_{1k} + C_{Q2k} Q_{2k}) \\ &= \gamma_0\left(\frac{1}{8}g_k l_0^2 + \frac{1}{8}q_{1k} l_0^2 + \frac{1}{8}q_{2k} l_0^2\right) \\ &= 1.0 \times \frac{1}{8} \times 5.87^2 \times (4.13 + 1.05 + 0.75) \\ &= 25.54(\text{kN} \cdot \text{m}) \end{aligned}$$

第五节　钢筋混凝土结构设计理论发展简史

随着土木工程的发展,各种结构型式不断出现,钢筋混凝土结构设计方法也在不断发展,大体经历了以下几个阶段。

一、承载力经验法

最初的结构设计完全依靠经验。我国的古代建筑是举世闻名的,但它的结构设计并不是依靠计算来完成的,而是从实践中总结出结构具体的尺寸规定,按照具体尺寸规定进行设计。如宋代的《营造法式》中给出结构的具体尺寸规定,而不是设计公式。这些规定都是实践经验的总结。

二、允许应力设计法

到了19世纪20年代,由于材料力学和材料试验科学的发展,出现了允许应力设计法。该法要求结构构件在使用期间内截面上任何一点的应力σ小于等于其允许应力值,即

$$\sigma \leqslant [\sigma] = \frac{f}{K} \tag{2-47}$$

式中　f——结构材料极限强度,其值由试验确定;

K——安全系数,由经验确定。

该方法的特点是把所有影响结构安全性的因素用一个大于1的安全系数来考虑,简单、适用,所以至今还有一些国家的设计规范仍在采用。其主要缺点是没有考虑结构功能的多样性要求,安全系数是凭经验确定的,缺乏科学依据。

三、破坏阶段设计法

进入20世纪以来,对结构的破坏性能有了进一步的研究,开始考虑混凝土材料的塑性,从而产生了破坏阶段设计法。该方法可用式(2-48)表示

$$S \leqslant \frac{R}{K} \tag{2-48}$$

式中　S——最大荷载产生的内力;

R——考虑材料塑性的极限承载力,由试验得出的经验公式计算;

K——安全系数,由经验确定。

此方法认为整个截面达到极限承载力才失效,考虑了材料塑性和强度的充分发挥,极限荷载可直接由试验验证,构件的总安全度较为明确。采用单一的安全系数,形式简单、直观,应用方便。但破坏阶段设计法存在的问题是,安全系数K仍然凭经验确定。另外,没有考虑正常使用条件。

四、极限状态设计法

由于允许应力设计法和破坏阶段设计法采用单一安全系数过于笼统,于是20世纪

50 年代苏联首先提出了多系数的极限状态设计法。多系数极限状态设计法的特点是:明确给定结构按三种极限状态,即承载能力极限状态、变形极限状态和裂缝极限状态进行设计;在承载能力极限状态中,对材料强度引入各自的均质系数,对不同荷载引入各自的超载系数,对构件还引入工作条件系数;对材料强度系数和部分荷载的超载系数,是将材料强度和荷载作为随机变量,用数理统计方法经过调查分析,然后经过计算确定的。因此,可以说,极限状态设计法的应用是工程结构设计理论的重大突破。但极限状态设计法仍然没有给出结构可靠度的定义和计算可靠度的方法。此外,对于保证率的确定、系数取值等方面仍然带有不少主观的经验成分。我国 1966 年颁布的《钢筋混凝土结构设计规范》(BJG 21—66)就采用了多系数的极限状态设计法。

五、概率极限状态设计法

由于多系数极限状态设计法不能计算结构的可靠度,因而会造成一种错觉,即只要在设计中采用某一规定的安全系数,结构就安全可靠,实际并非如此,只是具有一定的可靠度而已。20 世纪 70 年代以来,国际上在结构构件设计方法方面的趋向是采用基于概率理论的极限状态设计方法,简称概率极限状态设计法,该方法比较全面地考虑了各种不同工作状态。按发展阶段,概率极限状态设计法分为三个水准:

水准Ⅰ——半经验半概率法。基本变量部分进行了统计分析,并引入经验系数而得到的半经验半概率的极限状态设计法。该方法对结构的可靠概率还不能作出定量的计算。20 世纪 70 年代的美国规范(ACI318)、苏联规范(СНИП Ⅱ-21-75)及欧洲混凝土委员会和国际预应力协会的模式规范(CEB-FIP MC78)等都采用水准Ⅰ的多系数极限状态设计方法。我国的《钢筋混凝土结构设计规范》(TJ 10—74)、《水工钢筋混凝土结构设计规范》(SDJ 20—78)、《港口工程混凝土结构设计规范》(JTJ 220—82)及《混凝土和钢筋混凝土设计规范》(JTJ 220—87)都对一部分荷载和材料强度进行了数理统计分析,采用多系数分析、单一安全系数表达的极限状态设计法,因此也可认为相应于水准Ⅰ的水平。

水准Ⅱ——近似概率法。此方法用概率的方法给结构的可靠度下了定义,并建立了结构的可靠度与结构极限状态方程之间的数学关系。截面设计时采用实用的分项系数设计表达式。目前,英国混凝土结构规范(BS 8110)、日本土木学会混凝土标准规范(1986 年)及我国的《混凝土结构设计规范》(GBJ 10—89、GB 50010—2010)及《水工混凝土结构设计规范》(DL/T 5057—2009、SL 191—2008)则均采用以概率理论为基础的极限状态设计法。它用可靠指标度量结构构件的可靠度,并采用分项系数表达的设计表达式进行设计。因此,均属于水准Ⅱ的近似概率设计方法。

水准Ⅲ——全概率法。对结构各基本变量分别采用随机变量和随机过程来描述,要求对整个结构采用精确的概率分析。求得结构最优的失效概率作为可靠度的直接度量,此方法目前还处于研究探索阶段。

第三章　钢筋混凝土受弯构件正截面承载力计算

受弯构件是指截面上承受弯矩和剪力作用的构件，它是钢筋混凝土结构中应用最广泛、数量最多的一类构件，梁、板是典型的受弯构件。

试验和理论分析表明，受弯构件在荷载作用下的破坏形式主要有两种：一种是由弯矩作用引起的破坏，破坏面与构件的纵轴线垂直，称为正截面破坏（见图3-1(a)）；另一种是由弯矩和剪力共同作用引起的破坏，破坏面与构件的纵轴线斜交，称为斜截面破坏（见图3-1(b)）。因此，受弯构件通常需进行以下几方面的计算：①正截面受弯承载力计算（按控制截面的弯矩设计值确定截面尺寸及纵向受力钢筋的数量）；②斜截面受剪承载力计算（按剪力设计值复核截面尺寸，并确定抗剪所需的箍筋及弯起钢筋的数量）；③根据正常使用极限状态的要求，进行裂缝宽度或变形验算，即按荷载效应标准组合并考虑长期作用的影响进行验算，使其计算值不超过规范规定的限值。

本章主要学习钢筋混凝土受弯构件的正截面承载力计算及其构造规定，斜截面承载力计算及其构造规定将在第四章中介绍，裂缝宽度和变形验算将在第九章中介绍。

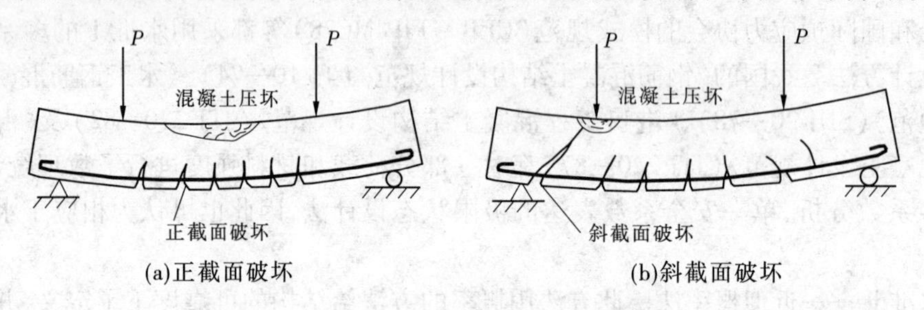

图3-1　钢筋混凝土受弯构件的破坏形态

第一节　受弯构件截面尺寸及配筋的构造要求

受弯构件的截面设计，除应满足承载能力和正常使用的要求外，还要满足有关的构造要求，以方便施工。

一、截面形式

梁的截面形式常见的有矩形、T形、I形（见图3-2(a)、(b)、(c)），有时为了降低梁高，

---

❶本章所指受弯构件为跨高比 $l_0/h \geqslant 5$ 的一般受弯构件。对于 $l_0/h<5$ 的构件，应按深受弯构件计算，具体可参阅本书第十三章第二节。

还可设计为十字形、花篮形、倒T形(见图3-2(d)、(e)、(f))等。现浇板的截面一般为实心矩形(见图3-2(g)),根据使用要求,也可以采用空心矩形或槽形板等(见图3-2(h)、(i))。

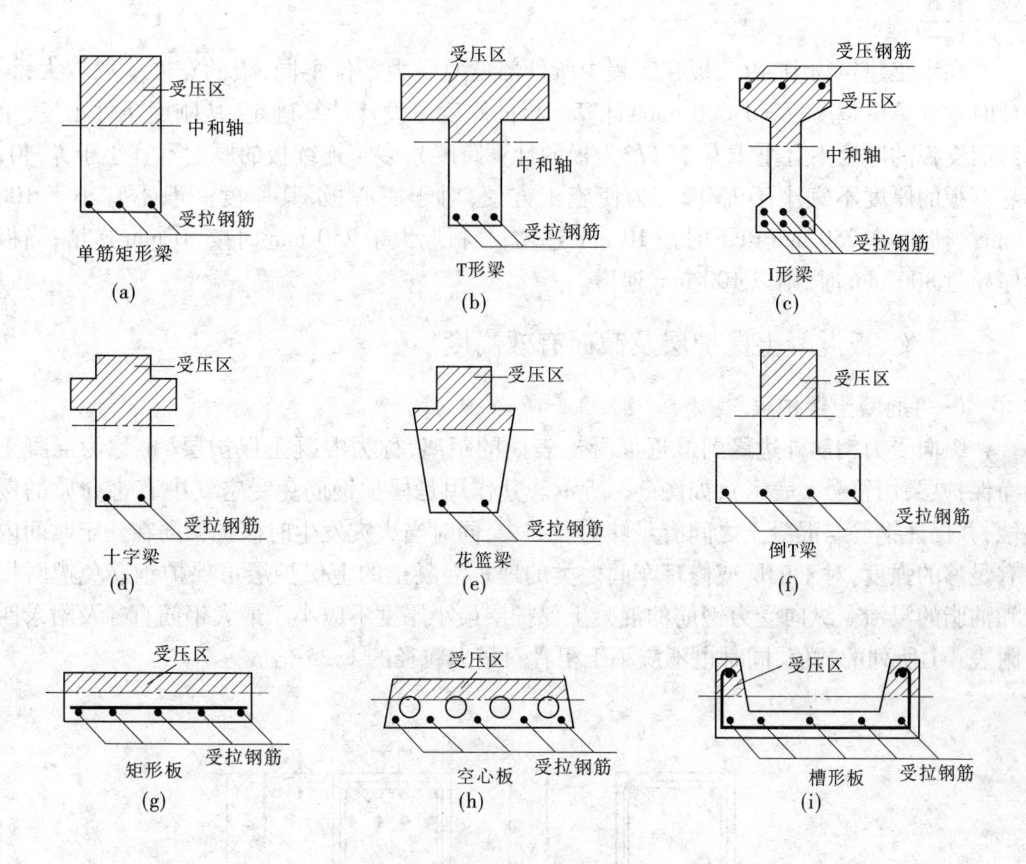

图3-2　受弯构件的截面形式

受弯构件中,仅在受拉区配置纵向受力钢筋的截面,称为单筋截面;在受拉区和受压区同时配置纵向受力钢筋的截面,称为双筋截面;当受压区形状为T形时,称为T形截面。

二、截面尺寸

设计时,截面尺寸应满足承载力、刚度和抗裂(或裂缝宽度)等要求,梁、板的截面高度 h 与其跨度 l_0 及作用的荷载大小有关,一般根据刚度要求由设计经验确定。

(一)梁

根据经验,一般取梁的高度 $h=(1/8\sim1/12)l_0$(l_0 为梁的计算跨度)。梁的宽度 b 可根据梁的高度 h 拟定,对矩形截面梁,取梁宽 $b=(1/2\sim1/3)h$;对T形截面梁,取梁宽 $b=(1/2.5\sim1/4)h$。

为了使构件截面尺寸统一、模板重复使用、便于施工,一般情况下梁的截面尺寸应在以下数据中选用:矩形截面的宽度及T形截面的腹板宽度 b 一般为120 mm、150 mm、180 mm、200 mm、220 mm、250 mm 和 300 mm，300 mm 以上时按 50 mm 递增。梁高 $h=250$ mm、300 mm、350 mm、400 mm、…、800 mm，每级级差为 50 mm；800 mm 以上时按 100 mm 递增。

（二）板

在水工建筑物中，由于板在工程中所处部位及受力条件不同，板的宽度一般较大，设计时常取单位宽度（$b=1\ 000$ mm）计算。板的厚度由设计计算确定，从刚度条件出发，单跨简支板的厚度不宜小于 $l_0/30$（l_0 为板的计算跨度），多跨连续板的厚度不宜小于 $l_0/40$，悬臂板的厚度不宜小于 $l_0/12$。为使施工方便，对于实心板，其厚度一般不宜小于 100 mm；当板厚在 250 mm 以下时按 10 mm 递增；当板厚大于 250 mm 时按 50 mm 递增；当板厚超过 800 mm 时，则以 100 mm 递增。

三、梁、板混凝土保护层及截面有效高度

（一）混凝土保护层

纵向受力钢筋外边缘到最近混凝土表面的距离，称为混凝土保护层（也称为混凝土净保护层，用符号 c 表示），如图 3-3 所示。其作用是保护钢筋免受空气中有害介质的侵蚀，并保证钢筋与混凝土之间有足够的黏结力，同时当火灾发生时保护钢筋在一定时间内有足够的强度，对于工厂或修理车间之类的地板混凝土的上保护层可保护钢筋免遭磨损和油脂的浸渍。纵向受力钢筋的混凝土保护层最小厚度不应小于最大钢筋直径及附录四附表 4-1 所列的数值，同时也不应小于粗骨料最大粒径的 1.25 倍。

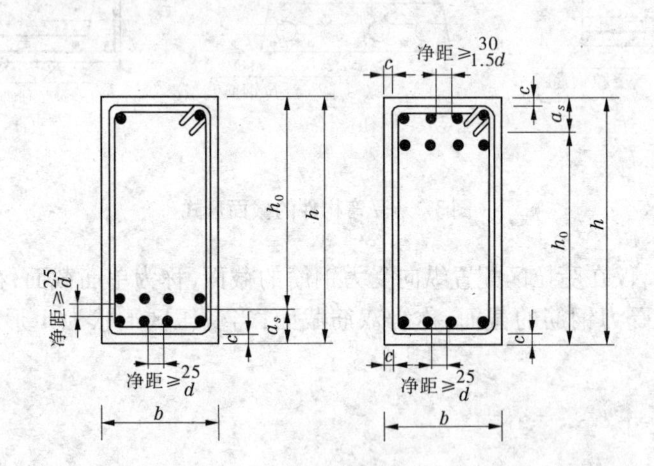

图 3-3　梁内纵向钢筋的净距、混凝土保护层及截面有效高度

（二）截面有效高度

截面有效高度 h_0 是指受拉钢筋合力点至截面受压区外边缘的距离，即 $h_0=h-a_s$，此处 a_s 为受拉钢筋合力点至受拉区边缘的距离。当纵筋布置为一排钢筋时，$a_s=c+d/2$；当纵筋布置为两排钢筋时，$a_s=c+d+e/2$，此处 e 为上下两排钢筋的净距。

四、梁内钢筋的布置

梁中通常配有纵向受拉钢筋、弯起钢筋、箍筋和架立钢筋等。为保证钢筋骨架具有足

够的刚度，纵向受力钢筋的直径不宜太细，也不宜太粗，以免裂缝开展宽度过大，常用直径为 12 ~ 28 mm。伸入梁支座范围内的纵向受力钢筋根数不宜少于两根。若需要用两种不同直径，钢筋直径相差至少 2 mm，以便于在施工中识别。

为了使钢筋的应力能可靠地传递给混凝土，以及保证钢筋周围混凝土的密实性，梁的上部纵向钢筋的水平方向净距（钢筋外边缘之间的最小距离）不应小于 30 mm 和 1.5d（d 为钢筋的最大直径）；梁的下部纵向钢筋的水平方向净距不应小于 25 mm 和 d；同时均不应小于最大骨料粒径的 1.25 倍，如图 3-3 所示。有时受力钢筋需配置成两层，当两层布置不开时，允许钢筋成束布置，但每束钢筋以 2 根为宜；受力钢筋多于两层时，第三层及以上的钢筋间距应增加一倍。

五、板内钢筋的布置

板中通常配有纵向受力钢筋和分布钢筋，如图 3-4 所示。

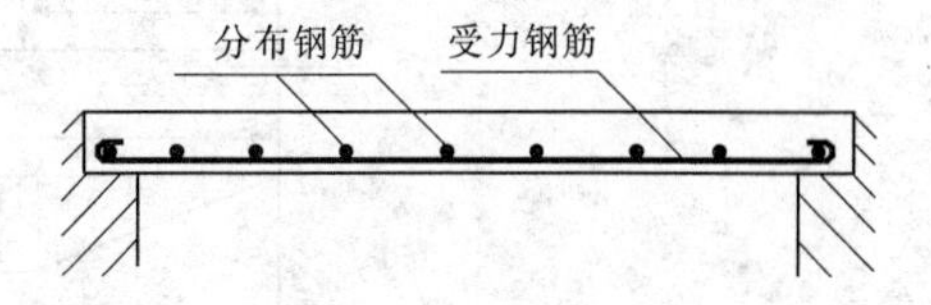

图 3-4　板的配筋

（一）受力钢筋

板内受力钢筋的直径常用 6 ~ 12 mm；对于厚板（如水闸的底板等），受力钢筋的常用直径为 12 ~ 25 mm。在同一板中，受力钢筋的直径宜相同，当采用两种不同直径的钢筋时，两种直径宜相差 2 mm 以上。

为使构件受力均匀，防止产生过宽裂缝，板中受力钢筋的间距 s 不应过大。当板厚 $h \leq 200$ mm时，$s \leq 200$ mm；当 200 mm $< h \leq 1\ 500$ mm 时，$s \leq 250$ mm；当板厚 $h > 1\ 500$ mm 时，$s \leq 300$ mm。为便于混凝土浇捣，板内钢筋之间的间距不宜过小，一般 $s \geq 70$ mm，即每米板宽中最多放 14 根钢筋。

（二）分布钢筋

分布钢筋是垂直于板受力钢筋方向布置的构造钢筋，配置在受力钢筋的内侧，其作用是固定受力钢筋位置，同时将板面荷载均匀地传递给受力钢筋，并抵抗因温度变化或混凝土收缩等原因产生的垂直于板跨方向的应力。规范规定单向板中单位长度上的分布钢筋截面面积不应小于单位长度上受力钢筋截面面积的 15%（集中荷载时为 25%），且每米长度内不少于 4 根，其直径不宜小于 6 mm。承受分布荷载的厚板，分布钢筋的直径可采用 10 ~ 16 mm，间距可为 200 ~ 400 mm。

规范同时规定，当板处于温度变幅较大或处于不均匀沉陷的复杂条件，且在与受力钢筋垂直的方向所受约束很大时，分布钢筋宜适当增加。

第二节　受弯构件正截面承载力的试验研究

钢筋混凝土受弯构件正截面的受力性能和破坏形态与纵向受拉钢筋的配筋率、钢筋强度和混凝土的强度等有关，其破坏形态分为三类：适筋破坏、超筋破坏和少筋破坏。

一、钢筋混凝土适筋梁的试验和正截面工作的三个阶段

为了建立受弯构件正截面承载力计算方法，首先应了解钢筋混凝土受弯构件从加载

到破坏截面上的应力应变分布及其破坏规律。图 3-5 为两点对称加载试验梁的布置，在两个对称集中荷载之间的一段梁可以基本排除剪力的影响（忽略自重），称为纯弯段，在纯弯段内，沿梁高度布置有应变测点，用以量测梁截面应变沿高度的变化；在梁跨中的钢筋表面同样设有应变测点，量测钢筋的应变，并推算钢筋应力。另外，在跨中和支座上分别安装百（千）分表，以量测跨中的挠度 f；有时还要安装倾角仪量测梁的转角。

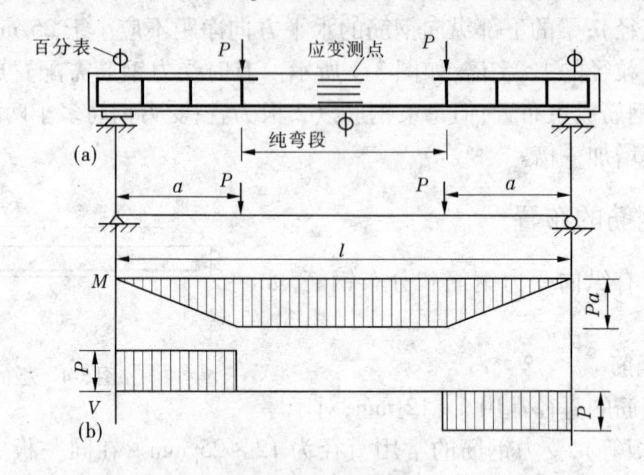

图 3-5 梁的试验

试验采用分级加载，每级加载后量测并记录不同高度处混凝土纤维的应变、受拉钢筋的应变、梁的挠度；使用裂缝测宽仪观察裂缝的出现与开展，同时量测最大裂缝宽度。

根据试验，从加载到接近破坏，沿截面高度测得的各纤维层的平均应变值（标距较大时的量测值）基本上符合线性变化（见图 3-6）。

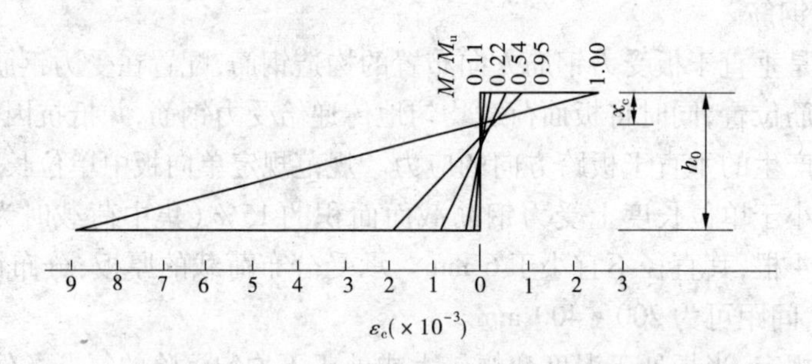

图 3-6 梁截面应变沿高度分布实测图

图 3-7 为适筋梁的荷载挠度关系曲线。图中纵坐标为无量纲 M^t/M_u^t 值，横坐标为跨中挠度 f 的实测值。M^t 为各级荷载下的实测弯矩，M_u^t 为试验梁破坏时所能承受的极限弯矩。根据试验，适筋梁的 $M^t/M_u^t \sim f$ 关系曲线上有两个明显的转折点，因此其正截面受力过程可分为三个阶段（见图 3-7）。

（一）第Ⅰ阶段——未开裂阶段

当弯矩较小时，挠度和弯矩关系接近直线变化，梁的工作特点是未出现裂缝，称为第Ⅰ阶段。由于弯矩很小，量测的梁截面上各个纤维应变也很小，并沿梁截面高度呈线性变化（见图 3-8Ⅰ），这时梁的工作情况与匀质弹性体梁相似，混凝土基本上处于弹性工作阶

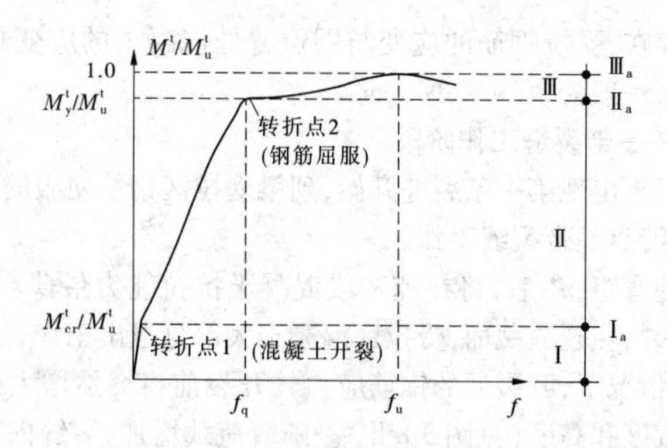

图 3-7 $M^t/M_u^t \sim f$ 关系曲线

段,在截面中和轴以上的混凝土处于受压状态,在中和轴以下的混凝土处于受拉状态,应力与应变成正比,受拉区与受压区混凝土应力图均为三角形,此时,受拉区拉力由钢筋和混凝土共同承担。

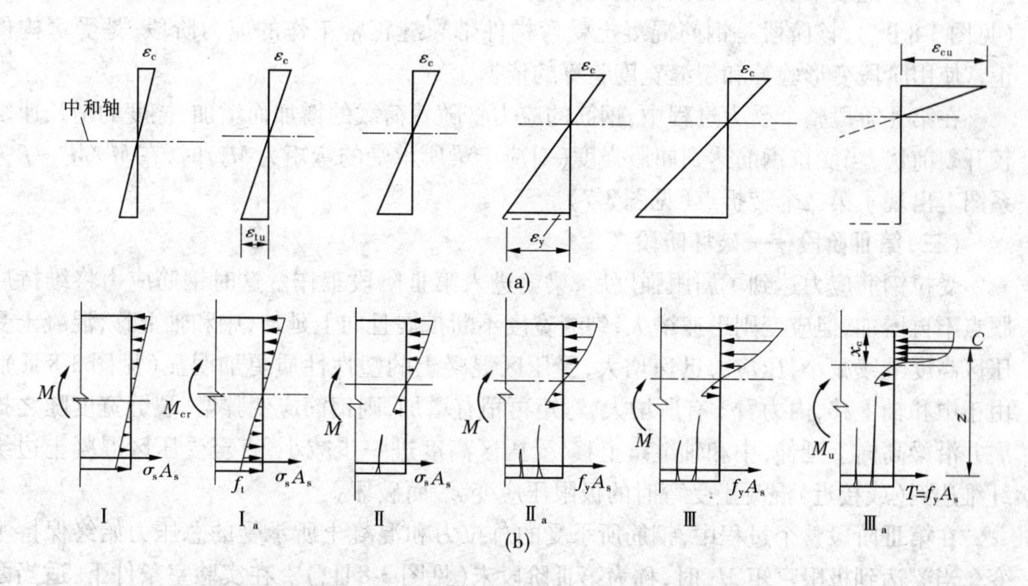

图 3-8 钢筋混凝土适筋梁工作的三个阶段

随着荷载的增加,量测到的应变也随之增大,其大小沿梁截面高度仍呈线性变化,由于混凝土的塑性性质,应变较应力增长速度快,受拉区应力图形开始逐渐偏离直线位置。但当荷载增加到这个阶段的末尾时(见图 3-8 Ⅰa),受拉区边缘纤维应变达到混凝土受弯时的极限拉应变 ε_{tu},受拉区混凝土的应力将在一定范围内均达到其抗拉强度 f_t(此处指混凝土的实际抗拉强度。在试验研究分析中,所有材料强度均指其实际强度,并非它们的设计值,下同),拉应力图形表现为曲线状;而受压区混凝土的应力与其抗压强度相比不大,受压塑性变形发展不明显,故受压区混凝土的应力图形仍接近三角形,梁处于将裂而未裂的极限状态,这种应力状态称为抗裂极限状态,是受弯构件正截面抗裂验算所依据的应力阶段,此时梁所承受的弯矩称为开裂弯矩,用 M_{cr} 表示,在 $M^t/M_u^t \sim f$ 关系图上出现第一个转折点(见图 3-7)。

由于黏结力的存在,受拉钢筋的应变与同位置处混凝土的应变相等,这时钢筋应力 $\sigma_s=\varepsilon_{tu}E_s$,量值较小,一般为 20 ~ 30 N/mm^2。

(二)第Ⅱ阶段——带裂缝工作阶段

从梁受拉区混凝土出现第一条裂缝开始,到梁受拉区钢筋屈服的整个工作阶段,称为第Ⅱ阶段,梁的工作特点是带裂缝工作。

当弯矩超过开裂弯矩 M_{cr}^t后,将在纯弯段混凝土抗拉能力最薄弱的截面出现第一条裂缝,由于混凝土开裂,在裂缝截面,受拉区混凝土大部分退出工作,拉力几乎全部由钢筋承担;在弯矩不变的情况下,开裂后的钢筋应力较开裂前将突然增大许多,使裂缝一出现即具有一定的开展宽度和高度(见图 3-8 Ⅱ)。随着荷载增加,裂缝向上发展,并有新的裂缝出现,中和轴位置逐渐上移,受压区混凝土压应力逐渐增大而表现出一定的塑性性质,应力图形呈曲线变化。但在中和轴以下裂缝尚未延伸到的部位,混凝土仍可承担很小一部分拉力。

当弯矩继续增加使得受拉钢筋应力刚刚达到屈服强度 f_y^t 时,称为第Ⅱ阶段的结束(见图 3-8 Ⅱ$_a$),该阶段是钢筋混凝土受弯构件带裂缝正常工作的应力阶段,是受弯构件正常使用阶段变形验算和裂缝宽度验算的依据。

在第Ⅱ阶段整个受力过程中,钢筋的应力将随着荷载的增加而增加,挠度的增长速度较开裂前快,当受拉钢筋达到屈服强度(对应于梁所承受的弯矩为 M_y)时,在 $M^t/M_u^t \sim f$ 关系图上出现了第二个转折点(见图 3-7)。

(三)第Ⅲ阶段——破坏阶段

受拉钢筋应力达到了屈服强度后,梁就进入第Ⅲ阶段工作。这时钢筋应力将维持屈服点不再增加,但应变则迅速增大,裂缝宽度不断扩展且向上延伸,中和轴上移,混凝土受压区高度继续减小,压应力迅速增大,受压区混凝土的塑性性质更加明显(见图 3-8 Ⅲ)。由于中和轴上移,内力臂 z 有所增大,弯矩再稍有增加,则钢筋应变骤增,裂缝宽度随之扩展并沿梁高向上延伸,中和轴继续上移,受压区高度进一步减小,直至受压区混凝土边缘纤维达到(或接近)混凝土受弯时的极限压应变 ε_{cu}而破坏。

在第Ⅲ阶段整个过程中,钢筋所承受的总拉力和混凝土所承受的总压力始终保持不变。当梁达到极限弯矩 M_u 时,称为第Ⅲ阶段末(见图 3-8 Ⅲ$_a$)。在实验室条件下,适当配筋的试验梁虽可继续变形,但所承受的弯矩将有所降低,最后在破坏区段上受压区混凝土被压碎甚至崩落而完全破坏。

第Ⅲ阶段梁的工作特点是裂缝急剧开展,挠度急剧增加,而钢筋应变有较大的增长但其应力始终维持屈服强度不变。当 M 从 M_y 再增加不多时,即达到梁所承受的极限弯矩 M_u,此时标志着梁开始破坏。第Ⅲ阶段末(Ⅲ$_a$)的应力状态是受弯构件正截面承载力计算的依据。

综上所述,试验梁从加荷到破坏整个过程的特点可归纳如表 3-1 所示。

(1)由图 3-7 可知,第Ⅰ阶段梁的挠度增长速度较慢;第Ⅱ阶段梁因带裂缝工作,挠度增长速度较快;第Ⅲ阶段由于钢筋屈服,挠度急剧增加。

(2)由图 3-8 可见,随着弯矩的增加,中和轴不断上移,受压区高度 x_c 逐渐缩小,混凝土边缘纤维压应变随之增大。受拉钢筋的拉应变也随着弯矩的增加而增大。受拉区与受压区混凝土的平均应变沿梁截面高度基本上呈线性变化，即平均应变符合平截面假定。受压区应力图形在第Ⅰ阶段为三角形分布，第Ⅱ阶段为微曲线分布，第Ⅲ阶段呈更为丰满的曲线分布。

表3-1　适筋梁正截面受弯三个受力阶段的主要特点

工作特点		受力阶段		
		第Ⅰ阶段	第Ⅱ阶段	第Ⅲ阶段
受力特点		未开裂阶段	带裂缝工作阶段	破坏阶段
主要外观特征		没有裂缝，挠度很小	有裂缝，挠度较小	钢筋屈服，裂缝较宽，挠度很大
荷载—挠度曲线		大致呈直线	曲线	接近水平线
混凝土应力图形	受压区	压应力为三角形分布	受压区高度减小，压应力为曲线分布，应力峰值在受压区边缘	受压区高度进一步减小，压应力图形为较丰满的曲线，应力峰值不在受压区边缘而在边缘的内侧
	受拉区	未开裂，前期应力为直线分布，后期应力为曲线分布	出现裂缝，受拉区大部分退出工作	裂缝分布均匀，受拉区绝大部分退出工作
纵向受拉钢筋的应力（N/mm²）		$\sigma_s = 20 \sim 30$	$\sigma_s < f_y$	$\sigma_s = f_y$
计算中的作用		用于受弯构件正截面抗裂验算	用于受弯构件正常使用阶段变形验算和裂缝宽度验算	用于受弯构件正截面承载力的计算

（3）由图3-9中$M^t/M^t_u \sim \sigma_s$关系曲线可以看出：在第Ⅰ阶段钢筋应力σ_s增长速度较慢；当$M = M^t_{cr}$时，开裂前、后的钢筋应力发生突变；第Ⅱ阶段σ_s较第Ⅰ阶段增长速度加快；当$M = M^t_y$时，钢筋应力到达屈服强度f_y，以后应力不再增加，直到破坏。

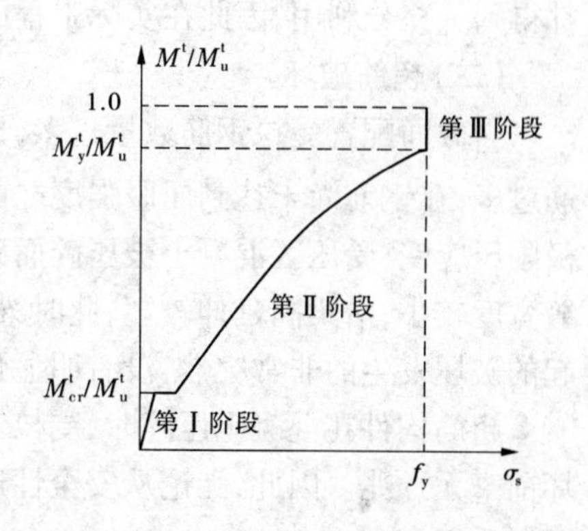

图3-9　$M^t/M^t_u \sim \sigma_s$关系曲线

二、受弯构件正截面的破坏形态

试验研究表明，钢筋混凝土受弯构件正截面的破坏形式与纵向钢筋配筋率ρ、钢筋和混凝土的强度等有关。

对矩形截面受弯构件，纵向受拉钢筋的面积A_s与截面有效面积bh_0的比值，称为纵向受拉钢筋的配筋率，简称配筋率，用ρ表示，即

$$\rho = \frac{A_s}{bh_0} \tag{3-1}$$

式中　ρ——纵向受拉钢筋的配筋率，以百分数计；

A_s——纵向受拉钢筋的面积；

b——截面宽度；

h_0——截面有效高度，$h_0 = h - a_s$；

a_s——受拉钢筋合力作用点至截面受拉近边缘的距离。

对同一截面尺寸和混凝土强度等级的钢筋混凝土受弯构件，根据配筋率 ρ 的不同，其正截面破坏形态可分为三种：适筋破坏、超筋破坏和少筋破坏。

（一）适筋破坏

如前所述，当截面配置的受拉钢筋数量比较合适，即 $\rho_{min} \leqslant \rho \leqslant \rho_{max}$ 时，称为适筋构件。从受拉钢筋屈服开始到受压区边缘混凝土达到极限压应变受，压区混凝土被压碎破坏而告终，即受拉钢筋的屈服总是发生在受压区混凝土压碎之前。构件在破坏之前，主裂缝有一个明显的开展过程，同时构件挠度也明显增长，即有明显的破坏预兆，属于塑性破坏，也称延性破坏（见图 3-10（a）），习惯上常把这种破坏称为适筋破坏。

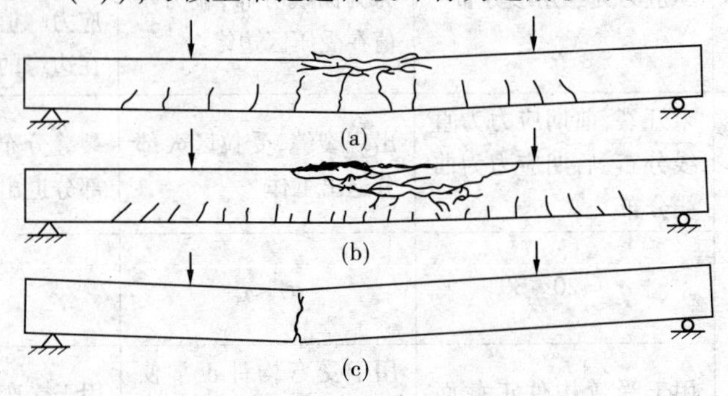

图 3-10 梁的正截面破坏形态

由于适筋构件在破坏阶段都具有一定的延性，且钢筋的强度和受压区混凝土的强度都得到了充分利用，因此在实际工程中，受弯构件的配筋都应设计成适筋。

（二）超筋破坏

当截面配置受拉钢筋数量过多，即 $\rho > \rho_{max}$ 时，称为超筋构件。这种构件由于截面配筋过多，在钢筋尚未达到屈服强度之前，受压区混凝土边缘纤维首先达到混凝土受弯时的极限压应变，受压区混凝土被压碎而破坏。破坏时由于钢筋的应力处于弹性阶段，所以裂缝宽度较小，沿梁高延伸较短，此时梁的挠度也较小。因此，这种单纯因混凝土压碎而引起的破坏发生的非常突然，没有明显预兆，故习惯上常称之为脆性破坏（见图 3-10（b））。

超筋构件在混凝土压碎时，受拉钢筋的强度未得到充分利用，造成钢材的浪费，且破坏前毫无预兆。因此，无论从安全性还是经济性来看，超筋构件都是不可取的，设计中应避免采用。

（三）少筋破坏

当截面配置受拉钢筋数量过少，即 $\rho < \rho_{min}$ 时，称为少筋构件。其受力特点为：在构件尚未开裂之前，受拉区的拉力由钢筋和混凝土共同承担，但受拉区混凝土一旦开裂，拉力将基本上全部传递给钢筋，钢筋的应力将迅速增大并超过其屈服强度而进入强化阶段，甚至被拉断。在此过程中，唯一的一条裂缝很快地迅速开展，宽度较大，并贯穿截面高度的

大部分，从而使构件严重挠曲。此时，即使受压区混凝土未被压碎，但因变形过大、裂缝宽度过宽而失去承载力，标志着构件的“破坏”（见图3-10（c））。因少筋破坏来得突然，也属于脆性破坏。

尽管开裂后构件仍可能保留一定的承载力，但因构件已发生严重的下垂，这部分承载力实际上是不能利用的，所以设计中也应避免采用。

图3-11为三种破坏形态相对应的弯矩—挠度($M \sim f$)关系曲线。

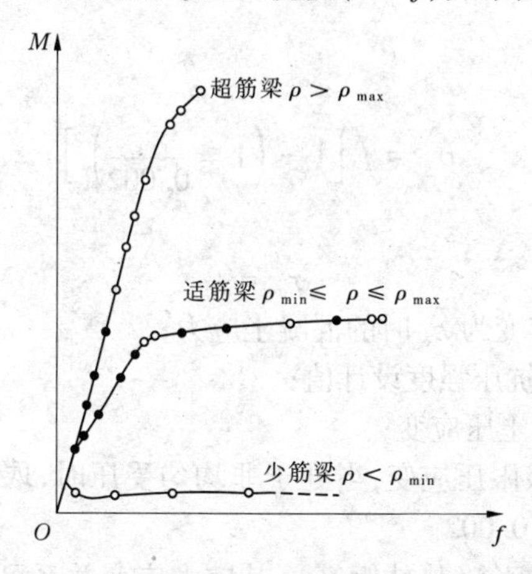

图3-11　适筋梁、超筋梁、少筋梁的$M \sim f$关系曲线

第三节　受弯构件正截面承载力计算的基本理论和破坏的界限条件

一、基本假定

基于受弯构件正截面的破坏特征，对承载力的计算作以下假定：

(1)截面应变保持平面。即平截面假定成立，也就是说，构件正截面受力变形后仍为平面，截面上的任意一点的应变与该点到中和轴的距离成正比，按线性规律分布。

国内外大量试验表明，对混凝土受压区来说，平截面假定是成立的，而对于混凝土受拉区，特别是裂缝出现以后，在裂缝截面，由于钢筋与混凝土产生相对滑移，材料是不连续的，截面应变已不符合平截面假定。但是，如果量测应变的标距足够长（跨过一条或几条裂缝），则其平均应变还是能较好地符合平截面假定。试验表明，构件破坏时受压区混凝土的压碎是在一定范围内发生的，同时受拉钢筋的屈服也是在一定长度内出现的，因此对正截面承载力的计算采用平截面假定是合适的。

采用平截面假定，可以系统地建立正截面承载力计算的理论体系，为进行结构构件承载力计算的全过程分析及非线性分析等提供必不可少的变形条件。

采用平截面假定建立的公式仅适用于跨高比大于5的构件。对于跨高比小于5的构件，因其剪切变形不可忽略，截面应变分布为非线性，平截面假定不再适用，应按深受弯构件计算,具体可参阅本书第十三章第二节。

(2)不考虑混凝土的抗拉强度。即忽略中和轴以下受拉区未开裂混凝土的拉应力,拉力全部由纵向受力钢筋来承担。

中和轴以下尚未开裂部分的混凝土所能承担的拉力由于数值很小,为简化计算,略去不计。

(3)混凝土受压的应力应变关系曲线按下列规定取用。如图 3-12 所示,其数学表达式为

当 $\varepsilon_c \leqslant 0.002$ 时

$$\sigma_c = f_c\left[1 - \left(1 - \frac{\varepsilon_c}{0.002}\right)^2\right] \tag{3-2}$$

当 $0.002 < \varepsilon_c \leqslant \varepsilon_{cu}$ 时

$$\sigma_c = f_c \tag{3-3}$$

式中　σ_c——混凝土压应变为 ε_c 时的混凝土应力;

f_c——混凝土轴心抗压强度设计值;

ε_c——受压区混凝土压应变;

ε_{cu}——混凝土的极限压应变,当处于非均匀受压时,取为 0.003 3,当处于轴心受压时,取为 0.002。

(4)有明显屈服点的钢筋(热轧钢筋),其应力应变关系可简化为理想的弹塑性曲线(见图 3-13)。

当 $0 \leqslant \varepsilon_s \leqslant \varepsilon_y$ 时

$$\sigma_s = \varepsilon_s E_s \tag{3-4}$$

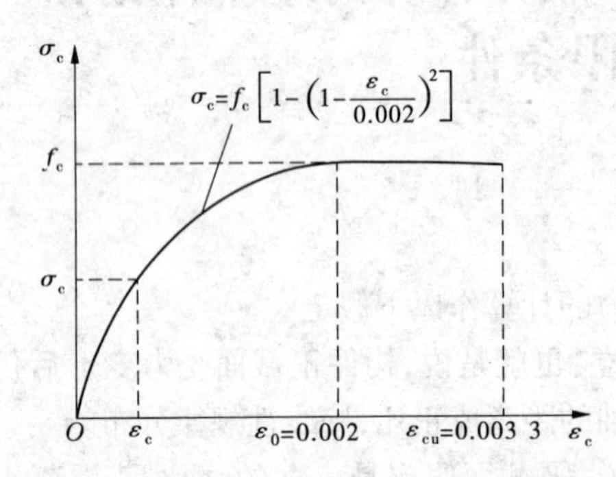

图 3-12　混凝土的 $\sigma_c \sim \varepsilon_c$ 关系曲线

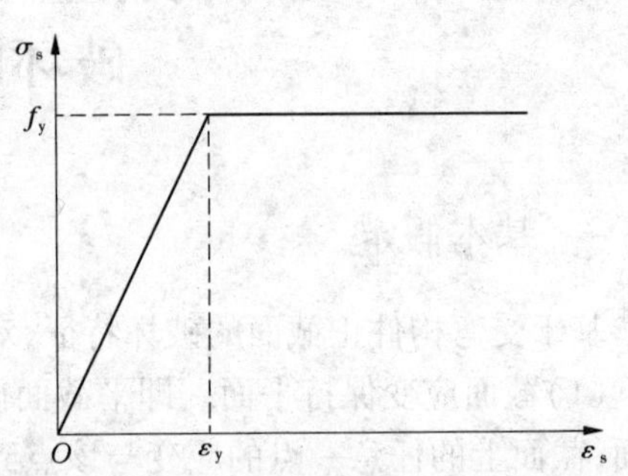

图 3-13　有明显屈服点钢筋的 $\sigma_s \sim \varepsilon_s$ 关系曲线

当 $\varepsilon_s > \varepsilon_y$ 时

$$\sigma_s = f_y \tag{3-5}$$

式中　f_y——钢筋抗拉强度设计值;

ε_y——钢筋的屈服应变;

E_s——钢筋的弹性模量。

二、正截面受弯承载力基本方程

根据上述基本假定,单筋矩形截面梁在第Ⅲ$_a$ 阶段截面应力和应变分别如图 3-14 所

示。截面混凝土受压边缘的极限压应变 $\varepsilon_{cu}=0.003\ 3$，钢筋拉应变大于或等于屈服应变，即 $\varepsilon_s \geqslant \varepsilon_y$。若截面受压区高度计为 x_c，则距中和轴距离为 y 处的混凝土纤维压应变为

$$\varepsilon_c = \frac{y}{x_c}\varepsilon_{cu} \tag{3-6}$$

受拉钢筋的拉应变为

$$\varepsilon_s = \frac{h_0 - x_c}{x_c}\varepsilon_{cu} \tag{3-7}$$

由图 3-14(c)，截面受压区混凝土应力呈曲线分布，其应力值的大小由式(3-2)或式(3-3)计算，压应力的合力 C 可按下式计算

$$C = \int_0^{x_c} \sigma_c b \mathrm{d}y \tag{3-8}$$

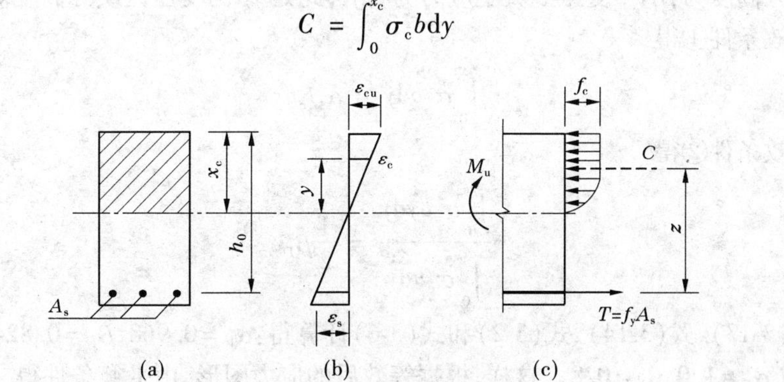

图 3-14　受压区混凝土的应力图形

对于适筋梁，受拉钢筋应力达到屈服强度，设钢筋截面面积为 A_s，则钢筋的拉力 T 为

$$T = f_y A_s \tag{3-9}$$

根据截面内力平衡条件，$\sum X = 0$，得 $C=T$，即

$$\int_0^{x_c} \sigma_c b \mathrm{d}y = f_y A_s \tag{3-10}$$

$\sum M = 0$

$$M_u = Cz = \int_0^{x_c} \sigma_c b(h_0 - x_c + y)\mathrm{d}y \tag{3-11}$$

或

$$M_u = Tz = f_y A_s z \tag{3-12}$$

式中　b——梁的截面宽度；

M_u——梁的破坏弯矩或极限弯矩；

z——内力臂，即混凝土压应力的合力 C 与钢筋拉力的合力 T 之间的距离。

利用上述公式可以计算出截面的受弯承载力，但计算烦琐，尤其是当弯矩已知而需确定受拉钢筋截面面积时，必须经多次试算才能获得满意的结果。因此，在实际工程中，一般以等效矩形应力图形来代替曲线的应力分布图形(见图 3-15)，这样可使计算过程得以简化。

等效矩形应力图形应满足以下两个条件：①等效前后受压区压应力合力 C 的大小不变；②等效前后受压区压应力合力 C 的作用点不变。

下面确定用等效矩形应力图形代替曲线应力图形的有关参数。

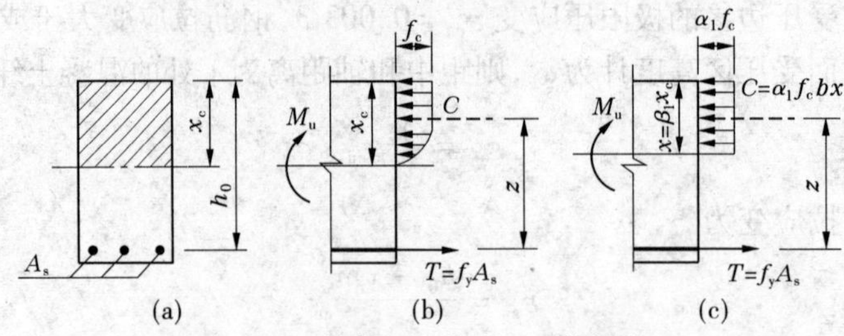

图 3-15　等效矩形应力图形的换算

根据图 3-15,等效矩形应力图由无量纲参数 α_1 和 β_1 来确定。计算时,等效矩形应力图的受压区高度为 $\beta_1 x_c$,受压混凝土应力为 $\alpha_1 f_c$,此处 x_c 为受压区实际高度。

由等效条件①得

$$\int_0^{x_c} \sigma_c b \mathrm{d}y = \alpha_1 f_c bx \tag{3-13}$$

由等效条件②得

$$\frac{\int_0^{x_c} \sigma_c by \mathrm{d}y}{\int_0^{x_c} \sigma_c b \mathrm{d}y} = \frac{1}{2}\beta_1 x_c \tag{3-14}$$

由式(3-13)、式(3-14)、式(3-2)和式(3-6)计算得:$\alpha_1 = 0.968$,$\beta_1 = 0.824$。为简化计算,规范取 $\alpha_1 = 1.0$,$\beta_1 = 0.8$。这样,根据等效后的应力图形,由平衡条件得

$$\sum X = 0 \qquad f_c bx = f_y A_s \tag{3-15}$$

$$\sum M = 0 \qquad M_u = f_c bx\left(h_0 - \frac{x}{2}\right) \tag{3-16}$$

或

$$M_u = f_y A_s\left(h_0 - \frac{x}{2}\right) \tag{3-17}$$

式中　f_c——混凝土轴心抗压强度设计值;

b——构件的截面宽度;

x——等效矩形应力图形的高度,简称受压区计算高度;

h_0——截面有效高度,$h_0 = h - a_s$;

f_y——钢筋抗拉强度设计值;

A_s——受拉钢筋截面面积;

M_u——构件的正截面极限弯矩。

式(3-15)、式(3-16)和式(3-17)是单筋矩形截面正截面承载力计算的基本方程,是受弯构件正截面承载力计算的基础,应很好掌握。

三、相对界限受压区计算高度 ξ_b 和适筋梁的最大配筋率 ρ_{max}

对适筋构件,当破坏时,$\varepsilon_c = \varepsilon_{cu} = 0.0033$,而 $\varepsilon_s > \varepsilon_y = f_y/E_s$(见图 3-16),设中和轴高度为 x_c,则有

$$\frac{x_c}{h_0} = \frac{\varepsilon_{cu}}{\varepsilon_{cu} + \varepsilon_s} \tag{3-18}$$

注意到 $x=0.8x_c$，于是式(3-18)也可以表达为

$$\frac{x}{h_0}=\frac{0.8\varepsilon_{cu}}{\varepsilon_{cu}+\varepsilon_s} \tag{3-19}$$

令 $\xi=\frac{x}{h_0}$，则由式(3-15)得

$$\xi=\frac{x}{h_0}=\frac{f_yA_s}{f_cbh_0}=\rho\frac{f_y}{f_c} \tag{3-20}$$

式中　ξ——相对受压区高度，即等效矩形应力图形的高度与截面有效高度之比。

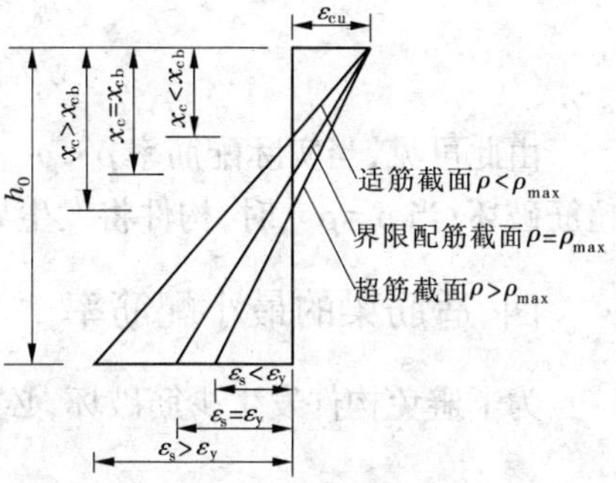

图 3-16　不同配筋的截面应变图

比较适筋梁和超筋梁的破坏特点，可以发现，在适筋破坏和超筋破坏之间必定存在着一种界限状态，即在受拉钢筋的应力达到屈服强度的同时，受压区混凝土边缘纤维达到极限压应变 ε_{cu} 而破坏，通常称为界限破坏，有时也称平衡破坏。此时，$\varepsilon_s=\varepsilon_y=f_y/E_s$，$\varepsilon_c=\varepsilon_{cu}=0.0033$。

同理，设界限破坏时中和轴高度为 x_{cb}，则有

$$\xi_b=\frac{x_b}{h_0}=\frac{0.8\varepsilon_{cu}}{\varepsilon_{cu}+\varepsilon_y} \tag{3-21}$$

即

$$\xi_b=\frac{0.8}{1+\dfrac{f_y}{0.0033E_s}} \tag{3-22}$$

式中　x_b——界限受压区计算高度；

ξ_b——相对界限受压区计算高度；

h_0——截面有效高度；

f_y——钢筋抗拉强度设计值，按附录二附表 2-6 取用；

E_s——钢筋弹性模量，按附录二附表 2-8 取值。

从式(3-22)可以看出，相对界限受压区计算高度 ξ_b 与钢筋种类及其强度有关，见表 3-2。当相对受压区高度 $\xi\leqslant\xi_b$ 时，属于适筋构件；当相对受压区高度 $\xi>\xi_b$ 时，属于超筋构件。

表 3-2　ξ_b 及 α_{sb} 值(热轧钢筋)

钢筋种类	HPB235	HPB300	HRB335	HRB400	RRB400	HRB500
ξ_b	0.614	0.576	0.550	0.518	0.518	0.484
$\alpha_{sb}=\xi_b(1-0.5\xi_b)$	0.426	0.410	0.399	0.384	0.384	0.367

当 $\xi=\xi_b$ 时，可求出界限破坏时的特定配筋率 ρ_b，亦即适筋构件的最大配筋率 ρ_{max} 值。由图 3-15(c)，取 $x=x_b$，$A_s=\rho_{max}bh_0$，则

$$f_cbx_b=f_yA_s=f_y\rho_{max}bh_0$$

故

$$\rho_{\max} = \frac{x_b}{h_0}\frac{f_c}{f_y} = \xi_b \frac{f_c}{f_y} \tag{3-23}$$

由此可见，当实际配筋率$\rho < \rho_{\max}$时，构件将发生适筋破坏；当$\rho > \rho_{\max}$时，构件将发生超筋破坏；当$\rho = \rho_{\max}$时，构件将发生界限破坏。

四、适筋梁的最小配筋率

为了避免构件发生少筋破坏，必须确定构件的最小配筋率$\rho_{\min}$，使得

$$\rho \geqslant \rho_{\min} \tag{3-24}$$

最小配筋率是少筋构件与适筋构件的界限。配有最小配筋率$\rho_{\min}$的钢筋混凝土构件的受弯承载力M_u应等于同样截面、同一强度等级的素混凝土梁的开裂弯矩M_{cr}。

以矩形截面梁为例，素混凝土梁的开裂弯矩计算公式为

$$M_{cr} = 0.292 f_{tk} b h^2 \tag{3-25}$$

令式(3-25)与式(3-16)相等，并取$h_0 - \frac{x}{2} \approx 0.9h$，可得

$$\rho_{\min} = \frac{A_s}{bh_0} = 0.45\frac{f_t}{f_y} \tag{3-26}$$

由式(3-26)可知，$\rho_{\min}$与混凝土抗拉强度及钢筋强度有关。规范在综合考虑混凝土抗拉强度的离散性、温度变化和混凝土收缩对钢筋混凝土结构的不利影响、最小配筋量对裂缝宽度的影响以及以往的设计经验等，规定了构件的最小配筋率$\rho_{\min}$，一般梁、板可按附录四附表4-3取用；对于水工中截面尺寸较大的底板和墩墙，有关$\rho_{\min}$的规定另见本书第十三章。

第四节　单筋矩形截面受弯构件正截面承载力计算

一、基本计算公式及适用条件

(一)基本计算公式

单筋矩形截面受弯构件正截面承载力计算简图如图3-17所示。

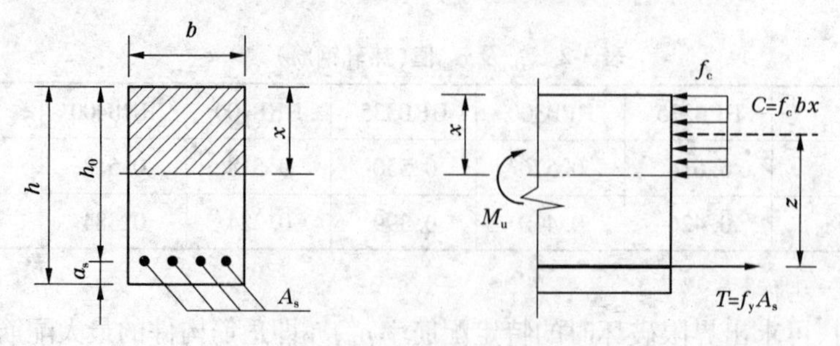

图3-17　单筋矩形截面受弯构件正截面承载力计算简图

根据力的平衡条件，并满足承载能力极限状态设计表达式的要求，可列出其基本方程

$\sum X = 0$　　$$f_c bx = f_y A_s \tag{3-27}$$

$\sum M = 0$　　$$M \leqslant \frac{1}{\gamma_d} M_u = \frac{1}{\gamma_d}\left[f_c bx\left(h_0 - \frac{x}{2}\right)\right] \tag{3-28a}$$

或

$$M \leqslant \frac{1}{\gamma_d} M_u = \frac{1}{\gamma_d} f_y A_s\left(h_0 - \frac{x}{2}\right) \tag{3-28b}$$

式中　M——弯矩设计值(包括结构重要性系数 γ_0 和设计状况系数 ψ 在内);

M_u——截面极限弯矩值;

γ_d——结构系数,按附录一附表 1-3 取用;

f_c——混凝土轴心抗压强度设计值,按附录二附表 2-2 取用;

b——矩形截面宽度;

x——混凝土受压区计算高度;

h_0——截面有效高度,$h_0 = h - a_s$;

f_y——普通钢筋的抗拉强度设计值,按附录二附表 2-6 取用;

A_s——受拉区纵向钢筋的截面面积。

(二)适用条件

(1)为保证构件破坏时纵向受拉钢筋首先屈服,应满足

$$\xi \leqslant \xi_b \tag{3-29a}$$

或

$$x \leqslant \xi_b h_0 \tag{3-29b}$$

或

$$\rho \leqslant \rho_{max} = \xi_b \frac{f_c}{f_y} \tag{3-29c}$$

若将 ξ_b 代入式(3-28a),则可求得单筋矩形截面所能承受的最大受弯承载力(极限弯矩)$M_{u,max}$。所以,上述适用条件也可写成

$$M \leqslant \frac{1}{\gamma_d} M_{u,max} = \frac{1}{\gamma_d} f_c bh_0^2 \xi_b (1 - 0.5\xi_b) \tag{3-29d}$$

即

$$\alpha_s \leqslant \alpha_{sb} = \xi_b (1 - 0.5\xi_b) \tag{3-29e}$$

上面五个式子的物理意义是相同的,都是防止配筋过多而形成超筋构件。

(2)为了防止发生少筋破坏,应满足

$$\rho \geqslant \rho_{min} \tag{3-30a}$$

或

$$A_s \geqslant \rho_{min} bh_0 \tag{3-30b}$$

二、基本公式的应用

受弯构件正截面承载力设计计算包括两类问题,即截面设计和承载力复核,计算方法有所不同,下面分别介绍。

(一)引进计算参数

按式(3-27)和式(3-28)进行正截面承载力计算时,一般需联立求解一元二次方程,为了实际应用方便,下面引进计算参数。

由式(3-27)得

$$\xi = \frac{x}{h_0} = \frac{f_y A_s}{f_c b h_0} \tag{3-31}$$

因此

$$A_s = \xi b h_0 \frac{f_c}{f_y} \tag{3-32}$$

将式(3-28a)改写为

$$M = \frac{1}{\gamma_d} f_c b h_0^2 \frac{x}{h_0}\left(1 - \frac{x}{2h_0}\right) = \frac{1}{\gamma_d} f_c b h_0^2 \xi (1 - 0.5\xi)$$

令

$$\alpha_s = \xi(1 - 0.5\xi) \tag{3-33}$$

则

$$M = \frac{1}{\gamma_d} \alpha_s f_c b h_0^2 \tag{3-34}$$

或

$$\alpha_s = \frac{\gamma_d M}{f_c b h_0^2} \tag{3-35}$$

将式(3-28b)改写为

$$M = \frac{1}{\gamma_d} f_y A_s h_0 \left(1 - \frac{x}{2h_0}\right) = \frac{1}{\gamma_d} f_y A_s h_0 (1 - 0.5\xi)$$

令

$$\gamma_s = 1 - 0.5\xi \tag{3-36}$$

则

$$M = \frac{1}{\gamma_d} f_y A_s \gamma_s h_0 \tag{3-37}$$

或

$$A_s = \frac{\gamma_d M}{f_y \gamma_s h_0} \tag{3-38}$$

比较匀质弹性材料矩形截面梁的承载力计算公式 $M = W[\sigma] = \frac{1}{6}bh^2[\sigma]$ 可知，α_s 是反映钢筋混凝土梁截面抵抗矩的系数，它不像弹性材料是个常数，而是 ξ 的函数；$\gamma_s h_0$ 为截面的内力臂 z，因此 γ_s 称为内力臂系数，也是 ξ 的函数。

（二）截面设计

在进行截面设计时，通常是根据受弯构件的使用要求、外荷载大小（弯矩设计值）和选用的材料强度等级，确定截面尺寸以及钢筋数量。

1. 截面尺寸的拟定

构件截面尺寸的拟定不仅要满足承载力的要求，而且要考虑构件变形和裂缝开展宽度限值的要求，同时要兼顾施工方便和造价合理。受弯构件的截面尺寸一般可根据工程经验或参考类似的结构设计确定。所选择的截面尺寸应尽可能使计算得出的配筋率 ρ 处在常用配筋率范围内。对一般板和梁，其常用配筋率范围为：

薄板　　　　　0.4% ~ 0.8%

矩形截面梁　　0.6% ~ 1.5%

T 形截面梁　　0.9% ~ 1.8%（相对于梁肋来说）

现浇板的宽度一般都比较大，设计时其计算宽度 b 通常取单位宽度 1 000 mm 进行计算。

2. 内力计算

在进行内力计算时，首先要作出板或梁的计算简图，计算简图中应表示支座和荷载的情况，以及板或梁的计算跨度。一般情况下，简支板、梁（见图3-18）的计算跨度 l_0 可取下列各 l_0 值中的较小者：

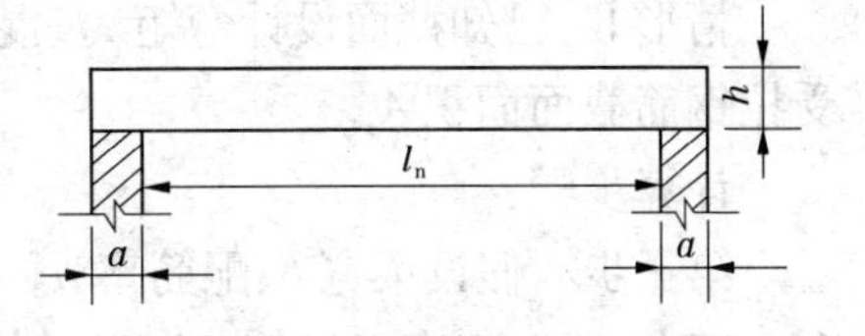

图3-18　简支板（梁）

实心板　　$l_0 = l_n + a$，或 $l_0 = l_n + h$，或 $l_0 = 1.1l_n$

空心板和简支梁　　$l_0 = l_n + a$，或 $l_0 = 1.05l_n$

式中　l_n——板或梁的净跨度；

a——板或梁的支承长度；

h——板厚。

根据计算简图，按荷载最不利布置，计算出最大弯矩设计值和最大剪力设计值。

3. 材料选择

钢筋混凝土最低强度等级应根据结构所处的环境条件和所采用的钢筋品种确定，一般情况下，混凝土强度等级不应低于C15；当采用HRB335级钢筋时，混凝土强度等级不宜低于C20；当采用HRB400、RRB400级或HRB500级钢筋以及对承受重复荷载的构件，混凝土强度等级不得低于C25。一般情况的梁、板，混凝土强度等级通常采用C20～C35。

纵向受力钢筋宜选用HRB335级和HRB400级钢筋，也可选用HPB235、RRB400级或HRB500级钢筋。

4. 配筋计算

配筋计算时，常遇到下列两种情况。

情形Ⅰ：已知截面设计弯矩 M、截面尺寸 $b \times h$、混凝土强度等级及钢筋级别，求受拉钢筋截面面积 A_s。

计算步骤：

第一步　计算截面有效高度 h_0。根据环境类别和混凝土强度等级，由附录四附表4-1查得纵向受力钢筋的混凝土保护层最小厚度 c，假定 a_s 值，计算 $h_0 = h - a_s$。

第二步　计算 α_s。由已知的 M、b、h_0 和 f_c，按式(3-35)计算。

第三步　计算 ξ。由式(3-33)解出 $\xi = 1 - \sqrt{1 - 2\alpha_s}$。要求应满足条件 $\xi \leqslant \xi_b$。若 $\xi > \xi_b$，应加大截面尺寸，或提高混凝土强度等级，或配置受压钢筋（详见本章第五节）。

第四步　计算 A_s。按式(3-32)或式(3-38)计算。

第五步　验算是否满足最小配筋要求。按式(3-30)验算，若 $A_s < \rho_{min} bh_0$，则取 $A_s = \rho_{min} bh_0$。

第六步　选配钢筋并画配筋图。对钢筋混凝土梁由附录三附表3-1选择合适的钢筋直径及根数。对钢筋混凝土现浇板，可由附录三附表3-6选择合适的钢筋直径及间距。实际采用的 $A_{s实}$ 一般等于或略大于计算所需要的 $A_{s计}$；若小于需要的 $A_{s计}$，则相差不应超过5%，即 $|A_{s实} - A_{s计}|/A_{s计} \leqslant 5\%$。

最后画出截面配筋图。图上应表示出截面尺寸和配筋情况，必要时标注出梁底或梁顶的标高。钢筋的直径和间距等应符合本章第一节所述的有关构造要求。

情形Ⅱ:已知截面设计弯矩 M、混凝土强度等级和钢筋级别,求构件截面尺寸 $b \times h$ 和受拉钢筋截面面积 A_s。

计算步骤:

第一步　假设梁宽 b、配筋率 ρ。由于基本公式有两个,但公式中的未知数有 b、h、A_s 和 x 四个,所以有多组解答。因此,计算时需增加两个条件,通常假定梁宽 b 和配筋率 ρ。梁宽 b 可按构造要求确定,配筋率 ρ 可在前面所给出的常用配筋率范围内选取。

第二步　计算 ξ。由式(3-20)计算:$\xi = \rho \dfrac{f_y}{f_c}$。

第三步　计算 α_s。按式(3-33)计算:$\alpha_s = \xi(1 - 0.5\xi)$。

第四步　计算 h_0 并确定截面尺寸。由式(3-34)计算:$h_0 = \sqrt{\dfrac{\gamma_d M}{\alpha_s f_c b}}$。检查 $h = h_0 + a_s$ 取整后,是否满足构造要求,h/b 是否合适。如不合适,需进行调整,直至符合要求。

第五步　按照截面尺寸 b 和 h 为已知的情形Ⅰ进行计算。

(三)承载力复核

已知截面设计弯矩 M、截面尺寸 $b \times h$、受拉钢筋截面面积 A_s、混凝土强度等级及钢筋级别,求截面所能承受的极限弯矩 M_u(或已知 M,复核该截面是否安全)。

复核步骤:

第一步　验算最小配筋率的条件。由已知的 b、h_0、f_c、f_y 及 A_s,根据式(3-1)计算 ρ,要求满足条件 $\rho \geq \rho_{min}$。若 $\rho < \rho_{min}$,则原截面设计不合理,其受弯承载力应降低使用(已建工程)或修改设计。

第二步　计算 ξ。根据式(3-20)或式(3-31)计算。

第三步　计算受弯承载力 M。当 $\xi \leq \xi_b$ 时,代入式(3-28)计算;当 $\xi > \xi_b$ 时,取 $\xi = \xi_b$ 并代入式(3-29d)计算。

【例题 3-1】　某水电站副厂房一矩形截面简支梁(结构安全级别为Ⅲ级),如图 3-19 所示,梁的净跨度 $l_n = 5.76$ m,计算跨度 $l_0 = 6.0$ m,承受均布可变荷载 $q_k = 8.5$ kN/m,混凝土强度等级选用 C20,采用 HRB335 级钢筋。试确定该梁的截面尺寸,并计算所需的纵向受拉钢筋 A_s。

解

1. 设计参数

查附录一附表 1-1、附表 1-2 和附表 1-3 可知:$\gamma_0 = 0.9$,$\gamma_G = 1.05$,$\gamma_Q = 1.20$,$\gamma_d = 1.20$;再查附录二附表 2-2 和附表 2-6 得到:C20 混凝土 $f_c = 9.6$ N/mm²,HRB335 级钢筋 $f_y = 300$ N/mm²;查表 3-2 知:$\xi_b = 0.550$,$\alpha_{sb} = 0.399$。

2. 确定截面尺寸

$$h = \left(\frac{1}{8} \sim \frac{1}{12}\right) l_0 = \left(\frac{1}{8} \sim \frac{1}{12}\right) \times 6\,000 = 750 \sim 500 (\text{mm}),取 h = 500 \text{ mm}$$

$$b = \left(\frac{1}{2} \sim \frac{1}{3}\right) h = \left(\frac{1}{2} \sim \frac{1}{3}\right) \times 500 = 250 \sim 170 (\text{mm}),取 b = 200 \text{ mm}$$

3. 荷载设计值

混凝土重度 $\gamma = 25\ \text{kN/m}^3$

梁自重　　标准值 $g_k = bh\gamma = 0.2 \times 0.5 \times 25 = 2.5(\text{kN/m})$

　　　　　设计值 $g = \gamma_G g_k = 1.05 \times 2.5 = 2.625(\text{kN/m})$

可变荷载　标准值 $q_k = 8.5\ \text{kN/m}$

　　　　　设计值 $q = \gamma_Q q_k = 1.20 \times 8.5 = 10.2(\text{kN/m})$

4. 内力计算

梁跨中截面最大弯矩为

$$M_{\max} = \frac{1}{8}(g + q)l_0^2 = \frac{1}{8} \times (2.625 + 10.2) \times 6^2 = 57.71(\text{kN} \cdot \text{m})$$

正常使用时为持久状况，设计状况系数 $\psi = 1.0$，则跨中最大弯矩设计值为

$$M = \gamma_0 \psi M_{\max} = 0.9 \times 1.0 \times 57.71 = 51.94(\text{kN} \cdot \text{m})$$

5. 配筋计算

该梁处于室内（一类环境条件），由附录四附表4-1查得混凝土保护层最小厚度 $c = 30$ mm，估计钢筋排成一层，所以可取 $a_s = c + d/2 = 30 + 20/2 = 40(\text{mm})$，则 $h_0 = h - a_s = 500 - 40 = 460(\text{mm})$。

按式(3-35)计算

$$\alpha_s = \frac{\gamma_d M}{f_c b h_0^2} = \frac{1.20 \times 51.94 \times 10^6}{9.6 \times 200 \times 460^2} = 0.153$$

按式(3-33)求得

$\xi = 1 - \sqrt{1 - 2\alpha_s} = 1 - \sqrt{1 - 2 \times 0.153} = 0.167 < \xi_b = 0.550$（查表3-2），满足要求。

按式(3-32)求得

$$A_s = \xi b h_0 \frac{f_c}{f_y} = 0.167 \times 200 \times 460 \times \frac{9.6}{300} = 492(\text{mm}^2)$$

$\rho = \dfrac{A_s}{bh_0} = \dfrac{492}{200 \times 460} = 0.53\% > \rho_{\min} = 0.20\%$（查附录四附表4-3），满足要求。

6. 选配钢筋，绘制配筋图

查附录三附表3-1，选用3 Φ 16（实际 $A_s = 603\ \text{mm}^2$）。钢筋配置如图3-19所示。

选用钢筋3 Φ 16排成一层，需要的最小梁宽为2×30（侧保护层厚度）+3×16（钢筋直径）+2×25（钢筋净距）=158（mm），小于梁实际宽度200 mm，所以可排成一层。

【例题3-2】 某现浇钢筋混凝土平板，安全级别Ⅱ级，二类环境条件，计算跨度 $l_0 = 2\ 380$ mm。板面为30 mm厚的水磨石地面（重度为22 kN/m^3），板底粉刷15 mm厚的水泥砂浆（重度为17 kN/m^3）；在正常使用情况下，板上作用均布可变荷载标准值 $q_k = 2.0\ \text{kN/m}^2$。混凝土采用C20，钢筋采用HPB235级。试确定板厚 h 和受拉钢筋截面面积 A_s。

解

1. 设计参数

查表得：$\gamma_0 = 1.0$，$\psi = 1.0$，$\gamma_G = 1.05$，$\gamma_Q = 1.20$，$\gamma_d = 1.20$，$f_c = 9.6\ \text{N/mm}^2$，$f_y = 210$

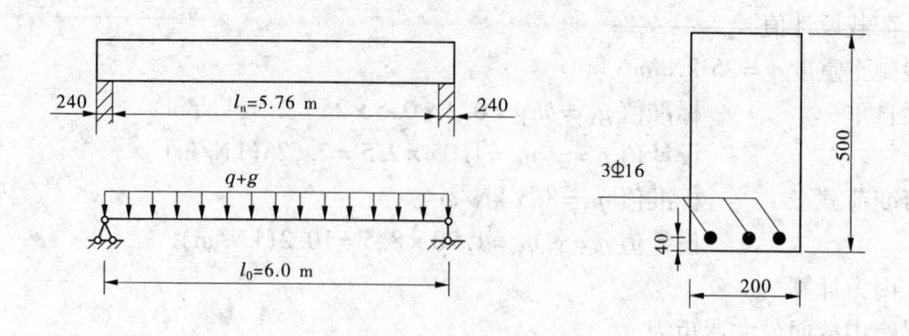

图 3-19　梁的内力计算图及截面配筋图

N/mm^2。

2. 尺寸拟定

取单位板宽 $b=1\ 000$ mm，假定板厚 $h=100$ mm。

3. 荷载设计值

混凝土重度 $\gamma=25\ kN/m^3$

板的自重　　标准值 $g_{1k}=bh\gamma=1.0\times0.1\times25=2.5(kN/m)$

　　　　　　设计值 $g_1=\gamma_{G1}g_{1k}=1.05\times2.5=2.625(kN/m)$

水磨石地面自重　　标准值 $g_{2k}=bh\gamma=1.0\times0.03\times22=0.66(kN/m)$

　　　　　　设计值 $g_2=\gamma_{G2}g_{2k}=1.05\times0.66=0.693(kN/m)$

砂浆自重　　标准值 $g_{3k}=bh\gamma=1.0\times0.015\times17=0.255(kN/m)$

　　　　　　设计值 $g_3=\gamma_{G3}g_{3k}=1.05\times0.255=0.268(kN/m)$

可变荷载　　标准值 $q_{1k}=bq_k=1\times2.0=2.0(kN/m)$

　　　　　　设计值 $q_1=\gamma_{Q1}q_{1k}=1.2\times2.0=2.4(kN/m)$

永久荷载　　设计值 $g=g_1+g_2+g_3=2.625+0.693+0.268=3.586(kN/m)$

可变荷载　　设计值 $q=q_1=2.4$ kN/m

4. 内力计算

平板跨中截面最大弯矩为

$$M_{max}=\frac{1}{8}(g+q)l_0^2=\frac{1}{8}\times(3.586+2.4)\times2.38^2=4.24(kN\cdot m)$$

正常使用时为持久状况，设计状况系数 $\psi=1.0$，则跨中最大弯矩设计值为

$$M=\gamma_0\psi M_{max}=1.0\times1.0\times4.24=4.24(kN\cdot m)$$

5. 配筋计算

该板处于二类环境条件，由附录四附表 4-1 查得混凝土保护层最小厚度 $c=25$ mm，估计钢筋排成一层，所以可取 $a_s=c+d/2=25+10/2=30(mm)$，则 $h_0=h-a_s=100-30=70(mm)$。

按式(3-35)计算

$$\alpha_s=\frac{\gamma_d M}{f_c bh_0^2}=\frac{1.20\times4.24\times10^6}{9.6\times1\ 000\times70^2}=0.108$$

按式(3-33)求得

$\xi = 1 - \sqrt{1 - 2\alpha_s} = 1 - \sqrt{1 - 2 \times 0.108} = 0.115 < \xi_b = 0.614$(查表3-2),满足要求。

按式(3-32)求得

$$A_s = \xi b h_0 \frac{f_c}{f_y} = 0.115 \times 1\,000 \times 70 \times \frac{9.6}{210} = 368(\text{mm}^2)$$

$\rho = \frac{A_s}{bh_0} = \frac{368}{1\,000 \times 70} = 0.53\% > \rho_{min} = 0.20\%$(查附录四附表4-3),满足要求,且其配筋率在常用配筋率(0.4%~0.8%)范围内,所以拟定板厚 $h = 100$ mm 合适。

6. 选配钢筋,绘制配筋图

查附录三附表3-6,选用Φ 8@125($A_s = 402\ \text{mm}^2$),分布钢筋选用Φ 6@250($A_s = 113\ \text{mm}^2$)。正截面配筋如图3-20所示。

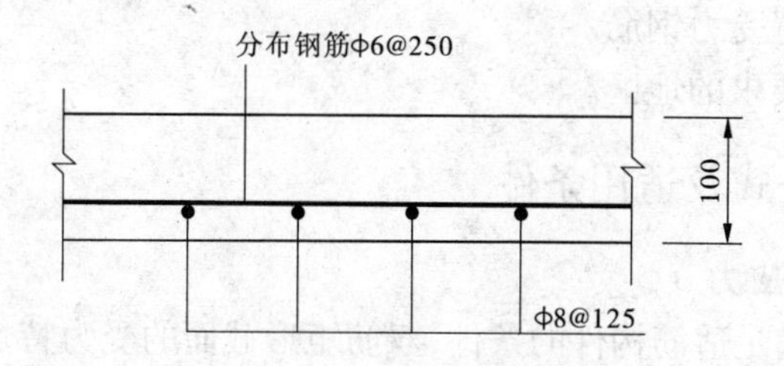

图3-20　板的配筋图

【例题3-3】　某钢筋混凝土矩形截面梁(二类环境条件,Ⅱ级安全级别),截面尺寸 $b \times h = 250\ \text{mm} \times 600\ \text{mm}$,配置HRB335级钢筋6 Φ 25($A_s = 2\,945\ \text{mm}^2$,$a_s = 70$ mm),混凝土强度等级采用C20。试计算该梁所能承受的弯矩设计值。

解

1. 设计参数

查表可知,C20混凝土 $f_c = 9.6\ \text{N/mm}^2$,HRB335级钢筋 $f_y = 300\ \text{N/mm}^2$,$\xi_b = 0.550$。

2. 确定相对受压区计算高度 x

$$h_0 = h - a_s = 600 - 70 = 530(\text{mm})$$

$$x = \frac{f_y A_s}{f_c b} = \frac{300 \times 2\,945}{9.6 \times 250} = 368.1(\text{mm}) > \xi_b h_0 = 0.550 \times 530 = 291.5(\text{mm})$$

属于超筋截面。

3. 计算极限受弯承载力 M_u

对于超筋截面,取 $\xi = \xi_b$,则

$$M_u = f_c bx\left(h_0 - \frac{x}{2}\right) = 9.6 \times 250 \times 291.5 \times \left(530 - \frac{291.5}{2}\right)$$

$$= 268.82 \times 10^6(\text{N} \cdot \text{m}) = 268.82\ \text{kN} \cdot \text{m}$$

4. 计算梁所能承受的弯矩设计值

$$M = \frac{M_u}{\gamma_d} = \frac{268.82}{1.2} = 224.02(\text{kN} \cdot \text{m})$$

所以,该梁正截面能够承受的弯矩设计值为 $M = 224.02\ \text{kN} \cdot \text{m}$。

第五节 双筋矩形截面受弯构件正截面承载力计算

如果截面承受的弯矩很大,采用单筋截面不能满足式(3-29d)的要求,而加大截面尺寸或提高混凝土强度等级又受到限制,可采用双筋截面,即在受压区配置受压钢筋来帮助混凝土受压,按双筋截面公式计算。用钢筋来帮助混凝土受压是不经济的,但对构件的延性有利。因此,通常在下列情况下按双筋截面计算:

(1)按单筋截面设计出现 $\xi > \xi_b$ 情况,同时截面尺寸及混凝土强度等级因条件限制不能加大或提高。

(2)构件的同一截面在不同荷载组合下,有时承受正弯矩作用,有时承受负弯矩作用。

(3)受压区已配置受力钢筋。

(4)有抗震设防要求的地区。

一、基本计算公式及适用条件

(一)受压钢筋的应力 σ'_s

试验表明,只要满足适筋构件的条件,双筋矩形截面的受力特点和破坏形式与单筋矩形截面适筋破坏的特征基本相同,即受拉钢筋首先屈服,随后受压区边缘混凝土达到极限压应变被压碎而破坏。当梁内配置一定数量的封闭箍筋,能够防止受压钢筋过早地压曲时,受压钢筋就能与受压混凝土共同变形,即 $\varepsilon'_s = \varepsilon_c$,此时受压钢筋应力 $\sigma'_s = \varepsilon'_s E_s = \varepsilon_c E_s$。

由图 3-21 所示几何关系可知

$$\varepsilon'_s = \frac{x_c - a'_s}{x_c}\varepsilon_{cu} = \left(1 - \frac{a'_s}{x/0.8}\right)\varepsilon_{cu} = \left(1 - \frac{0.8a'_s}{x}\right)\varepsilon_{cu}$$

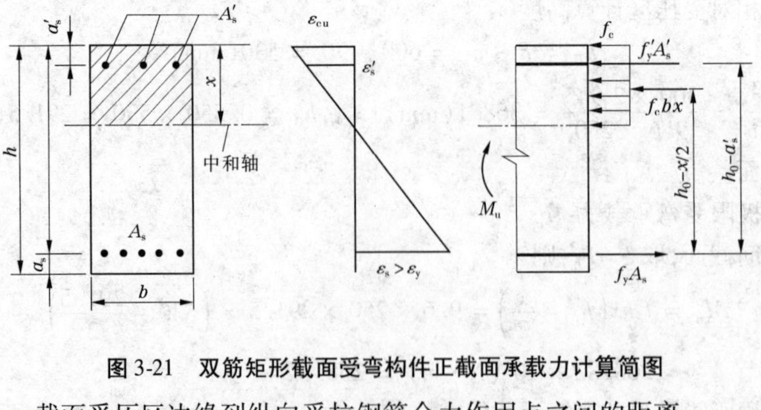

图 3-21 双筋矩形截面受弯构件正截面承载力计算简图

式中 a'_s——截面受压区边缘到纵向受拉钢筋合力作用点之间的距离。

为使受压钢筋达到屈服强度,则要求 $\varepsilon'_s \geq \varepsilon'_y = \dfrac{f'_y}{E_s}$,即应满足

$$\frac{a_s'}{x} \leqslant \frac{1}{0.8}\left(1-\frac{f_y'}{\varepsilon_{cu}E_s}\right)=\begin{cases}0.871(\text{HPB235 级钢筋})\\0.682(\text{HRB335、HRB400、RRB400、HRB500 级钢筋})\end{cases}$$

若取 $x=2a_s'$，则 $\varepsilon_s'=0.001\ 98$，于是 $\sigma_s'=\varepsilon_s'E_s=0.001\ 98\times2\times10^5\approx400(\text{N/mm}^2)$，对一般强度的钢筋，破坏时均能达到抗压屈服强度 f_y'。因此，规范规定，在 $x\geqslant2a_s'$ 的条件下，受压钢筋的抗压强度设计值按下列规定采用：

(1) 当 $f_y'\leqslant400\ \text{N/mm}^2$ 时，取 $\sigma_s'=f_y'$(HPB235、HPB300、HRB335、HRB400 级钢筋)。

(2) 当 $f_y'>400\ \text{N/mm}^2$ 时，取 $\sigma_s'=f_y'=400\ \text{N/mm}^2$(HRB500 级钢筋)。

f_y' 值详见附录二附表 2-6。

(二) 基本计算公式及适用条件

1. 基本公式

根据上面的分析，双筋矩形截面破坏时的应力状态可取图 3-21 所示的图形。由力的平衡条件，并满足承载能力极限状态设计表达式的要求，可得如下基本计算公式

$$\sum X=0 \qquad f_cbx+f_y'A_s'=f_yA_s \tag{3-39}$$

$$\sum M=0 \qquad M\leqslant\frac{1}{\gamma_d}M_u=\frac{1}{\gamma_d}\left[f_cbx\left(h_0-\frac{x}{2}\right)+f_y'A_s'(h_0-a_s')\right] \tag{3-40}$$

将 $x=\xi h_0$ 及 $\alpha_s=\xi(1-0.5\xi)$ 代入，则式(3-39)和式(3-40)可写做

$$f_cb\xi h_0+f_y'A_s'=f_yA_s \tag{3-41}$$

$$M\leqslant\frac{1}{\gamma_d}M_u=\frac{1}{\gamma_d}[\alpha_sf_cbh_0^2+f_y'A_s'(h_0-a_s')] \tag{3-42}$$

式中 f_y'——钢筋抗压强度设计值，按附录二附表 2-6 取用；

A_s'——受压区纵向钢筋截面面积。

2. 适用条件

以上计算公式的适用条件如下：

(1) 为防止超筋破坏，保证构件破坏时纵向受拉钢筋首先屈服，应满足

$$\xi\leqslant\xi_b \quad 或 \quad x\leqslant\xi_bh_0 \tag{3-43}$$

(2) 为了保证受压钢筋在构件破坏时能够达到屈服强度，应满足

$$x\geqslant2a_s' \quad 或 \quad z\leqslant h_0-a_s' \tag{3-44}$$

在双筋矩形截面梁的计算中，式(3-44)是纵向受压钢筋达到抗压屈服强度的必要条件。其含义为受压钢筋位置应不低于矩形应力图中受压区的重心。若不满足上式规定，则表明受压钢筋太靠近中和轴，受压钢筋压应变 ε_s' 过小，致使 σ_s' 达不到 f_y'。

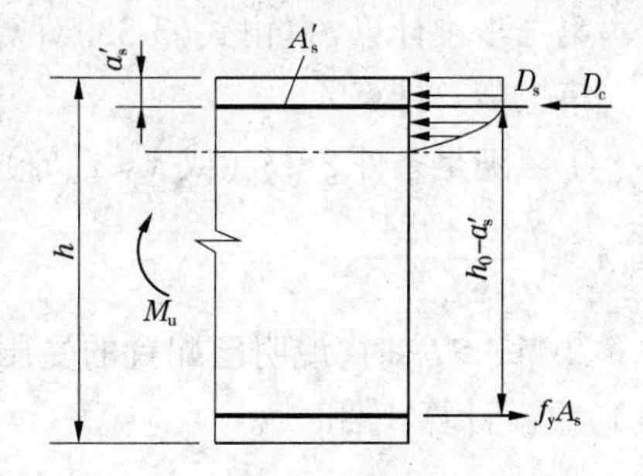

图 3-22　$x<2a_s'$ 时的双筋截面计算简图

当 $x<2a_s'$ 时，可近似地取 $x=2a_s'$，即近似认为受压钢筋的压力和受压混凝土的压力的作用位置重合(见图 3-22)，并对受压钢筋的合力作用点取矩，则正截面承载力可按下式计算

$$M\leqslant\frac{1}{\gamma_d}M_u=\frac{1}{\gamma_d}f_yA_s(h_0-a_s') \tag{3-45}$$

式(3-45)是双筋截面当 $x<2a_s'$ 时的唯一基本

设计公式,受拉钢筋数量可用此式确定。如果计算中不计受压钢筋作用,则条件 $x \geq 2a'_s$ 就可取消。

值得注意的是,按式(3-45)求得的 A_s 可能大于比不考虑受压钢筋而按单筋矩形截面计算的 A_s,这时也可按单筋矩形截面的计算结果配筋。

二、基本公式的应用

与单筋截面类似,双筋矩形截面受弯构件正截面承载力计算也包括截面设计和承载力复核两类问题。

(一)截面设计

在进行双筋截面配筋计算时,常遇到下列两种情况。

情形1:已知截面的弯矩设计值 M、构件截面尺寸 $b \times h$、混凝土强度等级和钢筋级别,求受拉钢筋截面面积 A_s 和受压钢筋截面面积 A'_s。

设计步骤:

第一步　判断是否应采用双筋截面。当不满足式(3-29d)要求时,可按双筋截面进行设计,否则按单筋截面设计。

第二步　计算 A'_s。在求解 A_s、A'_s 和 x 三个未知量时,因基本方程只有两个,即式(3-39)和式(3-40),无法求解,需补充一个条件。一般情况下,应充分利用混凝土的抗压能力,使总用钢量($A_s + A'_s$)最小。为此,取 $\xi = \xi_b$(即取 $x = \xi_b h_0$),由式(3-40)计算:

$A'_s = \dfrac{\gamma_d M - \alpha_{sb} f_c b h_0^2}{f'_y (h_0 - a'_s)}$,其中 $\alpha_{sb} = \xi_b (1 - 0.5\xi_b)$,$\xi_b$ 值列于表3-2,以便查用。

第三步　计算 A_s。将 $x = \xi_b h_0$ 和计算的 A'_s 值代入式(3-39)计算:$A_s = \dfrac{f_c b \xi_b h_0 + f'_y A'_s}{f_y}$。

第四步　选配钢筋并画配筋图。根据钢筋表,选出符合构造要求的钢筋直径和根数,绘制截面配筋图。

情形2:已知截面的弯矩设计值 M、截面尺寸 $b \times h$、混凝土强度等级和钢筋级别、受压钢筋截面面积 A'_s,求构件受拉钢筋截面面积 A_s。

设计步骤:

第一步　计算 α_s。由于 A'_s 已知,则由式(3-42)得:$\alpha_s = \dfrac{\gamma_d M - f'_y A'_s (h_0 - a'_s)}{f_c b h_0^2}$。

第二步　计算 ξ。由式(3-33)计算:$\xi = 1 - \sqrt{1 - 2\alpha_s}$,同时计算 $x = \xi h_0$。

第三步　计算 A_s。

①当满足条件 $\xi \leq \xi_b$(或 $x \leq \xi_b h_0$)和 $x \geq 2a'_s$ 时,将 $x = \xi h_0$ 和 A'_s 值代入式(3-39)计算:$A_s = \dfrac{f_c b x + f'_y A'_s}{f_y}$。

②当 $\xi > \xi_b$ 时,说明已配置的受压钢筋 A'_s 数量不足,此时应按 A'_s 未知的情况(即情形1)重新计算 A'_s 和 A_s。

③当 $x < 2a'_s$ 时,应按式(3-45)计算受拉钢筋截面面积 A_s:$A_s = \dfrac{\gamma_d M}{f_y (h_0 - a'_s)}$。

第四步　选配钢筋并画配筋图。

(二)承载力复核

已知截面尺寸 $b \times h$、钢筋截面面积 A_s 和 A_s'、混凝土强度等级及钢筋级别,求截面所能承受的极限弯矩 M_u(或已知 M,复核这个截面是否安全)。

复核步骤:

第一步　计算 x。由式(3-39)计算:$x = \dfrac{f_y A_s - f_y' A_s'}{f_c b}$。

第二步　计算极限受弯承载力 M_u。

①当满足条件 $x \leqslant \xi_b h_0$ 和 $x \geqslant 2a_s'$ 时,将 $x = \xi h_0$ 代入式(3-40)计算:$M_u = \alpha_s f_c b h_0^2 + f_y' A_s'(h_0 - a_s')$。

②当 $x < 2a_s'$ 时,按式(3-45)计算:$M_u = f_y A_s(h_0 - a_s')$。

③当 $x > \xi_b h_0$ 时,取 $x = \xi_b h_0$,并代入式(3-40)计算:$M_u = \alpha_{sb} f_c b h_0^2 + f_y' A_s'(h_0 - a_s')$。

第三步　计算受弯承载力设计值:$M = \dfrac{1}{\gamma_d} M_u$。当截面实际承受的弯矩设计值 $M \leqslant \dfrac{1}{\gamma_d} M_u$ 时,说明截面承载力满足要求,构件安全;反之,则说明截面承载力不足,构件不安全。

【例题3-4】 已知一结构安全等级为Ⅱ级的矩形截面简支梁,截面尺寸 $b \times h = 250$ mm×500 mm,二类环境条件,计算跨度 $l_0 = 6\ 000$ mm,在使用期间承受均布荷载设计值 $g + q = 45$ kN/m(包括自重),混凝土强度等级为C20,采用HRB335级钢筋。试计算受力钢筋截面面积。

解

1. 设计参数

查表得:$\gamma_0 = 1.0$,$\psi = 1.0$,$\gamma_d = 1.20$,$f_c = 9.6$ N/mm²,$f_y = f_y' = 300$ N/mm²,$\xi_b = 0.55$。

2. 内力计算

梁跨中截面最大弯矩设计值为

$$M = \gamma_0 \psi \frac{1}{8}(g + q) l_0^2 = 1.0 \times 1.0 \times \frac{1}{8} \times 45 \times 6.0^2 = 202.5(\text{kN} \cdot \text{m})$$

3. 验算是否应采用双筋截面

因弯矩较大,初估钢筋布置为两层,取 $a_s = 70$ mm,则 $h_0 = h - a_s = 500 - 70 = 430$(mm)。

$$\begin{aligned} M_{u,\max} &= f_c b h_0^2 \xi_b (1 - 0.5\xi_b) = 9.6 \times 250 \times 430^2 \times 0.55 \times (1 - 0.5 \times 0.55) \\ &= 176.95(\text{kN} \cdot \text{m}) \\ &< \gamma_d M = 1.20 \times 202.5 = 243(\text{kN} \cdot \text{m}) \end{aligned}$$

说明单筋矩形截面已不能满足要求,若不能加大截面尺寸同时混凝土强度等级也不能提高,则配置受压钢筋,按双筋截面进行设计。

4. 配筋计算

取 $a_s' = 40$ mm,$\xi = \xi_b$,则由式(3-40)得

$$A'_s = \frac{\gamma_d M - \alpha_{sb} f_c b h_0^2}{f'_y(h_0 - a'_s)}$$

$$= \frac{1.20 \times 202.5 \times 10^6 - 0.399 \times 9.6 \times 250 \times 430^2}{300 \times (430 - 40)} = 564(\text{mm}^2)$$

由式(3-39)得

$$A_s = \frac{f_c b \xi_b h_0 + f'_y A'_s}{f_y} = \frac{9.6 \times 250 \times 0.55 \times 430 + 300 \times 564}{300} = 2\ 456(\text{mm}^2)$$

5. 选配钢筋,绘制配筋图

选受压钢筋为 2 Φ 20(A'_s =628 mm²),受拉钢筋为 5 Φ 25(A_s =2 454 mm²),截面配筋如图 3-23 所示。

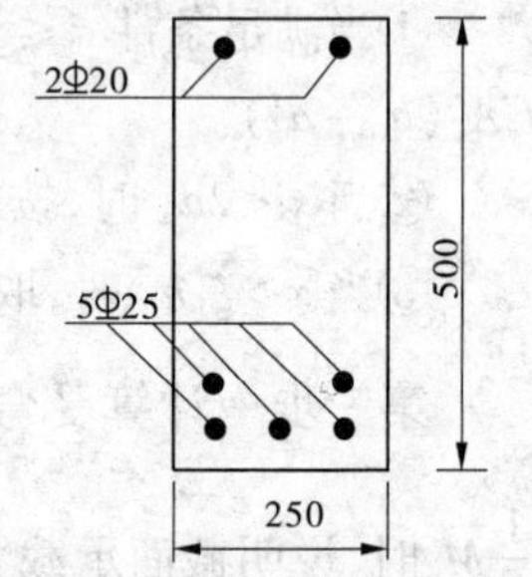

图 3-23　截面配筋图

【例题 3-5】　已知同例 3-4,若受压区已采用两种情况配置钢筋:①配置 2 Φ 22 钢筋(A'_s =760 mm²);②配置 3 Φ 25 钢筋(A'_s = 1 473 mm²)。试分别计算两种情况受拉钢筋截面面积 A_s。

解

第一种情况,配置 2 Φ 22 钢筋,A'_s =760 mm²。

①计算截面抵抗矩系数 α_s

$$\alpha_s = \frac{\gamma_d M - f'_y A'_s (h_0 - a'_s)}{f_c b h_0^2}$$

$$= \frac{1.20 \times 202.5 \times 10^6 - 300 \times 760 \times (430 - 40)}{9.6 \times 250 \times 430^2}$$

$$= 0.347 < \alpha_{sb} = 0.399$$

说明受压区配置的钢筋数量已经足够。

②计算 ξ、x,由公式求得受拉钢筋截面面积 A_s

$$\xi = 1 - \sqrt{1 - 2\alpha_s} = 1 - \sqrt{1 - 2 \times 0.347} = 0.447$$

$$x = \xi h_0 = 0.447 \times 430 = 192(\text{mm}) > 2a'_s = 2 \times 40 = 80(\text{mm})$$

$$A_s = \frac{f_c b x + f'_y A'_s}{f_y} = \frac{9.6 \times 250 \times 192 + 300 \times 760}{300} = 2\ 296(\text{mm}^2)$$

③选配钢筋,绘制配筋图。

选受拉钢筋为 5 Φ 25(A_s =2 454 mm²),截面配筋如图 3-24(a)所示。

第二种情况,配置 3 Φ 25 钢筋,A'_s =1 473 mm²。

①计算截面抵抗矩系数 α_s

$$\alpha_s = \frac{\gamma_d M - f'_y A'_s (h_0 - a'_s)}{f_c b h_0^2}$$

$$= \frac{1.20 \times 202.5 \times 10^6 - 300 \times 1\ 473 \times (430 - 40)}{9.6 \times 250 \times 430^2}$$

$$= 0.159 < \alpha_{sb} = 0.399$$

说明受压区配置的钢筋数量已经足够。

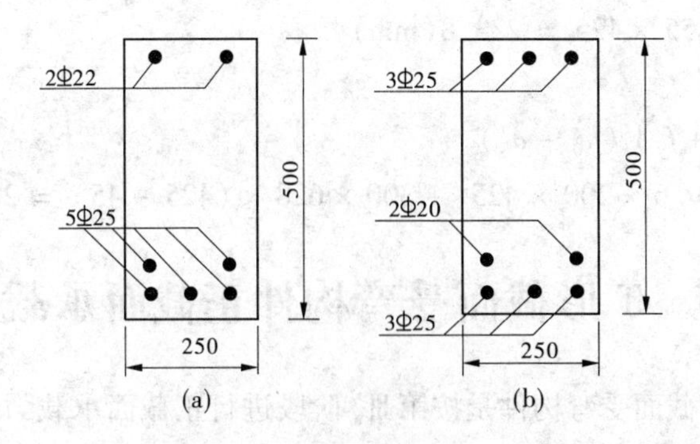

图 3-24　截面配筋图

②计算 ξ、x，由公式求得受拉钢筋截面面积 A_s

$$\xi = 1 - \sqrt{1 - 2\alpha_s} = 1 - \sqrt{1 - 2 \times 0.159} = 0.174$$

$$x = \xi h_0 = 0.174 \times 430 = 75(\text{mm}) < 2a'_s = 2 \times 40 = 80(\text{mm})$$

$$A_s = \frac{\gamma_d M}{f_y(h_0 - a'_s)} = \frac{1.2 \times 202.5 \times 10^6}{300 \times (430 - 40)} = 2\,077\ (\text{mm}^2)$$

③选配钢筋，绘制配筋图。

选受拉钢筋为 3 Φ 25 + 2 Φ 20（$A_s = 2\,101\ \text{mm}^2$），截面配筋如图 3-24(b)所示。

【例题 3-6】 某水电站厂房简支梁，截面尺寸为 200 mm × 500 mm。混凝土强度等级为 C20，配有受压钢筋 2 Φ 20（$A'_s = 628\ \text{mm}^2$，$a'_s = 45$ mm），二类环境条件。试计算在基本荷载组合下，当受拉钢筋分别采用 5 Φ 22 和 5 Φ 25 两种配置时，该截面所能承受的极限弯矩 M_u。

解　查表得：$\gamma_d = 1.20$，$f_c = 9.6\ \text{N/mm}^2$，$\xi_b = 0.55$，$f_y = f'_y = 300\ \text{N/mm}^2$，保护层厚度 $c = 35$ mm。

(1) 受拉钢筋为 5 Φ 22 时（$A_s = 1\,900\ \text{mm}^2$，$a_s = c + d + e/2 = 35 + 22 + 30/2 = 72$ (mm)），$h_0 = 500 - 72 = 428$(mm)。

$$x = \frac{f_y A_s - f'_y A'_s}{f_c b} = \frac{300 \times (1\,900 - 628)}{9.6 \times 200}$$

$$= 198.8(\text{mm}) \begin{cases} < \xi_b h_0 = 0.55 \times 428 = 235.4(\text{mm}) \\ > 2a'_s = 2 \times 45 = 90(\text{mm}) \end{cases}$$

则

$$\begin{aligned} M_u &= f_c b x(h_0 - 0.5x) + f'_y A'_s(h_0 - a'_s) \\ &= 9.6 \times 200 \times 198.8 \times (428 - 0.5 \times 198.8) + 300 \times 628 \times (428 - 45) \\ &= 197.58(\text{kN} \cdot \text{m}) \end{aligned}$$

(2) 受拉钢筋为 5 Φ 25 时（$A_s = 2\,454\ \text{mm}^2$，$a_s = c + d + e/2 = 35 + 25 + 30/2 = 75$ (mm)），$h_0 = 500 - 75 = 425$(mm)。

$$x = \frac{f_y A_s - f'_y A'_s}{f_c b} = \frac{300 \times (2\,454 - 628)}{9.6 \times 200} = 285.3(\text{mm}) > \xi_b h_0$$

$= 0.55 \times 425 = 233.8(\text{mm})$

为超筋梁,则

$$M_u = \alpha_{sb} f_c b h_0^2 + f_y' A_s' (h_0 - a_s')$$

$$= 0.399 \times 9.6 \times 200 \times 425^2 + 300 \times 628 \times (425 - 45) = 209.97(\text{kN} \cdot \text{m})$$

第六节　T 形截面受弯构件正截面承载力计算

如前所述,矩形截面受弯构件是按第Ⅲ$_a$阶段进行正截面承载力计算的,根据正截面承载力计算的基本假定,受拉区拉力全部由受拉钢筋来承担。因此,对于尺寸较大的矩形截面构件,如果将受拉区两侧混凝土挖去一部分,将原有纵向受拉钢筋集中布置在梁肋中,形成如图 3-25 所示的 T 形截面,既可以节约材料,又可以减轻结构自重。

在图 3-25 中,T 形截面的伸出部分称为翼缘,其宽度为 b_f',高度为 h_f';中间部分称为梁肋或腹板,肋宽为 b,高为 h。

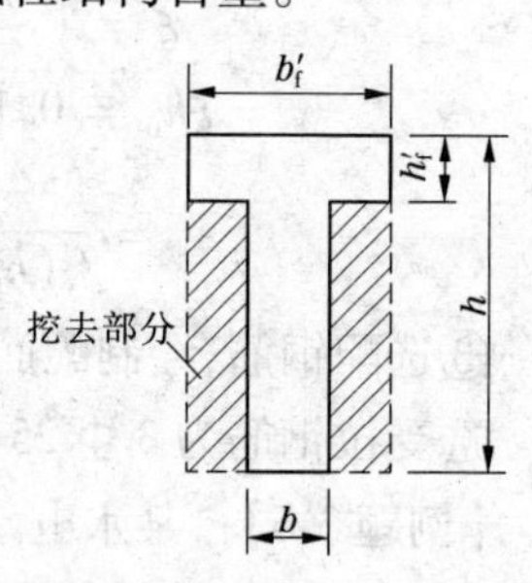

图 3-25　T 形截面的形成

T 形截面受弯构件广泛应用于工程实际中,除独立 T 形梁外,预制空心板、槽形板、I 形梁以及现浇肋梁结构主次梁(跨中截面)(见图 3-26)等,也都相当于 T 形截面。有时也采用翼缘在受拉区的倒 T 形截面或 I 形截面,如现浇肋梁结构连续梁的支座附近截面就是倒 T 形截面(见图 3-26(a)),该处承受负弯矩,使截面下部受压(2—2 剖面),翼缘(上部)受拉,而跨中(1—1 剖面)则按 T 形截面计算。

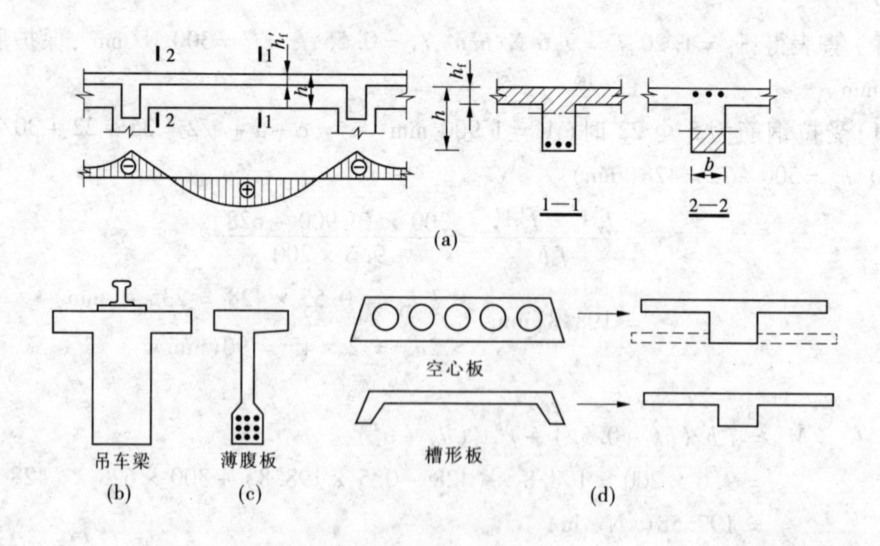

图 3-26　T 形截面的形成

T 形截面与矩形截面的主要区别在于翼缘参与受压。试验研究与理论分析表明,T 形截面梁翼缘内的压应力分布不均匀,离梁肋越远应力越小(见图 3-27(a)),且分布宽度与多种因素有关。为简化计算，通常采用与实际分布情况等效的翼缘宽度，称为翼缘的计算宽度或有效宽度 b_f'，同时假定在 b_f' 范围内压应力均匀分布（见图3-27(b)）。

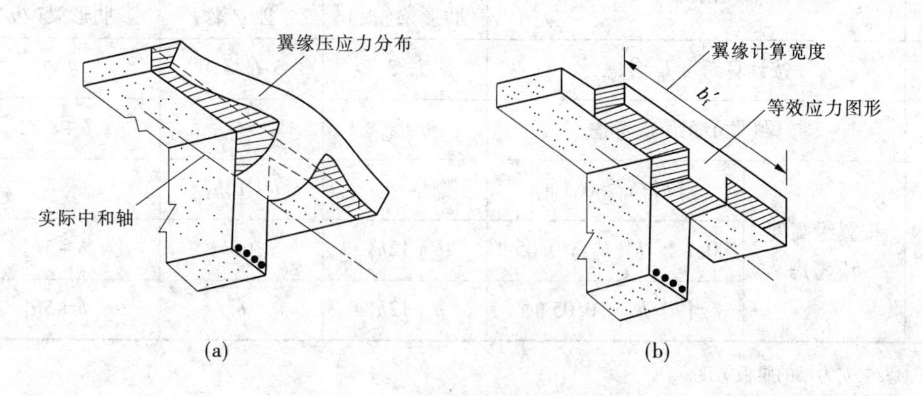

图3-27　T形截面的应力分布

翼缘计算宽度 b_f' 主要与梁跨度、梁的受力状况和翼缘板的相对厚度等因素有关，《水工混凝土结构设计规范》（DL/T 5057—2009）规定T形及倒L形截面受弯构件翼缘计算宽度 b_f'（见图3-28）按表3-3中规定各项的最小值采用。

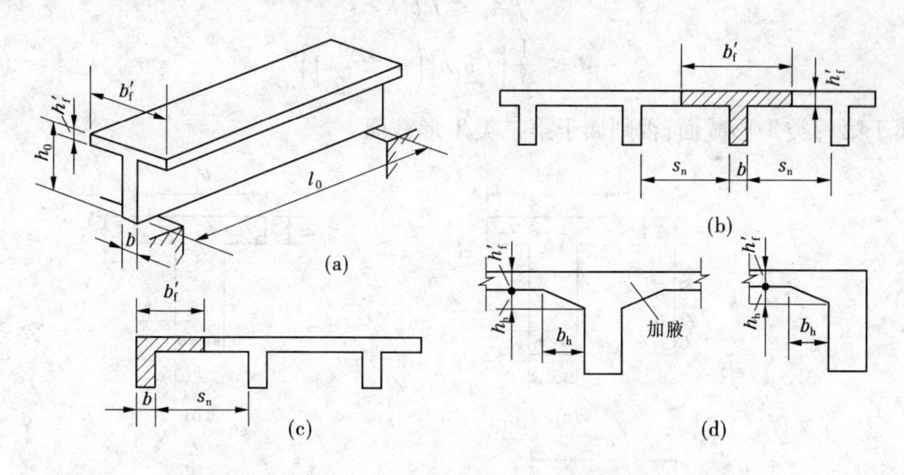

图3-28　T形、倒L形截面梁翼缘计算宽度 b_f'

一、计算应力图形和基本计算公式

（一）两类T形截面的判别

T形截面受弯构件正截面受力的分析方法与矩形截面的基本相同，不同之处在于需要考虑受压翼缘的作用。根据中和轴是否在翼缘内，将T形截面分为以下两种类型：第一类T形截面，中和轴在翼缘内，即 $x \leqslant h_f'$（见图3-29(a)）；第二类T形截面，中和轴在梁肋内，即 $x > h_f'$（见图3-29(b)）；当中和轴通过翼缘底面，即 $x = h_f'$ 时（见图3-29(c)），为两类T形截面的界限情况，此时可进行两类T形截面的判别，当满足

表 3-3　T 形、I 形及倒 L 形截面受弯构件翼缘计算宽度 b_f'

项次	情况		T 形、I 形截面		倒 L 形截面
			肋形梁(板)	独立梁	肋形梁(板)
1	按计算跨度 l_0 考虑		$l_0/3$	$l_0/3$	$l_0/6$
2	按梁(肋)净距 s_n 考虑		$b+s_n$	—	$b+s_n/2$
3	按翼缘高度 h_f' 考虑	当 $h_f'/h_0 \geqslant 0.1$ 时	—	$b+12h_f'$	—
		当 $0.1 > h_f'/h_0 \geqslant 0.05$ 时	$b+12h_f'$	$b+6h_f'$	$b+5h_f'$
		当 $h_f'/h_0 < 0.05$ 时	$b+12h_f'$	b	$b+5h_f'$

注:①表中 b 为梁的腹板宽度。

②当肋形梁在梁跨内设有间距小于纵肋间距的横肋时,则可不遵守表列项次 3 的规定。

③对加腋的 T 形、I 形和倒 L 形截面,当受压区加腋的高度 $h_h \geqslant h_f'$ 且加腋的宽度 $b_h \leqslant 3h_h$ 时,其翼缘计算宽度可按表中项次 3 的规定分别增加 $2b_h$(T 形、I 形截面)和 b_h(倒 L 形截面)。

④独立梁受压区的翼缘板在荷载作用下如可能产生沿纵肋方向的裂缝,则计算宽度应取用腹板宽度 b。

$$f_y A_s \leqslant f_c b_f' h_f' \tag{3-46}$$

或

$$M \leqslant \frac{1}{\gamma_d}\left[f_c b_f' h_f'\left(h_0 - \frac{h_f'}{2}\right)\right] \tag{3-47}$$

时,属于第一类 T 形截面;否则属于第二类 T 形截面。

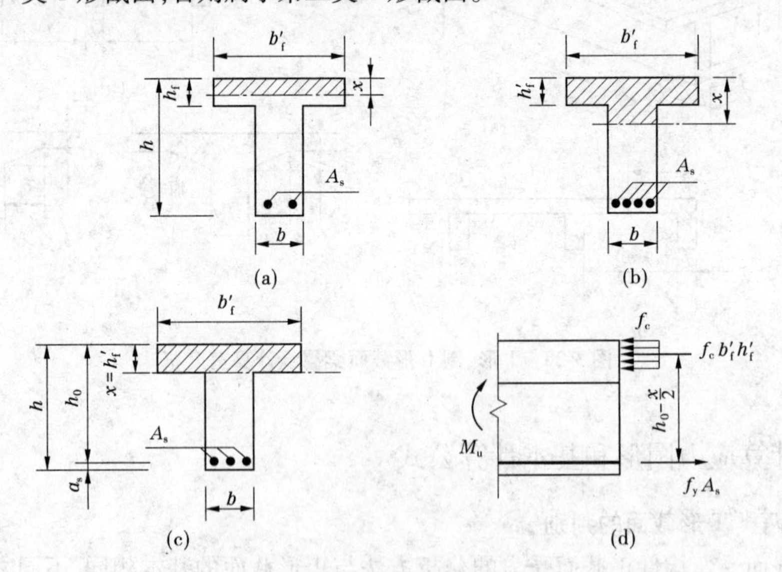

图 3-29　各类 T 形截面中和轴的位置

在截面设计时,由于 A_s 未知,采用式(3-47)进行判别;在截面复核时,由于 A_s 已知,采用式(3-46)进行判别。

（二）第一类 T 形截面

1. 基本公式

由于不考虑受拉区混凝土的作用，计算第一类 T 形截面承载力时，与梁宽为 b_f' 的矩形截面的计算公式相同（见图 3-30），即

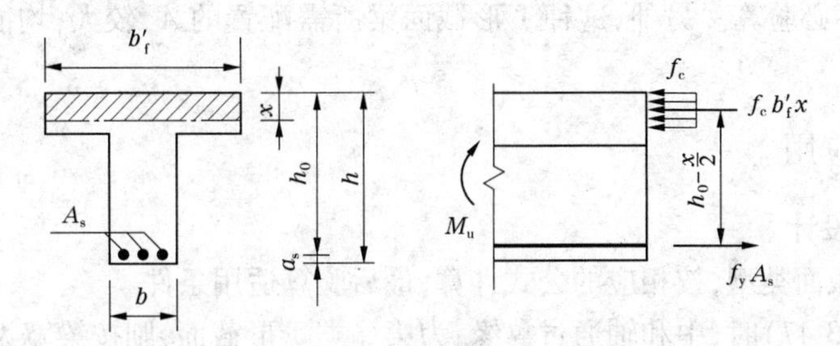

图 3-30　第一类 T 形截面

$$\sum X = 0 \qquad f_c b_f' x = f_y A_s \tag{3-48}$$

$$\sum M = 0 \qquad M \leqslant \frac{1}{\gamma_d} M_u = \frac{1}{\gamma_d}\left[f_c b_f' x\left(h_0 - \frac{x}{2}\right)\right] \tag{3-49}$$

2. 适用条件

（1）$\xi \leqslant \xi_b$。对第一类 T 形梁，由于 h_f' 较小，故 x 值较小，该条件一般都可满足，此项不必验算。

（2）$\rho \geqslant \rho_{min}$。对第一类 T 形梁，此项需要验算。此时，T 形截面的配筋率仍用公式 $\rho = A_s/(bh_0)$ 计算。这是因为 ρ_{min} 是由钢筋混凝土梁开裂后的受弯承载力与相同截面素混凝土梁受弯承载力相同的条件得出的，而素混凝土 T 形截面受弯构件（肋宽 b、梁高 h）的受弯承载力与素混凝土矩形截面受弯构件（$b \times h$）的受弯承载力接近，为简化计算，按 $b \times h$ 的矩形截面的受弯构件的 ρ_{min} 来判断。

（三）第二类 T 形截面

1. 基本公式

根据截面内力平衡条件（见图 3-31），可得如下基本计算公式

$$f_c bx + f_c(b_f' - b)h_f' = f_y A_s \tag{3-50}$$

$$M \leqslant \frac{1}{\gamma_d} M_u = \frac{1}{\gamma_d}\left[f_c bx\left(h_0 - \frac{x}{2}\right) + f_c(b_f' - b)h_f'\left(h_0 - \frac{h_f'}{2}\right)\right] \tag{3-51}$$

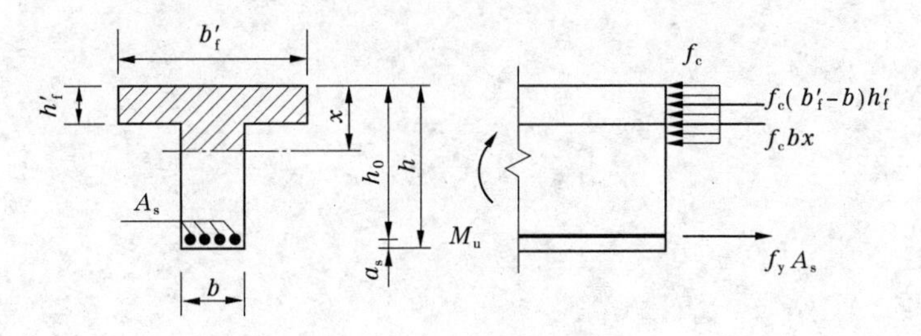

图 3-31　第二类 T 形截面

2. 适用条件

(1)$\xi \leqslant \xi_b$ 或 $x \leqslant \xi_b h_0$,以防止发生超筋破坏。

(2)$\rho \geqslant \rho_{min}$,以防止发生少筋破坏。

需要指出的是,第二类T形截面的受压区面积较大,所以一般不会发生超筋破坏,故条件 $\xi \leqslant \xi_b$ 常不必验算。另外,这种T形截面梁所需配置的 A_s 较大,均能满足式 $\rho \geqslant \rho_{min}$ 的要求。

二、公式应用

(一)截面设计

首先判别截面类型,按相应的公式计算,最后验算适用条件。

当满足式(3-47)时,中和轴通过翼缘,为第一类T形截面,则按梁宽为 b_f' 的矩形截面计算。否则,中和轴通过梁肋,则为第二类T形截面,此时可先由式(3-51)求出 α_s,然后根据 α_s 由式(3-33)求得相对受压区高度 ξ,再由式(3-50)可求得受拉钢筋截面面积 A_s。

(二)承载力复核

首先判别截面类型,根据类型的不同,选择相应的公式计算,最后验算适用条件。

当满足式(3-46)时,为第一类T形截面,按宽度为 b_f' 的矩形截面复核;否则,为第二类T形截面,则由式(3-50)计算受压区高度 x,然后代入式(3-51)计算正截面受弯承载力 M_u。当已知截面弯矩设计值 M 时,应满足 $M \leqslant \dfrac{M_u}{\gamma_d}$。

第四章　钢筋混凝土受弯构件斜截面承载力计算

第一节　概　述

对于受弯构件，在受力过程中可能同时受到弯矩、剪力、扭矩的作用，本章仅考虑其在弯剪作用下的承载力设计问题。一般来说，受弯构件配置了足够的纵向受拉钢筋可以防止正截面受弯破坏，但在剪力和弯矩共同作用的区段内，由于受力特征发生了变化，可能产生斜裂缝，并沿斜截面发生剪切或弯曲破坏。因此，钢筋混凝土受弯构件设计时还应满足斜截面承载力的要求。斜截面承载力包括斜截面受剪承载力和斜截面受弯承载力。对于斜截面的受剪承载力，应通过斜截面受剪承载力计算并满足有关构造要求来予以保证；斜截面的受弯承载力可不进行计算，通过有关构造措施来予以保证，相关内容详见本章第四节。

如图4-1为某矩形截面钢筋混凝土简支梁承受对称集中荷载作用，其弯矩图、剪力图如图4-1(a)所示，其中CD段为纯弯段，而AC、DB段为剪弯段(即同时受到剪力和弯矩作用)。当荷载P较小时，梁不会发生裂缝，此时的钢筋混凝土梁可视为匀质弹性体，按材

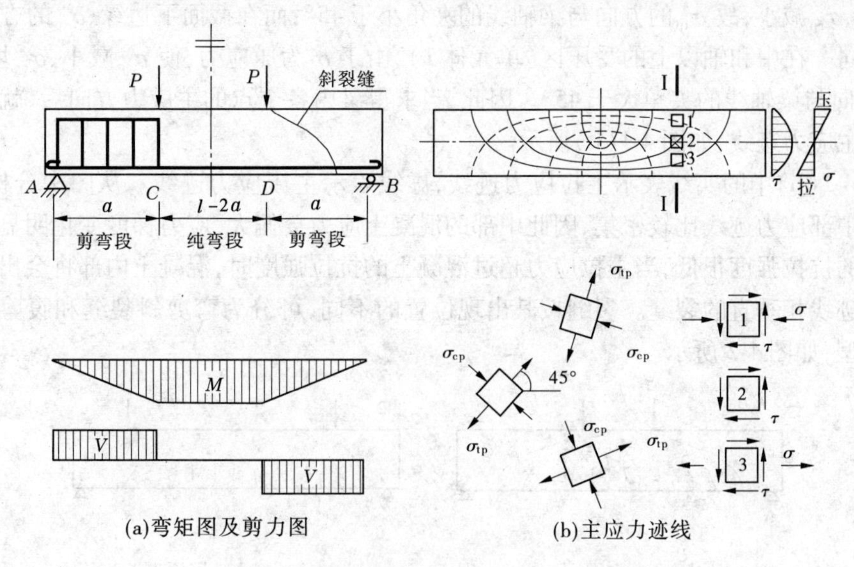

(a)弯矩图及剪力图　　(b)主应力迹线

图4-1　钢筋混凝土梁的应力状态及斜裂缝

料力学的公式计算它的应力。截面上任一点的正应力σ和剪应力τ可按下列公式计算

$$\sigma = \frac{My_0}{I_0} \tag{4-1a}$$

$$\tau = \frac{VS_0}{bI_0} \tag{4-1b}$$

式中 M——作用在截面上的弯矩；

V——作用在截面上的剪力；

I_0——换算截面惯性矩；

y_0——计算点至换算截面中和轴的距离；

S_0——计算点以上(或以下)的换算截面面积对中和轴的面积矩；

b——梁截面宽度。

由正应力σ和剪应力τ产生的主拉应力σ_{tp}与主压应力σ_{cp}以及主应力的作用方向与梁纵轴线的夹角α可按下列公式计算

$$\sigma_{tp} = \frac{\sigma}{2} + \sqrt{\frac{\sigma^2}{4} + \tau^2} \tag{4-2a}$$

$$\sigma_{cp} = \frac{\sigma}{2} - \sqrt{\frac{\sigma^2}{4} + \tau^2} \tag{4-2b}$$

$$\alpha = \frac{1}{2}\arctan\left(-\frac{2\tau}{\sigma}\right) \tag{4-2c}$$

先在梁中任取截面Ⅰ—Ⅰ,则该截面上各部分混凝土的受力特征有所不同,以梁的中和轴为分界,分别取三个微元体1、2、3进行分析,其应力状态如图4-1(b)所示。梁中各部分混凝土的主拉应力(图中实线表示)的方向是各不相同的。在中和轴处(单元体2)$\sigma=0$,主拉应力与梁轴线成45°;在中和轴以下的受拉区(单元体3),由于σ为拉应力,使σ_{tp}增大、σ_{cp}减小,故σ_{tp}的方向与梁轴线的夹角小于45°;而在截面下边缘,σ_{tp}的方向则为水平方向。在中和轴以上的受压区(单元体1),由于σ为压应力,使σ_{tp}减小、σ_{cp}增大,故σ_{tp}的方向与梁轴线的夹角大于45°。因此,当求得梁内各个点的主应力方向后,就可以画出梁内主应力迹线,如图4-1(b)所示。

图4-1(b)中的实线表示主拉应力迹线,虚线表示主压应力迹线。从图中分析可知,此梁的中部应力迹线比较密集,因此中部的混凝土应力会偏大,应力梯度变化明显。由于混凝土的抗拉强度很低,当主拉应力超过混凝土的抗拉强度时,混凝土内部将会出现与主拉应力迹线相垂直的裂缝。裂缝按其出现位置的不同,可分为弯剪斜裂缝和腹剪斜裂缝两种类型,如图4-2所示。

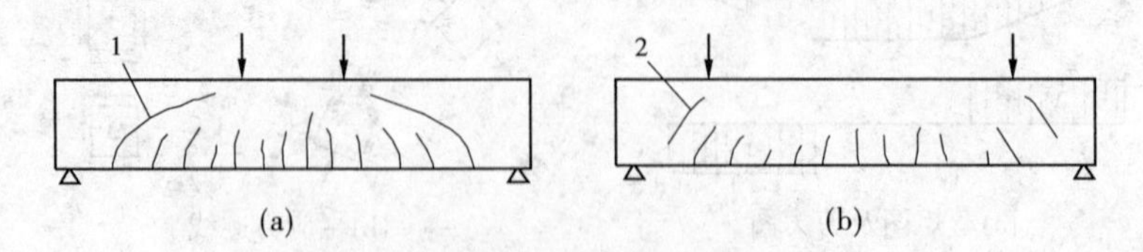

1—弯剪斜裂缝;2—腹剪斜裂缝

图4-2 弯剪斜裂缝与腹剪斜裂缝

所谓的弯剪斜裂缝,即在剪力和弯矩共同作用下,先在梁下部M较大处出现较小的垂直裂缝,然后延伸为斜裂缝。在非预应力混凝土构件中发生的斜裂缝一般为弯剪斜裂缝。腹剪斜裂缝则首先在梁腹中部某一主拉应力超过混凝土抗拉强度的位置出现,然后向梁的顶端、底部斜向延伸。腹剪斜裂缝一般发生在T形或I形薄腹梁支座附近、反弯点附近或连续梁的纵筋截断点附近,如果梁同时受到轴向拉力,则更容易产生腹剪斜裂缝。

由此可见,在设计弯剪组合的构件时,除应配置纵向受拉钢筋外,还应按斜截面受剪承载计算配置横向抗剪钢筋,即腹筋。腹筋的形式可以采用垂直于梁轴的箍筋,也可以采用由纵向钢筋弯起的斜筋(也叫做弯起钢筋),这样就形成了由纵向钢筋、弯起钢筋和箍筋组成构件的钢筋骨架,如图4-3所示。

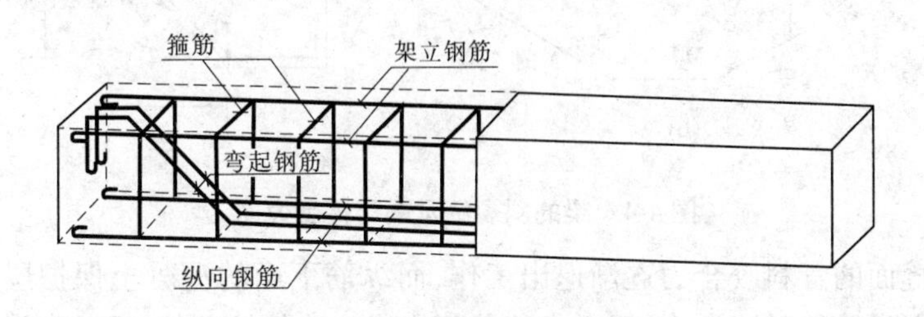

图4-3　梁的钢筋骨架

第二节　受弯构件斜截面的受力特点和破坏形态

第三章中已经介绍了受弯构件正截面的受力特点及相关计算,但在受弯状态下,如果构件内部未配置抗剪钢筋,构件局部将呈现出新的破坏形态。下面介绍无腹筋梁和有腹筋梁的受力特点及破坏形态。

一、无腹筋梁斜截面的受力特点和破坏形态

(一)斜裂缝出现前后梁内应力状态的变化

如前所述(见图4-2),当梁受到的荷载较小时,梁内拉应力小于其抗拉强度而不会出现裂缝;随着荷载的增加,梁内的主拉应力将超过混凝土的抗拉强度,产生裂缝。不管发生弯剪斜裂缝还是腹剪斜裂缝,裂缝都将降低混凝土的有效抗剪截面面积,从而降低梁的受剪承载力。

下面以图4-4(a)所示的梁为研究对象,取支座到斜裂缝之间的梁段$ABCD$为隔离体来分析它的应力状态。在如图4-4(c)所示隔离体上,外荷载在斜截面BA上引起的弯矩为M_A、剪力为V_A,斜截面上平衡M_A和V_A的力有:①纵向钢筋的拉力T;②斜截面端部余留的混凝土剪压面AA'上混凝土承担的剪力V_c及压力C;③在梁的变形过程中,斜裂缝的两边将发生相对的剪切位移产生的骨料咬合力V_a;④由于斜裂缝两边有相对的上下错动,纵向钢筋也传递一定的剪力,称为纵筋的销栓力V_d。V_A为支座反力,则对图4-4(c)所示的隔离体而言,V_A将与V_c、V_y及V_d三个力保持平衡,其中V_y为V_a的竖向分力,其数值表达形式为$V_A=V_c+V_y+V_d$。

无腹筋梁的试验表明,V_c、V_y及V_d的大小与梁承受的外荷载有关,当外荷载较小时,斜裂缝宽度较小,骨料咬合力所承担的剪力占主要地位。随着外荷载的增加,斜裂缝宽度

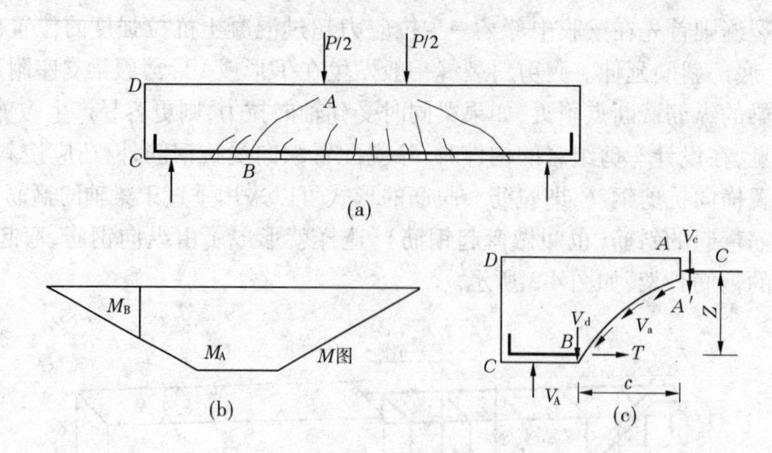

图 4-4　梁的斜裂缝及隔离体受力图

逐渐增大，裂缝面的骨料咬合力逐渐退出工作，而纵筋下面的混凝土保护层很薄，其销栓力 V_d 也将随之降低甚至消失，混凝土余留截面将成为构件抗剪的主要承载体。随着裂缝的加深、变宽，当梁内残余承载截面不足以抵抗外荷载时，构件即将发生破坏，此时构件剪压区混凝土所承受的剪力 V_c 渐渐增大到它的最大值。

然而，剪力的传递机制是很复杂的，要定量地分别确定 V_c、V_y 及 V_d 的大小相当困难，因此目前常把三者全部归入 V_c，即取 $V_A = V_c$。对混凝土承担的压力 C 的作用点 A 求矩，并假定咬合力 V_a 的合力通过压力 C 的作用点，则平衡 M_A 的内力矩为

$$M_A = TZ + V_d c \tag{4-3}$$

式中　T——纵向钢筋承受的拉力；

Z——钢筋拉力到混凝土压应力合力点的力臂；

c——斜裂缝的水平投影长度。

在无腹筋梁中，纵筋销栓力 V_d 数值较小且不可靠，为安全计，可近似地认为

$$M_A = TZ \tag{4-4}$$

由上式分析可知，斜裂缝发生前后构件内的应力状态有以下变化：

(1)在斜裂缝出现前，梁的整个截面均能抵抗外荷载产生的剪力 V_A；在斜裂缝出现后，主要是斜截面端部余留截面 AA' 来抵抗剪力 V_A，此时裂缝斜截面内的剪力效应明显增加。

(2)在斜裂缝出现前，各截面纵向钢筋的拉力 T 由其正截面的弯矩决定，因此 T 的变化规律基本上和弯矩图一致。但从图 4-4(b)、(c)可看到，斜裂缝出现后，截面 B 处的钢筋拉力取决于截面 A 的弯矩 M_A，而 $M_A > M_B$，所以斜裂缝出现后穿过斜裂缝的纵向钢筋的应力突然增大。

(3)裂缝的出现导致斜截面上的混凝土受剪面积减小，剪应力增加，同时受压区混凝土的压应力也将明显增加。裂缝的发展情况直接决定了构件斜截面的承载能力。

(4)随着裂缝的出现和发展，纵向钢筋外缘的混凝土保护层将受到撕裂破坏，其所提供的销栓力 V_d 作用逐渐降低，销栓力效应最终消失。

如果构件能适应上述这些应力的变化，就能在斜裂缝出现后重新建立平衡，否则构件

会立即破坏。

(二)破坏形态

试验表明,无腹筋梁的破坏主要分为三种破坏形态(见图 4-5),即斜拉破坏、剪压破坏和斜压破坏。破坏过程中均会形成"临界斜裂缝",即众多斜裂缝中宽度和延伸长度均较显著的一条裂缝。

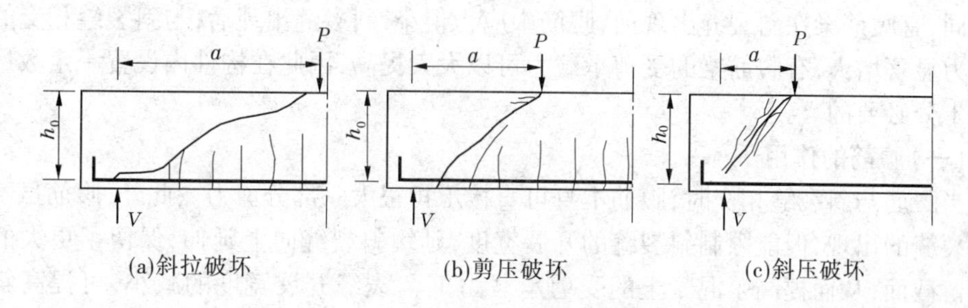

图 4-5　无腹筋梁的剪切破坏形态

1. 斜拉破坏

这种破坏的主要特征是临界斜裂缝一旦出现,便会很快延伸到梁顶部,将梁劈裂成两段,破坏荷载比斜裂缝形成时的荷载增加不多,同时纵向钢筋对其混凝土保护层有明显的撕裂效应,如图 4-5(a)所示。其破坏的原因是混凝土余留截面上剪应力上升迅速,使截面上主拉应力超过了混凝土的抗拉强度,受压区无压坏痕迹。

2. 剪压破坏

在这种破坏形态中,先出现垂直裂缝和几根微细的斜裂缝。随着荷载的增大,某条裂缝逐渐向梁斜上方伸展,但仍能保留一定的压区混凝土截面而不裂通,直到斜裂缝顶端的混凝土在剪应力和压应力共同作用下被压碎而破坏,如图 4-5(b)所示。它的特点是破坏过程比斜拉破坏缓慢些,破坏时的荷载明显高于斜裂缝出现时的荷载。剪压破坏的原因是余留截面上混凝土的应力超过了混凝土在压应力和剪应力共同作用下的强度。

3. 斜压破坏

斜压破坏一般发生在集中荷载与支座之间,在靠近支座的梁腹部首先出现多条大体平行的斜裂缝,好像几条斜向受压破损的短柱,伴随有混凝土表层破损剥落现象。随着荷载的增大,当主压应力超过了混凝土的抗压强度时,短柱被压碎而破坏,如图 4-5(c)所示。它的特点是斜裂缝细而密,破坏时的荷载也明显高于斜裂缝出现时的荷载。斜压破坏的原因是主压应力超过了斜向受压短柱混凝土的抗压强度。

上述三种主要破坏形态,就其受剪承载力而言,对同样的构件,斜拉破坏最低,剪压破坏较高,斜压破坏最高;但就其破坏性质而言,由于它们达到破坏时的跨中挠度都不大,因而均属于无预兆的脆性破坏,而斜拉破坏的脆性更突出。

除上述三种主要的斜截面受剪破坏形态外,在不同的条件下,还可能出现纵筋锚固破坏、局部承压破坏等其他破坏形态。如果把斜截面受剪的三种主要破坏形态与正截面受弯的三种破坏形态相类比,则剪压破坏相当于适筋破坏,斜拉破坏相当于少筋破坏,斜压破坏相当于超筋破坏。但应该注意的是,梁斜截面受剪破坏时,无论发生哪种破坏形态,斜截面受剪破坏都属于脆性破坏,只不过剪压破坏相对于斜拉破坏和斜压破坏而言,延性略好一些而已。由于受剪破坏的脆性性质,我国现行规范在建立梁的斜截面受剪承载力计算方法时,采用了比正截面受弯承载力计算公式要大的目标可靠指标。

二、有腹筋梁斜截面的受力特点和破坏形态

所谓有腹筋梁,即在梁内布置一定数量的抗剪钢筋(如箍筋或弯起钢筋)。与无腹筋梁不同,有腹筋梁在斜裂缝出现前,腹筋中应力很小,斜裂缝出现后,与斜裂缝相交的箍筋的应力显著增大,有腹筋梁的受剪承载力可以大大提高,因此在构件内设置一定数量的腹筋是十分必要的。

(一)腹筋的作用

当腹筋与斜裂缝相交时,腹筋本身可直接承担很大一部分剪力。此外,腹筋虽不能阻止斜裂缝的出现,但能限制斜裂缝的开展宽度,延缓斜裂缝向上延伸,保留了更大的混凝土余留截面,从而提高了混凝土的受剪承载力 V_c。裂缝开展宽度的减小,可提高斜裂缝间的骨料咬合力,也有利于提高斜截面的受剪承载力。箍筋可限制纵筋的竖向位移,有效地阻止了混凝土沿纵筋的撕裂,从而提高了纵筋的销栓力 V_d。由此可见,从斜裂缝的出现直到腹筋屈服以前,有腹筋梁的受剪承载力是由余留混凝土承担的剪力 V_c、斜裂缝间的骨料咬合力 V_a 的竖向分力 V_y、纵筋的销栓力 V_d,及腹筋本身承担的剪力 V_{sv} 与 V_{sb}所构成的(见图 4-6),各项之间的大小关系如图 4-7 所示。

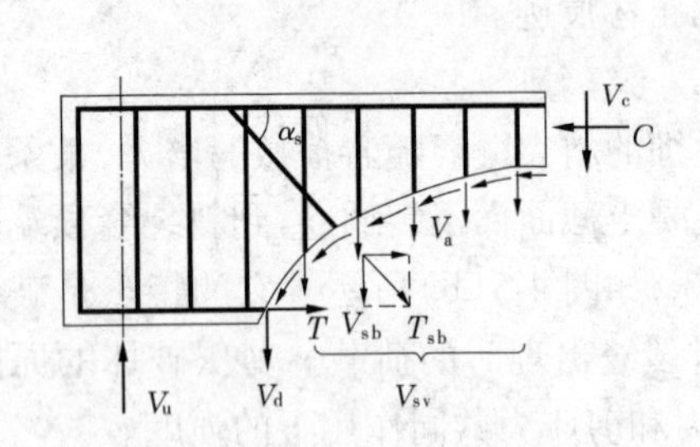

图 4-6 斜截面抗剪作用力示意图

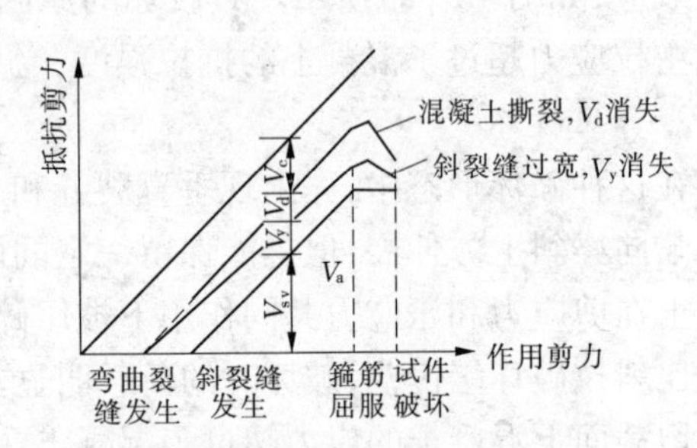

图 4-7 斜截面剪力关系图

弯起钢筋差不多和斜裂缝正交,因而传力直接,但由于弯起钢筋是由纵筋弯起而成的,一般直径较粗,根数较少,受力不均匀;箍筋虽不和斜裂缝正交,但分布均匀,因而对斜裂缝宽度的遏制作用更为有效,在配置腹筋时,一般总是先配一定数量的箍筋,需要时再加配适量的弯筋。

总之,箍筋的作用加强了梁的整体性,使无腹筋梁已经存在的混凝土余留截面的抗剪能力 V_c、骨料的咬合作用 V_a 和纵筋的销栓作用 V_d 得到改善和加强。箍筋本身的抗剪能力则与箍筋的配置情况有关,即与配箍率 ρ_{sv} 和箍筋强度 f_{yv} 有关。

$$\rho_{sv} = \frac{A_{sv}}{bs} = \frac{nA_{sv1}}{bs} \tag{4-5}$$

式中 s——箍筋间距;

b——矩形截面梁宽,T 形、I 形截面取肋宽;

A_{sv}——配置在同一截面内箍筋各肢截面面积之和,$A_{sv} = nA_{sv1}$,n 为箍筋肢数,A_{sv1} 为箍筋单肢的截面面积。

(二)破坏形态

有腹筋梁的斜截面破坏形态大体上与无腹筋梁斜截面破坏形态相同,也可分为三种主要的破坏形态,即斜拉破坏、剪压破坏和斜压破坏。

(1)斜拉破坏。若腹筋数量配置很少,斜裂缝一开裂,腹筋的应力就会很快达到屈服,腹筋不能起到限制斜裂缝开展的作用,从而产生斜拉破坏。

(2)剪压破坏。若腹筋数量配置适当,在斜裂缝出现后,由于腹筋的存在,限制了斜裂缝的开展,使荷载仍能有较大的增长,直到腹筋屈服不再能控制斜裂缝开展,而使斜裂缝顶端混凝土余留截面发生剪压破坏。

(3)斜压破坏。当腹筋数量配置很多,斜裂缝间的混凝土因主压应力过大而发生斜向受压破坏时,腹筋应力达不到屈服,腹筋强度得不到充分利用。

三、影响斜截面受剪承载力的主要因素

影响斜截面承载力的因素很多,斜截面的抗剪机理十分复杂,有些因素还很难给出确切的定量关系。根据抗剪承载力的试验研究和抗剪机理分析,认为影响斜截面受剪承载力的主要因素有以下几个方面。

(一)剪跨比 λ

对直接承受集中荷载作用的无腹筋梁,剪跨比 λ 是影响其斜截面受剪承载力的最主要因素之一。梁的某一截面的剪跨比 λ 等于该截面的弯矩值与截面的剪力值和有效高度乘积之比,即

$$\lambda = \frac{M}{Vh_0} \tag{4-6a}$$

式中　M、V——梁计算截面所承受的弯矩和剪力;

h_0——截面有效高度。

对于集中荷载作用下的钢筋混凝土梁(见图4-1(a)),当忽略梁自重的影响时,两个集中荷载作用截面的剪跨比为

$$\lambda = \frac{M}{Vh_0} = \frac{Pa}{Ph_0} = \frac{a}{h_0} \tag{4-6b}$$

此处 $\lambda = a/h_0$ 则称为计算剪跨比。只有在图4-1(a)那样的特殊情况且忽略自重影响时,计算剪跨比才等于广义剪跨比。一般情况下两者并不相等。对承受均布荷载作用的无腹筋梁,跨高比 l_0/h 是影响其斜截面受剪承载力的最主要因素。

若将式(4-1)中的 M 及 V 代入式(4-6a),得

$$\lambda = \frac{S_0}{bh_0 y_0} \cdot \frac{\sigma}{\tau} \tag{4-6c}$$

由此可见,剪跨比实质上反映了截面上正应力 σ 与剪应力 τ 的比值关系。而由前面的分析可知,梁的主应力的大小和方向及斜裂缝的形成是由 σ 和 τ 所决定的,因此剪跨比 λ 是影响梁的斜截面受剪承载力和破坏形态的主要因素。

图4-8为无腹筋简支梁在不同剪跨比下的试验结果。从图中可以看出,当 $\lambda < 3.0$ 时,随着剪跨比 λ 的增大,梁的受剪承载力显著降低。当 $\lambda \geq 3.0$ 以后,剪跨比对受剪承

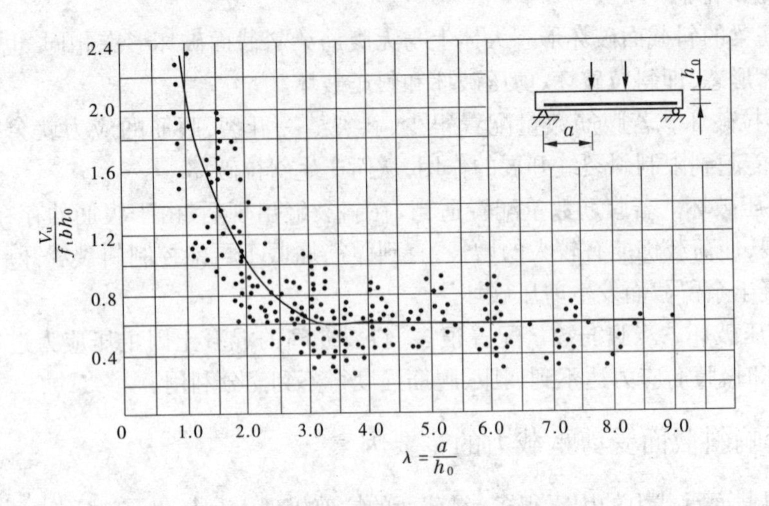

图 4-8 剪跨比对梁受剪承载力的影响

载力的影响已不明显，V 与 λ 的关系曲线已成一条近似水平线。此外，剪跨比对梁的破坏形态也有显著影响，随剪跨比的变化，无腹筋梁的破坏形态按斜压（$\lambda \leqslant 1.0$）、剪压（$1.0 < \lambda < 3.0$）、斜拉（$\lambda \geqslant 3.0$）的顺序演变。对于有腹筋梁，剪跨比对受剪承载力的影响与无腹筋梁类似，当箍筋数量较多时，剪跨比对受剪承载力的影响才有所减弱。

（二）混凝土强度

混凝土强度反映了混凝土的抗压强度和抗拉强度，因此直接影响斜截面剪压区抵抗主拉应力和主压应力的能力。试验表明，斜截面受剪承载力随混凝土抗拉强度 f_t 的提高而提高，两者基本呈线性关系。

图 4-9 是清华大学所做的 5 组不同剪跨比 λ 的试验曲线，它们的截面尺寸及纵向钢筋配筋率相同，混凝土强度由 16.7 N/mm^2 至 110 N/mm^2。从图中可以看出，梁斜截面破坏的形态不同，混凝土强度影响程度也不同。$\lambda = 1.0$ 时为斜压破坏，梁的受剪承载力取决于混凝土的抗压强度，故混凝土的强度对其影响最大，直线的斜率较大；$\lambda \geqslant 3.0$ 时为斜拉破坏，梁的受剪承载力取决于混凝土的抗拉强度，故混凝土强度的影响也就略小，直线的斜率也较小；$1.0 < \lambda < 3.0$ 时为剪压破坏，混凝土强度对梁受剪承载力的影响介于上述两者之间，其直线的斜率也介于上述之间。

（三）纵筋配筋率

纵筋的配筋率对梁的受剪承载力也有一定的影响，纵筋配筋率越大，梁的受剪承载力也越大。这是由于纵筋能抑制斜裂缝的开展，使斜裂缝上端的剪压区有较大的截面面积，提高了剪压区混凝土承受的剪力 V_c。同时，纵筋本身的横截面也能承受一定的剪力，此即纵筋的销栓作用。图 4-10 为梁的受剪承载力与纵筋配筋率 ρ 的关系，两者大体上呈线性关系。由于斜截面破坏的直接原因是受压区混凝土被压碎（剪压）或拉裂（斜拉），因此增加纵筋配筋率 ρ 可抑制斜裂缝向剪压区的伸展，从而提高骨料咬合力，并加大了剪压区混凝土余留截面及提高了纵筋的销栓作用。

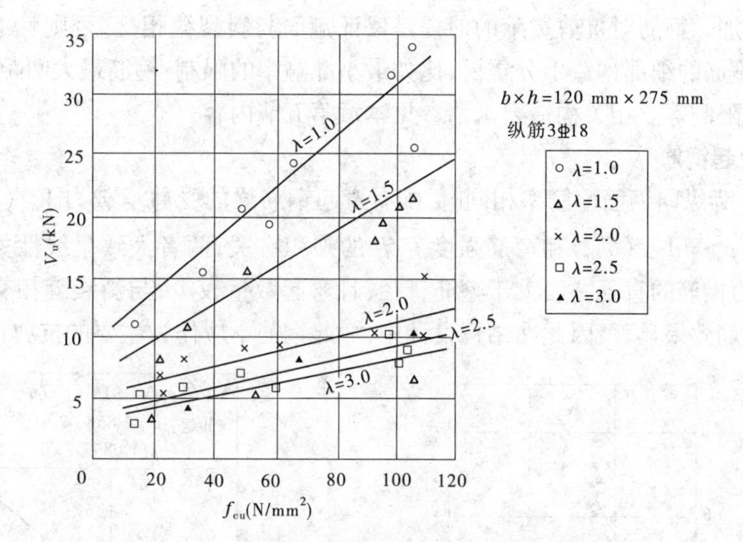

图 4-9　混凝土立方体抗压强度对梁受剪承载力影响

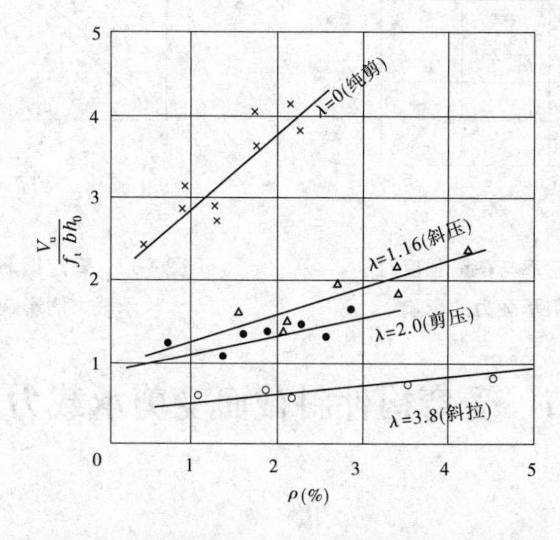

图 4-10　纵筋配筋率对混凝土梁受剪承载力的影响

无腹筋梁的受剪承载力很低,而且无腹筋梁一旦出现斜裂缝就会迅速发展为临界斜裂缝,裂缝开展很宽,破坏呈现脆性。在工程中,除板和基础等构件外,一般不允许不配腹筋。此外,构件的类型(简支梁、连续梁等)、构件截面形式与尺寸、加载方式(直接加载、间接加载)、截面上是否存在轴向力等因素,也都将影响构件斜截面的受剪承载力。

(四)配箍率和箍筋强度

如前所述,在有腹筋梁中,腹筋为抗剪的重要组成部分。特别是梁中的箍筋可增强纵筋的销栓作用,限制斜裂缝的发展,增强骨料咬合作用。在发生斜截面破坏时,与斜裂缝相交的箍筋还能承担裂缝截面的剪力。

箍筋对受剪承载力的贡献主要取决于配箍率 ρ_{sv} 和箍筋的强度 f_{yv},图 4-11 表明了配箍率及箍筋强度对梁受剪承载力的影响。可见,随着 ρ_{sv} 和 f_{yv} 的增加,梁的受剪承载力近似呈线性增加。箍筋对抗剪贡献的前提是保证箍筋与斜裂缝相交，否则就不能起到抗剪作用，因此箍筋的细部构造十分重要，比如最小配箍率的限制、箍筋最大间距的限制、箍筋最小直径的限制等。相关构造要求请参见本章第五节内容。

（五）弯起钢筋

图 4-12 为纵向钢筋配筋率相同时，配有弯起钢筋梁的受剪承载力 $V_u/(f_t bh_0)$ 与弯起钢筋配筋率 $\rho_{sb}=A_{sb}/(bh_0)$ 和弯筋强度 f_y/f_t 的乘积有关，两者大致呈线性关系。但应注意，纵向受力钢筋的直径一般大于箍筋直径，且弯起数量较少，与斜裂缝相交后抗剪效果不如配置箍筋效果显著，因此在结构设计中，弯起钢筋不应作为主要的抗剪钢筋。

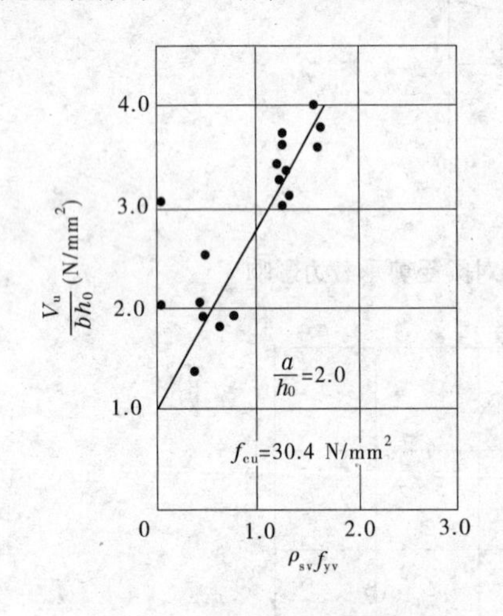

图 4-11　配箍率与箍筋强度对梁受剪承载力的影响

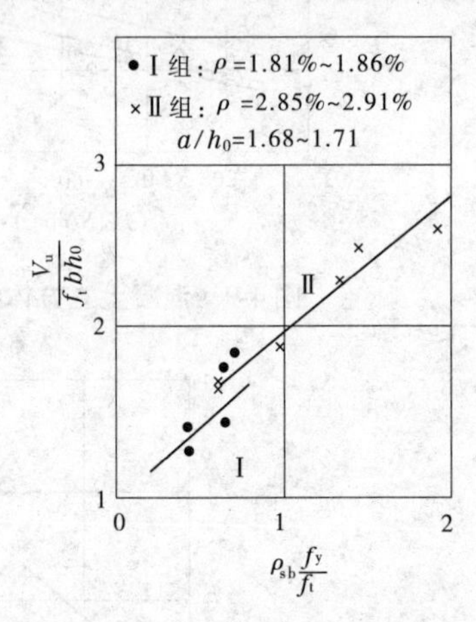

图 4-12　弯起钢筋对梁受剪承载力的影响

第三节　受弯构件斜截面受剪承载力计算

一、计算原则

由于影响斜截面受剪承载力的因素很多，因而迄今为止，有关斜截面受剪承载力的计算方法还不完全一致。世界多数国家的混凝土结构设计规范，目前所采用的方法主要是基于试验数据的统计分析而建立的半理论、半经验的实用计算公式。近 30 年来，我国从事受剪承载力研究的许多单位就受剪问题进行了大量的试验研究。荷载形式有集中荷载、均布荷载、三角形荷载、复杂加载和间接加载等；结构型式有简支梁、连续梁和约束梁；配筋形式有配置箍筋和配置弯筋等。依据这些试验研究，为修订和完善受剪承载力计算方法提供了条件。

对于受弯构件斜截面三种主要的破坏形态，工程设计时都应设法避免，但采用的方式有所不同。对于斜压破坏和斜拉破坏，设计中分别通过限制最小截面尺寸和最小配箍率的条件防止；对于剪压破坏，由于其承载力变化幅度较大，故应通过斜截面受剪承载力的计算并满足相关构造要求来防止。我国现阶段规范所规定的斜截面受剪承载力计算公式就是根据剪压破坏的特征而建立的，其基本原则如下：

(1)以斜截面极限平衡法为基础，采用剪压破坏建立受剪承载力计算公式，以截面尺寸限制条件防止斜压破坏和过宽的斜裂缝开展宽度，以最小配箍率防止斜拉破坏。

(2)受剪承载力由三部分承载能力叠加组成，即混凝土的受剪承载力 V_c、箍筋的受剪承载力 V_{sv} 和弯筋的受剪承载力 V_{sb}。

(3)以无腹筋剪压破坏试验数据的偏下线建立混凝土的受剪承载力 V_c 的计算公式。

二、无腹筋梁受剪承载力计算

当梁内仅有纵向钢筋而未配置抗剪钢筋时，其受剪承载力主要源于余留截面混凝土承担的剪力、骨料咬合力及销栓力，而销栓力相对较小、骨料咬合力较大，因此根据剪压破坏试验的结果及理论分析，无腹筋梁受剪承载力计算公式如下

$$V \leqslant \frac{1}{\gamma_d}V_c = \frac{1}{\gamma_d}(0.7f_t bh_0) \tag{4-7}$$

式中　γ_d——钢筋混凝土结构的结构系数，按附录一附表 1-3 查取；

V_c——混凝土受剪承载力，$V_c = 0.7f_t bh_0$；

f_t——混凝土抗拉强度设计值；

b——矩形截面的宽度，T 形截面或 I 形截面的腹板宽度；

h_0——截面有效高度。

式(4-7)取值相当于试验结果的偏下线。必须指出，规范虽然列出了无腹筋梁的受剪承载力计算公式，但是，由于剪切破坏具有明显的脆性，特别是斜拉破坏，斜裂缝一出现，梁即剪坏。因此，必须严格限制其应用范围。规范规定，无腹筋构件仅用于一般板类受弯构件(见式(4-15))；设计时，如能符合 $V \leqslant \frac{1}{\gamma_d}V_c$，则可不进行斜截面受剪承载力计算，仅需按构造要求配置箍筋。

三、有腹筋梁受剪承载力计算

(一)仅配置箍筋的梁受剪承载力计算

对于矩形(T 形或 I 形)截面的一般受弯构件，如图 4-13 所示，当仅配置箍筋时，在出现斜裂缝 AB 后，取斜裂缝 BA 到支座的一段为隔离体。对隔离体受力分析，当临近破坏时，斜截面受剪承载力的计算公式可采用二项相加的形式，即

$$V \leqslant \frac{1}{\gamma_d}V_u = \frac{1}{\gamma_d}V_{cs} = \frac{1}{\gamma_d}(V_c + V_{sv}) \tag{4-8}$$

式中　V_c——混凝土的受剪承载力，按式(4-7)计算；

V_{sv}——箍筋的受剪承载力；

V_{cs}——混凝土和箍筋的受剪承载力。

$$V_{sv} = f_{yv}\frac{A_{sv}}{s}h_0 \tag{4-9}$$

式中　h_0——截面有效高度；

f_{yv}——箍筋抗拉强度设计值，按附录二附表 2-6 的 f_y 值采用，但取值不应大于 360 N/mm^2。

可见，当梁内布置了抗剪箍筋时，箍筋将与斜裂缝 BA 相交，相交的箍筋将限制斜裂缝 BA 的发展，从而提高了梁斜截面的受剪承载能力。

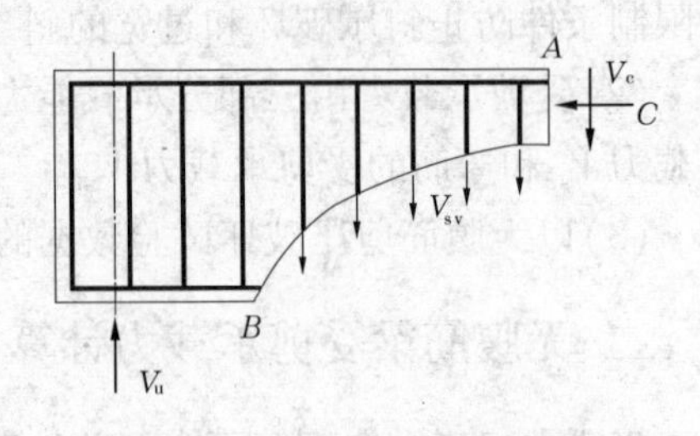

图 4-13　仅配置箍筋的梁斜截面受剪承载力计算示意图

在设计构件时，如能满足式(4-8)的要求，则表明构件所配的箍筋足以抵抗荷载引起的剪力，不需要弯起钢筋来抗剪。如果 $V > \frac{1}{\gamma_d} V_{cs}$，说明所配的箍筋不能满足抗剪要求，这时，可采取的解决办法有：①将纵向钢筋弯起成为斜筋或加焊斜筋以增加斜截面受剪承载力；②将箍筋加密或加粗；③增大构件截面尺寸；④提高混凝土强度等级。以上四种方法中，②、③和④都是通过加强 V_{cs} 来提高受剪承载力的，但是在纵向钢筋有可能弯起的情况下，利用弯起的纵筋来抗剪则可收到较好的经济效果。

(二)梁内配置抗剪箍筋和弯起钢筋的计算

对于矩形(T 形或 I 形)截面的一般受弯构件，如图 4-14 所示，当梁内同时布置箍筋和弯起钢筋时，斜截面受剪承载力将由箍筋和弯起钢筋同时承担，因此其计算公式为

$$V \leqslant \frac{1}{\gamma_d} V_u = \frac{1}{\gamma_d}(V_{cs} + V_{sb}) = \frac{1}{\gamma_d}(V_c + V_{sv} + V_{sb}) \tag{4-10}$$

$$V_{sb} = f_y A_{sb} \sin\alpha_s \tag{4-11}$$

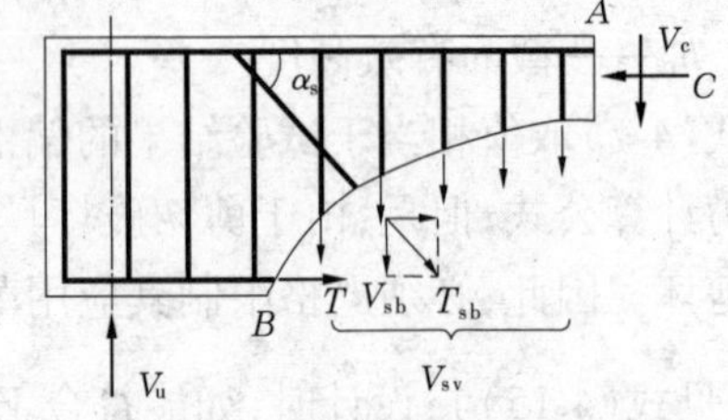

图 4-14　同时配置箍筋和弯起钢筋的梁斜截面受剪承载力计算示意图

式中　V_{sb}——弯起钢筋的受剪承载力；

f_y——弯起钢筋的抗拉强度设计值；

α_s——斜截面上弯起钢筋与构件纵向轴线的夹角，(°)；

其他符号意义同前。

对于集中荷载作用下的矩形截面独立梁(包括作用有多种荷载，且其中集中荷载对支座截面或节点边缘所产生的剪力值占总剪力值 75% 以上的情况)，按式(4-8)或者式(4-10)计算时，为提高构件的可靠度，将混凝土受剪承载力系数 0.7 改为 0.5。

(三)在梁顶作用分布荷载的受弯构件

规范规定：对于仅承受直接作用在梁顶面的分布荷载的受弯构件，也可以取距支座边缘为 $0.5h_0$ 处的截面的剪力设计值代替支座边缘处的剪力设计值进行计算。

这是因为在这种情况下，由斜截面隔离体(见图 4-15)上力的平衡可知，需要由混凝土和箍筋承担的剪力，理应是斜裂缝末端截面Ⅰ—Ⅰ上的剪力 $V_Ⅰ = V_0 - gc$。其中 V_0 为支座剪力，c 为斜裂缝的水平投影长度，一般可取 $c \approx h_0$。以 $V_Ⅰ$ 代替 V_0 作为剪力设计值将取得一定的经济效益。现为了安全起见，规定取离支座边缘为 $0.5h_0$ 处的截面剪力，而不

取 V_{I}。

但采用这一规定计算时，必须具备两个条件：①荷载必须是分布荷载，在距支座边缘范围内没有集中荷载；②分布荷载必须是直接作用在梁顶。

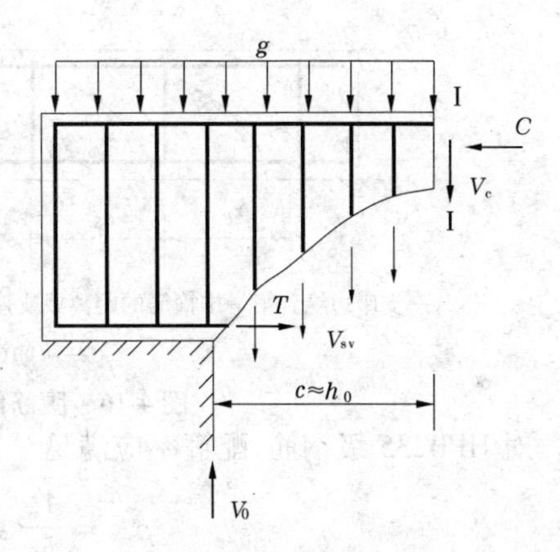

图 4-15　斜截面隔离体

四、计算公式的适用条件

由于上述斜截面受剪承载力计算公式是根据剪压破坏的受力特征而建立的，因而有一定的适用范围。

（一）上限制条件

上限制条件也可称为最小截面尺寸或最低混凝土强度等级限制条件，为了防止由于配箍率过高而发生斜压破坏，并控制斜裂缝宽度，规范规定对于矩形、T 形和 I 形截面的受弯构件，其受剪截面应符合下列规定

当 $\frac{h_w}{b} \leqslant 4.0$ 时　　$V \leqslant \frac{1}{\gamma_d}(0.25 f_c b h_0)$　　(4-12)

当 $\frac{h_w}{b} \geqslant 6.0$ 时　　$V \leqslant \frac{1}{\gamma_d}(0.20 f_c b h_0)$　　(4-13)

当 $4.0 < \frac{h_w}{b} < 6.0$ 时，按线性内插法取用。

式中　V——构件斜截面上的最大剪力设计值；

f_c——混凝土轴心抗压强度设计值；

b——矩形截面的宽度，T 形截面或 I 形截面的腹板宽度；

h_w——截面的腹板高度，矩形截面取有效高度，T 形截面取有效高度减去翼缘高度，I 形截面取腹板净高。

对 T 形或 I 形截面的简支受弯构件，当有实践经验时，式(4-12)中的系数 0.25 可改为 0.3；对截面高度较大、控制裂缝开展宽度要求较严的结构构件，即使 $h_w/b < 6.0$，其截面仍应符合式(4-13)的要求。

当截面尺寸和混凝土强度一定时，式(4-12)或式(4-13)是仅配箍筋梁受剪承载力的上限，也是最大配箍率的限制条件。若式(4-12)或式(4-13)不能满足，应加大截面尺寸或提高混凝土强度等级。

（二）下限制条件

下限制条件也称为最小配筋率限制条件。试验表明（见图 4-16），如果配箍率过小，或箍筋间距过大，有可能在两根箍筋之间出现不与腹筋相交的斜裂缝，或者裂缝部位的钢筋很快达到屈服强度，甚至被拉断，导致斜拉破坏，同时箍筋分布的疏密对斜裂缝开展宽度也有影响。采用较密的箍筋对抑制斜裂缝宽度有利。为了避免发生斜拉破坏，规范规定当 $V > \frac{1}{\gamma_d} V_c$ 时，箍筋的配置应满足最小配箍率要求：

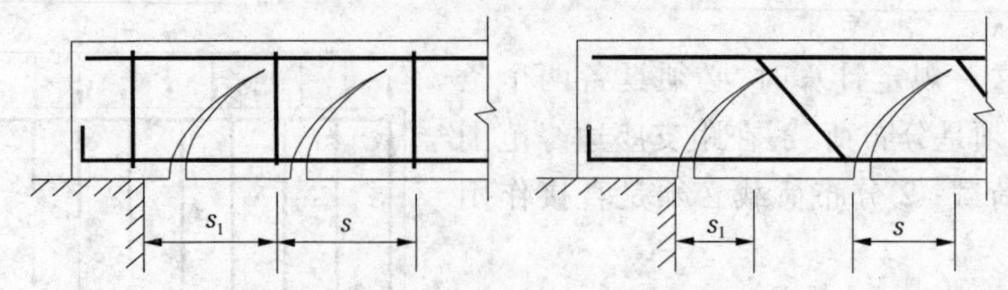

s_1—支座边缘到第一排箍筋的距离或支座边缘到第一排弯起钢筋弯终点(上弯点)的距离；

s—箍筋或弯起钢筋的间距

图 4-16　腹筋间距过大时产生的影响

对 HPB235 级钢筋,配箍率应满足

$$\rho_{sv} = \frac{A_{sv}}{bs} \geqslant \rho_{svmin} = 0.15\% \tag{4-14a}$$

对 HPB300 级钢筋,配箍率应满足

$$\rho_{sv} = \frac{A_{sv}}{bs} \geqslant \rho_{svmin} = 0.12\% \tag{4-14b}$$

对 HRB335 级钢筋,配箍率应满足

$$\rho_{sv} = \frac{A_{sv}}{bs} \geqslant \rho_{svmin} = 0.10\% \tag{4-14c}$$

式中　ρ_{svmin}——箍筋的最小配箍率。

为了防止箍筋用量过少,规范除规定了最小配箍率条件外,箍筋最大间距宜符合表 4-1规定。

表 4-1　梁中箍筋的最大间距　(单位:mm)

项次	梁高 h(mm)	$V > \frac{1}{\gamma_d}V_c$	$V \leqslant \frac{1}{\gamma_d}V_c$
1	$h \leqslant 300$	150	200
2	$300 < h \leqslant 500$	200	300
3	$500 < h \leqslant 800$	250	350
4	$h > 800$	300	400

注:薄腹梁的箍筋间距宜适当减小。

此外,为保证可能出现的斜裂缝与弯起钢筋相交,应考虑弯起钢筋距离支座边缘的距离以及弯起钢筋之间的距离均不大于箍筋的最大间距。

五、斜截面计算位置的选择

斜截面受剪承载力计算时,设计剪力的控制截面选取位置如下:

(1)支座边缘处的截面(见图 4-17(a)、(b)中截面 1—1);

(2)受拉区弯起钢筋弯起点处的截面(见图 4-17(a)中截面 2—2、3—3);

(3)箍筋截面面积或间距改变处的截面(见图 4-17(b)中截面 4—4);

(4)腹板宽度改变处的截面。

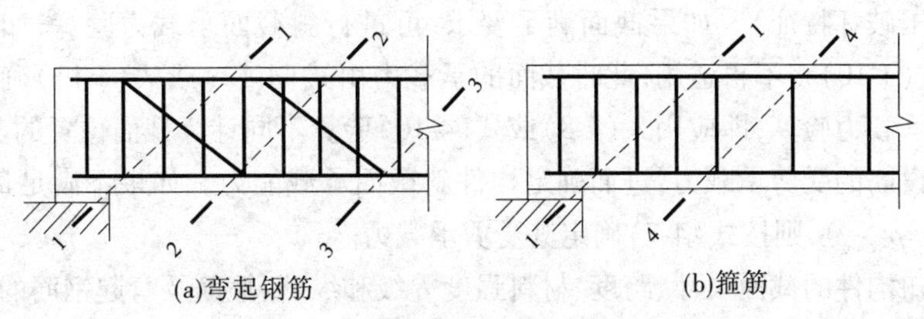

(a)弯起钢筋　(b)箍筋

图 4-17　斜截面受剪承载力的计算位置

六、斜截面受剪承载力计算方法

斜截面承载力计算包括截面设计和截面承载力复核两类问题，下面就分别说明其计算方法及步骤。

（一）梁的斜截面抗剪钢筋计算

已知梁截面的剪力设计值、构件截面尺寸及材料强度等级，计算箍筋用量或箍筋与弯起钢筋的用量。其计算步骤如下：

（1）确定斜截面受剪承载力的计算截面位置和相应的剪力设计值 V，必要时作剪力图。

（2）按式（4-12）或式（4-13）验算截面限制条件。如不满足该项要求，则应加大截面尺寸或提高混凝土强度等级。

（3）确定是否需进行斜截面承载力计算。对于矩形、T 形及 I 形截面的受弯构件，如能符合式（4-7）的要求，则不需进行斜截面抗剪配筋计算，按构造要求配置腹筋。如果式（4-7）不满足，说明需要按计算配置腹筋。

（4）计算箍筋用量。当需按计算配置腹筋时，可根据式（4-8）计算箍筋用量，并验算最小配箍率，进而选定箍筋的肢数 n、直径 d 和间距 s，并满足相应的构造要求。也可先选配一定数量的箍筋，并验算最小配箍率，然后按式（4-8）计算 V_{cs}，判断所选箍筋是否满足要求。如果符合式（4-8），说明所选箍筋满足要求；如果式（4-8）不满足，则可另选直径较粗或间距较密或强度较高的箍筋，使其满足式（4-8）的要求，或者按步骤（5）加配弯起钢筋。

（5）计算弯起钢筋用量。当不能满足式（4-8）时，可按式（4-10）计算弯起钢筋用量。计算弯起钢筋时，若剪力图为三角形（均布荷载情况）或梯形（集中荷载和均布荷载共同作用情况），弯起钢筋的计算应从支座边缘开始向跨中逐排计算，直到不需要弯起钢筋；若剪力图为矩形（集中荷载情况），则在每一等剪力区段内只需计算一个截面，然后确定允许。在所计算的等剪力区段内确定所需弯起钢筋的排数，每排弯起钢筋的截面面积均不应小于计算值。弯起钢筋布置时除应满足计算要求外，还应符合构造要求。

（二）梁的斜截面承载力复核

已知梁的截面尺寸、材料强度等级、箍筋用量和弯起钢筋用量等，要求复核斜截面的受剪承载力是否符合要求。

首先验算截面是否满足基本要求，即是否满足式（4-12）或式（4-13）（保证构件受力特征属于剪压破坏特征)。如果截面满足要求,可进行斜截面承载力验算;如果不满足,式(4-8)和式(4-10)将不再适用,此时截面的承载力由式(4-12)或式(4-13)确定。其次,进行斜截面承载力验算,即应用式(4-8)或式(4-10)验算不同计算截面位置的剪力是否小于混凝土及腹筋的受剪承载力,进而确定构件斜截面承载能力。如果不满足最小配筋率要求(即 $\rho_{sv} \geqslant \rho_{svmin}$),则按式(4-7)确定其受剪承载力。

如果已知构件的截面尺寸、跨度、材料强度等级和纵筋、箍筋及弯起钢筋的用量,要求复核截面所能承受的荷载设计值,则应分别按正截面受弯承载力和斜截面受剪承载力计算截面所能承担的荷载设计值,经比较后确定该截面能否满足承载力要求。

七、实心板斜截面受剪承载力计算

对于实心板,一般不布置腹筋即可满足斜截面受剪承载力的要求。当板所承受的荷载很大,而混凝土本身不足以抵抗外荷载所产生的剪力时,可只配弯起钢筋。

(一)不配置抗剪钢筋的实心板

对于板类受弯构件,特别是水工厚板,当截面有效高度大于 800 mm 时,应考虑截面尺寸效应的影响。因此,规范规定,不配置抗剪钢筋的实心板,其斜截面的受剪承载力应符合下列规定

$$V \leqslant \frac{1}{\gamma_d}(0.7\beta_h f_t b h_0) \tag{4-15a}$$

$$\beta_h = \left(\frac{800}{h_0}\right)^{1/4} \tag{4-15b}$$

式中 β_h——截面高度影响系数,当 $h_0 < 800$ mm 时,取 $h_0 = 800$ mm,当 $h_0 > 2\ 000$ mm 时,取 $h_0 = 2\ 000$ mm。

(二)配置弯起钢筋的实心板

配置弯起钢筋的实心板,其斜截面受剪承载力应符合下列规定

$$V \leqslant \frac{1}{\gamma_d}(V_c + V_{sb}) \tag{4-16}$$

式中 V_c、V_{sb}应分别按式(4-7)、式(4-11)计算。当作用分布荷载时,截面宽度 b 取单位宽度;当作用集中荷载时,截面宽度 b 为计算宽度,此时 V_c 和 b 可参照有关规范计算(如我国的港口工程混凝土结构设计规范)。要求 $V_{sb} \leqslant 0.8 f_t b h_0$。

板的斜截面承载力设计步骤与梁类似,请读者自行完成。

【例题 4-1】 已知钢筋混凝土矩形截面简支梁(安全级别Ⅱ级),截面尺寸为 $b \times h = 300\ \text{mm} \times 650\ \text{mm}$,$h_0 = 590$ mm,计算简图如图 4-18(a)所示,荷载设计值 $Q = 60$ kN,$g + q = 10$ kN/m(包括自重),纵向钢筋和箍筋均为 HRB335 钢筋,混凝土强度等级为 C25,试计算所需抗剪箍筋。

解 查附表知,$\gamma_d = 1.2$,$\gamma_0 = 1.0$,$\psi = 1.0$,$f_c = 11.9\ \text{N/mm}^2$,$f_{yv} = 300\ \text{N/mm}^2$,$f_t = 1.27\ \text{N/mm}^2$,$l_n = 7\ 300$ mm,$h_0 = 590$ mm。

1. 支座边缘截面剪力设计值

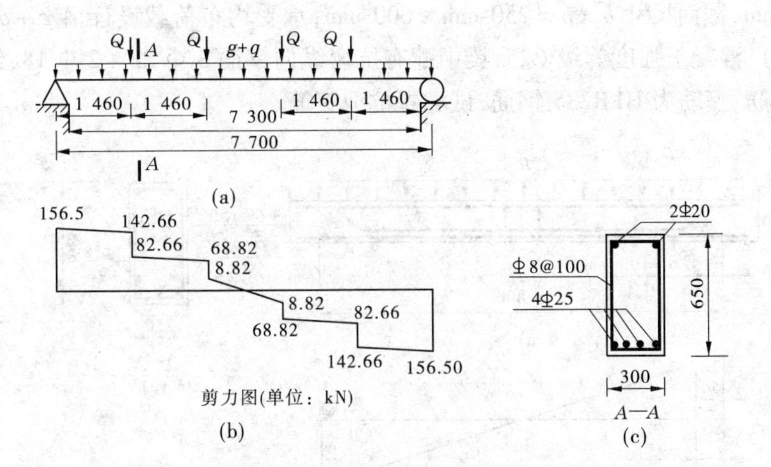

图 4-18 梁计算简图及配筋图

$$V=\gamma_0\psi\left[\frac{1}{2}(g+q)l_n+2Q\right]=1.0\times1.0\times\left(\frac{1}{2}\times10\times7.3+2\times60\right)=156.5(\text{kN})$$

作出剪力图如图 4-18(b)所示。

集中荷载在支座截面产生的剪力为

$$V_1=\gamma_0\psi\times2Q=1.0\times1.0\times2\times60=120(\text{kN})$$

$V_1/V=120/156.5=76.7\%>75\%$，则取 $V_c=0.5f_tbh_0$。

2. 验算截面尺寸

$h_w=h_0=590\text{ mm},\frac{h_w}{b}=\frac{590}{300}=1.97<4.0$。由式(4-12)得

$$0.25f_cbh_0=0.25\times11.9\times300\times590=526.58(\text{kN})$$
$$>\gamma_dV=1.2\times156.5=187.8(\text{kN})$$

截面尺寸满足要求。

3. 抗剪腹筋计算

以支座边缘截面为验算截面

$$V_c=0.5f_tbh_0=0.5\times1.27\times300\times590=112.4(\text{kN})<187.8\text{ kN}$$

故应由计算确定腹筋。根据式(4-8)、式(4-9)得

$$\frac{A_{sv}}{s}=\frac{\gamma_dV-V_c}{f_{yv}h_0}=\frac{(187.8-112.4)\times10^3}{300\times590}=0.426(\text{mm})$$

选双肢箍筋Φ 8，即 $A_{sv}=nA_{sv1}=2\times50.3=100.6(\text{mm}^2)$。

$$s=\frac{100.6}{0.426}=236(\text{mm})，查表 4\text{-}1 知，可取 s=200\text{ mm}<s_{max}=250\text{ mm}$$

4. 箍筋最小配筋率复核

$\rho_{sv}=\frac{A_{sv}}{bs}=\frac{100.6}{300\times200}=0.17\%>\rho_{svmin}=0.10\%$，满足要求，如图 4-18(c)所示。

【例题 4-2】 已知某矩形截面简支梁(见图 4-19(a))安全级别Ⅱ级，一类环境条件，

$l_n = 5\ 800$ mm，截面尺寸 $b \times h = 250$ mm $\times 600$ mm，承受均布荷载设计值 $g + q = 50$ kN/m（包括自重），混凝土强度等级 C25，梁中配有抗弯纵向钢筋 3 Φ 22 + 2 Φ 18，纵向钢筋为 HRB335 钢筋，箍筋为 HPR235 钢筋，试配置抗剪腹筋。

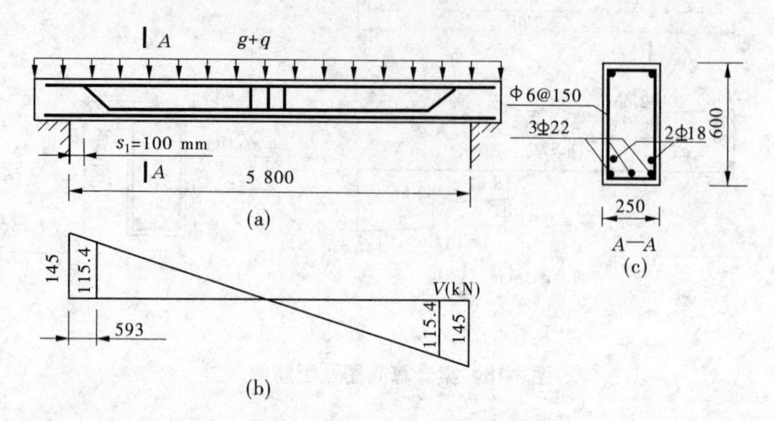

图 4-19　梁计算简图及配筋图

解　查附表知，$\gamma_d = 1.2$，$\gamma_0 = 1.0$，$\psi = 1.0$，$f_c = 11.9$ N/mm^2，$f_t = 1.27$ N/mm^2，$f_{yv} = 210$ N/mm^2，$f_y = 300$ N/mm^2，$c = 30$ mm。

取 $e \approx 30$ mm，$a_s = c + d + \dfrac{e}{2} = 30 + 22 + \dfrac{30}{2} = 67(\text{mm})$，$h_0 = h - a_s = 600 - 67 = 533$(mm)。

$a'_s = c + 10 = 40$ mm。

1. 支座边缘截面剪力设计值

$$V = \gamma_0 \psi \times \frac{1}{2}(g+q)l_n = 1.0 \times 1.0 \times \frac{1}{2} \times 50 \times 5.8 = 145(\text{kN})$$

剪力图如图 4-19(b)所示。

2. 截面尺寸验算

$h_w = h_0 = 533$ mm，$\dfrac{h_w}{b} = \dfrac{533}{250} = 2.13 < 4.0$。由式(4-12)得

$$0.25 f_c b h_0 = 0.25 \times 11.9 \times 250 \times 533 = 396.4(\text{kN}) > \gamma_d V = 1.2 \times 145 = 174(\text{kN})$$

截面尺寸满足要求。

3. 验算是否需按计算确定腹筋

$$V_c = 0.7 f_t b h_0 = 0.7 \times 1.27 \times 250 \times 533 = 118.46(\text{kN}) < \gamma_d V = 174\ \text{kN}$$

因此，应由计算确定腹筋。

4. 腹筋计算

初选选配双肢Φ 6@150，$A_{sv} = 2A_{sv1} = 56.6$ mm^2，$s < s_{max} = 250$ mm。

$$\rho_{sv} = \frac{A_{sv}}{bs} = \frac{56.6}{250 \times 150} = 0.151\% > \rho_{svmin} = 0.15\%$$

满足构造要求。由式(4-8)计算得

$$V_c + V_{sv} = 0.7f_t bh_0 + f_{yv}\frac{A_{sv}}{s}h_0 = 118.46 + 210 \times \frac{56.6}{150} \times 533 \times 10^{-3}$$

$$= 160.69(\mathrm{kN}) < \gamma_d V = 174\ \mathrm{kN}$$

说明选配的箍筋不足以抵抗斜截面的剪力，因此应增设弯起钢筋抗剪，由式(4-10)、式(4-11)得

$$A_{sb} = \frac{\gamma_d V - (V_c + V_{sv})}{f_y \sin 45°} = \frac{(174 - 160.69) \times 10^3}{300 \times 0.707} = 63(\mathrm{mm}^2)$$

实际由纵筋弯起2 Φ 18($A_{sb} = 509\ \mathrm{mm}^2$)即可满足要求。第一排弯起钢筋的起弯点离支座边缘的距离为：$s_1 + h - a_s - a'_s = 100 + 600 - 67 - 40 = 593(\mathrm{mm})$，该截面上剪力设计值为

$$V = 145 - 0.593 \times 50 \approx 115.4(\mathrm{kN}) < \frac{V_c + V_{sv}}{\gamma_d} = \frac{160.69}{1.2} = 133.9(\mathrm{kN})$$

不需要再弯第二排钢筋。

5. 绘制截面配筋图

截面配筋图如图4-19(c)所示。

【例题4-3】 钢筋混凝土简支梁在均布荷载设计值 q 的作用下，Ⅱ级安全级别，一类环境条件，截面尺寸：$b \times h = 250\ \mathrm{mm} \times 500\ \mathrm{mm}$，梁的净跨5.0 m，混凝土采用C20，箍筋采用HPB235钢筋，梁截面中配有双肢箍筋Φ 8@200。试求该梁截面受剪承载力所能承担的荷载设计值 q。

解　查附表知，$\gamma_d = 1.2$，$\gamma_0 = 1.0$，$\psi = 1.0$，$f_c = 9.6\ \mathrm{N/mm^2}$，$f_t = 1.10\ \mathrm{N/mm^2}$，$c = 30\ \mathrm{mm}$，$f_{yv} = 210\ \mathrm{N/mm^2}$，$A_{sv} = 100.6\ \mathrm{mm^2}$，$s = 200\ \mathrm{mm}$，$a_s = c + 10 = 40\ \mathrm{mm}$，$h_0 = h - a_s = 460\ \mathrm{mm}$。

1. 箍筋最小配筋率复核

$$s = 200\ \mathrm{mm} = s_{max} = 200\ \mathrm{mm}$$

$$\rho_{sv} = \frac{A_{sv}}{bs} = \frac{100.6}{250 \times 200} = 0.201\% > \rho_{svmin} = 0.15\%$$

计算表明所配置的箍筋均满足要求。

2. 由受剪承载力条件确定的最大剪力

对仅配箍筋的梁，依据式(4-8)得

$$V \leqslant \frac{1}{\gamma_d}(0.7f_t bh_0 + f_{yv}\frac{A_{sv}}{s}h_0) = \frac{1}{1.2} \times (0.7 \times 1.10 \times 250 \times 460 + 210 \times \frac{100.6}{200} \times 460)$$

$$= 114.4(\mathrm{kN})$$

3. 由截面尺寸限制条件所确定的最大剪力

$h_w = h_0 = 460\ \mathrm{mm}$，$\frac{h_w}{b} = \frac{460}{250} = 1.84 < 4$。由式(4-12)得

$$V \leqslant \frac{1}{\gamma_d}(0.25f_c bh_0) = \frac{1}{1.2} \times 0.25 \times 9.6 \times 250 \times 460 = 230(\mathrm{kN})$$

4. 均布荷载 q 的设计值

$$q = \frac{2V}{l_n} = \frac{2 \times 114.4}{5} = 45.8(\text{kN/m})$$

所以，该梁按斜截面受剪承载力能承担的均布荷载设计值为 45.8 kN/m。

第四节　受弯构件斜截面受弯承载力

对钢筋混凝土受弯构件，在剪力和弯矩的共同作用下产生的斜裂缝，会导致与其相交的纵向钢筋拉力增加，引起沿斜截面受弯承载力不足及锚固不足的破坏，因此在设计中除保证梁的正截面受弯承载力和斜截面受剪承载力外，在考虑纵向钢筋弯起、截断及钢筋锚固时，还需在构造上采取措施，保证梁的斜截面受弯承载力及钢筋的可靠锚固。本节对此加以具体讨论。

一、受弯构件斜截面受弯承载力的基本概念

斜截面承载力包括斜截面受剪承载力和斜截面受弯承载力两个方面。斜截面受剪承载力计算是根据构件斜截面隔离体竖向力的平衡条件推导演绎的，而斜截面受弯承载力的计算则是根据斜截面上力矩的平衡进行计算的。斜截面受弯承载力的计算模型如图 4-20所示，其中 AB 段为梁上的斜截面，A_s 为梁的纵向受拉钢筋总面积。从图 4-20(b)中可知，梁的正截面在跨中部位弯矩最大，记为 M_{max}，而在 A 点的正截面的弯矩为 M_A，B 点的正截面的弯矩为 M_B，斜截面 AB 的弯矩记为 M_{AB}。

对受压区 A 的合力点取矩，可知 $M_{AB} = M_A > M_B$。如果纵向受拉钢筋 A_s 在经过 A 点

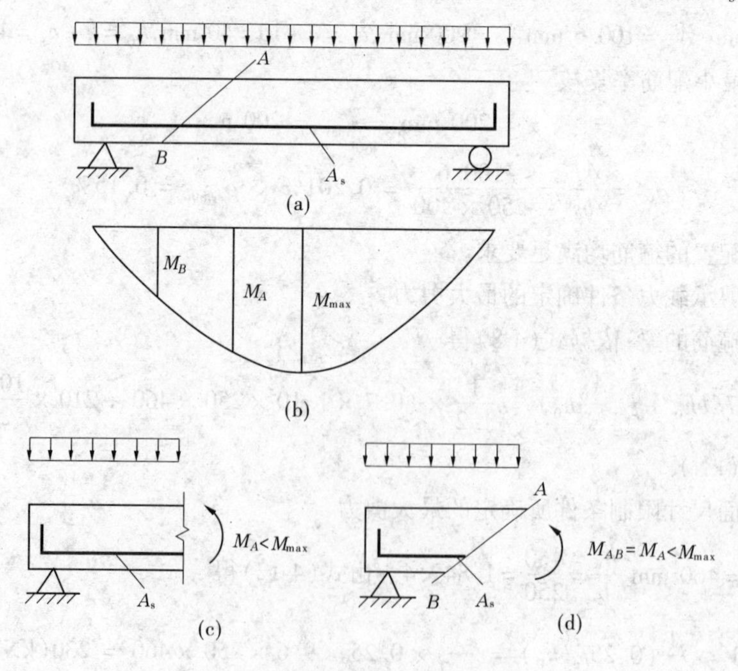

图 4-20　斜截面的受弯承载力

的正截面位置后有部分钢筋被截断，那么到达 B 点所在正截面位置时，钢筋的总面积将减少 ΔA_s，而斜截面承受的荷载仍然是 $M_{AB}=M_A$，可见此时的斜截面 AB 将由于纵筋总量的减少而导致纵向受拉钢筋不足，使得斜截面抗弯有可能成为问题。

受弯构件中配置的纵向钢筋的弯起、截断、锚固及箍筋间距如果符合规范规定的构造要求，可不进行斜截面受弯承载力计算。也就是说，一般情况下斜截面抗弯承载力是通过构造保证而不必通过计算，相关构造要求参见本章第五节内容。下面将分别讨论在切断或弯起纵向钢筋时，如何保证斜截面受弯承载力。

二、抵抗弯矩图的绘制

所谓抵抗弯矩图，也称材料图或 M_R 图，就是各截面实际能够抵抗的弯矩图形。图形上的各纵坐标就是各截面实际能够抵抗的弯矩值，它可根据截面实有的纵筋截面面积求得。作 M_R 图的过程也就是对钢筋布置进行图解设计的过程。现在以某悬臂梁中的负弯矩区为例（见图 4-21），说明 M_R 图的作法。

首先进行构件正截面承载力计算，求出构件设计弯矩 M（见图 4-21 中的虚线），然后根据正截面受弯承载力计算公式进行配筋计算，确定梁的顶端和底端的钢筋量 A_s。抵抗弯矩图就是根据梁各截面的实际配筋情况所绘制的正截面受弯承载能力图。抵抗弯矩图轮廓线大于弯矩图，否则将不能满足正截面承载力的要求。

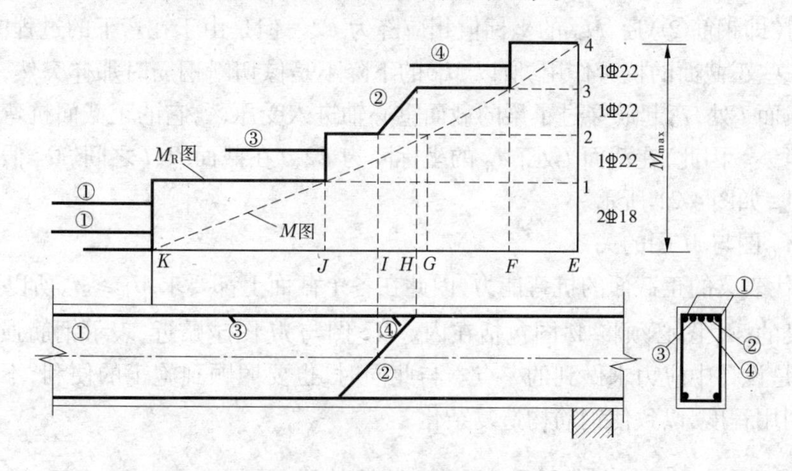

图 4-21　抵抗弯矩图（M_R 图）

（一）纵筋的理论切断点与充分利用点

图 4-21 表示某梁的负弯矩区段的配筋情况（为清晰起见，未画箍筋），按支座最大负弯矩计算需配置 3 Φ 22 +2 Φ 18 钢筋，各个钢筋按顺序编号。

在绘制构件的抵抗弯矩图时，需要掌握一个原则，即必须明确哪些钢筋在梁内必须保留，而哪些钢筋可以切断，以及在何处进行切断。对于支座部位（图中记为 E 截面），E 截面的配筋是按 E 点的 M_{max} 计算出来的，所以在 M_R 图上 E 点的纵坐标 $E4$ 就等于 M_{max}。如果在梁的 EF 段没有任何钢筋切断，则该段抵抗弯矩图将是一条水平直线，如果沿梁长度分析的纵筋无任何变化，则 M_R 图的纵坐标都和 E 截面相同。

但沿梁长度方向,弯矩值将产生变化,截面内所需的钢筋量也将随之变化。为了节约钢材,可根据设计弯矩图的变化将一部分纵向受拉钢筋在正截面受弯不需要的地方截断或弯起作受剪钢筋。因此,可近似按钢筋截面面积的比例将坐标 $E4$ 近似地划分为每根钢筋各自抵抗的弯矩,例如坐标 $E1$ 代表 2 ⏀ 18 所抵抗的弯矩,坐标 $E2$ 代表 2 ⏀ 18 + 1 ⏀ 22所抵抗的弯矩等。显然,在截面 F(纵坐标 $E3$ 与 M 图相交处的截面)可以切断一根⏀ 22 的钢筋(即钢筋④),也就是 2 ⏀ 18 +2 ⏀ 22 已可满足正截面的抗弯要求。同样,在截面 G 处,又可再减去一根⏀ 22,但在图中由于要在 H 截面弯下一根⏀ 22 钢筋(钢筋②),因此就不能再在 G 截面切断钢筋了。直到 J 及 K 截面才可切断钢筋③及两根钢筋①。

因此,我们称 F 截面为钢筋④的"不需要点"(即该钢筋的"理论切断点");同时 F 又是钢筋②的"充分利用点",因为过了截面 F,钢筋②的强度就不再需要充分发挥了。同样,截面 G 是钢筋②的"不需要点",同时又是钢筋③的"充分利用点";其他可类推。但实际钢筋的切断,还要考虑一些构造方面的要求,详见后述。

(二)钢筋切断与弯起时 M_R 图的表示方法

钢筋切断反映在 M_R 图上便是截面抵抗弯矩能力的突然下降,例如在图 4-21 中,M_R 图在 F 截面的下降台阶反映了钢筋④在该截面被切断。对于下弯纵筋②在截面 H 处被弯下,这必然也要影响构件的 M_R 图。在截面 F、H 之间,M_R 的坐标值还是 $E3$,弯下 1 ⏀ 22钢筋(即钢筋②)后,M_R 的坐标值相应降为 $E2$。但是由于在弯下的过程中,弯筋还多少能起一些正截面的抗弯作用,所以 M_R 的下降不是像切断钢筋时那样突然,而是逐渐下降。在截面 I 处,弯起筋穿过了梁的截面重心轴进入受压区,它的正截面抗弯作用才被认为完全消失。因此,在截面 I 处,M_R 的坐标降为 $E2$。在截面 H、I 之间,M_R 假设为直线(斜线)变化,如图 4-21 所示。

(三)M_R 图与 M 图的关系

M_R 图代表梁的正截面的抗弯能力,因此在各个截面上都要求 $M_R \geq M$,所以与 M 图是同一比例尺的 M_R 图必须将 M 图包括在内。M_R 图与 M 图越贴近,表示钢筋强度的利用越充分,这是设计中应力求做到的一点。与此同时,也要照顾到施工的便利,不要片面追求钢筋的利用程度,以致使钢筋构造复杂化。

三、保证受弯构件斜截面受弯承载力的构造要求

(一)切断纵筋时如何保证斜截面的受弯承载力

以图 4-22 所示钢筋①为例,在截面 B 处,按正截面弯矩 M_B 来看已不需要钢筋①。但如果将钢筋①就在截面 B 处切断(见图 4-22(a)),则若发生斜裂缝 AB,余下的钢筋就不足以抵抗斜截面上的弯矩 $M_{AB}=M_A(M_A>M_B)$。这时只有该斜裂缝范围内的箍筋承担拉力,平衡弯矩效应。要求必须有足够多的箍筋才能保证构件在发生斜裂缝后仍能安全运行。为此,在正截面受弯承载力已不需要某一根钢筋时,我们应将该钢筋伸过其理论切断点一定长度 l_w 后才能将它切断。如图 4-22(b)所示的钢筋①,如能延长,就可以保证在出现斜裂缝 AB 时,钢筋①仍起抗弯作用;而在出现斜裂缝 AC 时,钢筋①虽已不再起作

用，但已有足够的箍筋穿越斜裂缝 AC，对 A 点取矩进行平衡分析时，已可以代偿钢筋①的抗弯作用。

这里钢筋的有效延伸长度 l_w 显然与所切断钢筋的直径 d、箍筋间距 s、箍筋的配筋率等因素有关。但在设计中，为简单起见，根据试验分析和工程经验，规范作出如下规定（见图 4-23）：

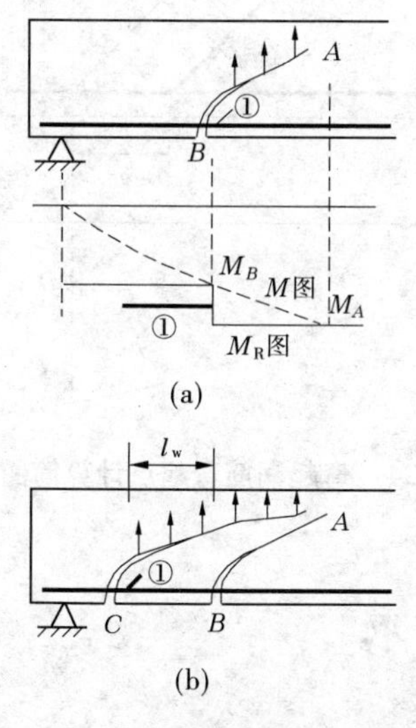

图 4-22　纵向钢筋的切断

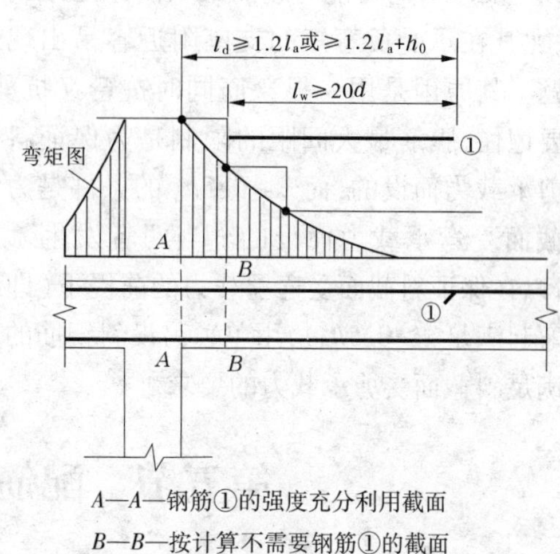

图 4-23　纵筋切断点及延伸长度要求

（1）为保证钢筋强度的充分发挥，自钢筋的充分利用点至该钢筋的切断点的距离 l_d 及钢筋实际切断点至理论切断点的距离 l_w 应满足下列要求：

当 $V \leqslant V_c/\gamma_d$ 时　　　$l_d \geqslant 1.2l_a, l_w \geqslant 20d$

当 $V > V_c/\gamma_d$ 时　　　$l_d \geqslant 1.2l_a + h_0, l_w \geqslant h_0$ 且 $\geqslant 20d$

式中　l_a——受拉钢筋的最小锚固长度，按附录四附表 4-2 选用；

h_0——截面有效高度；

d——切断的钢筋直径。

（2）若按上述规定确定的切截断点仍位于负弯矩受拉区内，则钢筋应延长

$$l_d \geqslant 1.2l_a + 1.7h_0$$

$$l_w \geqslant 1.3h_0 \text{ 且 } \geqslant 20d$$

（二）纵筋弯起时如何保证斜截面受弯承载力

对于类似图 4-24 所示的梁中布置弯起钢筋时，截面 A 是钢筋①的充分利用点。在伸过截面 A 一段距离 x 以后，钢筋①被弯起。如果发生斜裂缝 AB，则斜截面 AB 上的弯矩 $M_{AB}=M_A$。仍以点 A 为中心取矩，则应满足 $f_{yb}A_sZ_b \geqslant f_yA_sZ$，即必须要求 $Z_b \geqslant Z$。此处，Z 为钢筋①在弯起之前对混凝土压应力合力点取矩的力臂；Z_b 为钢筋①弯起后对混凝土压应力合力点取矩的力臂。由几何关系可得 $Z_b = x\sin\alpha + Z\cos\alpha$。此处 α 为钢筋①弯起后和梁轴线的夹角。代入 $Z_b \geqslant Z$ 得

$$x\sin\alpha + Z\cos\alpha \geqslant Z \quad 或 \quad x \geqslant \frac{1-\cos\alpha}{\sin\alpha}Z$$

α 通常为 45°或 60°，$Z \approx 0.9h_0$，所以 x 在 $0.37h_0 \sim 0.52h_0$。在设计时，取

$$x \geqslant 0.5h_0 \tag{4-17}$$

因此，在弯起纵筋时，弯起点必须设在该钢筋的充分利用点以外不小于 $0.5h_0$ 的地方。

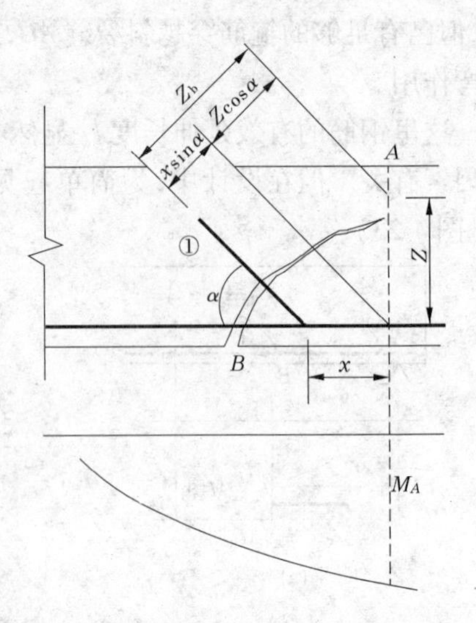

图 4-24　弯起钢筋弯起点计算简图

以上要求有时可能与腹筋最大间距的限制相矛盾，尤其在承受负弯矩的支座附近容易出现这个问题。其原因是用一根弯筋同时抗弯又抗剪。这时要记住，腹筋最大间距的限制是为保证斜截面受剪承载力而设的，而 $x \geqslant 0.5h_0$ 的条件是为保证斜截面受弯承载力而设的。当两者发生矛盾时，可以在保证斜截面受弯承载力的前提下（即纵筋的弯起满足 $x \geqslant 0.5h_0$），用单独另设斜钢筋的方法来满足斜截面受剪承载力的要求。

第五节　配筋构造要求

一、箍筋的构造要求

（一）箍筋的形式

箍筋除提高梁的抗剪能力外，还能固定梁的上部钢筋及提高梁的抗扭能力。配有受压钢筋的梁，则必须采用封闭式箍筋。箍筋可按需要采用双肢或四肢（见图 4-25）。在绑扎骨架中，双肢箍筋最多能扎结 4 根排在一排的纵向受压钢筋，否则应采用四肢箍筋（即复合箍筋）；当梁宽大于 400 mm，一排纵向受压钢筋多于 3 根时，也应采用四肢箍筋。

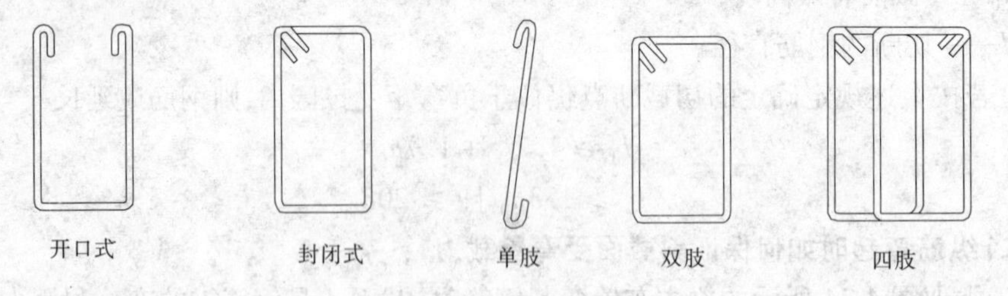

图 4-25　箍筋的形式

（二）箍筋的最小直径

对高度 $h > 800$ mm 的梁，箍筋直径不宜小于 8 mm；对高度 $h \leqslant 800$ mm 的梁，箍筋直径不宜小于 6 mm。当梁内配有计算需要的纵向受压钢筋时，箍筋直径尚不应小于 $d/4$（d 为受压钢筋中的最大直径）。

（三）箍筋的布置

在实际工程中，当按计算不需设置抗剪钢筋时，对高度大于 300 mm 的梁，仍应沿全

梁设置箍筋;对高度小于 300 mm 的梁,可仅在构件端部各 1/4 跨度范围内设置箍筋,但当在构件中部 1/2 跨度范围内有集中荷载作用时,则应沿梁全长设置箍筋。

在绑扎纵筋的搭接中,当受压钢筋直径 $d>25$ mm 时,尚应在搭接接头两个端面外 100 mm 范围内各设置两个箍筋。

(四)箍筋的最大间距

箍筋的最大间距不得大于表 4-1 所列的数值。

当梁中配有计算需要的纵向受压钢筋时,箍筋应做成封闭式,箍筋间距在绑扎骨架中不应大于 $15d$,在焊接骨架中不应大于 $20d$(d 为受压钢筋中的最小直径),同时在任何情况下均不应大于 400 mm;当一层内纵向受压钢筋多于 5 根且直径大于 18 mm 时,箍筋间距不应大于 $10d$。

在绑扎纵筋的搭接长度范围内,当钢筋受拉时,其箍筋间距不应大于 $5d$,且不应大于 100 mm;当钢筋受压时,其箍筋间距不应大于 $10d$,且不应大于 200 mm。在此,d 为搭接钢筋中的最小直径。

二、纵向钢筋的构造要求

(一)纵向受力钢筋的接头

当构件太长而现有钢筋长度不够,需要接头时,可采用绑扎搭接接头、机械连接接头或焊接接头。由于钢筋通过连接接头传力的性能不如整根钢筋,因此设置钢筋连接的原则应为:钢筋接头宜设置在受力较小处,同一根钢筋上宜少设接头,同一构件中的纵向受力钢筋接头应相互错开。

1. 接头的规定

(1)直径大于 12 mm 的钢筋,应优先采用焊接接头或机械连接接头。

(2)当受拉钢筋的直径大于 28 mm 及受压钢筋的直径大于 32 mm 时,不宜采用绑扎搭接接头。

(3)轴心受拉、小偏心受拉构件(如桁架和拱的拉杆)及承受振动的构件的纵向受力钢筋不得采用绑扎搭接接头。

(4)双面配置受力钢筋的焊接骨架,不应采用绑扎搭接接头。

2. 接头面积允许百分率

同一连接区段内,纵向钢筋搭接接头面积百分率为该区段内有搭接接头的纵向受力钢筋截面面积与全部纵向受力钢筋截面面积的比值。

1)机械连接与焊接接头连接

采用机械连接接头与焊接接头时,在接头处 $35d$(d 为纵向受力钢筋的较大直径)且不小于 500 mm 的区段内,凡接头中点位于该连接区段长度内的焊接接头均属于同一连接区段。同一连接区段内,纵向受力钢筋的接头面积百分率应符合下列规定:

(1)受拉钢筋不宜大于 50%。

(2)装配式构件连接处及临时缝处的焊接接头钢筋可不受限制。

2）绑扎搭接连接

采用绑扎搭接接头时，从任一接头中心至 1.3 倍搭接长度范围内，受拉钢筋的接头比值不宜超过 1/4；当接头比值为 1/3 或 1/2 时，钢筋的搭接长度应分别乘以 1.1 及 1.2。

受压钢筋的接头比值不宜大于 50%。

3. 绑扎接头搭接长度

（1）钢筋采用绑扎搭接接头时，受拉钢筋的搭接长度不应小于 $1.2l_a$，且不应小于 300 mm；受压钢筋的搭接长度不应小于 $0.85l_a$，且不应小于 200 mm。l_a 为纵向受拉钢筋的锚固长度，按附录四附表 4-2 采用。

（2）焊接骨架受力方向的钢筋接头采用绑扎接头时，受拉钢筋的搭接长度不应小于 l_a，受压钢筋的搭接长度不应小于 $0.7l_a$。

（3）成束钢筋的搭接要求见规范 DL/T 5057—2009。

（二）纵向受力钢筋在支座处的锚固

在构件的简支端，弯矩 M 等于零。按正截面抗弯要求，受力筋适当伸入支座即可。但当在支座边缘发生斜裂缝时，支座边缘处的纵筋受力会突然增加，如无足够的锚固，纵筋将从支座拔出而导致破坏。为此，简支梁下部纵向受力钢筋伸入支座的锚固长度 l_{as}（见图 4-26（a）），应符合下列条件：

（1）当 $V \leqslant \frac{1}{\gamma_d} V_c$ 时，$l_{as} \geqslant 5d$。

（2）当 $V > \frac{1}{\gamma_d} V_c$ 时，$l_{as} \geqslant 12d$（带肋钢筋）或 $l_{as} \geqslant 15d$（光面钢筋）。

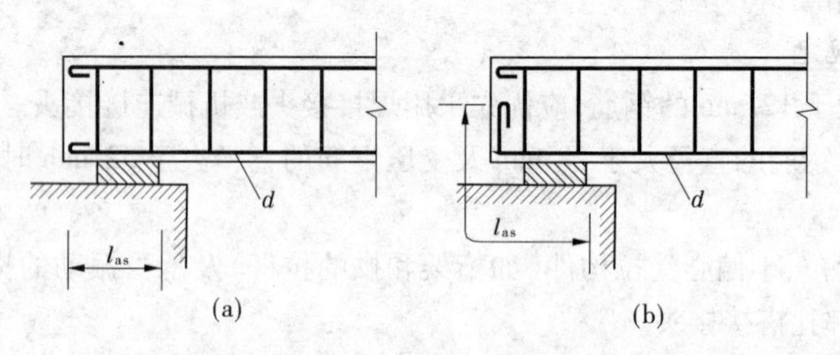

图 4-26 纵向受力钢筋在支座上的锚固

若纵向受力钢筋伸入支座的锚固长度不能符合上述规定，则可将钢筋上弯（见图 4-26（b））或采取贴焊锚筋、镦头、焊锚板、将钢筋端部焊接在支座的预埋件上等专门锚固措施。当焊接骨架中采用光面钢筋作为纵向受力钢筋时，在锚固长度 l_{as} 内应加焊横向钢筋：当 $V \leqslant V_c/\gamma_d$ 时，至少 1 根；当 $V > V_c/\gamma_d$ 时，至少 2 根。横向钢筋直径不应小于纵向受力钢筋直径的一半。同时，加焊在最外边的横向钢筋应靠近纵向钢筋的末端。

在钢筋混凝土悬臂梁中，应有不少于两根上部钢筋伸至悬臂梁外端，并向下弯折不小于 $12d$（见图 4-27）；其余钢筋不应在梁的受拉区截断，弯起钢筋的弯起点应设在按正截面受弯承载力计算该钢筋的强度被充分利用的截面以外，其距离不应小于 $h_0/2$。同时，弯起钢筋与梁中心线的交点应位于按计算不需要该钢筋的截面以外。有关具体弯起点的距离及锚固要求可参见前述“纵向受力钢筋的接头”部分。悬臂梁的上部纵向受力钢筋应从钢筋强度被充分利用的截面(即支座边缘截面)起伸入支座中的长度不小于钢筋的锚固长度 l_a;当梁的下部纵向钢筋在计算上作为受压钢筋时,伸入支座中的长度不小于 $0.7l_a$,或 $15d$(不作为受压钢筋)。

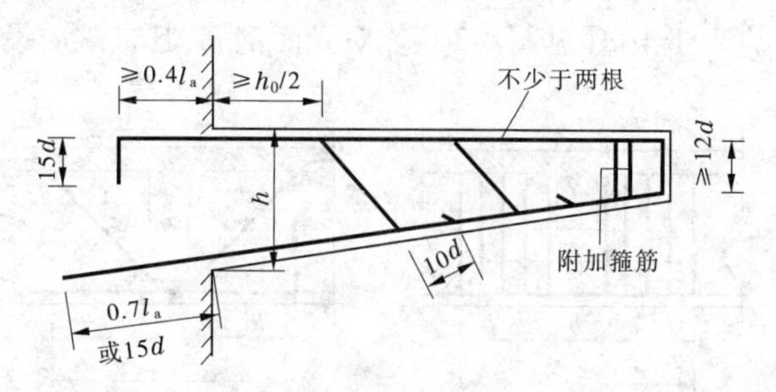

图 4-27　悬臂梁的受力筋锚固

连续梁中间支座的上部纵向钢筋应贯穿支座或节点,下部纵向钢筋应伸入支座或节点,当计算中不利用其强度时,其伸入长度应符合上述规定;当计算中充分利用其强度时,受拉钢筋的伸入长度不小于钢筋的锚固长度 l_a,受压钢筋的伸入长度不小于 $0.7l_a$。框架中间层、顶层端节点钢筋的锚固可参见规范 DL/T 5057—2009。纵向受压钢筋在跨中截断时,必须伸至按计算不需该钢筋的截面以外,其伸出的长度不应小于 $15d$;但对绑扎骨架中末端无弯钩的光面钢筋,其伸出的长度不应小于 $20d$。

当梁端实际受到部分约束但按简支计算时,应在支座区上部设置纵向构造钢筋,其截面面积不应小于梁跨中下部纵向受拉钢筋计算所需截面面积的 1/4,且不应少于 2 根;自支座边缘向跨内伸出的长度不应小于 $l_0/5$(l_0 为该跨的计算跨度)。

(三)架立钢筋的配置

为了使纵向受力钢筋和箍筋能绑扎成骨架,在箍筋的四角必须沿梁全长配置纵向钢筋,在没有纵向受力筋的区段,则应补设架立钢筋(见图 4-28)。梁中架立钢筋的直径,当梁的跨度小于 4 m 时,不宜小于 8 mm;跨度等于 4 ~ 6 m 时,不宜小于 10 mm;当跨度大于 6 m 时,不宜小于 12 mm。

(四)腰筋及拉筋的配置

当梁的腹板高度 $h_w > 450$ mm 时,为防止由于温度变形及混凝土收缩等原因在梁中部产生竖向裂缝,在梁的两侧应沿高度设置纵向构造钢筋,称为腰筋(见图 4-28)。每侧纵向构造钢筋(不包括梁上、下部受力钢筋及架立钢筋)的截面面积不应小于腹板截面面积 bh_w 的 0.1%,且其间距不宜大于 200 mm。两侧腰筋之间用拉筋连系起来,拉筋也称连系筋。拉筋的直径可取与箍筋相同;拉筋的间距常取为箍筋间距的倍数,一般为 500 ~ 700 mm。

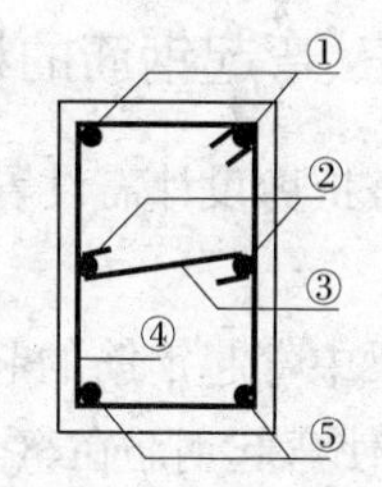

①—架立钢筋;②—腰筋;③—拉筋;
④—双肢箍筋;⑤—纵向受力钢筋

图 4-28　架立钢筋、腰筋及拉筋

对薄腹梁,应在下部 1/2 梁高的腹板内沿两侧配置纵向构造钢筋，其直径为 10 ~ 14 mm，间距为 100 ~ 150 mm，并按上疏下密的方式布置。

位于梁下部或梁截面高度范围内的集中荷载应全部由附加横向钢筋（吊筋、箍筋）承担。附加横向钢筋宜优先采用箍筋，箍筋应布置在长度 s 的范围内，$s = 2h_1 + 3b$（见图 4-29）；当采用吊筋时，其弯起段应伸至梁上边缘，且末端水平段长度在受拉区不应小于 $20d$，在受压区不应小于 $10d$（见图 4-30）。对光面钢筋，其末端应设置弯钩。

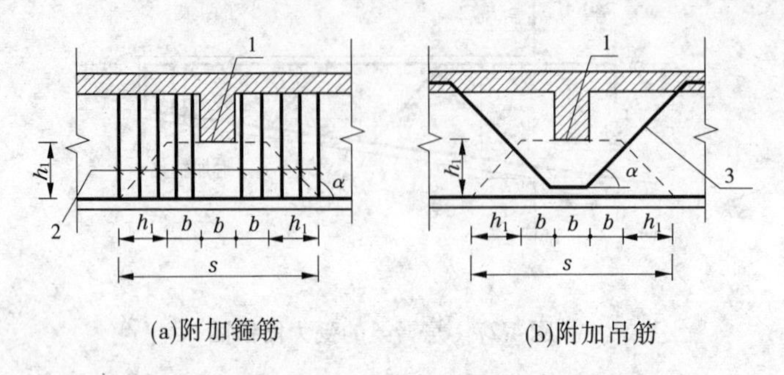

(a)附加箍筋　　(b)附加吊筋

1—传递集中荷载的位置；2—附加箍筋；3—附加吊筋

图4-29　梁下部截面高度范围内有集中荷载作用时附加横向钢筋的布置

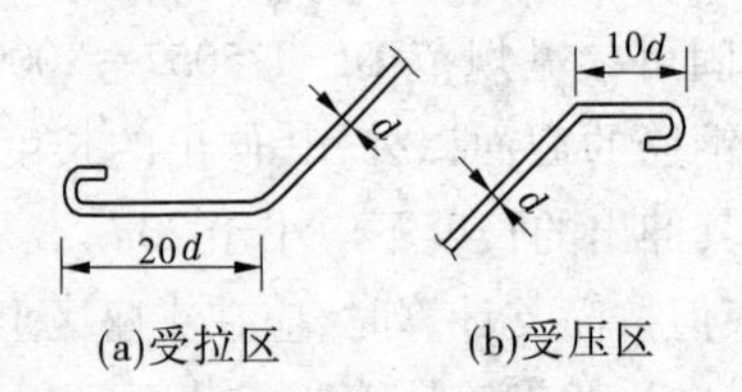

(a)受拉区　　(b)受压区

图 4-30　弯起钢筋的直线锚固段

附加横向钢筋的总截面面积 A_{sv} 按下列公式计算

$$A_{sv} = \frac{\gamma_d F}{f_{yv} \sin\alpha} \tag{4-18}$$

式中　F——作用在梁下部或梁截面高度范围内的集中荷载设计值；

α——附加横向钢筋与梁轴线间的夹角。

三、弯起钢筋的构造要求

按抗剪设计需设置弯起钢筋时，弯筋的最大间距同箍筋一样，不得大于表 4-1 所列的数值。

梁中弯起钢筋的起弯角一般为 45°，当梁高 $h \geqslant 700$ mm 时也可用 60°。当梁宽较大时，为使弯起钢筋在整个宽度范围内受力均匀，宜在一个截面内同时弯起两根钢筋。

在采用绑扎骨架的钢筋混凝土梁中，当设置弯起钢筋时，弯起钢筋的弯折终点应留有足够长的直线锚固长度（见图 4-30）。

梁底位于箍筋转角处的纵向受力钢筋不应弯起，而应直通至梁端部，以便和箍筋扎成钢筋骨架。

当弯起纵筋抗剪后不能满足抵抗弯矩图 M_R 图的要求时，可单独设置抗剪斜筋以抗剪。此时应将斜筋布置成吊筋形式（见图 4-31（a）），俗称“鸭筋”，而不应采用“浮筋”（见图 4-31（b））。浮筋在受拉区只有不大的水平长度，其锚固的可靠性差，一旦浮筋发生滑移，将使裂缝开展过大。为此，应将斜筋焊接在纵筋上或者将斜筋两端均锚固在受压区内。

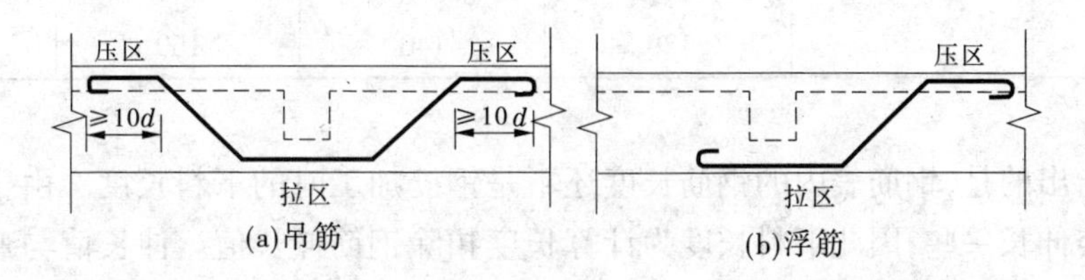

图 4-31　吊筋及浮筋

板中弯起钢筋的弯起角不宜小于 30°，厚板中的弯起角可为 45°或 60°。钢筋弯起后，板中受力钢筋直通伸入支座的截面面积不应小于跨中钢筋截面面积的 1/3，其间距不应大于 350 mm。

四、钢筋混凝土构件施工图

为了满足施工要求，钢筋混凝土构件必须进行施工图设计，即模板图、配筋图、钢筋表及相关说明等。

（一）模板图

模板图主要用来标注构件的外形尺寸及预埋件的位置及编号，供制作模板之用，同时还可用来计算混凝土方量。模板图一般比较简单，因而比例尺不必太大，但尺寸应标注齐全。简单的构件，也可将模板图与配筋图合并在一起。

（二）配筋图

配筋图表示钢筋骨架的形状以及在模板中的位置，包括构件配筋纵向剖面图和横剖面图，凡规格、长度或形状不同的钢筋必须编以不同的编号，写在小圆圈内，并在编号引线旁注上这种钢筋的根数及直径，为绑扎钢筋骨架用。最好在每根钢筋的两端及中间都注上编号，以便于查清各根钢筋的来龙去脉。

（三）钢筋表

钢筋表列出构件中所有钢筋的品种、规格、形状、长度及根数，主要为钢筋下料和加工成型用，同时可用来计算钢筋用量。下面对钢筋的细部尺寸作一说明。

（1）直钢筋：按实际长度计算。光面钢筋两端需做弯钩；带肋钢筋考虑锚固需要，两端可加直钩。

（2）弯起钢筋：高度以钢筋外皮至外皮的距离作为控制尺寸，即梁截面高度减去上下混凝土保护层厚度，然后按弯起角度算出斜长。

（3）箍筋：宽度和高度均按箍筋内皮至内皮的距离计算，故箍筋的宽度和高度分别为构件截面的宽度和高度减去 2 倍保护层厚度。箍筋弯钩增加的长度与其直径有关。根据箍筋与主筋直径的不同,箍筋两个弯钩增加的长度参见表 4-2。

表 4-2　箍筋两个弯钩增加的长度　（单位:mm）

主筋直径	箍筋直径				
	5	6	8	10	12
10 ~ 25	80	100	120	140	160
28 ~ 32		120	140	160	210

应该指出的是,钢筋表内的钢筋长度还不是钢筋加工时的下料长度。由于钢筋弯折及弯钩时会伸长一些,因此下料长度为计算长度扣除钢筋伸长值。伸长值与弯折角度的大小有关,可参阅有关施工手册。

(四)说明或附注

说明或附注中包括用图难以表达内容以及一些在施工过程中必须引起注意的事项,如尺寸单位、混凝土保护层厚度、混凝土强度等级、钢筋级别以及其他施工注意事项等。

图 4-32 为某简支梁抗弯、抗剪计算的配筋图,为满足工程施工要求,绘制了相应的施工图,各部分钢筋情况说明如下。

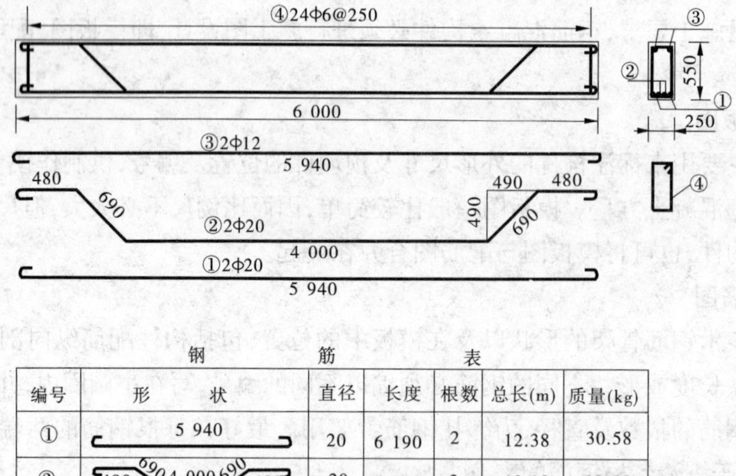

钢　　筋　　表

编号	形　　状	直径	长度	根数	总长(m)	质量(kg)
①	5 940	20	6 190	2	12.38	30.58
②	480 690 4 000 690 480	20	6 590	2	13.18	32.55
③	5 940	12	6 090	2	12.18	10.82
④	190 490 内口	6	1 460	24	35.04	7.78
					总质量(kg)	81.73

图 4-32　钢筋长度的计算

1. 直钢筋

图 4-32 中钢筋①为一直钢筋,其直段上所注尺寸 5 940 mm 是指钢筋两端弯钩外缘之间的距离(未考虑钢筋伸入支座的锚固要求),即为全梁长 6 000 mm 减去两端钩外保护层各 30 mm。此长度再加上两端弯钩长即可得出钢筋全长,每个弯钩长为 6.25d,则钢

筋①的全长为 5 940 + 2 × 6.25 × 20 = 6 190(mm)。同样,架立钢筋③的全长为5 940 + 2 × 6.25 × 12 = 6 090(mm)。

2. 弯起钢筋

图中钢筋②为弯起钢筋,也称弓筋。所注尺寸中弯起部分的高度以钢筋外皮计算,即从梁高 550 mm 中减去上下混凝土保护层,550 - 60 = 490(mm)。由于弯折角 $\alpha = 45°$,故弯起部分的底宽及斜边各为 490 mm 及 690 mm。钢筋②的中间水平直段长可由图量出为 4 000 mm,而弯起后的水平直段长度可由计算求出:即为(6 000 - 2 × 30 - 4 000 - 2 × 490)/2 = 480(mm)。最后可得弯起钢筋②的全长为 4 000 + 2 × 690 + 2 × 480 + 2 × 6.25 × 20 = 6 590(mm)。

3. 箍筋

箍筋尺寸注法各工地不完全统一,大致分为注箍筋外缘尺寸及注箍筋内口尺寸两种。前者的好处在于与其他钢筋一致,即所注尺寸均代表钢筋的外皮到外皮的距离;注内口尺寸的好处在于便于校核,箍筋内口尺寸即构件截面外形尺寸减去主筋混凝土保护层,箍筋内口高度也即是弯起筋的外皮高度。在注箍筋尺寸时,最好注明所注尺寸是内口尺寸还是外缘尺寸。

箍筋的弯钩大小与主筋的粗细有关,根据箍筋与主筋直径的不同,箍筋两个弯钩的增加长度见表 4-2。图 4-32 中的箍筋长度为 2 × (490 + 190) + 100 = 1 460(mm)(内口)。

必须注意,钢筋表内的钢筋长度还不是钢筋加工时的断料长度。由于钢筋在弯折及弯钩时,要伸长一些,因此断料长度等于计算长度扣除钢筋伸长值,伸长值和弯折角度大小等有关,具体可参阅有关施工手册。箍筋长度如注内口尺寸,则计算长度即为断料长度。

【例题 4-4】 某厂房砖墙上支承受均布荷载作用的外伸梁(一类环境条件,见图 4-33(a)),其跨度 $l_1 = 7\ 000$ mm,活荷载设计值 $q_1 = 23$ kN/m,伸臂跨度 $l_2 = 1\ 880$ mm,永久荷载设计值 $g = 36$ kN/m,活荷载设计值 $q_2 = 85$ kN/m,混凝土强度等级 C20,纵向受力钢筋为 HRB335 钢筋,箍筋为 HPB235 钢筋。试设计此梁并进行钢筋布置。

解　查附表知,$\gamma_d = 1.2$,$\gamma_0 = 1.0$,$\psi = 1.0$,$f_c = 9.6\ \text{N/mm}^2$,$f_t = 1.10\ \text{N/mm}^2$,$c = 30$ mm,$f_{yv} = 210\ \text{N/mm}^2$,$f_y = 300\ \text{N/mm}^2$,$b = 250$ mm,$h = 700$ mm。

1. 内力计算

荷载作用下的弯矩图及剪力图如图 4-33(b)所示。支座边缘截面剪力设计值 $V_A = 164.15$ kN(支座左侧),$V_B^l = 226.76$ kN(支座左侧),$V_B^r = 203.28$ kN(支座右侧)。

跨中截面最大弯矩设计值:$M_H = 262.36$ kN · m;

支座截面最大负弯矩设计值:$M_B = 213.83$ kN · m。

2. 验算截面尺寸

由于弯矩较大,估计纵筋需排两层,取 $a_s = 55$ mm,则 $h_0 = h - a_s = 700 - 55 = 645$ (mm),$h_w = h_0 = 645$ mm,$\frac{h_w}{b} = \frac{645}{250} = 2.58 < 4.0$,由式(4-12)计算

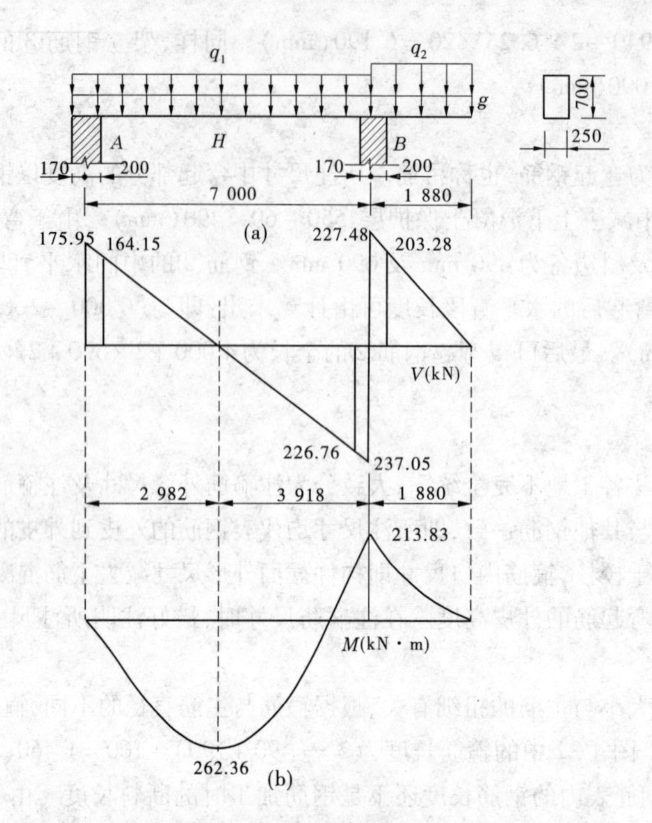

图 4-33　梁受力简图

$$0.25f_c bh_0 = 0.25 \times 9.6 \times 250 \times 645 = 387.0(\text{kN})$$

$$> \gamma_d V_{max} = 1.2 \times 226.76 = 272.1(\text{kN})$$

故截面尺寸满足抗剪要求。

3. 计算纵向钢筋

纵向受拉钢筋计算见表4-3。

表 4-3　纵向受拉钢筋计算表

计算内容	跨中 H 截面	支座 B 截面	计算内容	跨中 H 截面	支座 B 截面
M(kN · m)	262.36	213.83	$A_s=\dfrac{f_c b\xi h_0}{f_y}$	2 022.72	1 563.48
$\gamma_d M$(kN · m)	314.83	256.6			
$\alpha_s=\dfrac{\gamma_d M}{f_c b{h_0}^2}$	0.315	0.257	选配钢筋	4 Φ 20 + 2 Φ 22	4 Φ 20 + 2 Φ 18
$\xi = 1-\sqrt{1-2\alpha_s}$	0.392	0.303	实配钢筋面积 A_s (mm²)	2 017	1 765

4. 计算抗剪钢筋

$$0.7f_t bh_0 = 0.7 \times 1.10 \times 250 \times 645 = 124.16(\text{kN}) < \gamma_d V_{max}$$

因此必须由计算确定抗剪腹筋。试在全梁配置双肢箍筋Φ 8@ 250，其抗剪截面面积 A_{sv} =

$2\times 50.3\approx 101(\mathrm{mm}^2)$，取 $s=s_{\max}=250\ \mathrm{mm}$，则最小配箍率满足构造要求。

$$\rho_{sv}=\frac{A_{sv}}{bs}=\frac{101}{250\times 250}=0.16\%>\rho_{svmin}=0.15\%$$

由式(4-8)计算得

$$V_c+V_{sv}=0.7f_tbh_0+f_{yv}\frac{A_{sv}}{s}h_0=124.16+210\times\frac{101}{250}\times 645=178.88(\mathrm{kN})$$

①支座 B 左侧

$$\gamma_d V_B^l=1.2\times 226.76=272.1(\mathrm{kN})>V_c+V_{sv}=178.88(\mathrm{kN})$$

因此需加配弯起钢筋帮助抗剪。

取 $\alpha_s=45°$，并取 $V_1=V_B^l$，按式(4-10)及式(4-11)计算第一排弯起钢筋

$$A_{sb1}=\frac{\gamma_d V_1-(V_c+V_{sv})}{f_y\sin 45°}=\frac{(272.1-178.88)\times 10^3}{300\times 0.707}=439.5(\mathrm{mm}^2)$$

由支座承担负弯矩的纵筋弯下 2 Φ 20($A_{sb1}=628\ \mathrm{mm}^2$)，第一排弯起钢筋的上弯点设在离支座边缘 250 mm 处，即 $s_1=s_{\max}=250\ \mathrm{mm}$。

由图 4-34 可见，第一排弯起钢筋的下弯点离支座边缘的距离为 $700-2\times 85+250=780(\mathrm{mm})$，该处剪力记为 V_2，则 $\gamma_d V_2=1.2\times(226.76-59\times 0.78)=216.89(\mathrm{kN})>V_c+V_{sv}=178.88\ \mathrm{kN}$，故还需要弯起第二排钢筋抗剪。

$$A_{sb2}=\frac{\gamma_d V_2-(V_c+V_{sv})}{f_y\sin 45°}=\frac{(216.89-178.88)\times 10^3}{300\times 0.707}=179.20(\mathrm{mm}^2)$$

因此，第二排弯起钢筋只需弯下 1 Φ 20($A_{sb2}=314.2\ \mathrm{mm}^2$)即可。

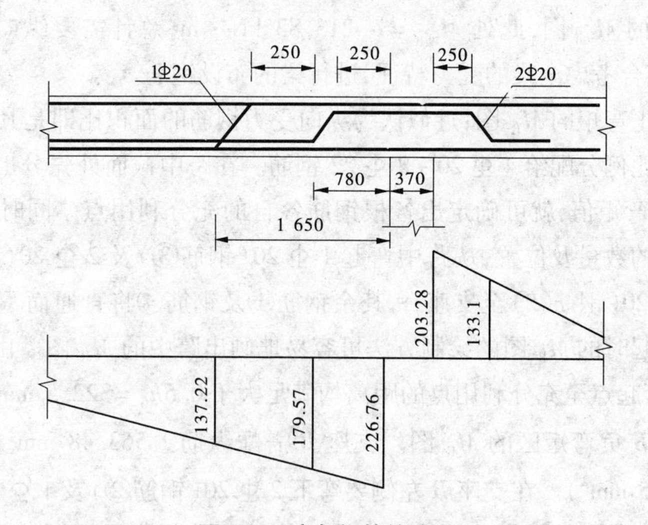

图 4-34　弯起钢筋的确定

第二排弯起钢筋的下弯点离支座边缘的距离为 $780+250+(700-2\times 40)=1\ 650(\mathrm{mm})$，此处剪力记为 V_3，则 $\gamma_d V_3=1.2\times(226.76-59\times 1.65)=155.29(\mathrm{kN})<V_c+V_{sv}=178.88(\mathrm{kN})$，故不需要弯起第三排钢筋。

②支座 B 右侧

$$\gamma_d V_B{}^r = 1.2 \times 203.28 = 243.94(\text{kN}) > V_c + V_{sv} = 178.88\ \text{kN}$$

故需配置弯起钢筋，因为支座 B 的左侧剪力大于右侧剪力，因此依据左侧剪力计算方法，确定 B 支座右侧同样弯下 2 Φ 20 的钢筋即可，不必再进行计算。第一排弯起钢筋的下弯点距支座边缘的距离为 780 mm，此处剪力值记为 V_4，则 $\gamma_d V_4 = 1.2 \times (203.28 - 121 \times 0.78) = 130.68(\text{kN}) < V_c + V_{sv} = 178.88$ kN，故不需要弯起第二排钢筋。

③支座 A

$\gamma_d V_A = 1.2 \times 164.15 = 196.98(\text{kN}) > V_c + V_{sv} = 178.88$ kN

故需要加配弯起钢筋帮助支座 A 附近斜截面抗剪。

$$A_{sb3} = \frac{\gamma_d V_A - (V_c + V_{sv})}{f_y \sin 45^\circ} = \frac{(196.98 - 178.88) \times 10^3}{300 \times 0.707} = 85.34(\text{mm}^2)$$

由跨中弯起 2 Φ 20（$A_{sb3} = 628\ \text{mm}^2$）至梁顶再伸入支座。弯起点离支座边缘的距离为 $700 - 2 \times 85 + 250 = 780$（mm），该处截面上的剪力设计值记为 V_5，则

$\gamma_d V_5 = 1.2 \times (164.15 - 0.78 \times 59) = 141.76(\text{kN}) < V_c + V_{sv} = 178.88$ kN，故不需要再弯起第二排钢筋。

5. 钢筋的布置设计

钢筋的布置设计（施工图设计），可利用前述抵抗弯矩图（M_R 图）进行图解完成。各个钢筋的切断及延伸要求，请参见本章第五节介绍的构造要求。

首先，绘制梁的纵剖面图，如图 4-35 所示；在梁的上方绘制弯矩图（即 M 图）。考虑跨中正弯矩的 M_{max} 图，此处 $M_{max} = 262.36$ kN · m，总计需要纵向钢筋 4 Φ 20 + 2 Φ 22；考虑支座 B 负弯矩的 M_{min} 图，此处 $M_{min} = -213.83$ kN · m，总计需要纵向钢筋 4 Φ 20 + 2 Φ 18，因此可综合考虑全梁的受力特征，进行梁的布设钢筋。

先考虑跨中正弯矩的 M_R 图：近似认为纵向受力钢筋的面积比即是其受弯承载力比，将最大正弯矩按比例分配给 4 Φ 20 + 2 Φ 22 钢筋。在跨中截面处先分出 2 Φ 22 及 1 Φ 20 钢筋能抵抗的弯矩值，就可确定出各根钢筋各自的充分利用点。同时，按照前面计算确定的弯起钢筋的数量及位置，从跨中弯起 1 Φ 20（钢筋③）及 2 Φ 20（钢筋②）至支座 B；同时弯起 2 Φ 20（钢筋②）至支座 A，其余钢筋①及钢筋④将直通而不再弯起。这样，根据前述钢筋弯起时的 M_R 图的绘制方法可容易地画出跨中的 M_R 图。由图 4-35 可以看出，跨中钢筋的弯起点至充分利用点的距离均满足大于 $0.5h_0 = 322.5$ mm 的条件。

再考虑支座 B 负弯矩区的 M_R 图。支座 B 需配纵筋 1 563.48 mm²，实配 4 Φ 20 + 2 Φ 18（$A_s = 1\,765\ \text{mm}^2$）。在支座 B 左侧要弯下 2 Φ 20（钢筋②）及 1 Φ 20（钢筋③）；另两根放在角隅的钢筋⑤因要绑扎箍筋形成骨架，故必须全梁直通；还有一根钢筋⑥可根据 M_R 图加以切断。在支座 B 右侧只需弯下 2 Φ 20，故可切断钢筋⑥及钢筋③。

考察支座 B 左侧，在截面 C 本可切断 1 根钢筋（钢筋⑥）。但应考虑到如果在 C 截面切断了 1 根钢筋，C 截面就成为钢筋②的充分利用点，这时，当钢筋②下弯时，其弯起点

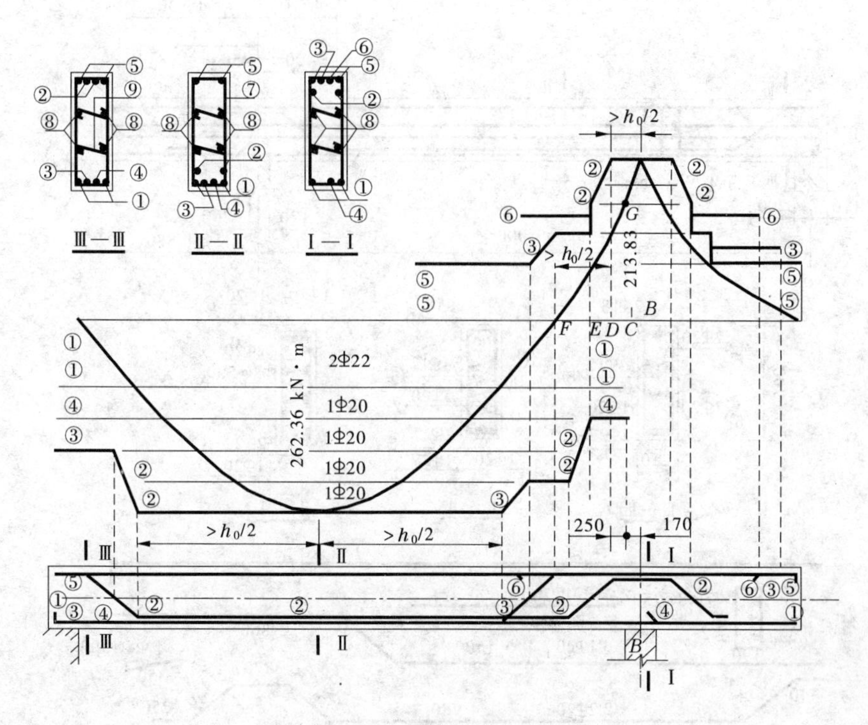

图 4-35　钢筋的布置设计

（D 截面）和充分利用点之间的距离 DC 小于 $0.5h_0=322.5$ mm，这就不满足斜截面受弯承载力的要求。所以，不能在 C 截面切断钢筋⑥，而应先在 D 截面弯下钢筋②，这时钢筋②的充分利用点在 B 截面，而 $BD=250+170=420$（mm）$>0.5h_0=322.5$ mm，这满足了斜截面受弯承载力的条件。同时，D 截面（即钢筋②的下弯点）距支座 B 边缘为 250 mm，也满足不大于 $s_{max}=250$ mm 的条件。

绘制出了钢筋②（即 2 Φ 20）的 M_R 图后，可发现在 E 截面还可切断 1 根钢筋（钢筋⑥），E 截面即为钢筋⑥的理论切断点，由于在该截面上 $\gamma_d V>V_c$，故⑥号钢筋应从充分利用点 G 延伸 l_d（对 HRB335 钢筋，C20 混凝土，$l_a=40d$），$l_d=1.2l_a+h_0=1.2\times40\times20+645=1\ 605$（mm），且应自其理论切断点 E 延伸 $l_w=\max\{20d,h_0\}=\max\{20\times20,645\}=645$ mm，由图 4-35 可知，GE 的水平投影距离 $GE=340$ mm。综上所述，以上两种情况取大者，故钢筋⑥应从理论切断点 E 至少延伸 $1\ 605-340=1\ 265$（mm）。从图 4-35 看到，钢筋⑥的实际切断点已进入负弯矩受压区，因而取 $l_d=1.2l_a+h_0$ 及 $l_w=20d$ 以满足要求。然后在 F 截面弯下钢筋③，剩下 2 根钢筋⑤直通，并兼作架立钢筋。

同样方法绘制 B 支座右侧的 M_R 图。

从图 4-35 还看到，M 图在 M_R 图的内部，即每个截面上 $M_R>M$，因而该梁的正截面抗弯承载力满足要求。依据本章第五节的构造要求，完成的悬臂梁配筋图如图 4-36 所示。

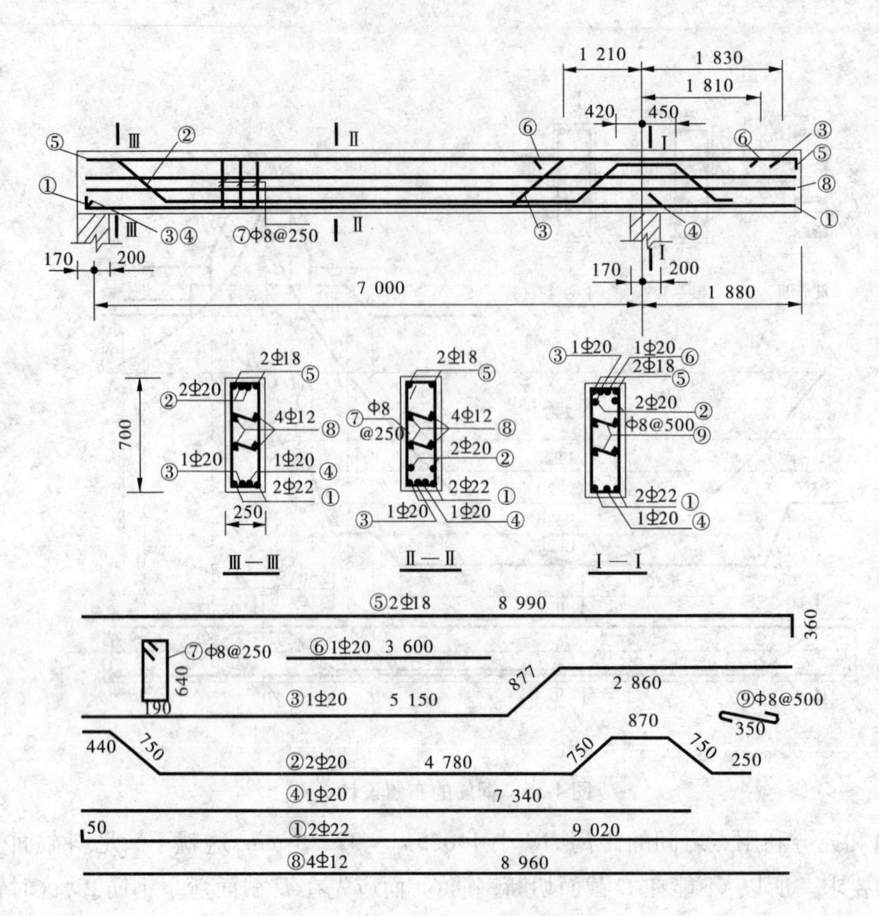
1 210
1 830
1 810
420
450
⑤
Ⅲ
②
Ⅱ
⑥
Ⅰ
⑥
③
⑤
⑧
①
③④
⑦Φ8@250
③
④
170
200
7 000
170
200
1 880
2Φ18
⑤
2Φ20
②
4Φ12
⑧
1Φ20
③
1Φ20
④
2Φ22
①
700
250
Φ8
⑦
@250
2Φ20
1Φ20
1Φ20
1Φ20
Φ8@500
⑨
Ⅲ—Ⅲ
Ⅱ—Ⅱ
Ⅰ—Ⅰ
⑤2Φ18
8 990
360
⑦Φ8@250
640
190
⑥1Φ20 3 600
877
2 860
③1Φ20
5 150
⑨Φ8@500
350
870
440
750
②2Φ20
4 780
750
750
250
④1Φ20
7 340
50
①2Φ22
9 020
⑧4Φ12
8 960

图 4-36　悬臂梁配筋图

第五章　钢筋混凝土轴心受力构件承载力计算

轴心受力构件包括轴心受压构件和轴心受拉构件两种。纵向压力作用线与构件截面形心轴线重合的构件称为轴心受压构件(见图5-1)。在实际工程中,理想的轴心受压构件几乎是不存在的。通常由于施工的误差、荷载作用位置的偏差、混凝土的不均匀性等原因,往往存在一定的初始偏心距。但有些构件,如等跨柱网的内柱、桁架的受压腹杆、码头中桩等结构,主要承受轴向压力,当偏心很小在设计中可忽略不计时,可近似按轴心受压构件计算。同理,纵向拉力作用线与构件截面形心轴线重合的构件称为轴心受拉构件(见图5-2)。轴心受拉构件也几乎是不存在的,但由于其设计计算简单,拱和桁架结构中的拉杆,以及圆形水池的池壁等结构构件,可近似按轴心受拉构件设计计算。

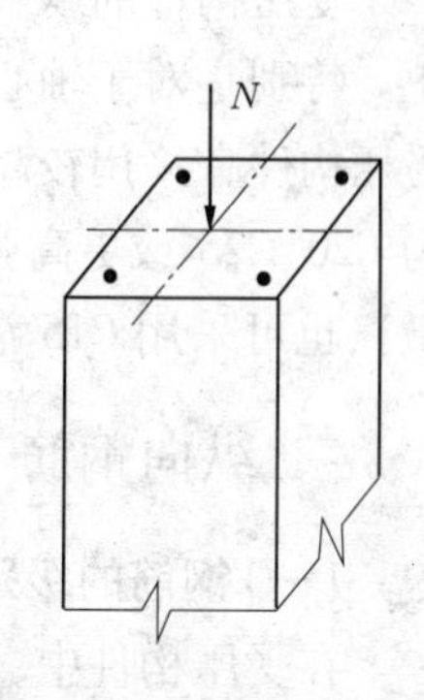

图5-1　轴心受压构件

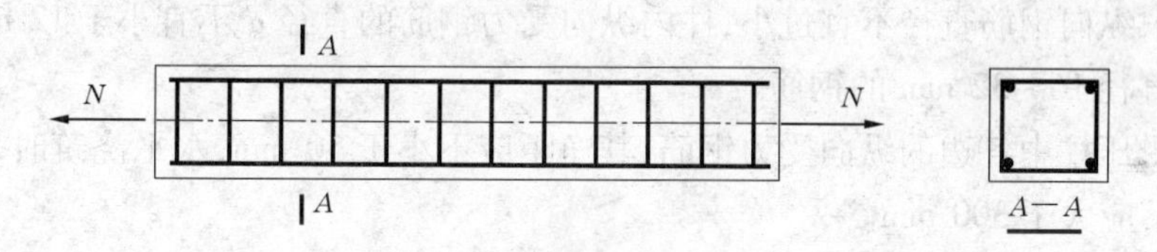

图5-2　轴心受拉构件

第一节　轴心受力构件的构造要求

一、截面形式和尺寸

钢筋混凝土受压构件截面形式的选择要考虑受力合理和模板制作方便,轴心受压构件的截面通常采用正方形、圆形或边长接近的矩形,有时也采用正多边形。

水工建筑中现浇的立柱,其边长不宜小于300 mm,否则施工误差及缺陷所引起的不利影响较为严重,在水平位置浇筑的装配式柱则可不受此限制。若立柱边长小于300 mm,在计算时混凝土强度设计值应乘以0.8系数。圆形截面一般要求直径不小于350 mm。顶部承受竖向荷载的承重墙,其厚度不应小于其承重高度的1/25,也不宜小于150 mm。对于地震区的截面尺寸应适当加大。

受压构件的截面尺寸不宜太小,因为构件越细长,纵向弯曲的影响越大,承载力降低越多,不能充分利用材料强度。一般情况下,对方形、矩形截面,要求 $l_0/b \leqslant 30$, $l_0/h \leqslant 25$;

对圆形截面，$l_0/d \leqslant 25$。此处 l_0 为柱的计算长度，b、h 分别为矩形截面短边尺寸及长边尺寸，d 为圆形截面直径。

为施工制作方便，柱截面尺寸还应符合模数化的要求，柱截面边长在 800 mm 以下时，以 50 mm 为模数，在 800 mm 以上时，以 100 mm 为模数。

二、混凝土

受压构件的承载力主要取决于混凝土的强度，因此一般应采用强度等级较高的混凝土。特别是对于轴心受压构件，为了充分利用混凝土承压，节约钢材，减小构件截面尺寸，受压构件宜采用较高强度等级的混凝土，通常排架立柱、拱圈等受压构件可采用强度等级为 C20、C25 或更高强度等级的混凝土。当截面尺寸不是由承载力确定时（如桥墩、闸墩），也可采用 C15 混凝土。

三、纵向钢筋

（一）钢筋的级别、直径与间距

在受压构件中，受混凝土峰值应变的限制，不宜采用高强度钢筋。因此，轴心受力构件的纵向受力钢筋常用 HRB335、HRB400、HRB500 级或 RRB400 级钢筋。

柱主要承受压力作用，配置在柱中的钢筋如果太细，则容易失稳，从箍筋之间外凸，因此一般要求纵向钢筋直径不宜过小，柱内纵向受力钢筋的直径 d 不宜小于 12 mm，工程上通常采用直径 16～32 mm 的钢筋。

轴心受压柱中各边的纵向受力钢筋，其净距应不小于 50 mm，水平浇筑时，不小于 30 mm，中距不应大于 300 mm。

（二）纵向钢筋的设置

轴心受压构件纵向受力钢筋应沿截面的四周均匀放置，钢筋的根数一般不得少于 4 根，柱截面每个角必须有一根钢筋，以便与箍筋形成钢筋骨架。圆柱中纵向钢筋宜沿周边均匀布置，根数不宜少于 8 根，且不应少于 6 根。

钢筋的接头位置宜设置在构件的受力较小处，并宜错开。采用焊接接头和机械连接接头时，在接头处 $35d$ 且不小于 500 mm 的区段内，凡接头中点位于该连接区段长度内的焊接接头均属于同一连接区段；接头的受拉钢筋截面面积与受拉钢筋总截面面积的比值不宜超过 1/2，装配式构件连接处及临时缝处的焊接接头钢筋可不受此比值限制。

采用绑扎接头时，从任一接头中心至 1.3 倍搭接长度范围内，受拉钢筋的接头比值不宜超过 1/4；当接头比值为 1/3 或 1/2 时，钢筋的搭接长度应分别乘以 1.1 及 1.2。

受压钢筋的接头比值不宜超过 1/2。

轴心受拉构件中受拉钢筋的接头不得采用绑扎接头，在端部处应有可靠的锚固。

（三）纵向钢筋的保护层厚度

混凝土的保护层厚度的要求与受弯构件相同，详见附录四附表 4-1。

（四）纵向钢筋的配筋率

为了使轴心受压柱在不可预见的外力作用下产生弯矩时不致使柱脆断，并且为了提高轴心受压柱的延性,要求纵向受压钢筋的配筋率不宜过低,全部纵向钢筋配筋率不小于0.6%(HPB235)及0.5%(HRB335、HRB400、RRB400和HRB500)。常用的经济配筋率为0.8%~2%。轴心受拉构件中的受拉钢筋配筋率宜为2%~5%。

轴心受压构件在加载后荷载维持不变的条件下,由于混凝土徐变的影响,混凝土和钢筋的应力还会发生变化,随着荷载作用时间的增加,混凝土的压应力逐渐减小,钢筋的压应力逐渐增大,这种现象称为徐变引起的应力重分布。一开始变化较快,经过一段时间后趋于稳定。在荷载突然卸载时,构件回弹,由于混凝土徐变变形的大部分不可恢复,故当荷载为零时,会使柱中钢筋受压而混凝土受拉,若柱中的配筋率过大,还可能将混凝土拉裂,当柱中纵筋与混凝土之间有很强的黏结力时,则能同时产生纵向裂缝,这种裂缝更为危险。为了防止出现这种情况,要控制柱中全部纵筋的配筋率不宜超过5%。

四、箍筋

柱子中除平行于轴向力配置纵向钢筋外,还应配置箍筋。箍筋除在施工时对纵向钢筋起固定作用外,还给纵向钢筋提供侧向支点,防止纵向钢筋受压弯曲而降低承压能力,同时箍筋能够阻止纵向钢筋受压时向外弯凸,从而防止混凝土保护层横向胀裂剥落。此外,箍筋在柱中也起到抵抗水平剪力的作用。密布箍筋还起约束核心混凝土,改善混凝土变形性能的作用。箍筋应与纵筋绑扎或焊接成一整体骨架。在墩墙式受压构件(如闸墩)中,则可用水平钢筋代替箍筋,但应设置拉筋拉住墩墙两侧的钢筋。

柱中的箍筋应采用封闭式,箍筋直径不应小于0.25倍纵向钢筋的最大直径,亦不小于6 mm。

箍筋的间距不应大于400 mm,亦不大于构件截面的短边尺寸;同时,在绑扎骨架中不应大于$15d$,在焊接骨架中不应大于$20d$(d为纵向钢筋的最小直径),如图5-3所示。

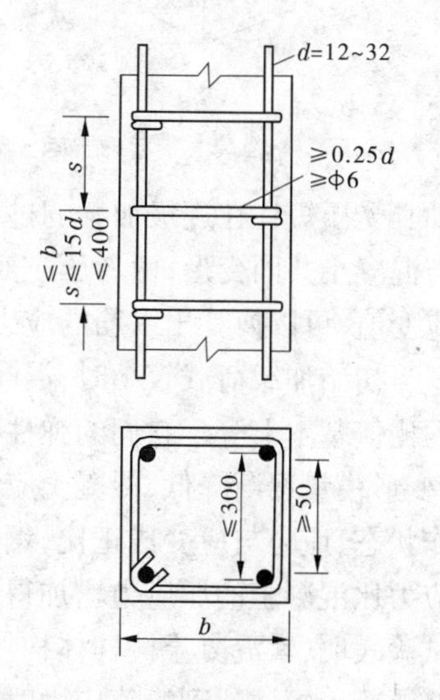

图5-3　**箍筋间距**　(单位:mm)

当柱中全部纵向受力钢筋的配筋率超过3%时,则箍筋直径不宜小于8 mm,且应焊成封闭环式,间距不应大于$10d$(d为纵向钢筋的最小直径),且不应大于200 mm。

在柱的绑扎骨架中,在绑扎接头的搭接长度范围内,当钢筋受拉时,其箍筋间距不应大于$5d$,且不大于100 mm;当钢筋受压时,其箍筋间距不应大于$10d$,且不大于200 mm。在此,d为搭接钢筋中的最小直径。

附加箍筋:当柱子截面短边$b>400$ mm,且一侧纵向受力钢筋$n\geqslant3$根,或当短边尺寸$b\leqslant400$ mm,但纵向钢筋$n\geqslant4$根时,应设置附加箍筋。

第二节　轴心受压构件的承载力计算

一、轴心受压短柱的试验研究及承载力

配有纵向钢筋和普通箍筋的轴心受压短柱的大量试验结果表明，在整个加载过程中，整个截面的压应变基本上呈均匀分布。由于钢筋与混凝土之间存在黏结力，因此从开始加载到构件破坏，混凝土与钢筋能够共同变形，两者的压应变始终保持一样。

当荷载较小时，构件处于弹性工作状态，变形的增加与外力的增长成正比；当荷载较大时，变形增加的速度快于外力增加的速度，纵筋配筋量越少，这种现象就越明显。随着荷载的继续增加，柱中开始出现微细裂缝，在临近破坏荷载时，柱四周出现明显的纵向裂缝（见图 5-4(a)），最后，混凝土保护层脱落，箍筋间的纵筋发生压屈外凸，混凝土被压碎，柱子即告破坏（见图 5-4(b)）。破坏时，混凝土的应力达到其轴心抗压强度 f_c，钢筋应力达到受压时的屈服强度 f'_y。

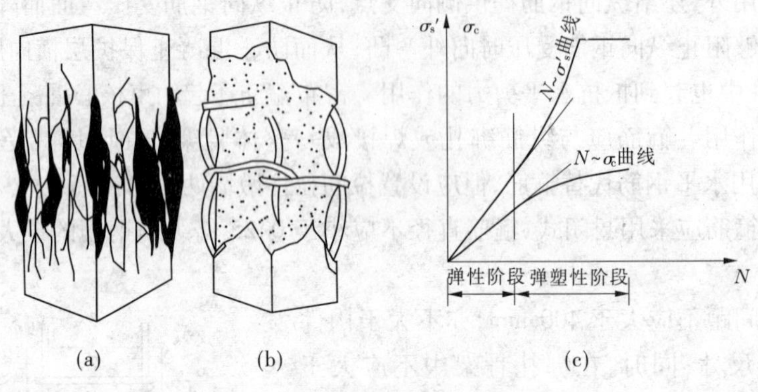

图 5-4　短柱轴心受压破坏形态

轴心受压短柱在逐级加载的过程中，由于钢筋和混凝土之间存在着黏结力，因此纵向钢筋与混凝土共同变形，两者压应变相等，压应变沿构件长度基本是均匀的。通过量测纵筋的应变值，可以换算出纵筋的应力值。试验得到的 N 与 σ'_s、σ_c 的关系曲线如图 5-4(c) 所示。当初始加载荷载较小时，混凝土及钢筋的应力应变关系按弹性规律变化，两种材料应力的比值基本上等于它们的弹性模量之比。随着荷载的增加，混凝土的塑性变形开始发展，变形模量逐渐降低，混凝土应力增长速度变慢，而钢筋由于在屈服之前一直处于弹性工作状态，应力与应变成正比，钢筋应力的增长速度加快，这时在相同荷载增量下，钢筋的压应力比混凝土的压应力增加得要快。

试验表明，素混凝土棱柱体构件达到最大压应力值时的压应变值为 0.001 5 ~ 0.002，而钢筋混凝土短柱达到峰值应力时的应变一般为 0.002 5 ~ 0.003 5。其主要原因是纵向钢筋起到了调整混凝土应力的作用，使混凝土塑性性质得到了较好发挥，改善了受压破坏的脆性性质。在破坏时，一般是纵筋先达到屈服强度，此时可继续增加荷载，最后混凝土达到极限压应变值，构件破坏。

在设计计算时，为安全起见，以混凝土的压应变达到 0.002 为控制条件，并认为此时

混凝土达到其轴心抗压强度f_c，相应纵向钢筋的应力值$\sigma'_s = E_s\varepsilon'_s \approx 2\times10^5\times0.002 = 400$（N/mm²）。因此，对于HPB235、HPB300、HRB335、HRB400级以及RRB400级钢筋均能达到屈服强度，而对于HRB500级钢筋及其他高强钢筋（钢棒、螺纹钢筋等）在计算时取400 N/mm²。

根据上述试验分析，配置普通箍筋的钢筋混凝土短柱的正截面极限承载力由混凝土和纵向钢筋两部分受压承载力组成，即

$$N_u = f_c A + f'_y A'_s \tag{5-1}$$

式中　A——构件截面面积；

A'_s——全部纵向钢筋的截面面积；

N_u——截面破坏时的极限轴向力。

二、轴心受压长柱的破坏特征及承载力计算

（一）试验研究

上述是短柱的受力分析及破坏形态。对于比较细长的柱子，试验表明，在轴心压力作用下，不仅发生压缩变形，同时还产生横向挠度，出现弯曲现象。产生弯曲的原因是多方面的：柱子几何尺寸偏差，构件材料不均匀，钢筋位置在施工中移动，使截面物理中心与其几何中心偏离，加载作用线与柱轴线并非完全保持绝对重合等，这些因素造成的初始偏心的影响是不可忽略的，但对于短柱可以忽略不计。

加载后，由于初始偏心导致产生附加弯矩和相应的侧向挠度，而侧向挠度又增大了荷载的偏心距；随着荷载的增加，侧向挠度和附加弯矩不断增大，这样相互影响的结果，会使长柱在轴力N和弯矩M的共同作用下破坏。破坏时，首先在凹侧出现纵向裂缝，随后混凝土被压碎，纵筋压屈向外凸出，凸侧混凝土出现垂直于纵轴方向的横向裂缝，侧向挠度急剧增大，柱子破坏。如图5-5所示。

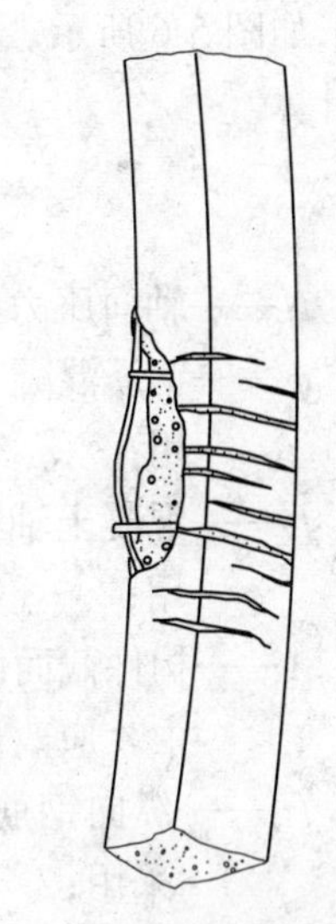

图5-5　轴心受压长柱的破坏形态

如果截面尺寸、混凝土强度等级及配筋均相同的长柱和短柱相比较，就可发现长柱的破坏荷载低于短柱，并且柱子越细长，承载力降低越多。其原因在于，长细比越大，由于各种偶然因素造成的初始偏心距将越大，从而产生的附加弯矩和相应的侧向挠度也越大。对于很细长的柱子还有可能发生失稳破坏，失稳时的承载力也就是临界压力。此外，在长期荷载作用下，由于混凝土的徐变，侧向挠度将增加得更多，从而使长柱的承载力降低得更多，长期荷载在全部荷载中所占的比例越大，其承载力降低越多。因此，在设计中必须考虑由于纵向弯曲对柱子承载力降低的影响，常采用稳定系数φ来表示长柱承载力降低的程度。φ是长柱的承载力与短柱的承载力的比值，即$\varphi = N_u^l / N_u^s$，显然φ是一个小于1的数值。

根据中国建筑科学研究院试验资料及一些国外的试验数据，得出的稳定系数φ值主要与构件的长细比有关。所谓长细比，是指构件的计算长度l_0与其截面的回转半径i之

比;对于矩形截面和圆形截面可分别采用 l_0/b 和 l_0/d 表达(b 为矩形截面的短边尺寸,d 为圆形截面的直径)。混凝土强度及配筋率对 φ 的影响很小,可以忽略不计。

试验表明,l_0/b 越大,φ 值越小。当 $l_0/b \leqslant 8$ 时,柱的承载力几乎不降低,$\varphi \approx 1.0$,可不考虑纵向弯曲的影响,也就是 $l_0/b \leqslant 8$ 的可称为短柱;而当 $l_0/b > 8$ 时,φ 值随长细比的增大而减小。由数理统计的 φ 值见表 5-1。

表 5-1　钢筋混凝土轴心受压构件的稳定系数 φ

l_0/b	≤8	10	12	14	16	18	20	22	24	26	28
l_0/i	≤28	35	42	48	55	62	69	76	83	90	97
φ	1.0	0.98	0.95	0.92	0.87	0.81	0.75	0.70	0.65	0.60	0.56
l_0/b	30	32	34	36	38	40	42	44	46	48	50
l_0/i	104	111	118	125	132	139	146	153	160	167	174
φ	0.52	0.48	0.44	0.40	0.36	0.32	0.29	0.26	0.23	0.21	0.19

注:l_0 为构件计算长度,按表 5-2 计算;b 为矩形截面的短边尺寸;i 为截面最小回转半径。

(二)基本公式

根据以上受力性能分析,配有纵筋和普通箍筋的轴心受压短柱破坏时,截面的计算应力图形如图 5-6 所示。在考虑长柱承载力降低后,轴心受压柱的正截面承载力可按下列公式计算

$$N \leqslant \frac{1}{\gamma_d} N_u = \frac{1}{\gamma_d} \varphi (f_c A + f'_y A'_s) \tag{5-2}$$

式中　N——轴向压力设计值(包括 γ_0 和 ψ 值在内);

φ——钢筋混凝土轴心受压构件的稳定系数,按表 5-1 采用;

f_c——混凝土轴心抗压强度设计值,按附录二附表 2-2 采用;

A——构件截面面积,当纵向钢筋配筋率大于 3% 时,式中 A 应改用混凝土净截面面积 A_n,$A_n = A - A'_s$;

f'_y——纵向钢筋的抗压强度设计值,按附录二附表 2-6 采用;

γ_d——钢筋混凝土结构的结构系数,按附录一附表 1-3 采用;

A'_s——全部纵向钢筋的截面面积。

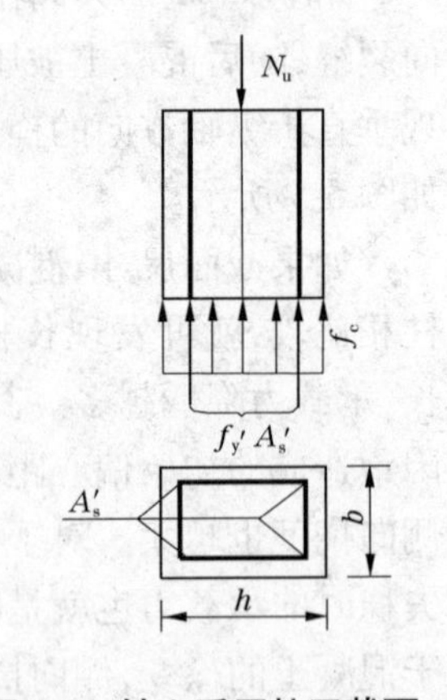

图 5-6　轴心受压柱正截面受压承载力计算简图

受压构件的计算长度 l_0 与其两端的支承情况有关,可按表 5-2采用。

在实际结构中,构件端部的连接不像表 5-2 中几种情况那样理想、明确,规范根据结构受力变形的特点,对刚性屋盖单层厂房排架柱、露天吊车柱和栈桥柱及框架结构各层柱

等的计算长度 l_0 作了具体的规定。

表 5-2　构件的计算长度

构件及两端约束情况		计算长度 l_0
直杆	两端固定	$0.5l$
	一端固定,一端为不移动铰	$0.7l$
	两端均为不移动铰	$1.0l$
	一端固定,一端自由	$2.0l$
拱	三铰拱	$0.58S$
	双铰拱	$0.54S$
	无铰拱	$0.36S$

注: l 为构件支点间长度;S 为拱轴线长度。

(三)基本公式的应用

1. 截面设计

设计步骤:

(1)按构造要求或参考以往设计选择截面尺寸、材料强度等级。

(2)根据构件的长细比 $l_0/b(l_0/i)$ 由表 5-1 查出 φ 值。

(3)根据式(5-2)计算受压钢筋的截面面积 A'_s

$$A'_s = \frac{\gamma_d N - \varphi f_c A}{\varphi f'_y} \tag{5-3}$$

(4)验算配筋率 $\rho' \geqslant \rho'_{min}$,选配钢筋。

2. 承载力复核

轴心受压构件的承载力复核,是已知截面尺寸、钢筋截面面积和材料强度等级后,验算截面承受某一轴向力时是否安全,即计算截面能承受多大的轴向力。

可根据长细比 $l_0/b(l_0/i)$ 由表 5-1 查出 φ 值,然后按式(5-2)计算所能承受的轴向力。

【例题 5-1】　某现浇的轴心受压柱,柱底固定,顶部为不移动铰接,柱高 6 500 mm,永久荷载标准值产生的轴向力 $N_{Gk}=275$ kN(包括自重),可变荷载标准值产生的轴向力 $N_{Qk}=302.5$ kN,该柱安全级别为Ⅱ级,采用 C25 混凝土及 HRB335 级钢筋。试设计该柱截面尺寸及配筋。

解　根据附录一附表 1-2 可知,永久荷载分项系数为 $\gamma_G=1.05$,可变荷载分项系数为 $\gamma_Q=1.2$。Ⅱ级安全级别 $\gamma_0=1.0$,持久设计状况,$\psi=1.0$,钢筋混凝土结构的结构系数 $\gamma_d=1.2$,则该柱承受的轴向压力设计值为

$$N = \gamma_0\psi(\gamma_G N_{Gk} + \gamma_Q N_{Qk}) = 1.0\times1.0\times(1.05\times275+1.2\times302.5) = 651.75(\text{kN})$$

由附录二附表 2-2 及附表 2-6 查得材料强度设计值 $f_c=11.9\ \text{N/mm}^2$,$f'_y=300\ \text{N/mm}^2$;设柱截面形状为正方形,边长 $b=300$ mm。由表 5-2,$l_0=0.7l=0.7\times6\,500=4\,550$(mm)。

$l_0/b=4\,550/300=15.17>8$,需考虑纵向弯曲的影响,由表 5-1 查得 $\varphi=0.89$。

按式(5-3)计算 A'_s

$$A'_s = \frac{\gamma_d N - \varphi f_c A}{\varphi f'_y} = \frac{1.2 \times 651.75 \times 1\,000 - 0.89 \times 11.9 \times 300 \times 300}{0.89 \times 300} < 0$$

按最小配筋率配筋,查附录四附表 4-3,$\rho'_{min} = 0.005$,则

$$A'_s = \rho'_{min} A = 0.05 \times 300 \times 300 = 450(\text{mm}^2)$$

选配 4 Φ 12 钢筋($A_s = 452\ \text{mm}^2$),排列于柱子四角。箍筋按构造选用Φ 6@250。

第三节　轴心受拉构件的承载力计算

工程中常见的轴心受拉构件很多,例如钢筋混凝土桁架或拱的拉杆、受内压力作用的环形截面管壁及圆形贮液池的筒壁等,通常按轴心受拉构件计算,如图 5-7 所示。

一、轴心受拉构件的受力过程

轴心受拉构件从开始加载到破坏,其受力过程也可分为三个阶段。

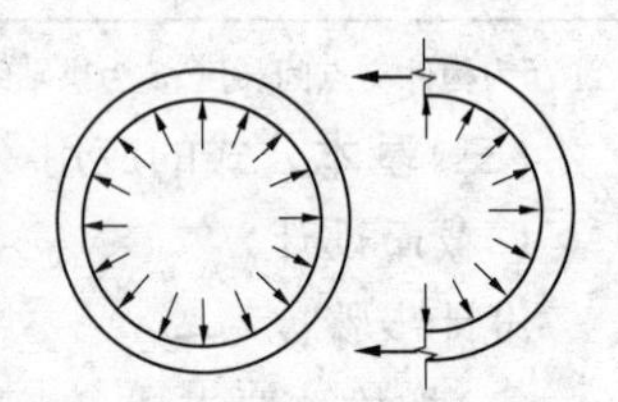

图 5-7　圆形水管管壁的受力

(一)第Ⅰ阶段

从开始加载到混凝土受拉开裂前。此时,构件上的应力及应变均很小,钢筋与混凝土共同承受拉力,由于此阶段内钢筋与混凝土均在弹性范围内工作,其应力与应变大致成正比,构件的拉力与其应变基本上呈线性关系,如图 5-8 所示。在此阶段结束时,混凝土的应变达到极限拉应变,此时的截面应力分布是验算构件抗裂性的依据。

(二)第Ⅱ阶段

混凝土开裂至钢筋即将屈服的阶段。当荷载增至某值时,构件在某一截面产生第一条裂缝,裂缝的开展方向大体上与荷载作用方向相垂直,而且很快贯穿整个截面。随着荷载的逐渐增大,构件其他截面上也陆续产生裂缝,这些裂缝将构件分割成许多段,各段之间仅以钢筋联系着,如图 5-8(b)所示。在裂缝截面上,外部荷载全部由钢筋承担,混凝土不参与受力,在相同拉力增量作用下,开裂构件截面的平均拉应变 ε 较未开裂构件的平均拉应变大许多,因而构件的 $N \sim \varepsilon$ 曲线斜率减小,如图 5-8(a)所示,AB 段的斜率比第Ⅰ阶段 OA 段斜率要小。本阶段构件的应力分布是验算构件裂缝宽度的依据。

(三)第Ⅲ阶段

钢筋屈服至构件破坏阶段。随着荷载的进一步加大,截面中部分钢筋逐渐达到屈服强度,此时裂缝迅速扩展,构件的变形随之大幅度增加,裂缝宽度也增大许多,如图 5-8(b)所示,此时构件已达到破坏状态。由于此阶段内较小的荷载增量也能造成构件应变的大幅度增加,所以构件的 $N \sim \varepsilon$ 曲线大体是水平直线状,如图 5-8(a)所示。本阶段构件的应力分布是构件承载力计算的依据。

二、轴心受拉构件的承载力计算

轴心受拉构件的承载力计算是以上述第Ⅲ阶段的应力状态作为依据的,此时截面上

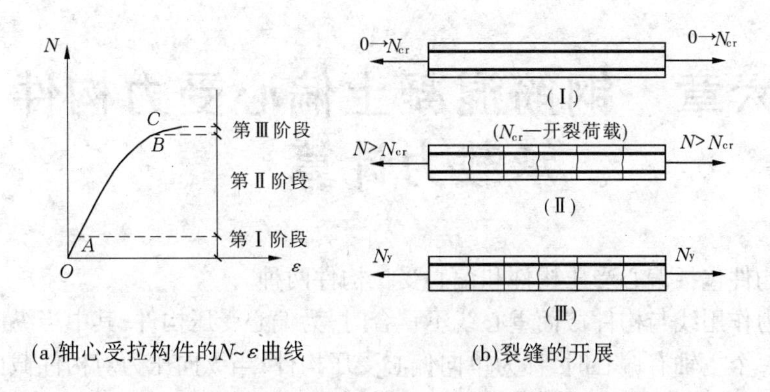

(a)轴心受拉构件的$N\sim\varepsilon$曲线　(b)裂缝的开展

图 5-8　轴心受拉构件受力全过程示意图

的混凝土已不再承受拉力,全部拉力由钢筋承担,钢筋的应力均达到其强度设计值f_y,故轴心受拉构件正截面受拉承载力计算公式为

$$N \leqslant \frac{1}{\gamma_d} f_y A_s \tag{5-4}$$

式中　N——轴向拉力设计值(包括γ_0和ψ值在内);

f_y——纵向钢筋的抗拉强度设计值,按附录二附表 2-6 采用;

A_s——纵向钢筋的全部截面面积;

γ_d——钢筋混凝土结构的结构系数,按附录一附表 1-3 采用。

【例题 5-2】　已知某水电站厂房钢筋混凝土屋架下弦,安全级别为Ⅱ级,截面尺寸$b \times h = 200\ \text{mm} \times 150\ \text{mm}$,其所受的轴心拉力设计值为 240 kN,混凝土强度等级 C30,钢筋采用 HRB335。求截面配筋。

解　Ⅱ级安全级别,$\gamma_0 = 1.0$;持久设计状况,$\psi = 1.0$。钢筋混凝土结构的结构系数$\gamma_d = 1.2$。HRB335 钢筋$f_y = 300\ \text{N/mm}^2$。

由式(5-4)得

$$A_s = \gamma_d N / f_y = 1.2 \times 240 \times 10^3 / 300 = 960(\text{mm}^2)$$

选用 4 Φ 18,$A_s = 1\ 017\ \text{mm}^2$。

第六章 钢筋混凝土偏心受力构件承载力计算

偏心受力构件包括偏心受压构件和偏心受拉构件两种。

当纵向压力作用线与构件截面重心线不重合时，为偏心受压构件，其中当纵向压力仅对构件截面的一个主轴有偏心时，称为单向偏心受压构件；当纵向压力对构件截面的两个主轴都有偏心时，称为双向偏心受压构件（见图6-1）。

偏心受压构件是水利水电工程结构中应用较多的构件。例如，水电站厂房排架柱，渡槽的刚架柱，桥梁结构中的桥墩、桩等一般属于偏心受压构件。受压构件往往在结构中具有重要作用，一旦产生破坏，将导致整个结构严重损坏，甚至倒塌。

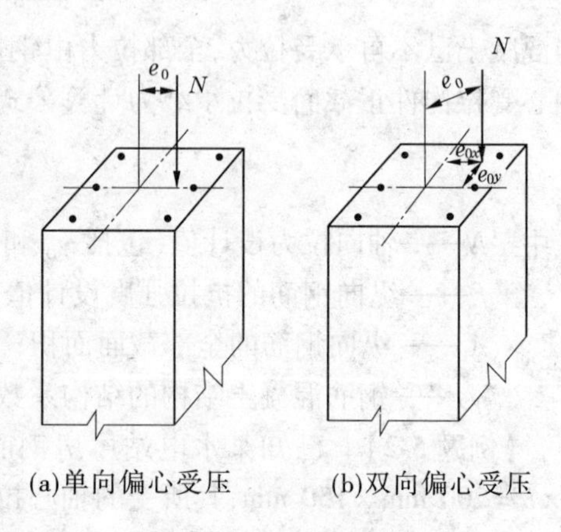

图6-1 偏心受压构件

当纵向拉力的作用线偏离构件截面重心线，或构件上既作用有纵向拉力，又作用有弯矩时，称为偏心受拉构件。如受内水压力和土压力共同作用的环形截面管壁、矩形水池的池壁等属于工程中常见的偏心受拉构件（见图6-2）。

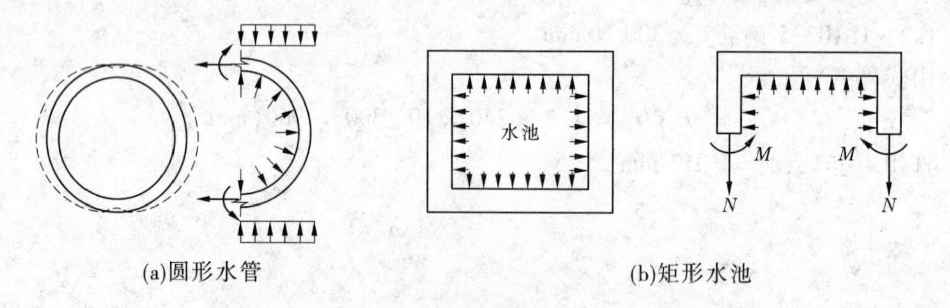

图6-2 偏心受拉构件

第一节 偏心受压构件的构造要求

一、截面形式和尺寸

为了模板制作的方便，偏心受压构件一般采用矩形、I形或T形截面。采用矩形截面时，截面长边布置在弯矩作用方向，长边与短边的比值一般为1.5~2.5。

受压构件的截面尺寸不宜太小,因为构件越细长,纵向弯曲的影响越大,承载力降低越多,不能充分利用材料强度。水工建筑中现浇的立柱其边长不宜小于 300 mm,否则施工缺陷所引起的影响较为严重。在水平位置浇筑的装配式柱则可不受此限制。

为施工方便,截面尺寸应符合模数要求,矩形截面柱边长在 800 mm 以下时以 50 mm 为模数,800 mm 以上时,以 100 mm 为模数。

为了节约混凝土和减轻构件的自重,对预制装配式受压构件,当截面尺寸较大时,常常采用 I 形截面,I 形截面要求翼缘厚度不小于 120 mm,因为翼缘太薄,会使构件过早出现裂缝,同时在靠近柱底处的混凝土容易在车间生产过程中碰坏,影响柱的承载力和使用年限;腹板厚度不宜小于 100 mm,在抗震区使用 I 形截面柱时,其腹板宜加厚。此外,在拱结构中也常采用 T 形截面。

二、混凝土

受压构件的承载力主要取决于混凝土的强度,因此一般应采用强度等级较高的混凝土。通常排架立柱、拱圈等受压构件可采用强度等级为 C25、C30 或更高强度等级的混凝土,目的是充分利用混凝土的优良抗压性能以减小构件截面尺寸。当截面尺寸不是由承载力确定时(如桥墩、闸墩),也可采用 C15 的混凝土。

目前,我国一般房屋建筑结构中柱的混凝土强度等级常采用 C30 ~ C40,在高层建筑中,C50 ~ C60 级混凝土也经常使用。

三、纵向钢筋

纵向受力钢筋通常采用 HRB335 级或 HRB400 级钢筋,也可采用 RRB400 级钢筋,不宜采用高强度钢筋。箍筋一般采用 HPB235、HPB300、HRB335 级钢筋,也可采用 HRB400 级钢筋。

柱主要承受压力作用,配置在柱中的钢筋如果太细,则容易失稳,从箍筋之间外凸,因此一般要求纵向钢筋直径不宜过小,要求柱内纵向受力钢筋的直径 d 不宜小于 12 mm,工程上通常采用直径 16 ~ 32 mm 的钢筋。

柱内纵向钢筋的净距不应小于 50 mm;在水平位置上浇筑的装配式柱,下部纵向钢筋的净距不应小于钢筋直径和 25 mm;上部纵向钢筋的净距不应小于 1.5 倍钢筋直径和 30 mm;也不应小于最大骨料粒径的 1.25 倍。

偏心受压柱的纵向受力钢筋应沿垂直于弯矩作用方向的两个短边放置,受拉或受压钢筋的配筋率不应小于 0.25%(HPB235、HPB300)及 0.2%(HRB335、HRB400、RRB400、HRB500)。

当偏心受压柱的截面高度 $h \geqslant 600$ mm 时,在侧面应设置直径为 10 ~ 16 mm 的纵向构造钢筋,其间距不大于 400 mm,并相应地设置附加箍筋或拉筋。

偏心受压柱中垂直于弯矩作用平面的侧面上的纵向受力钢筋,其中距不应大于 300 mm。

钢筋的接头位置宜设置在构件的受力较小处,并宜错开。采用焊接接头和机械连接接头时,在接头处 $35d$ 且不小于 500 mm 的区段内,凡接头中点位于该连接区段长度内的焊接接头均属于同一连接区段;接头的受拉钢筋截面面积与受拉钢筋总截面面积的比值不宜超过 1/2,装配式构件连接处及临时缝处的焊接接头钢筋可不受此比值限制。

采用绑扎接头时,从任一接头中心至 1.3 倍搭接长度范围内,受拉钢筋的接头比值不宜超过 1/4;当接头比值为 1/3 或 1/2 时,钢筋的搭接长度应分别乘以 1.1 及 1.2。

受压钢筋的接头比值不宜超过 1/2。

在纵筋绑扎接头的搭接长度范围内,当钢筋受拉时,其箍筋间距不应大于 $5d$,且不大于 100 mm;当钢筋受压时,其箍筋间距不应大于 $10d$,且不大于 200 mm。在此,d 为搭接钢筋中的最小直径。

四、箍筋

柱子中除平行于轴向力配置纵向钢筋外,还应配置箍筋。箍筋能够阻止纵向钢筋受压时向外弯凸,从而防止混凝土保护层横向胀裂剥落。箍筋应与纵筋绑扎或焊接成一整体骨架。在墩墙式受压构件(如闸墩)中,可用水平钢筋代替箍筋,但应设置拉筋拉住墩墙两侧的钢筋。

柱中的箍筋应采用封闭式,箍筋直径不应小于 0.25 倍纵向钢筋的最大直径,亦不小于 6 mm。

箍筋的间距不应大于 400 mm,亦不大于构件截面的短边尺寸;同时,在绑扎骨架中不应大于 $15d$,在焊接骨架中不应大于 $20d$(d 为纵向钢筋的最小直径),如图 5-3 所示。

当柱中全部纵向受力钢筋的配筋率超过 3% 时,则箍筋直径不宜小于 8 mm,且应焊成封闭环式,间距不应大于 $10d$(d 为纵向钢筋的最小直径),且不应大于 200 mm。

当柱子各边纵向钢筋多于 3 根时,应设置附加箍筋;当柱子短边不大于 400 mm,且纵向钢筋不多于 4 根时,可不设置附加箍筋(见图 6-3)。原则上纵向钢筋每隔一根就有一根纵筋置于箍筋转角处,使该纵向钢筋能在两个方向受到固定。

柱的绑扎骨架中,在绑扎接头的搭接长度范围内,当钢筋受拉时,其箍筋间距不应大于 $5d$,且不大于 100 mm;当钢筋受压时,箍筋间距不应大于 $10d$,且不大于 200 mm。在此,d 为搭接钢筋中的最小直径。

当柱中纵向钢筋按构造配置,钢筋强度未充分利用时,箍筋的配置要求可适当放宽。

对于截面形状复杂的构件,不可采用具有内折角的箍筋,以避免产生向外的拉力,致使折角处的混凝土破损。如图 6-4 所示。

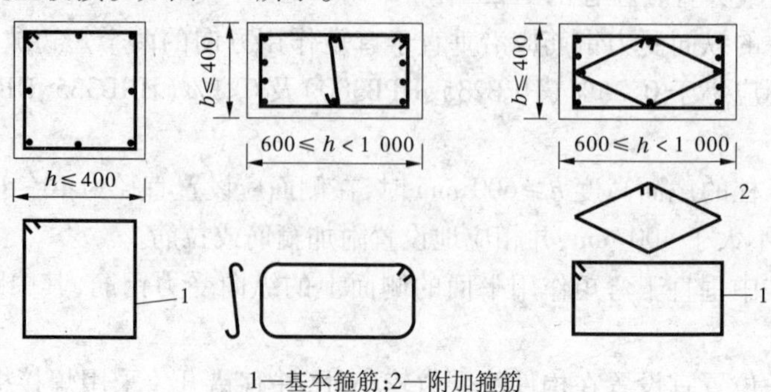

1—基本箍筋;2—附加箍筋

图 6-3　基本箍筋与附加箍筋

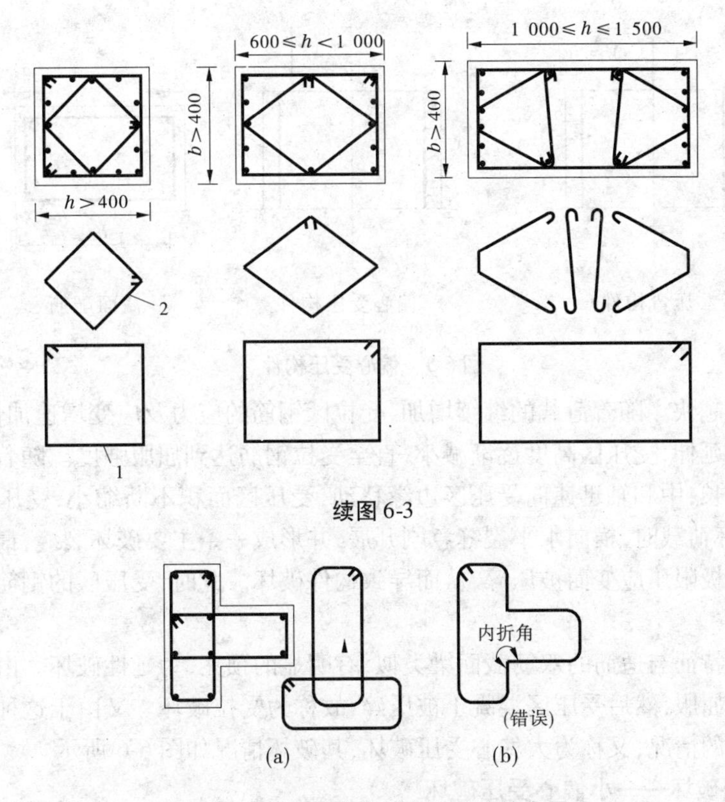

续图6-3

图6-4　截面内有内折角时箍筋的布置

第二节　偏心受压构件正截面承载力计算

一、试验研究

如图6-5所示，承受轴心压力 N 和弯矩 M 共同作用的截面，可等效为偏心距为 $e_0=M/N$ 的偏心受压截面。当偏心距 $e_0=0$（即弯矩 $M=0$）时，为轴心受压情况；当 $N=0$ 时，为纯弯情况。因此，偏心受压构件的受力性能和破坏形态介于轴心受压和受弯之间。为增强抵抗压力和弯矩的能力，偏心受压构件一般同时在截面两侧配置纵向钢筋 A_s 和 A_s'（以下一般称钢筋 A_s 侧为受拉侧、A_s' 侧为受压侧），同时构件中应配置必要的箍筋，以防止受压钢筋的压曲。

偏心受压构件的破坏形态与相对偏心距 e_0/h_0 的大小和纵向钢筋的配筋率有关，试验结果表明，偏心受压短柱的破坏可分为两种情况。

（一）受拉破坏——大偏心受压破坏

当纵向压力的相对偏心距 e_0/h_0 较大，且受拉侧钢筋配置合适时，在荷载作用下，靠近轴向压力一侧受压，另一侧受拉。当荷载增加到一定大小时，首先在受拉区产生横向裂缝，裂缝截面处的混凝土退出工作。轴向压力的偏心距 e_0 越大，横向裂缝出现越早，裂缝

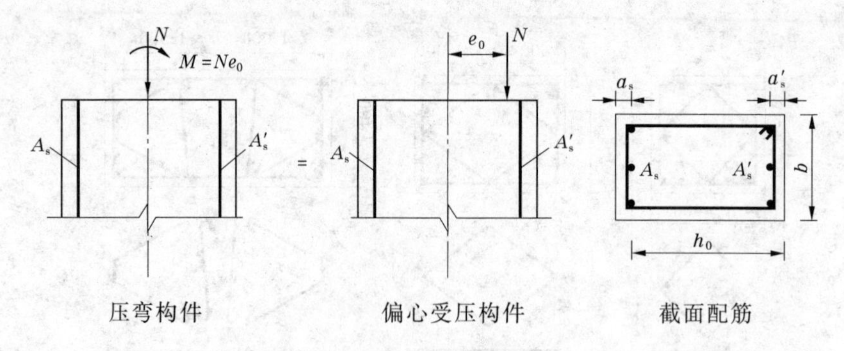

图 6-5　偏心受压构件

的开展与延伸越快。随着荷载的继续增加，受拉区钢筋的应力及应变增速加快，裂缝随之不断地增多和延伸，受压区高度逐渐减小，直至受拉钢筋达到屈服强度。随着受拉钢筋屈服后的塑性伸长，中和轴迅速向受压区边缘移动，受压区面积不断缩小，受压区应变快速增加，临近破坏荷载时，横向水平裂缝急剧开展，并形成一条主要破坏裂缝，最后受压区边缘混凝土达到极限压应变而被压碎，从而导致构件破坏。此时，受压区的钢筋一般也达到其屈服强度。

这种破坏特征与适筋的双筋截面梁类似，有明显的预兆，为延性破坏。由于破坏始于受拉钢筋首先屈服，然后受压区混凝土被压碎，故称为受拉破坏。又由于这种破坏多发生在偏心距较大的情况，又称为大偏心受压破坏，其破坏情况如图 6-6 所示。

(二)受压破坏——小偏心受压破坏

当纵向压力的相对偏心距 e_0/h_0 较小，或者相对偏心距 e_0/h_0 虽较大，但受拉钢筋配置太多时，在荷载作用下，截面大部分受压或全部受压，此时可能发生以下几种破坏情况：

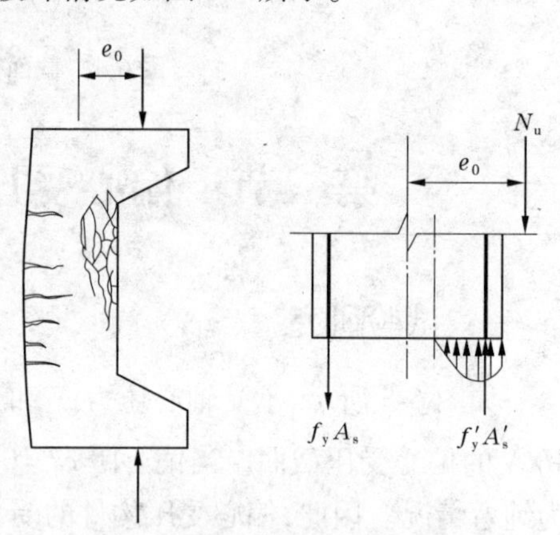

图 6-6　偏心受压短柱受拉破坏

(1)当相对偏心距 e_0/h_0 很小时，构件全截面受压，如图 6-7(a)所示。靠近纵向压力一侧的压应力较大，随着荷载逐渐增大，这一侧混凝土首先被压碎(发生纵向裂缝)，构件破坏，该侧受压钢筋达到抗压屈服强度，而远离纵向压力一侧的混凝土未被压碎，钢筋虽受压，但未达到抗压屈服强度。

(2)当相对偏心距 e_0/h_0 较小时，截面大部分受压，小部分受拉，如图 6-7(b)所示。由于中和轴靠近受拉一侧，截面受拉边缘的拉应变很小，受拉区混凝土可能开裂，也可能不开裂。破坏时，靠近纵向压力一侧的混凝土被压碎，受压钢筋达到抗压屈服强度，但受拉钢筋未达到抗拉屈服强度，不论受拉钢筋数量多少，其应力很小。

(3)当相对偏心距 e_0/h_0 较大，但受拉钢筋配置太多时，同样是部分截面受压，部分截面受拉，如图 6-7(c)所示。随着荷载的增大，破坏也是发生在受压一侧，混凝土被压碎，受压钢筋应力达到抗压屈服强度，构件破坏，而受拉钢筋应力未能达到抗拉屈服强度。这种破坏形态类似于受弯构件的超筋梁破坏。

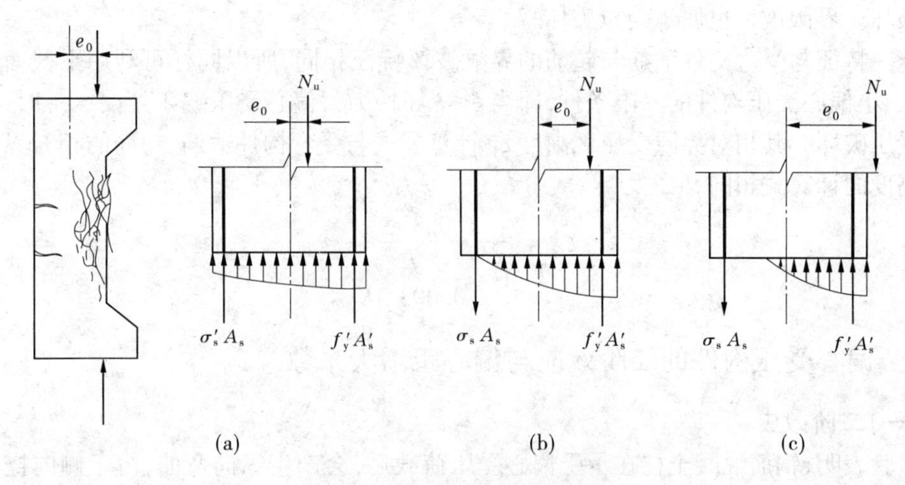

图 6-7　偏心受压短柱受压破坏

上述三种情况，破坏时的应力状态虽有所不同，但破坏特征都是靠近纵向压力一侧的受压区混凝土应变先达到极限压应变而破坏，故称为受压破坏。又由于这种破坏多发生在偏心距较小的情况，又称为小偏心受压破坏。

在个别情况下，由于轴向压力的偏心距极小（见图 6-8），同时距纵向压力较远一侧的钢筋 A_s 配置过少，破坏也可能在距纵向压力较远一侧发生。这是因为当偏心距极小时，如混凝土质地不均匀或考虑钢筋截面面积后，截面的实际重心（物理重心）可能偏到纵向压力的另一侧，此时，离纵向压力较远的一侧压应力就较大，靠近纵向压力一侧的应力反而较小，破坏也就从离纵向压力较远的一侧开始。

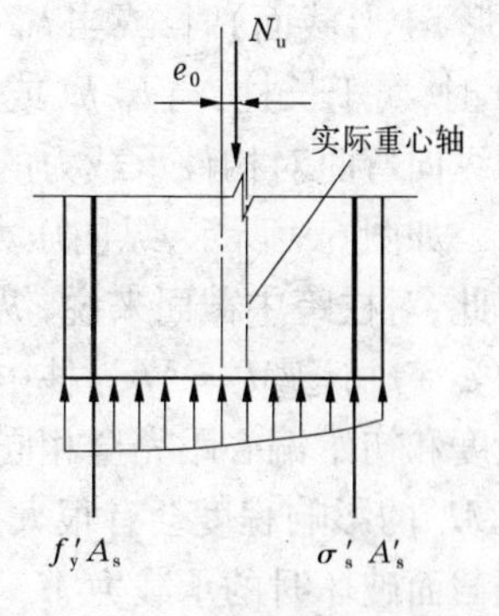

图 6-8　个别情况的受压破坏图

试验还说明，偏心受压构件的箍筋用量越多，其延性也越好，但箍筋阻止混凝土横向扩张的作用不如在轴心受压中那样有效。

二、偏心受压构件正截面承载力计算的一般规定

（一）基本假定

偏心受压构件与受弯构件在破坏形态和受力方面有相似之处，因此计算时采用的假定基本相同。

（1）截面平均应变符合平截面假定。

（2）不考虑截面受拉区混凝土的拉应力。

（3）混凝土的极限压应变 $\varepsilon_{cu}=0.0033$。

（4）受压区混凝土的应力图形用一个等效的矩形应力图形来代替，其高度等于按平截面假定所确定的中和轴高度乘以系数 0.8，矩形应力图形的应力值取为 f_c。

（二）相对界限受压区高度 ξ_b

在受拉破坏和受压破坏之间存在着一种界限状态，称为界限破坏。界限破坏的特征

是在受拉钢筋应力达到抗拉屈服强度的同时,受压区边缘混凝土的应变也达到极限压应变而破坏。界限破坏也属于受拉破坏。

这一特征与受弯构件适筋与超筋的界限破坏特征相同,所以同样可利用平截面假定得到大、小偏心受压构件的界限条件,即当 $\xi \leqslant \xi_b$ 时,为大偏心受压破坏,当 $\xi > \xi_b$ 时,为小偏心受压破坏。其相对界限受压区高度 ξ_b 计算公式与受弯构件适筋、超筋的相对界限受压区高度的计算式相同,取

$$\xi_b = \frac{0.8}{1 + \frac{f_y}{0.0033E_s}}$$

三、偏心受压构件的二阶效应与偏心距增大系数

(一)二阶效应

试验表明,钢筋混凝土柱在承受偏心受压荷载后,会产生纵向弯曲,由于侧向挠曲变形,纵向压力将产生二阶效应,引起附加弯矩。对于长细比较小的柱,即所谓的短柱,由于纵向弯曲小,在设计时一般忽略不计。对于长细比较大的构件则不同,在荷载作用下,会产生较大的挠曲变形,二阶效应引起的附加弯矩不能忽略,设计时必须予以考虑。

目前,通常根据长细比 l_0/h 的大小来划分短柱、长柱和细长柱。当 $l_0/h \leqslant 8$(对矩形、T 形、I 形截面)时,或当 $l_0/d \leqslant 8$(对圆形、环形截面)时,属于短柱;当 l_0/h(或 l_0/d) $=8 \sim 30$ 时,属于长柱;当 l_0/h(或 l_0/d) >30 时,则为细长柱。一般来说,长柱和细长柱必须考虑纵向弯曲对构件承载力的影响。

如图 6-9 所示,纵向压力在柱上下端的初始偏心距为 e_0,柱中截面的侧向挠度为 f。因此,对柱跨中截面来说,纵向压力的实际偏心距为 e_0+f,即柱跨中截面的弯矩为 $M=N(e_0+f)$,记 $M_a=Nf$ 为柱中截面侧向挠度引起的附加弯矩。在截面尺寸、截面配筋、材料强度和初始偏心距完全相同的情况下,柱的长细比 l_0/h 越大,侧向挠度 f 也越大,附加弯矩 M_a 的影响程度会有很大差别,将产生不同的破坏类型。图 6-9 中的 $ABCD$ 曲线为构件正截面破坏时的承载力 M_u 与 N_u 之间的关系曲线。

(1)对于长细比 $l_0/h \leqslant 8$ 的短柱,侧向挠度 f 与初始偏心距 e_0 相比很小,柱跨中截面弯矩 $M=N(e_0+f)$随着纵向压力的增加基本呈线性增长(见图 6-9 中 OB 直线),附加弯矩的影响可以忽略不计,直至达到正截面承载力的极限状态产生破坏(图 6-9 中加载曲线 OB 与受压构件破坏时正截面承载力 $N_u \sim M_u$ 关系曲线相交于 B 点),属于材料破坏。因此,对于短柱,设计时可忽略附加挠度的影响。

(2)对于长细比 $l_0/h=8 \sim 30$ 的中长柱,侧向挠度与偏心距相比已不能忽略,随着纵向压力 N 的增大,柱跨中截面弯矩 $M=N(e_0+f)$ 的增长速度大于纵向压力 N 的增长速度,即柱中弯矩随纵向压力的增加呈明显的非线性增长(见图 6-9 中 OC 加载曲线)。这种非线性是由柱的侧向挠曲变形引起的,虽然最终 $N \sim M$ 加载曲线 OC 仍可与 $N_u \sim M_u$ 曲线相交达到正截面承载力极限状态(见图 6-9 中的 C 点),但极限压力明显低于同样截面和初始偏心距情况下的短柱。因此,对于中长柱,在设计中应考虑附加挠度 f 对弯矩增大的影响。中长柱的破坏也属于材料破坏。

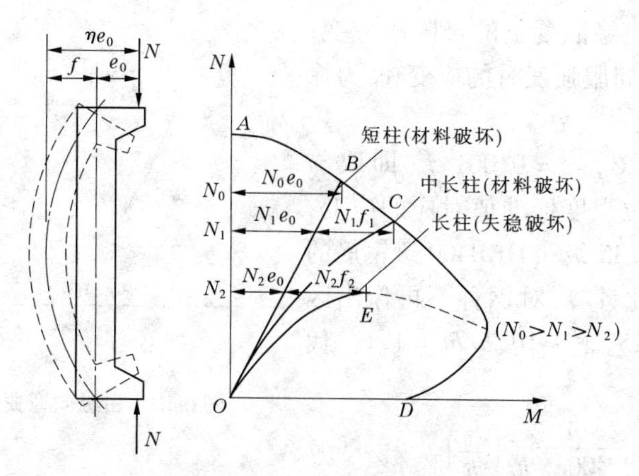

图 6-9　不同长细比柱从加载到破坏的 $N \sim M$ 关系曲线

(3)对于长细比 $l_0/h>30$ 的长柱,侧向挠度的影响已很大,$N \sim M$ 加载曲线 OE 在未与 $N_u \sim M_u$ 关系曲线相交之前,侧向挠度 f 已呈不稳定发展,纵向压力的微小增量即可引起不收敛的弯矩 M 的增加而造成破坏,即所谓的失稳破坏。此时的 $N \sim M$ 加载曲线 OE 不再与 $N_u \sim M_u$ 关系曲线相交,在 E 点的承载力已达最大,但此时截面内的钢筋应力未达到屈服强度,混凝土也未达到极限压应变值。

(二)偏心距增大系数 η

从图 6-9 中还能看出,这三根柱的纵向压力偏心距虽然相同,但其正截面承载力 N 值随长细比的增大而降低,即 $N_2<N_1<N_0$。因此,在计算钢筋混凝土偏心受压构件时,应考虑二阶效应对承载力降低的影响,常用的方法是将初始偏心距 e_0 乘以一个大于 1 的偏心距增大系数 η,即

$$e_0+f=\left(1+\frac{f}{e_0}\right)e_0=\eta e_0 \tag{6-1}$$

由材料力学可知,横向挠度 f 为

$$f=\phi\frac{l_0^2}{\pi^2} \tag{a}$$

所以

$$\eta=1+\frac{f}{e_0}=1+\frac{1}{e_0}\left(\phi\frac{l_0^2}{\pi^2}\right) \tag{b}$$

式(b)是假设纵向弯曲变形曲线为正弦曲线而导出的。式中 ϕ 是计算截面达到破坏时的曲率(见图 6-10),即柱控制截面的极限曲率取决于控制截面上受拉钢筋和受压区边缘混凝土的应变值。试验表明,对大偏心受压构件,当构件达到承载力极限状态时,均可近似取界限受压状态时的极限曲率,当考虑长期荷载作用的影响后,可写为

$$\phi=\frac{c_t\varepsilon_{cu}+\varepsilon_y}{h_0} \tag{c}$$

将式(c)代入式(b),可得

$$\eta=1+\frac{1}{e_0}\left(\frac{c_t\varepsilon_{cu}+\varepsilon_y}{h_0}\right)\left(\frac{l_0^2}{\pi^2}\right) \tag{d}$$

式中：ε_{cu}为受压区边缘混凝土的极限压应变；ε_y 为受拉钢筋达到屈服强度时的应变；c_t 为徐变系数。

取 $\varepsilon_{cu}=0.003\,3$，$\varepsilon_y=0.001\,7$（即取与HRB335级钢筋抗拉强度标准值对应的应变，此应变值介于HPB235级和HRB400级钢筋的应变值之间，为简化计算，对钢种不再作出区别的规定），$c_t=1.25$，$\pi^2\approx10$，$h/h_0=1.1$。代入式(d)得

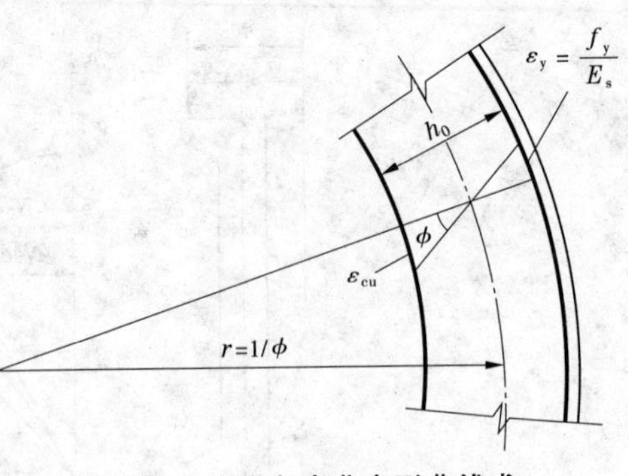

图6-10　由纵向弯曲变形曲线求 η

$$\eta=1+\frac{1}{1\,400e_0/h_0}\left(\frac{l_0}{h}\right)^2 \qquad \text{(e)}$$

对小偏心受压构件，受拉钢筋的应力达不到屈服强度，为此引入考虑截面应变对截面曲率的影响系数 ζ_1，可采用下列表达式

$$\zeta_1=\frac{N_b}{\gamma_d N} \qquad \text{(f)}$$

式中　N_b——受压区高度 $x=x_b$ 时的构件界限受压承载力设计值，为实用起见，近似取 $N_b=0.5f_cA$；

A——构件截面面积；

N——受压构件纵向压力设计值。

此外，为考虑构件长细比对截面曲率的影响，引入修正系数 ζ_2，根据试验结果的分析，采用下列表达式

当 $l_0/h<15$ 时　　　　　　$\zeta_2=1.0$

当 $l_0/h=15\sim30$ 时　　　　$\zeta_2=1.15-0.01l_0/h$

考虑上述两个因素，将式(e)乘以上述两个修正系数，则偏心距增大系数 η 为

$$\eta=1+\frac{1}{1\,400e_0/h_0}\left(\frac{l_0}{h}\right)^2\zeta_1\zeta_2 \qquad (6\text{-}2)$$

$$\zeta_1=\frac{0.5f_cA}{\gamma_d N} \qquad (6\text{-}3)$$

$$\zeta_2=1.15-0.01\frac{l_0}{h} \qquad (6\text{-}4)$$

式中　e_0——纵向压力对截面重心的偏心距，在式(6-2)中，当 $e_0<h_0/30$ 时，取 $e_0=h_0/30$；

l_0——构件的计算长度，按表5-2确定；

h——截面高度；

h_0——截面有效高度；

A——构件的截面面积；

ζ_1——考虑截面应变对截面曲率的影响系数，当 $\zeta_1>1.0$ 时，取 $\zeta_1=1.0$，对大偏心受压构件，直接取 $\zeta_1=1.0$；

ζ_2——考虑构件长细比对截面曲率的影响系数，当 $l_0/h<15$ 时，取 $\zeta_2=1.0$。

当构件长细比 l_0/h（或 l_0/d）$\leqslant 8$ 时，可取偏心距增大系数 $\eta=1.0$。

四、矩形截面大偏心受压构件正截面承载力计算

（一）基本公式

大偏心受压构件的破坏特征是受拉钢筋先达到屈服，然后受压区边缘混凝土被压碎，构件破坏，与受弯构件的双筋矩形截面破坏特征类似。其截面应力图形如图 6-11所示。

根据力的平衡条件及各力对受拉钢筋合力点取矩的力矩平衡条件，可得到以下两个基本公式

$$N \leqslant \frac{1}{\gamma_d}N_u = \frac{1}{\gamma_d}(f_c bx + f_y' A_s' - f_y A_s) \tag{6-5}$$

$$Ne \leqslant \frac{1}{\gamma_d}N_u e = \frac{1}{\gamma_d}\left[f_c bx\left(h_0 - \frac{x}{2}\right) + f_y' A_s'(h_0 - a_s')\right] \tag{6-6}$$

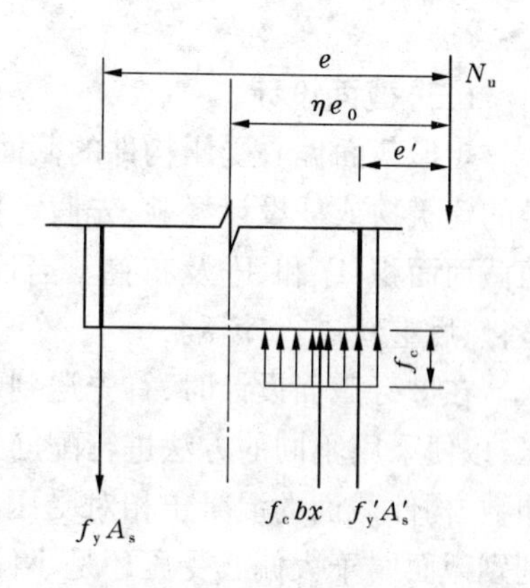

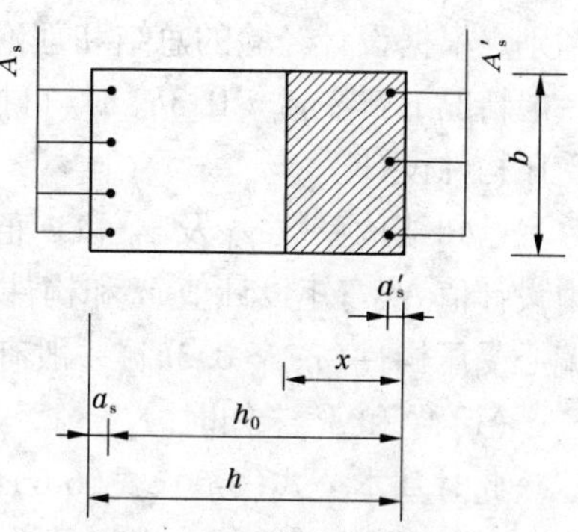

图 6-11　大偏心受压破坏的截面应力计算图形

式中　N——纵向压力设计值（包括 γ_0 和 ψ 值在内）；

γ_d——钢筋混凝土结构的结构系数，按附录一附表 1-3 取用；

A_s、A_s'——配置在远离或靠近纵向压力一侧的纵向钢筋截面面积；

e——纵向压力作用点至受拉边或受压较小边纵向钢筋合力点之间的距离，$e=\eta e_0+\dfrac{h}{2}-a_s$；

e_0——纵向压力对截面重心的偏心距，$e_0=M/N$；

η——偏心受压构件考虑挠曲影响的偏心距增大系数，按式(6-2)计算；

a_s——受拉边或受压较小边纵向钢筋合力点至截面近边缘的距离；

a_s'——受压较大边纵向钢筋合力点至截面近边缘的距离；

x——混凝土受压区计算高度。

（二）适用条件

为了保证构件破坏时受拉区钢筋应力先达到屈服强度，要求

$$x \leqslant \xi_b h_0 \tag{6-7}$$

为了保证构件破坏时，受压钢筋应力能达到抗压屈服强度设计值，与双筋受弯构件相同，要求满足

$$x \geqslant 2a_s' \tag{6-8}$$

若 $x<2a_s'$，则受压钢筋的应力达不到 f_y'，此时与双筋受弯构件一样，偏于安全地近似

取 $x=2a_s'$，按下式计算 A_s

$$Ne' \leqslant \frac{1}{\gamma_d} f_y A_s (h_0 - a_s') \tag{6-9}$$

式中 e'——纵向压力作用点至受压区纵向钢筋 A_s' 合力点的距离。

$$e' = \eta e_0 - h/2 + a_s'$$

（三）截面设计

矩形截面偏心受压构件的截面设计，一般总是首先通过对结构受力的分析，并参照同类的建筑物或凭设计经验，先假定构件的截面尺寸和选用材料。截面设计主要是确定钢筋截面面积 A_s 和 A_s' 及布置。当计算出的结果不合理时，则可对初拟的截面尺寸加以调整，然后重新进行计算。

在进行截面设计时，首先遇到的问题是如何判别构件属于大偏心受压还是小偏心受压，以便采用不同的方法进行配筋计算。在进行设计之前，由于钢筋截面面积 A_s、A_s' 为未知数，构件截面的混凝土相对受压区高度 ξ 将无从计算，因此无法利用 ξ 与 ξ_b 的关系来判别截面属于大偏心受压还是小偏心受压。在实际设计时，常根据偏心距的大小来初步判别。根据设计经验的总结和理论分析，如果截面配置了不少于最小配筋率的钢筋，则在一般情况下：当 $\eta e_0 > 0.3h_0$ 时，可按大偏心受压构件设计；当 $\eta e_0 \leqslant 0.3h_0$ 时，可按小偏心受压构件设计。

已知结构系数 γ_d 及 γ_0 和 ψ 值、截面尺寸 $b\times h$、混凝土强度等级、钢筋种类、纵向压力设计值 N、弯矩设计值 M 和构件的计算长度 l_0，计算纵向钢筋截面面积 A_s 和 A_s'。对大偏心受压构件（$\eta e_0 > 0.3h_0$）一般有两种情况：

（1）A_s 和 A_s' 未知时。

此时基本公式（6-5）、式（6-6）中有三个未知数 A_s、A_s' 和 x，故无唯一解。与双筋梁类似，为使总配筋面积（A_s+A_s'）最小，可取 $x=\xi_b h_0$ 代入式（6-6），得到钢筋 A_s' 的计算公式

$$A_s' = \frac{\gamma_d Ne - \alpha_{sb} f_c b h_0^2}{f_y'(h_0 - a_s')} \tag{6-10}$$

式中，$\alpha_{sb}=\xi_b(1-0.5\xi_b)$，其值见表 3-2。

如果所求得的 A_s' 满足最小配筋率 ρ_{min}'（ρ_{min}' 为受压钢筋的最小配筋率）的要求，即 $A_s' \geqslant \rho_{min}' bh_0$，则将所求得的 A_s' 和 $x=\xi_b h_0$ 代入式（6-5），即可求得受拉钢筋截面面积 A_s

$$A_s = \frac{f_c b \xi_b h_0 + f_y' A_s' - \gamma_d N}{f_y} \tag{6-11}$$

所求得的 A_s 应满足最小配筋率 ρ_{min}（ρ_{min} 为受拉钢筋最小配筋率）的要求，即 $A_s \geqslant \rho_{min} bh_0$，若不满足，则应按最小配筋率确定 A_s，即 $A_s=\rho_{min} bh_0$。

如果按式（6-10）求得的 A_s' 不满足最小配筋率的要求，即 $A_s' < \rho_{min}' bh_0$，则应按最小配筋率和构造要求确定 A_s'，即取 $A_s'=\rho_{min}' bh_0$，然后按 A_s' 为已知的情况计算。

（2）A_s' 为已知时。

从式（6-5）及式（6-6）中可以看出，仅有两个未知数 A_s 和 x，有唯一解。先由式 $Ne=\frac{1}{\gamma_d}\left[f_y'A_s'(h_0-a_s')+f_c bx\left(h_0-\frac{x}{2}\right)\right]$ 求解 x。

若 $x \leqslant \xi_b h_0$，且 $x \geqslant 2a'_s$，则可将 x 代入式(6-5)求得 A_s

$$A_s = \frac{f_c bx + f'_y A'_s - \gamma_d N}{f_y} \tag{6-12}$$

若 $x > \xi_b h_0$，则应按 A'_s 为未知的情况，重新计算确定 A'_s 及 A_s；或按小偏心受压情况计算。

若 $x < 2a'_s$，则受压钢筋的应力达不到 f'_y，此时，按式(6-9)计算 A_s，即

$$A_s = \frac{\gamma_d N e'}{f_y (h_0 - a'_s)} \tag{6-13}$$

式中　e'——纵向压力作用点至钢筋 A'_s 合力点的距离，$e' = \eta e_0 - h/2 + a'_s$。

以上求得的 A_s 若小于 $\rho_{min} bh_0$，应取 $A_s = \rho_{min} bh_0$。

(四)承载力复核

复核截面的承载能力也是经常遇到的问题。此时一般已知构件的计算长度 l_0、截面尺寸、材料强度及截面配筋，要求计算截面所能承受的纵向压力 N 及弯矩 M。由于 $M = Ne_0$，所以截面复核实际上有两种情形，即已知纵向压力设计值 N、偏心距 e_0，验算截面能否承受该纵向压力 N 值；或者已知纵向压力设计值 N，计算偏心距 e_0 或截面能承受的弯矩设计值 M。

(1)给定纵向压力设计值 N，求弯矩作用平面的弯矩设计值 M。

由于给定截面尺寸，配筋和材料强度均已知，未知数有 x、e_0 和 M 三个。

先将已知配筋量和 $x = \xi_b h_0$ 代入式(6-5)求得界限轴向力 N_b。

$$N_b = f_c b \xi_b h_0 + f'_y A'_s - f_y A_s \tag{6-14}$$

如果给定的纵向压力 $\gamma_d N \leqslant N_b$，则为大偏心受压，可按式(6-5)求解 x，如果 $x \geqslant 2a'_s$，则将 x 及偏心距增大系数 η 的计算公式一并代入式(6-6)求解 e_0；如果求得的 $x < 2a'_s$，则取 $x = 2a'_s$ 利用式(6-9)求解 e_0，弯矩设计值 $M = Ne_0$。

(2)给定纵向压力作用的偏心距 e_0，求纵向压力设计值 N。

此时的未知数为 x 和 N 两个。

因截面配筋已知，故可先按大偏心受压情况，即按图6-11对纵向压力 N_u 作用点取矩，根据力矩平衡条件得

$$f_c bx\left(e - h_0 + \frac{x}{2}\right) - (f_y A_s e - f'_y A'_s e') = 0 \tag{6-15}$$

式中，$e = \eta e_0 + \dfrac{h}{2} - a_s$，$e' = \eta e_0 - \dfrac{h}{2} + a'_s$。

由式(6-15)可求得 x。若求出的 $x \leqslant \xi_b h_0$，为大偏心受压，若同时 $x \geqslant 2a'_s$，即可将 x 代入式(6-5)，求截面能承受的纵向压力设计值 N。若求出的 $x < 2a'_s$，则按式(6-9)求截面能承受的 N。

五、矩形截面小偏心受压构件正截面承载力计算

(一)基本公式

如前所述，小偏心受压构件在破坏时，靠近轴向力一侧的混凝土被压碎，受压钢筋达

到屈服，而远力轴向力一侧的钢筋可能受拉也可能受压，但一般都达不到屈服强度，其截面应力图形如图 6-12 所示。

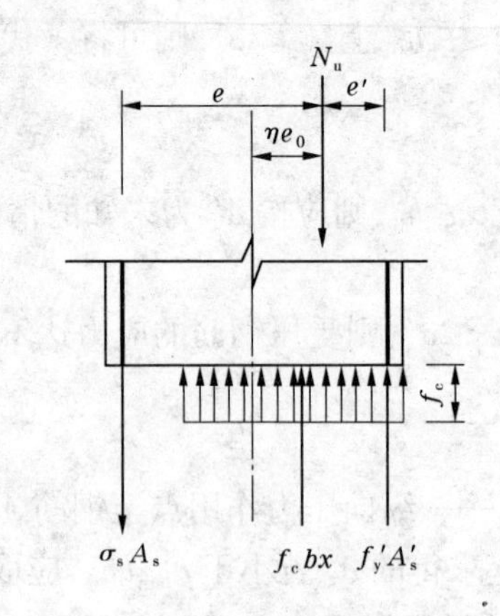

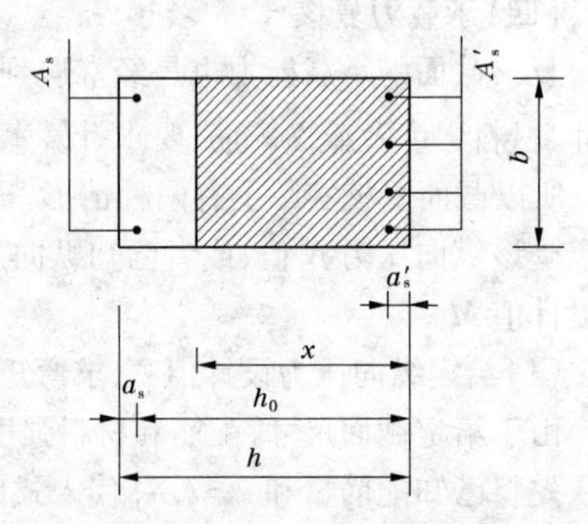

图 6-12 小偏心受压破坏的截面计算图形

根据力的平衡条件及各力对受拉钢筋合力点取矩的力矩平衡条件，可得到以下两个基本公式

$$N \leqslant \frac{1}{\gamma_d} N_u = \frac{1}{\gamma_d}(f_c bx + f'_y A'_s - \sigma_s A_s) \tag{6-16}$$

$$Ne \leqslant \frac{1}{\gamma_d} N_u e = \frac{1}{\gamma_d}\left[f_c bx\left(h_0 - \frac{x}{2}\right) + f'_y A'_s (h_0 - a'_s)\right] \tag{6-17}$$

式中 σ_s——受拉边或受压较小边纵向钢筋的应力；

其他符号意义同式(6-5)和式(6-6)。

在进行小偏心受压构件承载力计算时，关键问题是必须确定远离纵向压力一侧钢筋的应力值 σ_s。计算钢筋应力 σ_s 时，是以混凝土达到极限压应变 ε_{cu} 作为构件达到承载能力极限状态的标志的。如图 6-13 所示，根据平截面假定，由几何关系得出

$$\frac{x_c}{h_0} = \frac{\varepsilon_c}{\varepsilon_c + \varepsilon_s}; \quad \varepsilon_s = \varepsilon_c\left(\frac{1}{x_c/h_0} - 1\right)$$

则
$$\sigma_s = \varepsilon_s E_s = \varepsilon_c E_s\left(\frac{1}{x_c/h_0} - 1\right)$$

根据基本假定，取 $x = 0.8x_c$，构件破坏时取 $\varepsilon_c = 0.0033$，相对受压区计算高度 $\xi = x/h_0$，则得

$$\sigma_s = 0.0033 E_s\left(\frac{0.8}{\xi} - 1\right) \tag{6-18}$$

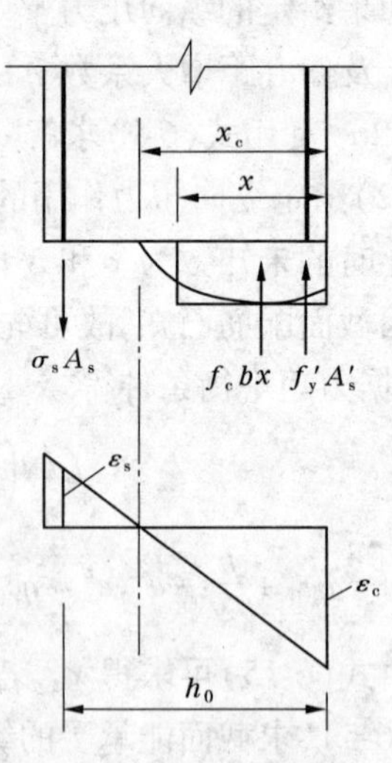

图 6-13 偏心受压构件应力应变分布

为简化计算，根据我国大量试验资料的分析，小偏心受压情况下实测受拉边或受压较小边的钢筋应力 σ_s 与 $\xi = x/h_0$ 接近直线关系，考虑到 $\xi = \xi_b$ 时 $\sigma_s = f_y$ 及 $\xi = 0.8$ 时 $\sigma_s = 0$ 的界限条件，取 σ_s 与 ξ 之间为线性关系，因此有

$$\sigma_s = \frac{0.8 - \xi}{0.8 - \xi_b} f_y \tag{6-19}$$

利用式(6-19)计算的钢筋应力值应符合条件 $-f'_y \leqslant \sigma_s \leqslant f_y$，若计算得出的 $\sigma_s > f_y$，即 $\xi \leqslant \xi_b$ 时，取 $\sigma_s = f_y$；若计算出的 $\sigma_s < -f'_y$，即 $\xi > 1.6 - \xi_b$ 时，取 $\sigma_s = -f'_y$。

此外，矩形截面非对称配筋的小偏心受压构件，当偏心距 e_0 很小且 $N > \frac{1}{\gamma_d} f_c bh$ 时，也可能出现远离轴向力一侧的混凝土首先被压坏的现象，称为反向破坏，此时通常为全截面受压（见图6-14）。

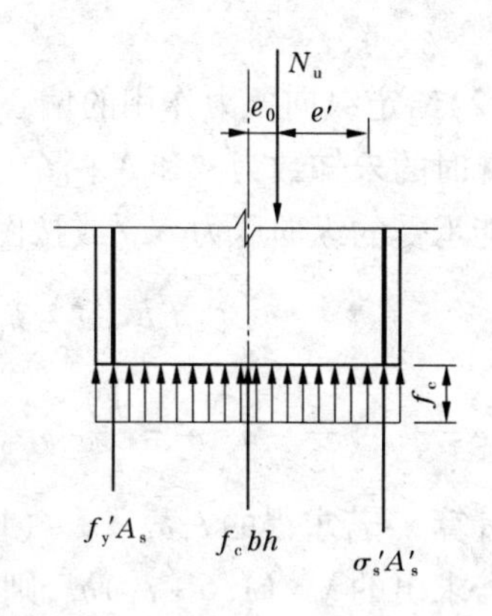

为了防止这种情况的发生，还应按对 A_s' 重心取力矩平衡进行计算，应符合下列规定

$$N\left(\frac{h}{2} - a_s' - e_0\right) \leqslant \frac{1}{\gamma_d}\left[f_c bh\left(h_0' - \frac{h}{2}\right) + f_y' A_s (h_0' - a_s)\right] \tag{6-20}$$

式中　h_0'——纵向受压钢筋合力点至受拉边或受压较小边的距离，$h_0' = h - a_s'$。

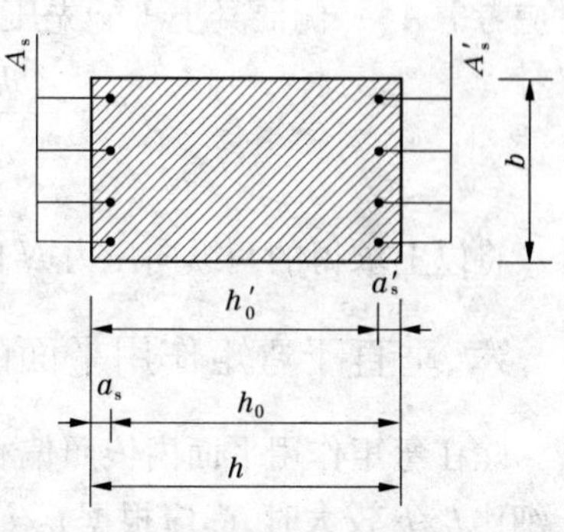

图6-14　小偏心反向受压破坏的截面计算图形

（二）截面设计

小偏心受压构件（$\eta e_0 \leqslant 0.3h_0$）截面设计时，由式（6-16）、式（6-17）可知，共有三个未知数 x、A_s、A_s'，两个独立方程，故需补充一个条件才能求解。由于小偏心受压构件破坏时，远离轴向力一侧的钢筋应力通常小于其强度设计值，为了节约钢材，可先按最小配筋率 ρ_{min} 及构造要求假定 A_s，即取

$$A_s = \rho_{min} bh_0$$

A_s 值确定以后，即可用式（6-17）及式（6-19）求得 ξ（或 x）、σ_s，若 $\sigma_s < 0$，取 $A_s = \rho'_{min} bh_0$，用式（6-17）及式（6-19）重新求得 ξ。根据解得的 ξ 可分为以下四种情况：

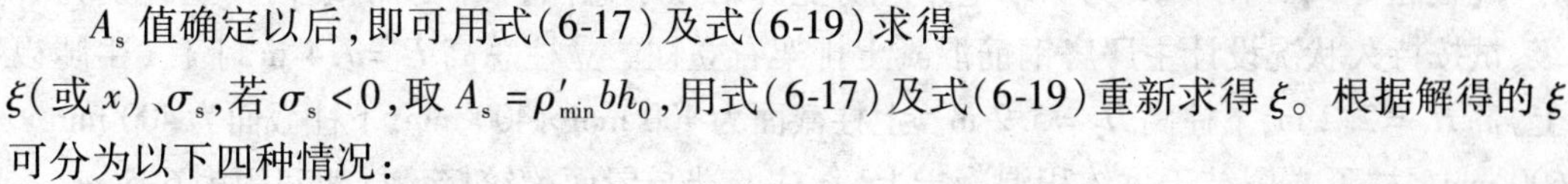

（1）若 $\xi_b < \xi < 1.6 - \xi_b$，则按式（6-16）求得 A_s' 即为所求受压钢筋截面面积，计算完毕。

（2）若 $\xi \leqslant \xi_b$，则按大偏心受压计算。

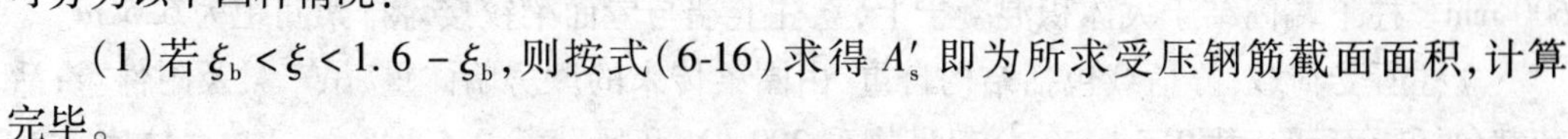

（3）若 $1.6 - \xi_b \leqslant \xi < h/h_0$，此时 σ_s 达到 $-f_y'$，计算时，取 $\sigma_s = -f_y'$，通过式（6-16）、式（6-17）可求得 A_s 及 A_s'。

（4）若 $\xi \geqslant h/h_0$，则为全截面受压，此时应取 $x = h$，$\sigma_s = -f_y'$，并代入式（6-16）、式（6-17）计算 A_s、A_s'。

（三）承载力复核

（1）给定纵向压力设计值 N，求弯矩作用平面的弯矩设计值 M。

由于给定截面尺寸，配筋和材料强度均已知，未知数有 x、e_0 和 M 三个。

先将已知配筋量和 $x = \xi_b h_0$ 及 $\sigma_s = f_y$ 代入式（6-14）求得界限轴向力 N_b。

如果给定的纵向压力设计值 $\gamma_d N > N_b$，则为小偏心受压，以 $\sigma_s = \frac{0.8 - \xi}{0.8 - \xi_b} f_y$ 代入式（6-16）求解 ξ 及 x，再将 x 及偏心距增大系数 η 的计算公式一并代入式（6-17）求解 e_0

及 M。

(2)给定纵向压力作用的偏心距 e_0,求纵向压力设计值 N。

此时的未知数为 x 和 N 两个。可将已知数据代入式(6-16)、式(6-17)联立求解 x 及截面能承受的纵向压力 N。或按图 6-12 对轴向力 N_u 作用点取矩,根据力矩平衡条件得

$$f_c bx\left(e - h_0 + \frac{x}{2}\right) - (\sigma_s A_s e + f'_y A'_s e') = 0 \tag{6-21}$$

式中,$e = \eta e_0 + \frac{h}{2} - a_s$,$e' = \frac{h}{2} - \eta e_0 - a'_s$。

计算 x,若求得的 $\xi_b h_0 < x \leqslant (1.6 - \xi_b) h_0$,为小偏心受压。

若求出的 $x > (1.6 - \xi_b) h_0$,则取 $\sigma_s = -f'_y$,按式(6-16)、式(6-17)重新求解 x 及 N,同时应考虑 A_s 一侧混凝土可能先压坏的情况,还应按式(6-20)求解轴向力 N

$$N = \frac{f_c bh(h'_0 - 0.5h) + f'_y A_s (h'_0 - a_s)}{\gamma_d\left(\frac{h}{2} - a'_s - e_0\right)}$$

将以上求得的两纵向压力 N 比较后,取较小值作为纵向压力设计值。

六、垂直于弯矩作用平面的承载力复核

除在弯矩作用平面内依照偏心受压进行计算外,当构件在垂直于弯矩作用平面内的长细比 l_0/b 较大时,尚应根据 l_0/b 确定稳定系数 φ,按轴心受压情况验算垂直于弯矩作用平面的受压承载力,并与上面求得的 N 比较后,取较小值进行承载力复核。

【例题 6-1】 图 6-15 为一水电站厂房上部结构示意图,该厂房的结构安全级别为Ⅱ级,试按持久状况设计主厂房钢筋混凝土排架右立柱。立柱总高 H = 7.4 m,上柱(牛腿以上)高 H_1 = 2.2 m,下柱高 H_2 = 5.2 m。上柱截面为 400 mm × 400 mm,下柱截面为 400 mm × 600 mm。柱下端固结于大体积混凝土上,立柱上端与屋面梁铰接。排架间距为 6.5 m。

立柱所受荷载:静荷载包括结构自重、由圈梁传来的厂房墙体重、吊车梁及附件重;活荷载包括屋面活荷载 0.5 kN/m²、起吊物重 200 kN 及风荷载 0.5 kN/m²。右立柱底部尚受到 0.9 m 高的水压力。排架采用 C25 混凝土及 HRB335 级钢筋。

解

1. 内力计算

内力计算可按结构力学通常的方法或查专门图表进行。

右立柱在各种不同的荷载作用下,对同一控制截面有几种内力组合。截面配筋计算时,应取最不利内力组合作为计算的依据。因全柱弯矩 M 及轴力 N 沿柱高是变化的,所以取几个控制截面进行配筋计算。控制截面一般选取弯矩、轴力最大的截面和弯矩、轴力突变的截面。本例选取 $A—A$、$B—B$、$C—C$ 截面为控制截面(见图 6-16)。经引入荷载分项系数、结构重要性系数和设计状况系数进行内力组合值之后,对各控制截面选取了两组内力组合设计值,即 $+M$ 及相对应的 N 值,$-M$ 及对应的 N 值,其计算结果列于表 6-1。

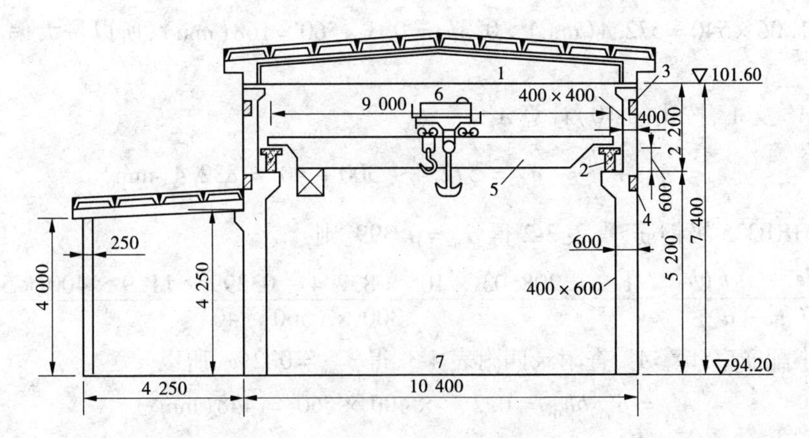

1—屋面大梁;2—吊车梁;3—上圈梁;4—下圈梁;5—桥式吊车;6—小车;7—发电机层

图 6-15　水电站厂房上部结构示意图

表 6-1　各控制截面的内力组合设计值

（+M 表示立柱内侧受拉，−M 表示立柱外侧受拉）

截面	M(kN·m)	N(kN)
A—A	+49.33	115.20
	−12.47	137.60
B—B	+14.00	180.60
	−102.50	442.50
C—C	+160.71	298.03
	−133.20	499.50

2. 配筋计算

(1) C—C 截面。弯矩设计值 $M=+160.71$ kN·m，轴力设计值 $N=298.03$ kN；$b=400$ mm，$h=600$ mm，取 $a_s=a'_s=40$ mm，$h_0=h-a_s=600-40=560$(mm)，C25 混凝土，$f_c=11.9$ N/mm^2，HRB335 钢筋，$f_y=f_y'=300$ N/mm^2；结构系数 $\gamma_d=1.2$。

下柱计算长度，根据规范，$l_0/h=5\,200/600=8.67>8$，需考虑纵向弯曲的影响，即二阶效应。

求 η 值

$$e_0=\frac{M}{N}=\frac{160.71}{298.03}=0.54(\text{m})=540\text{ mm}>\frac{h_0}{30}=\frac{560}{30}=18.7(\text{mm})$$

故取偏心距 $e_0=540$ mm。

由于 $e_0=540\text{ mm}>0.3h_0=0.3\times560=168(\text{mm})$，可按大偏心受压构件计算，所以取 $\zeta_1=1.0$。

又因为 $l_0/h=8.67<15$，所以取 $\zeta_2=1.0$。

$$\eta=1+\frac{1}{1\,400e_0/h_0}\left(\frac{l_0}{h}\right)^2\zeta_1\zeta_2=1+\frac{1}{1\,400\times540/560}\times\left(\frac{5\,200}{600}\right)^2\times1.0\times1.0=1.06$$

$\eta e_0=1.06\times540=572.4(\text{mm})>0.3h_0=0.3\times560=168(\text{mm})$，所以按大偏心受压构件计算。

计算 A_s' 及 A_s，按式(6-10)计算 A_s'

$$e=\eta e_0+\frac{h}{2}-a_s=572.4+300-40=832.4(\text{mm})$$

对于 HRB335 级钢筋，查表 3-2 得 $\alpha_{sb}=0.399$，则

$$A_s'=\frac{\gamma_d Ne-\alpha_{sb}f_c bh_0^2}{f_y'(h_0-a_s')}=\frac{1.2\times298.03\times10^3\times832.4-0.399\times11.9\times400\times560^2}{300\times(560-40)}<0$$

按最小配筋率计算 A_s'，查附录四附表 4-3，得 $\rho_{min}'=0.2\%$，所以

$$A_s'=\rho_{min}'bh_0=0.2\%\times400\times560=448(\text{mm}^2)$$

选用 3 Φ 14($A_s'=461\ \text{mm}^2$)。

$$\alpha_s=\frac{\gamma_d Ne-f_y'A_s'(h_0-a_s')}{f_c bh_0^2}=\frac{1.2\times298.03\times10^3\times832.4-300\times461\times(560-40)}{11.9\times400\times560^2}$$
$$=0.151$$

$$\xi=1-\sqrt{1-2\alpha_s}=1-\sqrt{1-2\times0.151}=0.170<\xi_b=0.550(\text{见表 3-2})$$

$$x=\xi h_0=0.170\times560=95.17(\text{mm})>2a_s'=2\times40=80(\text{mm})$$

按式(6-5)计算 A_s

$$A_s=\frac{f_c b\xi h_0+f_y'A_s'-\gamma_d N}{f_y}$$
$$=\frac{11.9\times400\times0.170\times560+300\times461-1.2\times298.03\times10^3}{300}=779(\text{mm}^2)$$
$$>\rho_{min}bh_0=448\ \text{mm}^2$$

选用 3 Φ 18($A_s=763\ \text{mm}^2$)。

在负向弯矩作用下，立柱外侧受拉，所以必须通过配筋计算来保证柱的外侧受拉强度。

已知：$M=-133.20\ \text{kN}\cdot\text{m}$，$N=499.50\ \text{kN}$，$A_s=763\ \text{mm}^2$。

按上述同样的方法计算得知 $e_0=266.6\ \text{mm}$，$\eta=1.1$，$x=107.75>2a_s'=80\ \text{mm}$，$\xi=0.192$。

同样按式(6-5)计算 A_s

$$A_s=\frac{f_c b\xi h_0+f_y'A_s'-\gamma_d N}{f_y}$$
$$=\frac{11.9\times400\times0.192\times560+300\times462-1.2\times499.50\times10^3}{300}=170(\text{mm}^2)$$

已选用 3 Φ 14(正向弯矩配置的 $A_s'=461\ \text{mm}^2$ 已足够)。

(2)B—B 截面。因 B—B 截面的两组内力设计值均小于 C—C 截面的两组相应内力设计值，配筋时只需将 C—C 截面配置的钢筋直通至 B—B 截面即可，不再作配筋计算。

(3)A—A 截面。$M=+49.33\ \text{kN}\cdot\text{m}$，$N=115.2\ \text{kN}$，$b=h=400\ \text{mm}$，取 $a_s=a_s'=40\ \text{mm}$，其余资料同 C—C 截面。

上柱计算长度，$l_0=2H_1=2\times2.2=4.4(\text{m})$。

$l_0/h = 4\ 400/400 = 11 > 8$，所以需考虑纵向弯曲的影响。

求 η 值

$$e_0 = \frac{M}{N} = \frac{49.33}{115.2} = 0.428(\text{m}) = 428\ \text{mm} > \frac{h_0}{30} = \frac{360}{30} = 12(\text{mm})$$

故取偏心距 $e_0 = 428$ mm。

由于 $e_0 = 428\ \text{mm} > 0.3h_0 = 0.3 \times 360 = 108(\text{mm})$，可按大偏心受压构件计算，所以取 $\zeta_1 = 1.0$。

又因为 $l_0/h = 11 < 15$，所以，取 $\zeta_2 = 1.0$。

$$\eta = 1 + \frac{1}{1\ 400e_0/h_0}\left(\frac{l_0}{h}\right)^2\zeta_1\zeta_2 = 1 + \frac{1}{1\ 400 \times 428/360} \times \left(\frac{4\ 400}{400}\right)^2 \times 1.0 \times 1.0 = 1.07$$

$\eta e_0 = 1.07 \times 428 = 458(\text{mm}) > 0.3h_0 = 0.3 \times 360 = 108(\text{mm})$，所以按大偏心受压构件计算。

计算 A'_s 及 A_s，按式(6-10)计算 A'_s

$$e = \eta e_0 + \frac{h}{2} - a_s = 458 + 200 - 40 = 618(\text{mm})$$

$$A'_s = \frac{\gamma_d Ne - \alpha_{sb} f_c b h_0^2}{f'_y(h_0 - a'_s)} = \frac{1.2 \times 115.20 \times 10^3 \times 618 - 0.399 \times 11.9 \times 400 \times 360^2}{300 \times (360 - 40)} < 0$$

按最小配筋率计算 A'_s

$$A'_s = \rho'_{\min} b h_0 = 0.2\% \times 400 \times 360 = 288(\text{mm}^2)$$

选用 2 Φ 14（$A'_s = 308\ \text{mm}^2$）。

按已知 A'_s 的情况计算 A_s

$$\alpha_s = \frac{\gamma_d Ne - f'_y A'_s (h_0 - a'_s)}{f_c b h_0^2} = \frac{1.2 \times 115.20 \times 10^3 \times 618 - 300 \times 308 \times (360 - 40)}{11.9 \times 400 \times 360^2} = 0.091$$

$$\xi = 1 - \sqrt{1 - 2\alpha_s} = 1 - \sqrt{1 - 2 \times 0.091} = 0.095 < \xi_b = 0.550$$
$$x = \xi h_0 = 0.095 \times 360 = 34.2(\text{mm}) < 2a'_s = 2 \times 40 = 80(\text{mm})$$

按式(6-13)计算 A_s

$$e' = \eta e_0 - \frac{h}{2} + a_s = 1.07 \times 428 - 200 + 40 = 298(\text{mm})$$

$$A_s = \frac{\gamma_d Ne'}{f_y(h_0 - a'_s)} = \frac{1.2 \times 115.20 \times 10^3 \times 298}{300 \times (360 - 40)} = 429(\text{mm}^2) > \rho_{\min} b h_0 = 288(\text{mm}^2)$$

选用 3 Φ 14（$A_s = 461\ \text{mm}^2$）。

在负向弯矩 $-M = -12.47$ kN · m 及相应轴力 $N = 137.60$ kN 作用下，经计算，承载力满足要求。

3. 构造配筋图

构造配筋图见图 6-16。

【例题 6-2】 某钢筋混凝土柱采用 C20 混凝土，HRB335 钢筋，结构安全级别为Ⅱ级，在使用阶段，永久荷载标准值对该柱产生的弯矩 $M_{Gk} = 30$ kN · m 及纵向压力 $N_{Gk} = 800$

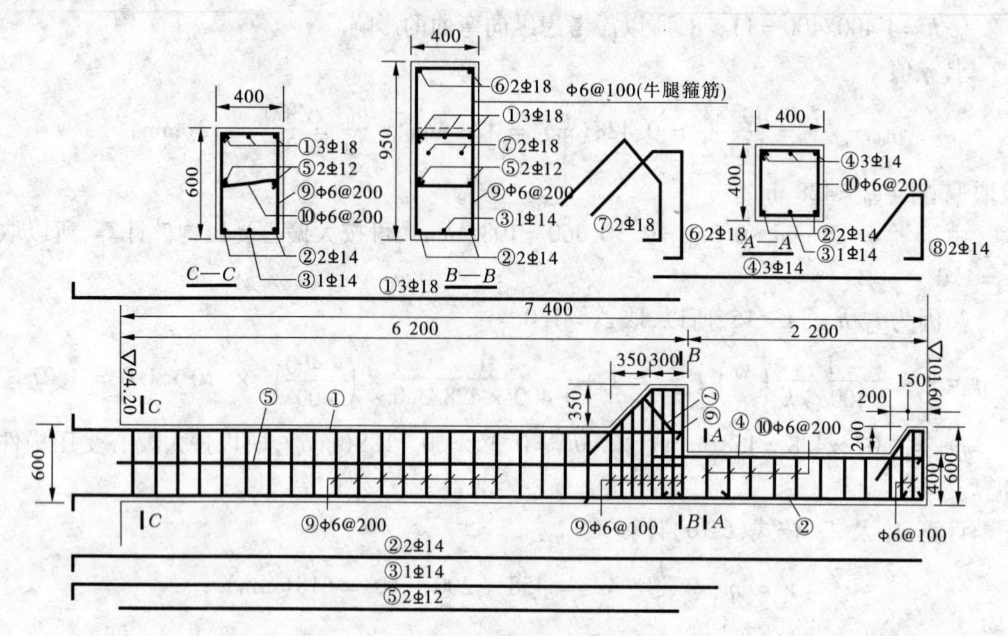

图 6-16　柱配筋构造图

kN，可变荷载标准值对该柱产生的弯矩 $M_{Qk}=50$ kN · m 及纵向压力 $N_{Qk}=700$ kN；柱截面尺寸为 $b\times h=350$ mm $\times 500$ mm；柱在弯矩作用平面内的计算长度 $l_0=7\ 200$ mm，在垂直于弯矩作用平面的计算长度 $l_0=3\ 600$ mm。试设计该柱所需钢筋。

解

该柱的弯矩设计值

$$M=\gamma_0\psi(\gamma_G M_{Gk}+\gamma_Q M_{Qk})=1.0\times1.0\times(1.05\times30+1.2\times50)=91.5(\text{kN}\cdot\text{m})$$

纵向压力设计值

$$N=\gamma_0\psi(\gamma_G N_{Gk}+\gamma_Q N_{Qk})=1.0\times1.0\times(1.05\times800+1.2\times700)=1\ 680(\text{kN})$$

$b=350$ mm，$h=500$ mm，$l_0=7.2$ m，取 $a_s=a_s'=40$ mm（一类环境），$h_0=h-a_s=500-40=460$(mm)，C20 混凝土 $f_c=9.6$ N/mm^2，HRB335 钢筋 $f_y=f_y'=300$ N/mm^2。

$l_0/h=7\ 200/500=14.4>8$，需考虑纵向弯曲的影响。

$$e_0=\frac{M}{N}=\frac{91.5}{1\ 680}=0.054\ 5(\text{m})=54.5\ \text{mm}>\frac{h_0}{30}=\frac{460}{30}=15.3(\text{mm})$$

故取偏心距 $e_0=54.5$ mm。

$$\zeta_1=\frac{0.5f_cA}{\gamma_d N}=\frac{0.5\times9.6\times350\times500}{1.2\times1\ 680\times1\ 000}=0.417$$

又因为 $l_0/h=14.4<15$，所以取 $\zeta_2=1.0$。

$$\eta=1+\frac{1}{1\ 400e_0/h_0}\left(\frac{l_0}{h}\right)^2\zeta_1\zeta_2=1+\frac{1}{1\ 400\times54.5/460}\times\left(\frac{7\ 200}{500}\right)^2\times0.417\times1.0=1.521$$

$\eta e_0=1.521\times54.5=82.9$(mm) $<0.3h_0=0.3\times460=138$(mm)，所以按小偏心受压构件计算。

$$e = \eta e_0 + \frac{h}{2} - a_s = 82.9 + 250 - 40 = 292.9(\text{mm})$$

按最小配筋率计算 A_s，$A_s = \rho_{min} bh_0 = 0.2\% \times 350 \times 460 = 322(\text{mm}^2)$，选用 2 Φ 16 ($A_s = 402\ \text{mm}^2$)。

根据式(6-19)计算 σ_s，并将 $x = \xi h_0$ 代入基本公式(6-16)及公式(6-17)，可得下列方程式：

$$\sigma_s = f_y \frac{0.8 - \xi}{0.8 - \xi_b} = 300 \times \frac{0.8 - \xi}{0.8 - 0.550} = 960 - 1\ 200\xi$$

$$1\ 680 \times 1\ 000 = \frac{1}{1.2} \times (9.6 \times 350 \times 460\xi + 300 \times A_s' - 402 \times \sigma_s)$$

$$1\ 680 \times 1\ 000 \times 292.9 = \frac{1}{1.2} \times [9.6 \times 350 \times 460^2 \times \xi(1 - 0.5\xi) + 300 \times 402 \times A_s']$$

联立求解得 $\xi = 0.89 < 1.6 - \xi_b = 1.05$，同时 $A_s' = 1\ 716.53\ \text{mm}^2 > \rho'_{min} bh_0 = 322\ \text{mm}^2$，选用 2 Φ 22 + 2 Φ 25 ($A_s' = 1\ 742\ \text{mm}^2$)。

$$\gamma_d N = 1.2 \times 1\ 680 = 2\ 016(\text{kN})$$

$$f_c bh = 9.6 \times 350 \times 500 = 1\ 680(\text{kN})$$

$\gamma_d N > f_c bh$，此时应按式(6-20)复核 A_s 值

$$A_s \geqslant \frac{\gamma_d N\left(\frac{h}{2} - a_s' - e_0\right) - f_c bh\left(h_0' - \frac{h}{2}\right)}{f_y'(h_0' - a_s)}$$

$$= \frac{2\ 016 \times 10^3 \times (0.5 \times 500 - 40 - 54.5) - 9.6 \times 350 \times 500 \times (460 - 250)}{300 \times (460 - 40)} < 0$$

原配 A_s(2 Φ 16)已足够。

复核垂直于弯矩作用平面(按轴心受压构件)的承载力为 $\frac{l_0'}{b} = \frac{3\ 600}{350} = 10.29$，查表 5-1 得 $\varphi = 0.976$，则

$$N_u = \varphi(f_c A + f_y' A_s')$$
$$= 0.976 \times [9.6 \times 350 \times 500 + 300 \times (1\ 742 + 402)] = 2\ 267.4(\text{kN})$$

$N = 1\ 680 < \frac{2\ 267.4}{1.2} = 1\ 889.5(\text{kN})$，满足要求。

第三节　对称配筋的矩形截面偏心受压构件承载力计算

从前述可以看出，不论大小偏心受压构件，两侧的钢筋截面面积 A_s 及 A_s' 是由各自的计算公式得出的，其数量一般不相等，这种配筋方式称为不对称配筋。不对称配筋比较经济，但施工不够方便。

在实际工程中，常在受压构件的两侧配置相等的钢筋，称为对称配筋(即截面两侧采用规格相同、面积相等的钢筋)。对称配筋虽然要多用一些钢筋，但构造简单，施工方便。特别是偏心受压构件在不同的荷载组合下，同一截面有时会承受不同方向的弯矩，例如，

刚、排架柱在风载、地震力等方向不定的水平荷载作用下，截面上弯矩的作用方向会随荷载作用方向的变化而改变，当弯矩数值相差不大时，可采用对称配筋；有时虽然两个方向的弯矩数值相差较大，但按对称配筋设计求得的纵筋总量与按不对称配筋设计得出的纵筋总量增加不多时，均宜采用对称配筋。

一、大小偏心的判别

对称截面的配筋是指 $A_s = A'_s$，$f_y = f'_y$，$a_s = a'_s$，由于附加了对称配筋的条件，因而在截面设计时，大小偏压的基本公式中的未知量只有两个，可以联立求解。在大偏压情况下，考查式(6-5)，由于 $f_y A_s$ 与 $f'_y A'_s$ 大小相等、方向相反，刚好相互抵消，所以 ξ 值可直接求得，即

$$\xi = \frac{\gamma_d N}{f_c b h_0} \tag{6-22}$$

因此，可直接利用 ξ 来判别大小偏心受压，即：①当 $\xi \leqslant \xi_b$ 时，为大偏心受压；②当 $\xi > \xi_b$ 时，为小偏心受压。

在界限状态下，由于 $\xi = \xi_b$，利用式(6-5)还可以得到界限破坏状态时的轴向力为

$$N_{ub} = f_c b \xi_b h_0 \tag{6-23}$$

对称配筋时，大小偏心受压也可用如下方法判别：①当 $N \leqslant \frac{1}{\gamma_d} N_{ub}$ 时，为大偏心受压；②当 $N > \frac{1}{\gamma_d} N_{ub}$ 时，为小偏心受压。

在实际计算中判别大小偏心受压时，根据实际情况选用其中的一种方法即可。

二、大偏心受压构件截面设计

先用式(6-22)计算 ξ，如果 $x = \xi h_0 \leqslant \xi_b h_0$ 且 $x > 2a'_s$，则将 x 代入式(6-6)可得

$$A_s = A'_s = \frac{\gamma_d N e - f_c b x \left(h_0 - \frac{x}{2} \right)}{f'_y (h_0 - a'_s)} \tag{6-24}$$

式中，$e = \eta e_0 + h/2 - a_s$。

如果计算所得的 $x = \xi h_0 < 2a'_s$，应取 $x = 2a'_s$，根据式(6-13)计算

$$A_s = A'_s = \frac{\gamma_d N e'}{f_y (h_0 - a'_s)} \tag{6-25}$$

式中，$e' = \eta e_0 - h/2 + a'_s$。

三、小偏心受压构件截面设计

当按式(6-22)判别为小偏心受压时，由于 A_s 的应力 $-f'_y \leqslant \sigma_s \leqslant f_y$，一般达不到屈服，$\xi$ 值需由基本公式(6-16)和式(6-17)联立求解。将 σ_s 按式(6-19)代入式(6-16)，由于 $f_y A_s = f'_y A'_s$，可以得到

$$\gamma_d N = f_c b \xi h_0 + f'_y A'_s - f_y A_s \frac{0.8 - \xi}{0.8 - \xi_b}$$

解得
$$f_y A_s = f'_y A'_s = (\gamma_d N - f_c b\xi h_0)\frac{0.8-\xi_b}{\xi-\xi_b}$$

将上式代入式(6-17)得

$$\gamma_d Ne\frac{\xi-\xi_b}{0.8-\xi_b} = f_c b h_0^2 \xi(1-0.5\xi)\frac{\xi-\xi_b}{0.8-\xi_b} + (\gamma_d N - f_c b\xi h_0)(h_0 - a'_s)$$

这是一个 ξ 的三次方程,求解麻烦。可对 ξ 值的计算进行如下简化

令 $\bar{y} = \xi(1-0.5\xi)\frac{\xi-\xi_b}{0.8-\xi_b}$,代入上式得

$$\frac{\gamma_d Ne}{f_c b h_0^2}\left(\frac{\xi-\xi_b}{0.8-\xi_b}\right) - \left(\frac{\gamma_d N}{f_c b h_0^2} - \frac{\xi}{h_0}\right)(h_0 - a'_s) = \bar{y}$$

对于给定的钢筋级别和混凝土强度等级,ξ_b 为已知,则由上式可画出 $\bar{y}$ 与 ξ 的关系曲线,试验表明,在小偏心受压($\xi_b \leqslant \xi \leqslant 1.6-\xi_b$)的区段内,$\bar{y}$ 与 ξ 的关系曲线逼近直线关系,对于 HPB235、HRB335、HRB400(或 RRB400)级钢筋,$\bar{y}$ 与 ξ 的线性方程可近似取为 $\bar{y} = 0.45\frac{\xi-\xi_b}{0.8-\xi_b}$,代入上式经整理后可得到求解 ξ 的近似公式

$$\xi = \frac{\gamma_d N - \xi_b f_c b h_0}{\dfrac{\gamma_d Ne - 0.45 f_c b h_0^2}{(0.8-\xi_b)(h_0 - a'_s)} + f_c b h_0} + \xi_b \tag{6-26}$$

代入式(6-17)即可求得钢筋面积

$$A_s = A'_s = \frac{\gamma_d Ne - f_c b h_0^2 \xi(1-0.5\xi)}{f'_y(h_0 - a'_s)} \tag{6-27}$$

四、承载力复核

对称配筋截面复核的计算与非对称配筋情况基本相同,但取 $A_s = A'_s$,$f_y = f'_y$,在这里不再重述,并且由于 $A_s = A'_s$,因此不必再进行反向破坏验算。

【例题 6-3】 某抽水站钢筋混凝土铰接排架柱,对称配筋,截面尺寸 $b \times h = 400\ \text{mm} \times 500\ \text{mm}$,$a_s = a'_s = 40$ mm,计算长度 $l_0 = 7.6$ m,采用 C20 混凝土及 HRB335 钢筋,已知该柱在使用期间截面承受内力设计值有下列两组:①$N = 556$ kN,$M = 275$ kN·m;②$N = 1\ 359$ kN,$M = 220$ kN·m。试配置该柱钢筋。

解 $l_0/h = 7\ 600/500 = 15.2 > 8$,需考虑纵向弯曲的影响。

(1)第一组内力:$N = 556$ kN,$M = 275$ kN·m。

$$e_0 = \frac{M}{N} = \frac{275}{556} = 0.495(\text{m}) = 495\ \text{mm} > \frac{h_0}{30} = \frac{460}{30} = 15.3(\text{mm})$$

故取偏心距 $e_0 = 495$ mm。

$$\xi = \frac{\gamma_d N}{f_c b h_0} = \frac{1.2 \times 556 \times 10^3}{9.6 \times 400 \times 460} = 0.378 < \xi_b = 0.550$$

为大偏心受压,所以 $\zeta_1 = 1.0$。

$$\zeta_2 = 1.15 - 0.01\frac{l_0}{h} = 0.998$$

$$\eta = 1 + \frac{1}{1\,400e_0/h_0}\left(\frac{l_0}{h}\right)^2\zeta_1\zeta_2 = 1 + \frac{1}{1\,400 \times 495/460} \times 15.2^2 \times 0.998 = 1.153$$

$$e = \eta e_0 + \frac{h}{2} - a_s = 1.153 \times 495 + 250 - 40 = 780.7(\text{mm})$$

又因为 $x = \xi h_0 = 0.378 \times 460 = 173.9(\text{mm}) > 2a'_s = 80$ mm，代入式(6-24)得

$$A_s = A'_s = \frac{\gamma_d Ne - f_c bx\left(h_0 - \frac{x}{2}\right)}{f'_y(h_0 - a'_s)}$$

$$= \frac{1.2 \times 556 \times 10^3 \times 780.7 - 9.6 \times 400 \times 173.9 \times (460 - 173.9/2)}{300 \times (460 - 40)} = 2\,157(\text{mm}^2)$$

$$> \rho_{\min} bh_0 = 0.2\% \times 400 \times 460 = 368(\text{mm}^2)$$

A_s 及 A'_s 各选用 3 Φ 22 + 2 Φ 25($A_s = A'_s = 2\,122$ mm²)。

(2)第二组内力：$N = 1\,359$ kN，$M = 220$ kN · m。

$$e_0 = \frac{M}{N} = \frac{220}{1\,359} = 0.162(\text{m}) = 162 \text{ mm} > \frac{h_0}{30} = \frac{460}{30} = 15.3(\text{mm})$$

故取偏心距 $e_0 = 162$ mm。

$$\xi = \frac{\gamma_d N}{f_c bh_0} = \frac{1.2 \times 1\,359 \times 10^3}{9.6 \times 400 \times 460} = 0.923 > \xi_b = 0.550$$

为小偏心受压，按小偏心受压构件重新计算 ξ 值。

$$\zeta_1 = \frac{0.5f_c A}{\gamma_d N} = \frac{0.5 \times 9.6 \times 400 \times 500}{1.2 \times 1\,359 \times 1\,000} = 0.588$$

$$\zeta_2 = 1.15 - 0.01\frac{l_0}{h} = 0.998$$

$$\eta = 1 + \frac{1}{1\,400e_0/h_0}\left(\frac{l_0}{h}\right)^2\zeta_1\zeta_2$$

$$= 1 + \frac{1}{1\,400 \times 162/460} \times 15.2^2 \times 0.588 \times 0.998 = 1.275$$

$$e = \eta e_0 + \frac{h}{2} - a_s = 1.275 \times 162 + 250 - 40 = 416.5(\text{mm})$$

由式(6-26)得

$$\xi = \frac{\gamma_d N - \xi_b f_c bh_0}{\dfrac{\gamma_d Ne - 0.45f_c bh_0^2}{(0.8 - \xi_b)(h_0 - a'_s)} + f_c bh_0} + \xi_b$$

$$= \frac{1.2 \times 1\,359 \times 10^3 - 0.550 \times 9.6 \times 400 \times 460}{\dfrac{1.2 \times 1\,359 \times 10^3 \times 416.5 - 0.45 \times 9.6 \times 400 \times 460^2}{(0.8 - 0.550) \times (460 - 40)} + 9.6 \times 400 \times 460} + 0.550 = 0.689$$

计算 A'_s 及 A_s 值，由式(6-27)得

$$A_s = A'_s = \frac{\gamma_d Ne - f_c bh_0^2\xi(1 - 0.5\xi)}{f'_y(h_0 - a'_s)}$$

$$=\frac{1.2\times1\ 359\times10^3\times416.5-9.6\times400\times460^2\times0.689\times(1-0.5\times0.689)}{300\times(460-40)}$$

$$=2\ 478(\text{mm}^2)>\rho_{\min}bh_0=0.2\%\times400\times460=368(\text{mm}^2)$$

A_s 及 A'_s 各选用 4 Φ 28（$A_s=A'_s=2\ 463\ \text{mm}^2$）。

经以上计算可知，该柱配筋控制于第二组内力，柱截面两侧沿短边方向应当配置钢筋 4 Φ 28。

复核垂直于弯矩作用平面（按轴心受压构件）的承载力为 $\frac{l'_0}{b}=\frac{7\ 600}{400}=19$，查表 5-1 得 $\varphi=0.78$，则

$$N_u=\varphi(f_cA+f'_yA'_s)$$
$$=0.78\times[9.6\times400\times500+300\times(2\ 463+2\ 463)]=2\ 650.3(\text{kN})$$

$N=1\ 359\ \text{kN}<\frac{2\ 650.3}{1.2}=2\ 208.6(\text{kN})$，满足要求。配筋如图 6-17 所示。

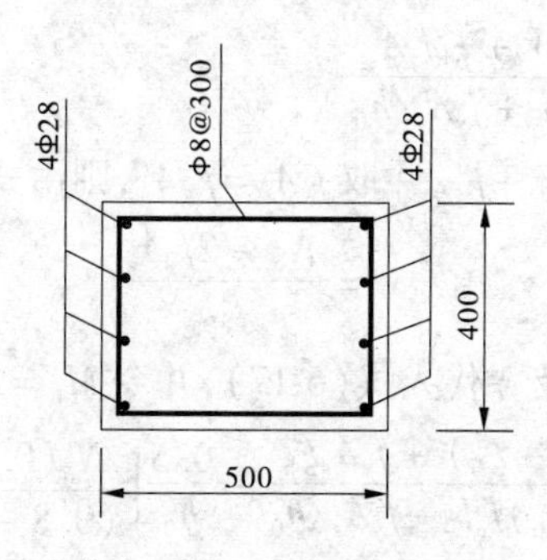

图 6-17　柱截面配筋图

第四节　偏心受压构件截面承载力 $N\sim M$ 的关系

对于给定的偏心受压构件，当纵向压力的偏心距 e_0 不同时，将会得到不同的破坏轴力 N_u，现在来研究它的受压承载力 N_u 与正截面的受弯承载力 M_u 之间的关系（$N_u\eta e_0=M_u$）。试验表明，在小偏心受压情况下，随着纵向压力的增加，正截面受弯承载力随之减小，在大偏心受压情况下，纵向压力的存在反而使构件正截面承载力提高，在界限破坏时，正截面受弯承载力 M_u 达到最大值。

对于给定截面尺寸、配筋和材料强度的偏心受压构件，可以在无数组不同的 N_u 和 M_u 的组合下达到承载能力极限状态，或者说当给定轴力 N_u 时就有唯一的 M_u，反之，亦然。下面以对称配筋截面为例建立 N_u 与 M_u 的相关曲线方程。

大偏心受压时，由式（6-5）得

$$x=\frac{N_u}{f_cb}\tag{6-28}$$

将 $e=e_0+h/2-a_s$ 及 x 代入式（6-6），则得

$$N_u\left(e_0+\frac{h}{2}-a_s\right)=h_0N_u\left(1-\frac{N_u}{2f_cbh_0}\right)+f'_yA'_s(h_0-a'_s)$$

整理得

$$M_u=\frac{N_uh}{2}+f'_yA'_s(h_0-a'_s)-\frac{N_u^2}{2f_cb} \tag{6-29}$$

这里 $M_u=N_ue_0$。可见,在大偏心范围内,M_u 与 N_u 为二次函数关系。对于已知材料、尺寸与配筋的截面,可作出 M_u 与 N_u 的关系曲线,如图 6-18 中的 AB 段。

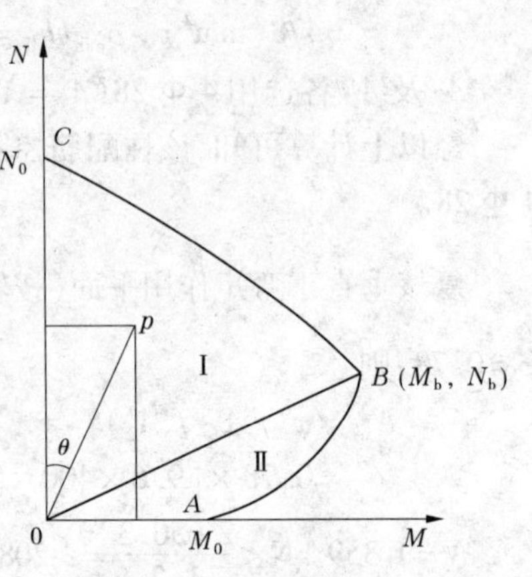

图 6-18　$M\sim N$ 关系曲线

小偏心受压时,如果 $\xi>\xi_b$,取 $\sigma_s=\frac{0.8-\xi}{0.8-\xi_b}f_y$,并取 $f_yA_s=f'_yA'_s$,代入式(6-16),整理后可得受压区高度 x 为

$$x=\frac{N_u(0.8-\xi_b)+\xi_bf_yA_s}{f_cb(0.8-\xi_b)+f_yA_s/h_0}$$

当 $\xi\geqslant1.6-\xi_b$ 时,取 $\sigma_s=-f'_y$,并取 $f_yA_s=f'_yA'_s$,则由式(6-16)可得

$$x=\frac{N_u-2f_yA_s}{f_cb}$$

同样将 $e=e_0+h/2-a_s$ 及 x 代入式(6-17),并令 $M_u=N_ue_0$ 得

$$M_u=f_cbh_0\left\{\frac{N_u(0.8-\xi_b)+f_yA_s\xi_b}{(0.8-\xi_b)f_cb+f_yA_s/h_0}-\frac{0.5}{h_0}\left[\frac{N_u(0.8-\xi_b)+f_yA_s\xi_b}{(0.8-\xi_b)f_cb+f_yA_s/h_0}\right]^2\right\}+f_yA_s(h_0-a'_s)-0.5N_uh+N_ua_s \tag{6-30}$$

由此可知 M_u 与 N_u 也为二次函数关系。但与大偏心受压时不同,随着 N_u 的增大 M_u 将减小,如图 6-18 中的 BC 段。

M_u 与 N_u 关系曲线反映了钢筋混凝土构件在压力和弯矩共同作用下正截面压弯承载力的变化规律,具有以下特点:

(1)$M_u\sim N_u$ 关系曲线上的任意一点代表截面处于正截面承载力极限状态时的一种内力组合。若一组内力(M,N)在曲线内侧,说明截面未达到承载力极限状态,是安全的;若(M,N)在曲线外侧,则表明截面承载力不足。

(2)当弯矩 $M=0$ 时,轴向承载力 N_u 达到最大值,即为轴心受压承载力 N_0,对应于图 6-18中的 C 点;当轴力 $N=0$ 时,为受纯弯承载力 M_0,对应于图 6-18 中的 A 点。

(3)截面受弯承载力 M 在 $B(M_b,N_b)$ 点达到最大,该点为界限破坏。因此,图 6-18中 AB 段($\gamma_dN\leqslant N_b$)为受拉破坏,BC 段($\gamma_dN>N_b$)为受压破坏。

(4)小偏心受压时,N 随 M 的增大而减小;大偏心受压时,N 随 M 的增大而增大。

(5)如果截面尺寸和材料强度保持不变,$N_u\sim M_u$ 关系曲线随着配筋率的增加而向外侧增大。

(6)对于对称配筋的截面,界限破坏时的轴向力 N_b 与配筋率无关,而 M_b 随着配筋率的增加而增大。

掌握 $M_u \sim N_u$ 关系曲线的上述规律对偏心受压构件的设计计算十分有用。

在实际工程中,偏心受压柱的同一截面可能遇到许多种内力组合,有的组合使截面发生大偏心受压破坏,有的组合又会使截面发生小偏心受压破坏。在理论上常需考虑下列组合作为最不利组合:① $\pm M_{max}$ 及相应的 N;② N_{max} 及相应的 $\pm M$;③ N_{min} 及相应的 $\pm M$。

这样多种组合使计算很复杂,在实际设计中常利用图 6-18 所示的规律性来具体地加以判断,选择其中最危险的几种情况进行设计计算。

第五节　偏心受拉构件正截面承载力计算

一、偏心受拉构件的类型

偏心受拉构件按其纵向拉力 N 的作用位置不同,可分为大偏心受拉与小偏心受拉两种情况。如图 6-19 所示,截面在偏心力一侧配有钢筋面积 A_s,在另一侧配有钢筋面积 A_s'。当纵向拉力作用在钢筋 A_s 合力点与 A'_s 合力点范围以外时,属于大偏心受拉构件;当纵向拉力作用在钢筋 A_s 合力点与 A'_s 合力点范围以内时,属于小偏心受拉构件。

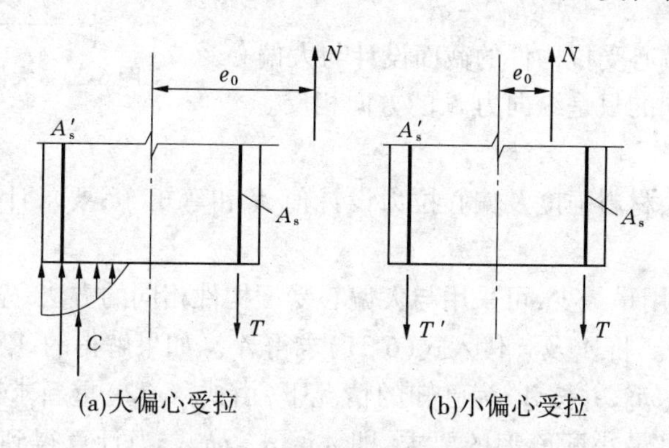

图 6-19　大、小偏心受拉的界限

二、大偏心受拉构件正截面承载力计算

图 6-20 表示矩形截面大偏心受拉构件的受力情况,纵向拉力 N 的作用点距截面重心距离为 e_0,当纵向拉力 N 作用在钢筋 A_s 合力点及 A_s' 合力点范围以外时,截面混凝土在靠近纵向拉力一侧受拉,而远离纵向拉力一侧受压。随着 N 值的增大,受拉侧混凝土拉应变达到其极限拉应变时截面开裂,但截面上始终存在受压区,否则拉力 N 得不到平衡,当 N 增大至一定值时,受拉侧钢筋达到屈服,裂缝进一步向受压区延伸,使受压区面积减小,混凝土的压应力和压应变增大,直至受压侧边缘混凝土达到极限压应变,受压钢筋屈服,混凝土被压碎而破坏。可以看出,大偏心受拉构件的破坏特征与大偏心受压的情形类似。构件破坏时,钢筋 A_s 及 A_s' 的应力都达到屈服强度,受压区混凝土的计算应力图形仍可简化为矩形应力图形,受压区混凝土强度为 f_c。

根据平衡条件,可以得到矩形截面大偏心受拉构件正截面承载力计算的基本公式

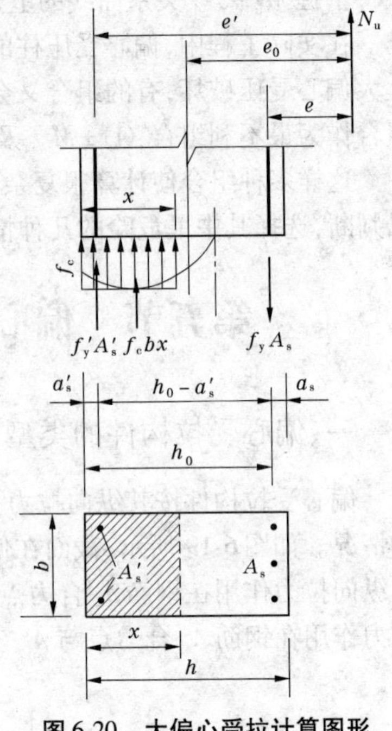

图 6-20　大偏心受拉计算图形

$$N \leqslant \frac{1}{\gamma_d}N_u = \frac{1}{\gamma_d}(f_yA_s - f_cbx - f'_yA'_s) \quad (6\text{-}31)$$

$$Ne \leqslant \frac{1}{\gamma_d}N_ue = \frac{1}{\gamma_d}\left[f_cbx\left(h_0 - \frac{x}{2}\right) + f'_yA'_s(h_0 - a'_s)\right] \quad (6\text{-}32)$$

式中，$e = e_0 - h/2 + a_s$。

与大偏心受压构件相同，公式的适用条件为

$$2a'_s \leqslant x \leqslant \xi_b h_0$$

其意义同大偏心受压构件。

当 $x < 2a'_s$ 时，式(6-31)和式(6-32)不再适用，此时，可按偏心受压的相应情况类似处理，即取 $x = 2a'_s$，并对 A'_s 合力点取矩，可得以下公式

$$Ne' \leqslant \frac{1}{\gamma_d}N_ue' = \frac{1}{\gamma_d}f_yA_s(h_0 - a'_s) \quad (6\text{-}33)$$

式中　e'——纵向拉力作用点与受压钢筋合力点之间的距离，$e' = e_0 + h/2 - a'_s$。

由此可见，大偏心受拉构件的截面设计与大偏心受压构件类似，所不同的只是纵向力 N 的方向相反。

(1)截面设计。

已知截面尺寸、材料强度及偏心拉力设计值 N 和弯矩 M，要求计算截面的配筋面积 A_s 及 A'_s。

为了使钢筋总用量最少，可采用与大偏心受压构件相同的方法，先令 $x = \xi_b h_0$，然后代入式(6-32)求解 A'_s。将 A'_s及 x 代入式(6-31)求得 A_s。如果解得的 A'_s 小于最小配筋率的要求，可取 $A'_s = \rho'_{min}bh_0$，并按 A'_s 为已知的情况下，由式(6-32)重新求得 x，代入式(6-31)求出 A_s。A_s 需满足最小配筋率的要求，即 $A_s \geqslant \rho_{min}bh_0$。当计算得到的 $x < 2a'_s$ 时，应取 $x = 2a'_s$，按式(6-33)计算 A_s。

(2)截面复核。

已知截面尺寸、材料强度及截面配筋，求截面的承载力 N_u 或复核截面承载力是否能抵抗偏心拉力 N。

联立解式(6-31)和式(6-32)求得 x。在 x 值满足适用条件的前提下，可由式(6-31)求解截面所能承受的纵向拉力 N_u，如果 $x > \xi_b h_0$，则取 $x = \xi_b h_0$ 代入式(6-31)求解 N_u；如果$x < 2a'_s$，则由式(6-33)求解 N_u。

对称配筋时，由于 $A_s = A'_s$ 和 $f_y = f'_y$，将其代入基本公式(6-31)后，必然会求得 x 为负值，即属于 $x < 2a'_s$ 的情况，此时可按式(6-33)计算 A_s。

三、小偏心受拉构件正截面承载力计算

当纵向拉力作用在钢筋 A_s 合力点及 A'_s 合力点范围以内时，依据偏心距 e_0 的大小不同，截面上混凝土应力分布有两种不同的状况。当 e_0 较小时，截面上混凝土全部受拉，只

是靠近纵向拉力一侧的拉应力要大些。如果 e_0 值较大，则远离纵向拉力一侧的混凝土有部分受压。随着纵向拉力 N 的增大，混凝土的应力也不断增大，当应力较大一侧截面边缘拉应力达到混凝土的抗拉强度时，截面开裂。对于 e_0 较小的情形，开裂后裂缝将迅速贯通，对于 e_0 较大的情形，由于开裂后拉区混凝土逐步退出工作，根据截面上力的平衡条件，在截面开裂后不会再有压区存在，否则截面受力不能平衡，故临近破坏前，截面已全部裂通，混凝土已全部退出工作，仅有钢筋 A_s 及 A'_s 受拉以平衡纵向拉力 N，这种情况称为小偏心受拉。如图 6-21 所示为矩形截面小偏心受拉构件正截面承载力计算的应力图形，计算构件正截面受拉承载力时，可假定构件破坏时钢筋 A'_s 及 A_s 的应力都达到屈服强度，根据内外力分别对 A'_s 及 A_s 合力点取矩得

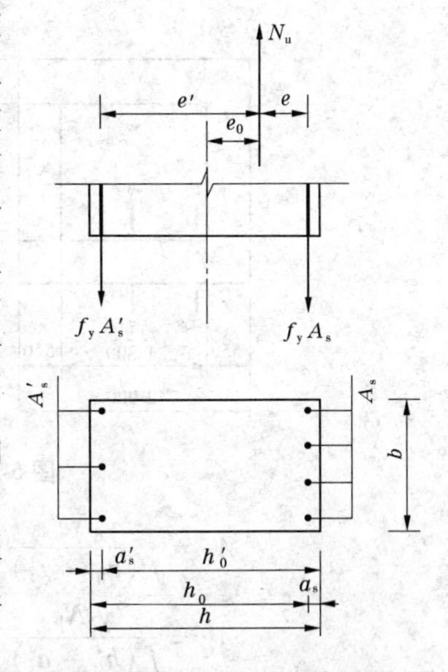

图 6-21　小偏心受拉计算图形

$$Ne \leqslant \frac{1}{\gamma_d}N_u e = \frac{1}{\gamma_d}f_y A'_s(h'_0 - a_s) \tag{6-34}$$

$$Ne' \leqslant \frac{1}{\gamma_d}N_u e' = \frac{1}{\gamma_d}f_y A_s(h_0 - a'_s) \tag{6-35}$$

式中　e——纵向拉力作用点至 A_s 合力点的距离，$e = h/2 - a_s - e_0$；

e'——纵向拉力作用点至 A'_s 合力点的距离，$e' = h/2 - a'_s + e_0$；

A_s、A'_s——配置在靠近及远离纵向拉力一侧的纵向钢筋截面面积。

当对称配筋时，离纵向拉力较远一侧的钢筋 A'_s 的应力达不到其抗拉屈服强度设计值。因此，设计截面时可按下列公式计算

$$A_s = A'_s = \frac{\gamma_d Ne'}{f_y(h_0 - a_s)} \tag{6-36}$$

【例题 6-4】　图 6-22 为一钢筋混凝土输水涵洞截面图，该涵洞采用 C20 混凝土及 HPB235 级钢筋，使用期间，在自重、土压力及动水压力作用下，每米涵洞长度内，截面 A—A 的内力设计值为 $M = -16.5$ kN·m（以内壁受拉为正），$N = 201$ kN（以受拉为正）。试配置截面 A—A 的钢筋。

解　HPB235 级钢筋 $f_y = 210$ N/mm²，结构系数 $\gamma_d = 1.2$，$h_0 = h - a_s = 550 - 60 = 490$（mm）。

$$e_0 = \frac{M}{N} = \frac{16.5}{201} = 82(\text{mm}) < \frac{h}{2} - a_s = \frac{550}{2} - 60 = 215(\text{mm})$$

所以 N 作用点在 A_s 及 A'_s 之间，属于小偏心受拉。

$$e' = \frac{h}{2} - a'_s + e_0 = \frac{550}{2} - 60 + 82 = 297(\text{mm})$$

$$e = \frac{h}{2} - a_s - e_0 = \frac{550}{2} - 60 - 82 = 133(\text{mm})$$

根据式(6-34)、式(6-35)得

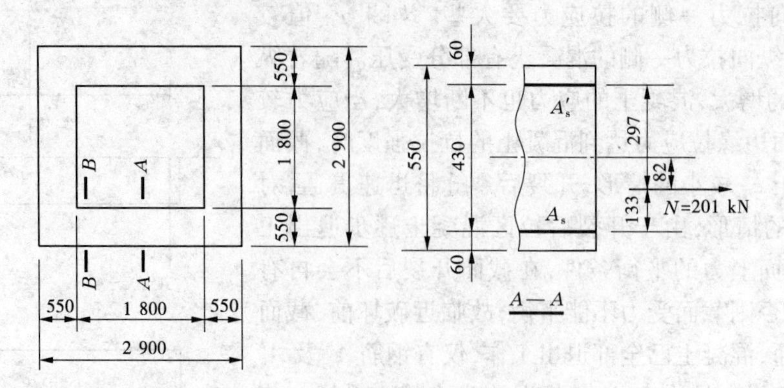

图 6-22　输水涵洞截面及计算简图

$$A_s = \frac{\gamma_d N e'}{f_y(h_0 - a'_s)} = \frac{1.2 \times 201 \times 10^3 \times 297}{210 \times (490 - 60)} = 793(\text{mm}^2)$$

$$A'_s = \frac{\gamma_d N e}{f_y(h'_0 - a_s)} = \frac{1.2 \times 201 \times 10^3 \times 133}{210 \times (490 - 60)} = 355(\text{mm}^2)$$

内、外侧钢筋各选配Φ 12@140($A_s = A'_s = 808\ \text{mm}^2/\text{m} > \rho_{\min} b h_0 = 0.15\% \times 1\ 000 \times 490 = 735(\text{mm}^2/\text{m})$)。

【例题 6-5】 图 6-22 所示输水涵洞截面,在自重、土压力及动水压力作用下,每米涵洞长度内,截面 $B—B$ 的内力设计值为 $M = 66$ kN · m, $N = 201$ kN。试配置截面 $B—B$ 的钢筋。

解　$h_0 = h - a_s = 550 - 60 = 490(\text{mm})$，　$h_0 - a'_s = 490 - 60 = 430(\text{mm})$

$$e_0 = \frac{M}{N} = \frac{66}{201} = 328(\text{mm}) > \frac{h}{2} - a_s = 215\ \text{mm}$$

所以 N 作用点在钢筋范围之外(见图 6-23),属于大偏心受拉构件,洞壁内侧受拉,钢筋为 A_s,外侧钢筋为 A'_s。

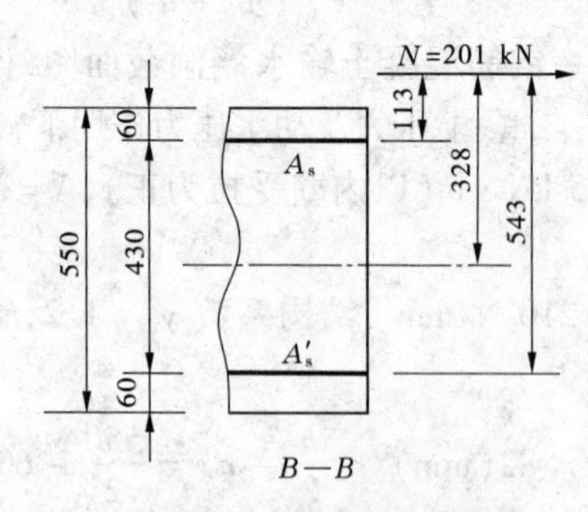

图 6-23　截面计算简图

$e = e_0 - \frac{h}{2} + a_s = 328 - \frac{550}{2} + 60 = 113(\text{mm})$,先设 $x = \xi h_0$,对 HPB235 级钢筋,查表 3-2 得 $\alpha_{sb} = 0.426$。

$$A'_s = \frac{\gamma_d N e - \alpha_{sb} f_c b h_0^2}{f'_y(h_0 - a'_s)} = \frac{1.2 \times 201 \times 10^3 \times 113 - 0.426 \times 9.6 \times 1\ 000 \times 490^2}{210 \times 430} < 0$$

可按最小配筋率配筋,选配 A_s' 为Φ 12@280($A_s'=404\ \text{mm}^2/\text{m}$)。

$$\alpha_s=\frac{\gamma_d Ne-f_y'A_s'(h_0-a_s')}{f_c bh_0^2}=\frac{1.2\times201\times10^3\times113-210\times404\times430}{9.6\times1\ 000\times490^2}<0$$

说明按所选 A_s' 进行计算就不需要混凝土承担任何内力了,这意味着实际上 A_s' 的应力不会达到屈服强度,所以按 $x<2a_s'$ 计算 A_s

$$e'=\frac{h}{2}-a_s'+e_0=\frac{550}{2}-60+328=543(\text{mm})$$

$$A_s=\frac{\gamma_d Ne'}{f_y(h_0-a_s')}=\frac{1.2\times201\times10^3\times543}{210\times(490-60)}=1\ 450(\text{mm})$$

选取Φ 12@70($A_s=1\ 616\ \text{mm}^2/\text{m}>\rho_{\min}bh_0=0.15\%\times1\ 000\times490=735(\text{mm}^2/\text{m})$)。

第六节　偏心受力构件斜截面受剪承载力计算

一、偏心受压构件斜截面受剪承载力计算

偏心受压构件,一般情况下剪力值相对较小,可不进行斜截面受剪承载力计算;但对于有较大水平力作用下的刚架柱,有横向力作用下的桁架上弦压杆,剪力影响相对较大,必须予以考虑。

试验表明,纵向压力能延迟斜裂缝的出现和发展,增加混凝土受压区的高度,从而提高斜截面受剪承载力。当轴压比 $N/(f_c bh)=0.3\sim0.5$ 时,纵向压力对构件受剪承载力的有利影响达到最大值。若轴压比继续增大,则其对构件受剪承载力的有利影响将降低,并转变为带有裂缝的小偏心受压破坏,如图 6-24 和图 6-25 所示。

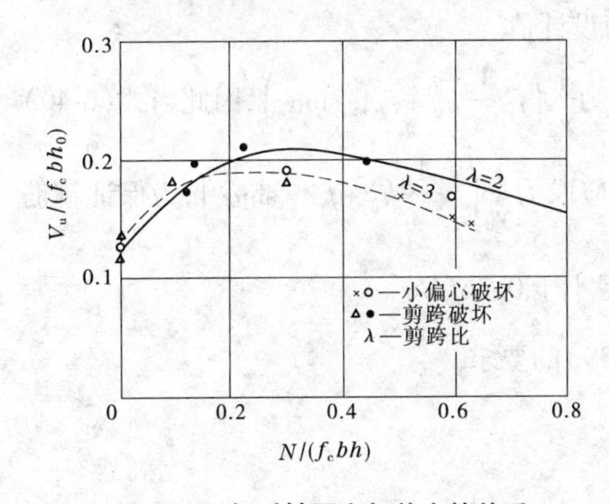

图 6-24　相对轴压力与剪力的关系

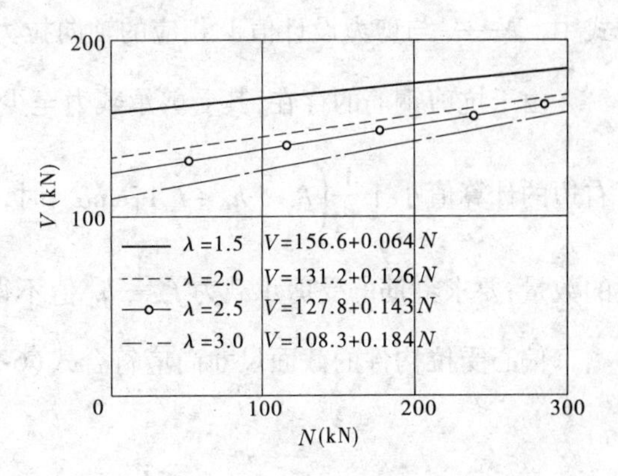

图 6-25　不同剪跨比时的 V 和 N 回归公式对比图

对于矩形、T 形和 I 形截面偏心受压构件斜截面受剪承载力计算,可在受弯构件斜截面受剪承载力计算公式的基础上,增加一项由于纵向压力的作用使斜截面受剪承载力的提高值。根据试验,为偏于安全起见,此项提高值取为 $0.07N$,则受压构件斜截面受剪承载力计算公式为

$$V \leqslant \frac{1}{\gamma_d}\left(0.7f_t bh_0 + f_{yv}\frac{A_{sv}}{s}h_0 + f_y A_{sb}\sin\alpha_s\right) + 0.07N \tag{6-37}$$

式中 N——与剪力设计值 V 相应的纵向压力设计值，当 $N > \frac{1}{\gamma_d}(0.3f_c A)$ 时，取 $N = \frac{1}{\gamma_d}(0.3f_c A)$，此处，$A$ 为构件的截面面积。

当偏心受压构件满足下列公式要求时，可不进行斜截面受剪承载力计算，而仅需根据构造要求配置箍筋。

$$V \leqslant \frac{1}{\gamma_d}(0.7f_t bh_0) + 0.07N \tag{6-38}$$

与受弯构件类似，为防止由于配箍过多产生斜压破坏，偏心受压构件的受剪截面尺寸同样应满足下式要求

$$V \leqslant \frac{1}{\gamma_d}(0.25f_c bh_0) \tag{6-39}$$

二、偏心受拉构件斜截面受剪承载力计算

一般偏心受拉构件，在承受弯矩和拉力的同时，也存在着剪力，当剪力较大时，不能忽视斜截面承载力的影响。

试验表明，拉力 N 的存在有时会使斜裂缝贯穿全截面，使斜截面末端没有剪压区，构件的斜截面承载力比无轴向拉力时要降低，降低的程度与轴向拉力有关。

通过对试验资料的分析，偏心受拉构件的斜截面受剪承载力可按下式计算

$$V \leqslant \frac{1}{\gamma_d}\left(0.7f_t bh_0 + f_{yv}\frac{A_{sv}}{s}h_0 + f_y A_{sb}\sin\alpha_s\right) - 0.2N \tag{6-40}$$

式中 N——与剪力设计值 V 相应的轴向拉力设计值。

由于抗剪钢筋的存在，其受剪承载力至少为$\frac{1}{\gamma_d}\left(f_{yv}\frac{A_{sv}}{s}h_0 + f_y A_{sb}\sin\alpha_s\right)$，因此当式(6-40)右边的计算值小于$\frac{1}{\gamma_d}\left(f_{yv}\frac{A_{sv}}{s}h_0 + f_y A_{sb}\sin\alpha_s\right)$时，应取为$\frac{1}{\gamma_d}\left(f_{yv}\frac{A_{sv}}{s}h_0 + f_y A_{sb}\sin\alpha_s\right)$；为保证箍筋的数量，要求箍筋的受剪承载力 $f_{yv}\frac{A_{sv}}{s}h_0$ 值不得小于 $0.36f_t bh_0$。

偏心受拉构件的截面尺寸尚应符合式(6-39)的要求。

第七章　钢筋混凝土受扭构件承载力计算

第一节　概　述

扭转是结构构件受力的一种基本形式。构件截面受有扭矩、荷载作用平面偏离构件主轴线使截面产生转角时构件就受扭,或者截面所受的剪力合力不通过构件的弯曲中心,截面就要受扭。工程中钢筋混凝土结构构件的扭转作用根据其基本形成原因可以分为两类:一类是由荷载直接引起并可利用静力平衡条件求得的扭转,与构件的抗扭刚度无关,称为平衡扭转,如厂房中受吊车横向刹车力作用的吊车梁,雨篷梁、曲梁和螺旋楼梯等都属于这一类扭矩作用的构件,如图7-1(a)所示;另一类是在超静定结构中,因构件间的连续性引起的扭转,称为附加扭转,如现浇框架结构中的边梁,如图7-1(b)所示,当次梁在荷载作用下受弯变形时,边梁对次梁梁端的转动产生约束作用,根据变形协调条件,可以确定次梁梁端由于主梁的弹性约束作用而引起的负弯矩,该负弯矩即为边梁所承受的扭矩作用,图中 T 为边梁中引起的内力扭矩。附加扭转与构件所受的扭矩及构件的抗扭刚度有关。受附加扭转作用的钢筋混凝土构件,一旦连接处产生裂缝后,其附加扭矩将随内力重分布而减小。

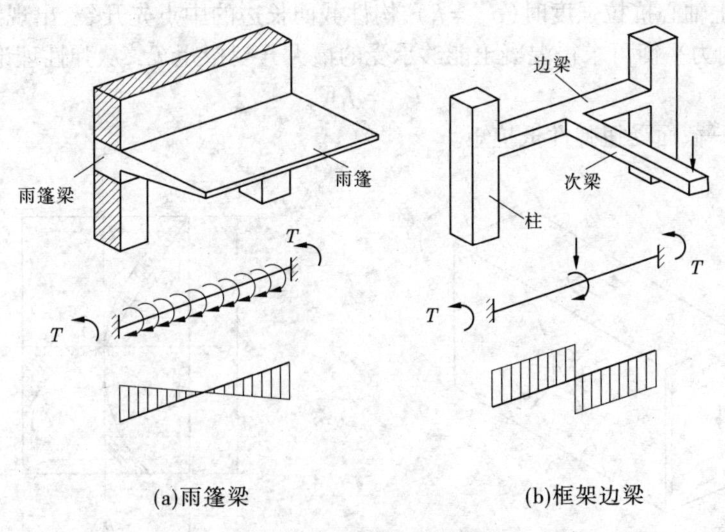

图7-1　受扭结构工程实例

扭矩在钢筋混凝土构件中产生剪应力以及相应的主拉应力。在主拉应力超过混凝土的抗拉强度时,构件便会开裂,这时就需要钢筋来代替混凝土承担拉力。构件受扭破坏时的承载力则取决于配筋的数量及其布置方式。衡量一个钢筋混凝土构件的抗扭能力,一般用构件开裂扭矩和破坏时的扭矩。

实际工程中,受纯扭的构件很少,一般都伴随有弯矩、剪力和轴力等一种或多种效应的复合作用。如吊车梁、框架边梁等均受有弯矩、剪力和扭矩共同作用。因此,本章除分别从开裂扭矩和破坏扭矩的存在形式及计算方法入手介绍相关的内容外,还将主要阐述复合受扭构件的受力性能及承载力计算。

第二节　开裂扭矩

构件在开裂之前,内部各个方向的变形都很小,所以构件内钢筋的应力很低,钢筋对抵抗开裂几乎不起什么作用。因此,在研究构件开裂之前的应力状态时,可以忽略钢筋的存在,而与混凝土构件一样考虑。

一、矩形截面纯扭构件开裂扭矩

图 7-2 表示在扭矩 T 作用下的构件,其截面为矩形,扭矩在截面上引起的剪力,以及相应的主拉应力 σ_{tp}。根据力的平衡方程有 $\sigma_{tp}=\tau$。

当 σ_{tp} 大于混凝土的抗拉强度 f_t 时,混凝土就会沿垂直于主拉应力的方向开裂。所以,在纯扭作用下,构件的裂缝方向总是与构件的轴线组成 45°的角度,并且开裂时的扭矩也就相当于主拉应力达到混凝土抗拉强度时的扭矩,即

$$\sigma_{tp}=\tau=f_t$$

由材料力学可知,弹性材料矩形截面的构件在受扭时,截面上的剪应力分布如图 7-3 所示,最大剪应力 τ_{max} 发生在截面长边的中点。所以,当最大剪应力 τ_{max} 引起的主拉应力 σ_{tp} 达到混凝土轴心抗拉强度时($\sigma_{tp}=f_t$),构件截面长边的中点先开裂,出现沿 45°方向的斜裂缝。由内力平衡可求得混凝土能够承受的最大开裂扭矩 T_{cr},从弹性理论可知

$$T_{cr}=f_tW_{te} \tag{7-1}$$

式中　W_{te}——截面受扭弹性抵抗矩。

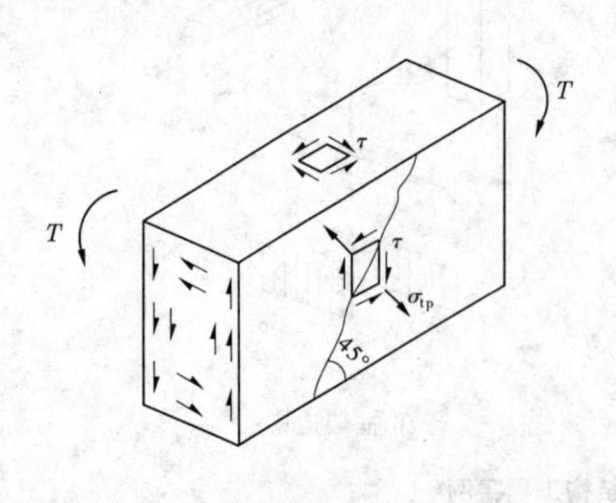

图 7-2　扭矩作用下矩形构件剪应力分布图

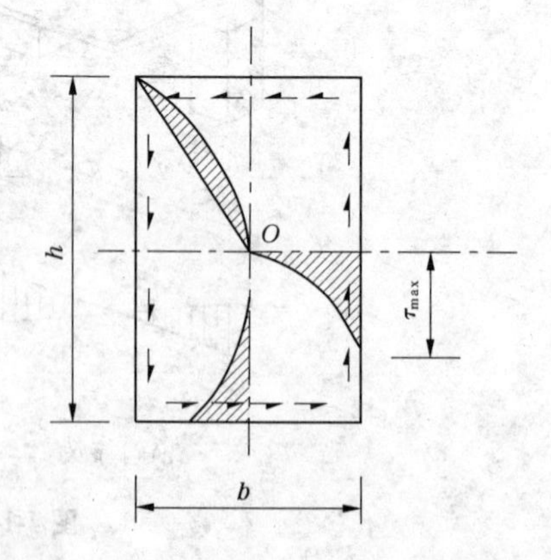

图 7-3　纯扭构件弹性应力分布图

对于理想的塑性材料来说,截面上某点拉应力达到材料的抗拉强度时,只意味着局部材料在极限应力条件下发生屈服,整个构件还能继续承受增加的荷载,直到截面上的应力

全部达到材料的抗拉强度后，构件才达到其强度极限。此时，截面上的剪应力τ分布近似如图7-4所示，并且在数量上应等于材料的抗拉强度。

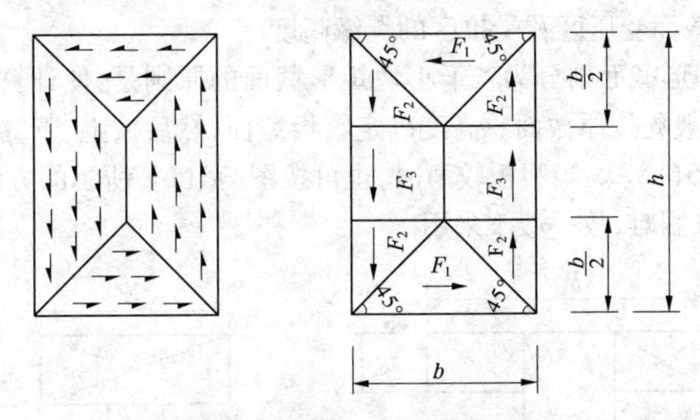

图7-4　纯扭构件截面理想塑性应力分布图

图7-4为假定混凝土是塑性材料时截面上剪应力及剪应力流分布的情况，由于只有当截面上所有部位的剪应力达到最大剪应力$\tau_{max}=f_t$时构件才达到极限承载力T_{cu}（即最大开裂扭矩），所以$T_{cu}>T_{cr}$。将图示截面四部分的剪应力分别合成为F_1、F_2和F_3并计算其所组成的力偶，可求得开裂扭矩T_{cu}为

$$T_{cu}=\frac{b^2}{6}(3h-b)f_t=f_tW_t \tag{7-2}$$

$$W_t=\frac{b^2}{6}(3h-b) \tag{7-3}$$

式中　W_t——截面受扭塑性抵抗矩，对矩形截面按式(7-3)计算；

b、h——矩形截面的短边尺寸和长边尺寸。

二、带翼缘截面的受扭塑性抵抗矩

以上介绍的仅限于矩形截面的构件，但在实际工程中常会遇到T形、I形截面等其他截面形式的受扭构件。计算带翼缘截面纯扭构件的开裂扭矩，关键是翼缘参与受荷的程度，即b'_f、b_f、h'_f、h_f、h_w的大小及比例关系。

为简化计算，将T形和I形截面分成若干矩形截面，对每一矩形截面可利用式(7-3)计算其相应的受扭塑性抵抗矩，并近似认为整个截面的受扭塑性抵抗矩等于上、下翼缘和腹板三个部分的塑性抵抗矩之和，即

$$W_t=W_{tw}+W'_{tf}+W_{tf} \tag{7-4}$$

式中　W_{tw}——腹板塑性抵抗矩；

W'_{tf}——上翼缘塑性抵抗矩；

W_{tf}——下翼缘塑性抵抗矩。

$$W_{tw}=\frac{b^2}{6}(3h-b) \tag{7-5}$$

$$W'_{tf}=\frac{h'^2_f}{2}(b'_f-b) \tag{7-6}$$

$$W_{tf}=\frac{h^2_f}{2}(b_f-b) \tag{7-7}$$

式中　b、h——腹板宽度、截面高度；

b'_f、b_f——截面受压区及受拉区的翼缘宽度；

h'_f、h_f——截面受压区及受拉区的翼缘高度。

将原T形或I形截面划分为若干小块矩形截面的原则是：使计算的截面受扭塑性抵抗矩 W_t 最大。一般先按原截面总高度确定腹板截面，然后按上、下翼缘各自划分成小块矩形截面（见图7-5(a)）。当腹板较薄时，也可按图7-5(b)所示的方法划分，但将会为剪扭构件的计算带来困难，故一般不采用。

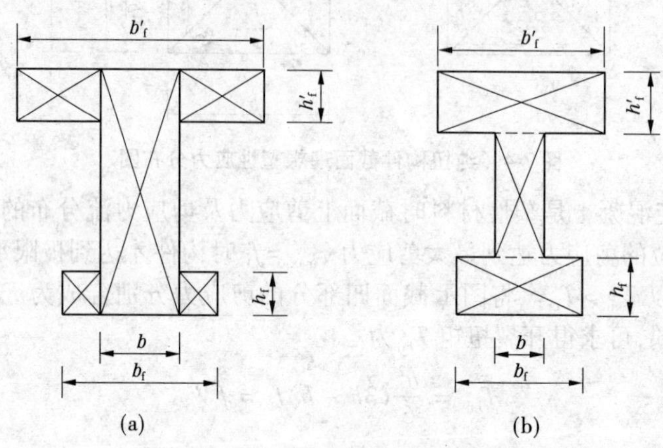

图7-5　T(I)形截面小块矩形划分方法

对于配有封闭箍筋的翼缘，其截面的开裂扭矩随翼缘悬挑长度的增加而提高，但当悬挑长度过小时，其提高效果不显著；反之，当悬挑长度过大时，翼缘易于受弯而开裂，降低翼缘与腹板连接的整体刚度，从而降低翼缘的开裂扭矩。因此，规范规定：上、下有效翼缘的宽度应满足 $b'_f \leqslant b+6h'_f$ 及 $b_f \leqslant b+6h_f$ 的条件，即伸出腹板能参与受力的翼缘长度不得超过翼缘厚度的3倍，腹板净高 h_w 与其宽度 b 之比不得大于6，即 $h_w/b \leqslant 6$。

三、规范规定的开裂扭矩计算

实际上，混凝土为弹塑性材料，其开裂扭矩值应介于 T_{cr} 和 T_{cu} 之间。根据试验资料和计算分析，对素混凝土纯扭构件，修正系数在0.87～0.97之间变化，对于钢筋混凝土纯扭构件，则在0.86～1.06之间变化，为实用方便，规范规定矩形截面纯扭构件的开裂扭矩 T_{cr} 可按完全塑性状态的截面应力分布进行计算，但需将混凝土的轴心抗拉强度 f_t 值乘以0.7的降低系数，即

$$T_{cr} = 0.7 f_t W_t \tag{7-8}$$

其中系数0.7综合反映了混凝土塑性发挥的程度和双轴应力下混凝土强度降低的影响。由于素混凝土纯扭构件的开裂扭矩近似等于破坏扭矩，所以式(7-8)也可以近似用来表达素混凝土构件的破坏扭矩。

同理，T形和I形截面的开裂扭矩按下列公式计算

$$T_{cr} = 0.7 f_t (W_{tw} + W'_{tf} + W_{tf}) \tag{7-9}$$

第三节　钢筋混凝土纯扭构件的受扭承载力计算

一、抗扭钢筋的形式和构造要求

受扭构件中的主拉应力与构件轴线成45°,所以最有效的配筋方式是将抗扭钢筋布置成与主拉应力方向一致,即沿构件与轴线成45°方向布置成螺旋形。但螺旋形箍筋施工比较复杂,并且在受力上不能适应扭矩方向的改变,而在实际工程中,扭矩沿构件全长不改变方向的情况是很少的,有的构件在使用过程中还会受变号扭矩的作用,所以一般工程中都采用横向封闭钢箍与纵向受力钢筋组成的钢骨架来抵抗扭矩,如图7-6所示。

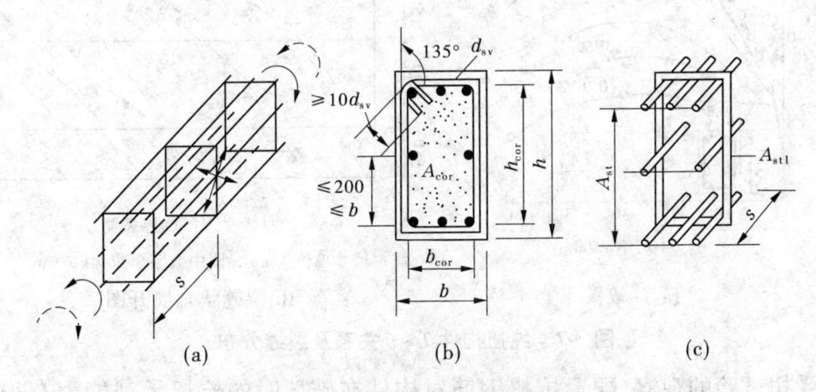

图7-6　受扭构件配筋形式及构造要求

由于扭矩引起的剪力在截面四周最大,并为满足扭矩变号的要求,抗扭钢筋应由抗扭纵筋和抗扭箍筋组成。抗扭纵筋应沿截面周边均匀对称布置,截面四角处必须放置,其间距不应大于200 mm和截面宽度b。试验表明,不对称配置的纵向钢筋,在受力过程中不能充分发挥作用,所以对于不对称的配筋,在计算中只取对称布置的纵向钢筋截面面积。

抗扭纵向钢筋的两端应伸入支座,并满足锚固长度l_a的要求。由于箍筋在整个周长上均受拉力,所以抗扭箍筋必须做成封闭式,其沿截面周长布置;当采用复合箍筋时,位于截面内部的箍筋不应计入受扭所需的箍筋面积。为保证搭接处受力时不产生滑移,箍筋末端应弯成不小于135°角的弯钩(采用绑扎骨架时),且弯钩端头平直段长度不应小于$10d_{sv}$(d_{sv}为箍筋直径),以使箍筋端部锚固于截面核心混凝土内。抗扭箍筋的最大间距应满足第四章中有关箍筋最大间距的规定,一般不大于截面的短边长度。

二、试验研究

(一)矩形截面构件受纯扭试验

图7-7(a)所示为一组不同受扭配筋率的混凝土矩形截面受纯扭构件的扭矩$T \sim \theta$关系(θ为扭率,单位长度的扭转角)。开裂前,$T \sim \theta$关系基本呈直线关系,达到开裂扭矩T_{cr}后,由于部分混凝土退出受拉工作,构件的抗扭刚度明显降低,在$T \sim \theta$关系曲线上出现一不长的水平段,水平段的长短与配筋率的大小有关。对于配筋适量的受扭构件,开裂

后构件并不立即破坏，受扭钢筋（箍筋＋纵筋）将承担扭矩产生的拉应力，扭矩可以继续增大，$T \sim \theta$ 关系沿斜线上升，裂缝不断向构件内部和沿主压应力迹线发展延伸，构件表面裂缝呈螺旋状。图 7-7(b) 为矩形截面受扭构件的裂缝状态展开图。当接近极限扭矩时，在构件长边上有一条裂缝发展成为临界裂缝，并向短边延伸，与这条空间裂缝相交的箍筋和纵筋达到屈服，$T \sim \theta$ 关系曲线趋于水平。最后，在另外一个长边上的混凝土受压破坏，最终达到极限扭矩 T_u 而破坏。

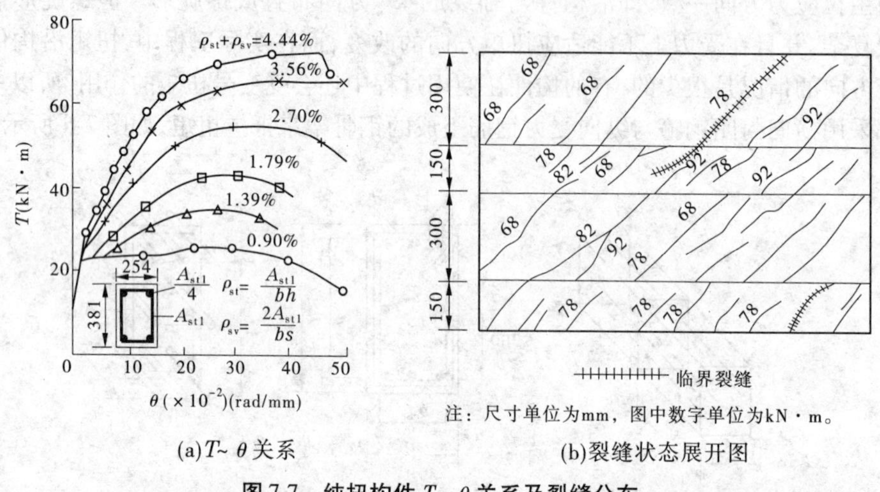

(a)$T \sim \theta$ 关系　　(b)裂缝状态展开图

图 7-7　纯扭构件 $T \sim \theta$ 关系及裂缝分布

根据受扭试验的观察，配置抗扭钢筋对构件在破坏时的抗扭承载能力有很大提高。试验表明，钢筋混凝土构件的受扭破坏形态主要与配筋量多少有关。

当抗扭钢筋配得过少时，破坏形态如图 7-8(a) 所示，裂缝首先出现在截面长边中点处，并迅速沿 45°方向向邻近两个短边的面上发展，在第四个面上出现裂缝后（压区很小）构件就突然破坏，破坏面为一空间扭曲裂面。破坏时钢筋不仅屈服，还可能经过流幅进入强化阶段甚至被拉断，构件截面的扭转角较小（见图 7-9）。破坏前无任何预兆，属于脆性破坏，这类破坏称为少筋破坏。构件受扭极限承载力控制于混凝土抗拉强度及截面尺寸，在设计中应予避免。该类破坏模型是计算混凝土开裂扭矩的依据，并可按此求得抗扭钢筋的最小值。

当配置适量的抗扭钢筋时，破坏形态如图 7-8(b) 所示，破坏是在由多条螺旋裂缝中的一条主裂缝造成的空间扭曲面上发生的。裂缝最初的发生如同图 7-8(a) 所示，但由于抗扭钢筋用量适当，在出现第一条裂缝后抗扭钢筋就发挥作用，使构件在破坏前形成多条裂缝，当通过主裂缝处的抗扭钢筋达到屈服强度后，构件即在该主裂缝的第四个面上的受压区混凝土被压碎时破坏。破坏时，扭转角较大，具有一定的延性，称为适筋破坏。构件受扭极限承载力比图 7-8(a) 所示的少筋构件有很大提高（见图 7-9）。钢筋混凝土受扭构件的承载力计算以该种破坏为依据。

当抗扭钢筋配得过多时，破坏形态如图 7-8(c) 所示，破坏是由某相邻两条 45°螺旋裂缝间的混凝土被压碎引起的。构件破坏时虽然螺旋裂缝很多而密，但都很细，抗扭钢筋未达到屈服强度。构件受扭极限承载力控制于混凝土抗压强度及截面尺寸。破坏时扭转角

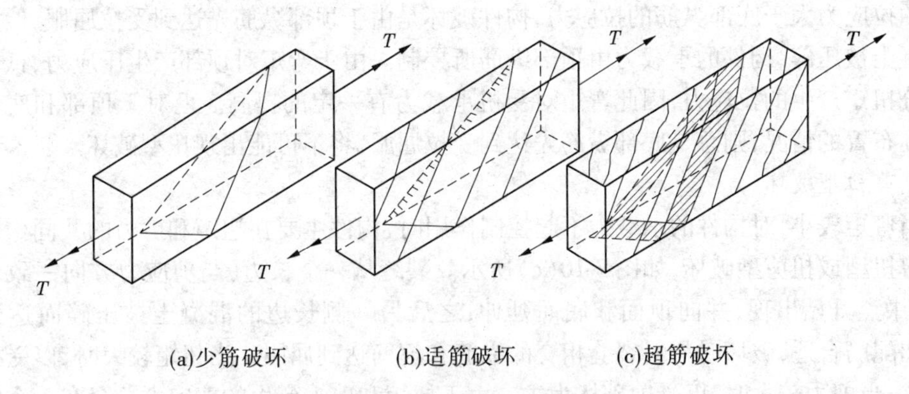

图 7-8　受扭构件破坏形态

也较小(见图 7-9),属于脆性破坏,这类破坏称为超筋破坏,在设计中也应予避免。该类破坏模型是计算抗扭钢筋最大值的依据。

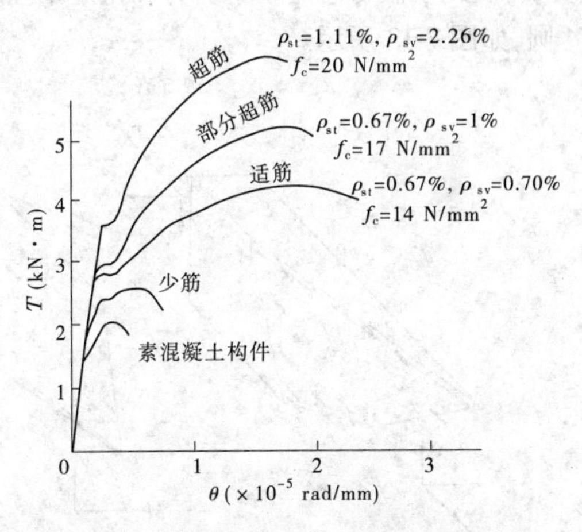

图 7-9　矩形截面纯扭构件实测 $T \sim \theta$ 曲线

由于抗扭钢筋包括纵筋和箍筋两部分,若图 7-8(c)中两者用量比值不当,致使混凝土压碎时两者之一(箍筋或纵筋)尚不屈服,这种破坏称为部分超筋破坏,破坏时构件有一定的延性,设计可采用,但不经济。抗扭纵筋和抗扭箍筋均未屈服的破坏如图 7-8(c)所示,又称完全超筋破坏。由图 7-9 可以看出,适筋构件的塑性变形比较充分,部分超筋次之,而完全超筋构件和少筋构件的塑性变形最小。为了保证构件受扭时具有一定的塑性,设计时应使构件处于适筋或部分超筋范围内,而不应该使其发生少筋或完全超筋破坏。

(二)矩形截面构件受弯、剪、扭共同作用的试验

图 7-10 所示为弯、剪、扭内力具有不同比值和不同配筋情况下的三种典型的破坏形态。

1. 弯型破坏

当弯矩较大而剪力和扭矩较小时,弯矩起主导作用,裂缝首先在弯曲受拉的底面出现,然后延伸发展到两侧面,受扭矩产生的剪应力影响,逐渐与侧面由扭矩产生的斜裂缝贯通,形成如图 7-10(a)所示的扭曲破坏面。底部纵筋同时受弯矩和扭矩产生拉应力的叠加,当底部纵筋不是很多时,则破坏始于底部纵筋受拉屈服,顶部混凝土被压碎而破坏,承载力受底部纵筋控制,但受弯承载力因扭矩的存在而降低。该类破坏主要因弯矩而引起,故称为弯型破坏。

2. 扭型破坏

当扭矩较大,弯矩和剪力较小,且顶部纵筋小于底部纵筋时,发生如图 7-10(b)所示的扭型破坏。扭矩引起顶部纵筋的拉应力很大,而弯矩引起的压应力较小,所以导致顶部纵筋的拉应力大于底部纵筋的拉应力，构件破坏是由于顶部纵筋先达到受拉屈服，然后底部混凝土被压碎，构件的承载力由顶部纵筋所控制。由于弯矩对顶部产生压应力，抵消了一部分扭矩产生的拉应力，因此弯矩对受扭承载力有一定的提高。但对于顶部和底部纵筋对称布置的情况，则总是底部纵筋先达到受拉屈服，将不可能出现扭型破坏。

3. 剪扭型破坏

当弯矩较小，对构件的承载力不起控制作用时，构件主要在扭矩和剪力的共同作用下产生剪扭型或扭剪型破坏，如图 7-10(c)所示。裂缝从一个长边(与剪应力方向一致的一侧)的中点开始出现，并向顶面和底面延伸，之后另一侧长边的混凝土被压碎而达到破坏。如配筋合适，破坏时与斜裂缝相交的纵筋和箍筋达到屈服。当扭矩较大时，以受扭破坏为主；当剪力较大时，以受剪破坏为主。由于扭矩和剪力产生的剪应力总会在一个侧面上叠加，因此承载力总是小于剪力和扭矩单独作用时的承载力，其相关作用关系曲线接近 1/4 圆，如图 7-13 所示。

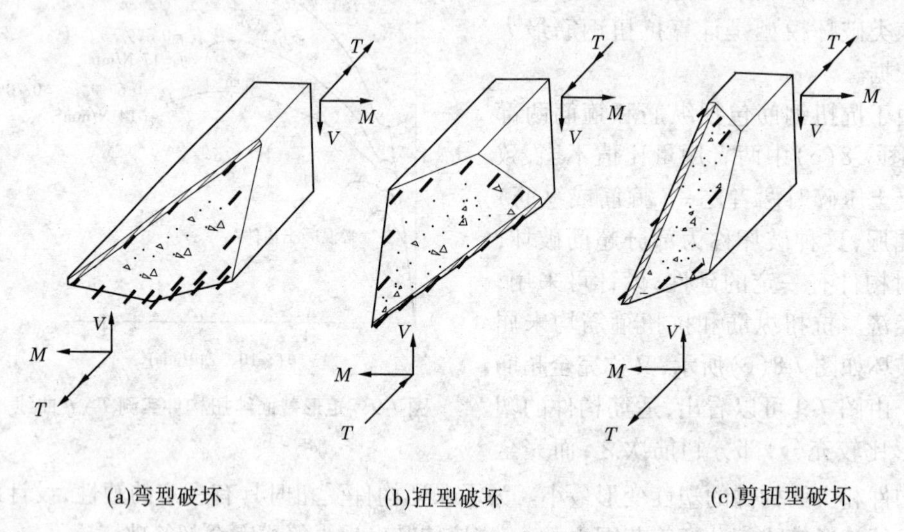

图 7-10　弯、剪、扭构件的破坏形态及其破坏特征

由上述可知，配筋矩形截面构件在弯剪扭复合受力情况下的破坏形态与截面尺寸大小及高宽比值、混凝土强度大小、弯剪扭内力大小及相互比值、截面顶底纵筋承载力比值、纵筋与箍筋配筋强度比等因素有关。

三、配筋强度比

为使受扭构件的破坏形态呈现适筋破坏，充分发挥抗扭钢筋的作用，抗扭纵筋和抗扭箍筋应有合理的搭配。规范中引入 ζ 系数，ζ 为受扭构件抗扭纵向钢筋与抗扭箍筋的配筋强度比(即两者的体积比与强度比的乘积)，计算公式可写为

$$\zeta = \frac{f_y A_{st} s}{f_{yv} A_{st1} u_{cor}} \tag{7-10}$$

式中　f_y——受扭纵向钢筋的抗拉强度设计值；

f_{yv}——受扭箍筋的抗拉强度设计值；

A_{st}——受扭计算中取沿截面周边对称布置的全部纵向普通钢筋截面面积；

A_{st1}——受扭计算中沿截面周边配置的抗扭箍筋的单肢截面面积；

s——抗扭箍筋的间距；

A_{cor}——截面核心部分的面积，$A_{cor}=b_{cor}h_{cor}$，此处 b_{cor} 和 h_{cor} 分别为从箍筋内表面计算的截面核心部分的短边和长边的尺寸，如图 7-6 所示；

u_{cor}——截面核心部分的周长，$u_{cor}=2(b_{cor}+h_{cor})$。

应当指出，试验结果表明，ζ 值在 0.5 ~ 2.0 时，纵筋和箍筋均能在构件破坏前屈服，规范为安全起见，规定 ζ 值应符合 $0.6 \leq \zeta \leq 1.7$ 的要求，当 $\zeta > 1.7$ 时取 $\zeta = 1.7$，通常可取 $\zeta = 1.2$ 为最佳值。

四、矩形截面纯扭构件的受扭承载力计算

目前，钢筋混凝土纯扭构件的承载力计算，虽已有较接近实际的理论计算方法，例如，变角空间桁架模型，斜弯理论——扭曲破坏面极限平衡理论。

对比试验表明，钢筋混凝土矩形截面纯扭构件的极限扭矩，与挖去部分核心混凝土的空心截面的极限扭矩基本相同，因此可忽略中间部分混凝土的抗扭作用，按箱形截面构件来分析，称为变角空间桁架模型。

图 7-11 为变角空间桁架模型，其基本假定为：①受扭构件为一带有多条螺旋形裂缝的混凝土薄壁箱形截面构件，不考虑破坏时截面核心混凝土的作用；②构件为由薄壁上裂缝间的混凝土（为斜压腹杆，倾角 φ）、箍筋（为受拉腹杆）、纵筋（为受拉弦杆）组成的变角（φ）空间桁架；③纵筋、箍筋和混凝土斜压杆在交点处假定为铰接，满足节点平衡条件（忽略裂缝面上混凝土的骨料咬合作用，不考虑纵筋的销栓作用）。

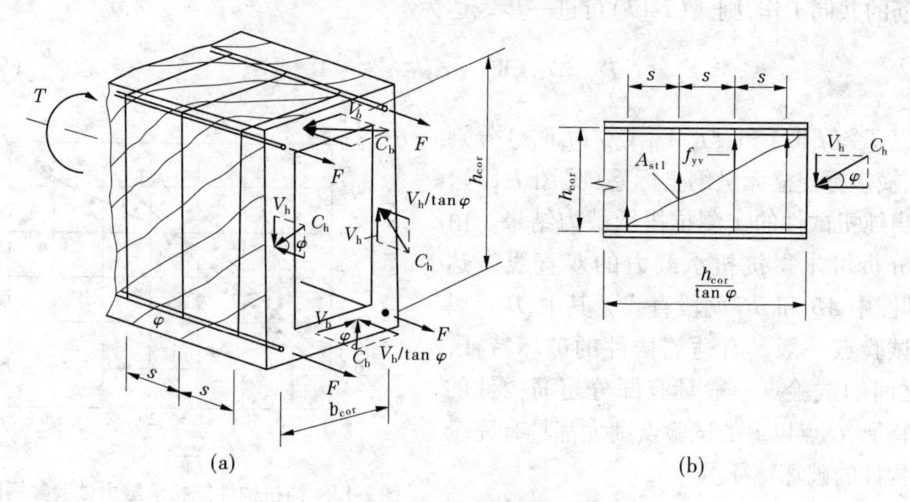

图 7-11　变角空间桁架模型

设 C_h 和 C_b 分别为作用在箱形截面长边和短边上的斜压杆的总压力，V_h 和 V_b 为其沿管壁方向的分力，由对构件轴线取矩的平衡条件，可得

$$T = V_h b_{cor} + V_b h_{cor} \tag{7-11}$$

设 F 为第一根纵筋中的拉力，则由轴向力的平衡条件

$$4F = A_{st} f_y = \frac{2(V_h + V_b)}{\tan\varphi} \tag{7-12}$$

由图 7-11(b)中节点力的平衡

$$C_h \sin\varphi = V_h = \frac{A_{st1}}{s} \frac{h_{cor}}{\tan\varphi} f_{yv} \tag{7-13}$$

$$C_b \sin\varphi = V_b = \frac{A_{st1}}{s} \frac{b_{cor}}{\tan\varphi} f_{yv} \tag{7-14}$$

消去式(7-12)~式(7-14)中 V_h 和 V_b,可得

$$\tan^2\varphi = \frac{f_{yv} A_{st1} u_{cor}}{f_y A_{st} s}$$

或

$$\tan\varphi = \sqrt{\frac{1}{\zeta}} \tag{7-15}$$

将式(7-13)和式(7-14)中的 V_h 和 V_b 代入式(7-11),并利用式(7-10),则按变角空间桁架模型得出的极限扭矩表达式为

$$T_u = 2\sqrt{\zeta} \frac{f_{yv} A_{st1} A_{cor}}{s} \tag{7-16}$$

钢筋混凝土纯扭构件试验研究结果表明,构件的抗扭承载力由混凝土的抗扭承载力 T_c 和钢筋(纵筋和箍筋)的抗扭承载力 T_s 两部分组成,即

$$T_u = T_c + T_s \tag{7-17}$$

对于混凝土的抗扭承载力 T_c,可以借用 $f_t W_t$ 作为基本变量;对于钢筋的抗扭承载力 T_s,由变角空间桁架模型计算式(7-16)中的 $f_{yv} A_{st1} A_{cor}/s$ 作为基本变量,再用 $\sqrt{\zeta}$ 来反映纵筋和箍筋的共同工作,则式(7-17)可进一步表达为

$$T_u = \alpha_1 f_t W_t + \alpha_2 \sqrt{\zeta} \frac{f_{yv} A_{st1}}{s} A_{cor} \tag{7-18}$$

以 $T_u/(f_t W_t)$ 和 $\sqrt{\zeta} f_{yv} A_{st1} A_{cor}/(f_t W_t s)$ 分别为纵、横坐标建立无量纲坐标系(见图 7-12),并标出纯扭试件的实测抗扭承载力结果。由回归分析可求得抗扭承载力的双直线表达式,即图中 AB 和 BC 两段直线。其中,B 点以下的试验点一般具有适筋构件的破坏特征,BC 之间的试验点一般具有部分超筋构件的破坏特征,C 点以上的试验点则大都具有完全超筋构件的破坏特征。

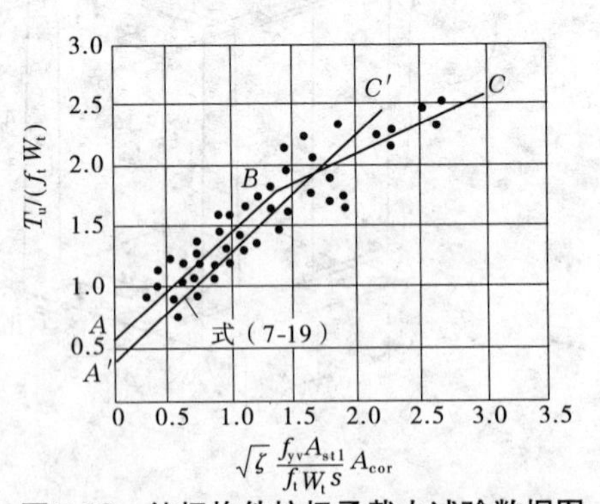

图 7-12　纯扭构件抗扭承载力试验数据图

考虑到设计应用上的方便,规范采用略为偏低的直线表达式,即与图 7-12 中直线 $A'C'$ 相应的表达式。在式(7-18)中取 $\alpha_1 = 0.35$,$\alpha_2 = 1.2$,则矩形截面钢筋混凝土纯扭构件的受扭承载力设计计算公式为

$$T \leqslant \frac{1}{\gamma_d} T_u = \frac{1}{\gamma_d}\left(0.35 f_t W_t + 1.2\sqrt{\zeta} \frac{f_{yv} A_{st1}}{s} A_{cor}\right) \tag{7-19}$$

式中　T——扭矩设计值;

γ_d——钢筋混凝土结构的结构系数。

五、T 形、I 形截面纯扭构件承载力计算

对于 T 形、I 形截面钢筋混凝土纯扭构件,应先按照图 7-5 所示原则将截面划分为若干单块矩形截面,然后将总扭矩按照各单块矩形的截面受扭塑性抵抗矩的比例分配给各矩形块,即

$$T_i = \frac{W_{ti}}{W_t}T \tag{7-20}$$

由此,可将原 T 形或 I 形截面按前述方法划分为若干小块矩形截面,计算各小块矩形截面所应承受的扭矩 T_i,即

$$\left.\begin{aligned} &\text{腹板} && T_w = \frac{W_{tw}}{W_t}T \\ &\text{受压翼缘} && T_f' = \frac{W_{tf}'}{W_t}T \\ &\text{受拉翼缘} && T_f = \frac{W_{tf}}{W_t}T \end{aligned}\right\} \tag{7-21}$$

上列式中 T、T_i、T_w、T_f'、T_f 分别为 T 形和 I 形截面总扭矩设计值、第 i 块矩形截面扭矩设计值、腹板截面扭矩设计值、受压翼缘截面扭矩设计值、受拉翼缘截面扭矩设计值。W_t 及 W_{tw}、W_{tf}'、W_{tf}的计算可见式(7-4)~式(7-7)。

由上述方法先求得各小块矩形截面所分配的扭矩 T_i,再按 T_i 进行配筋计算。但计算所得的抗扭纵向钢筋应配置在整个截面的外边缘上。

六、抗扭配筋计算公式的适用范围

(一)抗扭配筋的上限

前面讲过,当配筋过多、截面尺寸过小时,构件可能在抗扭钢筋屈服以前便因混凝土被压碎而破坏。此时,破坏扭矩主要取决于混凝土的强度和构件截面尺寸,而增加配筋对它几乎没有什么影响。因此,这个破坏扭矩也代表了配筋构件所能承担的扭矩的上限。根据对试验结果的分析,规范规定以截面尺寸的限制条件作为配筋率的上限,即

当 $h_w/b \leqslant 4$ 时,构件的截面应符合下式要求

$$T \leqslant \frac{1}{\gamma_d}(0.25f_cW_t) \tag{7-22}$$

当 $h_w/b = 6$ 时

$$T \leqslant \frac{1}{\gamma_d}(0.20f_cW_t) \tag{7-23}$$

当 $4 < h_w/b < 6$ 时,按线性内插法确定。

若不满足式(7-22)或式(7-23)的条件,则需增大截面尺寸或提高混凝土强度等级。

(二)抗扭配筋的下限

前面也提到,当抗扭配筋过少过稀时,配筋将无补于开裂后构件的抗扭能力。因此,

为了防止纯扭构件在低配筋时发生少筋的脆性破坏,按照配筋纯扭构件所能承担的极限扭矩不小于同尺寸的素混凝土构件的开裂扭矩的原则,确定其抗扭纵筋和抗扭箍筋的最小配筋率。规范规定,纯扭构件的抗扭纵筋和抗扭箍筋的配筋应满足下列要求:

(1)抗扭纵筋

$$\rho_{st} = \frac{A_{st}}{bh} \geqslant \rho_{stmin} = \begin{cases} 0.30\%\ (\text{HPB235 级钢筋}) \\ 0.24\%\ (\text{HPB300 级钢筋}) \\ 0.20\%\ (\text{HRB335 级钢筋}) \end{cases} \tag{7-24}$$

式中 A_{st}——抗扭纵向钢筋的截面面积。

(2)抗扭箍筋

$$\rho_{sv} = \frac{A_{sv}}{bs} \geqslant \rho_{svmin} = \begin{cases} 0.20\%\ (\text{HPB235 级钢筋}) \\ 0.17\%\ (\text{HPB300 级钢筋}) \\ 0.15\%\ (\text{HRB335 级钢筋}) \end{cases} \tag{7-25}$$

式中 A_{sv}——配置在同一截面内的抗扭箍筋各肢的全部横截面面积。

当采用复合箍筋时,位于截面内部的箍筋不应计入受扭所需的箍筋面积。

如果能符合下列条件

$$T \leqslant \frac{1}{\gamma_d}(0.7 f_t W_t) \tag{7-26}$$

只需根据构造要求配置抗扭钢筋,即应满足式(7-24)和式(7-25)。

第四节 钢筋混凝土剪扭和弯扭构件的承载力计算

一、矩形截面剪扭构件承载力的计算

试验表明,剪力和扭矩共同作用下构件的承载力比剪力或扭矩单独作用下的承载力要低。构件的受扭承载力随着剪力的增加而减小;反之,构件的受剪承载力也随着扭矩的增加而减小。两者的相关关系大概符合1/4圆的规律(见图7-13),表达式为

$$\left(\frac{T_c}{T_{c0}}\right)^2 + \left(\frac{V_c}{V_{c0}}\right)^2 = 1 \tag{7-27}$$

式中 V_c、T_c 和 V_{c0}、T_{c0} 分别为无腹筋梁剪、扭共同作用和剪、扭单独作用时的剪、扭承载力。

但当构件内部配置了抗剪扭钢筋后,矩形截面剪扭构件的受剪及受扭承载力分别由相应的混凝土和钢筋抗力组成,即

$$V_u = V_c + V_s \tag{7-28}$$

$$T_u = T_c + T_s \tag{7-29}$$

式中 V_u、T_u——剪扭构件的受剪及受扭承载力;

V_c、T_c——剪扭构件中混凝土的受剪及受扭承载力;

V_s、T_s——剪扭构件中箍筋的受剪承载力及抗扭钢筋的受扭承载力。

根据部分相关、部分叠加的原则,式(7-28)、式(7-29)中的 V_s、T_s 应分别按受剪和受扭构件的相应公式计算;而 V_c、T_c 应考虑剪扭相关关系,这样可直接由式(7-27)的相关方

程求解确定。为简化计算，规范根据图7-13，近似假定有腹筋梁在剪、扭作用下混凝土部分所能承担的扭矩和剪力相互关系与无腹筋梁一样服从相同的曲线关系，并用三条折线 AB、BC、CD 来代替1/4圆以简化计算。直线 AB 段表示当混凝土承受的扭矩 $T_c \leqslant 0.5T_{c0}$ 时，混凝土的受剪承载力不降低；直线 CD 段表示当混凝土承受的剪力 $V_c \leqslant 0.5V_{c0}$ 时，混凝土的受扭承载力不降低；斜线 BC 段表示混凝土的受剪及受扭承载力均降低。设

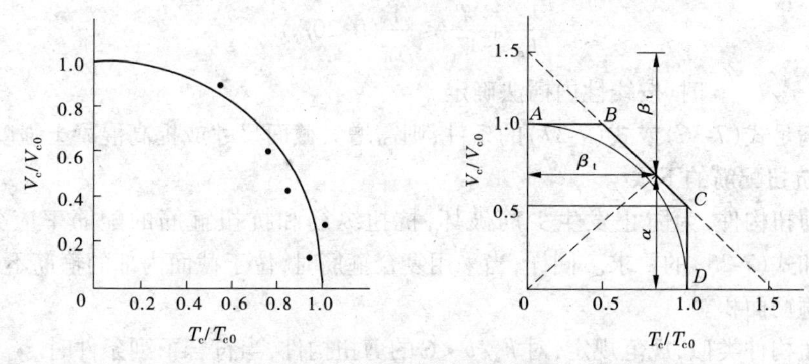

图7-13　混凝土剪扭承载力相关关系及计算模式

$$\alpha = \frac{V_c}{V_{c0}}, \quad \beta_t = \frac{T_c}{T_{c0}} \tag{7-30}$$

则斜线 BC 上的任一点均满足条件

$$\alpha + \beta_t = 1.5 \tag{7-31}$$

又 α 与 β_t 的比例关系为

$$\frac{\alpha}{\beta_t} = \frac{V_c/V_{c0}}{T_c/T_{c0}} = \frac{V_c}{T_c}\frac{0.35f_tW_t}{0.7f_tbh_0} = 0.5\frac{V_c}{T_c}\frac{W_t}{bh_0} = 0.5\frac{V}{T}\frac{W_t}{bh_0} \tag{7-32}$$

近似取 $V_c/T_c = V/T$，联立式(7-30)、式(7-31)，则得

$$\beta_t = \frac{1.5}{1 + 0.5\dfrac{V}{T}\dfrac{W_t}{bh_0}} \tag{7-33}$$

式中　β_t——剪扭构件混凝土受扭承载力降低系数，当 $\beta_t < 0.5$ 时，取 $\beta_t = 0.5$，当 $\beta_t > 1.0$ 时，取 $\beta_t = 1.0$；

α——剪扭构件混凝土受剪承载力降低系数，$\alpha = 1.5 - \beta_t$。

由此可得矩形截面一般剪扭构件的受剪及受扭承载力设计表达式分别为

$$V \leqslant \frac{1}{\gamma_d}(V_c + V_{sv}) = \frac{1}{\gamma_d}\left[0.7(1.5 - \beta_t)f_tbh_0 + f_{yv}\frac{A_{sv}}{s}h_0\right] \tag{7-34}$$

$$T \leqslant \frac{1}{\gamma_d}(T_c + T_s) = \frac{1}{\gamma_d}(0.35\beta_tf_tW_t + 1.2\sqrt{\zeta}f_{yv}\frac{A_{stl}}{s}A_{cor}) \tag{7-35}$$

式中　A_{sv}——受剪承载力所需的箍筋截面面积。

二、公式适用条件

（一）抗扭配筋的上限

试验表明，剪扭构件截面限制条件基本上符合剪、扭叠加的线性关系。因此，规范规

定在弯矩、剪力和扭矩共同作用下的矩形、T形、I形截面构件,其截面应符合下列要求:

当 $h_w/b \leqslant 4$ 时,构件的截面应符合下式要求

$$\frac{V}{bh_0}+\frac{T}{W_t}\leqslant\frac{1}{\gamma_d}(0.25f_c) \tag{7-36}$$

当 $h_w/b=6$ 时

$$\frac{V}{bh_0}+\frac{T}{W_t}\leqslant\frac{1}{\gamma_d}(0.20f_c) \tag{7-37}$$

当 $4<h_w/b<6$ 时,按线性内插法确定。

若不满足式(7-36)或式(7-37)的条件,则需增大截面尺寸或提高混凝土强度等级。

(二)抗扭配筋的下限

对弯剪扭构件,为防止发生少筋破坏,抗扭纵筋和抗扭箍筋的配筋率应分别满足式(7-24)和式(7-25)的要求。同样,当采用复合箍筋时,位于截面内部的箍筋不应计入受扭所需的箍筋面积。

与纯扭构件类似,规范规定,对 $h_w/b<6$ 的剪扭构件,当符合下列条件时

$$\frac{V}{bh_0}+\frac{T}{W_t}\leqslant\frac{1}{\gamma_d}(0.7f_t) \tag{7-38}$$

可不对构件进行剪扭承载力计算,仅需按构造要求配置钢筋,即应满足式(7-24)和式(7-25)。

三、矩形截面弯扭构件承载力的计算

(一)弯扭承载力相关关系

构件在扭矩 T 和弯矩 M 共同作用下的破坏特征及承载力,与扭弯比 $\psi=T/M$、截面尺寸、配筋形式及数量等因素有关。

当纵筋对称于截面的两主轴配置时,由于弯矩引起的纵向拉应力和扭矩引起的纵向拉应力相叠加,加速了构件的破坏(与纯扭构件相比),降低了构件的受扭承载力,并且随着弯矩的增加,受扭承载力逐渐降低,构件的弯扭承载力相关曲线基本上是一个椭圆。若用无量纲坐标 T/T_0 和 M/M_0 表示,则为一个圆,图7-14示出1/4圆弧相关曲线,图中的散点表示试验结果。相关曲线上 T 和 M 是构件在扭、弯共同作用下破坏时的受扭承载力和受弯承载力,T_0 和 M_0 是纯扭和纯弯时的承载力。

在弯、扭共同作用时,抗弯纵筋配置在弯曲受拉区,而抗扭纵筋应对称配置,两种纵筋叠加后,弯曲受压区配筋量较小,形成非对称配筋情况。此时,根据梁截面四周的配筋情况以及扭弯比的不同,弯扭构件可能有三种不同的破坏模式。

(1)扭型破坏。

在非对称配筋情况下,仅承受扭矩作用时,其承载力由纵筋较少一侧(弯曲受压区)所控制。当弯、扭联合作用时,弯曲受压区的压应力与扭矩在该区所产生的拉应力有相互抵消作用,从而提高了这一侧的抗扭承载力。弯矩越大,构件所能承受的扭矩也就越大,即构件截面的受扭承载力随弯矩的增加而增大,其相关曲线如图7-15中的曲线 AB 所示,图中的散点表示试验结果。这种构件破坏时的裂缝分布及混凝土压碎位置与纯扭构件相

仿,故称扭型破坏。根据试验结果,扭型破坏时的弯扭承载力相关公式为

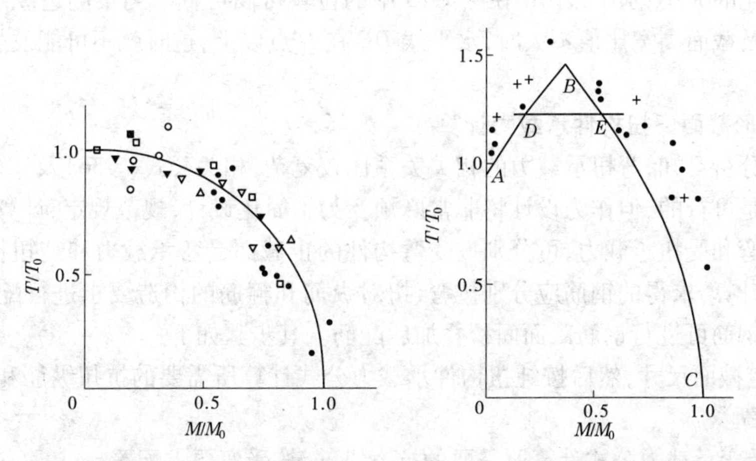

图 7-14　对称配筋截面的弯—扭相关曲线　　　图 7-15　非对称配筋截面的弯—扭相关曲线

$$\left(\frac{T}{T_0}\right)^2 - \frac{1}{r}\left(\frac{M}{M_0}\right) = 1 \tag{7-39}$$

式中　r——弯曲受压区钢筋与弯曲受拉区钢筋的承载力比,$r = \dfrac{f'_y A'_s}{f_y A_s}$;

T、M——构件在扭、弯共同作用下破坏时的受扭承载力和受弯承载力;

T_0、M_0——构件在纯扭和纯弯时的承载力。

在 r 值一定时,由式(7-39)可知,受扭承载力随着弯矩的增长而加大,当 r 值越小时,虽然 M 值较大,但弯曲受压区仍起控制作用,亦即 AB 段的长度越长,r 值越大,则 AB 段缩短。当 $r=1.0$ 时,AB 段退化为 A 点,因这时弯扭构件成为对称配筋情况。式(7-39)中 r 的适用范围为 $0<r\leqslant1.0$。

(2)弯型破坏。

当构件截面上作用的弯矩再增大时,截面弯曲受拉区纵筋因必须同时承受较大弯矩和扭矩引起的拉应力,有可能使弯曲受拉区钢筋首先屈服而起控制作用。构件截面上作用的弯矩越大,抗弯占用的弯曲受拉区纵筋百分比越大,截面的抗扭能力就越低,其相关曲线如图 7-15 中的曲线 BC 所示。因这类构件的破坏特征与纯弯构件相仿,故称弯型破坏。由试验得到的弯型破坏时弯扭承载力相关公式为

$$r\left(\frac{T}{T_0}\right)^2 + \frac{M}{M_0} = 1 \tag{7-40}$$

式中 r 应满足条件 $0<r\leqslant1.0$。由式(7-36)和式(7-37)可以联立解出图 7-15 中的 B 点坐标,即 $\dfrac{M}{M_0} = \dfrac{1}{2}(1-r)$,$\dfrac{T}{T_0} = \dfrac{1}{2}\sqrt{2\left(1+\dfrac{1}{r}\right)}$。

(3)弯扭型破坏。

当梁的侧边纵筋和箍筋配置不足,而梁截面的高宽比又较大时,则截面可能由于侧边纵筋或箍筋应力受扭矩作用首先达到屈服强度而导致构件破坏,承载力由侧边钢筋所控制,这类破坏称弯扭型破坏。由于弯矩对梁侧的受扭承载力影响很小,所以这种破坏时的

相关曲线为一水平线，如图 7-15 中的直线 DE 所示。根据梁侧边纵筋和箍筋数量多少以及截面高宽比的大小，水平线 DE 在图 7-15 中的位置可高可低。当梁侧边纵筋和箍筋数量相当多以及截面高宽比值不大时，水平线 DE 在 B 点以上，这时就不可能发生弯扭型破坏了。

(二)矩形截面弯扭构件承载力计算

由上述分析可知，弯扭承载力的相关关系比较复杂，相关公式(7-36)及式(7-37)作为承载力验算是可行的，但作为设计将非常麻烦。为了简化设计，规范规定，计算弯、扭共同作用下的受弯和受扭承载力，可分别按受弯构件的正截面受弯承载力和纯扭构件的受扭承载力进行计算，求得的钢筋应分别按弯、扭对纵筋和箍筋的构造要求进行配置，位于相同部位处的钢筋可进行钢筋截面面积叠加后配筋。其步骤如下：

(1)拟定截面尺寸，然后按纯扭构件承载力公式计算所需要的抗扭纵筋和箍筋，并按受扭要求配置。

(2)按受弯承载力公式计算所需要的抗弯纵筋，按受弯要求配置。

(3)对截面同一位置处的抗弯纵筋和抗扭纵筋，可将二者面积叠加后确定纵筋的直径和根数。

对所需的纵向钢筋数量可按以下方式叠加(见图 7-16)：将抵抗弯矩所需的纵筋 A_s 布置在截面受拉边(见图 7-16(a))；将抵抗扭矩所需的纵筋 A_{st} 均匀对称地布置在截面周边，如图 7-16(b)所示的选用 6 根直径相同的钢筋；截面最后配置的纵向钢筋如图 7-16(c)所示。

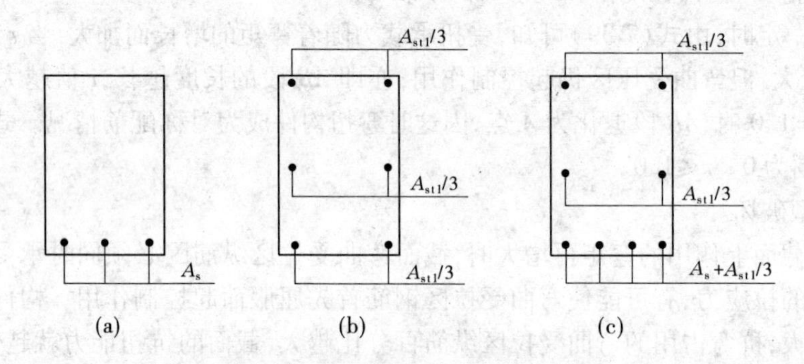

图 7-16 弯扭构件纵向钢筋的叠加

(三)T 形和 I 形截面剪扭和弯扭构件承载力计算

1. T 形和 I 形截面剪扭构件承载力计算

T 形和 I 形截面剪扭构件的受剪扭承载力应分别按受剪承载力和受扭承载力进行计算：

(1)剪扭构件的受剪承载力：由于在受剪承载力计算中，忽略受压翼缘及受拉翼缘所承受的剪力，所以仅计算腹板承受的剪力。对一般剪扭构件，按式(7-34)与式(7-35)进行计算。但计算时应将 T(扭矩)及 W_t(截面塑性抵抗矩)分别以 T_w 及 W_{tw} 代替。

(2)剪扭构件的受扭承载力：可按本章第二节内容将 T 形或 I 形截面划分为几个矩形截面，分别按式(7-5)～式(7-7)进行计算。对一般剪扭构件，腹板可按式(7-34)、式(7-35)进行计算,但计算时应将 T 及 W_t 分别以 T_w 及 W_{tw} 代替;受压翼缘及受拉翼缘可按矩形截面纯扭构件的式(7-19)进行计算,但计算时应将 T 及 W_t 分别以 T'_f 及 W'_{tf} 或 T_f 及 W_{tf} 代替。配筋图可参考图 7-6。

(3)按式(7-41)的条件确定是否能忽略剪力的影响,如能符合式

$$V \leqslant \frac{1}{\gamma_d}(0.35f_t bh_0) \tag{7-41}$$

则可不计剪力的影响,而只需按纯扭构件计算受扭承载力。

(4)按式(7-42)的条件确定是否能忽略扭矩的影响,如能符合式

$$T \leqslant \frac{1}{\gamma_d}(0.175f_t W_t) \tag{7-42}$$

则可不计扭矩的影响,而只需按受剪构件计算受剪承载力。

2. T 形和 I 形截面弯扭构件承载力计算

前面已经叙述过弯型破坏和扭型破坏的基本特征,实际上影响弯扭承载力相关关系的因素很多,如扭弯比(T/M)、上部纵筋承载力与下部纵筋承载力比值 r、截面高宽比、纵筋与箍筋配筋强度比 ζ 以及混凝土强度等,精确计算比较复杂。因此,规范采用简便实用的叠加法进行弯扭构件承载力计算,即对构件先分别按受弯构件的正截面受弯承载力和纯扭构件的受扭承载力进行计算,求得的钢筋应分别按弯、扭对纵筋和箍筋的构造要求进行配置,位于相同部位处的钢筋可进行钢筋截面面积叠加后配筋(参考图 7-16 的方式配置)。

【例题 7-1】 已知一 T 形截面剪扭构件,截面尺寸 $b'_f=500$ mm, $h'_f=150$ mm, $b=250$ mm, $h=500$ mm(见图 7-17), $a_s=35$ mm, $h_0=465$ mm;此构件承受的扭矩设计值 $T=18.47$ kN·m,剪力设计值 $V=150$ kN;采用的混凝土为 C30,箍筋用 HPB235 级钢筋,纵筋用 HRB335 级钢筋。试计算抗扭钢筋。

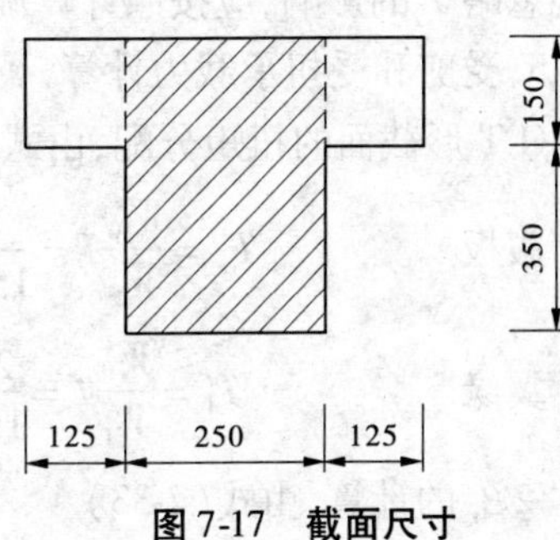

图 7-17　截面尺寸

解

1. 验算截面尺寸

将截面划分为腹板 $b\times h=250\text{mm}\times 500\text{mm}$ 及受压翼缘 $h'_f\times(b'_f-b)=150\text{mm}\times(500-250)\text{mm}$ 的两块矩形截面。

计算截面受扭塑性抵抗矩:

腹板　$$W_{tw}=\frac{b^2}{6}(3h-b)=\frac{250^2}{6}\times(3\times500-250)=13\times10^6(\text{mm}^3)$$

翼缘　$$W'_{tf}=\frac{h'^2_f}{2}(b'_f-b)=\frac{150^2}{2}\times(500-250)=2.81\times10^6(\text{mm}^3)$$

整个截面受扭塑性抵抗矩为

$$W_t=W_{tw}+W'_{tf}=13\times10^6+2.81\times10^6=15.81\times10^6(\text{mm}^3)$$

$$h_w=h_0-h'_f=500-35-150=315(\text{mm})$$

$h_w/b=315/250=1.26<4$,按式(7-36)验算

$$\frac{V}{bh_0}+\frac{T}{W_t}=\frac{150\times10^3}{250\times465}+\frac{18.47\times10^6}{15.81\times10^6}=2.46(\text{N/mm}^2)$$

$$<\frac{1}{\gamma_d}(0.25f_c)=\frac{1}{1.20}\times0.25\times14.3=2.98(\text{N/mm}^2)$$

截面尺寸满足要求。

2. 验算是否需按计算确定抗剪扭钢筋

按式(7-38)验算

$$\frac{V}{bh_0}+\frac{T}{W_t}=2.46\ \text{N/mm}^2>\frac{1}{\gamma_d}(0.7f_t)=\frac{1}{1.2}\times0.7\times1.43=0.83(\text{N/mm}^2)$$

说明需要按照计算配置抗剪扭钢筋。

3. 验算是否可以忽略剪力的影响

由式(7-41)

$$0.35f_tbh_0=0.35\times1.43\times250\times465=58.18\times10^3(\text{N})=58.18\ \text{kN}<\gamma_dV=180\ \text{kN}$$

不能忽略 V 的影响。

4. 验算是否可以忽略扭矩的影响

由式(7-42)

$$0.175f_tW_t=0.175\times1.43\times15.81\times10^6=3.96\times10^6(\text{N}\cdot\text{mm})$$

$$=3.96(\text{kN}\cdot\text{m})<\gamma_dT=22.16\ \text{kN}\cdot\text{m}$$

不能忽略 T 的影响，应按照计算确定抗扭剪钢筋。

5. 受剪和受扭承载力计算

①T 形截面的扭矩分配，由式(7-21)

腹板　$$T_w=\frac{W_{tw}}{W_t}T=\frac{13\times10^6}{15.81\times10^6}\times18.47=15.19(\text{kN}\cdot\text{m})$$

翼缘　$$T'_f=\frac{W'_{tf}}{W_t}T=\frac{2.81\times10^6}{15.81\times10^6}\times18.47=3.28(\text{kN}\cdot\text{m})$$

②β_t 的计算，由式(7-33)

$$\beta_t=\frac{1.5}{1+0.5\dfrac{V}{T_w}\dfrac{W_{tw}}{bh_0}}=\frac{1.5}{1+0.5\times\dfrac{150\times10^3}{15.19\times10^6}\times\dfrac{13\times10^6}{250\times465}}=0.966$$

③腹板受剪箍筋计算

受剪和受扭箍筋均采用双肢箍筋，故 $n=2$，由式(7-34)计算抗剪箍筋为

$$\frac{A_{sv}}{s}\geqslant\frac{\gamma_dV-0.7(1.5-\beta_t)f_tbh_0}{f_{yv}h_0}$$

$$=\frac{1.20\times150\times10^3-0.7\times(1.5-0.966)\times1.43\times250\times465}{210\times465}$$

$$=1.206(\text{mm}^2/\text{mm})$$

④腹板受扭箍筋计算

设 $\zeta=1.2$，由式(7-35)得

$$\frac{A_{\mathrm{st1}}}{s} \geqslant \frac{\gamma_{\mathrm{d}} T_{\mathrm{w}} - 0.35\beta_{\mathrm{t}} f_{\mathrm{t}} W_{\mathrm{tw}}}{1.2\sqrt{\zeta} f_{\mathrm{yv}} A_{\mathrm{cor}}}$$

$$= \frac{1.20 \times 15.19 \times 10^{6} - 0.35 \times 0.966 \times 1.43 \times 13 \times 10^{6}}{1.2 \times \sqrt{1.2} \times 210 \times 190 \times 440} = 0.517(\mathrm{mm^2/mm})$$

⑤确定腹板总箍筋

采用双肢箍筋($n=2$),则腹板单位长度上所需单肢箍筋总截面面积为

$$\frac{A_{\mathrm{sv1}}}{s} = \frac{A_{\mathrm{sv}}}{ns} + \frac{A_{\mathrm{st1}}}{s} = \frac{1.206}{2} + 0.517 = 1.120(\mathrm{mm^2/mm})$$

选用箍筋为Φ 12($A_{\mathrm{sv1}}=113.1\ \mathrm{mm^2}$),则得箍筋间距为

$$s = \frac{113.1}{1.120} = 101.0, \text{取 } s = 100\ \mathrm{mm}$$

$$\rho_{\mathrm{sv}} = \frac{nA_{\mathrm{sv1}}}{bs} = \frac{2 \times 113.1}{250 \times 100} = 0.905\% > \rho_{\mathrm{svmin}} = 0.20\%$$

满足要求。

⑥腹板受扭纵筋计算

腹板抗扭纵筋,由式(7-10)

$$A_{\mathrm{st}} = \zeta \frac{f_{\mathrm{yv}} A_{\mathrm{st1}} u_{\mathrm{cor}}}{f_{\mathrm{y}} s} = \zeta \frac{A_{\mathrm{st1}}}{s} \frac{f_{\mathrm{yv}} u_{\mathrm{cor}}}{f_{\mathrm{y}}}$$

$$= 1.2 \times 0.517 \times \frac{210 \times 2 \times (190 + 440)}{300} = 547(\mathrm{mm^2})$$

$$\rho_{\mathrm{st}} = \frac{A_{\mathrm{st}}}{bh} = \frac{547}{250 \times 500} = 0.44\% > \rho_{\mathrm{stmin}} = 0.20\%$$

满足要求。

按构造要求,抗扭纵筋的间距不应大于 200 mm 和梁宽 b,故梁高分三层布置纵筋。

每层:$\frac{A_{\mathrm{st}}}{3} = \frac{525}{3} = 175(\mathrm{mm^2})$,选 2 Φ 12($A_{\mathrm{s}}=226\ \mathrm{mm^2}$)。

⑦翼缘受扭承载力计算

受压翼缘一般按纯扭计算(不计 V 的影响),箍筋由式(7-35)计算

$$A_{\mathrm{cor}} = (150 - 2 \times 30) \times (250 - 2 \times 30) = 17\,100(\mathrm{mm^2})$$

$$\frac{A_{\mathrm{st1}}}{s} \geqslant \frac{\gamma_{\mathrm{d}} T'_{\mathrm{f}} - 0.35 f_{\mathrm{t}} W'_{\mathrm{tf}}}{1.2\sqrt{\zeta} f_{\mathrm{yv}} A_{\mathrm{cor}}}$$

$$= \frac{1.20 \times 3.28 \times 10^{6} - 0.35 \times 1.43 \times 2.81 \times 10^{6}}{1.2 \times \sqrt{1.2} \times 210 \times 17\,100} = 0.536(\mathrm{mm^2/mm})$$

选用Φ10 箍筋,$A_{\mathrm{st1}}=78.5\ \mathrm{mm^2}$,则

$$s = \frac{78.5}{0.536} = 133.7\ \mathrm{mm}, \text{取 } s = 100\ \mathrm{mm}$$

$$\rho_{\mathrm{sv}} = \frac{nA_{\mathrm{sv1}}}{bs} = \frac{2 \times 78.5}{250 \times 100} = 0.628\% > \rho_{\mathrm{svmin}} = 0.20\%$$

满足要求。

⑧翼缘受扭纵向钢筋计算

由式(7-10)得

$$A_{st} = \zeta \frac{f_{yv} A_{st1} u_{cor}}{f_y s} = \zeta \frac{A_{st1}}{s} \frac{f_{yv} u_{cor}}{f_y}$$

$$= 1.2 \times 0.536 \times \frac{210 \times 2 \times (90 + 190)}{300} = 276(\text{mm}^2)$$

$$\rho_{st} = \frac{A_{st}}{bh} = \frac{276}{250 \times 150} = 0.736\% > \rho_{stmin} = 0.20\%$$

满足要求。

选用 4 Φ 10($A_s = 314\ \text{mm}^2$)。

6. 截面配筋

截面配筋如图 7-18 所示。

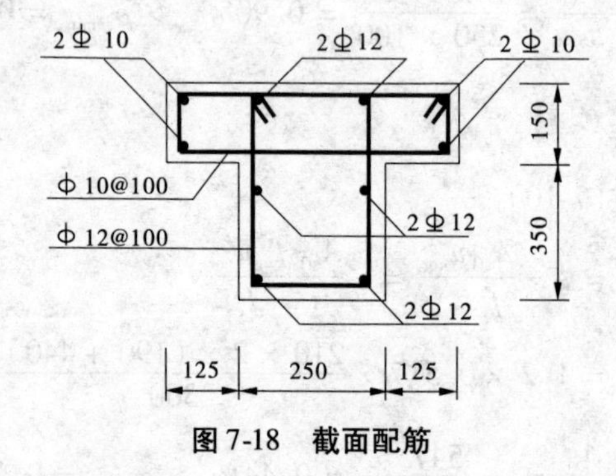

图 7-18　截面配筋

【例题 7-2】　外形尺寸与例题 7-1 相同;构件承受的扭矩设计值 $T = 18.47$ kN · m,弯矩设计值 $M = 200$ kN · m;采用的混凝土为 C30,箍筋用 HPB235 级钢筋,纵筋用 HRB335 级钢筋。试计算抗扭钢筋。

解

1. 验算截面尺寸

将截面划分为腹板 $b \times h = 250\ \text{mm} \times 500\ \text{mm}$ 及受压翼缘 $h_f' \times (b_f' - b) = 150\ \text{mm} \times (500 - 250)\text{mm}$ 的两块矩形截面。由例题 7-1 可知

$W_{tw} = 13 \times 10^6\ \text{mm}^3$, $W_{tf}' = 2.81 \times 10^6\ \text{mm}^3$, $W_t = W_{tw} + W_{tf}' = 15.81 \times 10^6\ \text{mm}^3$

$h_w / b = 315/250 = 1.26 < 4$,按式(7-22)验算

$$\frac{T}{W_t} = \frac{18.47 \times 10^6}{15.81 \times 10^6} = 1.17(\text{N/mm}^2) < \frac{1}{\gamma_d}(0.25 f_c) = \frac{1}{1.20} \times 0.25 \times 14.3 = 2.98(\text{N/mm}^2)$$

截面尺寸满足要求。

2. 验算是否需按计算确定抗剪扭钢筋

按式(7-26)验算

$$\frac{T}{W_t} = 1.17\ \text{N/mm}^2 > \frac{1}{\gamma_d}(0.7 f_t) = \frac{1}{1.20} \times 0.7 \times 1.43 = 0.83(\text{N/mm}^2)$$

说明需要按照计算配置抗剪扭钢筋。

3. 抗弯纵筋计算

①判别T形截面类型

$$f_c b_f' h_f' \left(h_0 - \frac{h_f'}{2}\right) = 14.3 \times 500 \times 150 \times \left(465 - \frac{150}{2}\right) = 418.3 \times 10^6 (\text{N} \cdot \text{mm})$$

$$= 418.3\ \text{kN} \cdot \text{m} > \gamma_d M = 1.20 \times 200 = 240 (\text{kN} \cdot \text{m})$$

属于第一类T形截面，按 $b_f' \times h$ 矩形截面计算。

②求抗弯纵筋

$$\alpha_s = \frac{\gamma_d M}{f_c b_f' h_0^2} = \frac{240 \times 10^6}{14.3 \times 500 \times 465^2} = 0.155$$

$$\xi = 1 - \sqrt{1 - 2\alpha_s} = 1 - \sqrt{1 - 2 \times 0.155} = 0.169 < \xi_b = 0.55$$

$$x = \xi h_0 = 0.169 \times 465 = 79 (\text{mm}) > 2a_s' = 2 \times 35 = 70 (\text{mm})$$

$$A_s = \frac{\gamma_d M}{f_y (h_0 - x/2)} = \frac{240 \times 10^6}{300 \times (465 - 79/2)} = 1\,880 (\text{mm}^2)$$

$\rho = \frac{A_s}{bh_0} = \frac{1\,880}{250 \times 465} = 1.62\% > \rho_{min} = 0.20\%$（查附录四附表4-3），满足要求。

4.腹板抗扭钢筋计算

①腹板受扭箍筋计算

由例题7-1可知，$T_w = 15.19\ \text{kN} \cdot \text{m}$，$W_{tw} = 13 \times 10^6\ \text{mm}^3$，$u_{cor} = 1\,260\ \text{mm}$，$A_{cor} = 83\,600\ \text{mm}^2$，取 $\zeta = 1.2$，由式(7-19)得

$$\frac{A_{st1}}{s} \geqslant \frac{\gamma_d T_w - 0.35 f_t W_{tw}}{1.2\sqrt{\zeta} f_{yv} A_{cor}}$$

$$= \frac{1.20 \times 15.19 \times 10^6 - 0.35 \times 1.43 \times 13 \times 10^6}{1.2 \times \sqrt{1.2} \times 210 \times 83\,600} = 0.508 (\text{mm}^2/\text{mm})$$

选用箍筋为Φ10（$A_{sv1} = 78.5\ \text{mm}^2$），则得箍筋间距为

$$s = \frac{78.5}{0.508} = 154，取\ s = 100\ \text{mm}$$

$$\rho_{sv} = \frac{nA_{sv1}}{bs} = \frac{2 \times 78.5}{250 \times 100} = 0.628\% > \rho_{svmin} = 0.20\%$$

满足要求。

②腹板纵向钢筋

腹板抗扭纵筋，由式(7-10)

$$A_{st} = \zeta \frac{f_{yv} A_{st1} u_{cor}}{f_y s} = \zeta \frac{A_{st1}}{s} \frac{f_{yv} u_{cor}}{f_y}$$

$$= 1.2 \times 0.508 \times \frac{210 \times 1\,260}{300} = 538 (\text{mm}^2)$$

$$\rho_{st} = \frac{A_{st}}{bh} = \frac{538}{250 \times 500} = 0.412\% > \rho_{stmin} = 0.20\%$$

满足要求。

按构造要求，抗扭纵筋的间距不应大于200 mm或梁宽 b，故梁高分三层布置纵筋。

上层：$\frac{A_{st}}{3}=\frac{515}{3}=172(\text{mm}^2)$，选 2 Φ 12（$A_s=226\ \text{mm}^2$）；

中层：$\frac{A_{st}}{3}=\frac{515}{3}=172(\text{mm}^2)$，选 2 Φ 12（$A_s=226\ \text{mm}^2$）；

下层：$\frac{A_{st}}{3}+A_s=\frac{515}{3}+1\ 880=2\ 052(\text{mm}^2)$，选 6 Φ 22（$A_s=2\ 281\ \text{mm}^2$）。

5. 翼缘抗扭钢筋计算

同例题 7-1，截面配筋如图 7-19 所示。

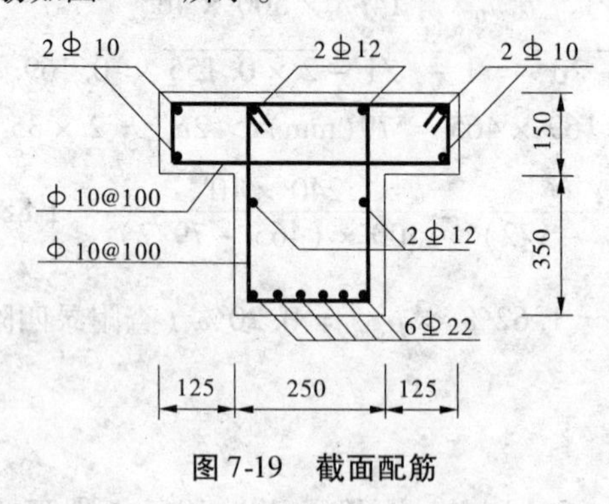

图 7-19　截面配筋

第五节　钢筋混凝土构件在弯矩、剪力和扭矩共同作用下的承载力计算

一、矩形截面构件在弯、扭作用下的承载力计算

规范规定，计算弯、扭共同作用下的受弯和受扭承载力，可分别按受弯构件的正截面受弯承载力和纯扭构件的受扭承载力进行计算，求得的钢筋应分别按弯、扭对纵筋和箍筋的构造要求进行配置，位于相同部位处的钢筋可进行钢筋截面面积叠加后配筋。

二、矩形截面构件在弯、剪、扭作用下的承载力计算

钢筋混凝土构件在弯矩、剪力和扭矩共同作用下的受力性能比剪扭、弯扭复杂，影响因素又很多。因此，目前弯、剪、扭共同作用下的承载力计算还是采用按受弯和受剪扭分别计算，然后进行叠加的近似计算方法。即纵向钢筋应通过正截面受弯承载力和剪扭构件的受扭承载力计算求得的纵向钢筋进行配置，重叠处的纵向钢筋截面面积可叠加。箍筋应按剪扭构件受剪承载力和受扭承载力计算求得的箍筋进行配置，相应部位处的箍筋截面面积也可叠加。

具体计算步骤如下：

（1）根据经验或参考已有设计，初步确定截面尺寸和材料强度等级。

（2）验算截面尺寸（防止剪扭构件超筋破坏），若能符合式（7-36）或式（7-37）的条件，

则截面尺寸合适。否则应加大截面尺寸或提高混凝土的强度等级。

截面尺寸同时应满足 $h_w/b<6.0$，$b_f'\leqslant b+6h_f'$ 及 $b_f\leqslant b+6h_f$。

(3)按式(7-38)的下限条件(防止剪扭构件少筋破坏)验算是否按计算确定抗剪扭钢筋，若能符合式(7-38)的条件，则不需对构件进行剪扭承载力计算，仅按构造要求配置抗剪扭钢筋。受弯应按计算配筋。

(4)确定计算方法。

按式(7-41)的条件确定是否能忽略剪力的影响，若能符合式(7-41)，则可不计剪力 V 的影响，而只需按受弯构件的正截面受弯和纯扭构件的受扭分别进行承载力计算。

按式(7-42)的条件确定是否忽略扭矩的影响，若能符合式(7-42)，则可不计扭矩 T 的影响，而只需按受弯构件的正截面受弯和斜截面受剪分别进行承载力计算。

(5)若构件受力满足式(7-36)或式(7-37)的条件而不满足式(7-38)、式(7-41)、式(7-42)的条件，则按下列两方面进行计算：

①按第三章相应公式计算满足正截面受弯承载力所需的纵向钢筋。

②按本章式(7-34)及式(7-35)计算剪扭受荷下的抗剪扭纵向钢筋和箍筋。

由上述两方面分别计算所得的钢筋，在相重部位的纵筋或箍筋截面面积可进行叠加，再选配钢筋。

在弯剪扭构件中，配置在截面弯曲受拉边的纵向受力钢筋，其截面面积不应小于 $0.25\%\,bh_0$(光面钢筋)或 $0.20\%\,bh_0$(带肋钢筋)与按受扭纵向钢筋最小配筋率计算并分配到弯曲受拉边的钢筋截面面积之和；抗扭的纵向钢筋最小用量不应小于 $\rho_{stmin}bh$；箍筋的最小用量应使 ρ_{sv} 不小于 ρ_{svmin}。箍筋还应满足第四章相应的构造要求。

【例题 7-3】 某溢洪道上的胸墙截面尺寸如图 7-20(a)所示。闸墩之间的净距为 8 m，胸墙与闸墩整体浇筑。在正常水压力作用下，顶梁 A 的内力见图 7-20(b)、(c)、(d)。胸墙为 2 级建筑物。采用 C25 混凝土及 HRB335 级钢筋，箍筋用 HPB235 级钢筋。试配置顶梁 A 的钢筋(胸墙安全级别为Ⅱ级)。

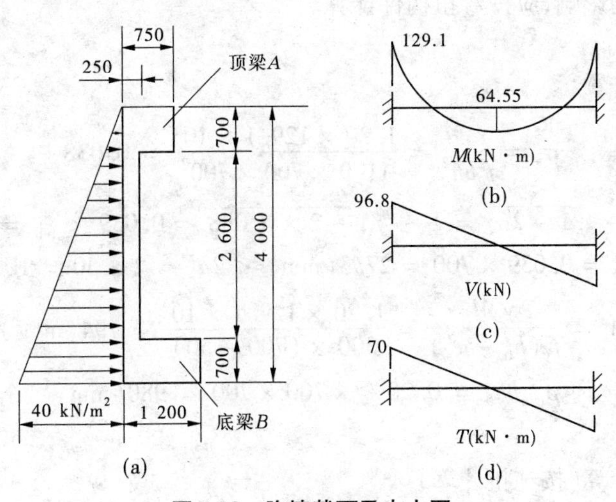

图 7-20　胸墙截面及内力图

解　已知$f_y=300\ \text{N/mm}^2$，$f_{yv}=210\ \text{N/mm}^2$，$f_t=1.27\ \text{N/mm}^2$，$f_c=11.9\ \text{N/mm}^2$，$c=35$ mm。

1. 顶梁内力

顶梁A为一受弯、剪、扭共同作用的构件，固定端截面处（闸墩边）的内力最大。经计算，内力设计值$M=129.1\ \text{kN}\cdot\text{m}$，$T=70\ \text{kN}\cdot\text{m}$。

2. 验算截面尺寸

估计为单排钢筋，取$a_s=50$ mm，则$h_0=h-a_s=750-50=700(\text{mm})$。

$$W_t=\frac{b^2}{6}(3h-b)=\frac{700^2}{6}\times(3\times750-700)=1.27\times10^8(\text{mm}^3)$$

$$\frac{V}{bh_0}+\frac{T}{W_t}=\frac{96.8\times10^3}{700\times700}+\frac{70\times10^6}{1.27\times10^8}=0.75(\text{N/mm}^2)$$

$$<\frac{1}{\gamma_d}(0.25f_c)=\frac{1}{1.20}\times0.25\times11.9=2.48(\text{N/mm}^2)$$

故截面尺寸满足要求。

3. 验算是否需按计算配置抗剪扭钢筋

$$\frac{V}{bh_0}+\frac{T}{W_t}=0.75\ \text{N/mm}^2>\frac{1}{\gamma_d}(0.7f_t)=\frac{1}{1.20}\times0.7\times1.27=0.74(\text{N/mm}^2)$$

故应按计算配置抗剪扭钢筋。

4. 判别是否按弯、剪、扭构件计算

$$0.35f_tbh_0=0.35\times1.27\times700\times700=217.81\times10^3(\text{N})=217.81\ \text{kN}$$

$$<\gamma_dV=1.20\times96.8=116.16(\text{kN})$$

故可忽略剪力的影响。

$$0.175f_tW_t=0.175\times1.27\times1.27\times10^8=28.23\times10^6(\text{N}\cdot\text{mm})=28.23\ \text{kN}\cdot\text{m}$$

$$<\gamma_dT=1.20\times70=84(\text{kN}\cdot\text{m})$$

故不能忽略扭矩的影响，应按弯扭构件计算。

5. 配筋计算

①抗弯纵筋计算

$$\alpha_s=\frac{\gamma_dM}{f_cbh_0^2}=\frac{1.20\times129.1\times10^6}{11.9\times700\times700^2}=0.038$$

$$\xi=1-\sqrt{1-2\alpha_s}=1-\sqrt{1-2\times0.038}=0.039<\xi_b=0.550$$

$$x=\xi h_0=0.039\times700=27.3(\text{mm})<2a_s'=2\times50=100(\text{mm})$$

$$A_s=\frac{\gamma_dM}{f_y(h_0-a_s')}=\frac{1.20\times129.1\times10^6}{300\times(700-50)}=794(\text{mm}^2)$$

$$<\rho_{\min}bh_0=0.20\%\times700\times700=980(\text{mm}^2)$$

故取$A_s=980\ \text{mm}^2$。

②抗扭钢筋计算（按纯扭计算）

$$A_{cor}=b_{cor}h_{cor}=(700-70)\times(750-70)=428\,400(\text{mm}^2)$$

取$\zeta=1.2$，则

$$\frac{A_{st1}}{s} \geqslant \frac{\gamma_d T - 0.35 f_t W_t}{1.2\sqrt{\zeta} f_{yv} A_{cor}} = \frac{1.2 \times 70 \times 10^6 - 0.35 \times 1.27 \times 1.27 \times 10^8}{1.2 \times \sqrt{1.2} \times 210 \times 428\ 400} = 0.233(\text{mm}^2/\text{mm})$$

按最小配箍率 $\rho_{svmin} = 0.20\%$（HPB235 级钢筋）要求

$$\frac{A_{st1}}{s} \geqslant \frac{\rho_{svmin} b}{n} = \frac{0.002 \times 700}{2} = 0.7(\text{mm}^2/\text{mm})$$

因此，抗扭箍筋应按最小配箍率要求配置。选用Φ 10（$A_{st1} = 78.5\ \text{mm}^2$），$s = \frac{78.5}{0.7} = 112.1(\text{mm})$，取 $s = 100$ mm。

$$u_{cor} = 2(b_{cor} + h_{cor}) = 2 \times (630 + 680) = 2\ 620(\text{mm})$$

抗扭纵筋

$$A_{st} = \zeta \frac{f_{yv} A_{st1} u_{cor}}{f_y s} = 1.2 \times \frac{210 \times 78.5 \times 2\ 620}{300 \times 100} = 1\ 728(\text{mm}^2)$$

$$> \rho_{stmin} bh = 0.2\% \times 700 \times 750 = 1\ 050(\text{mm}^2)$$

满足要求。

顶梁高度较大（$h = 750$ mm），考虑纵向钢筋（连同抗弯纵筋）沿梁高分 4 层布置：

上层纵筋需 $A_s + \frac{A_{st}}{4} = 980 + \frac{1\ 728}{4} = 1\ 412(\text{mm}^2)$，选用 4 Φ 22（$A_s = 1\ 520\ \text{mm}^2$）。

侧面中部二层纵筋各需 $\frac{A_{st}}{4} = \frac{1\ 728}{4} = 432(\text{mm}^2)$，选用 2 Φ 18（$A_s = 509\ \text{mm}^2$）（因 $h_w > 450$ mm，梁每侧应设置面积不小于 $0.1\% bh_w = 0.1\% \times 700 \times 700 = 490(\text{mm}^2)$ 的纵向构造钢筋）。

下层纵筋需 $A_s + \frac{A_{st}}{4} = 980 + 432 = 1\ 412(\text{mm}^2)$，选用 4 Φ 22（$A_s = 1\ 520\ \text{mm}^2$）。

根据第四章有关箍筋的构造要求，箍筋最终选用四肢箍，Φ 10@100，配筋图如图 7-21 所示。

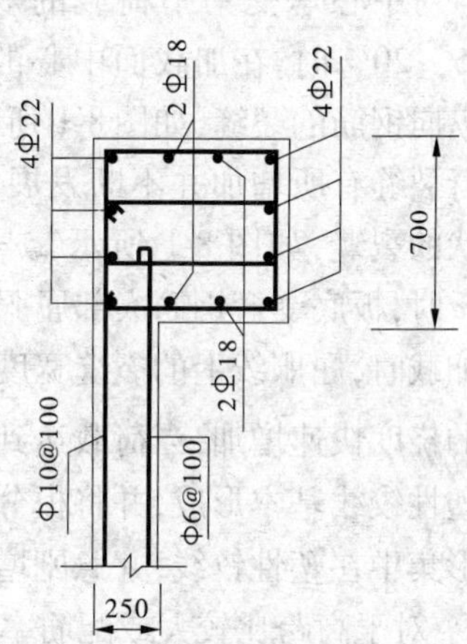

图 7-21　胸墙顶梁截面配筋图

【讨论】

胸墙在水压力作用下，实际受荷简图是一以闸墩及顶、底梁为支座的双向板和上下两根以闸墩为支座的梁。由于顶梁与底梁截面尺寸不同，并且水压力为三角形分布，合力作用位置不通过胸墙截面形心，因此胸墙为受扭结构（未开裂前）。本例内力为简化后近似计算所得的结果。另外，顶梁是与胸墙板整浇的，在本例中认为顶梁单独受扭也是一种简化。

为了方便顶梁钢筋骨架绑扎，配筋时使顶梁的箍筋间距宜与胸墙板上端的垂直钢筋间距相协调（即两者钢筋间距相等或成倍数）。本例胸墙板上端垂直钢筋经计算为Φ 10@100，而顶梁箍筋为Φ 10@100，因此考虑将胸墙板中的垂直钢筋弯入顶梁内作为一双肢箍筋，另加配一双肢箍Φ 10@100。

第八章　钢筋混凝土受冲切和局部受压承载力计算

第一节　受冲切承载力计算

钢筋混凝土受弯构件斜截面受剪承载力计算已如第四章所述,主要是针对剪切破坏面贯穿构件整个宽度的单向受弯构件,不仅适用于梁,也适用于单向受力的板。在实际工程中经常会遇到起双向作用的钢筋混凝土板承受集中荷载或集中反力的情况,如承受轮压作用的桥面板和码头面板、支承在柱上的无梁楼板、柱下基础和桩基承台等结构构件。试验表明,钢筋混凝土板在集中荷载作用下,其破坏形态有弯曲破坏和冲切破坏两种形式。

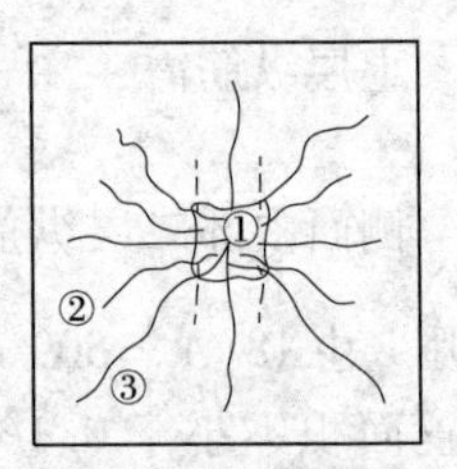

图 8-1　双向板板底裂缝分布

对于高跨比较小或配筋率较低的双向板,一般发生弯曲破坏。对中心承受集中荷载的双向板,当荷载加至破坏荷载的10% ~20%时,在加载面中心的板底面附近出现十字形的平行于纵向钢筋的裂缝,如图 8-1 所示①号缝,随着荷载的增加,这种平行裂缝有所增加并不断发展,随后出现向板的四角发展的辐射状的裂缝,如图 8-1 所示②号缝,当达到破坏荷载的 70% ~85%时,板底受弯钢筋大部屈服,板底裂缝分布趋于稳定。当继续加载时,屈服线上的裂缝宽度迅速增加,如图 8-1 所示③号缝,板的挠度快速增加,当荷载达到破坏荷载的 90%以上时,通过主裂缝的钢筋基本屈服,板的塑性铰线基本形成,并将板分割成若干个刚性块体而形成机构。继续增加荷载,裂缝和变形集中在塑性铰线,并急剧增大,最后失去承载力而破坏。

对于高跨比较大或配筋率较高的板,一般发生冲切破坏。在局部荷载或集中反力作用下,板双向受剪,其两个方向的斜裂缝面形成一个截头锥体形破坏面,如图 8-2 所示,这种破坏形式称为冲切破坏。在荷载作用下,首先在加载面中心的板底面附近出现十字形的平行于纵向钢筋的裂缝,随着荷载的增加,这种平行裂缝有所增加,并迅速向板的四边发展,在加载面周边附近形成一近似方形的第一圈闭合裂缝,并沿该裂缝产生辐射状的、以

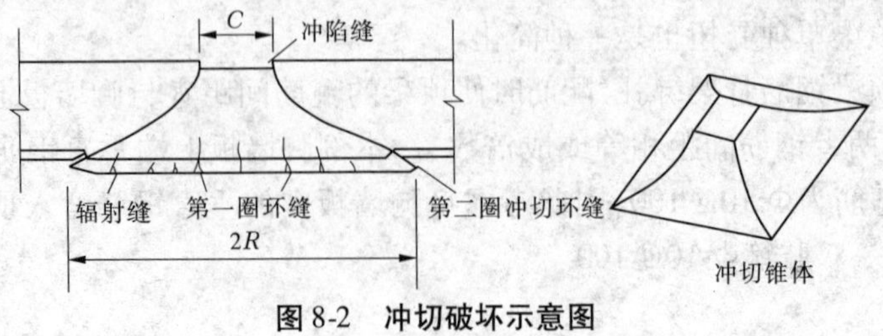

图 8-2　冲切破坏示意图

加载中心为圆心的径向裂缝，即辐射缝。当荷载达到破坏荷载的70%～85%时，裂缝基本出齐，裂缝宽度继续开展。当达到破坏荷载时，随着“砰”的一声闷响，板顶面沿加载面周围产生冲陷裂缝；与此同时，板底部距加载中心一定距离产生第二圈切向裂缝，如图8-3所示。板底裂缝均未发展到试验板的侧面。

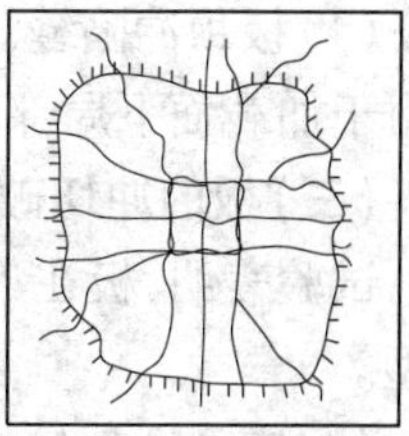

图8-3　双向板板底环状冲切破坏缝

一、试验研究

(一)板的冲切工作过程

试验研究表明，集中荷载作用下板从开始加载到冲切破坏的工作状态大致可分为三个阶段，如图8-4所示。

第一阶段，从开始加载到板底面正裂缝出现前。板基本上处于弹性工作状态，挠度随荷载线性增加，但增加速率较小，如图8-4中oa段，板未开裂。此阶段末板承受的荷载F为破坏荷载F_l^0的0.1～0.3倍。

第二阶段，从板中第一条裂缝出现到板体破坏。随着荷载的增大，各种裂缝相继出现和发展，裂缝截面的受拉区混凝土渐渐脱离工作，受拉钢筋承受的荷载比例渐增，钢筋应变及板体挠度均以较前阶段大的速率增大，使荷载挠度曲线呈明显的非线形。此阶段持续到破坏荷载出现，如图8-4中ab段。

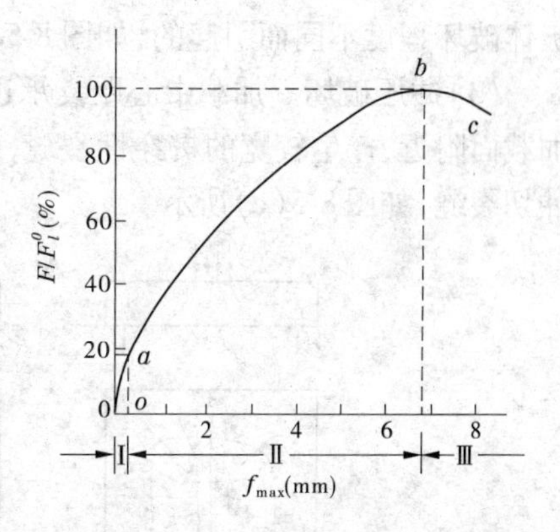

图8-4　板受冲切破坏实测荷载挠度曲线

第三阶段，无预兆的脆性破坏。破坏时，板中形成冲切锥体，板顶加载面下混凝土被冲陷，板底形成一完整或不完整的环状冲切错动缝，缝内板体呈锅底状下凹。挠度随荷载下降而猛增，承载力迅速下降，如图8-4中bc段。

(二)板中裂缝种类和形态

板在集中荷载作用下，产生的裂缝有底板正裂缝、辐射缝、冲切缝，板顶冲陷缝等，如图8-2和图8-3所示。

(1)底板正裂缝。随着集中荷载的增大，首先在板底面加载中心附近产生十字形的平行于板边方向的弯曲正裂缝，并随荷载增大而向板边延伸。此种裂缝属张开型，数量较少，且大致沿加载面的周边形成一正方形环状缝，也即第一环状裂缝。此种正裂缝是由板底面的弯矩作用而产生的。

(2)底板辐射缝。此种裂缝以加载中心为中心，基本上从第一环状裂缝向板四周发展。这种裂缝也属于张开缝，是由于板底面受拉区的双向弯矩和扭矩共同作用产生的主拉应力超过混凝土的抗拉强度而引起的。

(3)底板冲切缝。在临近破坏时，板底面出现了第二圈闭和或不闭和的环状裂缝，与第一圈环状裂缝不同的是，此第二圈环状缝是冲切错动裂缝，呈锯齿状，而不是张开型裂缝。此种裂缝是由于板体冲切锥面上的剪应力过大而产生的，属于剪错缝。

(4)板顶冲陷缝。当板体破坏时,在板顶面沿加载面的周边产生的相对错动裂缝,这是由于加载面下局部范围的剪力过大所产生的,是冲切破坏所必然产生的。

(三)板的冲切破坏类型

试验表明,板在集中荷载作用下的冲切破坏为无预告的脆性破坏,可分为以下三种类型。

(1)完全冲切破坏。板顶加载面下的混凝土被完全冲陷。同时板底面形成一个近似正方形或矩形的完全连通的环状冲切缝,缝内板体底面近似呈锅底状,如图8-5(a)所示。

(2)不完全冲切破坏。与完全冲切破坏不同的是,板顶沿加载面周边冲下的是一个不对称的、各边冲陷深度和混凝土压碎程度不同的混凝土块体,板底面形成一个不完全的环状冲切裂缝。主要是由于加载中心到各支承边的距离相差较大,加载面附近各方向的板体破坏程度不同而引起的,如图8-5(b)所示。

(3)冲压破坏。加载中心距支承边很近的方向板底面正裂缝经由板侧面上升到板顶加载面附近,产生较宽的贯穿性裂缝,而加载中心距支承边较远方向的板体仍产生明显的冲切裂缝,如图8-5(c)所示。

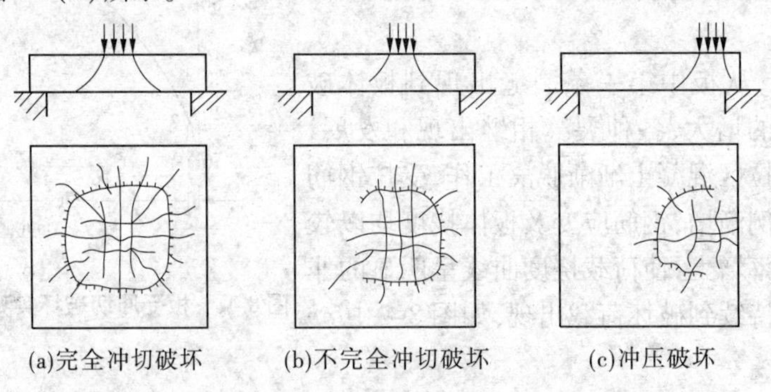

图8-5 板的冲切破坏类型

(四)板受冲切承载力计算的力学模型

根据相关试验结果和有限元分析结果可知,板在集中荷载作用下的冲切破坏机理具有下列主要特征:

(1)从开始加载到破坏,板的受冲切工作可分为三个阶段:未裂阶段、开裂阶段和破坏阶段。破坏阶段是短暂的,破坏是无预告的脆性破坏。

(2)板的受力反应的局部性。从试验板中关于变位、钢筋与混凝土的应变的实测资料,从剪力分析中得到的剪力分布,可知集中荷载是通过荷载周围的板体传递给支座的,但集度最大的区域是在加载面的周围,从加载面边缘向支座方向,板的剪力、应变和变位均以高梯度递减;裂缝也表明,板底面裂缝的发育也不超过加载边3倍板高的范围。因此,板的冲切破坏被限制在集中荷载作用周围的一个局部区域。此区域周围完好的板对冲切破坏区域形成约束,提高了板的受冲切承载力。

(3)冲切破坏时形成错动机构。以板顶面的冲陷缝和底面的环状冲切缝相连接所围成的截锥体,从板中被冲出,锥体与周围板体产生相对错动,如图8-2所示。锥体表面的母线即破坏截面线近似为一悬链线。该线的倾角从加载边的90°到纵筋处的15°,但大部分区域为 30°～45°。

设集中荷载作用于板面的任意位置,则冲切锥体形状一般是非对称的。现取冲切锥体脱离体给出力学模型,如图 8-6 所示。受冲切承载力由钢筋的销栓力、混凝土的抗剪力以及骨料的咬合力组成,其分布规律和破坏形态主要与荷载作用位置及其与支座边的相对距离有关。在产生非对称破坏锥体时,锥体的各个侧面也可能同时产生不同性质的破坏,因而形成完全冲切破坏、不完全冲切破坏和冲压破坏这种主要以破坏外型分类的三种破坏类型。

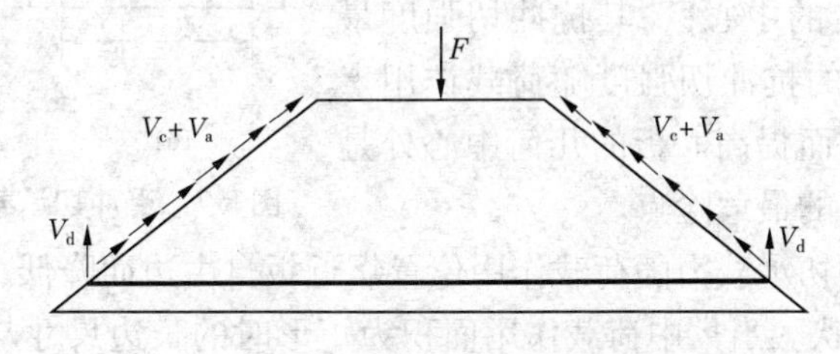

图 8-6　板的冲切破坏模型

由此可见,欲将各受冲切承载力用解析法解出是很困难的。有学者曾用塑性极限分析方法对中心加载对称板,利用塑性理论求出其上限解。这些解答的表达式相当烦琐,又难以适用于非中心加载板,因此缺乏实用性。但塑性极限分析对分析受冲切承载力的影响因素和探索受冲切承载力计算表达式的形式都很有帮助。

二、影响板受冲切承载力的主要因素

影响板受冲切承载力的因素很多,如材料性能、几何特征和作用条件等,由于冲切破坏机理十分复杂,建立板的受冲切承载力与这些因素的数学关系目前尚无成熟的理论,因而只能依赖于对大量试验数据的统计分析。

(1)混凝土强度。混凝土强度越高,板的受冲切承载力越高。受冲切承载力与混凝土抗拉强度基本呈线性关系。

(2)集中荷载作用面积。集中荷载作用面积直接影响到冲切破坏面积大小,故对冲切承载力影响显著。试验结果表明,板的受冲切承载力随加载面周长的增加而增加。但是,若以加载面边长与板有效厚度比 c/h_0 作为参数,则受冲切承载力随 c/h_0 的增大而降低。

(3)截面高度。几乎所有的研究成果都表明,受冲切承载力随板有效厚度 h_0 的增大而明显提高,与有效板厚呈指数大于 1 的幂函数关系。

(4)纵向钢筋配筋率。试验表明,当纵向钢筋配筋率不高于 2.0% 时,受冲切承载力随纵筋率的增大基本呈线性提高,但提高的幅度不大。但在发生冲切破坏后,由于几何形状的改变,纵筋构成的网能够承担一定的冲切荷载。并且,纵筋还有利于各垂直抗冲切力的重分布,增大混凝土受压区高度和销栓作用。

(5)截面高度尺寸效应。当板厚超过某一限度后,板厚增加,板的受冲切承载力有所降低。需考虑截面高度尺寸效应对板受冲切承载力的影响。

(6)板中孔洞。试验表明,板中孔洞的存在会降低板的受冲切承载力。应采用对冲切临界周长进行折减的方法来考虑其不利影响。

(7)集中荷载作用位置。受冲切承载力随荷载作用位置的变化规律与板的支承方式有关。

四边支承板受冲切承载力以荷载作用于板的中心时最低;荷载位置愈靠近板边,其受冲切承载力愈高。其理想化的受冲切承载力模型如图8-7所示,板可分为两区:Ⅰ区和Ⅱ区。Ⅰ区为距板边大于 $3h_0$ 左右的中心区,其抗冲切强度最低且大体相同;Ⅱ区的抗冲切强度随荷载作用点至支座的距离的减小而提高。板的几何中心处是板在集中荷载作用下的最危险点。

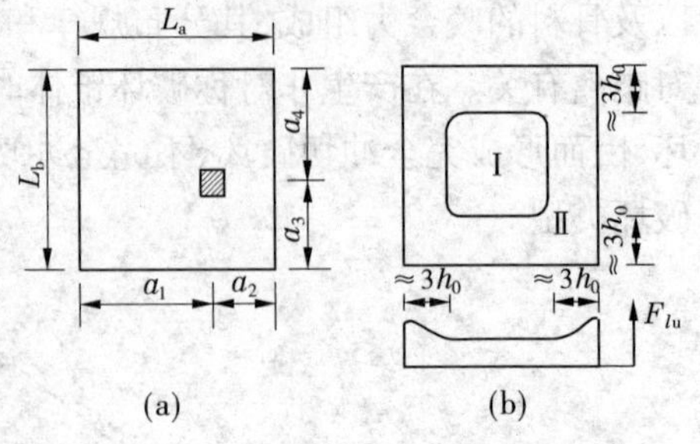

图 8-7 受冲切承载力与加载位置关系

对边支承板受冲切承载力随荷载作用位置靠近板自由边而降低。

(8)集中荷载形状。当集中荷载作用面积为矩形时的长边尺寸与短边尺寸的比值过大,或临界破坏周长与有效板厚的比值 u_m/h_0 过大时,剪力将集中于角隅,不能形成严格意义上的冲切破坏,受冲切承载力就可能降低。

(9)板的施工方法和支座约束条件。试验表明,叠合板的受冲切承载力不比同条件的整浇板低,平均比值还高出9%,这与叠合梁的试验结论一致。

约束板的受冲切承载力高于同条件下简支板的受冲切承载力,其高出的幅度以边置荷载为最大。产生这种现象的原因是支座受到约束后,板内拱式薄膜力提高了受冲切承载力。

对于实际工程中的叠合板及约束条件不明确的嵌固板,按简支整浇板来作抗冲切设计计算是简单而偏安全的。

(10)抗冲切钢筋。集中荷载作用下的钢筋混凝土板,用配置抗冲切钢筋来满足或增强板的抗冲切承载力是常用的设计方法。

抗冲切钢筋的主要形式有箍筋、弯起钢筋、锚栓或其他型钢如工字钢、槽钢等。

试验表明,配置抗冲切钢筋的混凝土板,如果试件受冲切后在配筋区域内破坏,则冲切承载力由钢筋与混凝土共同提供;如果试件在配筋区域外破坏,则冲切承载力仅由破坏处混凝土提供。

(11)抗冲切钢纤维。研究表明,掺入钢纤维能显著提高钢筋混凝土板的受冲切承载力,使冲切过程呈现良好延性,甚至可能改变板的破坏形态,使板从冲切破坏变为弯曲破坏。

三、受冲切承载力的计算

目前国内外设计规范对于钢筋混凝土板受冲切承载力的计算方法,均是根据试验结果,分析主要影响因素,运用统计回归方法提出的。通常认为影响受冲切承载力的主要因素有三个,即板的有效高度、临界截面平均周长和混凝土抗拉强度。此外,再考虑一个系数,该系数或者为常数,或者考虑了加载面边长比、配筋率或板厚的影响,各国规范的规定不尽相同。

近年新修订的规范,其发展趋势是考虑板中孔洞、板边长比、板有效厚度与临界截面周长比等对冲切承载力的影响。

下面主要介绍我国水工混凝土结构设计规范中关于板受冲切承载力的计算方法。

(一)无受冲切钢筋板的受冲切承载力计算

在局部荷载或集中反力作用下不配置箍筋或弯起钢筋的板,其受冲切承载力应符合下列规定,如图 8-8 所示

$$F_l \leqslant \frac{1}{\gamma_d}(0.7\eta\beta_h f_t u_m h_0) \tag{8-1}$$

$$\eta = 0.4 + \frac{1.2}{\beta_s} \tag{8-2}$$

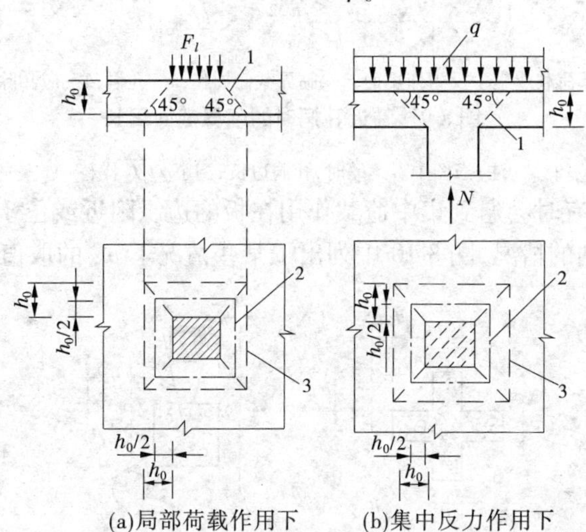

(a)局部荷载作用下　　(b)集中反力作用下

1—冲切破坏锥体的斜截面;2—距荷载面积周边 $h_0/2$ 处的周长;

3—冲切破坏锥体的底面线

图 8-8　板的受冲切承载力计算

式中　F_l——局部荷载设计值或集中反力设计值,对板柱结构的节点,取柱所承受的轴向压力设计值的层间差值减去冲切破坏锥体范围内板所承受的荷载设计值;

γ_d——钢筋混凝土结构的结构系数,按附录一附表 1-3 采用;

f_t——混凝土轴心抗拉强度设计值,对于叠合板,取预制板和叠合层两种混凝土强度中的较低值;

h_0——板的有效高度,取两个配筋方向的截面有效高度的平均值;

u_m——临界截面的周长,距离局部荷载或集中反力作用面积周边 $h_0/2$ 处板垂直截面的最不利周长;

η——局部荷载或集中反力作用面积形状的影响系数;

β_h——截面高度影响系数,$\beta_h = \left(\frac{800}{h_0}\right)^{1/4}$,当 $h_0 < 800$ mm 时,取 $h_0 = 800$ mm,当 $h_0 > 2\,000$ mm时,取 $h_0 = 2\,000$ mm;

β_s——局部荷载或集中反力作用面积为矩形时的长边与短边尺寸的比值,β_s 不宜大于 4,当 $\beta_s < 2$ 时,取 $\beta_s = 2$,当面积为圆形时,取 $\beta_s = 2$。

当板开有孔洞且孔洞至局部荷载或集中反力作用面积边缘的距离不大于 $6h_0$ 时，受冲切承载力计算中取用的临界截面周长 u_m，应扣除局部荷载或集中反力作用面积中心至开孔外边画出两条切线之间所包含的长度，如图 8-9 所示。

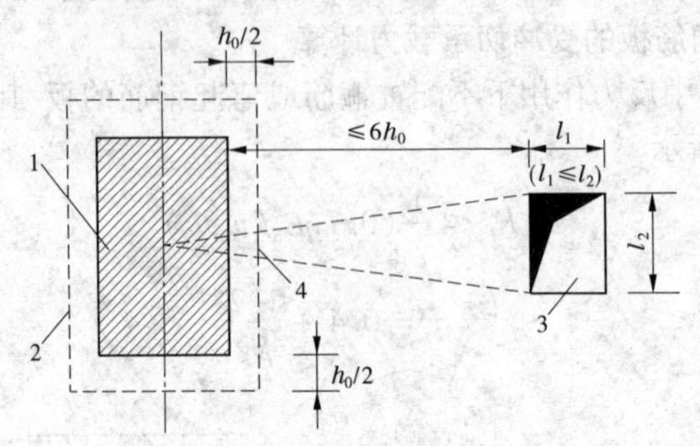

1—局部荷载或集中反力作用面；2—临界截面周长；3—孔洞；4—应扣除的长度

图 8-9　临近孔洞时的临界截面周长

注：当图中 $l_1 > l_2$ 时，孔洞边长 l_2 用 $\sqrt{l_1 l_2}$ 代替

在实际工程中，有时会遇到集中荷载作用在板的边缘附近或位于孔洞附近，以及集中荷载作用面积不规则的情况，图 8-10 中列出了某些情况下 u_m 的取值方法，供设计参考。

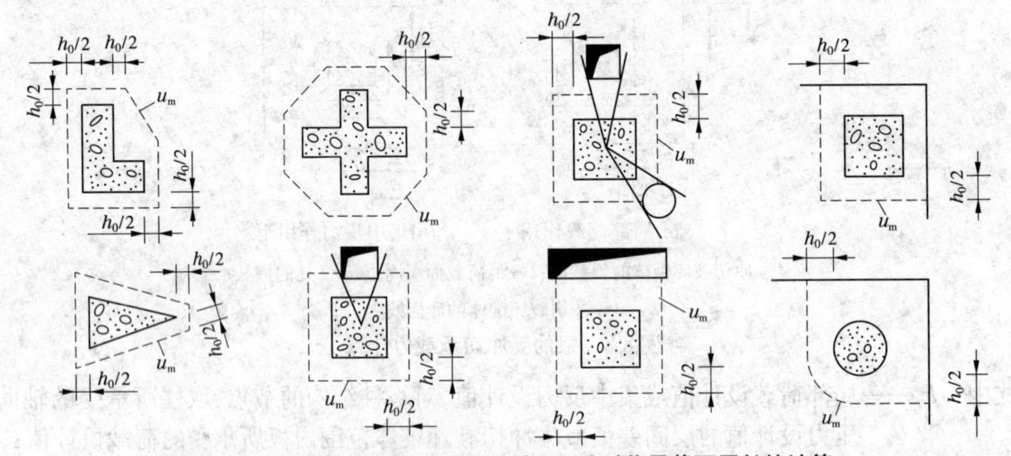

图 8-10　集中荷载作用面积不规则及开孔时临界截面周长的计算

（二）配置受冲切钢筋板的受冲切承载力计算

在局部荷载或集中反力作用下，当受冲切承载力不满足式(8-1)的要求，且板厚和混凝土强度等级的提高受到限制时，可在局部荷载或集中反力作用位置附近板内配置箍筋或弯起钢筋，以提高其受冲切能力。

1. 配置受冲切钢筋板的截面尺寸限制条件

为了避免在使用阶段冲切斜裂缝开展过宽和为了使受冲切钢筋的强度能充分发挥作用，配置受冲切钢筋板应满足下列截面尺寸限制条件

$$F_l \leqslant \frac{1}{\gamma_d}(1.05\eta f_t u_m h_0) \tag{8-3}$$

式(8-3)的截面尺寸限制条件相当于限制配置受冲切钢筋板的最大承载力，为无冲切钢筋板的 1.5 倍，这实际上也是对受冲切箍筋或弯起钢筋数量的限制。

2. 配置箍筋或弯起钢筋的钢筋混凝土板的受冲切承载力计算公式

(1)当配置箍筋时

$$F_l \leqslant \frac{1}{\gamma_d}(0.55\eta f_t u_m h_0 + 0.8 f_{yv} A_{svu}) \tag{8-4}$$

(2)当配置弯起钢筋时

$$F_l \leqslant \frac{1}{\gamma_d}(0.55\eta f_t u_m h_0 + 0.8 f_y A_{sbu} \sin\alpha) \tag{8-5}$$

式中　A_{svu}——与呈45°冲切破坏锥体斜截面相交的全部箍筋截面面积；

A_{sbu}——与呈45°冲切破坏锥体斜截面相交的全部弯起钢筋截面面积；

α——弯起钢筋与板底面的夹角。

当有可靠依据时,也可配置其他有效形式的受冲切钢筋,如工字钢、槽钢、抗剪锚栓和扁钢U形箍等;当受冲切钢筋布置困难,或集中荷载作用位置不固定时,可通过掺加钢纤维来提高钢筋混凝土板的受冲切承载力。

对配置受冲切箍筋或弯起钢筋的冲切破坏锥体以外的截面,尚应按无冲切钢筋板的式(8-1)进行受冲切承载力验算,此时,临界截面周长 u_m 取配置受冲切钢筋的冲切破坏锥体以外 $0.5h_0$ 处的最不利周长。

(三)柱基础的受冲切承载力计算

基础冲切破坏的机制和计算原理与板受冲切基本相同,但考虑到基础的受力特点和基础本身的重要性,在计算方法上亦作了相应的调整。

基础板要承受较大的弯矩,并且基础板所承受的分布荷载也随着弯矩的变化而变化。基础往往在一个方向承受较大的弯矩,因此柱下单独基础的平面形状往往做成矩形。

柱下基础的冲切破坏一般沿柱边约呈45°倾斜的角锥面出现,为了防止这种破坏的发生,必须使角锥体冲切界面外的地基净反力所产生的冲切力不大于冲切界面上混凝土的受冲切能力。考虑到传至锥底每一侧的冲切力可能存在较大差异,为安全计,设计时可沿基础长边方向地基反力较大的一侧取出一个冲切界面进行受冲切验算。

柱下基础可能发生冲切破坏的位置有柱与基础交接处和阶形基础变阶处。这是因为在柱与基础交接处,冲切力最大而抵抗冲切的截面周长最小;在基础变阶处,虽然冲切力减小,截面周长增大,但抵抗冲切的截面高度也相应减小。

对矩形截面柱的矩形基础,在柱与基础交接处以及基础变阶处的受冲切承载力应符合下列规定

$$F_l \leqslant \frac{1}{\gamma_d}(0.7\beta_h f_t b_m h_0) \tag{8-6}$$

$$F_l = p_s A \tag{8-7}$$

$$b_m = (b_t + b_b)/2 \tag{8-8}$$

式中　b_t——冲切破坏锥体最不利一侧斜截面的上边长,当计算柱与基础交接处的受冲切承载力时,取柱宽,当计算基础变阶处的受冲切承载力时,取上阶宽;

b_b——冲切破坏锥体最不利一侧斜截面的下边长,当计算柱与基础交接处的受冲切承载力时,取柱宽加两倍基础有效高度,当计算基础变阶处的受冲切承载

力时，取上阶宽加两倍该处的基础有效高度；

h_0——柱与基础交接处或基础变阶处的截面有效高度，取两个配筋方向的截面有效高度的平均值；

A——考虑冲切荷载时取用的多边形面积（见图 8-11 中的阴影面积 $ABCDEF$）；

p_s——基础底面地基反力设计值（可扣除基础自重及其上的土重），当基础偏心受力时，可取用最大的地基反力计算值。

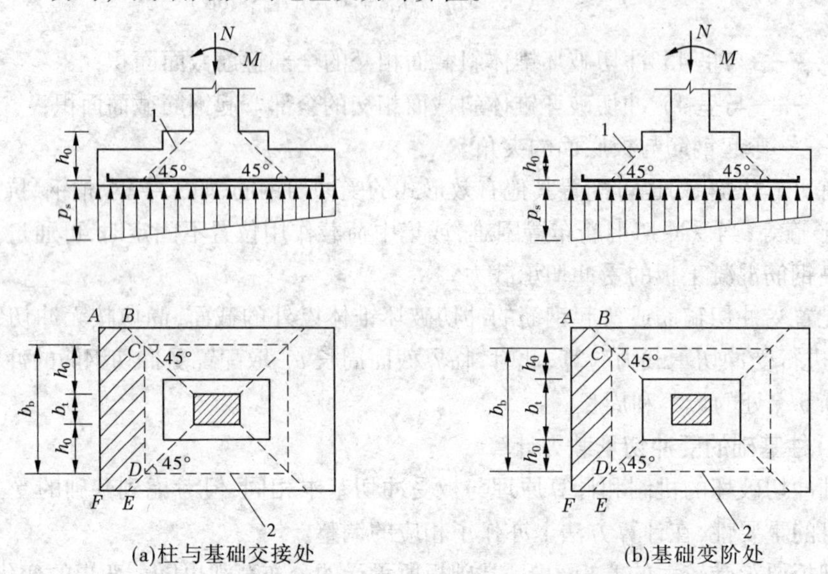

1—冲切破坏锥体最不利一侧的斜截面；2—冲切破坏锥体的底面线

图 8-11　计算阶形基础的受冲切承载力截面位置

第二节　受冲钢筋的构造要求

板中配置受冲切的箍筋或弯起钢筋，其构造要求应符合下列规定：

（1）板厚不应小于 150 mm。

（2）按计算所需的箍筋及相应的架立钢筋应配置在与 45°冲切破坏锥面相交的范围内，且从集中荷载作用面或柱截面边缘向外的分布长度不应小于 $1.5h_0$；箍筋应为封闭式，直径不应小于 6 mm，间距不应大于 $h_0/3$，如图 8-12（a）所示。

（3）弯起钢筋可由一排或两排组成，其弯起角可根据板的厚度在 30°至 45°之间选取，弯起钢筋的倾斜段应与冲切破坏斜截面相交，其交点应在离局部荷载或集中反力作用面积周边以外 $h/2 \sim 2h/3$ 的范围内，弯起钢筋直径不应小于 12 mm，且每一方向不应少于 3 根，如图 8-12（b）所示。

【例题 8-1】　已知某水电站发电机层楼板为 3 级建筑物，梁格尺寸为 4 500 mm × 4 500 mm，板厚为 200 mm；在基本组合下板承受的局部压力设计值为 400 kN，局部压力作用尺寸为 500 mm × 500 mm；在距局部压力作用边 600 mm 处开有一尺寸为 800 mm ×

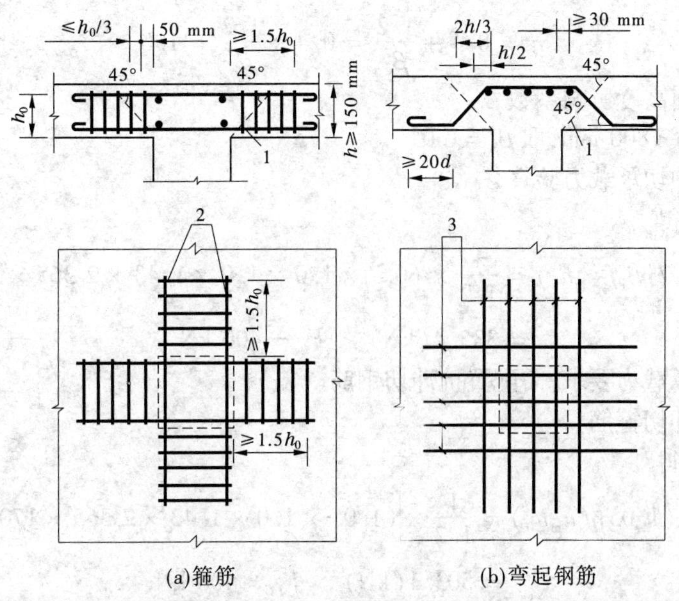

(a)箍筋　　(b)弯起钢筋

1—冲切破坏锥体斜截面；2—架立钢筋；3—弯起钢筋不少于3根

图8-12　板中抗冲切钢筋布置

500 mm的孔洞，如图8-13所示；混凝土强度等级为C30。试验算板的受冲切承载力是否安全。

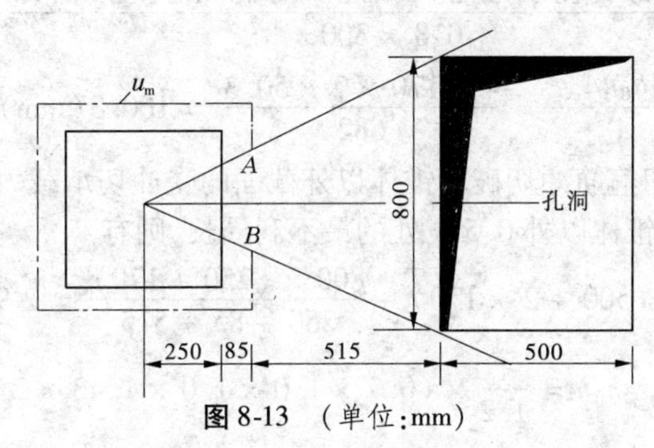

图8-13　（单位：mm）

解

1. 计算参数

$h=200$ mm，$h_0=200-30=170$（mm），$a=500$ mm；$F_l=400$ kN；$f_t=1.43$ N/mm²，$\gamma_d=1.2$。

2. 计算临界截面周长 u_m

由图8-13可知
$$\frac{AB}{800}=\frac{250+85}{250+85+515}$$

故
$$AB=315\ \text{mm}$$

$$u_m=4(a+h_0)-AB=4\times(500+170)-315=2\,365\ (\text{mm})$$

3. 计算局部荷载作用面积形状影响系数 η

局部荷载作用面积长边与短边尺寸的比值 $\beta_s=1$，则取 $\beta_s=2$，则

$$\eta = 0.4 + \frac{1.2}{\beta_s} = 0.4 + \frac{1.2}{2} = 1.0$$

4. 计算截面高度影响系数 β_h

$h = 200\ \text{mm} < 800\ \text{mm}$，取 $\beta_h = 1.0$。

5. 板的受冲切承载力验算

由式(8-1)得

$$\frac{1}{\gamma_d}(0.7\eta\beta_h f_t u_m h_0) = \frac{1}{1.2} \times (0.7 \times 1.0 \times 1.0 \times 1.43 \times 2\ 365 \times 170)$$

$$= 335.4(\text{kN}) < F_l = 400\ \text{kN}$$

不满足受冲切承载力要求，需配置抗冲切钢筋。

6. 配置抗冲切箍筋

由式(8-3)得

$$\frac{1}{\gamma_d}(1.05\eta f_t u_m h_0) = \frac{1}{1.2} \times (1.05 \times 1.0 \times 1.43 \times 2\ 365 \times 170)$$

$$= 503.1(\text{kN}) > F_l = 400\ \text{kN}$$

说明截面尺寸满足要求。采用HRB335级钢筋，$f_{yv} = 300\ \text{N/mm}^2$，由式(8-4)可得

$$A_{svu} = \frac{\gamma_d F_l - 0.55\eta f_t u_m h_0}{0.8 f_{yv}}$$

$$= \frac{1.2 \times 400 \times 10^3 - 0.55 \times 1.0 \times 1.43 \times 2\ 365 \times 170}{0.8 \times 300} = 682(\text{mm}^2)$$

选配2 Φ 8，$s = \frac{4h_0 n A_{sv1}}{A_{svu}} = \frac{4 \times 170 \times 2 \times 50.3}{682} = 100.3(\text{mm})$，选配2 Φ 8@100。

7. 验算配置抗冲切箍筋冲切破坏锥体以外截面的受冲切承载力

此时，取冲切破坏锥体以外 $0.5h_0$ 处的最不利周长，则有

$$u_m = 4 \times (500 + 2 \times 170) - \frac{800 \times (250 + 170)}{250 + 85 + 515} = 2\ 965(\text{mm})$$

$$\frac{1}{\gamma_d}(0.7\eta\beta_h f_t u_m h_0) = \frac{1}{1.2} \times (0.7 \times 1.0 \times 1.0 \times 1.43 \times 2\ 965 \times 170)$$

$$= 420.5(\text{kN}) > F_l = 400\ \text{kN}$$

满足受冲切承载力要求。

第三节　局部受压承载力计算

在集中荷载作用下，若构件不发生其他形式的破坏，随着荷载的增大，构件直接承受荷载部分的局部混凝土会发生破坏，称为局部受压破坏。局部受压是混凝土结构中常见的一种受力形式，例如，柱、基础和桥墩等结构直接承受或通过垫板传来的局部集中荷载，拱架和刚架的铰接点以及后张法预应力混凝土构件在端部锚固区受到锚具的局部压力等。

一、局部受压区混凝土的应力状态

局部荷载作用下的混凝土，因同时受周围混凝土的约束作用，从而提高了局部承压区

混凝土的强度。根据局部荷载作用下混凝土块体中应力有限元分析,在局部受压面上产生较大的纵向应力 σ_x,随着离开局部受压面,该压应力逐渐扩散到整个截面上,变成均匀受压,这个局部受压区段的长度约等于构件截面的高度。在此区段上,还同时产生横向应力 σ_y。

图 8-14 为圆形局部荷载作用下纵向应力 σ_x 和横向应力 σ_y 的分布图,最大横向拉应力 σ_y 距加载面距离在(0.25～0.5)b 构件截面高度范围内。

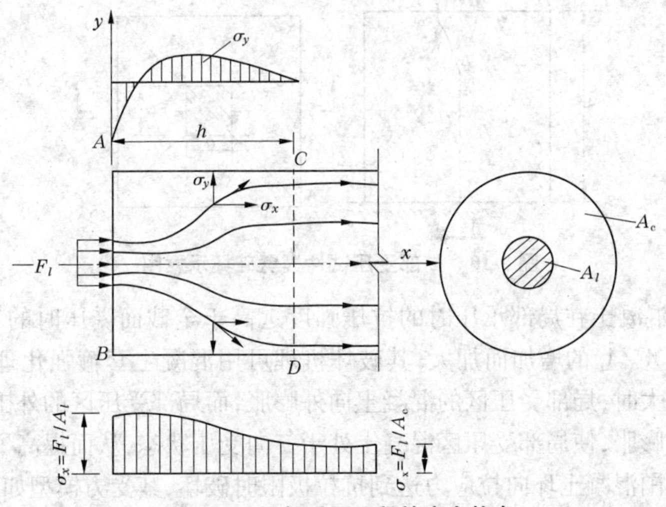

图 8-14　局部受压区段的应力状态

图 8-15 为在矩形局部荷载作用下,横向应力 σ_y 的等应力分布线及应力分布图,阴影部分为压应力区域。

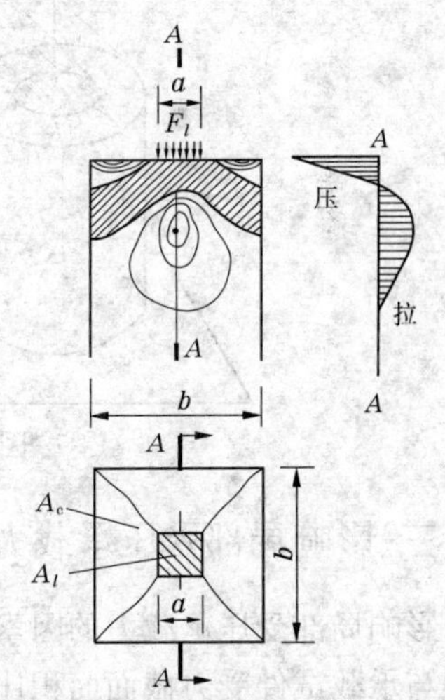

图 8-15　局部受压时横向应力的等应力分布及 $A—A$ 截面应力分布图

二、局部受压的破坏特征及破坏机制

局部受压的破坏形态与构件截面面积 A_c 和局部受压面积 A_l 的比值 A_c/A_l 以及 A_l 在底面积上的位置有关,随 A_c/A_l 的变化,混凝土局部承压试件有三种破坏形态:

(1)先开裂后破坏。在局部荷载作用下,当横向拉应力 σ_y 达到混凝土的抗拉强度后就会出现纵向裂缝。继续加载,裂缝逐渐发展形成通缝而最后劈裂破坏。当 A_c/A_l 较小(一般 $A_c/A_l<9$)时,容易发生这种破坏。

当局部承压垫板与试件接触面有摩阻时,纵向裂缝发展到承压板附近,在承压板下冲出一倒锥形楔锥体,锥体在试件中滑移楔劈引起破坏。

(2)开裂即破坏。试件一出现纵向裂缝即失去承载力,裂缝从顶面向下发展,承压板外围的混凝土被劈成数块。这种破坏属于脆性破坏,当 A_c/A_l 较大(一般 $A_c/A_l=9\sim36$)时,容易发生这种破坏。

(3)局部混凝土下陷。试件整体破坏前,承压板下混凝土已局部下陷,沿承压板周边混凝土明显地被剪切,呈局部破坏现象。此时,外围混凝土尚未劈裂,承载力还可增长,当 A_c/A_l 很大(一般 $A_c/A_l>36$)时,容易发生这种破坏。

在实际工程中,以前两种劈裂破坏的情况居多,如图 8-16 所示。

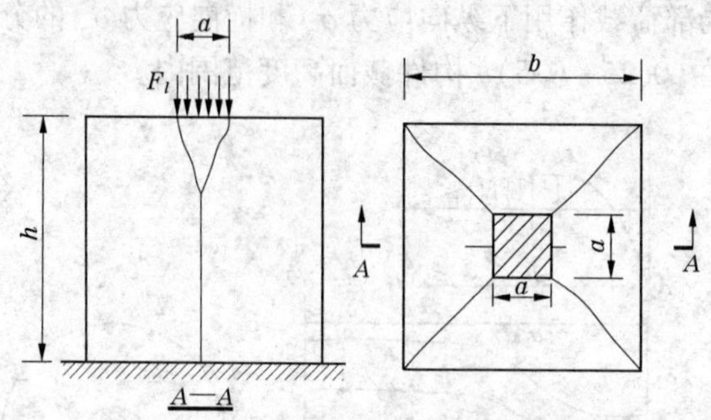

图 8-16　局部受压试件楔劈破坏示意图

试验表明,混凝土在局部承压时的抗压强度远高于全截面受压时的轴心抗压强度,其提高的程度随 A_c/A_l 的增加而加大,其破坏机理可用混凝土套箍强化理论来解释。当局部荷载作用增大时,局部受压区的混凝土向外膨胀,而局部受压区的外围混凝土起套箍作用约束其横向膨胀,使局部受压区混凝土处于三向受压状态,从而提高了混凝土的纵向抗压强度。当周围混凝土环向拉应力达到抗拉极限时破坏,其受力模型如图 8-17 所示。

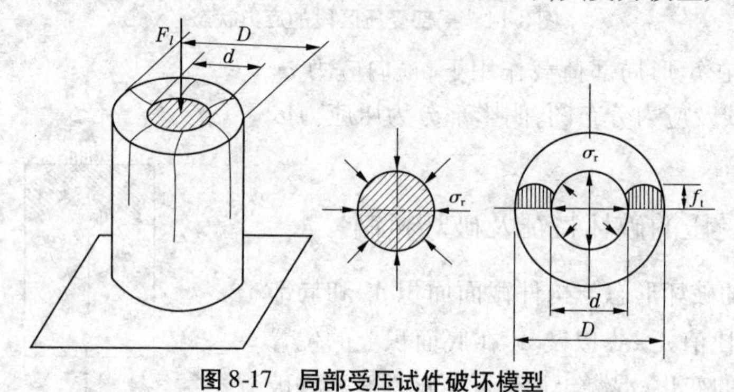

图 8-17　局部受压试件破坏模型

三、影响局部受压承载力的主要因素

影响局部受压承载力的因素很多,根据国内外试验成果,其主要影响因素有局部受压面积与承载试件受力截面面积比值、混凝土强度、配筋率等。

(一)局部受压面积与承载试件受力截面面积比值的影响

试验表明,构件受力截面面积 A_c 和局部受压面积 A_l 的比值 A_c/A_l 是局部受压承载力最主要的影响因素。随着 A_c/A_l 值的增加,局部受压区外围一定范围混凝土的套箍作用随之明显,其局部受压承载力也相应提高,两者关系接近于二次曲线。当 A_c/A_l 值超过某一范围后,远离局部受压区一定范围的外围混凝土基本不参与套箍作用。

同时,局部受压承载力还受局部受压区在构件截面中的相对位置影响。当承压区处于截面的中央部位,四周均有“套箍”约束时,混凝土局部受压承载力最大;当承压区处于截面的边角部位，一边或二边为临空时，则更易发生半个楔形体的剪切破坏，局部受压承载力就接近于单轴受压承载力。

因此，在局部受压承载力计算时，引入局部受压计算底面积 A_b 来代替受力截面面积 A_c，以限制局部受压区外围混凝土套箍作用的有效范围。

通常用 β_l 表示混凝土局部受压时的强度提高系数，其物理意义为混凝土的局部受压强度与轴心抗压强度的比值。

（二）混凝土强度的影响

混凝土强度越高，其局部抗压强度提高系数 β_l 越小。

（三）配筋率的影响

在局部受压区配置间接钢筋，以承担横向拉应力 σ_y，限制混凝土纵向裂缝的开展，增强“套箍”的约束作用，可以提高局部受压承载力。试验表明，在配筋率 2% 范围内，间接钢筋配得越多，承载力提高越大，两者近似于线性关系。

局部受压区配置间接钢筋的形式主要有方格网间接钢筋和螺旋形间接钢筋。

（四）尺寸效应的影响

随着试件尺寸增大，局部受压承载力将降低。

（五）加载垫板刚度的影响

试验结果表明，对于刚性垫板，其垫板下压应力分布均匀；对于柔性垫板，在局部受压荷载作用下，垫板会由于受弯而挠曲，减小了有效受压面积，因而其受压承载力降低。

四、混凝土局部受压承载力的计算

局部受压承载力的计算，目前仍采用以试验为基础的经验公式。下面主要介绍我国水工混凝土结构设计规范中给出的混凝土局部受压承载力计算方法。

（一）素混凝土构件的局部受压承载力计算

素混凝土构件的局部受压承载力应符合下列规定

$$F_l \leqslant \frac{1}{\gamma_d}\omega\beta_l f_c A_l \tag{8-9}$$

$$\beta_l = \sqrt{\frac{A_b}{A_l}} \tag{8-10}$$

如果在局部受压区还有非局部荷载作用，则应用下式代替式(8-9)

$$F_l \leqslant \frac{1}{\gamma_d}\omega\beta_l f_c A_l - \omega\beta_l \sigma A_l \tag{8-11}$$

式中　F_l——局部受压面上作用的局部荷载或局部压力设计值；

A_l——局部受压面积；

γ_d——素混凝土结构受压破坏的结构系数，按附录一附表 1-3 采用；

ω——荷载分布的影响系数，当局部受压区内的荷载为均匀分布时，取 $\omega=1$，当局部受压区内的荷载为非均匀分布时（如梁、过梁的端部支承面），取 $\omega=0.75$；

σ——非局部荷载设计值所产生的压应力；

β_l——混凝土局部受压时的强度提高系数；

A_b——混凝土局部受压时的计算底面积，可根据局部受压面积与计算底面积同心对称的原则确定，对常用情况，可按图 8-18 取用。

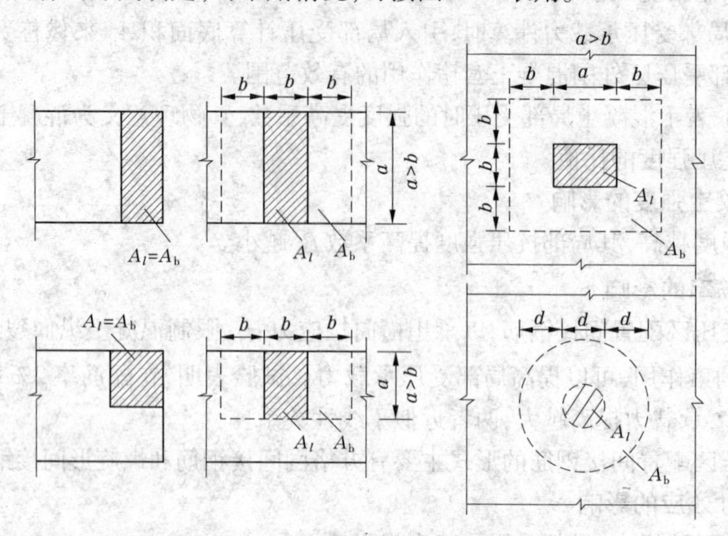

图 8-18　局部受压的计算底面积 A_b

（二）配置间接钢筋的混凝土局部受压承载力的计算

1. 局部受压区混凝土截面尺寸限制条件

在局部受压区配置间接钢筋，可以提高局部受压承载力。间接钢筋配得越多，承载力提高越大。但若间接钢筋配得过多，则可能出现局部受压承载力很大时，虽未发生纵向劈裂破坏，但会使垫板下的混凝土破碎而发生过大的压陷。为防止出现这种破坏，必须限制间接钢筋的用量不过多，也就是必须限制局部受压区的混凝土截面尺寸不能过小。

配置间接钢筋的构件，其局部受压区的混凝土截面尺寸应符合下列规定

$$F_l \leqslant \frac{1}{\gamma_d}(1.5\beta_l f_c A_{ln}) \tag{8-12}$$

$$\beta_l = \sqrt{\frac{A_b}{A_l}} \tag{8-13}$$

2. 配置间接钢筋的混凝土局部受压承载力计算

当配置方格网式或螺旋式间接钢筋，且局部受压面积 A_l 和钢筋网以内的混凝土核心面积 A_{cor} 符合 $A_l \leqslant A_{cor}$ 条件时，混凝土局部受压承载力应按下列公式计算

$$F_l \leqslant \frac{1}{\gamma_d}(\beta_l f_c + 2\rho_v \beta_{cor} f_y)A_{ln} \tag{8-14}$$

间接钢筋的体积配筋率 ρ_v 是指核心面积 A_{cor} 范围内单位混凝土体积中所包含的间接钢筋体积，按下列公式计算。

（1）当间接钢筋为方格网式配筋（见图 8-19（a）），且在两个方向上钢筋网单位长度的钢筋截面面积相差不大于 1.5 时，其体积配筋率 ρ_v 按下式计算

$$\rho_v = \frac{n_1 A_{s1} l_1 + n_2 A_{s2} l_2}{A_{cor} s} \tag{8-15}$$

(2)当间接钢筋为螺旋式配筋时(见图 8-19(b)),其体积配筋率 ρ_v 按下式计算

$$\rho_v = \frac{4A_{ss1}}{d_{cor}s} \tag{8-16}$$

式中　β_{cor}——配置间接钢筋的局部受压承载力提高系数,仍按式(8-13)计算,但应以 A_{cor} 代替 A_b;

A_{cor}——钢筋网以内的混凝土核心面积,但不应大于 A_b,且其重心应与 A_l 的重心相重合;

A_{ln}——混凝土局部受压净面积;

n_1、A_{s1}——方格网沿 l_1 方向的钢筋根数及单根钢筋的截面面积;

n_2、A_{s2}——方格网沿 l_2 方向的钢筋根数及单根钢筋的截面面积;

s——方格网式或螺旋式间接钢筋的间距;

A_{ss1}——螺旋式单根间接钢筋的截面面积;

d_{cor}——配置螺旋式间接钢筋范围以内的混凝土直径。

3. *局部受压间接钢筋的构造要求*

局部受压间接钢筋应配置在图 8-19 所规定的 h 范围内。对柱接头,h 尚不应小于 15 倍纵向钢筋直径。

配置方格网式钢筋不应少于 4 片,配置螺旋式钢筋不应少于 4 圈。

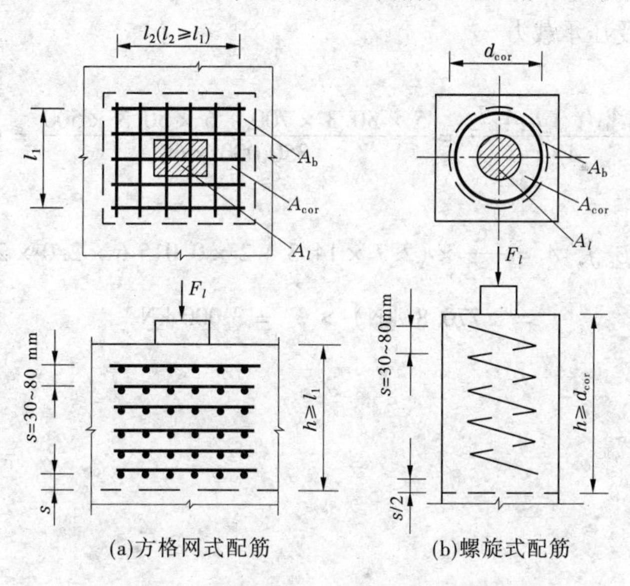

(a)方格网式配筋　　(b)螺旋式配筋

图 8-19　局部受压区的间接钢筋配置

【例题 8-2】　某构件为 3 级建筑物,局部受压面积为 250 mm×350 mm;配置 HPB235 级焊接钢筋网片 500 mm×700 mm;两方向的钢筋分别为 5 Φ 8 和 6 Φ 8,网片间距为 60 mm,混凝土强度等级为 C30;在基本组合下承受的局部轴向压力设计值为 3 000 kN。试验算其局部受压承载力。

解　已知:F_l = 3 000 kN,f_c = 14.3 N/mm²,f_y = 210 N/mm²,γ_d = 1.2。

1. 计算 β_l、β_{cor}

局部受压面积

$$A_l = 250 \times 350 = 87\ 500(\mathrm{mm}^2)$$

局部受压计算底面积 A_b

$$A_b = (250 + 2 \times 250) \times (350 + 2 \times 250) = 637\ 500(\mathrm{mm}^2)$$

钢筋网以内的混凝土核心面积

$$A_{cor} = 500 \times 700 = 350\ 000(\mathrm{mm}^2)$$

由式(8-13)得

$$\beta_l = \sqrt{\frac{A_b}{A_l}} = \sqrt{\frac{637\ 500}{87\ 500}} = 2.70$$

$$\beta_{cor} = \sqrt{\frac{A_{cor}}{A_l}} = \sqrt{\frac{350\ 000}{87\ 500}} = 2.0$$

2. 验算截面尺寸限制条件

由式(8-12)

$$\frac{1}{\gamma_d}(1.5\beta_l f_c A_l) = \frac{1}{1.2} \times (1.5 \times 2.7 \times 14.3 \times 87\ 500) = 4\ 223.0(\mathrm{kN}) > F_l = 3\ 000\ \mathrm{kN}$$

截面尺寸满足要求。

3. 验算局部受压承载力

由式(8-15)

$$\rho_v = \frac{n_1 A_{s1} l_1 + n_2 A_{s2} l_2}{A_{cor} s} = \frac{5 \times 50.3 \times 700 + 6 \times 50.3 \times 500}{350\ 000 \times 60} = 0.015\ 6$$

由式(8-14)

$$\frac{1}{\gamma_d}(\beta_l f_c + 2\rho_v \beta_{cor} f_y) A_l = \frac{1}{1.2} \times (2.7 \times 14.3 + 2 \times 0.015\ 6 \times 2.0 \times 210) \times 87\ 500$$

$$= 3\ 770.8(\mathrm{kN}) > F_l = 3\ 000\ \mathrm{kN}$$

满足要求。

第九章　钢筋混凝土构件正常使用极限状态验算

第一节　概　述

钢筋混凝土结构设计应首先进行承载能力极限状态计算,以保证结构构件安全可靠。此外,还应进行正常使用极限状态验算,以保证结构构件的正常使用和耐久性。正常使用极限状态验算包括抗裂(不允许裂缝出现)验算、裂缝宽度验算和变形验算。随着材料日益向高强、轻质方向发展,以及装配式钢筋混凝土结构的广泛应用,构件截面尺寸逐步减小,刚度降低,挠度增加,裂缝开展宽度较大,为了构件的正常使用和耐久性,在某些情况下,正常使用极限状态的验算也有可能成为设计中的控制情况。

对于一般的钢筋混凝土结构,在使用荷载作用下,截面的拉应力常常是大于混凝土的抗拉强度的,因而在正常使用状态下就必然有裂缝产生,即构件总是带裂缝工作的。裂缝过宽降低了混凝土的抗渗性和抗冻性,进而影响到结构的耐久性。因此,在水工建筑中,裂缝控制是一个相当重要的问题。

对于承受水压的轴心受拉构件、小偏心受拉构件及发生裂缝后会引起严重渗漏的其他构件,应进行抗裂验算。例如简支的矩形截面输水渡槽,在纵向弯矩作用下,底板位于受拉区,一旦发生开裂,裂缝就会贯穿底板截面造成漏水,因此底板在纵向受力计算时属严格要求抗裂的构件,应进行抗裂验算。

调查资料表明,处于干燥通风、室内正常环境或长期处于水下的结构,只要裂缝开展宽度控制在一定范围之内,钢筋一般极少发生锈蚀;而处于海水浪溅区及盐雾作用区的构件,钢筋会很严重地锈蚀。所以,《水工混凝土结构设计规范》(DL/T 5057—2009)参照国内外有关资料,根据钢筋混凝土结构构件所处的环境类别,规定了相应的最大裂缝宽度限值,如附录五附表 5-1 所示。裂缝宽度限值的取值是根据结构的功能要求、环境条件对钢筋的腐蚀影响、钢筋种类对腐蚀的敏感性以及荷载作用时间等因素来考虑的。值得注意的是,到目前为止,一些同类规范考虑裂缝宽度限值的影响因素各有侧重,具体规定不尽相同。

需要指出的是,本章所涉及的抗裂及裂缝开展宽度的计算,仅限于荷载作用产生的裂缝。对于非荷载因素产生的裂缝,例如因水化热、温度变化、收缩、基础不均匀沉降等原因产生的裂缝,主要采取控制施工质量、改进结构型式、认真选择原材料、配置构造钢筋等措施去解决。

对于预应力混凝土构件,由于高强钢丝等如果发生锈蚀就会脆断,引起严重事故,故应根据环境条件类别和裂缝控制等级按附录五附表 5-2 选用不同的裂缝控制等级。规范规定的等级如下:

一级——严格要求不出现裂缝的构件，按标准组合计算时，构件受拉边缘混凝土不应产生拉应力。

二级——一般要求不出现裂缝的构件，按标准组合计算时，构件受拉边缘混凝土允许产生拉应力，但拉应力不应超过以混凝土拉应力限制系数 α_{ct} 控制的应力值。α_{ct} 取值见附录五附表 5-2。

三级——允许出现裂缝的构件，按标准组合并考虑长期作用的影响计算时，构件的最大裂缝宽度计算值不应超过附录五附表 5-1 规定的最大裂缝宽度限值。

另外，在水工建筑中，构件的截面尺寸常较大，变形通常可以满足设计的要求。但是如果吊车梁挠度过大，则会影响吊车与门机的正常行驶；闸门顶梁变形过大时会使闸门顶梁与胸墙底梁之间止水失效；楼盖中的梁、板挠度过大，将使粉刷层剥落或引起非承重构件的损坏等。因此，《水工混凝土结构设计规范》（DL/T 5057—2009）参照以往实践经验，根据受弯构件类型，规定了挠度限值，如附录五附表 5-3 所示。

由于超出正常使用极限状态而产生的后果不像超出承载能力极限状态所产生的后果那样严重，所以两者所要求的目标可靠指标不同。对于前者的验算，可靠指标通常可取为 $\beta = 1 \sim 2$，要小于承载能力极限状态的可靠指标。因此，规范规定，对正常使用极限状态进行验算时，荷载分项系数、材料强度分项系数以及结构系数都取 1.0，即荷载和材料强度分别采用其标准值，而结构重要性系数取值方法同极限承载力计算。

第二节　钢筋混凝土构件抗裂验算

一、轴心受拉构件抗裂验算

钢筋混凝土轴心受拉构件未出现裂缝前，构件的全截面混凝土和钢筋共同受力，而且钢筋与混凝土有相同的拉应变。在即将产生裂缝时，混凝土的拉应力达到其轴心抗拉强度 f_t（见图 9-1），拉伸应变达到其极限拉应变 ε_{tmax}。由于钢筋与混凝土保持相同变形，因此钢筋拉应力 σ_s 可根据钢筋和混凝土变形相等的关系求得，即 $\sigma_s = \varepsilon_s E_s = \varepsilon_{tmax} E_s$，令 $\alpha_E = E_s / E_c$，并假定混凝土处于线弹性状态，则

$$\sigma_s = \alpha_E \varepsilon_{tmax} E_c = \alpha_E f_t \tag{9-1}$$

从式(9-1)中可以看出，在混凝土即将开裂时，钢筋应力 σ_s 大约是混凝土应力的 α_E 倍。若以 A_s 表示受拉钢筋的截面面积，以 A_{s0} 表示将钢筋 A_s 换算成假想的混凝土的换算截面面积，则 A_{s0} 承受的拉力应与原钢筋承受的拉力相同，即

$$\sigma_s A_s = f_t A_{s0}$$

将 $\sigma_s = \alpha_E f_t$ 代入上式可得

$$A_{s0} = \alpha_E A_s \tag{9-2}$$

式(9-2)表明，在混凝土开裂之前，钢筋与混凝土变形协调，截面面积为 A_s 的纵向受拉钢筋相当于截面面积为 $\alpha_E A_s$ 的受拉混凝土的作用，$\alpha_E A_s$ 就称为钢筋 A_s 的换算截面面积。构件总的换算截面面积为

$$A_0 = A_c + \alpha_E A_s \tag{9-3}$$

式中 A_c——混凝土截面面积；

α_E——钢筋的弹性模量与混凝土的弹性模量之比，即 $\alpha_E = E_s/E_c$。

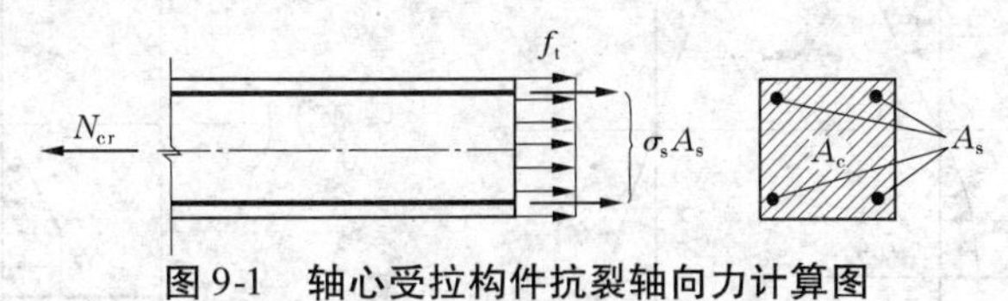

图 9-1 轴心受拉构件抗裂轴向力计算图

由力的平衡条件(见图 9-1)可求得构件即将开裂时能承受的抗裂轴向拉力

$$N_{cr} = f_t A_c + \sigma_s A_s = f_t A_c + \alpha_E f_t A_s$$

或

$$N_{cr} = f_t(A_c + \alpha_E A_s) = f_t A_0$$

上式是截面即将产生裂缝时的计算公式。

实际工程中，裂缝会使结构渗漏，影响环境和结构的耐久性，而且易在裂缝表面上形成渗透压力，危及结构安全，故引进拉应力限制系数 α_{ct}，混凝土的抗拉强度改用标准值 f_{tk}。

所以，轴心受拉构件，在荷载效应标准组合下，应按下列公式进行抗裂验算

$$N_k \leqslant \alpha_{ct} f_{tk} A_0 \tag{9-4}$$

式中 N_k——按荷载标准值计算的轴向力值，N；

α_{ct}——混凝土拉应力限制系数，$\alpha_{ct} = 0.85$；

f_{tk}——混凝土轴心抗拉强度标准值，N/mm^2；

A_0——换算截面面积，mm^2，$A_0 = A_c + \alpha_E A_s$。

由式(9-1)可知，在混凝土即将开裂时，如果取混凝土的极限拉伸值 $\varepsilon_{tmax} = 0.000\,1 \sim 0.000\,15$，则混凝土即将开裂时，钢筋的拉应力 $\sigma_s = (0.000\,1 \sim 0.000\,15) \times 2.0 \times 10^5 = 20 \sim 30(N/mm^2)$，此时钢筋的应力是很低的。所以，用增加钢筋的方法来提高构件的抗裂能力是极不经济的，也是不合理的。构件抗裂能力主要靠加大构件截面尺寸和提高混凝土强度等级来保证，也可采用预应力或在混凝土中掺入钢纤维等其他措施。

二、受弯构件

由试验可知，在荷载作用下受弯构件正截面处于即将开裂的瞬间，其截面应力状态在第Ⅰ应力阶段末，如图 9-2 所示。此时，受拉区边缘的拉应变达到混凝土的极限拉伸值 ε_{tmax}，受拉区应力分布为曲线形，具有明显的塑性特征，最大拉应力达到混凝土的抗拉强度 f_t，此时钢筋的应变却依然很小，受压区基本上仍处于弹性状态，应力分布图形为三角形。试验证明，此时应变符合平截面假定。

根据试验结果，在计算受弯构件的开裂弯矩 M_{cr} 时，混凝土受拉区应力图形可近似地假定为图 9-3 所示的梯形图形，并假定塑化区高度占受拉区高度的一半。再利用平截面假定，可以求得混凝土边缘应力与受压区高度之间的关系，然后根据力和力矩的平衡条件，即可求出受弯构件正截面的开裂弯矩 M_{cr}。

但是，用上述直接求解 M_{cr} 的方法过于复杂，为了方便起见，在设计中可采用等效换算的方法。即在保持开裂弯矩不变的情况下，将受拉区的梯形应力图形折算成直线分布的三角形应力图形，如图 9-4 所示。在此前提下，受拉区边缘的应力由 f_t 折算为 $\gamma_m f_t$，γ_m

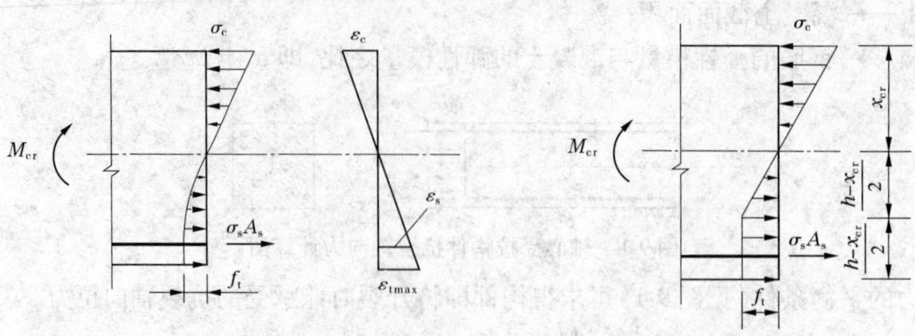

图 9-2　受弯构件正截面即将开裂时的应力及应变图形　　图 9-3　受弯构件正截面即将开裂时假定的应力图形

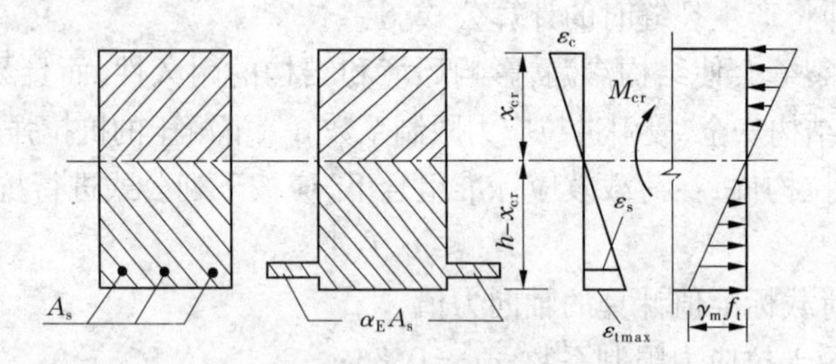

图 9-4　受弯构件正截面抗裂弯矩计算图

称为混凝土的塑性影响系数，对于一些常用截面的 γ_m 值，在设计中可从附录五附表 5-4 中直接取用。经过这样的变换，受弯构件正截面的应力图形就变成弹性应力图形，就可以直接用弹性体的材料力学公式求得开裂弯矩 M_{cr}。

需要注意的是，γ_m 会受到截面高度 h、配筋率 ρ 及受力状态等因素的影响。因此，《水工混凝土结构设计规范》(DL/T 5057—2009)在 γ_m 值表的附注中指出，根据 h 值的不同，表内数值尚应乘以修正系数$\left(0.7+\dfrac{300}{h}\right)$，其值应不大于 1.1。式中 h 以 mm 计，当 $h>$ 3 000 mm 时，取 $h=3\ 000$ mm。对圆形和环形截面，h 即外径 d。

由于钢筋与混凝土的弹性模量不同，在引入匀质弹性体的材料力学公式时，需要把钢筋面积换算成与混凝土具有相当弹性模量的等量混凝土面积，且保持中心位置不变。这样就可与轴心受拉构件同样道理，如果受拉钢筋截面面积为 A_s，受压钢筋截面面积为 A_s'，则可换算为与钢筋同位置的受拉混凝土截面面积 $\alpha_E A_s$、受压混凝土截面面积 $\alpha_E A_s'$。因此，构件截面总的换算截面面积为

$$A_0 = A_c + \alpha_E A_s + \alpha_E A_s'$$

经过上述换算后，就可把构件看做是截面面积为 A_0 的匀质弹性体，引用材料力学公式，可得出受弯构件正截面开裂弯矩 M_{cr} 的计算公式

$$M_{cr} = \gamma_m f_t W_0 \tag{9-5}$$

$$W_0 = \frac{I_0}{h - y_0}$$

式中　W_0——换算截面 A_0 对受拉边缘的弹性抵抗矩；

I_0——换算截面对其重心轴的惯性矩；

y_0——换算截面重心至受压边缘的距离。

为满足目标可靠指标的要求，在进行受弯构件抗裂验算时，式(9-5)中引入混凝土拉应力限制系数 α_{ct}，这样，受弯构件在荷载效应的标准组合下，应符合下列规定

$$M_k \leqslant \gamma_m \alpha_{ct} f_{tk} W_0 \tag{9-6}$$

式中　M_k——按标准组合计算的弯矩值。

在按式(9-6)进行抗裂验算时，必须首先计算出截面的特征值。下面给出双筋 I 形截面（见图 9-5）的具体计算公式。对于矩形、T 形或倒 T 形截面，只需在 I 形截面的基础上去掉无关项即可。

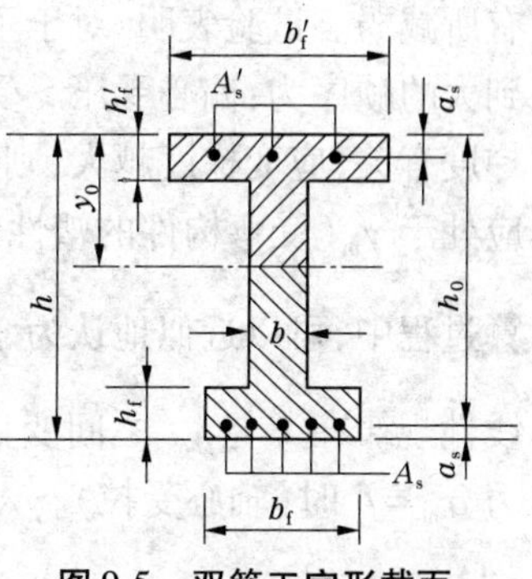

图 9-5　双筋工字形截面

换算截面面积

$$A_0 = bh + (b_f - b)h_f + (b_f' - b)h_f' + \alpha_E A_s + \alpha_E A_s' \tag{9-7}$$

换算截面重心至受压边缘的距离

$$y_0 = \frac{\dfrac{bh^2}{2} + (b_f' - b)\dfrac{h_f'^2}{2} + (b_f - b)h_f\left(h - \dfrac{h_f}{2}\right) + \alpha_E A_s h_0 + \alpha_E A_s' a_s'}{bh + (b_f - b)h_f + (b_f' - b)h_f' + \alpha_E A_s + \alpha_E A_s'} \tag{9-8}$$

换算截面对其重心轴的惯性矩

$$I_0 = \frac{b_f' y_0^3}{3} - \frac{(b_f' - b)(y_0 - h_f')^3}{3} + \frac{b_f(h - y_0)^3}{3} - \frac{(b_f - b)(h - y_0 - h_f)^3}{3} + \alpha_E A_s (h_0 - y_0)^2 + \alpha_E A_s' (y_0 - a_s')^2 \tag{9-9}$$

单筋矩形截面的 y_0 及 I_0 也可按下列公式计算

$$y_0 = (0.5 + 0.425\alpha_E \rho)h \tag{9-10}$$

$$I_0 = (0.0833 + 0.19\alpha_E \rho)bh^3 \tag{9-11}$$

式中　h_0——截面的有效高度，$h_0 = h - a_s$；

a_s、a_s'——纵向受拉钢筋和受压钢筋合力点到截面最近边缘的距离；

I_0——换算截面对其本身重心轴的惯性矩；

y_0——换算截面重心至受压边缘的距离；

ρ——纵向受拉钢筋的配筋率，$\rho = \dfrac{A_s}{bh_0}$。

三、偏心受拉构件

与受弯构件相同，偏心受拉构件的抗裂验算，也可把钢筋截面面积换算为混凝土截面面积后，用材料力学匀质弹性体公式进行。在荷载效应标准组合下，应按下列公式进行抗裂验算

$$\frac{M_k}{W_0} + \frac{N_k}{A_0} \leqslant \gamma_{偏拉} \alpha_{ct} f_{tk} \tag{9-12}$$

在用式(9-12)对偏心受拉构件的抗裂性能进行验算时，需要有偏心受拉构件的塑性

影响系数 $\gamma_{偏拉}$。从图 9-6 中可以看出，偏心受拉构件受拉区的塑化效应与受弯构件相比，有所减弱。试验表明，对于不同的受力构件，受拉区混凝土的应变梯度都不一样，按从小到大的顺序为：偏心受压 > 受弯 > 偏心受拉 > 轴心受拉。受拉区混凝土塑化效应与应变梯度有关，应变梯度越大，则塑化效应越大。所以，偏心受拉构件的塑性影响系数 $\gamma_{偏拉}$ 值应处于 γ_m（受弯构件的塑性影响系数）与 1（轴心受拉构件的塑性影响系数）之间。在计算过程中，可以近似地认为 $\gamma_{偏拉}$ 是随着裂缝出现时的截面平均拉应力 $\sigma_m = \dfrac{N_k}{A_0}$ 的大小，按线性规律在 1 与 γ_m 之间变化的，当平均拉应力 $\sigma_m = 0$ 时（受弯），$\gamma_{偏拉} = \gamma_m$，当平均拉应力 $\sigma_m = f_t$ 时（轴心受拉），$\gamma_{偏拉} = 1$，即

$$\gamma_{偏拉} = \gamma_m - (\gamma_m - 1)\frac{\sigma_m}{f_t} = \gamma_m - (\gamma_m - 1)\frac{N_k}{A_0 f_t} \tag{9-13}$$

将式(9-13)的 $\gamma_{偏拉}$ 值代入式(9-12)，就可得出偏心受拉构件在荷载效应标准组合下的抗裂验算公式

$$\frac{M_k}{W_0} + \frac{\gamma_m N_k}{A_0} \leqslant \gamma_m \alpha_{ct} f_{tk} \tag{9-14}$$

式(9-14)也可表达为

$$N_k \leqslant \frac{\gamma_m \alpha_{ct} f_{tk} A_0 W_0}{e_0 A_0 + \gamma_m W_0} \tag{9-15}$$

式中 N_k——按荷载标准值计算的轴向力值，N；

e_0——轴向力对截面重心的偏心距，mm，$e_0 = \dfrac{M_k}{N_k}$；

其他符号意义同前。

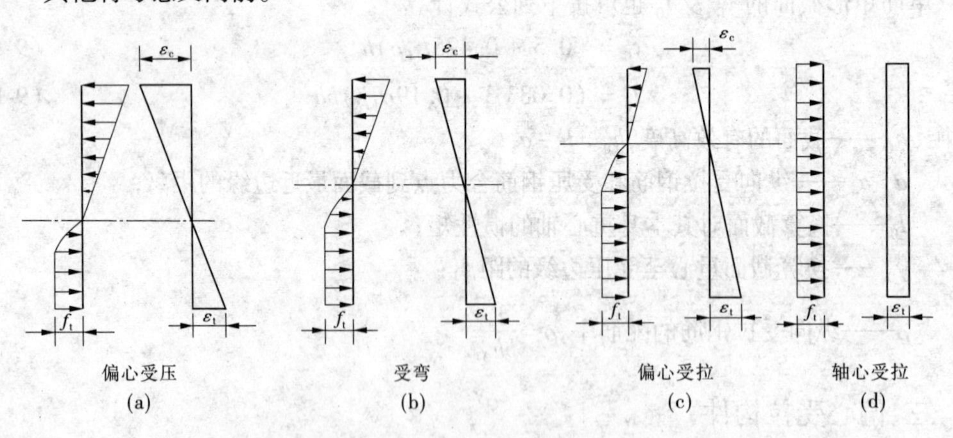

图 9-6 不同受力特征构件即将开裂时的应力及应变图形

四、偏心受压构件

与偏心受拉构件的计算原理相同，偏心受压构件在荷载效应的标准组合下，应按下列公式进行抗裂验算

$$\frac{M_k}{W_0}-\frac{N_k}{A_0}\leqslant\gamma_{偏压}\alpha_{ct}f_{tk}\tag{9-16}$$

偏心受压构件由于受拉区应变梯度比较大，塑化效应比较充分，因而其塑性影响系数$\gamma_{偏压}$比受弯构件的γ_m大。但在实际应用中，为了简化计算并偏于安全考虑，可取$\gamma_{偏压}=\gamma_m$。考虑拉应力限制系数α_{ct}，就可得出偏心受压构件在荷载效应标准组合下的抗裂验算公式

$$\frac{M_k}{W_0}-\frac{N_k}{A_0}\leqslant\gamma_m\alpha_{ct}f_{tk}\tag{9-17}$$

式(9-17)也可表达为

$$N_k\leqslant\frac{\gamma_m\alpha_{ct}f_{tk}A_0W_0}{e_0A_0-W_0}\tag{9-18}$$

【例题 9-1】 一压力水管内半径 $r=800$ mm，管壁厚 120 mm；采用 C25 级混凝土及 HRB335 级钢筋；水管内水压力标准值 $p_k=0.2$ N/mm²；结构重要性系数 $\gamma_0=1.0$，设计状况系数$\psi=1.0$。试配置钢筋并验算是否抗裂。

解　该压力水管自重引起的环向内力可略去不计。可变荷载（内水压力）分项系数 $\gamma_Q=1.2$，结构系数 $\gamma_d=1.2$，材料强度 $f_{tk}=1.78$ N/mm²，$f_y=300$ N/mm²；$E_c=2.80\times10^4$ N/mm²，$E_s=2.0\times10^5$ N/mm²。

1. 配筋计算

压力水管承受内水压力时为轴心受拉构件，取 1 m（$b=$ 1 000 mm）管长为计算单元，则该长度范围内承受的拉力设计值为

$$N=\gamma_0\psi\gamma_Qp_krb=1.0\times1.0\times1.2\times0.2\times800\times1\,000=192\,000(\mathrm{N})$$

钢筋截面面积　$A_s=\dfrac{\gamma_dN}{f_y}=\dfrac{1.2\times192\,000}{300}=768(\mathrm{mm}^2)$

管壁内、外层各配Φ 10@200（$A_s=786$ mm²），见图 9-7。

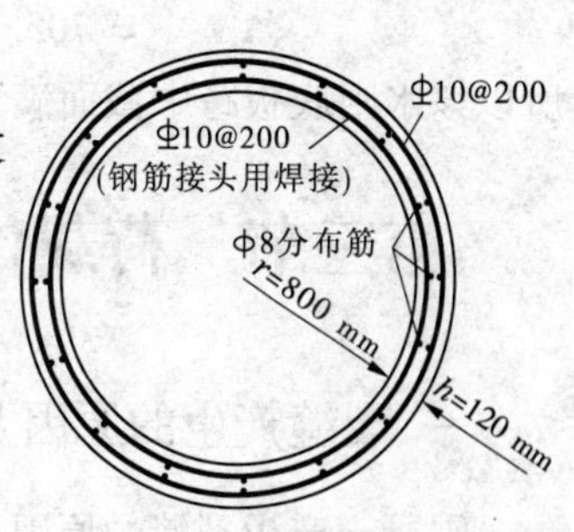

图 9-7　管壁配筋图

2. 抗裂验算

按荷载标准组合进行验算，取 $\alpha_{ct}=0.85$。

$$N_k=\gamma_0p_krb=1.0\times0.2\times800\times1\,000=160\,000(\mathrm{N})$$

$$A_0=bh+(\alpha_E-1)A_s=1\,000\times120+\left(\frac{2.0\times10^5}{2.80\times10^4}-1\right)\times786=124\,828(\mathrm{mm}^2)$$

$$\alpha_{ct}f_{tk}A_0=0.85\times1.78\times124\,828=188\,865(\mathrm{N})>N_k=160\,000\ \mathrm{N}$$

满足抗裂要求。

【例题 9-2】 某水闸，底板厚 $h=1\,500$ mm，$h_0=1\,430$ mm；跨中截面荷载效应标准 $M_k=540$ kN·m，采用 C20 级混凝土，HRB335 级钢筋。根据承载力计算，已配置Φ 20@180（$A_s=1\,745$ mm²）。试验算底板是否抗裂。

解　由附录二附表 2-1、附表 2-3 和附表 2-8 可知：$f_{tk}=1.54$ N/mm²，$E_c=2.55\times10^4$ N/mm²，$E_s=2.0\times10^5$ N/mm²；由附录五附表 5-4 查得矩形截面的 $\gamma_m=1.55$，则

$$\alpha_E = \frac{E_s}{E_c} = \frac{2.0 \times 10^5}{2.55 \times 10^4} = 7.84$$

1. 计算截面特征值 y_0 和 I_0

$$y_0 = \frac{\frac{bh^2}{2} + \alpha_E A_s h_0}{bh + \alpha_E A_s} = \frac{\frac{1\ 000 \times 1\ 500^2}{2} + 7.84 \times 1\ 745 \times 1\ 430}{1\ 000 \times 1\ 500 + 7.84 \times 1\ 745} = 756(\text{mm})$$

$$I_0 = \frac{by_0^3}{3} + \frac{b(h - y_0)^3}{3} + \alpha_E A_s (h_0 - y_0)^2$$

$$= \frac{1\ 000 \times 756^2}{3} + \frac{1\ 000 \times (1\ 500 - 756)^3}{3} + 7.84 \times 1\ 745 \times (1\ 430 - 756)^2$$

$$= 2.875 \times 10^{11}(\text{mm}^4)$$

2. 验算构件是否抗裂

考虑截面高度的影响，对 γ_m 进行修正，得

$$\gamma_m = \left(0.7 + \frac{300}{1\ 500}\right) \times 1.55 = 1.395$$

则在荷载效应标准组合下，取 $\alpha_{ct} = 0.85$，按式(9-6)进行抗裂验算

$$\gamma_m \alpha_{ct} f_{tk} W_0 = \gamma_m \alpha_{ct} f_{tk} \frac{I_0}{h - y_0} = 1.395 \times 0.85 \times 1.54 \times \frac{2.875 \times 10^{11}}{1\ 500 - 756}$$

$$= 705.6(\text{kN} \cdot \text{m}) > M_k = 540\ \text{kN} \cdot \text{m}$$

所以该水闸底板跨中截面满足抗裂要求。

第三节　荷载作用下钢筋混凝土构件裂缝宽度验算

一、裂缝产生的原因及控制裂缝的措施

混凝土产生裂缝的原因十分复杂，根据产生原因的不同，混凝土的结构裂缝可分为两类：一类是由外荷载引起的裂缝，另一类是非荷载裂缝，如混凝土的早期裂缝、温度和收缩裂缝等。

（一）荷载作用引起的裂缝

一般钢筋混凝土结构，在使用荷载作用下，截面的混凝土拉应变大多是大于混凝土极限拉伸值，因而构件在使用时总是带裂缝工作的。裂缝总是与主拉应力方向大致垂直，且最先在荷载效应最大处产生。如果荷载效应相同，则裂缝首先在混凝土抗拉能力最薄弱（或易产生应力集中位置）处产生。

对于由荷载作用引起的裂缝，可以通过合理的配筋来控制正常使用状态下的裂缝宽度。例如钢筋直径不宜过粗，应力不宜过大，并且选用与混凝土黏结较好的带肋钢筋等。此外，提高施工质量和采取正确的构造措施是改善构件开裂的有效方法。

（二）非荷载因素引起的裂缝

1. 温度变化引起的裂缝

结构构件随着温度的变化而产生变形，即热胀冷缩。当变形受到约束时，就可能产生

裂缝，约束的程度越大，裂缝就越宽。

引起大体积混凝土开裂的主要原因之一，是由于混凝土在硬化过程中，水泥和水起化学作用，产生大量的水化热，导致混凝土温度上升。构件在使用过程中如果内外温差较大，构件内的温度梯度就较大，也可能引起构件开裂。

为防止此类裂缝的发生，或减小裂缝宽度，应采取隔热（或保温）措施尽量减少构件内的温度梯度。要布置足够的分布钢筋，以承担未经计算的混凝土收缩温度应力。

2. 混凝土收缩引起的裂缝

混凝土在空气中结硬时体积要缩小，产生收缩变形。如果构件是能够自由伸缩的，则混凝土的收缩只是引起构件的缩短而不会导致收缩裂缝。但实际并非如此，对于这些受到约束而不能够自由伸缩的构件，混凝土的干缩就可能导致裂缝的产生。而且，在配筋率较高的构件中，即使边界没有约束，混凝土的收缩也会受到钢筋的限制而产生拉应力，在构件内部引起局部裂缝。

防止和减少收缩裂缝的措施是合理设置伸缩缝，改善水泥性能，降低水灰比，水泥用量不宜过高，设置构造钢筋使收缩裂缝分布均匀，避免发生集中的大裂缝，尤其要注意加强混凝土的潮湿养护。

除以上因素外，导致混凝土产生裂缝的非荷载因素还有由于基础的不均匀沉降引起的裂缝、混凝土的塑性坍落引起的裂缝、冰冻引起的裂缝、钢筋锈蚀引起的裂缝和碱－骨料化学反应引起的裂缝等。以上裂缝也可以通过采取合理的构造措施、适当加大保护层厚度、控制混凝土水灰比、提高混凝土密实度等方法加以调整。

二、荷载作用下裂缝开展宽度计算方法

（一）计算方法

到目前为止，对裂缝宽度的计算仅限于构件的正截面受力裂缝。国内外的研究人员根据各自的试验成果，曾提出过许多的裂缝宽度计算公式，这些公式大体上可以分为两种类型，即半理论半经验公式和数理统计公式。

半理论半经验公式是根据裂缝开展的机制分析，以某一力学模型出发推导出理论计算公式，但公式中的某些系数则借助于试验或经验确定。我国建筑系统与水工系统规范的裂缝宽度公式即属于此类。数理统计公式则是由大量实测试验资料回归分析出不同参数对裂缝开展宽度的影响程度，选择其中最合适的参数表达形式。然后用数理统计方法直接建立起由一些主要参数组成的经验公式。数理统计公式虽不是来源于对裂缝开展机理的分析，但因为它建立在大量实测资料的基础上，常具有公式简便的特点和相当良好的计算精度。目前，俄罗斯等国家规范及我国港口工程和公路工程规范的裂缝宽度计算公式就是采用的数理统计公式。

半理论半经验公式中，根据所采用裂缝开展机制的不同可分为三种：①黏结滑移理论；②无黏结滑移理论；③综合理论。

黏结滑移理论认为，裂缝的开展是由于钢筋和混凝土之间不再保持变形协调而出现相对滑移造成的，这就意味着混凝土表面的裂缝宽度与内部钢筋表面处的裂缝宽度是一样的，如图 9-8（a）所示。

无黏结滑移理论假定裂缝开展后，混凝土截面在局部范围内不再保持为平面，而钢筋和混凝土之间的黏结力并不破坏，相对滑移可忽略不计，这也就意味着裂缝的形状如图 9-8(b)所示。这一理论的一些观点已为很多具有高强黏结力的带肋钢筋构件的试验所证实。

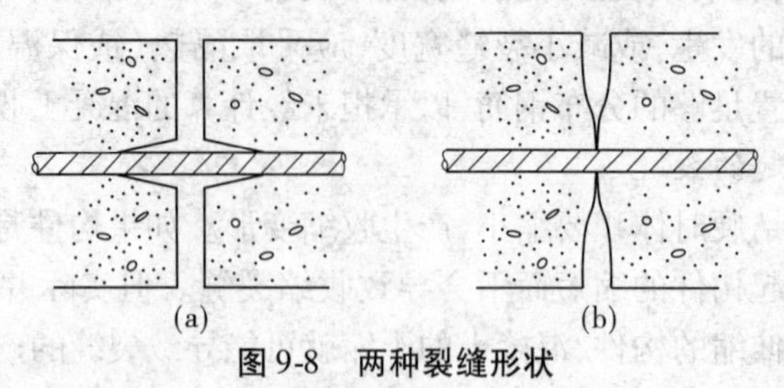

图 9-8 两种裂缝形状

在前两种理论的基础上建立起来的综合理论，既考虑了保护层厚度的影响，也考虑了钢筋可能出现的滑移，因此更为合理。

(二)裂缝出现和开展过程

为了建立计算裂缝宽度的公式，必须清楚裂缝出现与开展后构件截面的应力应变状态。下面根据黏结滑移理论并结合试验成果，对受弯构件纯弯段的裂缝加以讨论。

如图 9-9 所示的简支梁，*CD* 段为纯弯段。设 M_k 为荷载标准值产生的弯矩值，M_{cr} 为构件沿正截面的开裂弯矩值。

当 $M_k < M_{cr}$ 时，受拉区未出现裂缝，钢筋与混凝土共同受力。在纯弯段 *CD* 内，各截面的受拉混凝土应力大体上保持均等，其值小于混凝土抗拉强度 f_t。

当 $M_k = M_{cr}$ 时，裂缝即将出现。但由于各截面的混凝土实际抗拉强度存在差异，当荷载增加到一定程度时，在某一薄弱截面(如图 9-10 中的 *a* 截面)将出现第一条裂缝。在裂缝截面，裂开的混凝土退出工作，不再承受拉力，如图 9-10(b)所示。因此，由受拉混凝土部分承担的拉力就转移由钢筋承担，裂缝截面的钢筋应力就突然增高，由 σ_{s1} 增大到 σ_{s2} (见图 9-10(c))，钢筋的应变也有一个突变。加上原来因受拉而张紧的混凝土在裂缝出

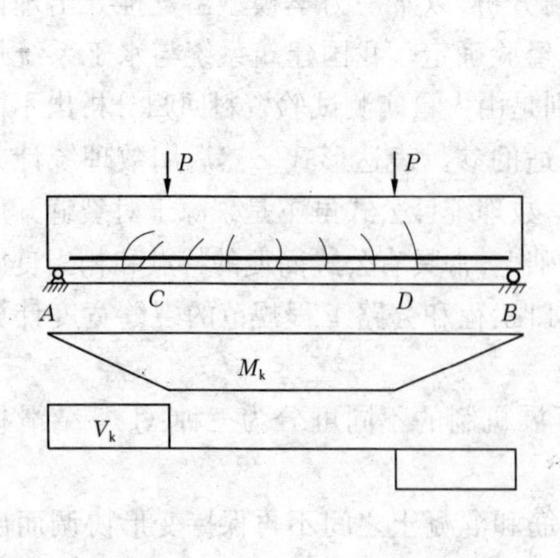

图 9-9 简支梁的受力裂缝

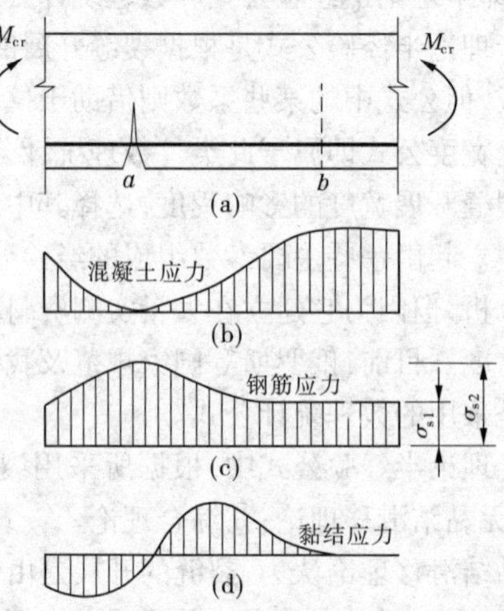

图 9-10 第一条裂缝出现的受力状态示意图

现瞬间将分别向裂缝两边回缩,所以裂缝一出现就会有一定的宽度。

受拉张紧的混凝土在向裂缝两边回缩时,混凝土和钢筋相对滑移,产生黏结应力,如图9-10(d)所示。由于受到黏结作用的影响,混凝土不可能一下子自由回缩到完全放松的无应力状态,离开裂缝越远,黏结应力累计越大,混凝土回缩就越小。正是由于黏结应力的存在,突增的钢筋应力又逐渐传给混凝土,而且距裂缝越远,混凝土承担的拉应力也越大,同时钢筋的拉应力就越小。当达到某一距离后,混凝土应力增加到f_t,而钢筋的应力则降低到σ_{s1},两者的应力又恢复到未裂前的均匀状态。

当荷载有微小增加时,在应力大于混凝土实际抗拉强度的地方又将出现第二条(或第二批)裂缝。裂缝出现后,该截面的混凝土又脱离工作,应力下降到零,钢筋应力则又突增。所以,在裂缝出现后,沿构件长度方向,钢筋与混凝土的应力是随着裂缝位置而变化的(见图9-11)。中和轴也不保持在一个水平面上,而是随着裂缝位置呈波浪形起伏。

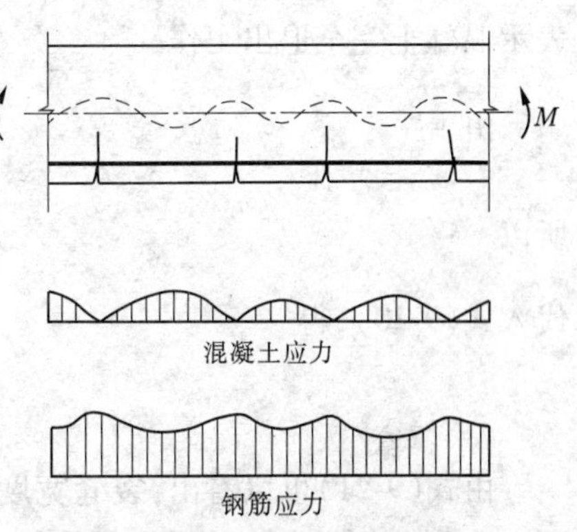

图9-11　中和轴、钢筋及混凝土应力随裂缝位置变化的情况

试验结果表明,由于混凝土质量的不均匀,裂缝的间距总是有疏有密。在同一纯弯区段内,裂缝的最大间距可为平均间距的1.3~2倍。裂缝的出现也有先有后,当两条裂缝的间距较大时,随着荷载的增加,在两条裂缝之间还有可能出现新的裂缝。对正常配筋率或配筋率较高的梁来说,在正常使用时期,可以认为裂缝间距已基本稳定。

试验指出,在同一纯弯区段,同一钢筋应力下,裂缝开展的宽度有大有小,差别也是很大的。从实际设计意义上来说,所考虑的应该是裂缝的最大宽度。

(三)平均裂缝开展宽度

如果把混凝土的性质加以理想化,就可以得出以下一些结论:当荷载达到抗裂弯矩M_{cr}时,出现第一条裂缝。在裂缝截面的混凝土拉应力下降为零时,钢筋应力突增,离裂缝截面越远,混凝土所受的拉应力越大,达到f_t时,就是产生第二条裂缝的地方。接着又会连续发生第三、第四……条裂缝。由于把问题理想化,所以理论上裂缝是等间距分布的,而且也几乎是同时发生的。此后,荷载的增加只是裂缝宽度加大而不再产生新的裂缝,而且各条裂缝的宽度在同一荷载作用下也是相等的。

裂缝开展后,由图9-12可知,在钢筋重心处的平均裂缝宽度w_m应等于两条裂缝之间的钢筋伸长与混凝土伸长之差,即

$$w_m = \varepsilon_{sm} l_{cr} - \varepsilon_{cm} l_{cr} \tag{9-19}$$

式中　ε_{sm}、ε_{cm}——裂缝间钢筋及混凝土的平均应变;

l_{cr}——裂缝间距。

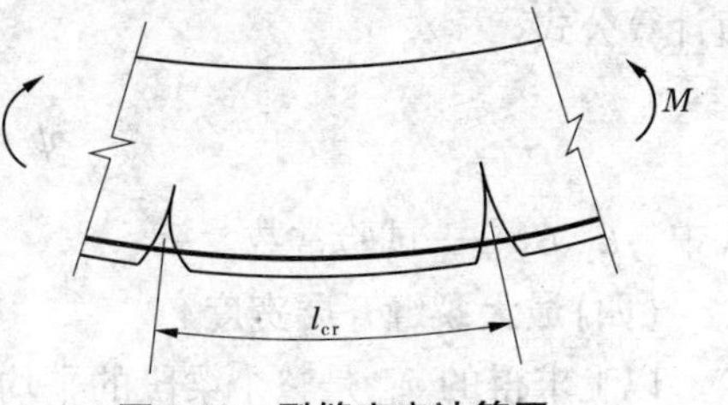

图9-12　裂缝宽度计算图

混凝土的拉伸变形极小,可以略去不计,则式(9-19)可改写为

$$w_{m} = \varepsilon_{sm} l_{cr} \tag{9-20}$$

由于裂缝之间的混凝土仍能承受部分拉力，而且裂缝截面处的钢筋应变 ε_s 相对最大，非裂缝截面的钢筋应变逐渐减小，所以在整个 l_{cr} 段长度内，钢筋的平均应变 ε_{sm} 显然比裂缝截面的钢筋应变 ε_s 小。因此，通过引进钢筋应变不均匀系数 ψ 来表示裂缝间混凝土对钢筋应变所产生的影响，它是钢筋平均应变 ε_{sm} 对裂缝截面钢筋应变 ε_s 的比值，即 $\psi = \varepsilon_{sm}/\varepsilon_s$。显然，$\psi$ 值不大于 1。ψ 值越小，表示混凝土参与承受拉力的程度越大；ψ 值越大，表示混凝土参与承受拉力的程度越小，各截面中钢筋的应力就比较均匀；当 $\psi = 1$ 时，表示混凝土完全退出工作。

由于

$$\psi = \frac{\varepsilon_{sm}}{\varepsilon_s}$$

所以

$$\varepsilon_{sm} = \psi \varepsilon_s = \psi \frac{\sigma_s}{E_s}$$

代入式(9-20)，得

$$w_{m} = \psi \frac{\sigma_s}{E_s} l_{cr} \tag{9-21}$$

由式(9-21)可以看出，裂缝宽度主要取决于裂缝截面的钢筋应力 σ_s，而平均裂缝间距 l_{cr} 和裂缝间纵向钢筋应变不均匀系数 ψ 也是两个重要的参数。

1. 裂缝间距 l_{cr}

式(9-21)是根据黏结滑移理论得出的裂缝宽度基本计算公式。试验结果表明，无论是黏结滑移理论还是无黏结滑移理论，与试验结果吻合均不甚理想，因此宜考虑黏结滑移理论与无黏结滑移理论结合的综合理论，采用形如式(9-22)的混凝土保护层厚度 c 与 d/ρ_{te} 的线性组合计算平均裂缝间距 l_{cr}

$$l_{cr} = a_1 + a_2 c + a_3 \frac{d}{\rho_{te}} \tag{9-22}$$

式中　a_1、a_2 和 a_3——试验待定常数。

2. ψ 值

受拉钢筋应变不均匀系数 $\psi = \varepsilon_{sm}/\varepsilon_s$ 反映了裂缝间受拉混凝土参与工作的程度。随着外力的增加，裂缝截面的钢筋应力 σ_s 随之增大，钢筋与混凝土之间的黏结逐步被破坏，受拉混凝土也就逐渐退出工作，因此 ψ 值必然与 σ_s 有关。影响 ψ 的因素很多，除钢筋应力外，还与混凝土抗拉强度、配筋率、钢筋与混凝土的黏结性能、荷载作用的时间和性质等有关。准确地计算 ψ 值是十分复杂的，目前大多是根据试验资料给出半理论半经验的 ψ 值计算公式

$$\psi = \beta_1 - \beta_2 \frac{f_{tk}}{\sigma_s \rho_{te}}$$

式中　β_1、β_2——试验常数。

(四)最大裂缝开展宽度

以上求得的 w_m 是整个梁段的平均裂缝宽度，而实际上由于混凝土质量的不均匀，裂缝的间距有疏有密，每条裂缝开展的宽度有大有小，分散性是很大的。另外，由于荷载长

期作用的影响,受拉区混凝土将产生收缩、滑移、徐变,受压区混凝土也将产生徐变,因此裂缝间钢筋应变将不断增大,裂缝宽度也将不断增大。这样,用以衡量裂缝开展宽度是否超过允许值,应以最大裂缝宽度为准。最大裂缝宽度值由平均裂缝宽度 w_m 乘以一个扩大系数 α 而得到。α 应考虑裂缝宽度的随机性、荷载的长期作用以及构件受力特征等因素的综合影响,即

$$w_{max} = \alpha w_m = \alpha\psi \frac{\sigma_s}{E_s} l_{cr} \tag{9-23}$$

三、裂缝控制

(一)规范采用的裂缝宽度计算公式

《水工混凝土结构设计规范》(DL/T 5057—2009)规定的矩形、T形及I形截面受拉、受弯和偏心受压钢筋混凝土构件,在荷载效应标准组合并考虑长期作用影响下的最大裂缝宽度 w_{max}(mm)计算公式如下

$$w_{max} = \alpha_{cr}\psi \frac{\sigma_{sk} - \sigma_0}{E_s} l_{cr} \tag{9-24}$$

其中

$$\psi = 1 - 1.1 \frac{f_{tk}}{\rho_{te}\sigma_{sk}}$$

$$l_{cr} = (2.2c + 0.09 \frac{d}{\rho_{te}})\nu \quad (20\ \text{mm} \leqslant c \leqslant 65\ \text{mm})$$

$$l_{cr} = (65 + 1.2c + 0.09 \frac{d}{\rho_{te}})\nu \quad (65\ \text{mm} < c \leqslant 150\ \text{mm})$$

式中 α_{cr}——考虑构件受力特征的系数,对受弯和偏心受压构件,取 $\alpha_{cr} = 1.90$,对偏心受拉构件,取 $\alpha_{cr} = 2.15$,对轴心受拉构件,取 $\alpha_{cr} = 2.45$;

ψ——裂缝间纵向受拉钢筋应变不均匀系数,当 $\psi < 0.2$ 时,取 $\psi = 0.2$,对直接承受重复荷载的构件,取 $\psi = 1$;

l_{cr}——平均裂缝间距;

E_s——钢筋弹性模量;

ν——考虑钢筋表面形状的系数,对带肋钢筋,取 $\nu = 1.0$,对光面钢筋,取 $\nu = 1.4$;

f_{tk}——混凝土轴心抗拉强度标准值;

c——最外层纵向受拉钢筋外边缘至受拉区底边的距离,mm,当 $c < 20$ mm 时,取 $c = 20$ mm,当 $c > 150$ mm 时,取 $c = 150$ mm;

d——钢筋直径,mm,当钢筋用不同直径时,式中的 d 改用换算直径 $4A_s/u$,此处 u 为纵向受拉钢筋截面总周长;

ρ_{te}——纵向受拉钢筋的有效配筋率,$\rho_{te} = \frac{A_s}{A_{te}}$,当 $\rho_{te} < 0.03$ 时,取 $\rho_{te} = 0.03$;

A_{te}——有效受拉混凝土截面面积,mm^2,对受弯、偏心受拉及大偏心受压构件,A_{te} 取为其重心与受拉钢筋 A_s 重心相一致的混凝土面积,即 $A_{te} = 2a_s b$(见图9-13),其中 a_s 为 A_s 重心至截面受拉边缘的距离,b 为矩形截面的宽度,对有受拉翼缘的倒T形及I形截面,b 为受拉翼缘宽度,对全截面受拉的偏

心受拉构件,A_{te}取拉应力较大一侧钢筋的相应有效受拉混凝土截面面积,对轴心受拉构件,A_{te}取为 $2a_s l_s$,但不大于构件全截面面积,其中 a_s 为一侧钢筋重心至截面边缘的距离,l_s 为沿截面周边配置的受拉钢筋重心连线的总长度;

A_s——受拉区纵向钢筋截面面积,mm^2,对受弯、偏心受拉及大偏心受压构件,A_s 取受拉区纵向钢筋截面面积,对全截面受拉的偏心受拉构件,A_s 取拉应力较大一侧的钢筋截面面积,对轴心受拉构件,A_s 取全部纵向钢筋截面面积;

σ_{sk}——按标准组合计算的构件纵向受拉钢筋应力,N/mm^2;

σ_0——钢筋的初始应力,对于长期处于水下的结构,允许采用 $\sigma_0 = 20$ N/mm^2,对于干燥环境中的结构,取 $\sigma_0 = 0$。

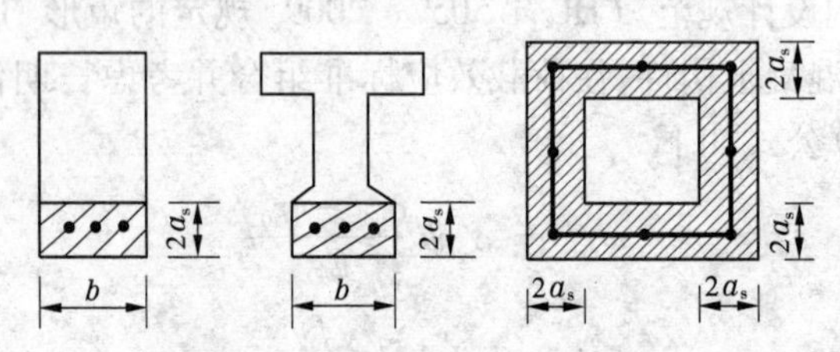

图 9-13　规范中 A_{te} 的取值

上述计算公式中的纵向受拉钢筋应力 σ_{sk} 可按下列公式计算:

(1)轴心受拉构件。在轴心拉力标准值作用下,裂缝截面的混凝土已经开裂,拉力全部由钢筋承担。

$$\sigma_{sk} = \frac{N_k}{A_s} \tag{9-25}$$

式中 N_k——按荷载标准组合计算的轴向拉力值,N;

A_s——受拉区纵向钢筋截面面积,mm^2;

σ_{sk}——按荷载效应的标准组合计算的构件纵向受拉钢筋应力,N/mm^2。

(2)受弯构件。对受弯构件做以下假定:①裂缝截面压区混凝土处于弹性状态,应力分布为三角形,受拉区混凝土的作用忽略不计;②裂缝截面处的混凝土和钢筋的应变采用平截面假定,且应力应变关系符合虎克定律。根据以上假定,在弯矩标准值 M_k 作用下,裂缝截面的应力状态如图 9-14 所示。由 $\sum M = 0$,可得

$$\sigma_{sk} = \frac{M_k}{0.87 h_0 A_s} \tag{9-26}$$

(3)大偏心受压构件。对于大偏心受压构件,基本假定同受弯构件,在偏心压力标准值作用下,裂缝截面的应力状态如图 9-15 所示。由力矩平衡条件可得

$$\sigma_{sk} = \frac{N_k}{A_s}\left(\frac{e}{z} - 1\right) \tag{9-27}$$

式中,正常使用时的内力臂 z 和轴向压力作用点至纵向受拉钢筋合力点的距离 e 可由下列公式近似计算

$$z = \left[0.87 - 0.12(1 - \gamma_f')\left(\frac{h_0}{e}\right)^2\right]h_0 \tag{9-28}$$

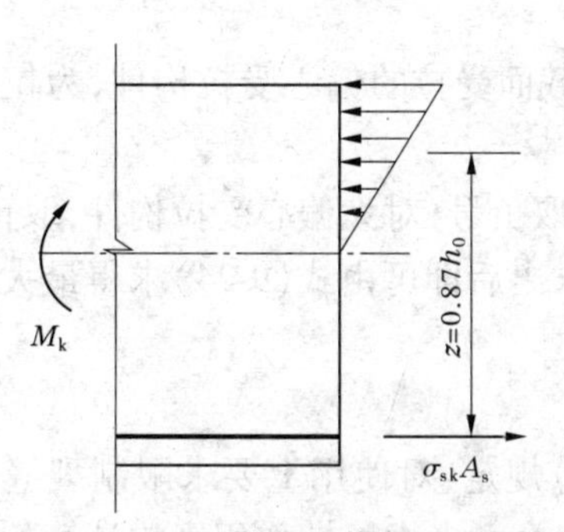

图 9-14　受弯构件截面应力图形

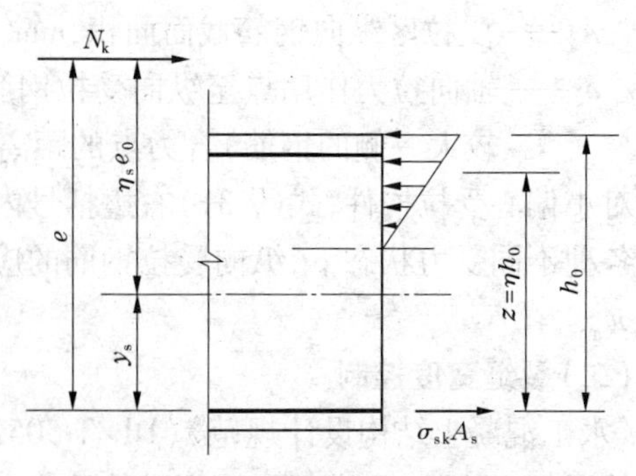

图 9-15　大偏心受压构件截面应力图形

$$e = \eta_s e_0 + y_s \tag{9-29}$$

其中

$$\eta_s = 1 + \frac{1}{4\,000e_0/h_0}\left(\frac{l_0}{h}\right)^2 \tag{9-30}$$

式中　N_k——按荷载标准组合计算的轴向压力值，N；

e——轴向压力作用点至纵向受拉钢筋合力点的距离，mm；

e_0——轴向压力作用点至截面重心的距离，mm；

z——纵向受拉钢筋合力点至受压区合力点的距离，mm，不大于 $0.87h_0$；

η_s——使用阶段的偏心距增大系数，当$\dfrac{l_0}{h}\leqslant 14$ 时，可取 $\eta_s=1.0$；

y_s——截面重心至纵向受拉钢筋合力点的距离，mm；

γ_f'——受压翼缘面积与腹板有效面积的比值，$\gamma_f'=\dfrac{(b_f'-b)h_f'}{bh_0}$，其中 b_f'、h_f' 分别为受压翼缘的宽度、高度，当 $h_f'>0.2h_0$ 时，取 $h_f'=0.2h_0$。

（4）偏心受拉构件（矩形截面）。对于大偏心受拉构件，基本假定同受弯构件，在偏心拉力标准值 N_k 的作用下，裂缝截面的受力状态如图 9-16 所示。根据内力平衡条件可得

$$\sigma_{sk} = \frac{N_k}{A_s}\left(1 \pm 1.1\,\frac{e_s}{h_0}\right) \tag{9-31}$$

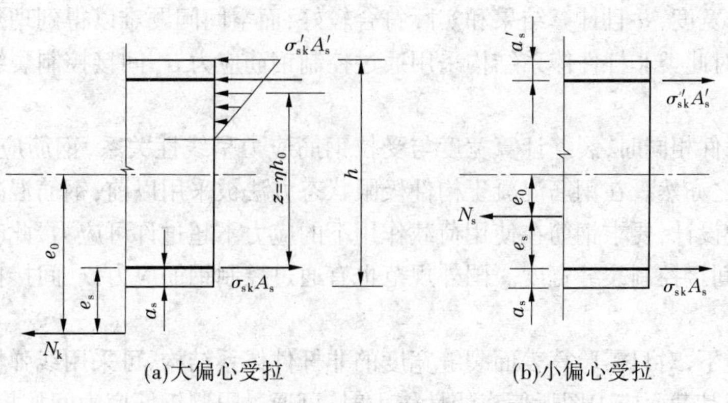

图 9-16　大、小偏心受拉构件截面应力图形

式中　A_s——受拉区纵向钢筋截面面积,mm^2;

e_s——轴向拉力作用点至纵向受拉钢筋(对全截面受拉的偏心受拉构件,为拉应力较大一侧的钢筋)合力点的距离,mm。

对小偏心受拉构件,式(9-31)右边括号内第二项取负号,对大偏心受拉构件,取正号。

各种不同受力状态下,纵向受拉钢筋的应力 σ_{sk}求出后即可由式(9-24)求得最大裂缝宽度 w_{max}。

(二)裂缝宽度控制

《水工混凝土结构设计规范》(DL/T 5057—2009)规定,对使用上要求限制裂缝宽度的钢筋混凝土构件,应进行裂缝宽度的验算,按标准组合并考虑长期作用影响计算的最大裂缝宽度 w_{max}应符合下列规定

$$w_{max} \leqslant w_{lim} \tag{9-32}$$

式中　w_{max}——按标准组合并考虑长期作用影响计算的最大裂缝宽度,按式(9-24)计算;

w_{lim}——最大裂缝宽度限值,按附录五附表 5-1 采用。

应当指出,水电站厂房吊车梁上的轮压标准值(最大起重量),只在水轮发电机组安装或大修时才会出现。在这种荷载组合作用下,裂缝开展宽度的最大值只在短暂时间内发生,并且卸载后裂缝可部分闭合,对结构的耐久性并不会产生严重影响。因此,对水电站厂房的钢筋混凝土吊车梁,可将计算求得的最大裂缝宽度乘以系数 0.85。另外,试验表明,对 $e_0/h_0 \leqslant 0.55$ 的偏心受压构件,正常使用阶段,裂缝宽度很小,可不验算裂缝宽度。

(三)非杆件体系钢筋混凝土结构的裂缝宽度控制

特别重要的非杆件体系结构的裂缝宜分为按耐久性、防渗等要求控制和按刚度要求控制两种,前者只需进行表面裂缝宽度的验算,后者除表面裂缝宽度验算外还需进行内部裂缝控制验算,此时不但要验算内部裂缝宽度,还需控制裂缝的延伸范围。

对于非杆件体系结构,不能用式(9-24)直接计算裂缝宽度。

对非杆件体系大体积混凝土结构,采用钢筋混凝土有限单元法直接计算裂缝宽度与裂缝延伸范围是最为理想的。但目前由于硬件与软件的限制,只有平面问题可直接计算出裂缝分布与宽度,并且计算结果和实际符合较好,而空间问题难以得到理想的结果。因此,规范提出对此类非杆件体系结构采用通过控制钢筋应力 σ_s 间接控制裂缝宽度的验算方法。

在其他条件相同时,裂缝计算宽度与受拉钢筋应力呈线性关系,钢筋应力越大,裂缝宽度越宽;反之亦然。在钢筋混凝土构件极限状态方法被采用以前,钢筋混凝土构件均采用许可应力法设计,要求钢筋在使用荷载作用下的应力不超过许可应力,此时不再作裂缝宽度验算,可间接控制裂缝宽度。国外规范也有通过控制钢筋应力 σ_s 间接控制裂缝宽度的方法。

一般情况下,对只需验算表面裂缝宽度的非杆件体系结构,可采用线弹性方法计算出截面应力。当其截面应力图形偏离线性较大时,可通过限制钢筋应力间接控制裂缝宽度。标准组合下的受拉钢筋应力 σ_{sk}宜符合下列规定

$$\sigma_{sk} \leqslant \alpha_s f_{yk} \tag{9-33}$$

式中　σ_{sk}——按荷载标准组合计算得出的受拉钢筋应力，N/mm^2，取 $\sigma_{sk}=T_k/A_s$，其中 A_s 为受拉钢筋截面面积，mm^2，T_k 为荷载效应标准组合下由钢筋承担的拉力，N，T_k 也可按钢筋混凝土非线性有限元方法计算确定；

α_s——考虑环境影响和荷载长期作用的综合影响系数，$\alpha_s=0.5\sim0.7$，对一类环境取大值，对四类环境取小值；

f_{yk}——钢筋的抗拉强度标准值，N/mm^2，按附录二附表 2-4 确定，钢筋不宜采用 HPB235 级和 HPB300 级，当 $f_{yk}>335\ N/mm^2$ 时，取 $f_{yk}=335\ N/mm^2$。

当非杆件体系结构截面应力图形接近线性分布时，可换算为截面内力，按式(9-25)～式(9-31)计算 σ_{sk}，按式(9-24)进行裂缝宽度验算。

内部裂缝可通过限制内部受拉钢筋的应力与钢筋网间距来控制裂缝宽度。其中，钢筋间距宜不大于 200 mm，钢筋网间距宜不大于 1 000 mm；在标准组合作用下，内部受拉钢筋的钢筋单元应力宜不大于 120 N/mm^2。

对于重要结构，尚宜采用钢筋混凝土有限元方法直接求得配筋与裂缝宽度的关系，以确定合适的配筋方案。

对处于五类环境下的结构，宜采取专门的防裂、限裂措施。

【例题 9-3】 某钢筋混凝土单筋矩形截面简支梁(3 级水工建筑物)，处于露天环境，截面尺寸为 $b\times h=250\ mm\times500\ mm$，混凝土强度等级为 C25，受拉区配置一排 3 Φ 20 钢筋。使用期间承受均布荷载，由荷载标准值产生的跨中最大弯矩 $M_k=85\ kN\cdot m$。试验算梁的裂缝宽度是否满足要求。

解　查表知：混凝土保护层最小厚度 $c=35$ mm，$[w_{lim}]=0.3$ mm，$f_{tk}=1.78\ N/mm^2$，$E_s=2.0\times10^5\ N/mm^2$，$f_y=300\ N/mm^2$。

$$a_s=c+\frac{d}{2}=35+\frac{20}{2}=45(mm)$$

则截面有效高度 $h_0=h-a_s=500-45=455(mm)$。

纵向受拉钢筋有效配筋率

$$\rho_{te}=\frac{A_s}{A_{te}}=\frac{A_s}{2a_sb}=\frac{942}{2\times45\times250}=0.042$$

纵向受拉钢筋应力

$$\sigma_{sk}=\frac{M_k}{0.87h_0A_s}=\frac{85\times10^6}{0.87\times455\times942}=227.9(N/mm^2)$$

$$\psi=1.0-1.1\frac{f_{tk}}{\rho_{te}\sigma_{sk}}=1.0-1.1\times\frac{1.78}{0.042\times227.9}=0.795$$

最大裂缝宽度

$$\begin{aligned}w_{max}&=\alpha_{cr}\psi\frac{\sigma_{sk}-\sigma_0}{E_s}\left(2.2c+0.09\frac{d}{\rho_{te}}\right)\nu\\&=1.90\times0.795\times\frac{227.9-0}{2.0\times10^5}\times\left(2.2\times35+0.09\times\frac{20}{0.042}\right)\times1.0\\&=0.206(mm)<[w_{lim}]=0.30\ mm\end{aligned}$$

故满足裂缝宽度要求。

第四节　钢筋混凝土受弯构件变形验算

为保证结构的正常使用,对需要控制变形的构件,应进行变形验算。受弯构件的最大挠度应按荷载效应标准组合进行验算,即

$$f_{max} \leqslant f_{lim} \tag{9-34}$$

式中　f_{max}——按荷载效应标准组合并考虑长期作用影响计算的最大挠度,按式(9-36)计算;

f_{lim}——受弯构件的挠度限值,按附录五附表5-3采用。

一、受弯构件截面刚度变化特点

由《材料力学》可知,匀质弹性材料梁的跨中挠度为

$$f = S\frac{Ml_0^2}{EI} \tag{9-35}$$

式中　S——与荷载形式、支承条件有关的参数;

EI——梁的截面抗弯刚度;

l_0——梁的计算跨度。

例如,对于承受均布荷载的简支梁,$S = 5/48$,即

$$f = \frac{5}{48}\frac{Ml_0^2}{EI}$$

当梁的截面尺寸和材料已定时,截面的抗弯刚度EI就是一个常数,所以由式(9-35)可知弯矩M与挠度f呈线性关系,如图9-17中的虚线$OABCD$所示。

钢筋混凝土梁不是匀质弹性体,具有一定的塑性性质,所以混凝土材料的应力—应变关系不是直线,不符合虎克定律,E不再是常数。同时,钢筋混凝土梁随着荷载的增加要经历裂缝产生、发展和破坏的过程。随着裂缝的产生和发展,截面有所削弱而使截面的惯性矩I不断减小,也不再保持常数。所以,钢筋混凝土梁随着荷载的增加EI值逐渐降低,其实际的$M \sim f$关系曲线如图9-17中的$OA'B'C'D'$所示。

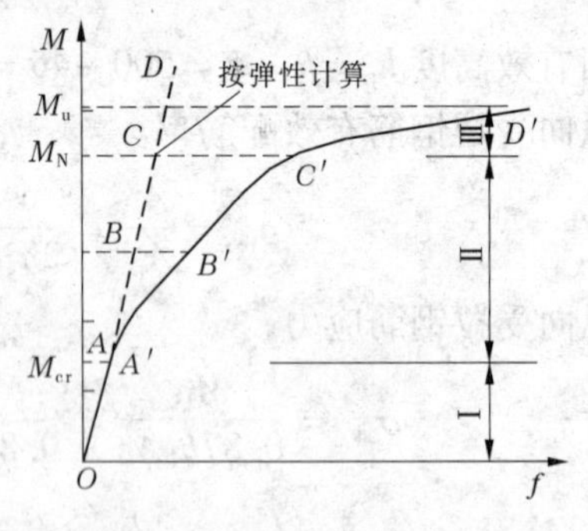

图9-17　适筋梁的实测$M \sim f$关系曲线(实线)

钢筋混凝土适筋梁的$M \sim f$曲线大体上可分为三个阶段:

(1)裂缝出现之前,截面的应力—应变关系处于第Ⅰ阶段,梁的$M \sim f$曲线与虚线OA比较接近;临近出现裂缝时,f值增加稍快,实测曲线微弯偏离直线,这是由于钢筋混凝土出现塑性,弹性模量略有降低。

(2)裂缝出现以后,$M \sim f$曲线出现比较明显的转折,出现了第一个转折点A',并且越

来越偏离直线,配筋率越低的构件,其转折越明显;随着荷载的增加,裂缝不断扩展,截面刚度明显降低,这是由于混凝土的塑性发展,变形模量降低,而且由于受拉区混凝土的开裂,截面几何性质也发生了质的变化,曲线 $A'B'$ 偏离直线的程度也随荷载的增加而非线性增加。正常使用阶段的验算主要是指这个阶段的验算。

(3)当钢筋屈服时,$M \sim f$ 曲线上出现了第二个转折点 C'。此时截面的刚度急剧下降,弯矩少许增加就会引起挠度的剧增。

因此,对于钢筋混凝土梁来说,如果再用刚度 EI 这个常数来计算挠度,就不能反映梁的实际情况。在工程设计中,通常用抗弯刚度 B 来取代式(9-35)中的 EI。B 是随着弯矩 M 的增大而减小的变量。刚度 B 确定后则仍可用材料力学公式计算梁的挠度,即

$$f = S\frac{Ml_0^2}{B} \tag{9-36}$$

对于钢筋混凝土梁的抗弯刚度 B,不同国家的规范采用不同的计算方法。我国《水工混凝土结构设计规范》(DL/T 5057—2009)对钢筋混凝土梁的抗弯刚度采用在材料力学挠度计算公式基础上的简化计算方法,具体如下。

二、受弯构件的短期刚度 B_s

(一)不出现裂缝的构件

对于不出现裂缝的钢筋混凝土梁,实际挠度比按弹性体公式(9-35)算得的数值偏大,说明梁的实际刚度比 EI 值低,这是因为混凝土受拉发生塑性,实际的弹性模量有所降低的缘故,但截面并未削弱,I 值不受影响,所以只需将刚度 EI 稍加修正即可反映不出现裂缝的钢筋混凝土梁的实际工作情况。为此,将式(9-35)中的刚度 EI 改用 B_s 值代替,取

$$B_s = 0.85E_cI_0 \tag{9-37}$$

式中　B_s——不出现裂缝的钢筋混凝土受弯构件的短期刚度,$N \cdot mm^2$;

E_c——混凝土的弹性模量;

I_0——换算截面对其重心轴的惯性矩;

0.85——考虑混凝土出现塑性变形时弹性模量降低的系数。

(二)出现裂缝的构件

对于矩形、T形及I形截面受弯构件的短期刚度 B_s,考虑到矩形截面简化公式的衔接,故保留矩形截面刚度公式的基本形式,同时考虑受压、受拉翼缘对刚度的影响,经线性回归简化后得

$$B_s = (0.025 + 0.28\alpha_E\rho)(1 + 0.55\gamma_f' + 0.12\gamma_f)E_cbh_0^3 \tag{9-38}$$

式中　B_s——出现裂缝的钢筋混凝土受弯构件的短期刚度,$N \cdot mm^2$;

ρ——纵向受拉钢筋配筋率,$\rho = \frac{A_s}{bh_0}$,其中 b 为截面肋宽;

α_E——钢筋弹性模量与混凝土弹性模量之比;

γ_f'——受压翼缘面积与腹板有效面积的比值,$\gamma_f' = \frac{(b_f' - b)h_f'}{bh_0}$,其中 b_f'、h_f' 分别为受压翼缘的宽度、高度,当 $h_f' > 0.2h_0$ 时,取 $h_f' = 0.2h_0$;

γ_f——受拉翼缘面积与腹板有效面积的比值，$\gamma_f=\dfrac{(b_f-b)h_f}{bh_0}$，其中 b_f、h_f 分别为受拉翼缘的宽度、高度。

三、受弯构件的刚度 B

在荷载长期作用下，钢筋混凝土受弯构件受压区混凝土将产生徐变，即使荷载不增加，挠度也将随时间的增长而增大。

混凝土收缩也是造成受弯构件刚度降低的原因之一。尤其是当受弯构件的受拉区配置了较多的受拉钢筋而受压区配筋很少或未配钢筋时（见图 9-18），由于受压区未配钢筋，受压区混凝土可以较自由地收缩，即梁的上部缩短，受拉区由于配置了较多的纵向钢筋，混凝土的收缩受到钢筋的约束，使混凝土受拉，甚至可能出现裂缝。因此，混凝土收缩也会引起梁的刚度降低，使挠度增大。

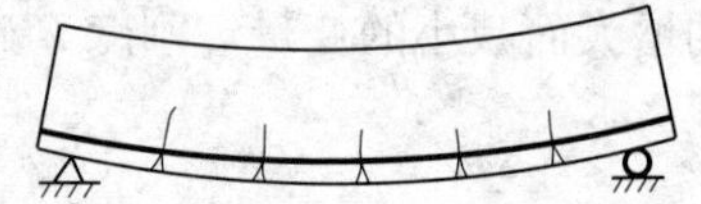

图 9-18 配筋对混凝土收缩的影响

如上所述，荷载长期作用下挠度增加的主要原因是混凝土的徐变和收缩，所以凡是影响混凝土徐变和收缩的因素，如受压钢筋的配筋率、加荷龄期、荷载的大小及持续时间、使用环境的温度和湿度、混凝土的养护条件等都对挠度的增长有影响。

试验表明，在加荷初期，梁的挠度增长较快，以后增长缓慢，后期挠度虽仍继续增大，但增值很小。实际应用中，对一般尺寸的构件，可取 1 000 d 或 3 年的挠度作为最终值。对于大尺寸的构件，挠度增长可达 10 年后仍未停止。

考虑荷载长期作用对受弯构件挠度影响的方法有多种：①用不同方式及在不同程度上考虑混凝土徐变及收缩的影响来计算刚度，或直接计算由于荷载长期作用而产生的挠度增长和由收缩而引起的翘曲；②由试验结果确定荷载长期作用下的挠度增大系数 θ，采用 θ 值来计算刚度。

我国规范采用上述第②种方法。根据国内外对受弯构件长期挠度试验结果，θ 值可按下式计算

$$\theta = 2.0 - 0.4\frac{\rho'}{\rho} \tag{9-39}$$

式中 θ——考虑荷载长期作用对挠度增大的影响系数；

ρ'、ρ——受压钢筋和受拉钢筋的配筋率，$\rho'=\dfrac{A_s'}{bh_0}$，$\rho=\dfrac{A_s}{bh_0}$。

由式(9-39)可知，当不配受压钢筋时，$\rho'=0$，则 $\theta=2.0$；当 $\rho'=\rho$ 时，$\theta=1.6$；当 ρ' 为中间数值时，θ 按直线内插法取用。对于受拉区有翼缘的截面，受拉区混凝土参与受力的程度比矩形截面要大。因此，θ 值应在式(9-39)计算的基础上乘以系数 1.2。

荷载效应标准组合作用（并考虑荷载长期作用的影响）下的矩形、T 形及 I 形截面受弯构件刚度 B 可按下式计算

$$B = \frac{M_k}{M_l(\theta-1)+M_k}B_s \tag{9-40}$$

式中　M_k、M_l——由荷载效应标准组合及长期组合计算的弯矩值；

B_s——短期刚度，$N \cdot mm^2$。

为简化计算，我国《水工混凝土结构设计规范》(DL/T 5057—2009)对式(9-40)综合分析，取

$$B = 0.65B_s \tag{9-41}$$

在挠度计算时，对等截面构件，可假设各同号弯矩区段内的刚度相等，并取用该段内最大弯矩处的刚度。当计算跨度内的支座截面刚度不大于跨中截面刚度的两倍或不小于跨中截面刚度的二分之一时，该跨也可按等刚度构件进行计算，其构件刚度可取跨中最大弯矩截面的刚度。

若验算的挠度不能满足式(9-34)的条件，则表示构件的截面抗弯刚度不足。由式(9-38)可知，增加截面尺寸、提高钢筋混凝土强度等级、增加配筋量及选用合理的截面都可提高构件的刚度，但合理有效的措施是增大截面高度。

【例题 9-4】　简支矩形截面梁的截面尺寸 $b \times h = 250\ mm \times 600\ mm$；混凝土强度等级为 C30，配置 4 Φ 18 钢筋，混凝土保护层 $c = 35\ mm$，承受均布荷载，按荷载效应标准组合计算的跨中弯矩值 $M_k = 120\ kN \cdot m$，梁的计算跨度 $l_0 = 6.5\ m$，挠度限制为 $l_0/250$。试验算挠度是否符合要求。

解

1. 已知条件

$f_{tk} = 2.01\ N/mm^2$，$E_s = 2.0 \times 10^5\ N/mm^2$，$E_c = 3.0 \times 10^4\ N/mm^2$，$h_0 = 600 - (35 + \frac{18}{2}) = 556(mm)$。

2. 计算梁的短期刚度 B_s

$$\alpha_E = \frac{E_s}{E_c} = \frac{2.0 \times 10^5}{3.0 \times 10^4} = 6.67,\quad \rho = \frac{A_s}{bh_0} = \frac{1\ 017}{250 \times 556} = 0.007\ 32$$

$$\begin{aligned} B_s &= (0.025 + 0.28\alpha_E\rho)E_c bh_0^3 \\ &= (0.025 + 0.28 \times 6.67 \times 0.007\ 32) \times 3.0 \times 10^4 \times 250 \times 556^3 \\ &= 4.98 \times 10^{13}(N \cdot mm^2) \end{aligned}$$

3. 计算梁的刚度 B

$$B = 0.65B_s = 0.65 \times 4.98 \times 10^{13} = 3.24 \times 10^{13}(N \cdot mm^2)$$

4. 挠度验算

$$\begin{aligned} f &= \frac{5}{48}\frac{M_k l_0^2}{B} = \frac{5}{48} \times \frac{120 \times 10^6 \times 6\ 500^2}{3.24 \times 10^{13}} \\ &= 16.3(mm) < [f] = l_0/250 = 6\ 500/250 = 26.0(mm) \end{aligned}$$

故挠度满足要求。

第十章　预应力混凝土结构

第一节　预应力混凝土的基本概念

一、预应力的概念

普通钢筋混凝土结构具有整体性好、耐久性好、能充分利用两种材料的强度等优点，在土木工程中被广泛应用。但由于混凝土的极限拉应变很小(约为 0.000 1)，在荷载的作用下容易开裂，所以抗裂性能差成为普通钢筋混凝土结构的主要缺点。对一般的构件，只要裂缝宽度不超过其限值，尚不影响使用，但对抗裂要求较高或处于高湿度及侵蚀性环境下的构件，普通钢筋混凝土就很难满足使用要求。为了提高构件的抗裂能力，可以采取加大构件截面、增加钢筋用量和提高材料强度等措施，但这既不经济，效果也不理想。因为在混凝土的强度等级提高较大的条件下，其抗拉强度提高很少；而对于使用时不允许开裂的构件，由于受到混凝土极限拉应变的限制，受拉钢筋的工作应力只能达到 20 MPa 左右，远低于常用钢筋的抗拉强度，即钢筋的作用不能充分发挥。

改善构件抗裂性能的另一种有效途径是采用预应力混凝土结构。所谓预应力混凝土结构，就是在外荷载作用之前，对受拉区混凝土先施加压力，造成人为的预压应力状态。这种预压应力可以全部或部分抵消外荷载产生的拉应力，因而可以使裂缝不发生、缓发生或减小裂缝的宽度。

预应力混凝土提高构件抗裂能力的原理可由图 10-1 来定性地描述。图 10-1 所示简支梁，荷载作用下在梁的控制截面受拉边缘 A 点产生的应力如图 10-1(b)所示。在承受外荷载之前，先在梁的受拉区施加一偏心压力 N，该偏心压力 N 在梁的控制截面受拉边缘 A 点产生预压应力如图 10-1(a)所示；梁的实际工作状态是受预加压力 N 与外荷载 p 的共同作用，受拉边缘的应力 σ_A 是图 10-1(a)与图 10-1(b)中应力的叠加。A 点的组合应力 σ_A 有三种情况：①$\sigma_A<0$；②$\sigma_A=0$；③$\sigma_A>0$。当 $\sigma_A\leqslant0$ 时，梁的下边缘受压不会开裂；当 $\sigma_A>0$ 但 $\sigma_A\leqslant f_{tk}$ 时，虽然梁的下边缘受拉但不会开裂；只有当 $\sigma_A>f_{tk}$ 时，梁的下边缘才可能出现裂缝。由此，可以通过人为控制预加压力 N 的大小，来调节受拉边缘混凝土的应力，以满足在使用时不开裂、缓开裂或裂缝宽度较小的裂缝控制要求，从根本上解决普通钢筋混凝土构件抗裂性能差的问题。

二、预应力混凝土的分类

(一)按施工方法分

按施工方法可分为先张法预应力混凝土和后张法预应力混凝土。

先张法是制作预应力混凝土构件时，先在台座上张拉预应力钢筋，后浇筑混凝土，靠

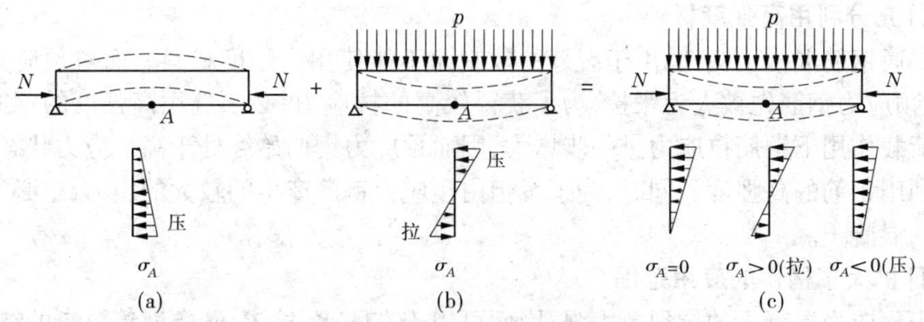

图 10-1　预应力混凝土梁受力图

黏结力使混凝土受压的一种方法。

后张法是先浇筑混凝土,预留孔道,待混凝土达到规定强度后,再在构件上张拉预应力钢筋而形成预应力混凝土的一种方法。

(二)按构件截面应力状态分

按构件截面应力状态分为全预应力混凝土和部分预应力混凝土。

全预应力混凝土是在使用荷载作用下,构件截面混凝土不出现拉应力,即为全截面受压。部分预应力混凝土包含两种情况:一是在使用荷载作用下,构件截面混凝土允许出现拉应力但不开裂,即满足拉应力不超过规定限值的要求;二是在使用荷载作用下,拉应力超过规定的限值,但裂缝宽度不超过规定限值。

(三)按预应力钢筋与混凝土的黏结方式分

按预应力钢筋与混凝土的黏结方式分为有黏结预应力混凝土和无黏结预应力混凝土。

有黏结预应力混凝土,是指预应力筋与其周围的混凝土牢固黏结为一体,在使用过程中共同受力、变形协调的预应力混凝土。用先张法及预留孔道穿筋压浆的后张法制作的预应力混凝土构件均属此类。

无黏结预应力混凝土,其预应力筋与周围的混凝土是不黏结的。在施工阶段钢筋可以在构件内自由滑动,在使用阶段构件同一截面上的预应力筋与相邻混凝土的受力变形也是不一致的。这种构件的预应力筋在施工前要进行表面涂油防锈处理,外套塑料管等材料与混凝土形成隔离。

三、预应力混凝土的特点

预应力混凝土与普通钢筋混凝土相比,有如下特点。

(一)提高了构件的抗裂能力

对普通钢筋混凝土构件,其开裂荷载的大小仅取决于混凝土的抗拉强度,因而抗裂能力很低。而预应力混凝土构件在承受外荷载之前其受拉区已有预压应力存在,只有当外荷载产生的拉应力将混凝土的预压应力全部抵消后且拉应变超过混凝土的极限拉应变时,构件才会开裂,所以开裂荷载大大提高。

(二)增大了构件的刚度

因为预应力混凝土构件正常使用时,在荷载效应标准组合下可能不开裂或只有很小的裂缝,混凝土基本上处于弹性阶段工作,因而构件的刚度比普通钢筋混凝土构件大。

(三)充分利用高强度材料

对普通钢筋混凝土构件,由于裂缝的限制而不能使用高强度材料。而对预应力混凝土构件,预应力钢筋先被人为张拉,为了获得较高的拉应力,必须选用高强度的钢筋。而后在外荷载作用下钢筋拉应力进一步增大,因而预应力钢筋始终处于高拉应力状态,即能够有效利用钢筋的高强度。同时,为了承担由预应力钢筋产生的较大的压力,也必须使用高强度的混凝土。

(四)扩大了构件的应用范围

由于预应力混凝土的抗裂能力强,因而可用于有防水、抗渗、防辐射等要求的结构;选用强度高的钢筋,可以减小所需要的钢筋截面面积。同时混凝土的强度高了,构件截面尺寸可减小,自重减轻,可用于建造大跨度结构、高层建筑等。

四、预应力混凝土的应用范围

预应力混凝土由于既能节约材料又能改善和提高结构性能,所以越来越广泛地被应用于土木工程的相关领域中。

(一)高层建筑楼盖

这类建筑主要是写字楼、商住楼、住宅等。其特点是层数多、总高度高、总重量大。一般希望在保证净高的条件下尽量降低层高,以得到最小的总高度,降低上部结构及基础的造价。或在总高度不变的前提下,降低层高(可增加层数),以获得更大的建筑面积。利用预应力混凝土板和扁梁可以有效地解决问题,预应力平板形楼板的高跨比可达1/40~1/50,预应力扁梁的高跨比可达1/20~1/28。

(二)大跨度结构

这类建筑主要是商业建筑、工业建筑、物流仓储、航站车站、文化体育建筑等。其特点是要求大跨度、大空间,中间少设或不设柱。对此类建筑,用普通混凝土结构很不经济或根本无法实现,因此可以选用预应力无梁楼盖或预应力板梁结构。

(三)桥梁工程

桥梁工程是预应力混凝土技术应用的主要领域,几乎20 m以上跨度的混凝土桥梁都需要采用预应力技术。

(四)水利工程

在水工建筑中,预应力混凝土主要用在闸墩、船闸、调压室、栈桥、压力水管、渡槽等结构中。

(五)特种结构

在仓储、水池、水管、核电站安全壳等环形或球形结构中大多采用预应力混凝土,因为这类结构中存在较大的拉应力,普通钢筋混凝土结构不能满足抗裂要求及耐久性要求。

第二节　施加预应力的方法和预应力混凝土的材料

一、施加预应力的方法

一般是采用机械方法,通过张拉钢筋给混凝土施加预压应力。这种被张拉的钢筋称为预应力钢筋。按照张拉钢筋的先后次序，将施工方法分为先张法和后张法两种。

(一)先张法

所谓先张法，是指先张拉预应力钢筋、后浇筑混凝土的方法。其基本工序如下：

(1)在专用的台座上用张拉机具张拉预应力钢筋，使钢筋的应力达到张拉控制应力，用锚具将钢筋固定在台座上（见图10-2(a)）。

(2)浇筑混凝土，也可加蒸汽养护混凝土(见图10-2(b))，此时钢筋的拉力仍由台座承担。

(3)当混凝土强度不低于设计值的75%时，切断预应力钢筋，钢筋回缩使混凝土受压(见图10-2(c))。

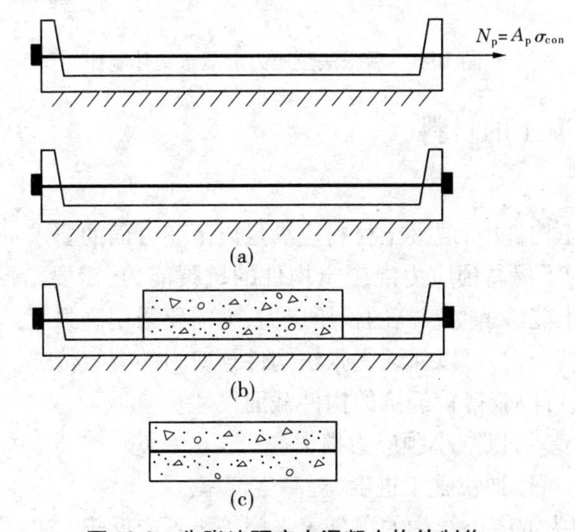

图10-2　先张法预应力混凝土构件制作

(二)后张法

所谓后张法，是指先浇筑混凝土、后张拉预应力钢筋的方法。其基本工序如下：

(1)浇筑混凝土构件并养护，预留孔道(见图10-3(a))。

(2)当混凝土达到规定的强度值(一般不低于设计值的75%)时，将预应力钢筋穿入孔道中，并在构件上用张拉机具张拉钢筋使其应力达到控制应力。在张拉钢筋的同时，混凝土受到预压(见图10-3(b))。

(3)锚固预应力钢筋(见图10-3(c))。

(4)封头、给孔道内压力灌浆。

(三)先张法和后张法的比较

先张法需要专用台座，一次可制作多个构件，此方法适用于在混凝土预制厂批量生产形状规则的中小型构件，如预应力混凝土楼板、屋面板、梁等。后张法是在构件上直接张拉钢筋，此方法适用于在施工现场制作预应力屋架、大跨度桥梁、闸墩等大型构件。

先张法构件是通过预应力钢筋与混凝土之间的黏结力将钢筋的回缩力传递给混凝土而使其产生预压应力的。而后张法构件是依靠两端的锚具锚住预应力钢筋来维持混凝土中的预压应力的。因此，对后张法而言，锚具是构件的一部分，被永久性地固定在构件上了。

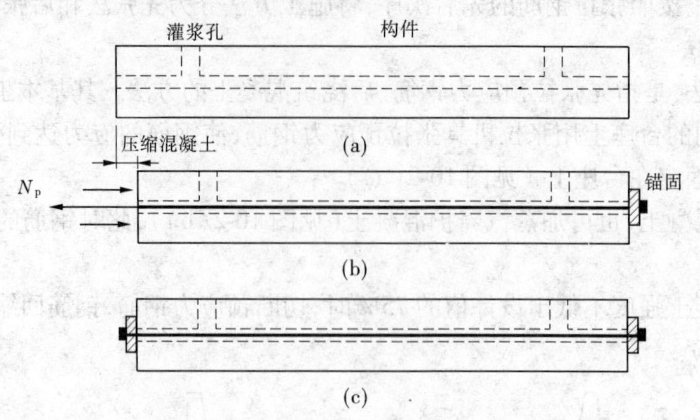

图 10-3　后张法预应力混凝土构件制作

二、预应力混凝土的材料

(一)混凝土

在预应力混凝土构件中,混凝土材料应满足以下三方面的要求:

(1)强度高。为了提高预应力混凝土构件的抗裂能力,需要给混凝土施加较大的预压应力。要使混凝土能够承受较高的预压应力,就需要采用高强度等级的混凝土。另外,高强度混凝土的黏结力大,可以保证先张法构件预应力的有效传递。同时,高强度混凝土与高强钢筋相配合,可以获得较经济的构件截面尺寸。

(2)收缩徐变小。可以减小预应力损失。

(3)快硬早强。可以加快施工进度,提高生产率。

规范规定,预应力混凝土结构的混凝土强度等级不应低于 C30;当采用钢绞线、钢丝、螺纹钢筋作预应力钢筋时,混凝土强度等级不宜低于 C40。

(二)钢筋

预应力混凝土结构中的钢筋包括预应力钢筋和非预应力钢筋。

预应力钢筋的选择应考虑三方面的要求:高强度、一定的塑性、良好的可焊性,其中高强度是最重要的。这是因为对混凝土施加的预压应力是通过张拉预应力钢筋来实现的,钢筋的强度越高,对混凝土产生的压应力越大,构件的抗裂性能也就越好。

规范规定,预应力钢筋宜采用钢绞线、消除应力钢丝及螺纹钢筋。

非预应力钢筋的选用与普通钢筋混凝土的规定相同,即宜采用 HRB335 级、HRB400 级和 HRB500 级钢筋,也可采用 RRB400 级钢筋。

三、锚具

(一)对锚具的要求

无论是先张法还是后张法,都需要用锚具对张拉好的预应力钢筋进行锚固。特别是对后张法构件,锚具是预应力混凝土构件的组成部分,构件依靠锚具维持传递预应力,它对保持混凝土截面上的有效预压应力起着决定性的作用。

对锚具的要求最重要的是有足够的强度和良好的锚固性能,以保证在使用中安全可靠,同时要有较大的刚度,在压力作用下变形较小;其次是制作简单,操作方便,节约钢材。

(二)锚具的形式

锚具的种类较多,按其构造形式及锚固原理,可以分为三种基本类型。

1. 夹片锥塞式锚具

这种锚具由锚块和锚塞两部分组成,其中锚块形式有锚板锚圈、锚筒等,根据所锚钢筋的根数,锚塞也可分成若干片。锚块内的孔以及锚塞做成楔形或锥形,预应力钢筋回缩时受到挤压而被锚住。这种锚具通常用于预应力钢筋的张拉端。

图 10-4(a)、(b)所示的锚具常用于先张法施工中,用来锚固单根钢丝或钢绞线,分别称为楔形锚具及锥形锚具。图 10-4(c)所示也是一种锥形锚具,用来锚固后张法构件中的钢丝束。图 10-4(d)所示称为 JM12 型锚具,有多种规格,适用于 3～6 根直径为 12 mm 螺纹钢筋的钢筋束以及 5～6 根 7 股 4 mm 钢丝的钢绞线所组成的钢绞线束,通常用于后张法构件。

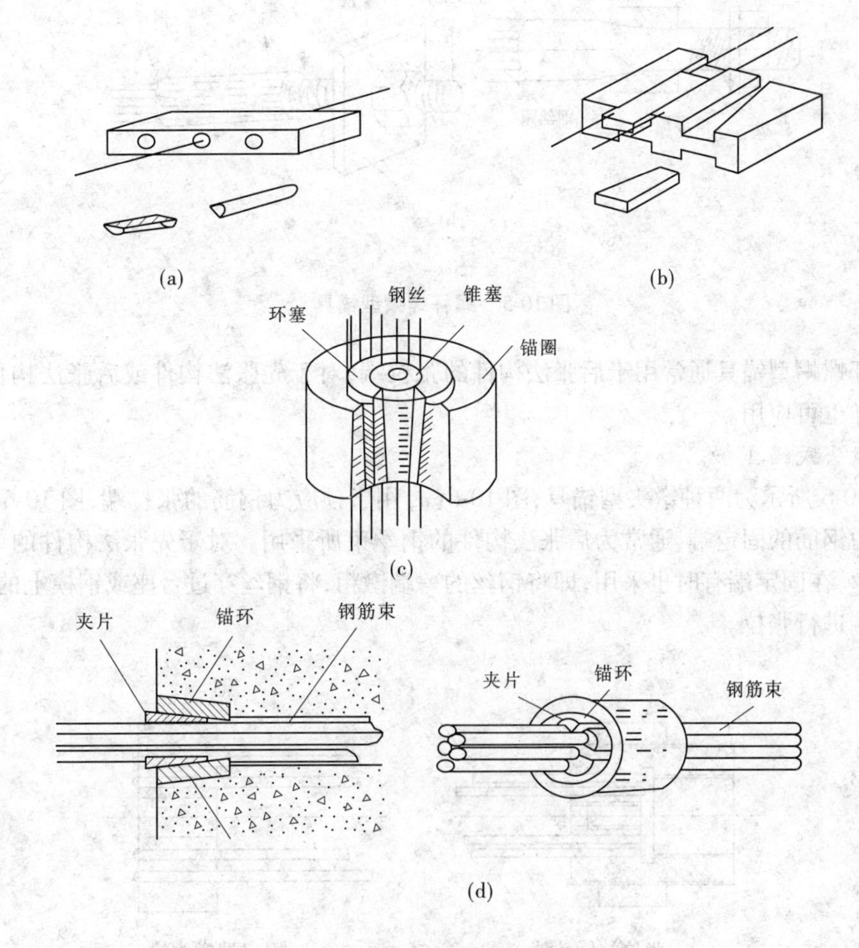

图 10-4　夹片锥塞式锚具

2. 螺杆式锚具

图 10-5 所示为两种常用的螺杆螺帽型锚具。图 10-5(a)由螺丝端杆、垫板组成,螺杆

焊于预应力钢筋的端部,用于锚固较粗的钢筋。图 10-5(b)由锥形螺杆、套筒、螺帽、垫板组成,用于锚固钢丝束。通过套筒紧紧地将钢丝束与锥形螺杆挤压在一起。预应力钢筋或钢丝束张拉完毕时,旋紧螺帽,使其锚固。

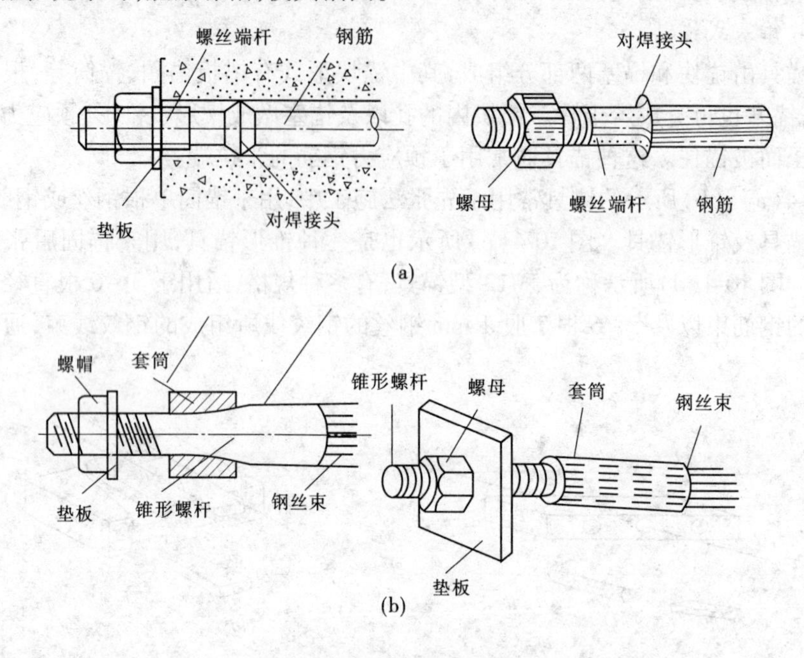

图 10-5 螺杆螺帽型锚具

螺杆螺帽型锚具通常用于后张法构件的张拉端,对于先张法构件或后张法构件的固定端同样也可应用。

3. 镦头式锚具

图 10-6 所示为两种镦头型锚具,图 10-6(a)用于预应力钢筋的张拉端,图 10-6(b)用于预应力钢筋的固定端,通常为后张法构件的钢丝束所采用。对于先张法构件的单根预应力钢丝,在固定端有时也采用,即将钢丝的一端镦粗,将钢丝穿过台座或钢模上的锚孔,在另一端进行张拉。

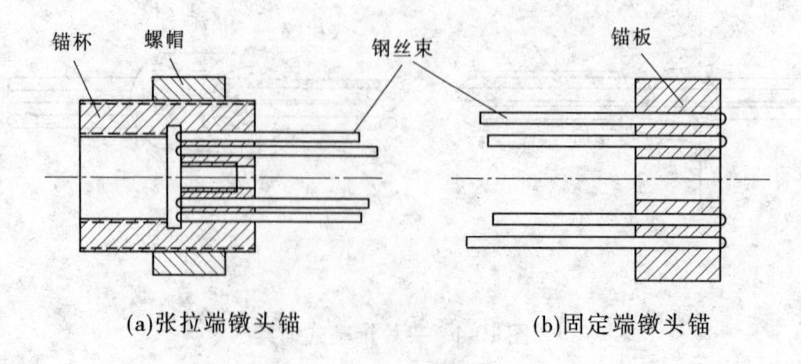

图 10-6 镦头型锚具

第三节　张拉控制应力及预应力损失

一、张拉控制应力 σ_{con}

张拉控制应力是人为控制的预应力钢筋受张拉时所达到的最大应力，用 σ_{con} 表示。σ_{con} 的取值原则应是宜高但不宜过高。因为当构件截面尺寸及配筋量一定时，σ_{con} 越大，预应力钢筋的拉力越大，反作用在混凝土上的预压力也越大，则构件抗裂性能就越好，所以 σ_{con} 要取得高。但是，若 σ_{con} 过高，则会产生如下问题：①个别钢筋可能脆断；②对受弯构件可能会因反拱过大而造成构件某些部位开裂；③可能使后张法构件端部混凝土产生局部受压破坏。

（一）张拉控制应力的上限值

为了防止出现上述问题，必须规定 σ_{con} 的上限值。根据国内外工程经验以及近年来的研究成果，规范按不同钢种及不同施加预应力方法，规定预应力钢筋的张拉控制应力值 σ_{con} 不宜超过表 10-1 规定的限值。

表 10-1　张拉控制应力限值

项次	钢筋种类	张拉方法	
		先张法	后张法
1	消除应力钢丝、钢绞线	$0.75f_{ptk}$	$0.75f_{ptk}$
2	钢棒、螺纹钢筋	$0.70f_{ptk}$	$0.65f_{ptk}$

注：f_{ptk} 为预应力钢筋的强度标准值，按附录二附表 2-5 采用。

规范规定，当符合下列两种情况之一时，表 10-1 中的张拉控制应力限值可提高 $0.05f_{ptk}$：①要求提高构件在施工阶段的抗裂性能而在使用阶段受压区内设置的预应力钢筋；②要求部分抵消由于应力松弛、摩擦、钢筋分批张拉以及预应力钢筋与张拉台座之间的温差等因素产生的预应力损失。

（二）张拉控制应力的下限值

为了保证给混凝土施加足够的有效预压应力，还应规定 σ_{con} 的下限值，即 σ_{con} 不应小于 $0.4f_{ptk}$。

张拉控制应力 σ_{con} 确定后，用该应力值乘以预应力钢筋截面面积即可求出张拉设备应施加的总张拉力。

二、预应力损失

将预应力钢筋张拉到控制应力 σ_{con} 后，由于各种原因，这个应力值会有一定量的降低，这个预拉应力的下降量称为预应力损失，用 σ_l 表示。从张拉控制应力 σ_{con} 中扣除预应力损失后剩余的是预应力钢筋的有效拉应力，这个有效拉应力量值的大小直接决定着构件的抗裂能力。因此，钢筋预应力损失的计算，是分析构件的应力状态和进行预应力混凝土构件设计的基础。

造成预应力损失的原因很多，准确的测定还比较困难，规范将影响因素归为六类。下面分项讨论引起预应力损失的原因、损失值的计算以及减少预应力损失的措施。

（一）张拉端锚具变形和钢筋内缩引起的预应力损失 σ_{l1}

无论先张法还是后张法，预应力钢筋张拉完毕后要将其锚固在台座或构件上。张拉端的锚具在高压力下会发生一定的压缩变形，锚具与垫板、垫板与构件之间的缝隙会被压紧，同时受到很大拉力的预应力钢筋也会在锚具内发生微小的滑移，这些压缩和滑移使得被拉紧的预应力钢筋缩短，钢筋内缩，从而引起钢筋的应力降低，即发生了预应力损失。由锚具变形和预应力钢筋内缩引起的预应力损失用 σ_{l1} 表示。σ_{l1} 按下列公式计算

$$\sigma_{l1} = \frac{a}{l}E_s \tag{10-1}$$

式中　a——张拉端锚具变形和钢筋内缩值，mm，按表 10-2 采用；

l——张拉端至锚固端之间的距离，mm；

E_s——预应力钢筋的弹性模量。

表 10-2　锚具变形各钢筋内缩值 a

锚具类别		a(mm)
支承式锚具(钢丝束镦头锚具等)	螺帽缝隙	1
	每块后加垫板的缝隙	1
锥塞式锚具(钢丝束的钢质锥形锚具等)		5
夹片式锚具	有顶压时	5
	无顶压时	6～8
单根螺纹钢筋的锥形锚具		5

注：①表中的锚具变形和钢筋内缩值也可根据实测资料确定。

②其他类型的锚具变形各钢筋内缩值应根据实测数据确定。

从式(10-1)可以看出，a 越小或 l 越大，则 σ_{l1} 越小。为了减小锚具变形和钢筋内缩引起的预应力损失 σ_{l1}，应尽量少用垫板，因为每增加一块垫板，a 值就增加 1 mm。同时，应采用长线张拉，当台座距离超过 100 m 时，σ_{l1} 可忽略不计。需要注意，当采用两端同时张拉预应力钢筋时，预应力钢筋的锚固端应认为是在构件长度的中点处，式(10-1)中的 l 应取构件长度的一半。

对于配置预应力曲线钢筋或折线钢筋的后张法构件，当锚具变形和预应力钢筋内缩发生时会引起预应力曲线钢筋或折线钢筋与孔道壁之间反向摩擦，预应力损失值 σ_{l1} 应根据反向摩擦影响长度 l_f 范围内的预应力钢筋变形值等于锚具变形和钢筋内缩值的条件确定，反向摩擦系数可按表 10-3 中数值采用。

表 10-3　摩擦系数

项次	孔道成型方式	κ	μ
1	预埋波纹管	0.001 5	0.25
2	预埋钢管	0.001 0	0.30
3	橡胶管或钢管抽芯成型	0.001 4	0.55
4	预埋铁皮管	0.003 0	0.35

注：①表中系数也可根据实测数据确定。

②当采用钢丝束的钢质锥形锚具及类似形式锚具时，尚应考虑锚环口处的附加摩擦损失，其值可根据实测数据确定。

常用束形的后张预应力钢筋在反向摩擦影响长度 l_f 范围内的预应力损失值 σ_{l1} 可按《水工混凝土结构设计规范》(DL/T 5057—2009)的附录 J 计算。下面仅举一例。

抛物线形预应力钢筋可近似按圆弧形曲线预应力钢筋考虑。当其对应的圆心角 $\theta \leqslant 30°$ 时(见图 10-7)，由于锚具变形和钢筋内缩，在反向摩擦影响长度 l_f 范围内距张拉端 x 的预应力损失值 σ_{l1} 可按下列公式计算

$$\sigma_{l1} = 2\sigma_{con} l_f \left(\frac{\mu}{r_c} + \kappa\right)\left(1 - \frac{x}{l_f}\right) \quad (10\text{-}2)$$

反向摩擦影响长度 l_f(m)按下式计算

$$l_f = \sqrt{\frac{aE_s}{1\,000\sigma_{con}\left(\frac{\mu}{r_c} + \kappa\right)}} \quad (10\text{-}3)$$

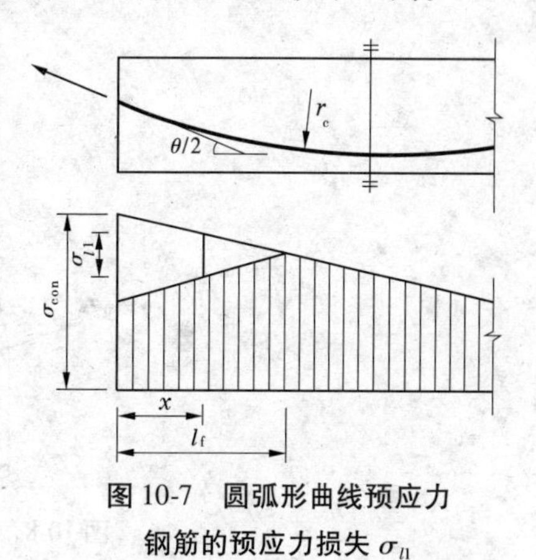

图 10-7　圆弧形曲线预应力钢筋的预应力损失 σ_{l1}

式中　l_f——预应力曲线钢筋与孔道壁之间反向摩擦影响长度，m；

r_c——圆弧形曲线预应力钢筋的曲率半径，m；

μ——预应力钢筋与孔道壁的摩擦系数，按表 10-3 采用；

κ——考虑孔道每米长度局部偏差的摩擦系数，按表 10-3 采用；

x——张拉端至计算截面的距离，m，且应符合 $x \leqslant l_f$ 的规定；

其他符号意义同前。

(二)预应力钢筋与孔道壁之间的摩擦引起的预应力损失 σ_{l2}

后张法构件在张拉预应力钢筋时，由于孔道的制作偏差、孔道壁粗糙以及钢筋与孔壁的挤压等原因，预应力钢筋会与孔道发生摩擦。这种钢筋与孔道之间的摩擦作用，使得预应力钢筋的应力随计算截面的不同而变化。距离张拉端越远，摩擦阻力的累积值越大，构件截面上预应力钢筋的拉应力值减小就越多，这种预应力值的差额即为摩擦损失 σ_{l2}。

预应力钢筋的预留孔道分为直线形和曲线形。摩擦损失包括两部分：一是由于孔道弯曲使预应力钢筋与孔壁混凝土之间相互挤压而产生的摩擦力，二是由于孔道制作偏差使预应力钢筋与孔壁混凝土之间产生的接触摩擦力。预应力钢筋与孔道壁之间的摩擦引

起的预应力损失 σ_{l2} 的计算公式推导如下：

在距张拉端为 x（弧长）处，取微分段 $\mathrm{d}x$ 为隔离体，如图 10-8 所示，图中 $\mathrm{d}P$ 表示预应力钢筋拉力对孔道内壁的挤压力；$\mathrm{d}F$ 表示预应力钢筋与孔道壁间的摩擦力；$\mathrm{d}\theta$ 表示切线夹角；σ_x 表示预应力钢筋的拉应力；A_p 表示预应力钢筋的截面面积。

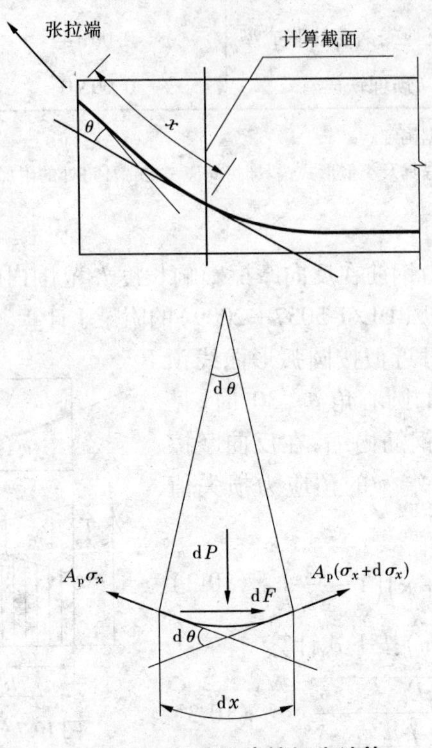

图 10-8　预应力摩擦损失计算

摩擦力由曲率效应和长度效应两部分组成，即

$$\mathrm{d}F = \mu \mathrm{d}P + \kappa A_p \sigma_x \mathrm{d}x \tag{a}$$

由法向平衡，有

$$\mathrm{d}P = 2A_p\sigma_x \sin\frac{\mathrm{d}\theta}{2} + A_p \mathrm{d}\sigma_x \sin\frac{\mathrm{d}\theta}{2}$$

因为 $\mathrm{d}\theta$ 很小，取 $\sin\dfrac{\mathrm{d}\theta}{2}\approx\dfrac{\mathrm{d}\theta}{2}$，$\mathrm{d}\sigma_x\dfrac{\mathrm{d}\theta}{2}\approx 0$，则有

$$\mathrm{d}P = A_p\sigma_x \mathrm{d}\theta \tag{b}$$

又由切向平衡有 $\mathrm{d}F = -A_p\mathrm{d}\sigma_x\cos\dfrac{\mathrm{d}\theta}{2}$，取 $\cos\dfrac{\mathrm{d}\theta}{2}\approx 1$，则有

$$\mathrm{d}F = -A_p \mathrm{d}\sigma_x \tag{c}$$

将式(b)、式(c)代入式(a)，得

$$-A_p\mathrm{d}\sigma_x = \mu A_p\sigma_x \mathrm{d}\theta + \kappa A_p\sigma_x \mathrm{d}x$$

即

$$\frac{\mathrm{d}\sigma_x}{\sigma_x} = -\mu\mathrm{d}\theta - \kappa\mathrm{d}x \tag{d}$$

从张拉端开始,对上式两端积分得

$$\int_{\sigma_{con}}^{\sigma_{con}-\sigma_{l2}} \frac{d\sigma_x}{\sigma_x} = -\int_0^{\theta}\mu d\theta - \int_0^{x}\kappa dx$$

$$\ln(\sigma_{con} - \sigma_{l2}) - \ln\sigma_{con} = -(\mu\theta + \kappa x)$$

最后得

$$\sigma_{l2} = \sigma_{con}\left(1 - \frac{1}{e^{\kappa x+\mu\theta}}\right) \tag{10-4}$$

式中　x——张拉端至计算截面的孔道长度(弧长),m,可近似取该段孔道在纵轴上的投影长度;

θ——张拉端至计算截面曲线孔道部分切线的夹角,rad;

κ——考虑孔道每米长度局部偏差系数,按表10-3采用;

μ——预应力钢筋与孔道壁之间的摩擦系数,按表10-3采用。

从以上推导过程可知,式(10-4)适用于凹向相同的光滑曲线,且需从张拉端开始计算。当预应力筋的孔道有弯折或凹向改变时,该式应当如何应用尚需加以分析,此时应分段考虑。如已知某段凹向相同且切线连续变化的孔道AB的截面A的摩擦损失为σ_{l2A},欲求其后截面B的摩擦损失σ_{l2B},设A、B间孔道的切线之间的夹角为θ,A、B间孔道长度为x,从A到B对式(d)两端积分得

$$\int_{\sigma_{con}-\sigma_{l2A}}^{\sigma_{con}-\sigma_{l2B}} \frac{d\sigma_x}{\sigma_x} = -\int_0^{\theta}\mu d\theta - \int_0^{x}\kappa dx$$

整理得

$$\sigma_{l2B} = \sigma_{con} - (\sigma_{con} - \sigma_{l2A})e^{-\mu\theta-\kappa x} \tag{10-5}$$

式(10-5)为计算σ_{l2}的通式。例如,对图10-9所示曲线孔道$OABC$,O为张拉端,A、B、C为曲线孔道凹向改变的拐点,OA、AB、BC段的弧长和夹角分别为x_1、x_2、x_3和θ_1、θ_2、θ_3。对OA段,由式(10-4)得

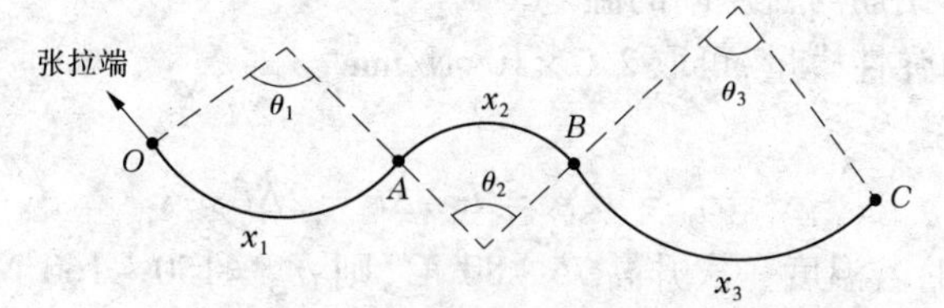

图10-9　预留孔道凹向分段改变

$$\sigma_{l2A} = \sigma_{con}\left(1 - \frac{1}{e^{\mu\theta_1+\kappa x_1}}\right)$$

对AB段,由式(10-5)得

$$\sigma_{l2B} = \sigma_{con} - \sigma_{con}\frac{1}{e^{\mu\theta_1+\kappa x_1}}e^{-\mu\theta_2-\kappa x_2} = \sigma_{con}\left[1 - \frac{1}{e^{\mu(\theta_1+\theta_2)+\kappa(x_1+x_2)}}\right]$$

同样,对BC段,由已知的σ_{l2B}可得

$$\sigma_{l2C} = \sigma_{con}\left[1 - \frac{1}{e^{\mu(\theta_1+\theta_2+\theta_3)+\kappa(x_1+x_2+x_3)}}\right]$$

由以上计算结果可得出如下重要结论：当计算截面与张拉端之间孔道的凹向分段改变时，仍可用式(10-4)计算 σ_{l2}。此时需注意，式中的 x 和 θ 应为各分段相应值之和。

当 $\kappa x+\mu\theta\leqslant 0.2$ 时，σ_{l2} 可按下列近似公式计算

$$\sigma_{l2} = (\kappa x + \mu\theta)\sigma_{con} \tag{10-6}$$

由式(10-6)可以看出，对于直线张拉 $\theta=0$，张拉端处 $\sigma_{l2}=0$，距离张拉端越远 σ_{l2} 越大，锚固端的 σ_{l2} 最大，即此处的有效预应力最小、抗裂能力最低。

减小摩擦损失 σ_{l2} 的方法如下：

(1)采用两端同时张拉。因为两端张拉时，x 的最大值不再是构件的长度 l 而减小为 $l/2$，因此最大预应力损失可减小一半。

(2)采取超张拉方法(超张拉的程序为：将钢筋应力从 0 拉至 $1.03\sigma_{con}$，或从 0 拉至 $1.05\sigma_{con}$(维持 2 min)，再放松至 σ_{con})。由于张拉控制应力取得较大，在构件的各个截面所建立起来的拉应力也大。放松钢筋时，钢筋的回缩因受到反向的摩擦阻力而不能完全恢复，中间的大部分截面仍维持着较高的应力，其效果是摩擦损失减小了。

(三)预应力钢筋与台座之间的温差引起的预应力损失 σ_{l3}

制作先张法构件时，预应力钢筋是在常温下张拉并锚固在台座上。为了缩短生产周期，提高台座的使用效率，对构件常采用蒸汽养护，促使混凝土快硬。当新浇筑的混凝土尚未结硬时，加热升温，预应力钢筋因受热而伸长，部分受力变形就转化成了温度变形。但两端的台座因与大地相接，温度基本上不升高，台座间距离保持不变，即由于预应力钢筋与台座间的温差造成二者之间的变形不一致，使预应力钢筋内部紧张程度降低，拉应力值下降。降温时，混凝土已结硬并与预应力钢筋结成整体，钢筋因温度上升时降低的应力不能恢复了，于是就产生了预应力损失 σ_{l3}。

预应力损失 σ_{l3} 按下式计算

$$\sigma_{l3} = E_s\varepsilon = E_s\alpha\Delta t$$

式中　α——钢筋的温度线膨胀系数，约为 $1.0\times10^{-5}/℃$；

Δt——预应力钢筋与台座间的温差，℃；

E_s——钢筋的弹性模量，可取 $2.0\times10^{5}\ \text{N/mm}^2$。

则有

$$\sigma_{l3} = E_s\varepsilon = E_s\alpha\Delta t = 2\Delta t \tag{10-7}$$

由式(10-7)可知，若温度一次升高 75 ~ 80 ℃，则 $\sigma_{l3}=150\sim160\ \text{N/mm}^2$，预应力损失太大。为了减小因温差引起的预应力损失，可以采用两次升温养护的方式，即先升温到 20 ~ 25 ℃，在略高于常温下养护，由于温度升高的不多，产生的预应力损失较小。待混凝土强度达到一定强度时再二次升至较高温度养护，由于此时混凝土与预应力钢筋之间已具有足够的黏结力而结成整体，二者可共同变形，不再引起预应力损失。

当在钢模上制作预应力构件时，由于钢模和预应力钢筋同时加热，同时伸长，则该项损失为零。

(四)预应力钢筋的应力松弛引起的预应力损失 σ_{l4}

钢筋在高应力作用下，如长度保持不变，钢筋应力会随时间的增长而降低，这种特性称为钢筋的应力松弛。预应力钢筋张拉至控制应力 σ_{con} 后无论是固定于台座上还是锚固

于构件上,都可看做钢筋长度基本不变,因而将发生预应力钢筋的应力松弛损失,该项损失用 σ_{l4} 表示。

试验结果表明,应力松弛损失与下列因素有关:①钢筋种类。钢种不同,则损失大小不同。②张拉控制应力 σ_{con}。σ_{con} 越大,则 σ_{l4} 也越大。③作用时间。应力松弛的发生是先快后慢,第一小时可完成50%左右,24 h 内完成80%左右,此后发展较慢且逐渐趋于稳定。④预应力钢筋的张拉方式。张拉方式可采用一次张拉或超张拉。一次张拉的损失大于超张拉的损失。

根据试验研究及实践经验,应力松弛损失按下面规定计算。

(1)对预应力钢丝、钢绞线:

①普通松弛

$$\sigma_{l4} = 0.4\psi\left(\frac{\sigma_{con}}{f_{ptk}} - 0.5\right)\sigma_{con} \tag{10-8}$$

此处,一次张拉 $\psi = 1$,超张拉 $\psi = 0.9$。

②低松弛

当 $\sigma_{con} \leqslant 0.7 f_{ptk}$ 时

$$\sigma_{l4} = 0.125\left(\frac{\sigma_{con}}{f_{ptk}} - 0.5\right)\sigma_{con} \tag{10-9}$$

当 $0.7 f_{ptk} < \sigma_{con} \leqslant 0.8 f_{ptk}$ 时

$$\sigma_{l4} = 0.2\left(\frac{\sigma_{con}}{f_{ptk}} - 0.575\right)\sigma_{con} \tag{10-10}$$

(2)对螺纹钢筋、钢棒:

一次张拉　$$\sigma_{l4} = 0.05\sigma_{con} \tag{10-11}$$

超张拉　$$\sigma_{l4} = 0.35\sigma_{con} \tag{10-12}$$

注意:

①当 $\sigma_{con}/f_{ptk} \leqslant 0.5$ 时,预应力钢筋的应力松弛损失值可取为零。

②考虑时间影响的预应力钢筋应力松弛引起的预应力损失值,可由式(10-8)~式(10-12)计算的预应力损失值 σ_{l4} 乘以表 10-5 中相应的系数确定。

根据应力松弛的特性,为减小该项应力损失,可以采取以下措施:①采用低松弛损失的钢筋(在规定的条件下,松弛损失小于 $2.5\%\sigma_{con}$);②采用超张拉的方法(其原理是:在超张拉造成的高应力下持荷 2 min,可使相当一部分应力松弛损失发生在这段时间内,放松至 σ_{con} 再锚固,则锚固后的松弛损失将比一次张拉减小,减小的量为2%~10%)。

(五)混凝土的收缩和徐变引起的预应力损失 σ_{l5}

混凝土在空气中凝结硬化过程中会发生体积收缩,而在预压力的持续作用下混凝土沿压力方向又会发生徐变。在收缩和徐变的综合影响下,将导致预应力混凝土构件的长度缩短,预应力钢筋也随之回缩,从而产生预应力损失。

试验结果表明,混凝土收缩徐变所引起的预应力损失值与构件配筋率、混凝土的强度等级、受荷时的龄期、混凝土受到的预压应力值、构件的尺寸等因素有关。构件内的纵向钢筋将阻碍收缩和徐变的发展,随着配筋率的增加,收缩徐变产生的预应力损失值将减小。由于非预应力钢筋也起阻碍作用,故配筋率计算中包括非预应力钢筋。作用于混凝土上的压应力的大小是影响徐变的主要因素,当预压应力 σ_{pc} 和施加预应力时混凝土立方体抗压强度 f'_{cu} 的比值 $\sigma_{pc}/f'_{cu} \leqslant 0.5$ 时,徐变和压应力大致呈线性关系,称为线性徐变,由此引起的预应力损失值也呈线性变化。当 $\sigma_{pc}/f'_{cu} > 0.5$ 时,徐变的增长速度大于应力增长速度,称为非线性徐变,这时预应力损失也大。

混凝土收缩徐变引起的受拉区预应力钢筋的应力损失为 σ_{l5}、引起的受压区预应力钢筋的应力损失为 σ'_{l5}。此项损失按下面公式计算。

(1)对一般的结构构件:

先张法构件

$$\sigma_{l5} = \frac{45 + 280\dfrac{\sigma_{pc}}{f'_{cu}}}{1 + 15\rho} \tag{10-13}$$

$$\sigma'_{l5} = \frac{45 + 280\dfrac{\sigma'_{pc}}{f'_{cu}}}{1 + 15\rho'} \tag{10-14}$$

后张法构件

$$\sigma_{l5} = \frac{35 + 280\dfrac{\sigma_{pc}}{f'_{cu}}}{1 + 15\rho} \tag{10-15}$$

$$\sigma'_{l5} = \frac{35 + 280\dfrac{\sigma'_{pc}}{f'_{cu}}}{1 + 15\rho'} \tag{10-16}$$

式中 σ_{pc}、σ'_{pc}——受拉区预应力钢筋、受压区预应力钢筋在各自合力点处的混凝土所受到的法向压应力;

f'_{cu}——施加预压应力时混凝土的立方体抗压强度;

ρ、ρ'——受拉区的预应力钢筋和非预应力钢筋、受压区的预应力钢筋和非预应力钢筋的配筋率。

对先张法构件:$\rho = (A_p + A_s)/A_0$,$\rho' = (A'_p + A'_s)/A_0$;

对后张法构件:$\rho = (A_p + A_s)/A_n$,$\rho' = (A'_p + A'_s)/A_n$。

其中,A_0 为构件的换算截面面积,A_n 为构件的净截面面积。对于对称配置预应力钢筋和非预应力钢筋的构件(如轴心受拉构件)配筋率 ρ 与 ρ' 应分别按钢筋总截面面积的一半进行计算,即给上面各式乘以 $\frac{1}{2}$(如 $\rho = \frac{1}{2}(A_p + A_s)/A_0$)。

计算预应力钢筋合力点处混凝土的法向压应力 σ_{pc}、σ'_{pc} 时,预应力损失值仅考虑第Ⅰ批(混凝土预压前)的损失值,即上述公式中的 $\sigma_{pc} = \sigma_{pc\,\mathrm{I}}$、$\sigma'_{pc} = \sigma'_{pc\,\mathrm{I}}$。还应注意:①在计算 σ_{pc}、σ'_{pc} 时,非预应力钢筋的应力 σ_{l5}、σ'_{l5} 值应取为零;②σ_{pc}、σ'_{pc} 的计算值不应大于 $0.5f'_{cu}$,因公式给出的是线性条件下的应力损失;③当 σ'_{pc} 为拉应力时,则式(10-14)和式(10-16)中的 σ'_{pc} 应取为零;④计算混凝土法向应力 σ_{pc}、σ'_{pc} 时,可根据构件制作情况考虑自重的影响。

当结构处于年平均相对湿度低于40%的环境下时,收缩和徐变引起的预应力损失σ_{l5}、σ'_{l5}的值应增加30%。

当采用泵送混凝土时,宜根据实际情况考虑混凝土收缩、徐变引起预应力损失值的增大。

由上面的公式可以看出,后张法的σ_{l5}比先张法的低。这是因为后张法构件在开始施加预应力时,混凝土的一部分收缩已经完成了。

提高混凝土的强度等级、适当降低混凝土的预压应力,以及减少混凝土收缩徐变的各种措施,都能减少σ_{l5}。

(2)对重要结构构件,当需要考虑与时间相关的混凝土收缩、徐变预应力损失值时,可按下列规定计算:

受拉区纵向预应力钢筋预应力损失终极值σ_{l5}

$$\sigma_{l5}=\frac{0.9\alpha_p\sigma_{pc}\varphi_\infty+E_s\varepsilon_\infty}{1+15\rho} \tag{10-17}$$

式中　σ_{pc}——受拉区预应力钢筋合力点处由预加力(扣除相应阶段预应力损失)和梁自重产生的混凝土法向压应力,其值不得大于$0.5f'_{cu}$,对简支梁可取跨中截面与四分之一跨度处截面的平均值,对连续梁和框架等可取若干有代表性截面的平均值;

φ_∞——混凝土徐变系数终极值;

ε_∞——混凝土收缩应变终极值;

E_s——预应力钢筋弹性模量;

α_p——预应力钢筋弹性模量与混凝土弹性模量的比值。

当无可靠资料时,φ_∞、ε_∞值可按表10-4采用。若结构处于年平均相对温度低于40%的环境下,表列数值应增加30%。

表10-4　混凝土收缩应变和徐变系数终极值

预加力时的混凝土龄期(d)	收缩应变终极值ε_∞($\times10^{-4}$)				徐变系数终极值φ_∞			
	理论厚度$\frac{2A}{u}$(mm)							
	100	200	300	≥600	100	200	300	≥600
3	2.50	2.00	1.70	1.10	3.0	2.5	2.3	2.0
7	2.30	1.90	1.60	1.10	2.6	2.2	2.0	1.8
10	2.17	1.86	1.60	1.10	2.4	2.1	1.9	1.7
14	2.00	1.80	1.60	1.10	2.2	1.9	1.7	1.5
28	1.70	1.60	1.50	1.10	1.8	1.5	1.4	1.2
≥60	1.40	1.40	1.30	1.00	1.4	1.2	1.1	1.0

注:①预加力时的混凝土龄期,对先张法构件可取3~7 d,对后张法构件可取7~28 d。

②A为构件截面面积,u为该截面与大气接触的周边长度。

③当实际构件的理论厚度和预加力时的混凝土龄期为表列数值的中间值时,可按线性内插法确定。

受压区纵向预应力钢筋应力损失终极值

$$\sigma'_{l5}=\frac{0.9\alpha_p\sigma'_{pc}\varphi_\infty+E_s\varepsilon_\infty}{1+15\rho'} \tag{10-18}$$

式中　σ'_{pc}——受压区预应力钢筋合力点处由预加力(扣除相应阶段预应力损失)和梁自重产生的混凝土法向压应力,其值不得大于 $0.5f'_{cu}$,当 σ'_{pc} 为拉应力时,取 $\sigma'_{pc}=0$;

ρ'——受压区预应力钢筋和非预应力钢筋的配筋率,对于先张法构件,$\rho'=(A'_s+A'_p)/A_0$,对于后张法构件,$\rho'=(A'_s+A'_p)/A_n$。

对受压区配置预应力钢筋 A'_p 及非预应力钢筋 A'_s 的构件,式(10-17)和式(10-18)中的 σ_{pc} 及 σ'_{pc},应按截面全部预加力进行计算。

考虑时间影响的混凝土收缩和徐变引起的预应力损失值,可由式(10-17)和式(10-18)计算的预应力损失终极值 σ_{l5}、σ'_{l5} 乘以表 10-5 中相应的系数确定。

表 10-5　随时间变化的预应力损失系数

时间(d)	松弛损失系数	收缩徐变损失系数
2	0.50	—
10	0.77	0.33
20	0.88	0.37
30	0.95	0.40
40	1.00	0.43
60		0.50
90		0.60
180		0.75
365		0.85
1 095		1.00

(六)用螺旋式预应力钢筋作配筋的环形构件由于混凝土的局部挤压引起的预应力损失 σ_{l6}

对水管、蓄水池等圆柱形结构,一般采用后张法施加预应力。先浇筑混凝土管壁,待管壁达足够强度后,把钢丝沿环向螺旋式缠绕在构件外壁上张拉并锚固。钢筋张拉完毕锚固后,由于拉紧的预应力钢筋挤压混凝土,使混凝土发生局部凹陷,构件受钢筋挤压处的直径由原来的 D 减小到 D_1,构件直径变小,造成缠绕的钢筋周长减小,即钢筋的拉变形减小,从而导致钢筋的预拉应力下降。该项应力损失的计算式为

$$\sigma_{l6}=\varepsilon E_s=\frac{\pi D-\pi D_1}{\pi D}E_s=\frac{D-D_1}{D}E_s$$

由上式可见,构件的直径 D 越大,则 σ_{l6} 越小。因此,当 D 较大时,这项损失可以忽略不计。所以,规范规定:

当构件直径 $D\leqslant3$ m 时　　$\sigma_{l6}=30\ \text{N/mm}^2$

当构件直径 $D>3$ m 时　　$\sigma_{l6}=0$

三、预应力损失的组合

(一)预应力钢筋的总预应力损失 σ_l

从施加预应力的方法可知,施工过程不同,发生的预应力损失也不相同。

对先张法构件,所发生的预应力损失有 σ_{l1}、σ_{l2}、σ_{l3}、σ_{l4}、σ_{l5},总预应力损失 σ_l 为

$$\sigma_l=\sigma_{l1}+\sigma_{l2}+\sigma_{l3}+\sigma_{l4}+\sigma_{l5} \tag{10-19}$$

对后张法构件,预应力损失有 σ_{l1}、σ_{l2}、σ_{l4}、σ_{l5},当为环形构件时还有 σ_{l6},总损失 σ_l 为

$$\sigma_l=\sigma_{l1}+\sigma_{l2}+\sigma_{l4}+\sigma_{l5}(+\sigma_{l6}) \tag{10-20}$$

(二)预应力损失的分批

为以后分析方便,将预应力损失 σ_l 分成两批,第一批损失为 $\sigma_{l\mathrm{I}}$、第二批损失为 $\sigma_{l\mathrm{II}}$。

对先张法构件:$\sigma_{l\mathrm{I}}$ 是指混凝土受预压之前发生的应力损失,$\sigma_{l\mathrm{II}}$ 是混凝土受预压之后发生的应力损失。

在张拉钢筋、锚固钢筋、浇筑混凝土构件、养护构件的过程中,预应力钢筋的大部分应力松弛损失发生了。切断钢筋后,构件中的预应力钢筋长度也基本保持不变,因此还会发生少量的应力松弛损失。但一般情况下可将钢筋应力松弛引起的损失值 σ_{l4} 全部计入第一批损失中,即

$$\sigma_{l\mathrm{I}}=\sigma_{l1}+\sigma_{l2}+\sigma_{l3}+\sigma_{l4} \tag{10-21}$$

$$\sigma_{l\mathrm{II}}=\sigma_{l5} \tag{10-22}$$

如需区分 σ_{l4} 在第一批和第二批损失中所占的比例,可根据实际情况确定。

对后张法构件:$\sigma_{l\mathrm{I}}$ 是张拉和锚固钢筋过程中所发生的应力损失,$\sigma_{l\mathrm{II}}$ 是预应力钢筋锚固后所发生的应力损失。

在后张法施工中,钢筋的张拉、锚固都是在构件上完成的且时间较短,钢筋的应力松弛主要发生在锚固后,故 σ_{l4} 归在第二批损失中,即

$$\sigma_{l\mathrm{I}}=\sigma_{l1}+\sigma_{l2} \tag{10-23}$$

$$\sigma_{l\mathrm{II}}=\sigma_{l4}+\sigma_{l5}(+\sigma_{l6}) \tag{10-24}$$

四、预应力损失计算值的下限

考虑到预应力损失计算值可能会与实际值有一定差异,为了防止由于计算的总应力损失值过小而导致设计失真,致使构件的实际抗裂能力不能满足要求,规范规定了预应力总损失的最低限值。

对先张法构件:$\sigma_l\geqslant100\ \text{N/mm}^2$;

对后张法构件:$\sigma_l\geqslant80\ \text{N/mm}^2$。

当计算求得的预应力总损失值小于上述限值时,应按上述规定数值取用。

大体积水工预应力混凝土构件的预应力损失值应由专门研究或试验确定。

五、预应力钢筋的有效预拉应力

预应力钢筋的有效预拉应力定义为:张拉控制应力 σ_{con} 扣除相应的应力损失 σ_l 并考

虑混凝土弹性压缩引起的预应力钢筋应力降低后,在预应力钢筋内存在的预拉应力,用 σ_{pe} 表示。因为各项预应力损失是先后发生的,则有效预应力值亦随不同受力阶段而变。将预应力损失按各受力阶段进行组合,可计算出不同阶段预应力钢筋的有效预拉应力值,进而计算出在混凝土中建立的有效预压应力 σ_{pc}。

六、预应力钢筋随混凝土变形而发生的应力变化

对先张法,构件是靠黏结力来传递变形的。从施工阶段混凝土受预压开始直到使用阶段混凝土开裂,由于黏结力的作用,构件内的钢筋与同位置混凝土的变形是协调一致的。根据这个特点,可以确定在相同变形条件下钢筋与混凝土两者之间的应力变化量的关系。当混凝土受应力作用而产生弹性压缩或伸长时,钢筋与混凝土共同缩短或伸长,则二者的应变变化量相等,即 $\varepsilon_s = \varepsilon_c$,或写成 $\frac{\Delta\sigma_s}{E_s} = \frac{\Delta\sigma_c}{E_c}$,所以钢筋的应力变化量为

$$\Delta\sigma_s = \frac{E_s}{E_c}\Delta\sigma_c = \alpha_E\Delta\sigma_c \tag{10-25}$$

式中　α_E——钢筋弹性模量与混凝土弹性模量的比值,即 $\alpha_E = \frac{E_s}{E_c}$。

从上面的关系式可以看出,当钢筋与混凝土具有相同的变形时,钢筋的应力变化量是混凝土应力变化量的 α_E 倍。即当钢筋作用处的混凝土的正应力变化 $\Delta\sigma_c$ 时,钢筋的应力变化为 $\alpha_E\Delta\sigma_c$。应用这一关系,可计算出预应力混凝土构件任一时刻预应力钢筋或非预应力钢筋的应力。在后面的应力分析中,会经常用到这个关系。

七、先张法构件预应力钢筋的预应力传递长度 l_{tr} 和锚固长度 l_a

(一)预应力传递长度 l_{tr}

对于先张法构件,理论上各项预应力损失值沿构件长度方向均相同,但由于它是依靠预应力钢筋与混凝土之间的黏结力传递预应力的,因此在构件端部需经过一段传递长度 l_{tr} 才能在构件的中间区段建立起不变的有效预应力。规范规定,预应力钢筋的实际预应力按线性规律增大,在构件端部应取为零,在其预应力传递长度的末端取有效预应力值 σ_{pe}(见图 10-10)。

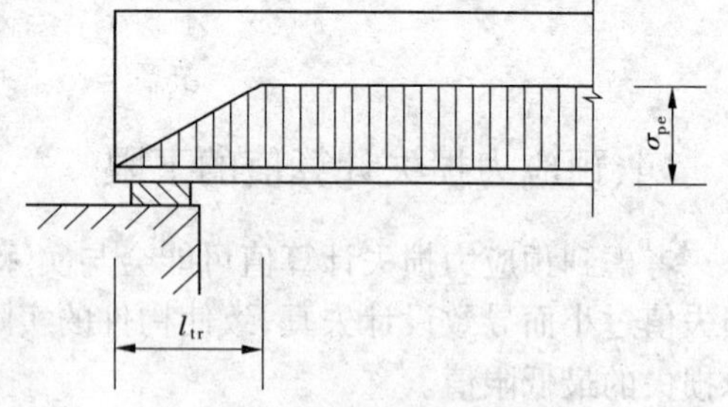

图 10-10　预应力传递长度 l_{tr} 范围内有效预应力值的变化

先张法构件预应力钢筋的预应力传递长度 l_{tr} 按下列公式计算

$$l_{tr} = \alpha\frac{\sigma_{pe}}{f'_{tk}}d \tag{10-26}$$

式中　σ_{pe}——放张时预应力钢筋的有效预应力;

d——预应力钢筋的公称直径;

α——预应力钢筋的外形系数,按表 10-6 采用;

f'_{tk}——与放张时混凝土立方体抗压强度 f'_{cu} 相应的轴心抗拉强度标准值,按线性内插法确定。

表 10-6　预应力钢筋的外形系数

钢筋类型	刻痕钢丝、螺旋槽钢棒	螺旋肋钢丝、螺旋肋钢棒	二、三股钢绞线	七股钢绞线	螺纹钢筋
α	0.19	0.13	0.16	0.17	0.14

当采用骤然放松预应力钢筋的施工工艺时,l_{tr} 应从距构件末端 $0.25l_{tr}$ 处开始计算。

(二)预应力钢筋的锚固长度 l_a

必须指出,先张法构件端部的预应力传递长度 l_{tr} 和预应力钢筋的锚固长度 l_a 是两个不同的概念。前者是指从预应力钢筋应力为零的端部到应力为 σ_{pe} 的这一段长度 l_{tr},在正常使用阶段,对先张法构件端部进行抗裂验算时,应考虑 l_{tr} 内实际应力值的变化;而后者是当构件在外荷载作用下达到承载能力极限状态时,预应力钢筋的应力达到抗拉强度设计值 f_{py},为了使预应力钢筋不致被拔出,预应力钢筋应力从端部的零到 f_{py} 的这一段长度为锚固长度 l_a。

计算先张法预应力混凝土受弯构件端部锚固区的正截面和斜截面受弯承载力时,锚固长度范围内的预应力钢筋抗拉强度设计值在锚固起点处应取为零,在锚固终点处应取为 f_{py},两点之间可按线性内插法确定。预应力钢筋的锚固长度 l_a 应按下列公式计算

$$l_a = \alpha \frac{f_{py}}{f_t} d \tag{10-27}$$

式中　f_t——混凝土轴心抗拉强度设计值,混凝土强度等级高于 C40 时,按 C40 取值;

其他符号含义同前。

当采用骤然放松预应力钢筋的施工工艺时,先张法预应力钢筋的锚固长度 l_a 应从距构件末端 $0.25l_{tr}$ 处开始计算,该处 l_{tr} 为预应力传递长度。

第四节　预应力混凝土轴心受拉构件

由于预应力混凝土构件的设计比普通钢筋混凝土构件要复杂得多,为了便于学习这部分知识,本节将以受力最为简单的轴心受拉构件为例,来介绍预应力混凝土构件的应力分析及设计方法。

一、轴心受拉构件的应力分析

对预应力混凝土轴心受拉构件,从张拉预应力钢筋开始到构件破坏的整个过程可分为施工阶段和使用阶段。施工阶段是建立预应力的阶段,即人为给构件施加压力的阶段,使用阶段是构件承担外荷载的阶段。

在下面的应力分析中,A_p 和 A_s 分别表示预应力钢筋和非预应力钢筋的截面面积,A_c 为混凝土截面面积;σ_{pe}、σ_s、σ_{pc} 分别表示预应力钢筋、非预应力钢筋及混凝土的应力。

σ_{pe}以受拉为正，σ_{pc}及 σ_s 以受压为正。

(一)先张法轴心受拉构件

对先张法预应力混凝土轴心受拉构件，从张拉钢筋到构件破坏，根据截面应力变化特征，可将上述两个大的阶段划分为 7 种应力状态。

(1)张拉预应力钢筋至 σ_{con} 并锚固(见图 10-11)。

此时混凝土尚未浇筑，没有 σ_s 和 σ_{pc}。

预应力钢筋被锚固在台座上，发生锚具变形等损失 σ_{l1}，此时预应力钢筋的应力为

$$\sigma_{pe} = \sigma_{con} - \sigma_{l1}$$

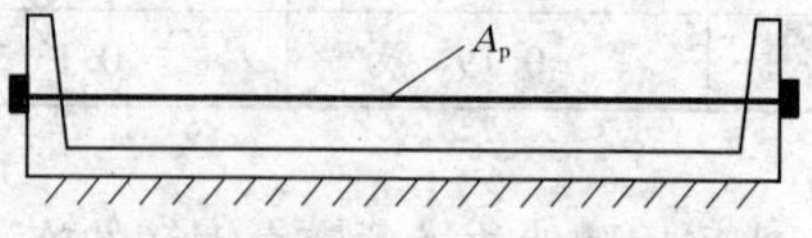

图 10-11　张拉预应力钢筋并锚固

(2)第一批预应力损失发生(见图 10-12)。

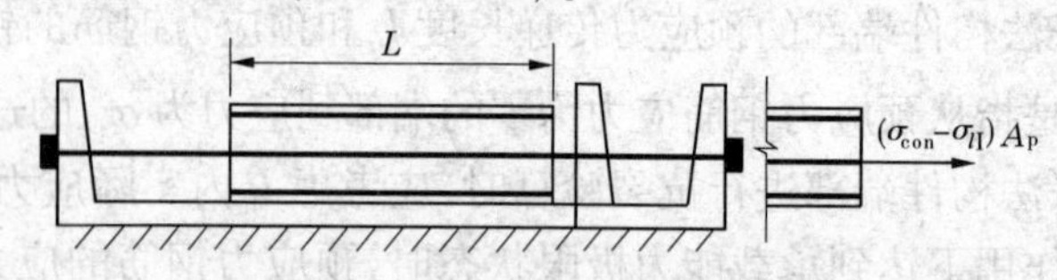

图 10-12　第一批预应力损失发生

浇筑混凝土构件(含非预应力钢筋)并加蒸汽养护，此时钢筋的拉力仍由台座承担，混凝土构件不受力。在加蒸汽养护中预应力钢筋产生了温差损失 σ_{l3}，此间大部分应力松弛损失 σ_{l4}也发生了。

上述损失为混凝土受预压前发生的，为第一批损失 $\sigma_{l\mathrm{I}}$。

$$\sigma_{l\mathrm{I}} = \sigma_{l1} + \sigma_{l3} + \sigma_{l4}$$

在施工阶段，预应力钢筋和非预应力钢筋与混凝土共同变形的起点为第一批损失完成后混凝土即将受预压的时刻。该时刻各应力为

$$\sigma_{pe} = \sigma_{con} - \sigma_{l\mathrm{I}}$$

$$\sigma_{pc} = 0,\quad \sigma_s = 0$$

(3)切断预应力钢筋使混凝土受预压(见图 10-13)。

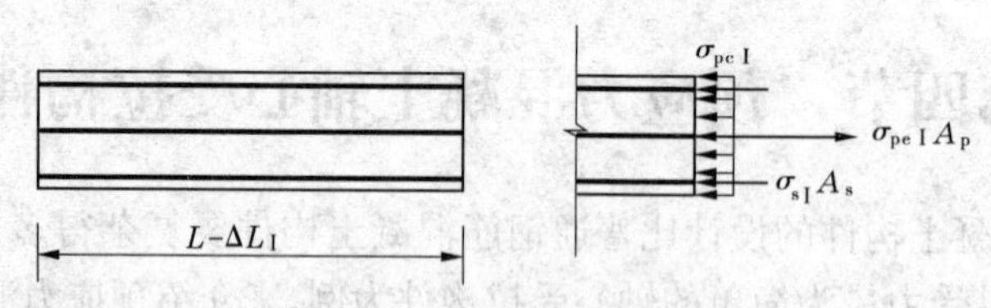

图 10-13　混凝土受预压

待混凝土强度达 75%f_{cu}及以上时，放松预应力钢筋。取消了台座对钢筋的约束后钢筋回缩，通过二者之间的黏结力使混凝土受压。混凝土在压应力 $\sigma_{pc\,\mathrm{I}}$ 的作用下产生压缩变形 ΔL_I，由于钢筋与混凝土已经成为整体，钢筋随着混凝土发生 ΔL_I 的回缩变形。预应力钢筋的缩短使其拉应力减少了 $\Delta\sigma_{pe\,\mathrm{I}}$，非预应力钢筋的缩短使其压应力增加了 $\Delta\sigma_{s\,\mathrm{I}}$。此时各应力为

$$\sigma_{pc} = \sigma_{pc\,\mathrm{I}}$$

$$\sigma_{pe} = \sigma_{pe\,\mathrm{I}} = \sigma_{con} - \sigma_{l\mathrm{I}} - \Delta\sigma_{pe\,\mathrm{I}}$$

$$\sigma_s = \Delta\sigma_{s\,\mathrm{I}}$$

根据钢筋与混凝土变形协调的原则有 $\varepsilon_s = \varepsilon_p = \varepsilon_c$，由第三节知识可知此条件下钢筋应力的变化是混凝土应力变化的 α_E 倍。上面的式子可写为

$$\sigma_{pc} = \sigma_{pc\,\mathrm{I}}$$

$$\sigma_{pe} = \sigma_{pe\,\mathrm{I}} = \sigma_{con} - \sigma_{l\,\mathrm{I}} - \alpha_E\sigma_{pc\,\mathrm{I}}$$

$$\sigma_s = \alpha_E\sigma_{pc\,\mathrm{I}}$$

在上面的公式中，$\sigma_{pc\,\mathrm{I}}$ 是未知的。可根据图 10-13 的截面自平衡条件确定 $\sigma_{pc\,\mathrm{I}}$。

由平衡条件得

$$\sigma_{pe\,\mathrm{I}}A_p = \sigma_{pc\,\mathrm{I}}A_c + \sigma_{s\,\mathrm{I}}A_s$$

即
$$(\sigma_{con} - \sigma_{l\,\mathrm{I}} - \alpha_E\sigma_{pc\,\mathrm{I}})A_p = \sigma_{pc\,\mathrm{I}}A_c + \alpha_E\sigma_{pc\,\mathrm{I}}A_s$$

解得

$$\sigma_{pc\,\mathrm{I}} = \frac{(\sigma_{con} - \sigma_{l\,\mathrm{I}})A_p}{A_c + \alpha_E A_s + \alpha_E A_p} = \frac{(\sigma_{con} - \sigma_{l\,\mathrm{I}})A_p}{A_0} \tag{10-28}$$

式中，A_0 为构件的换算截面面积，$A_0 = A_c + \alpha_E A_s + \alpha_E A_p$。对先张法轴心受拉构件，混凝土截面面积为 $A_c = A - A_p - A_s$，其中 A 为构件的截面面积，对矩形截面 $A = bh$。

$\sigma_{pc\,\mathrm{I}}$ 是先张法构件施工阶段混凝土受到的最大预压应力。该应力是进行施工阶段构件抗压验算的依据。另外，$\sigma_{pc\,\mathrm{I}}$ 还用于计算徐变损失 σ_{l4}。

(4)第二批预应力损失发生(见图 10-14)。

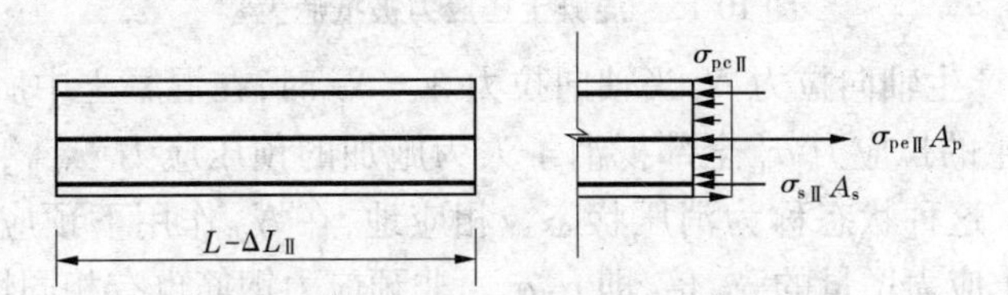

图 10-14　第二批预应力损失发生

在预压应力 $\sigma_{pc\,\mathrm{I}}$ 的作用下，混凝土发生徐变，预应力钢筋和非预应力钢筋也发生相同的回缩变形，故产生了应力损失 σ_{l5}，第二批损失 $\sigma_{l\,\mathrm{II}}$ 出现。钢筋的总应力损失为 $\sigma_l = \sigma_{l\,\mathrm{I}} + \sigma_{l\,\mathrm{II}}$。

预应力钢筋的拉应力减小了，对混凝土的压应力也从 $\sigma_{pc\,\mathrm{I}}$ 相应降低为 $\sigma_{pc\,\mathrm{II}}$，其弹性受压变形得到一定的恢复，预应力钢筋随混凝土变形而发生的应力下降量也由 $\Delta\sigma_{pe\,\mathrm{I}}$ 变为 $\Delta\sigma_{pe\,\mathrm{II}}$，由变形协调条件可知 $\Delta\sigma_{pe\,\mathrm{II}}$ 是 $\sigma_{pc\,\mathrm{II}}$ 的 α_E 倍，非预应力钢筋压应力的变化规律也是如此。由于混凝土的收缩、徐变以及弹性压缩，构件内的非预应力钢筋随混凝土构件而缩短，在非预应力钢筋中产生压应力，这种应力减小了混凝土的法向预压应力，使构件的抗裂能力降低，因而计算时应考虑其影响。为了简化，假定非预应力钢筋由于混凝土收缩、徐变引起的压应力增量与预应力钢筋的该项预应力损失值相同，即也取 σ_{l5}。

此阶段的应力为

$$\sigma_{pc} = \sigma_{pc\,\mathrm{II}}$$

$$\sigma_{pe} = \sigma_{pe\,\mathrm{II}} = \sigma_{con} - \sigma_l - \alpha_E\sigma_{pc\,\mathrm{II}}$$

$$\sigma_s = \sigma_{s\,\mathrm{II}} = \alpha_E\sigma_{pc\,\mathrm{II}} + \sigma_{l5}$$

同上述，根据截面自平衡条件有

$$\sigma_{pe\,\mathrm{II}}A_p=\sigma_{pc\,\mathrm{II}}A_c+\sigma_{s\,\mathrm{II}}A_s$$

即

$$(\sigma_{con}-\sigma_l-\alpha_E\sigma_{pc\,\mathrm{II}})A_p=\sigma_{pc\,\mathrm{II}}A_c+(\alpha_E\sigma_{pc\,\mathrm{II}}+\sigma_{l5})A_s$$

解得

$$\sigma_{pc\,\mathrm{II}}=\frac{(\sigma_{con}-\sigma_l)A_p-\sigma_{l5}A_s}{A_0} \tag{10-29}$$

$\sigma_{pc\,\mathrm{II}}$是先张法构件混凝土截面上所受到的最终有效预压应力，该应力的大小直接关系到构件的抗裂性能。从式(10-29)可以看出，$\sigma_{pc\,\mathrm{II}}$与张拉控制应力σ_{con}有关，在其他条件相同时，σ_{con}越高，所获得的预压应力$\sigma_{pc\,\mathrm{II}}$越大，构件的抗裂能力就越强。这就是为什么预应力构件要选用高强度钢筋的主要原因。另外，还可以看出，在外荷载作用之前，预应力钢筋和混凝土中都已存在较大的拉、压应力，这是与普通钢筋混凝土构件所不同的。

以上几个应力阶段为施工阶段，以下进入使用阶段，即构件承受荷载的阶段。使用阶段构件截面上的应力是由施工阶段预加的应力和荷载产生的应力叠加而成的。

(5)加荷载至混凝土截面压应力下降为零(见图10-15)。

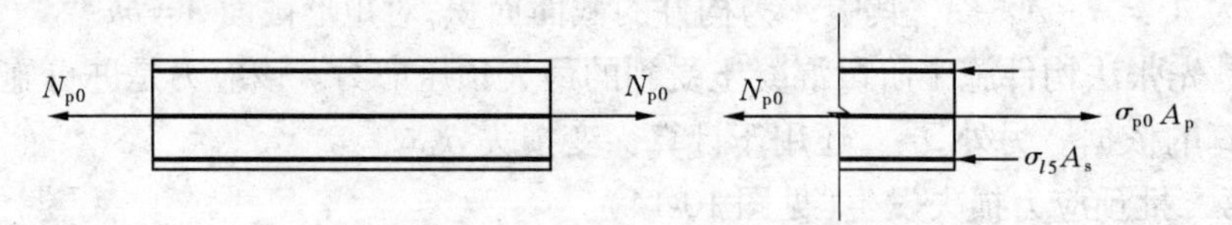

图10-15　混凝土压应力被抵消为零

施加外荷载，产生轴向拉力N，当轴向拉力$N=N_{p0}$时，在混凝土中所产生的拉应力为$\sigma_t=\sigma_{pc\,\mathrm{II}}$。$N_{p0}$产生的拉应力$\sigma_t$全部抵消了人为施加的预压应力$\sigma_{pc\,\mathrm{II}}$，使混凝土截面的组合应力变为零。这种状态称为消压状态。相应地，在N_{p0}作用下预应力钢筋产生的拉应力增量是混凝土应力增量的α_E倍，即$\alpha_E\sigma_t$。非预应力钢筋也有相同性质的应力变化。

此阶段的应力为

$$\sigma_{pc}=\sigma_{pc\,\mathrm{II}}-\sigma_t=0$$

$$\sigma_{pe}=\sigma_{p0}=\sigma_{con}-\sigma_l-\alpha_E\sigma_{pc\,\mathrm{II}}+\alpha_E\sigma_t=\sigma_{con}-\sigma_l$$

$$\sigma_s=\alpha_E\sigma_{pc\,\mathrm{II}}+\sigma_{l5}-\alpha_E\sigma_t=\sigma_{l5}$$

根据平衡条件，有

$$N_{p0}=\sigma_{p0}A_p-\sigma_sA_s$$

将σ_{p0}、σ_s代入上式，并利用式(10-29)可得

$$N_{p0}=(\sigma_{con}-\sigma_l)A_p-\sigma_{l5}A_s=\sigma_{pc\,\mathrm{II}}A_0 \tag{10-30}$$

式中，N_{p0}称为"消压轴力"。

此时，构件截面上混凝土的应力为零，相当于普通钢筋混凝土构件还没有受到外荷载的作用，但预应力混凝土构件已能承担外荷载产生的轴向拉力N_{p0}了。消压轴力N_0是混凝土截面应力状态由压变为拉的界限轴力，当$N<N_{p0}$时，混凝土处于压应力状态，当$N>N_{p0}$时，混凝土处于拉应力状态，拉应力的增量以此为基点计算。

(6)继续加荷载至混凝土即将开裂。

随着轴向拉力N的增大，构件截面上混凝土的拉应力增加，当轴向拉力$N=N_{cr}$时，受

拉区应力达到混凝土抗拉强度标准值f_{tk}，构件截面即将开裂，如图 10-16 所示。

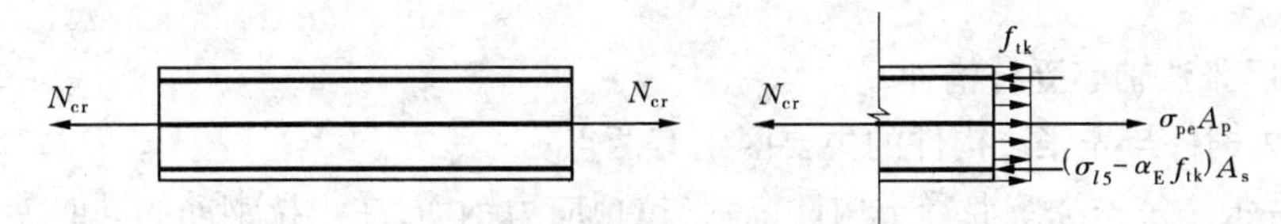

图 10-16　截面混凝土即将开裂

在此过程中，混凝土的拉应力从零增加到f_{tk}，钢筋应力增加量为$\alpha_E f_{tk}$。此时的应力可以在消压状态的基础上加上应力增量确定，即

$$\sigma_{pc}=-f_{tk}$$

$$\sigma_{pe}=\sigma_{con}-\sigma_l+\alpha_E f_{tk}$$

$$\sigma_s=\sigma_{l5}-\alpha_E f_{tk}$$

根据平衡条件有

$$N_{cr}=\sigma_{pe}A_p-\sigma_{pc}A_c-\sigma_s A_s$$

即

$$\begin{aligned}N_{cr}&=(\sigma_{con}-\sigma_l+\alpha_E f_{tk})A_p+f_{tk}A_c-(\sigma_{l5}-\alpha_E f_{tk})A_s\\&=(\sigma_{con}-\sigma_l)A_p-\sigma_{l5}A_s+f_{tk}(A_c+\alpha_E A_p+\alpha_E A_s)\\&=\sigma_{pc\,\mathrm{II}}A_0+f_{tk}A_0\\&=N_{p0}+f_{tk}A_0\end{aligned}\tag{10-31}$$

式中的N_{cr}称为开裂轴力。式(10-31)可作为使用阶段对构件进行抗裂验算的依据。

由式(10-31)可以看出，预应力混凝土轴心受拉构件的抗裂轴力N_{cr}由两部分组成，式中的第一项是人为造成的压应力所能承受的开裂轴力，第二项是截面混凝土所能承受的开裂轴力(即普通钢筋混凝土构件所能承受的开裂轴力)，也就是说，预应力混凝土构件比同条件的普通钢筋混凝土构件的抗裂荷载提高了N_{p0}。

(7)加荷载至构件破坏。

继续加荷载，当$N>N_{cr}$时混凝土开裂。由于轴心受拉构件的裂缝是沿整个截面贯通的，则开裂后的混凝土完全退出工作，全部拉力转由钢筋承担，钢筋应力有一个突变。随着荷载继续增大，当裂缝截面上预应力钢筋及非预应力钢筋的拉应力先后达到各自的抗拉强度设计值时，构件进入破坏状态。相应的轴向拉力为N_u，如图 10-17 所示。

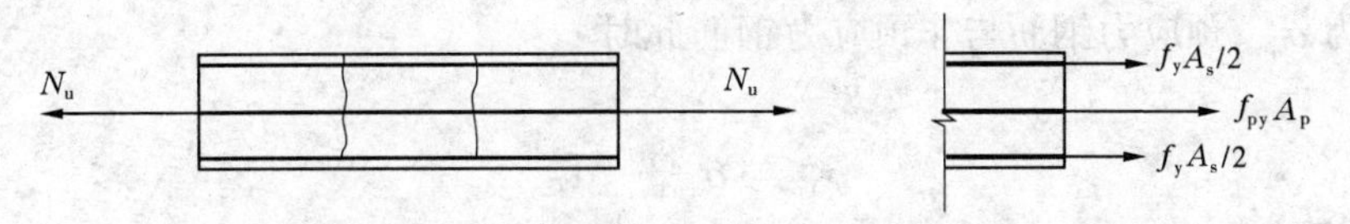

图 10-17　构件达到承载力极限状态

由平衡条件得

$$N_u=f_{py}A_p+f_yA_s\tag{10-32}$$

式中N_u是预应力混凝土轴心受拉构件使用阶段的极限承载力。可以看出，极限承载力N_u只与钢筋(包括预应力钢筋和非预应力钢筋)的数量及强度有关，而与是否施加预应力

及预应力的大小无关，或者说施加预应力只能提高构件的抗裂能力，而不能提高构件的极限承载力。

（二）后张法轴心受拉构件

后张法构件与先张法构件的主要区别有两点：

(1)后张法是先浇筑混凝土构件，后张拉预应力钢筋，在张拉钢筋的同时使混凝土和非预应力钢筋受压。因此，在张拉预应力钢筋之前，非预应力钢筋与混凝土应力均为零，从张拉开始二者的受压变形协调，且非预应力钢筋压应力的变化量相当于混凝土压应力变化量的 α_E 倍。由于后张法是在混凝土构件上张拉预应力钢筋，在张拉过程中，混凝土已产生了弹性压缩，因而在预应力钢筋应力达 σ_{con} 以前，这种弹性压缩对预应力钢筋的应力没有减小影响。从张拉完成并将钢筋锚固在构件上（第一批预应力损失完成）起，预应力钢筋和混凝土协调变形开始，此时，混凝土的起点压应力为 $\sigma_{pc\,I}$，而预应力钢筋的拉应力为 $\sigma_{con}-\sigma_{l\,I}$。因此，在混凝土应力达 $\sigma_{pc\,I}$ 以前，预应力钢筋的应力只扣除预应力损失；而在混凝土应力达 $\sigma_{pc\,I}$ 以后，预应力钢筋的应力除扣除预应力损失外，还应考虑由于混凝土弹性变形引起的钢筋应力增量，其值等于相应时刻混凝土应力相对于 $\sigma_{pc\,I}$ 增量的 α_E 倍。

(2)在后张法中有三个表示面积的参数：A_c、A_n、A_0。由于后张法构件要预留孔道，因此混凝土的截面面积 A_c 还应扣除孔道的面积，即 $A_c=A-A_s-A_{孔}$；A_n 表示构件的净换算截面面积，即混凝土截面面积 A_c 与非预应力钢筋换算成的具有同样变形性能的混凝土面积之和，$A_n=A_c+\alpha_E A_s$；A_0 表示构件的换算截面面积，与先张法相同。

后张法预应力混凝土轴心受拉构件从浇筑混凝土到构件破坏可分为以下 7 个应力阶段：

(1)浇筑混凝土构件（预留孔道）并养护。

构件处于自然状态，没有受压，即

$$\sigma_{pc}=0,\qquad \sigma_s=0$$

(2)张拉预应力钢筋至 σ_{con}，同时压缩混凝土（见图 10-18）。

在张拉预应力钢筋过程中，由于钢筋和孔道壁的相对运动，产生了摩擦损失。当张拉端钢筋的应力达到 σ_{con} 时，沿构件长度方向各截面钢筋的应力损失值为 σ_{l2}。在任意截面混凝土受到的预压应力为 σ_{pc}，预应力钢筋与非预应力钢筋此时的应力为

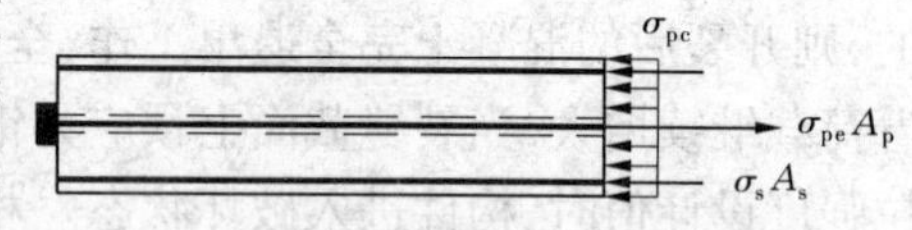

图 10-18　张拉钢筋混凝土受预压

$$\sigma_{pe}=\sigma_{con}-\sigma_{l2}$$

$$\sigma_s=\alpha_E\sigma_{pc}$$

根据截面平衡条件确定 σ_{pc}，有

$$\sigma_{pe}A_p=\sigma_{pc}A_c+\sigma_s A_s$$

即

$$(\sigma_{con}-\sigma_{l2})A_p=\sigma_{pc}A_c+\alpha_E\sigma_{pc}A_s$$

解得

$$\sigma_{pc} = \frac{(\sigma_{con} - \sigma_{l2})A_p}{A_c + \alpha_E A_s} = \frac{(\sigma_{con} - \sigma_{l2})A_p}{A_n} \tag{10-33}$$

由式(10-33)可知，σ_{pc}与σ_{l2}有关，而σ_{l2}沿构件长度是变化的，在张拉端处$\sigma_{l2}=0$，所以该处所受到的压应力σ_{pc}的值最大，用σ_{cc}表示，即

$$\sigma_{cc} = (\sigma_{pc})_{max} = \frac{\sigma_{con}A_p}{A_n} \tag{10-34}$$

式(10-34)中的σ_{cc}可作为后张法构件施工阶段抗压强度验算的依据。

(3)锚固预应力钢筋，完成第一批预应力损失(见图10-19)。

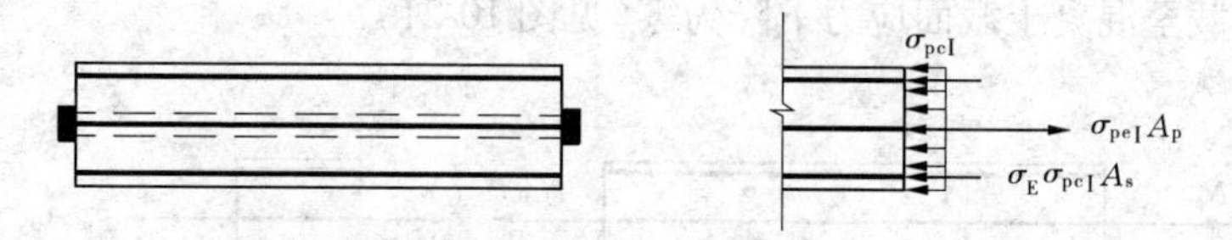

图10-19　完成第一批预应力损失

将预应力钢筋锚固在构件上，由于锚具等原因又发生了应力损失σ_{l1}，至此第一批预应力损失完成，$\sigma_{l\mathrm{I}}=\sigma_{l1}+\sigma_{l2}$。此时的应力为

$$\sigma_{pc} = \sigma_{pc\mathrm{I}}$$

$$\sigma_{pe} = \sigma_{pe\mathrm{I}} = \sigma_{con} - \sigma_{l\mathrm{I}}$$

$$\sigma_s = \alpha_E\sigma_{pc\mathrm{I}}$$

根据截面平衡条件，得

$$(\sigma_{con} - \sigma_{l1})A_p = \sigma_{pc\mathrm{I}}A_c + \alpha_E\sigma_{pc\mathrm{I}}A_s$$

解得

$$\sigma_{pc\mathrm{I}} = \frac{(\sigma_{con} - \sigma_{l\mathrm{I}})A_p}{A_c + \alpha_E A_s} = \frac{(\sigma_{con} - \sigma_{l\mathrm{I}})A_p}{A_n} \tag{10-35}$$

式(10-35)中的$\sigma_{pc\mathrm{I}}$用来计算徐变损失σ_{l5}。

(4)完成第二批预应力损失(见图10-20)。

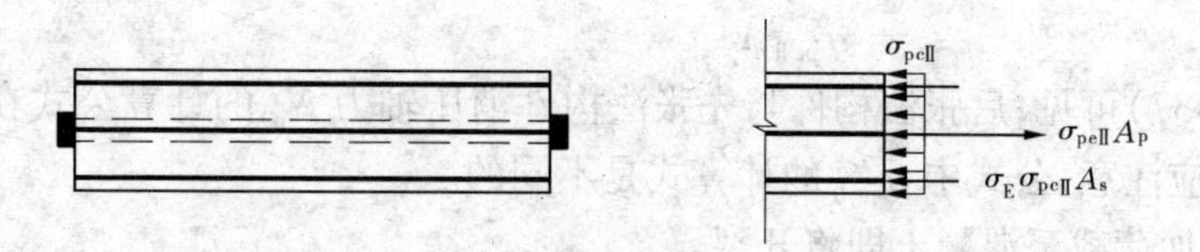

图10-20　完成第二批预应力损失

预应力钢筋在高拉应力$\sigma_{pe\mathrm{I}}$的作用下发生应力松弛，产生损失σ_{l4}。混凝土在高压应力$\sigma_{pc\mathrm{I}}$的作用下发生徐变，预应力钢筋随之缩短，产生损失σ_{l5}。至此第二批预应力损失完成，预应力钢筋的总应力损失为$\sigma_l=\sigma_{l\mathrm{I}}+\sigma_{l\mathrm{II}}$。预应力钢筋拉应力变化后，混凝土的压应力也由$\sigma_{pc\mathrm{I}}$下降为$\sigma_{pc\mathrm{II}}$，非预应力钢筋的压应力包含由于混凝土受压回缩和徐变产生的应力两部分。此时各应力为

$$\sigma_{pc} = \sigma_{pc\mathrm{II}}$$

$$\sigma_{pe} = \sigma_{con} - \sigma_l$$

$$\sigma_s = \alpha_E \sigma_{pc\,\mathrm{II}} + \sigma_{l5}$$

代入平衡方程,得

$$(\sigma_{con} - \sigma_l) A_p = \sigma_{pc\,\mathrm{II}} A_c + (\alpha_E \sigma_{pc\,\mathrm{II}} + \sigma_{l5}) A_s$$

解得

$$\sigma_{pc\,\mathrm{II}} = \frac{(\sigma_{con} - \sigma_l) A_p - \sigma_{l5} A_s}{A_n} \tag{10-36}$$

$\sigma_{pc\,\mathrm{II}}$是后张法构件混凝土受到的有效预压应力。

以上是施工阶段,以下为使用阶段。

(5)加荷载至混凝土截面应力下降为零(见图10-21)。

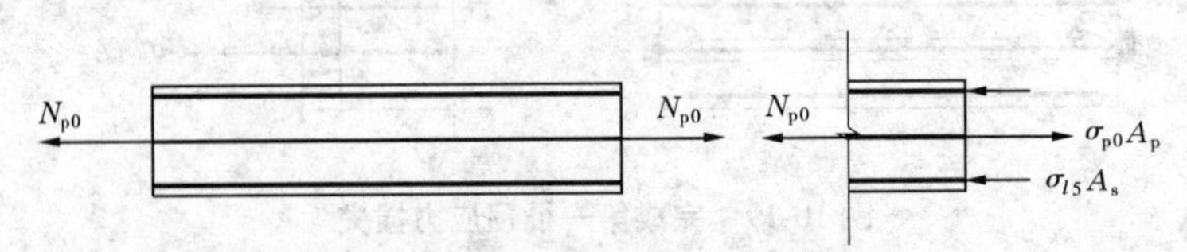

图10-21　混凝土压应力被抵消为零

同先张法,施加外荷载至N_{p0},产生拉应力$\sigma_t = \sigma_{pc\,\mathrm{II}}$,拉、压应力相抵消,混凝土截面的应力变为零。这种状态称为消压状态。

相应地,在N_{p0}作用下预应力钢筋产生的拉应力增量是混凝土应力变化量的α_E倍,为$\alpha_E \sigma_t = \alpha_E \sigma_{pc\,\mathrm{II}}$,非预应力钢筋性质相同。此阶段的应力为

$$\sigma_{pc} = \sigma_{pc\,\mathrm{II}} - \sigma_t = 0$$

$$\sigma_{pe} = \sigma_{p0} = \sigma_{con} - \sigma_l + \alpha_E \sigma_{pc\,\mathrm{II}}$$

$$\sigma_s = \alpha_E \sigma_{pc\,\mathrm{II}} + \sigma_{l5} - \alpha_E \sigma_{pc\,\mathrm{II}} = \sigma_{l5}$$

利用平衡条件有

$$\begin{aligned} N_{p0} &= \sigma_{p0} A_p - \sigma_s A_s \\ &= (\sigma_{con} - \sigma_l + \alpha_E \sigma_{pc\,\mathrm{II}}) A_p - \sigma_{l5} A_s \\ &= \sigma_{pc\,\mathrm{II}} A_n + \alpha_E \sigma_{pc\,\mathrm{II}} A_p \\ &= \sigma_{pc\,\mathrm{II}} A_0 \end{aligned} \tag{10-37}$$

由式(10-37)可见,后张法构件与先张法构件消压轴力N_{p0}的计算公式在形式上是完全相同的,但应注意:公式中$\sigma_{pc\,\mathrm{II}}$的计算式是不同的。

(6)继续加荷载至混凝土即将开裂。

截面应力状态如图10-22所示。此时有

$$\sigma_{pc} = -f_{tk}$$

$$\sigma_{pe} = \sigma_{p0} + \alpha_E f_{tk} = \sigma_{con} - \sigma_l + \alpha_E (f_{tk} + \sigma_{pc\,\mathrm{II}})$$

$$\sigma_s = \sigma_{l5} - \alpha_E f_{tk}$$

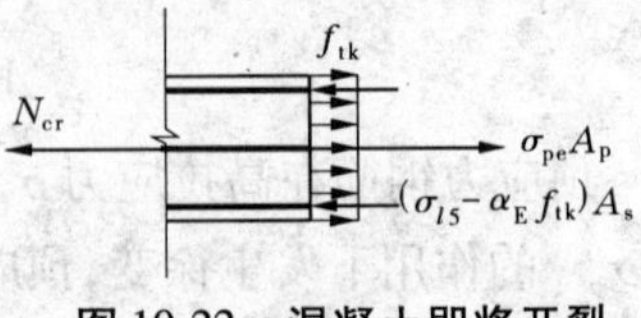

图10-22　混凝土即将开裂

同理,由平衡条件可得

$$\begin{aligned} N_{cr} &= \sigma_{pe} A_p - \sigma_s A_s + f_{tk} A_c \\ &= (\sigma_{con} - \sigma_l + \alpha_E \sigma_{pc\,\mathrm{II}} + \alpha_E f_{tk}) A_p - (\sigma_{l5} - \alpha_E f_{tk}) A_s + f_{tk} A_c \\ &= \sigma_{pc\,\mathrm{II}} A_n + \alpha_E \sigma_{pc\,\mathrm{II}} A_p + \alpha_E f_{tk} A_p + \alpha_E f_{tk} A_s + f_{tk} A_c \end{aligned}$$

$$= \sigma_{pc\,II} A_0 + f_{tk} A_0$$
$$= (\sigma_{pc\,II} + f_{tk}) A_0$$
$$= N_{p0} + f_{tk} A_0 \tag{10-38}$$

N_{cr}是后张法轴心受拉构件使用阶段抗裂验算的依据。

(7)加荷载至构件破坏(见图 10-23)。

同先张法构件

$$N_u = f_{py} A_p + f_y A_s \tag{10-39}$$

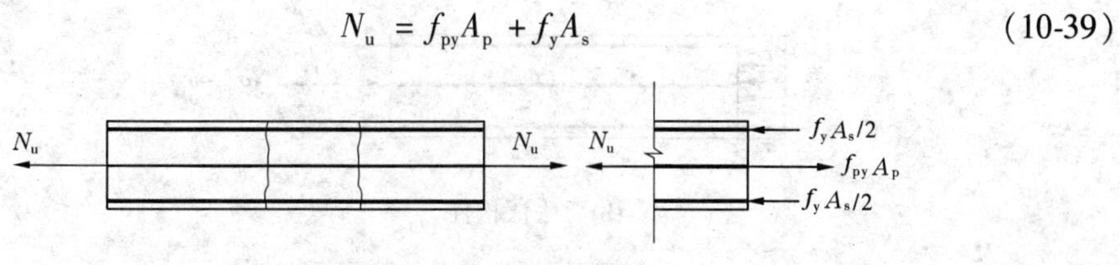

图 10-23　构件即将破坏

(三)先张法与后张法计算公式的比较

1. 非预应力钢筋的应力

无论是先张法还是后张法,非预应力钢筋的应力公式形式均相同,这是由于两种方法中,非预应力钢筋与混凝土协调变形的起点均是混凝土应力为零时。

2. 预应力钢筋的拉应力

在施工阶段,后张法比先张法的相应时刻应力大 $\alpha_E \sigma_{pc}$,这是因为后张法构件混凝土的弹性压缩是在张拉预应力钢筋过程中随之发生的,钢筋张拉完成时混凝土的压缩也同时完成了,所以没有因混凝土的压缩变形而产生的应力损失。

3. 混凝土的压应力

施工阶段,两种张拉方法的 $\sigma_{pc\,I}$、$\sigma_{pc\,II}$ 公式形式相似,差别在于:先张法公式中用构件的换算截面面积 A_0,而后张法公式中用构件的净截面面积 A_n。

4. 混凝土预压应力 σ_{pc} 计算公式分析(以 $\sigma_{pc\,II}$ 为例)

先张法
$$\sigma_{pc\,II} = \frac{(\sigma_{con} - \sigma_l) A_p - \sigma_{l5} A_s}{A_0} = \frac{N_p}{A_0} \tag{10-40}$$

后张法
$$\sigma_{pc\,II} = \frac{(\sigma_{con} - \sigma_l) A_p - \sigma_{l5} A_s}{A_n} = \frac{N_p}{A_n} \tag{10-41}$$

式中
$$N_p = (\sigma_{con} - \sigma_l) A_p - \sigma_{l5} A_s$$

由以上公式可见,计算预应力混凝土轴心受拉构件混凝土的有效预压应力 $\sigma_{pc\,II}$ 时,可以将一个轴心压力 N_p 作用于构件截面上,然后按材料力学公式计算。压力 N_p 由预应力钢筋和非预应力钢筋仅扣除预应力损失后的相应时刻的应力乘以各自的截面面积求得,如图 10-24 所示。上述结论同样适用于 $\sigma_{pc\,I}$ 的计算,还可推广用于预应力混凝土受弯构件中的混凝土预应力计算,分析受弯构件时只需将 N_p 改为偏心压力即可。

二、轴心受拉构件的计算

为了保证预应力混凝土构件的安全可靠和正常使用,设计一个预应力混凝土轴心受拉构件需要进行以下几个方面的计算和验算。

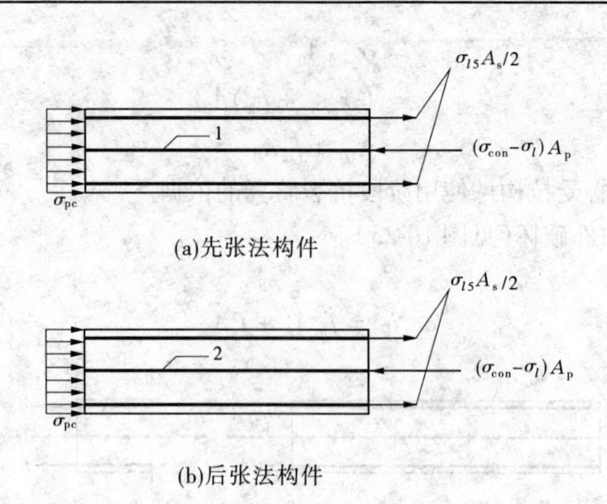

1—换算截面重心轴;2—净截面重心轴

图 10-24　预应力钢筋及非预应力钢筋合力位置

使用阶段:承载能力极限状态计算、抗裂或裂缝控制验算。

施工阶段:整体抗压强度验算、构件端部混凝土的局部受压验算(仅对后张法)。

(一)使用阶段承载能力极限状态计算

在应力分析中,根据构件达到破坏时的受力状态,建立了 N_u 的表达式,又根据设计原则,得预应力混凝土轴心受拉构件承载力计算公式为

$$N \leqslant \frac{1}{\gamma_d}N_u = \frac{1}{\gamma_d}(f_{py}A_p + f_yA_s) \tag{10-42}$$

式中　N——轴向拉力设计值;

N_u——构件破坏时能抵抗的轴向拉力;

f_{py}——预应力钢筋的抗拉强度设计值,按附录二附表 2-7 采用;

f_y——非预应力钢筋的抗拉强度设计值,按附录二附表 2-6 采用;

A_p——预应力钢筋的全部截面面积;

A_s——非预应力钢筋的全部截面面积;

γ_d——预应力混凝土结构的结构系数,按附录一附表 1-3 采用。

在式(10-42)中,有两个未知数 A_p 和 A_s,在设计时一般可先按构造要求或经验确定出非预应力钢筋的数量,然后再由公式求解 A_p。

(二)使用阶段抗裂或裂缝宽度验算

构件使用阶段抗裂或裂缝宽度验算,属正常使用极限状态问题,因而须采用荷载效应的标准组合,且材料强度采用标准值。根据预应力混凝土轴心受拉构件所处环境和对抗裂要求的严格程度,将裂缝控制验算划分为三级。

1. 一级裂缝控制——严格要求不出现裂缝的构件

在荷载效应的标准组合下应符合下列规定

$$\sigma_{ck} - \sigma_{pc} \leqslant 0 \tag{10-43}$$

2. 二级裂缝控制——一般要求不出现裂缝的构件

在荷载效应的标准组合下应符合

$$\sigma_{ck}-\sigma_{pc}\leqslant\alpha_{ct}f_{tk} \qquad (10\text{-}44)$$

式中　σ_{pc}——扣除全部预应力损失后混凝土的有效预压应力，按式(10-40)或式(10-41)计算；

σ_{ck}——荷载效应标准组合下混凝土的法向应力，无论先张法或后张法轴心受拉构件，$\sigma_{ck}=\dfrac{N_k}{A_0}$；

N_k——按荷载效应的标准组合计算的轴向拉力值；

A_0——构件的换算截面面积，$A_0=A_c+\alpha_E A_p+\alpha_E A_s$；

α_{ct}——混凝土拉应力限制系数，$\alpha_{ct}=0.7$；

f_{tk}——混凝土轴心抗拉强度标准值。

式(10-43)是要求在荷载效应标准组合 N_k 作用下，构件截面混凝土不能出现拉应力。

式(10-44)是要求在荷载效应标准组合 N_k 作用下，抵消了混凝土有效预压应力后，构件截面混凝土可以出现拉应力，但应限制拉应力的数值。

3. 三级裂缝控制——允许出现裂缝的构件

此类构件允许出现裂缝但裂缝开展宽度不超限值。应符合式(9-32)的规定，式中 w_{max}按荷载效应的标准组合并考虑长期作用影响计算的最大裂缝宽度(mm)，按式(9-24)计算；构件受力特征系数 α_{cr}，对于预应力混凝土轴心受拉构件，取 $\alpha_{cr}=2.35$；纵向受拉钢筋(非预应力钢筋 A_s 及预应力钢筋 A_p)的有效配筋率，$\rho_{te}=\dfrac{A_s+A_p}{A_{te}}$，当 $\rho_{te}<0.03$ 时，取 $\rho_{te}=0.03$。

按标准组合计算的预应力混凝土轴心受拉构件纵向受拉钢筋的等效应力 σ_{sk}，按下式计算

$$\sigma_{sk}=\frac{N_k-N_{p0}}{A_s+A_p}$$

式中　N_{p0}——消压内力，即混凝土法向应力等于零时全部纵向预应力和非预应力钢筋的合力，先张法按式(10-30)计算，后张法按式(10-37)计算。

(三)施工阶段混凝土抗压应验算

为了保证预应力混凝土轴心受拉构件在施工阶段的安全性，防止混凝土被压坏，需限制对混凝土施加的最大压应力，应满足下面的要求

$$\sigma_{cc}\leqslant 0.8f'_{ck} \qquad (10\text{-}45)$$

式中　σ_{cc}——施工阶段构件计算截面混凝土的最大法向压应力；

f'_{ck}——与施工阶段混凝土立方体抗压强度 f'_{cu} 相对应的抗压强度标准值。

对先张法构件，放松预应力钢筋时混凝土受到的预压应力达最大，即

$$\sigma_{cc}=\sigma_{pc\,\mathrm{I}}=\frac{(\sigma_{con}-\sigma_{l\,\mathrm{I}})A_p}{A_0}$$

对后张法构件，将预应力钢筋张拉至 σ_{con} 时，张拉端的混凝土受到的预压应力最大，即

$$\sigma_{cc}=\frac{\sigma_{con}A_p}{A_n}$$

如采用的超张拉工艺,应将 σ_{con} 乘以超张拉系数。

(四)施工阶段后张法构件端部局部受压承载力计算

对于后张法构件,通过在构件上张拉预应力钢筋来实现对混凝土的压缩。这个压力是通过构件端部锚具下的垫板传给混凝土的,由于垫板下直接受压的混凝土面积小于构件端部的总截面面积,因此构件端部的混凝土处于局部受压状态。作用在端部局部面积上的压力需经过一段距离才能扩散到整个截面上而产生均匀的预压应力,这段距离近似等于构件截面的高度,称为锚固区,如图 10-25 所示。

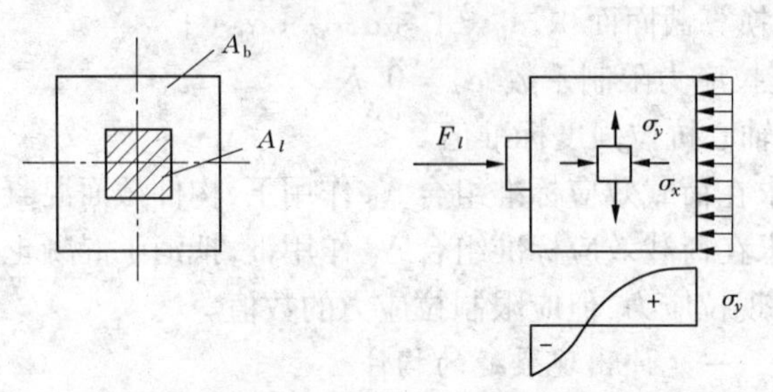

图 10-25　后张法构件端部锚固区的应力状态

锚固区内局部面积下的混凝土处于三向应力状态,除沿构件纵向受垫板传来的压应力外,还有周围混凝土的侧向约束产生的横向应力,后者在距端部较近处为侧向压应力而较远处为侧向拉应力。当拉应力超过混凝土的抗拉强度时,构件端部将出现纵向裂缝,甚至导致局部受压破坏。所以,对后张法预应力混凝土构件,为了防止构件端部发生局部受压破坏,应进行施工阶段构件端部的局部受压承载力验算。

试验表明,发生局部受压破坏时混凝土的强度大于单轴受压时的混凝土强度,强度提高的幅度与局部受压面积周围混凝土面积的大小有关,这是由于周围混凝土的约束作用所致,在验算公式中用提高系数反映这一特征。

1. 构件端部截面尺寸要求

为了提高局部受压承载力并控制裂缝宽度,通常采用在端部锚固区内配置方格网式或螺旋式的横向钢筋。试验表明,当局部受压区配置的横向钢筋过多时,虽然能提高局部受压承载力,但垫板下的混凝土会产生过大的下沉变形,导致局部破坏。为了防止这种情况发生,应使构件端部截面尺寸不能过小,其局部受压区的截面尺寸应符合下列要求

$$F_l \leqslant \frac{1}{\gamma_d}(1.5\beta_l f_c A_{ln}) \tag{10-46}$$

$$\beta_l = \sqrt{\frac{A_b}{A_l}} \tag{10-47}$$

式中 F_l——局部受压面上作用的局部压力设计值,应取 1.05 倍的张拉控制力(超张拉时还应再乘以相应增大系数);

β_l——混凝土局部受压时的强度提高系数,计算 β_l 时,在 A_b 和 A_l 中均不扣除孔道面积;

A_l——混凝土局部受压面积;

A_{ln}——混凝土局部受压净面积,是在 A_l 中扣除孔道、凹槽部分后的面积;

A_b——局部受压时的计算底面积，可按图 8-18 确定。

式(10-46)主要是防止局部受压区变形过大而导致局部破坏，是属于承载力计算问题，故局部压力用的是设计值。当满足式(10-46)时，锚固区的抗裂要求一般可满足。当不满足式(10-46)的要求时，可采取加大构件端部尺寸、调整锚具、提高混凝土强度等级或增大垫板厚度等措施。

2. *构件端部局部受压承载力验算*

试验表明，对锚固区配置方格网式或螺旋式钢筋的构件，由于横向钢筋限制了混凝土的横向膨胀，抑制微裂缝的开展，使核心混凝土处于三向受压应力状态，因而提高了混凝土的抗压强度和变形能力。其构件局部受压承载力可由混凝土承载力和横向钢筋承载力两部分组成。

当配置方格网式或螺旋式间接钢筋(见图 8-19)且符合 $A_l \leqslant A_{cor}$ 条件时，其局部受压承载力应符合下列规定

$$F_l \leqslant \frac{1}{\gamma_d}(\beta_l f_c + 2\rho_v \beta_{cor} f_y) A_{ln} \tag{10-48}$$

当为方格网式配置时(见图 8-19(a))，体积配筋率 ρ_v 应按下列公式计算

$$\rho_v = \frac{n_1 A_{s1} l_1 + n_2 A_{s2} l_2}{A_{cor} s} \tag{10-49}$$

此时，在两个方向上钢筋网单位长度的钢筋面积的比值不宜大于 1.5。

当为螺旋式配筋时(见图 8-19(b))，其体积配筋率 ρ_v 应按下列公式计算

$$\rho_v = \frac{4A_{ss1}}{d_{cor} s} \tag{10-50}$$

式中　A_{cor}——钢筋网以内的混凝土核心面积，但不应大于 A_b，即 $A_{cor} \leqslant A_b$，且其重心应与 A_l 的重心相重合；

β_{cor}——配置间接钢筋的局部受压承载力提高系数

$$\beta_{cor} = \sqrt{\frac{A_{cor}}{A_l}} \tag{10-51}$$

该式与式(10-47)的区别是用 A_{cor} 代替了 A_b，但当 $A_{cor} > A_b$ 时，应取 $A_{cor} = A_b$；

ρ_v——间接钢筋的体积配筋率(核心面积 A_{cor} 范围内单位混凝土体积中所包含的间接钢筋体积)；

n_1、A_{s1}——方格网沿 l_1 方向的钢筋根数及单根钢筋的截面面积；

n_2、A_{s2}——方格网沿 l_2 方向的钢筋根数及单根钢筋的截面面积；

s——方格网式或螺旋式间接钢筋的间距；

A_{ss1}——螺旋式单根间接钢筋的截面面积；

d_{cor}——配置螺旋式间接钢筋范围以内的混凝土直径。

方格网式或螺旋式间接钢筋的构造要求详见第八章第三节。

第五节　预应力混凝土受弯构件

对预应力钢筋混凝土受弯构件,其预应力钢筋的配筋方式有三种形式。

(1)只在受拉区配置预应力钢筋 A_p。

由轴心受拉构件可知,配置预应力钢筋的作用是对受拉区混凝土产生预压应力。原则上预应力钢筋应配置在受拉区。这种配筋方式设计简单,施工方便,但是,由于只在受拉区配置预应力钢筋,在较大偏心压力作用下,截面的上部可能会产生拉应力,甚至会造成施工阶段混凝土开裂。另外,对跨中截面,荷载施加后,会抵消施工产生的拉应力而使截面上部受压。但支座截面的弯矩为零,所以在使用阶段该截面上部始终是受拉的或是开裂状态,这对严格要求不出现裂缝的构件就不能满足要求了。

(2)曲线配筋。

为了解决使用阶段支座截面可能受拉的问题,可以采用曲线配筋的方式,即在支座处使钢筋穿过截面形心。由预应力钢筋所产生的压力可分解为一个法向压力和一个切向力,由于法向压力通过截面形心,就不会产生拉应力了。该方法解决了支座截面在使用阶段存在的拉应力问题,但其施工麻烦,且摩擦损失大。

(3)在受拉区、受压区均配置预应力钢筋。

为了防止施工阶段构件在预应力钢筋 A_p 作用下截面上部受拉或出现裂缝,可在受压区也设置少量的预应力钢筋 A_p',如图10-26所示。由于截面内预应力钢筋 A_p、A_p' 为非对称布置,通过张拉预应力钢筋所建立的混凝土预压应力 σ_{pc} 值沿截面高度是变化的。截面所受到的预压应力的大小及作用点位置均与 A_p、A_p' 的大小有关,因而可以通过调整 A_p 与 A_p' 的数量来达到使截面不产生拉应力或使产生的拉应力很小。该方法简单方便,在工程中应用广泛。

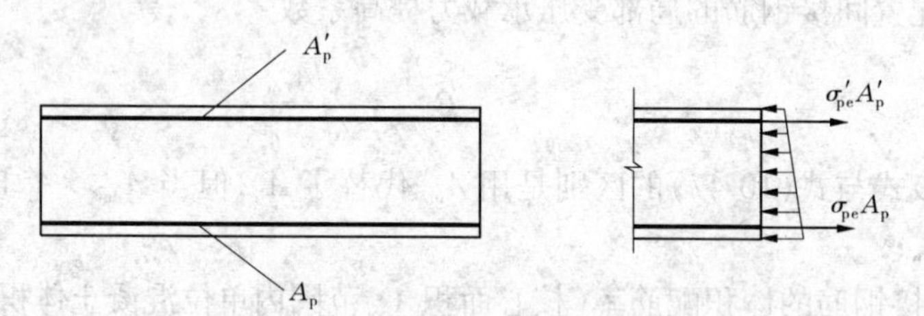

图10-26　拉区、压区均配置预应力钢筋

一、受弯构件各阶段应力分析

以上述第(3)种配筋方式为例进行分析。

同轴心受拉构件,在预应力混凝土受弯构件中除配置预应力钢筋 A_p、A_p' 外,还配置一定量的非预应力钢筋 A_s 和 A_s'。

在下面的应力分析中,面积、应力、压力等符号规定同轴心受拉构件,对受压区的钢筋面积、应力等符号是在受拉区的相应符号上加"′"。应力的正负号仍规定为:预应力钢筋以受拉为正,非预应力钢筋及混凝土以受压为正。各符号意义规定如下:

A_p、A_s——使用阶段受拉区预应力钢筋、非预应力钢筋的截面面积；

A'_p、A'_s——使用阶段受压区预应力钢筋、非预应力钢筋的截面面积；

A_c——混凝土截面面积，即扣除孔道、凹槽等削弱部分及全部纵向钢筋截面面积后的混凝土截面面积；

A_n——构件的净截面面积，即混凝土截面面积及纵向非预应力钢筋截面面积换算成混凝土的截面面积之和，$A_n = A_c + \alpha_E A_s + \alpha'_E A'_s$；

A_0——构件的换算截面面积，包括净截面面积以及预应力钢筋截面面积换算成混凝土的截面面积，$A_0 = A_n + \alpha_E A_p + \alpha'_E A'_p$；

I_0、I_n——换算截面惯性矩、净截面惯性矩；

e_{p0}、e_{pn}——换算截面重心、净截面重心至预应力钢筋及非预应力钢筋合力点的距离；

y_0、y_n——换算截面重心、净截面重心至使用阶段截面纤维处的距离；

y_p、y_{pn}——换算截面重心、净截面重心至 A_p 合力点的距离；

y'_p、y'_{pn}——换算截面重心、净截面重心至 A'_p合力点的距离；

y_s、y_{sn}——换算截面重心、净截面重心至 A_s 合力点的距离；

y'_s、y'_{sn}——换算截面重心、净截面重心至 A'_s合力点的距离；

α_E——预应力、非预应力钢筋的弹性模量与混凝土弹性模量的比值，$\alpha_E = E_s/E_c$；

N_{p0}、N_p——先张法构件、后张法构件的预应力及非预应力钢筋的合力；

M_2——由预加力 N_p 在后张法预应力混凝土超静定结构中产生的次弯矩。

(一)先张法受弯构件

从施工到构件破坏，可分为如下应力阶段：

(1)张拉预应力钢筋至 σ_{con}、σ'_{con}并锚固。产生锚固预应力损失 σ_{l1}、σ'_{l1}，预应力钢筋应力为

$$\sigma_{pe} = \sigma_{con} - \sigma_{l1}$$
$$\sigma'_{pe} = \sigma'_{con} - \sigma'_{l1}$$

(2)浇筑混凝土构件，蒸汽养护。产生温度差损失 σ_{l3}、σ'_{l3}，在此过程中也发生了应力松弛损失 σ_{l4}、σ'_{l4}，第一批预应力损失完成，即

$$\sigma_{l\text{I}} = \sigma_{l1} + \sigma_{l3} + \sigma_{l4}$$
$$\sigma'_{l\text{I}} = \sigma'_{l1} + \sigma'_{l3} + \sigma'_{l4}$$

预应力钢筋应力为

$$\sigma_{pe} = \sigma_{pe\text{I}} = \sigma_{con} - \sigma_{l\text{I}}$$
$$\sigma'_{pe} = \sigma'_{pe\text{I}} = \sigma'_{con} - \sigma'_{l\text{I}}$$

此阶段预应力钢筋所产生的合拉力为

$$N_{p\text{I}} = \sigma_{pe\text{I}} A_p + \sigma'_{pe\text{I}} A'_p = (\sigma_{con} - \sigma_{l\text{I}})A_p + (\sigma'_{con} - \sigma'_{l\text{I}})A'_p$$

此时混凝土和非预应力钢筋尚未受压，其应力均为零。

(3)放松预应力钢筋，混凝土和非预应力钢筋受预压。混凝土的预压应力为

$$\sigma_{pc} = \sigma_{pc\text{I}}$$
$$\sigma'_{pc} = \sigma'_{pc\text{I}}$$

对混凝土的预压应力，可以将该阶段钢筋产生的预拉力 N_p 视为一个反作用在截面

上的偏心压力(见图10-27(a)),按材料力学公式计算。公式如下

$$\left.\begin{array}{l}\sigma_{pc\,I}\\ \sigma'_{pc\,I}\end{array}\right\} = \frac{N_{p\,I}}{A_0} \pm \frac{N_{p\,I}\,e_{p0\,I}}{I_0}y_0 \tag{10-52}$$

式中,$e_{p0\,I}$ 是此阶段的 $N_{p\,I}$ 对截面重心的偏心距,利用下式确定

$$e_{p0\,I} = \frac{(\sigma_{con} - \sigma_{l\,I})A_p y_p - (\sigma'_{con} - \sigma'_{l\,I})A'_p y'_p}{N_{p\,I}}$$

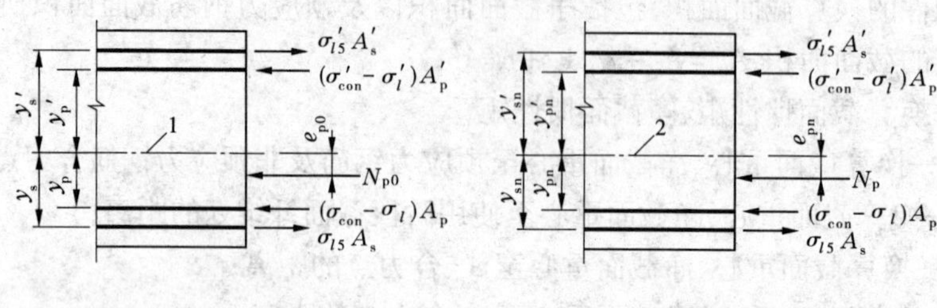

(a)先张法构件　　(b)后张法构件

1—换算截面重心轴;2—净截面重心轴

图10-27　受弯构件预应力钢筋及非预应力钢筋合力位置

预应力钢筋拉应力为

$$\sigma_{pe} = \sigma_{pe\,I} = \sigma_{con} - \sigma_{l\,I} - \alpha_E\sigma_{pc\,I\,p}$$

$$\sigma'_{pe} = \sigma'_{pe\,I} = \sigma'_{con} - \sigma'_{l\,I} - \alpha_E\sigma'_{pc\,I\,p}$$

非预应力钢筋压应力为

$$\sigma_s = \sigma_{s\,I} = \alpha_E\sigma_{pc\,I\,s}$$

$$\sigma'_s = \sigma'_{s\,I} = \alpha_E\sigma'_{pc\,I\,s}$$

钢筋应力表达式中的 $\sigma_{pc\,I\,p}$ 和 $\sigma'_{pc\,I\,p}$ 是预应力钢筋重心处混凝土的法向应力;$\sigma_{pc\,I\,s}$ 和 $\sigma'_{pc\,I\,s}$ 是非预应力钢筋重心处混凝土的法向应力。这些应力与混凝土边缘应力 $\sigma_{pc\,I}$ 的计算方法相同,只是将公式中的 y_0 改为对应的值。

(4)收缩徐变损失 σ_{l5}、σ'_{l5} 发生,第二批预应力损失完成。

总预应力损失为

$$\sigma_l = \sigma_{l\,I} + \sigma_{l5}$$

$$\sigma'_l = \sigma'_{l\,I} + \sigma'_{l5}$$

混凝土的预压应力为

$$\sigma_{pc} = \sigma_{pc\,II}$$

$$\sigma'_{pc} = \sigma'_{pc\,II}$$

考虑混凝土的收缩和徐变对非预应力钢筋的作用,此阶段预应力钢筋和非预应力钢筋所产生的合拉力为

$$N_{p\,II} = (\sigma_{con} - \sigma_l)A_p + (\sigma'_{con} - \sigma'_l)A'_p - \sigma_{l5}A_s - \sigma'_{l5}A'_s$$

同上方法,有

$$\left.\begin{array}{l}\sigma_{pc\,II}\\ \sigma'_{pc\,II}\end{array}\right\} = \frac{N_{p\,II}}{A_0} \pm \frac{N_{p\,II}\,e_{p0\,II}}{I_0}y_0 \tag{10-53}$$

式中，$e_{p0\text{II}}$是此阶段的$N_{p\text{II}}$对截面重心的偏心距，利用下式确定

$$e_{p0\text{II}}=\frac{(\sigma_{con}-\sigma_l)A_py_p-(\sigma'_{con}-\sigma'_l)A'_py'_p-\sigma_{l5}A_sy_s+\sigma'_{l5}A'_sy'_s}{N_{p\text{II}}}$$

预应力钢筋的应力为

$$\sigma_{pe}=\sigma_{pe\text{II}}=\sigma_{con}-\sigma_l-\alpha_E\sigma_{pc\text{II}p}$$

$$\sigma'_{pe}=\sigma'_{pe\text{II}}=\sigma'_{con}-\sigma'_l-\alpha_E\sigma'_{pc\text{II}p}$$

非预应力钢筋压应力为

$$\sigma_s=\sigma_{s\text{II}}=\alpha_E\sigma_{pc\text{II}s}+\sigma_{l5}$$

$$\sigma'_s=\sigma'_{s\text{II}}=\alpha_E\sigma'_{pc\text{II}s}+\sigma'_{l5}$$

以上为施工阶段，下面进入使用阶段。

(5)加外荷载至截面受拉边混凝土压应力为零。

对施加了预应力的受弯构件，在出现拉应力以前，可以视混凝土为理想弹性材料。即在外荷载作用下，均按材料力学公式计算混凝土应力。设弯矩在截面受拉边缘混凝土上产生的拉应力为σ_t，由材料力学有

$$\sigma_t=\frac{My_0}{I_0}=\frac{M}{W_0}$$

当弯矩等于M_0，产生的拉应力σ_t与人为施加的压应力$\sigma_{pc\text{II}}$相等时，此时截面受拉边缘混凝土的应力为零，即$\sigma_{pc\text{II}}-\sigma_t=0$。根据上面的公式及$\sigma_t=\sigma_{pc\text{II}}$的关系，“消压弯矩”$M_0$为

$$M_0=\sigma_{pc\text{II}}W_0 \tag{10-54}$$

需要注意的是，当荷载加至M_0时，仅截面受拉边缘处的混凝土应力为零，而沿截面高度其他部位混凝土应力都不等于零。这与轴心受拉构件在N_{p0}作用下全截面混凝土应力均为零是不同的。

消压弯矩M_0在预应力钢筋重心处混凝土上产生的应力分别为

A_p处　　$\sigma_c=\dfrac{M_0y_p}{I_0}$（与$\sigma_{pc\text{II}p}$近似，但不相等）

A'_p处　　$\sigma'_c=-\dfrac{M_0y'_p}{I_0}$

预应力钢筋拉应力为

$$\sigma_{pe}=\sigma_{p0}=\sigma_{pe\text{II}}+\alpha_E\frac{M_0y_p}{I_0}\approx\sigma_{con}-\sigma_l \tag{10-55}$$

$$\sigma'_{pe}=\sigma'_{pe\text{II}}-\alpha_E\frac{M_0y'_p}{I_0}=\sigma'_{con}-\sigma'_l-\alpha_E\sigma'_{pc\text{II}p}-\alpha_E\frac{M_0y'_p}{I_0}$$

(6)继续加载至截面受拉边缘混凝土即将开裂。

当$M>M_0$时，截面下部出现拉应力。当截面受到的弯矩增大到$M_{cr}=M_0+\Delta M$时，截面混凝土即将开裂。M_{cr}称为预应力混凝土受弯构件的开裂弯矩，式中的弯矩增量ΔM使受拉区一定高度内的混凝土拉应力从零增加到了抗拉强度f_{tk}（见图10-28(a)），ΔM就相当于普通钢筋混凝土梁的开裂弯矩，为区别可用M'_{cr}表示。

已知普通钢筋混凝土受弯构件的开裂弯矩 $M'_{cr}=\gamma_m f_{tk}W_0$(见图 10-28(b)),由此可得预应力混凝土受弯构件的开裂弯矩为

$$M_{cr}=\sigma_{pc\,Ⅱ}W_0+\gamma_m f_{tk}W_0=(\sigma_{pc\,Ⅱ}+\gamma_m f_{tk})W_0 \tag{10-56}$$

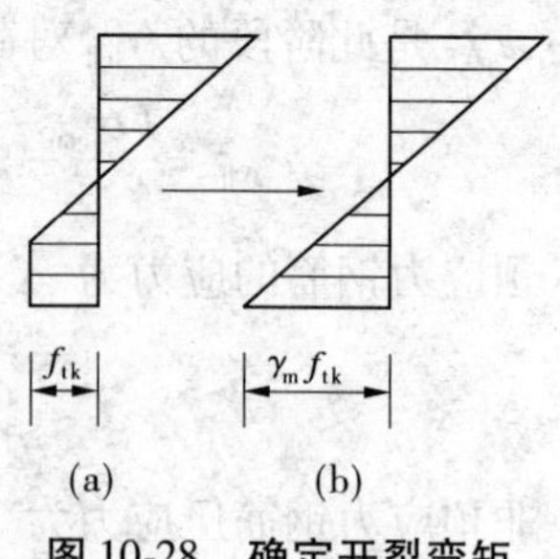

图 10-28　确定开裂弯矩

即

$$\frac{M_{cr}}{W_0}-\sigma_{pc\,Ⅱ}=\gamma_m f_{tk} \tag{10-57}$$

由式(10-57)可以看出,当弯矩产生的拉应力减去施加的压应力 $\sigma_{pc\,Ⅱ}$ 并使边缘拉应力达到 $\gamma_m f_{tk}$时,混凝土才开裂。由于 $\sigma_{pc\,Ⅱ}$ 的数值远大于混凝土自身的抗拉强度,所以预应力混凝土受弯构件的开裂弯矩 M_{cr}要比普通钢筋混凝土梁的开裂弯矩 M'_{cr}大得多。

(7)继续加载至构件破坏。

加荷载使受拉区混凝土开裂,随着裂缝的扩展,混凝土受压区高度减小、压应变增加,直至受拉钢筋达到屈服。当受压边缘达到混凝土极限压应变时,混凝土被压坏、非预应力钢筋达到抗压设计强度,截面破坏。

需要注意,由于受压区的预应力钢筋在施工阶段是承担拉力,使用荷载加到一定程度后该钢筋又变成受压,因此该钢筋的应力是人为施加的拉应力和荷载产生的压应力的叠加。当构件截面破坏时,截面受压区的预应力钢筋的应力是达不到其抗压设计强度的。

(二)后张法受弯构件

与先张法不同的是,混凝土的弹性压缩变形在张拉过程中同时就完成了,预应力钢筋不存在此项附加预应力损失。

(1)张拉预应力钢筋并锚固,完成第一批预应力损失。

对后张法构件

$$\sigma_{l\,Ⅰ}=\sigma_{l1}+\sigma_{l2}$$
$$\sigma'_{l\,Ⅰ}=\sigma'_{l1}+\sigma'_{l2}$$

预应力钢筋的应力为

$$\sigma_{pe}=\sigma_{pe\,Ⅰ}=\sigma_{con}-\sigma_{l\,Ⅰ}$$
$$\sigma'_{pe}=\sigma'_{pe\,Ⅰ}=\sigma'_{con}-\sigma'_{l\,Ⅰ}$$

预应力钢筋的合力为

$$N_{p\,Ⅰ}=(\sigma_{con}-\sigma_{l\,Ⅰ})A_p+(\sigma'_{con}-\sigma'_{l\,Ⅰ})A'_p$$

$N_{p\,Ⅰ}$ 对截面的偏心距(见图 10-27(b))为

$$e_{pn\,Ⅰ}=\frac{(\sigma_{con}-\sigma_{l\,Ⅰ})A_p y_{pn}-(\sigma'_{con}-\sigma'_{l\,Ⅰ})A'_p y'_{pn}}{N_{p\,Ⅰ}}$$

混凝土法向应力为

$$\sigma_{pc\,Ⅰ}=\frac{N_{p\,Ⅰ}}{A_n}\pm\frac{N_{p\,Ⅰ}e_{pn\,Ⅰ}}{I_n}y_n\pm\frac{M_2}{I_n}y_n \tag{10-58}$$

M_2 为预加力 N_p 在后张法预应力混凝土超静定结构中产生的次弯矩。

(2)第二批预应力损失发生。

预应力钢筋的总损失为

$$\sigma_l = \sigma_{l\mathrm{I}} + \sigma_{l4} + \sigma_{l5}$$
$$\sigma'_l = \sigma'_{l\mathrm{I}} + \sigma'_{l4} + \sigma'_{l5}$$

预应力钢筋的应力为

$$\sigma_{pe} = \sigma_{pe\mathrm{II}} = \sigma_{con} - \sigma_l$$
$$\sigma'_{pe} = \sigma'_{pe\mathrm{II}} = \sigma'_{con} - \sigma'_l$$

钢筋的合拉力为

$$N_{p\mathrm{II}} = (\sigma_{con} - \sigma_l)A_p + (\sigma'_{con} - \sigma'_l)A'_p - \sigma_{l5}A_s - \sigma'_{l5}A'_s$$

$N_{p\mathrm{II}}$ 对截面重心的偏心距 $e_{pn\mathrm{II}}$

$$e_{pn\mathrm{II}} = \frac{(\sigma_{con} - \sigma_l)A_p y_{pn} - (\sigma'_{con} - \sigma'_l)A'_p y'_{pn} - \sigma_{l5}A_s y_{sn} + \sigma'_{l5}A'_s y'_{sn}}{N_{p\mathrm{II}}}$$

混凝土法向应力为

$$\sigma_{pc\mathrm{II}} = \frac{N_{p\mathrm{II}}}{A_n} \pm \frac{N_{p\mathrm{II}} e_{pn\mathrm{II}}}{I_n} y_n \pm \frac{M_2}{I_n} y_n \qquad (10\text{-}59)$$

注:在式(10-58)、式(10-59)中,右边第二项、第三项与第一项的应力方向相同时取加号,相反时取减号。

以上为施工阶段,进入使用阶段后,后张法构件的公式同先张法构件。

(三)由预加力 N_p 在后张法预应力混凝土超静定结构中产生的次弯矩和次剪力

对静定结构,由预加力 N_p 的等效荷载在结构构件截面上产生的弯矩值 M_r 与主弯矩 M_1 相等,相应的次弯矩及次剪力为零。但是,对于超静定结构,由于有多余的约束,预加力将产生支座反力,并由该反力产生次弯矩及次剪力,因此设计时应予以考虑。当等效荷载确定后,超静定结构的次弯矩及次剪力可按结构力学方法计算。

按弹性分析计算时,次弯矩 M_2 宜按下列公式计算

$$M_2 = M_r - M_1 \qquad (10\text{-}60)$$
$$M_1 = N_p e_{pn} \qquad (10\text{-}61)$$

式中　N_p——预应力钢筋及非预应力钢筋的合力;

e_{pn}——净截面重心至预应力钢筋及非预应力钢筋合力点的距离;

M_1——预加力 N_p 对净截面重心偏心引起的弯矩值,也称主弯矩;

M_r——由预加力 N_p 的等效荷载在结构构件截面上产生的弯矩值。

二、受弯构件承载力计算

预应力混凝土受弯构件与普通钢筋混凝土受弯构件一样,需要进行正截面承载力及斜截面承载力计算,以确定抵抗弯矩所需要的纵向受力钢筋的数量及抵抗剪力所需要的箍筋和弯起钢筋的数量。

应注意以下几点:

(1)对后张法预应力混凝土超静定结构,在进行正截面受弯承载力计算时,在弯矩设计值中应组合次弯矩;在进行斜截面受剪承载力计算时,在剪力设计值中应组合次剪力。

(2)在对截面进行受弯及受剪承载力计算时,当参与组合的次弯矩、次剪力对结构不

利时，预应力分项系数应取 1.05，有利时应取 0.95。

（一）正截面受弯承载力计算

本章所规定的承载能力极限状态计算公式，适用于混凝土强度等级不大于 C60 的钢筋混凝土构件。

1. 破坏形态

预应力混凝土受弯构件破坏时，其正截面的应力状态与普通钢筋混凝土受弯构件类似，也有三种形态，即适筋破坏、少筋破坏和超筋破坏。

2. 基本假定

钢筋同普通钢筋混凝土受弯构件，详见第三章第三节。

3. 相对界限受压区高度 ξ_b

由于预应力混凝土受弯构件在荷载作用之前已经受到压力，截面上已存在应变，所以界限受压区高度的确定与普通钢筋混凝土构件有所不同。

1）按受拉区预应力钢筋确定

对界限破坏情况，在受拉区预应力钢筋 A_p 达 f_{py} 的同时，截面受压边缘混凝土也达到极限应变 ε_{cu}，如图 10-29 所示。图中预应力钢筋 A_p 的应变为 $\varepsilon_{py}-\varepsilon_{p0}$，这是由于预应力钢筋合力点处混凝土应力为零时预应力钢筋已经受有拉应力 σ_{p0}，即已经有相应的应变 $\varepsilon_{p0}=\sigma_{p0}/E_s$ 了。对没有明显流幅的钢筋，可根据协定流限对应的应变来确定 ε_{py}，即

$$\varepsilon_{py} = 0.002 + \frac{f_{py}}{E_s} \tag{10-62}$$

由图 10-29 的几何关系可推得

$$\xi_b = \frac{x_b}{h_0} = \frac{0.8}{1.6 + \dfrac{f_{py}-\sigma_{p0}}{0.0033E_s}} \tag{10-63}$$

2）按非预应力受拉钢筋确定

有屈服点钢筋

$$\xi_b = \frac{x_b}{h_0} = \frac{0.8}{1 + \dfrac{f_y}{0.0033E_s}} \tag{10-64}$$

无屈服点钢筋

$$\xi_b = \frac{x_b}{h_0} = \frac{0.8}{1.6 + \dfrac{f_{py}-\sigma_{p0}}{0.0033E_s}} \tag{10-65}$$

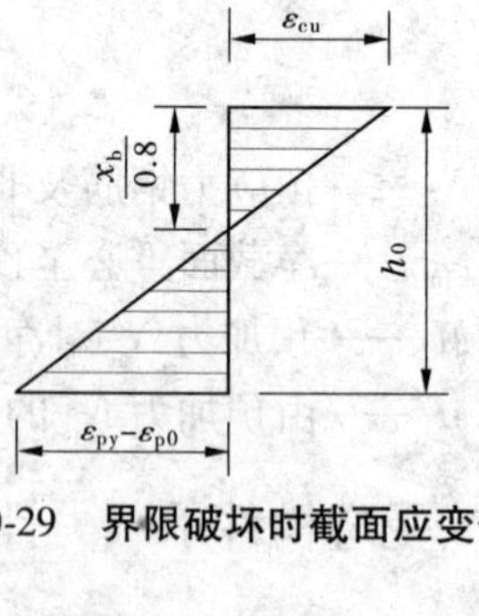

图 10-29　界限破坏时截面应变分布

式中　x_b——界限破坏时受压区混凝土等效矩形应力图形的高度；

h_0——截面有效高度；

f_{py}——预应力钢筋抗拉强度设计值，按附录二附表 2-7 取用；

f_y——非预应力钢筋抗拉强度设计值；

E_s——钢筋的弹性模量；

σ_{p0}——受拉区纵向预应力钢筋合力点处混凝土法向应力等于零时的预应力钢筋

的应力。

4. 破坏时受压区预应力钢筋的应力 σ'_p

对于适筋梁，截面破坏时，受拉区预应力钢筋的应力达到其抗拉设计强度 f_{py}，非预应力钢筋的应力达到其抗拉设计强度 f_y；受压区非预应力钢筋的应力达到其抗压设计强度 f'_y。

如前所述，由于受压区的预应力钢筋 A'_p 在施工阶段已产生了预拉应力 $\sigma'_{pe\text{II}}$，当施加荷载使 A'_p 处混凝土的应力为零时，A'_p 仍存在拉应力 σ'_{p0}。所以，当继续加载使受压边缘混凝土达到极限压应变 ε_{cu} 混凝土被压坏时，预应力钢筋 A'_p 的应力却达不到抗压设计强度 f'_{py}，只能达到 σ'_p，这也是与普通钢筋混凝土构件不同的。

由截面应变图可得 A'_p 处的混凝土应变为 $\dfrac{\sigma'_{p0}}{E_s}-\varepsilon'_p$，由此可推出预应力钢筋 A'_p 的应力 σ'_p 和受压区高度 x 的关系，从而得到应力 σ'_p，但这样计算很烦琐。考虑到 A'_p 无论受拉或受压，截面破坏时均达不到设计强度，为简化计算，规范近似取

$$\sigma'_p=\sigma'_{p0}-f'_{py}$$

式中，σ'_{p0} 为受压区预应力钢筋 A'_p 合力点处混凝土法向应力为零时预应力钢筋的应力。对先张法构件，$\sigma'_{p0}=\sigma'_{con}-\sigma'_l$，对后张法构件，$\sigma'_{p0}=\sigma'_{con}-\sigma'_l+\alpha_E\sigma'_{pc\text{II}p}$。

5. 矩形截面正截面承载力计算

1) 计算公式

与非预应力钢筋混凝土受弯构件类似，根据构件破坏阶段的应力图形（见图 10-30）建立承载力计算公式。

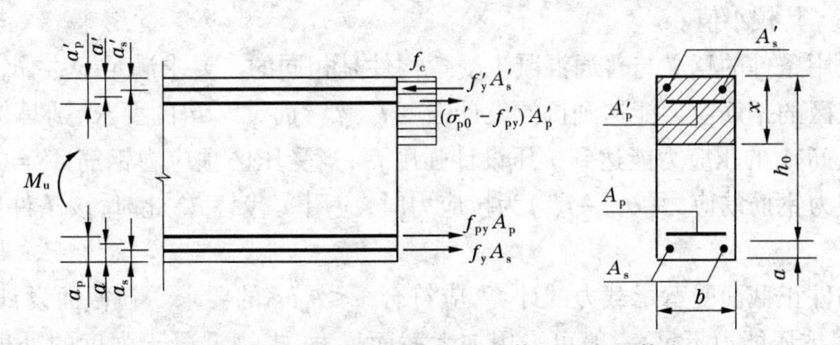

图 10-30　矩形截面受弯构件正截面受弯承载力

由力矩平衡条件 $\sum M=0$ 得

$$M\leqslant\frac{1}{\gamma_d}\left[f_cbx\left(h_0-\frac{x}{2}\right)+f'_yA'_s(h_0-a'_s)-(\sigma'_{p0}-f'_{py})A'_p(h_0-a'_p)\right]\quad(10\text{-}66)$$

由力的平衡条件 $\sum X=0$ 得

$$f_cbx=f_yA_s-f'_yA'_s+f_{py}A_p+(\sigma'_{p0}-f'_{py})A'_p\quad(10\text{-}67)$$

式中　M——弯矩设计值；

γ_d——预应力混凝土结构的结构系数，按附录一附表 1-3 采用；

f_c——混凝土轴心抗压强度设计值；

x——截面混凝土受压区高度；

A_s、A'_s——受拉区、受压区非预应力钢筋的截面面积；

A_p、A'_p——受拉区、受压区预应力钢筋的截面面积；

f_y、f_{py}——受拉区非预应力钢筋、预应力钢筋的抗拉强度设计值；

f'_y、f'_{py}——受压区非预应力钢筋、预应力钢筋的抗压强度设计值；

σ'_{p0}——受压区预应力钢筋合力点处混凝土法向应力等于零时 A'_p 的拉应力；

b——矩形截面宽度；

a'_s、a'_p——受压区 A'_s 合力点、A'_p 合力点至截面受压边缘的距离；

a_s、a_p——受拉区 A_s 合力点、A_p 合力点至截面受拉边缘的距离；

h_0——截面有效高度，为受拉区 A_s 与 A_p 合力点至截面受压边缘的距离，$h_0 = h - a_s$；

a——受拉区 A_s 与 A_p 合力点至截面受拉边缘的距离，计算式为

$$a = \frac{f_{py}A_p a_p + f_y A_s a_s}{f_{py}A_p + f_y A_s} \tag{10-68}$$

2）公式的适用条件

$$x \leqslant \xi_b h_0 \tag{10-69}$$

$$x \geqslant 2a' \tag{10-70}$$

式中　a'——受压区 A'_s 与 A'_p 合力点至截面受压边缘的距离，计算式为

$$a' = \frac{f'_{py} A'_p a'_p + f'_y A'_s a'_s}{f'_{py} A'_p + f'_y A'_s} \tag{10-71}$$

ξ_b——截面混凝土相对界限受压区高度，当截面受拉区配置有不同种类或不同预应力值的钢筋时，ξ_b 应分别按式（10-63）、式（10-64）或式（10-65）计算，并取其较小值。

公式适用条件的意义与普通混凝土受弯构件是相同的。要求满足 $x \leqslant \xi_b h_0$，是为了保证破坏时拉区的钢筋应力能达到抗拉设计强度 f_y、f_{py}；而 $x \geqslant 2a'$ 的要求，则是保证破坏时普通受压纵筋 A'_s 的压应力能达到抗压设计强度 f'_y，当受压区预应力钢筋 $A'_p = 0$ 时或受压区纵向预应力钢筋的应力（$\sigma'_{p0} - f'_{py}$）为拉应力时，应用 a'_s 代替 a'，此时，该条件应改为 $x \geqslant 2a'_s$。

受弯构件正截面受弯承载力的计算，应符合 $x \leqslant \xi_b h_0$ 的要求。在截面设计时，如 $x > \xi_b h_0$，则表明抗压能力不足，一般可采用加大截面尺寸、提高混凝土强度的处理方法。在强度复核时，可取 $x = \xi_b h_0$ 进行验算。对因为按构造要求或按正常使用极限状态验算要求配置的受拉钢筋大于按受弯承载力要求的配筋而造成超筋的情况，在验算 $x \leqslant \xi_b h_0$ 时，可只按受弯承载力所需的受拉钢筋截面面积重新计算混凝土受压区高度 x。

当截面中设有非预应力受压钢筋 A'_s 但 $x < 2a'$ 时，认为该受压钢筋距离中性轴太近、压应变太小，混凝土压坏时非预应力钢筋的压应力达不到 f'_y，截面的破坏是由于受拉钢筋达到抗拉强度造成的。与普通钢筋混凝土构件一样，近似取 $x = 2a'_s$，并对 A'_s 重心处取矩得

$$M \leqslant \frac{1}{\gamma_d}\left[f_{py}A_p(h - a_p - a'_s) + f_y A_s(h - a_s - a'_s) + (\sigma'_{p0} - f'_{py})A'_p(a'_p - a'_s)\right] \tag{10-72}$$

式中,a_s、a_p 为受拉区纵向普通钢筋、预应力钢筋至受拉边缘的距离。

6. T 形截面承载力计算

由矩形截面承载力计算公式可以看出,预应力混凝土受弯构件的计算公式和普通钢筋混凝土受弯构件计算公式的差别就是多了预应力钢筋的因素。对 T 形截面也是如此。

1)计算公式

与普通钢筋混凝土构件一样,T 形截面也分为两种类型(见图 10-31),即中和轴在受压翼缘内和中和轴在梁肋内。

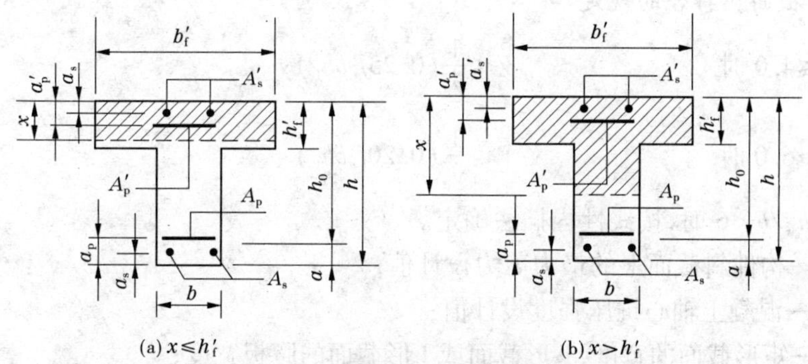

图 10-31　T 形截面受弯构件受压区高度

当符合下列条件时

$$f_y A_s + f_{py} A_p \le f_c b'_f h'_f + f'_y A'_s - (\sigma'_{p0} - f'_{py}) A'_p \tag{10-73}$$

或

$$M \le \frac{1}{\gamma_d}\left[f_c b'_f h'_f\left(h_0 - \frac{h'_f}{2}\right) + f'_y A'_s (h_0 - a'_s) - (\sigma'_{p0} - f'_{py}) A'_p (h_0 - a'_p)\right] \tag{10-74}$$

有 $x \le h'_f$,即中和轴在受压翼缘内,为第一类 T 形截面(见图 10-31(a)),否则为第二类 T 形截面。

对第一类 T 形截面,按宽度为 b'_f的矩形截面计算。按下列公式计算

$$f_y A_s + f_{py} A_p = f_c b'_f x + f'_y A'_s - (\sigma'_{p0} - f'_{py}) A'_p \tag{10-75}$$

$$M \le \frac{1}{\gamma_d}\left[f_c b'_f x\left(h_0 - \frac{x}{2}\right) + f'_y A'_s (h_0 - a'_s) - (\sigma'_{p0} - f'_{py}) A'_p (h_0 - a'_p)\right] \tag{10-76}$$

对第二类 T 形截面,即中和轴在梁肋内,有 $x > h'_f$(见图 10-31(b))。按下列公式计算

$$f_c[bx + (b'_f - b)h'_f] + f'_y A'_s = f_y A_s + f_{py} A_p + (\sigma'_{p0} - f'_{py}) A'_p \tag{10-77}$$

$$M \le \frac{1}{\gamma_d}\left[f_c bx(h_0 - \frac{x}{2}) + f_c(b'_f - b)h'_f(h_0 - \frac{h'_f}{2}) + f'_y A'_s (h_0 - a'_s) - (\sigma'_{p0} - f'_{py}) A'_p (h_0 - a'_p)\right] \tag{10-78}$$

式中　h'_f——T 形截面受压区的翼缘高度;

b'_f——T 形截面受压区的翼缘计算宽度;

b ——T 形截面梁肋宽度;

其他符号意义同前。

2)公式的适用条件

无论是哪类 T 形截面,公式的适用条件同式(10-69)、式(10-70)。

对第一类 T 形截面，由于 $x \leqslant h_f'$，所以主要控制第二个条件；而对于第二类 T 形截面，由于 $x > h_f'$，所以主要验算第一个条件。当公式适用条件不满足时的处理方法与矩形截面类似，不再重复。

(二)斜截面受剪承载力计算

预应力混凝土受弯构件斜截面受剪承载力的计算方法与普通钢筋混凝土构件相似，差别仅在于计算公式中多了一项预应力对斜截面承载力的影响。以下各式适用于矩形、T 形和 I 形截面的受弯构件。

1. 受剪截面应符合的规定

当 $\frac{h_w}{b} \leqslant 4.0$ 时
$$V \leqslant \frac{1}{\gamma_d}(0.25 f_c b h_0) \tag{10-79}$$

当 $\frac{h_w}{b} \geqslant 6.0$ 时
$$V \leqslant \frac{1}{\gamma_d}(0.20 f_c b h_0) \tag{10-80}$$

当 $4 < h_w / b < 6$ 时，按线性内插法确定。

式中 V——构件斜截面上的最大剪力设计值；

f_c——混凝土轴心抗压强度设计值；

b——矩形截面的宽度，T 形截面或 I 形截面的腹板宽度；

h_w——截面的腹板高度，矩形截面取有效高度，T 形截面取有效高度减去翼缘高度，I 形截面取腹板净高。

2. 抗剪承载力计算公式

(1)仅配置箍筋

$$V \leqslant \frac{1}{\gamma_d}(V_c + V_{sv} + V_p) \tag{10-81}$$

$$V_p = 0.05 N_{p0} \tag{10-82}$$

(2)既配置箍筋又配置弯起钢筋

$$V \leqslant \frac{1}{\gamma_d}(V_c + V_{sv} + V_p + V_{sb} + V_{pb}) \tag{10-83}$$

$$V_{sb} = f_y A_{sb} \sin\alpha_s \tag{10-84}$$

$$V_{pb} = f_{py} A_{pb} \sin\alpha_p \tag{10-85}$$

式中 V——构件斜截面上的剪力设计值；

V_c——混凝土的受剪承载力，同普通钢筋混凝土构件；

V_{sv}——箍筋的受剪承载力，同普通钢筋混凝土构件；

V_p——由预应力所提高的构件的受剪承载力，计算合力 N_{p0} 时不考虑预应力弯起钢筋的作用；

V_{pb}——预应力弯起钢筋的受剪承载力；

A_{sb}、A_{pb}——同一弯起平面内非预应力弯起筋、预应力弯起筋的截面面积；

α_s、α_p——非预应力弯起筋、预应力弯起筋的弯起角度，即弯起筋与构件纵轴的夹角；

N_{p0}——计算截面上混凝土法向预应力等于零时的纵向预应力钢筋及非预应力钢筋的合力，先张法按式(10-30)计算，后张法按式(10-37)计算；

当 $N_{p0}>0.3f_cA_0$ 时，取 $N_{p0}=0.3f_cA_0$，A_0 为构件换算截面面积。

由式(10-81)可见，施加预应力对梁的抗剪承载力有提高作用。这主要是因为偏心压力 N_{p0} 对梁产生的弯矩与外荷载产生的弯矩方向相反，预压应力能阻滞斜裂缝的出现和开展，增加了混凝土剪压区高度，从而提高了混凝土剪压区所承担的剪力。

应当注意：

①混凝土法向应力等于零时预应力钢筋及非预应力钢筋的合力 N_{p0} 引起的截面弯矩与外荷载产生的弯矩方向相同的情况，以及预应力混凝土连续梁和允许出现裂缝的预应力混凝土简支梁，均取 $V_p=0$。

②对于先张法预应力混凝土梁，在计算预应力钢筋及非预应力钢筋的合力 N_{p0} 时，应按规范规定考虑预应力钢筋传递长度的影响。即预应力钢筋在其预应力传递长度 l_{tr} 范围内实际预应力按线性规律增大，在构件端部应取为零，在其预应力传递长度的末端取有效预应力值 σ_{pe}。

3. 最小配箍率及最大箍筋间距

同普通钢筋混凝土构件的要求。

4. 按构造要求配置箍筋的条件

预应力混凝土受弯构件，若符合下式要求

$$V \leqslant \frac{1}{\gamma_d}(V_c+V_p) \tag{10-86}$$

则可不进行斜截面受剪承载力计算，而仅需根据规定，按构造要求配置箍筋。

(三)斜截面受弯承载力计算

预应力混凝土受弯构件中配置的纵向钢筋和箍筋，当符合规范中有关纵筋的锚固、截断、弯起及箍筋的直径、间距等构造要求时，可不进行构件斜截面的受弯承载力计算。

三、使用阶段抗裂与裂缝宽度验算

在进行构件抗裂验算时应注意下面两点：

(1)对后张法预应力混凝土超静定结构，在进行正截面受弯抗裂验算时，弯矩设计值中次弯矩应参与组合；在进行斜截面受剪抗裂验算时，剪力设计值中次剪力应参与组合。

(2)在对截面进行受弯及受剪的抗裂验算时，参与组合的次弯矩和次剪力的预应力分项系数应取1.0。

(一)正截面抗裂验算

对于在使用阶段不允许开裂的构件，应进行正截面抗裂验算。

1. 一级裂缝控制——严格要求不出现裂缝的构件

在荷载效应的标准组合下不出现拉应力，即

$$\sigma_{ck}-\sigma_{pc} \leqslant 0 \tag{10-87}$$

2. 二级裂缝控制——一般要求不出现裂缝的构件

在荷载效应的标准组合下应符合

$$\sigma_{ck} - \sigma_{pc} \leqslant \alpha_{ct}\gamma_m f_{tk} \tag{10-88}$$

$$\sigma_{ck} = \frac{M_k}{W_0} \tag{10-89}$$

式中　σ_{ck}——标准组合下抗裂验算边缘的混凝土法向应力；

M_k——按标准组合计算的弯矩值；

W_0——构件换算截面受拉边缘的弹性抵抗矩；

σ_{pc}——扣除全部预应力损失后在抗裂验算边缘混凝土的预压应力；

α_{ct}——混凝土拉应力限制系数，$\alpha_{ct}=0.7$；

γ_m——截面抵抗矩的塑性系数，按附录五附表5-4采用；

f_{tk}——混凝土轴心抗拉强度标准值。

对预应力混凝土受弯构件，其预拉区在施工阶段出现裂缝的区段，式(10-87)和式(10-88)中的σ_{pc}和$\alpha_{ct}\gamma_m f_{tk}$均应乘以系数0.9。

(二)斜截面抗裂验算

预应力混凝土受弯构件内的主拉应力过大，会产生与主拉应力方向垂直的斜裂缝。为避免斜裂缝的出现，应对斜截面上的混凝土主拉应力进行验算；而过大的主压应力将导致混凝土抗拉强度降低和裂缝过早地出现，因而也应限制主压应力值。

1. 混凝土主拉应力验算

(1) 一级：严格要求不出现裂缝的构件，应符合下列规定

$$\sigma_{tp} \leqslant 0.85 f_{tk} \tag{10-90}$$

(2) 二级：一般要求不出现裂缝的构件，应符合下列规定

$$\sigma_{tp} \leqslant 0.95 f_{tk} \tag{10-91}$$

2. 混凝土主压应力验算

对严格要求和一般要求不出现裂缝的构件，均应符合下列规定

$$\sigma_{cp} \leqslant 0.6 f_{ck} \tag{10-92}$$

式中　σ_{tp}、σ_{cp}——标准组合下混凝土的主拉应力、主压应力。

混凝土主拉应力和主压应力应按下列公式计算

$$\left.\begin{matrix}\sigma_{tp}\\ \sigma_{cp}\end{matrix}\right\} = \frac{\sigma_x + \sigma_y}{2} \pm \sqrt{\left(\frac{\sigma_x + \sigma_y}{2}\right)^2 + \tau^2} \tag{10-93}$$

$$\sigma_x = \sigma_{pc} + \frac{M_k y_0}{I_0} \tag{10-94}$$

$$\tau = \frac{\left(V_k - \sum \sigma_{pe} A_{pb} \sin\alpha_p\right) S_0}{I_0 b} \tag{10-95}$$

式中　σ_x——由预加力和弯矩值M_k在计算纤维处产生的混凝土法向应力；

σ_y——由集中荷载标准值F_k产生的混凝土竖向压应力；

τ——由剪力值V_k和预应力弯起钢筋的预加力在计算纤维处产生的混凝土剪应力，当计算截面上有扭矩作用时尚应计入扭矩引起的剪应力，对于后张法预应力混凝土超静定结构构件，在计算剪应力时，尚应计入预加力引起的次剪力；

σ_{pc}——扣除全部预应力损失后，在计算纤维处由预加力产生的混凝土法向应力；

y_0——换算截面重心至计算纤维处的距离；

I_0——换算截面惯性矩；

V_k——按荷载效应的标准组合计算的剪力值；

S_0——计算纤维以上部分的换算截面面积对构件换算截面重心的面积矩；

σ_{pe}——预应力弯起钢筋的有效预应力；

A_{pb}——计算截面上同一弯起平面内预应力弯起钢筋的截面面积；

α_p——计算截面上预应力弯起钢筋的切线与构件纵轴的夹角。

式(10-93)、式(10-94)中的 σ_x、σ_y、σ_{pc} 和 $M_k y_0/I_0$，当为拉应力时以正值代入，当为压应力时以负值代入。

对于预应力混凝土梁，当梁顶作用有较大集中力时，应考虑其对斜截面抗裂的有利影响。为简化计算，在集中力作用点两侧各 0.6h 的长度范围内，由集中荷载标准值 F_k 产生的混凝土竖向压应力和剪应力的分布可按图 10-32 确定。

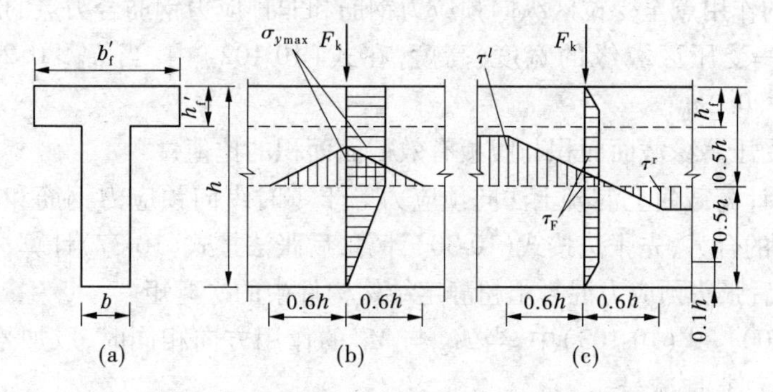

(a)截面；(b)竖向压应力 σ_y 分布；(c)剪应力 τ 分布

图 10-32　预应力混凝土梁集中力作用点附近应力分布图

其应力的最大值可按下列公式计算

$$\sigma_{y\max} = \frac{0.6F_k}{bh} \tag{10-96}$$

$$\tau_F = \frac{\tau^l - \tau^r}{2} \tag{10-97}$$

$$\tau^l = \frac{V_k^l S_0}{I_0 b} \tag{10-98}$$

$$\tau^r = \frac{V_k^r S_0}{I_0 b} \tag{10-99}$$

式中　τ^l、τ^r——位于集中荷载标准值 F_k 作用点左侧、右侧 0.6h 处截面上的剪应力；

τ_F——集中荷载标准值 F_k 作用截面上的剪应力；

V_k^l、V_k^r——集中荷载标准值 F_k 作用点左侧、右侧截面上的剪力标准值。

(三)正截面裂缝宽度验算

对于使用阶段允许出现裂缝的预应力混凝土构件，应验算裂缝宽度，要求最大裂缝宽度计算值不应超过规定的限值，即应符合式(9-32)的规定。

对矩形、T 形和 I 形截面的预应力混凝土受弯构件，按标准组合并考虑长期作用影响的最大裂缝宽度可按式(9-24)计算。其中，对预应力混凝土受弯构件，取构件受力特征系数 $\alpha_{cr}=1.90$。纵向受拉钢筋的等效应力 σ_{sk}，按下式计算

$$\sigma_{sk}=\frac{M_k \pm M_2 - N_{p0}(z-e_p)}{(A_s+A_p)z} \tag{10-100}$$

$$z=\left[0.87-0.12(1-\gamma_f')\left(\frac{h_0}{e}\right)^2\right]h_0 \tag{10-101}$$

$$\gamma_f'=\frac{(b_f'-b)h_f'}{bh_0} \tag{10-102}$$

$$e=\frac{M_k \pm M_2}{N_{p0}}+e_p \tag{10-103}$$

式中　z——受拉区纵向非预应力钢筋和预应力钢筋合力点至受压区合力点的距离；

e_p——混凝土法向预应力为零时全部纵向预应力钢筋和非预应力钢筋的合力 N_{p0} 的作用点至受拉区纵向预应力钢筋和非预应力钢筋合力点的距离；

b_f'、h_f'——受压区翼缘的宽度、高度，在式(10-102)中，当 $h_f'>0.2h_0$ 时，取 $h_f'=0.2h_0$；

γ_f'——受压翼缘截面面积与腹板有效截面面积的比值；

N_{p0}——计算截面上混凝土法向预应力等于零时纵向预应力钢筋和非预应力钢筋的合力，先张法按式(10-30)计算，后张法按式(10-37)计算；

M_2——后张法预应力混凝土超静定结构构件中的次弯矩。

在式(10-100)、式(10-103)中，当 M_2 与 M_k 的作用方向相同时，取加号；当 M_2 与 M_k 的作用方向相反时，取减号。

四、挠度验算

预应力混凝土受弯构件的挠度应按标准组合并考虑荷载长期作用影响的刚度 B 进行计算，所求得的挠度计算值不应超过规定的限值。

（一）验算公式

与普通混凝土受弯构件不同，预应力混凝土受弯构件的挠度由两部分组成：一部分是外荷载产生的向下挠度，另一部分是预加偏心压力产生的反向变形，称为反拱。

预应力混凝土受弯构件的挠度应按下列公式验算

$$f_l - f_p \leqslant [f] \tag{10-104}$$

式中　f_l——预应力混凝土受弯构件按荷载效应标准组合并考虑荷载长期作用影响的挠度；

f_p——预应力混凝土受弯构件在使用阶段的预加应力反拱值；

$[f]$——挠度限值。

（二）刚度 B 的计算

预应力混凝土受弯构件按标准组合并考虑荷载长期作用影响的挠度 f_l，可根据构件的刚度 B 用结构力学的方法计算。

矩形、T形、I形截面受弯构件的刚度B按下列公式计算

$$B = 0.65B_{ps} \tag{10-105}$$

对翼缘在受拉区的倒T形截面，取$B=0.5B_{ps}$。

式中，B_{ps}为标准组合下预应力混凝土受弯构件的短期刚度，可分别按下列公式计算：

(1)要求不出现裂缝的构件

$$B_{ps} = 0.85E_cI_0 \tag{10-106}$$

(2)允许出现裂缝的构件

$$B_{ps} = \frac{B_s}{1-0.8\delta} \tag{10-107}$$

$$\delta = \frac{M'_{p0}}{M_k} \tag{10-108}$$

$$M'_{p0} = N_{p0}(\eta_0h_0 - e_p) \tag{10-109}$$

$$\eta_0 = \frac{1}{1.5-0.3\sqrt{\gamma'_f}} \tag{10-110}$$

式中　B_s——出现裂缝的钢筋混凝土受弯构件的短期刚度，按式(9-38)计算，对预应力混凝土构件，式中的纵向受拉钢筋配筋率ρ包括非预应力钢筋及预应力钢筋截面面积在内，即$\rho=\dfrac{A_p+A_s}{bh_0}$；

δ——消压弯矩与按作用效应标准组合计算的弯矩值的比值，简称预应力度；

M'_{p0}——非预应力钢筋及预应力钢筋合力点处混凝土法向应力为零时的消压弯矩；

N_{p0}——混凝土法向应力为零时的预应力钢筋及非预应力钢筋的合力；

e_p——混凝土法向应力为零时预应力钢筋及非预应力钢筋合力N_{p0}的作用点至预应力钢筋及非预应力钢筋合力点的距离；

γ'_f——受压翼缘面积与腹板有效面积的比值，$\gamma'_f=\dfrac{(b'_f-b)h'_f}{bh_0}$，其中$b'_f$、$h'_f$分别为受压翼缘的宽度、高度(mm)，当$h'_f>0.2h_0$时，取$h'_f=0.2h_0$。

对预压时预拉区出现裂缝的构件，B_{ps}应降低10%。

(三)预应力反拱值f_p的计算

预应力混凝土受弯构件在使用阶段的预应力反拱值，可用结构力学方法按刚度E_cI_0进行计算，并考虑预压应力长期作用的影响，此时，将计算求得的预加力反拱值乘以增大系数2.0；在计算中，预应力钢筋的应力应扣除全部预应力损失。

对永久作用所占比例较小的构件，应考虑反拱过大对使用上的不利影响。

五、受弯构件施工阶段的验算

预制构件施工阶段的验算应包括制作、运输、吊装时相应荷载的作用。吊装验算时，构件自重应计入动力系数，动力系数可取为1.5。根据构件吊装时的实际受力情况，也可适当增减。

(一)混凝土法向应力的验算

受弯构件在施加预应力阶段受到偏心压力作用，使构件的下边缘受压、上边缘受拉或

受压。在吊装运输时,吊点形成两个支点使构件成为一个外伸梁,自重及施工荷载在吊点截面产生的负弯矩与预压力产生的弯矩方向相同,也使构件上边缘受拉(见图 10-33)。

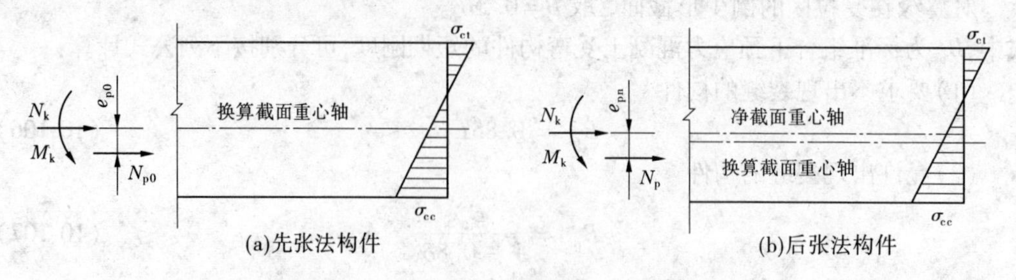

图 10-33　预应力混凝土构件施工阶段受力情况

实际工程和试验研究证明,如果预压区压应力过大,可能会产生沿钢筋方向的纵向裂缝或使预压区混凝土进入徐变状态,因此必须控制预压区混凝土的压应力。另外,对于要求在施工阶段预拉区不允许开裂的预应力混凝土构件,要限制拉应力,对允许开裂的预应力混凝土构件,预拉区的拉应力也不允许过大,因此还要控制预拉区外边缘混凝土的拉应力。

1. 预拉区不允许出现裂缝的构件

对预拉区不出现裂缝的构件或预压时全截面受压的构件,在预加力、自重及施工荷载作用下(必要时考虑动力系数),其截面边缘的混凝土法向应力应符合下列规定(见图 10-33)

$$\sigma_{ct} \leqslant f'_{tk} \tag{10-111}$$

$$\sigma_{cc} \leqslant 0.8f'_{ck} \tag{10-112}$$

截面边缘的混凝土法向应力可按下列公式计算

$$\left.\begin{matrix}\sigma_{cc}\\ \sigma_{ct}\end{matrix}\right\} = \sigma_{pc} + \frac{N_k}{A_0} \pm \frac{M_k}{W_0} \tag{10-113}$$

式中　σ_{cc}、σ_{ct}——相应施工阶段计算截面边缘纤维的混凝土压应力、拉应力;

f'_{tk}、f'_{ck}——与各施工阶段混凝土立方体抗压强度 f'_{cu} 对应的抗拉强度标准值、抗压强度标准值;

N_k、M_k——构件自重及施工荷载的标准组合在计算截面产生的轴力值、弯矩值;

A_0、W_0——换算截面面积、换算截面验算边的弹性抵抗矩。

当 σ_{pc} 为压应力时取正值,当 σ_{pc} 为拉应力时取负值;当 N_k 为轴向压力时取正值,当 N_k 为轴向拉力时取负值;当 M_k 产生的边缘纤维应力为压应力时取"+"号,为拉应力时取"-"号。

2. 预拉区允许出现裂缝的构件

对施工阶段预拉区允许出现裂缝的构件,即在预拉区不配置纵向预应力钢筋的构件,除应进行承载能力极限状态验算外,其截面边缘的混凝土法向应力应符合下列规定

$$\sigma_{ct} \leqslant 2f'_{tk} \tag{10-114}$$

$$\sigma_{cc} \leqslant 0.8f'_{ck} \tag{10-115}$$

此处 σ_{ct}、σ_{cc} 仍按式(10-113)计算。

(二)预拉区纵筋的构造要求

对预应力混凝土受弯构件的预拉区,其边缘拉应力值应满足式(10-111)或式(10-114)的要求。另外,为防止发生类似于少筋梁的破坏,对预拉区的纵向钢筋还需满足如下要求:

(1)施工阶段预拉区不允许出现裂缝的构件,预拉区纵向钢筋的配筋率$(A'_s+A'_p)/A$不应小于0.2%,对后张法构件不应计入A'_p,其中A为构件截面面积。

(2)施工阶段预拉区允许出现裂缝而在预拉区不配置纵向预应力钢筋的构件,当$\sigma_{ct}=2f'_{tk}$时,预拉区纵向钢筋的配筋率A'_s/A不应小于0.4%,当$f'_{tk}<\sigma_{ct}<2f'_{tk}$时,则在0.2%~0.4%之间按线性内插法确定。

(3)预拉区纵向非预应力钢筋的直径不宜大于14 mm,并应沿构件预拉区的外边缘均匀配置。

对施工阶段预拉区不允许出现裂缝的板类构件,预拉区纵向钢筋配筋率可根据构件的具体情况按实践经验确定。

(三)后张法预应力受弯构件端部局部受压计算

后张法预应力混凝土受弯构件的端部局部受压计算内容与轴心受拉构件相同,不再赘述。

第六节　预应力混凝土构件的构造要求

预应力混凝土构件除满足有关钢筋混凝土构件的构造要求外,还应满足张拉工艺,锚固方式,配筋的种类、数量、布置形式等构造要求。

一、先张法构件

先张法预应力钢筋一般为直线形,钢筋之间的净间距应根据浇筑混凝土、施加预应力及钢筋锚固等要求确定。预应力钢筋之间的净间距不应小于其公称直径或等效直径的1.5倍,且应符合下列规定:对预应力钢丝,不应小于15 mm;对三股钢绞线,不应小于20 mm;对七股钢绞线,不应小于25 mm。

先张法预应力混凝土构件在放松预应力钢筋时,有时端部会产生裂缝。因此,对预应力钢筋端部周围的混凝土应采取下列加强措施:

(1)对单根配置的预应力钢筋,其端部宜设置长度不小于150 mm且不少于4圈的螺旋筋;当有可靠经验时,亦可利用支座垫板上的插筋代替螺旋筋,但插筋数量不应少于4根,其长度不宜小于120 mm。

(2)对分散布置的多根预应力钢筋,在构件端部$10d$(d为预应力钢筋的公称直径)范围内应设置3~5片与预应力钢筋垂直的钢筋网。

(3)对采用预应力钢丝配筋的薄板,在板端100 mm范围内应适当加密横向钢筋。

对于槽形板一类的构件,特别是预应力主筋布置在肋内时,两肋中间的板会产生纵向裂缝。因此,对槽形板类构件,应在构件端部100 mm范围内沿构件板面设置附加横向钢筋,其数量不应少于2根。

对预制肋形板，宜设置加强其整体性和横向刚度的横肋。端横肋的受力钢筋应弯入纵肋内。当采用先张法长线生产有端横肋的预应力混凝土肋形板时，应在设计和制作上采取防止放张预应力时端横肋产生裂缝的有效措施。

对直线配筋的先张法构件，当构件端部与下部支承结构焊接时，应考虑混凝土收缩、徐变及温度变化所产生的不利影响，宜在构件端部可能产生裂缝的部位设置足够的非预应力纵向构造钢筋。

二、后张法构件

对后张法预应力混凝土构件，预应力钢筋张拉后要用锚具将其固定在构件两端。锚具是维持构件预加应力的关键，故后张法预应力钢筋所用锚具的形式和质量应符合国家现行有关标准的规定。

构件端部尺寸应考虑锚具的布置、张拉设备的尺寸和局部受压的要求，必要时应适当加大。

孔道的布置要考虑张拉设备和锚具尺寸及端部混凝土局部承压的要求。预留孔道应符合下列规定：对预制构件，孔道之间的水平净间距不宜小于 50 mm，孔道至构件边缘的净间距不宜小于 30 mm，且不宜小于孔道直径的一半。在框架梁中，预留孔道在竖直方向的净间距不应小于孔道外径，水平方向的净间距不应小于 1.5 倍孔道外径。孔壁外混凝土保护层厚度，梁底不宜小于 50 mm，梁侧不宜小于 40 mm。预留孔道的内径应比预应力钢丝束或钢绞线束外径及需穿过孔道的连接器外径大 10 ~ 15 mm。在构件两端及跨中应设置灌浆孔或排气孔，其孔距不宜大于 12 m。凡制作时需要预先起拱的构件，预留孔道宜随构件同时起拱。

为了控制后张法构件端部附近的纵向水平裂缝，对后张法预应力混凝土构件的端部锚固区应进行局部受压承载力计算，并配置间接钢筋，其体积配筋率不应小于 0.5%，间接钢筋的配置范围应满足前述规定。

在后张法预应力混凝土构件端部宜按下列规定布置钢筋：

(1)宜将一部分预应力钢筋在靠近支座处弯起，弯起的预应力钢筋宜沿构件端部均匀布置。

(2)当构件端部预应力钢筋需集中布置在截面下部或集中布置在上部和下部时，应在端部 $0.2h$（h 为构件端部截面高度）范围内设置附加竖向焊接钢筋网、封闭箍筋或其他形式的构造钢筋。

当端部截面上部和下部均有预应力钢筋时，附加竖向钢筋的总截面面积应按上部和下部的预应力合力分别计算的数值叠加后采用。

后张法预应力混凝土构件中，曲线预应力钢丝束、钢绞线束的曲率半径不宜小于 4 m；对折线配筋的构件，在预应力钢筋弯折处的曲率半径可适当减小。在预应力钢筋弯折处，应加密箍筋或沿弯折处内侧设置钢筋网片。

下篇　钢筋混凝土结构设计

第十一章　钢筋混凝土肋形结构及刚架结构

第一节　概　述

一、肋形结构的类型

水工结构中，除大体积块体结构类型外，钢筋混凝土肋形结构和刚架结构是最为普遍的结构型式，如水电站厂房屋盖（见图11-1）、闸坝上的工作桥和交通桥、闸门、扶壁式挡土墙和整体式渡槽槽身（见图11-2）等。梁板结构一般由板、次梁（小梁）及主梁（大梁）所组成，所以形象地称之为肋形结构，有时也称为梁板结构。

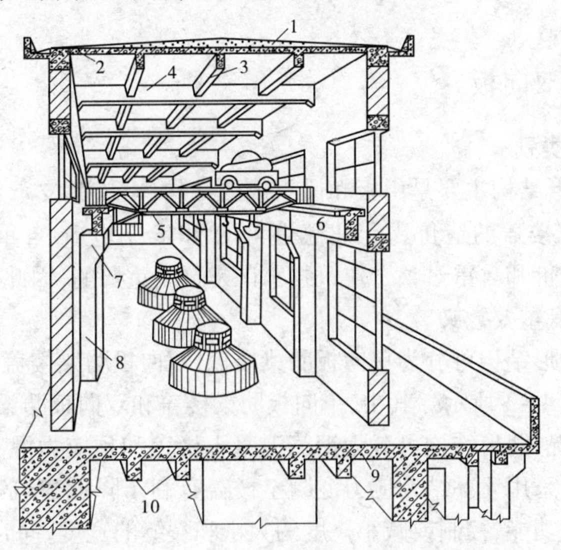

1—屋面构造层；2—屋面板；3—屋面纵梁；4—屋面大梁；5—吊车；
6—吊车梁；7—牛腿；8—柱；9—楼板；10—楼面纵梁

图11-1　水电站厂房结构示意图

钢筋混凝土空间结构一般简化为若干个平面结构进行计算，这些结构按受力方式一

图 11-2　整体式渡槽槽身

般分为:①水平承重结构,如楼盖结构和屋盖结构;②竖向承重结构,如框架、刚架、排架、剪力墙、筒体等;③底部承重结构,如地基和基础。它们共同承受结构上的竖向荷载和水平荷载。三类承重结构的荷载传递关系为:水平承重结构将作用在楼盖、屋盖上的荷载传给竖向承重结构,竖向承重结构将自身承受的荷载以及水平承重结构传来的荷载传递给基础和地基。应该注意的是,水平承重结构、竖向承重结构和底部承重结构是一个整体,并非相互独立的个体,其间相互影响,如楼盖结构不仅是将楼盖上的竖向力传给竖向结构,同时把水平力传给竖向结构或分配给竖向结构,并且也是作为竖向结构构件的水平联系和支撑。本章分别以肋形结构、刚架结构和基础三部分来阐述上述三种结构类型的设计方法。

二、单向板与双向板

(一)肋形结构类别

钢筋混凝土肋形结构主要是由板和梁组成的结构体系,其支承结构为柱或墙体。在建筑结构中,混凝土楼盖的造价占土建总造价的 20% ~ 30%,自重占总自重的 50% ~ 60%,降低楼盖的造价和自重对整个建筑物来讲是至关重要的,因此研究肋形结构的设计方法与构造要求具有重要意义。

按结构型式,肋形结构可分为单向板肋梁楼盖、双向板肋梁楼盖、井式楼盖、密肋楼盖和无梁楼盖等,如图 11-3 所示。其中,单向板肋梁楼盖和双向板肋梁楼盖应用最为普遍。

按施加应力情况,肋形结构可分为钢筋混凝土楼盖和预应力混凝土楼盖两种。在预应力混凝土楼盖中,采用无黏结预应力混凝土楼盖有利于降低建筑物层高和减轻结构自重,改善结构的使用功能,控制或减小挠度的大小和裂缝的宽度,同时增大楼板跨度,增加使用面积。

按施工方法,肋形结构可分为整体式肋形结构、装配式肋形结构和装配整体式肋形结构。整体式肋形楼盖的优点是刚度大,整体性好,抗震、抗冲击性能好,对不规则平面的适应性强,开洞方便;缺点是模板消耗量大,施工周期较长,施工时受季节的影响较大。装配

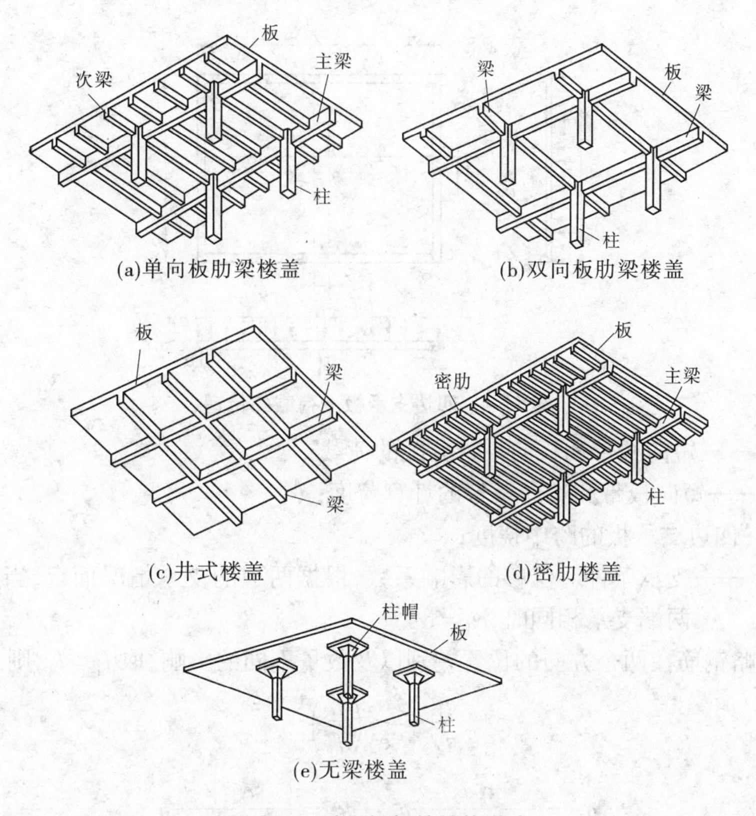

(a)单向板肋梁楼盖　(b)双向板肋梁楼盖

(c)井式楼盖　(d)密肋楼盖

(e)无梁楼盖

图 11-3　肋形梁板的结构形式

式肋形楼盖的优点是构件在工厂预制,混凝土质量易于保证,不受季节性变化的影响,施工现场安装,进度较快;缺点是结构整体性差,施工时需要大型机械设备进行运输和吊装。装配整体式肋形楼盖集中上述两种结构型式的优点,梁为叠合梁,利用预制楼板作为现浇结构的模板,为保证楼盖的整体性和平面内刚度,可采用现浇板带,这是提高装配式楼盖的刚度、整体性和抗震性能的一种改进措施,但由于用钢量及焊接量较大,且两次浇筑混凝土,对施工进度和工程造价有所影响。

综上所述,在确定合理的结构方案时,应首先满足建筑使用要求,设计方案应选择合适的结构形式和充分发挥结构性能,同时考虑施工技术能力和施工机械及经济成本等因素,综合分析后确定合理的结构材料、结构体系以及结构的施工方法。

(二)单向板与双向板

如图 11-4 所示,在均布荷载作用下的四边支承板的跨中部位取出两个相互垂直的单位宽度的正交板带。假定忽略邻接板带的相互影响,则各向板带在所受荷载作用下在跨中变形是协调的,即跨中挠度 f 是相同的。

$$q = q_1 + q_2 \tag{11-1}$$

$$f = \alpha_1 \frac{q_1 l_1^4}{EI_1} = \alpha_2 \frac{q_2 l_2^4}{EI_2} \tag{11-2}$$

式中　q——四边支承板上的均布荷载;

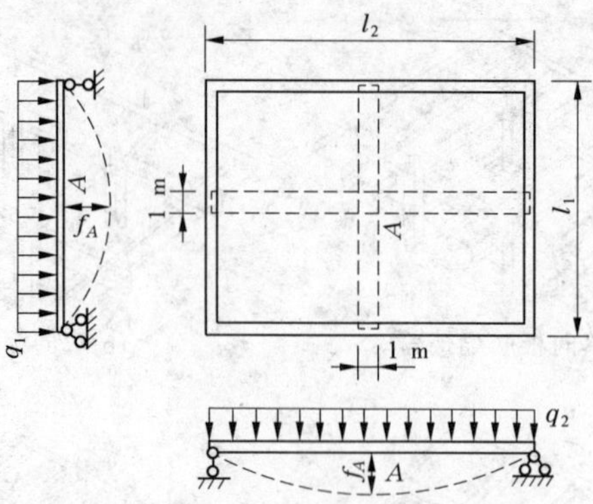

图 11-4 四边支承板上荷载的传递

q_1、q_2——短向板带和长向板带分配的荷载；

l_1、l_2——短向板带和长向板带的计算跨度；

f——四边支承板的跨中挠度；

α_1、α_2——支承条件对位移的影响系数，根据两边的支承情况而定，当短向和长向两端支承相同时，$\alpha_1=\alpha_2$。

如果忽略钢筋在两个方向的位置差别以及数量不同的影响，取 $I_1=I_2$，则

$$\frac{q_1}{q_2}=\frac{\alpha_2}{\alpha_1}\left(\frac{l_2}{l_1}\right)^4 \tag{11-3}$$

$$q_1=\frac{\alpha_2 l_2^4}{\alpha_1 l_1^4+\alpha_2 l_2^4}q,\quad q_2=\frac{\alpha_1 l_1^4}{\alpha_1 l_1^4+\alpha_2 l_2^4}q \tag{11-4}$$

由式(11-4)可知，两个方向板带上分配的荷载 q_1、q_2 仅与其跨度比有关，实际是与其线刚度之比 $i_2/i_1(i_1=EI_1/l_1, i_2=EI_2/l_2)$有关。

例如，当四边支承板的长边与短边跨度之比：

当 $l_2/l_1=2$ 时，$q_1=0.941\,2q$，$q_2=0.058\,8q$；

当 $l_2/l_1=3$ 时，$q_1=0.987\,8q$，$q_2=0.012\,2q$。

这表明，当 $l_2/l_1\geqslant 3$ 时，在长跨方向上分配的荷载不到总荷载的 1.5%，荷载主要沿着短跨方向传递，长跨方向分配的荷载很小，可忽略不计，这种荷载由短向板带承受的四边支承板称为单向板。结构分析表明，当 $l_2/l_1\leqslant 2$ 时，作用于板上的荷载将沿两个方向传到四边支承的梁上，计算时应考虑两个方向受力，故这种板称为双向板。

四边支承板的单向板和双向板之间没有明确的界限，为了结构设计方便，《规范》规定：当 $l_2/l_1\geqslant 3$ 时，按单向板设计；当 $l_2/l_1\leqslant 2$ 时，按双向板设计；当 $2<l_2/l_1<3$ 时，宜按双向板设计，亦可按单向板设计，但是沿长边方向配置的构造钢筋的数量应适当加大，一般不少于短边方向受力钢筋截面面积的 25%。

第二节 单向板肋形结构

整体式单向板肋形结构是工程中应用最为广泛的一种结构型式，作为肋的梁一般可分为主梁和次梁。单向板肋形结构的主要设计步骤为结构的平面布置、结构计算简图的

确定、荷载的确定和计算、内力计算、截面设计、施工图的绘制以及必要的构造措施。

一、结构平面布置

(一)平面布置与基本尺寸

确定合理的柱网布局、梁格划分以及构件截面尺寸是结构设计的前提,对于结构的使用、经济和安全起着重要的作用。

从荷载的传递路线角度出发,荷载在各个构件上的传递实质上是由这些构件的线刚度相对大小所确定的,这是结构分析中非常重要的概念。一般弱线刚度结构支承在强线刚度结构上,荷载一般由弱线刚度结构向强线刚度结构方向传递。在单向板肋形结构中,板的受弯线刚度弱于次梁的受弯线刚度,次梁的受弯线刚度又弱于主梁的受弯线刚度。因此,可以认为次梁为单向板的支座,主梁为次梁的支座,柱子或墙体为主梁的支座,从而简化结构计算,也使得荷载传递路线简单明确。

在板、次梁、主梁、柱的梁格布置中,柱子的间距决定了主梁的跨度,主梁的间距决定了次梁的跨度,次梁的间距决定了板的跨度,板跨直接影响板厚,而板厚的增加对材料用量影响较大。

根据工程经验,一般建筑中较为经济合理的板、梁跨度为:

单向板　　2 ~ 3 m

次梁　　4 ~ 6 m

主梁　　5 ~ 8 m

梁、板的截面高度 h 和宽度 b 可根据经验确定:

板　　$h=(1/30\sim1/40)l$

次梁　　$h=(1/12\sim1/18)l$　　$b=(1/2\sim1/3)h$

主梁　　$h=(1/8\sim1/14)l$　　$b=(1/2\sim1/3)h$

对于特殊的肋形结构,必须根据使用的需要布置梁格,尤其是在水工建筑中,常常需要考虑设备的安装尺寸,从而确定不规则的柱网尺寸以及板上开洞位置。

常见的单向板肋梁楼盖的结构平面布置方案有以下三种:

(1)主梁横向布置,次梁纵向布置。如图 11-5(a)所示,其优点是主梁和柱子可形成横向框架,房屋的横向刚度大,而各榀横向框架间由纵向的次梁相连,故房屋的纵向刚度亦大,整体性较好。此外,由于主梁与外纵墙垂直,因而外纵墙上窗的高度有可能开得大一些,有利于室内采光,通风较好。

(2)主梁纵向布置,次梁横向布置。如图 11-5(b)所示,这种布置适用于横向柱距比纵向柱距大得多的情况。它的优点是减小了主梁的截面高度,增大了室内净高,便于管线沿纵向穿行,此外,当地基沿纵向不太均匀时可在一定程度上进行调整。但是,这种类型的布局使得结构横向抗侧移刚度小,工程上采用较少。

(3)仅布置次梁,不布置主梁。如图 11-5(c)所示,它适用于有中间走道的楼盖,多用于办公楼和宿舍。

另外,在进行结构平面布置时应注意以下几点:

(1)要考虑建筑效果。例如,应避免把梁,特别是把主梁搁置在门、窗过梁上,否则将

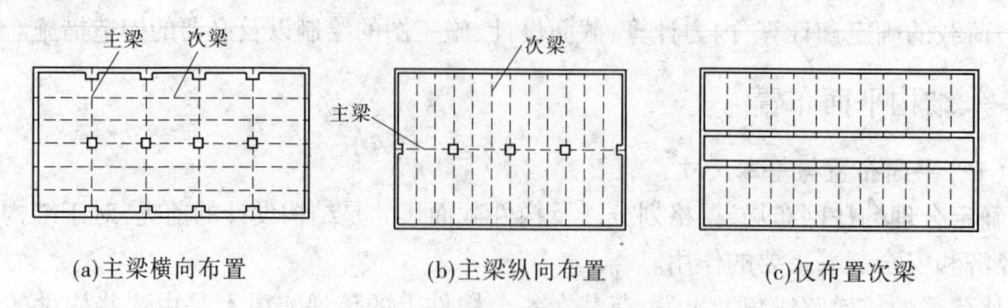

图 11-5　单向板肋梁楼盖布置方案

增大过梁的负担,建筑效果较差。

(2)要考虑其他专业工种的要求。例如,在旅馆建筑中,要设置管线检查井,若次梁不能贯通,就需在检查井两侧放置两根小梁。

(3)在楼、屋面上有机器设备、冷却塔、悬吊装置和隔墙等的地方,宜设梁承重。

(4)主梁跨内最好不要只放置一根次梁,避免主梁跨内弯矩的过大差异,最好设置偶数根次梁。

(5)不封闭的阳台、厨房和卫生间的板面标高宜低于相邻板面 30 ~ 50 mm。

(6)当楼板上开有较大尺寸的洞口时,应在洞边设置小梁。

(二)变形缝

根据结构类型、施工方法和所处环境的不同,结构的变形缝包括伸缩缝、沉降缝和抗震缝三种。

当建筑物的平面尺寸很大时,为避免由于温度变化和混凝土干缩而产生裂缝,可设置永久的伸缩缝将建筑物分成几个部分,伸缩缝自基础顶面向上贯穿设置。伸缩缝的间距应根据气候条件、结构形式和地基特性等情况确定,最大间距可参照有关标准。

当结构的建筑高度不同,地基承载力或土质有较大差别,或结构各部分的施工时间相差较长时,应设置沉降缝,以避免地基不均匀沉陷导致相邻结构的破坏。沉降缝的设置应自上而下完全贯通。沉降缝可同时起到伸缩缝的作用。

位于地震区的建筑,如因生产工艺或使用要求而使其平、立面布置复杂,结构相邻部分的刚度和高度相差较大,为防止地震时结构发生碰撞,可设置抗震缝。抗震缝可以与伸缩缝、沉降缝合并,但宽度要满足抗震缝要求。

二、计算简图及荷载计算

单向板肋形结构的板、次梁和主梁进行内力分析时,必须确定结构的计算简图,将其分解为板、次梁和主梁分别进行计算。结构计算简图要考虑影响结构内力、变形的主要因素,忽略次要因素,使结构计算简图尽可能符合实际情况。计算简图应表示出结构计算单元、板、梁的跨数,支承条件,荷载的形式、大小及其作用位置和各跨的计算跨度等。

(一)荷载计算

肋形结构上的荷载分为永久荷载和可变荷载。可变荷载的分布通常是不规则的,在工程设计中一般折算成等效均布荷载,作用在板、梁上的活荷载在一跨内均按满跨布置,不考虑半跨内活荷载作用的可能性。

单向板肋形结构的荷载及荷载计算单元分别按下述方法确定,如图 11-6 所示。

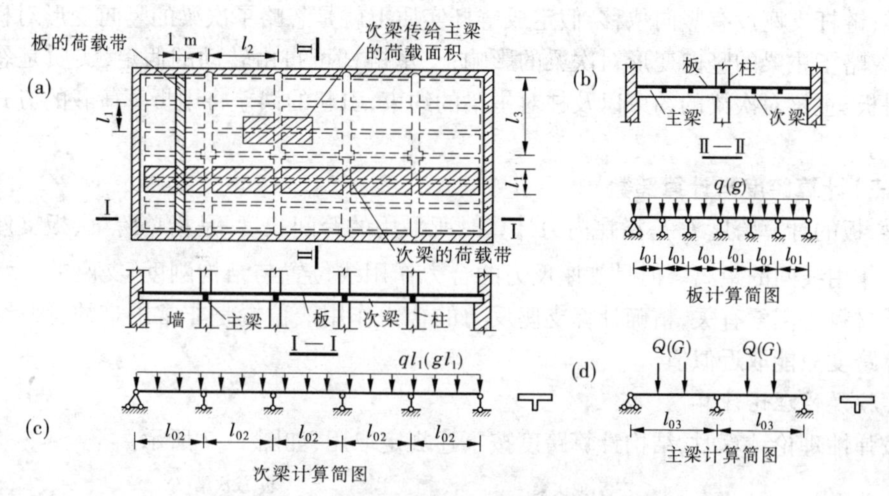

图 11-6 单向板肋形结构平面、剖面及计算简图

作用在板和梁上的荷载划分范围如图 11-6(a)所示。

板通常是取 1 m 宽的板带作为计算单元,板上单位长度的荷载包括永久荷载 g 和可变荷载 q,计算简图如图 11-6(b)所示。

次梁通常取翼缘宽度为次梁间距 l_1 的 T 形截面带作为荷载计算单元,板传给次梁的均布荷载为 gl_1 和 ql_1。在计算板传来的荷载时,为简化计算,不考虑板的连续性,通常视连续板为简支板,如图 11-6(c)所示。

主梁通常取翼缘宽度为主梁间距 l_2 的 T 形截面带作为荷载计算单元。主梁承受次梁传来的集中荷载 $G=gl_1l_2$ 和 $Q=ql_1l_2$,主梁肋部自重为均布荷载,但与次梁传来的集中荷载相比较小,为简化计算,将次梁之间的一段主梁肋部均布自重化为集中荷载,加入次梁传来的集中荷载一并计算,如图 11-6(d)所示。

(二)支座简化

肋形结构中,梁、板和柱是整体浇筑在一起的,板支承在次梁或墙体上,次梁支承于主梁上,主梁支承于柱上。梁、板的支承情况可按表 11-1 采用。

表 11-1 连续梁、板的支承简化

构件类型	边支座		中间支座	
	砌体	梁或柱	梁或砌体	柱
板	简支	固支	支承链杆	
次梁	简支	固支	支承链杆	
主梁	简支	$i_b/i_c>4$ 简支 $i_b/i_c\leqslant4$ 框架梁		$i_b/i_c>4$ 支承链杆 $i_b/i_c\leqslant4$ 框架梁

注:i_b、i_c 分别是主梁和柱的抗弯线刚度;支承链杆是位于支座宽度中点的能自由转动的刚杆。

表 11-1 中的支座简化与实际情况有所不同,如端支座大多有一定的嵌固作用,故配筋时应在梁、板端支座的顶部放置一定数量的构造钢筋,以承受可能产生的负弯矩;支座

总是有一定宽度的，并不像计算简图中那样只集中在一点上，所以要对支座弯矩和剪力进行调整；链杆支座没有竖向位移，假定成链杆实质上就是忽略了次梁的竖向变形对板的影响，也忽略了主梁的竖向变形对次梁的影响；支承链杆可自由转动的假定，实质是忽略了次梁对板、主梁对次梁的约束以及柱对主梁的约束，引起的误差将用折算荷载的方式来加以修正。

（三）计算跨度与计算跨数

梁、板的计算跨度 l_0 是指在内力计算时所采用的跨间长度，是指单跨梁、板支座反力的合力作用线间的距离。但是支座反力的合力作用线位置与结构刚度、支座的支承长度及支承材料等因素有关，精确计算支座反力的合力作用线位置是非常困难的，因此板、梁的计算跨度只能取近似值。

1. 按弹性理论计算

按弹性理论计算时，结构计算跨度按下述规定取用，如图 11-7 所示。

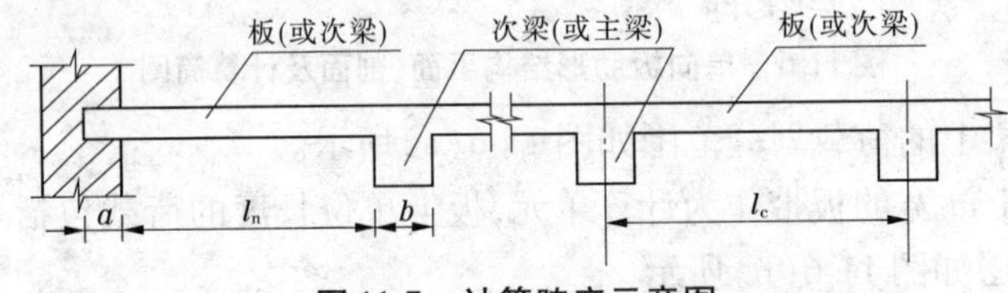

图 11-7　计算跨度示意图

计算弯矩时，一般取支座中心线间的距离 l_c，当支座宽度 b 较大时，按下列数值采用。

连续板：

边跨　　$l_{01}=l_n+b/2+h/2$　或　$l_{01}=l_c=l_n+a/2+b/2$

中跨　　$l_{02}=l_c$　　当 $b>0.1l_c$ 时，取 $l_{02}=1.1l_n$

连续梁：

边跨　　$l_{01}=l_n+a/2+b/2\leqslant 1.05l_n$

中跨　　$l_{02}=l_c$　　当 $b>0.05l_c$ 时，取 $l_{02}=1.05l_n$

式中 l_n 为板、梁的净跨度，l_c 为支座中心线间的距离，h 为板厚，b 为次梁（或主梁）的宽度，a 为梁板伸入支座的长度，计算跨度 l_0 分别取其较小值。

在计算剪力时，计算跨度取净跨，即 $l_0=l_n$。

2. 按塑性理论计算

当两端与梁整体连接时：连续板，$l_0=l_n$；连续梁，$l_0=l_n$。

当两端搁置在墙上时：连续板，$l_0=l_n+h\leqslant l_c$；连续梁，$l_0=1.05l_n\leqslant l_c$。

一端与梁整浇，一端搁置在墙上时：连续板，$l_0=l_n+h/2\leqslant l_n+a/2$，连续梁，$l_0=1.025l_n\leqslant l_n+a/2\leqslant l_c$。

对于等跨度、等刚度、荷载和支承条件基本相同，或虽然跨度不同但相差不超过 10% 的多跨连续梁、板，结构计算分析表明，除端部两跨内力外，其他所有中间跨的内力都比较接近，内力相差很小，在工程设计中可以忽略不计。因此，可将所有中间的内力值用一跨代表，当等跨连续梁、板的跨数超过 5 跨时，可按 5 跨计算，如图 11-8 所示。

当等跨连续梁、板的跨数小于 5 跨时，按实际跨数计算。

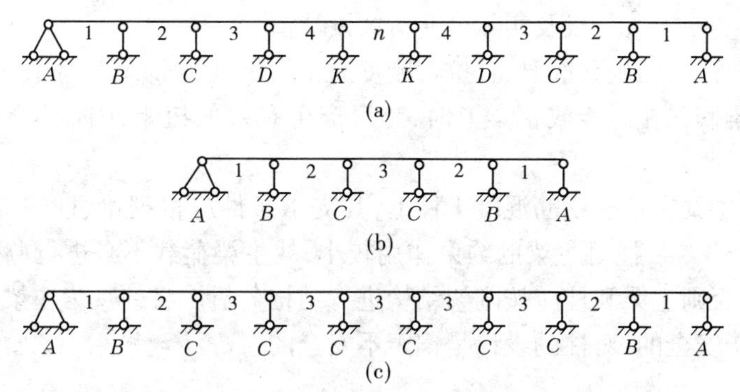

图 11-8　多跨连续梁、板结构的计算跨数简化

对于跨度、刚度、荷载或支承条件不同的多跨连续梁、板,应按实际跨数进行计算。

(四)折算荷载

将次梁对板、主梁对次梁的约束简化为铰支座,不能约束相应板和次梁的转动是与实际情况不符的。板、次梁、主梁和柱整体浇筑在一起,因此次梁对板、主梁对次梁、柱对主梁将有一定的约束作用,这些作用必将影响结构的内力分布,即会减小结构的内力,在设计时必须给予考虑。

在均布荷载作用下,板和次梁的内力应按折算荷载设计值进行计算。以图 11-9 所示的板为例来说明。板与次梁整浇在一起,板的转动将引起次梁扭转。假设次梁抗扭刚度为零,板就可以在支承处自由转动,完全符合“自由转动的链杆支座”的假设,不必修正。实际上,次梁的抗扭能力将限制板的自由转动,使板在支承处的转角由链杆支承时的 θ 减小为 θ'(见图 11-9)。为了使板的受力更接近于实际,可以进行适当的调整。这种处理方法也适用于支承于主梁之上的次梁。

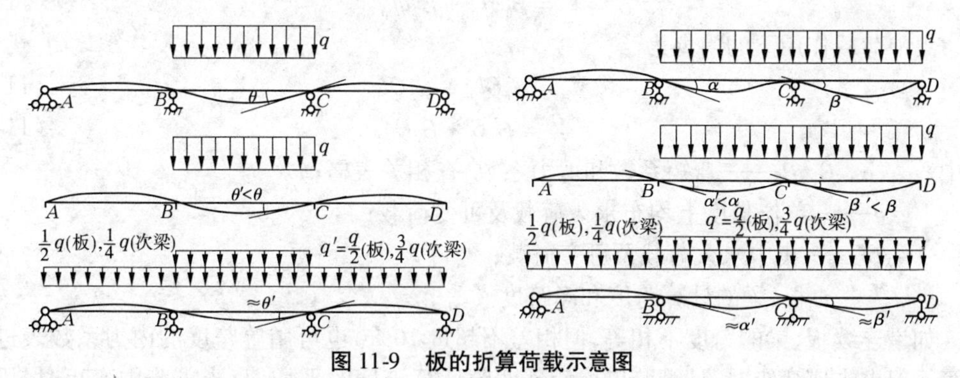

图 11-9　板的折算荷载示意图

考虑到板或次梁在支承处的转动主要是由活荷载的不利布置产生的,因此比较简便的修正方法是在荷载总值不变的条件下,增大恒荷载,减小活荷载,即在计算板和次梁的内力时,采用折算荷载:

连续板　　$g' = g + \frac{1}{2}q \qquad q' = \frac{1}{2}q$

次梁　　$g' = g + \frac{1}{4}q \qquad q' = \frac{3}{4}q$

式中　g'、q'——折算永久荷载及折算可变荷载设计值;

g、q——实际永久荷载及实际可变荷载设计值。

主梁的重要性高于板和次梁，且抗弯刚度通常大于柱，所以可以不作荷载调整。

当板和次梁搁置在砖墙或钢梁上时，难以产生有效的扭矩，因而就不必进行荷载折算。

实际上，若主梁支承于钢筋混凝土柱上，其支承条件应根据梁、柱的抗弯线刚度比确定，如果 $i_{梁}/i_{柱}>3\sim4$，柱对主梁的约束作用较小，故主梁荷载不必进行调整，可将柱视为主梁的铰支座，否则主梁和柱应按刚架结构进行结构分析。将柱视为主梁的铰支座，对于主梁设计是偏于安全的，对柱的设计是偏于不安全的。

三、单向板肋形结构按弹性方法计算

肋形结构中连续板和梁的内力计算方法有弹性理论计算和考虑塑性内力重分布计算两种。水工建筑物中的连续板、梁的内力一般是按弹性理论的方法计算的，也就是将钢筋混凝土梁、板视为匀质弹性构件采用结构力学的方法进行内力计算。本节首先详细介绍按弹性理论计算的方法。

（一）利用图表计算连续板、梁的内力

在实际工程中，对于等跨度、等截面和相同均布荷载作用下的连续板与连续梁的内力分析，为了简化计算和设计，常采用结构力学图表计算，详见附录六。设计时可直接从附表中查得各种荷载作用下的内力系数，从而计算出结构各控制截面的弯矩和剪力值。但应注意，此时应按折算荷载进行内力计算。

均布荷载及三角形荷载作用下的内力为

$$M=\alpha_1 g l_0^2+\alpha_2 q l_0^2 \tag{11-5}$$

$$V=\beta_1 g l_n+\beta_2 q l_n \tag{11-6}$$

集中荷载作用下的内力为

$$M=\alpha_1 G l_0+\alpha_2 Q l_0 \tag{11-7}$$

$$V=\beta_1 G+\beta_2 Q \tag{11-8}$$

式中 α_1、α_2、β_1、β_2——弯矩系数和剪力系数，查相关表格；

g、q——单位长度上均布永久荷载及可变荷载；

G、Q——集中永久荷载及可变荷载；

l_0、l_n——板、梁的计算跨度和净跨度。

如果连续板、梁的跨度不相等，但相差不超过10%，也可用等跨度的内力系数表进行计算。但求支座弯矩时，计算跨度取相邻两跨计算跨度的平均值；当求跨中弯矩时，用该跨的计算跨度。

（二）荷载的最不利组合及内力包络图

1. 最不利荷载布置

作用于梁、板上的永久荷载的作用位置、大小是不变的，而可变荷载则是变化的。可变荷载有可能出现，也可能不出现，或者仅在连续梁、板的某几跨出现。对于单跨梁，显然当活荷载全跨满布时，梁、板的内力最大。然而，对于多跨连续梁、板，当活荷载所有跨满布时，梁、板的内力不一定最大，而是当某些跨同时作用活荷载时可引起某一个或几个截

面的最大内力。因此,就存在活荷载如何布置才能得到考察截面的最大(或最小)内力问题,这就是该截面的最不利荷载组合。通过结构力学影响线原理,很容易就能得到与最大内力相应的活荷载的最不利布置。图 11-10 以五跨梁为例,确定活荷载的最不利布置。

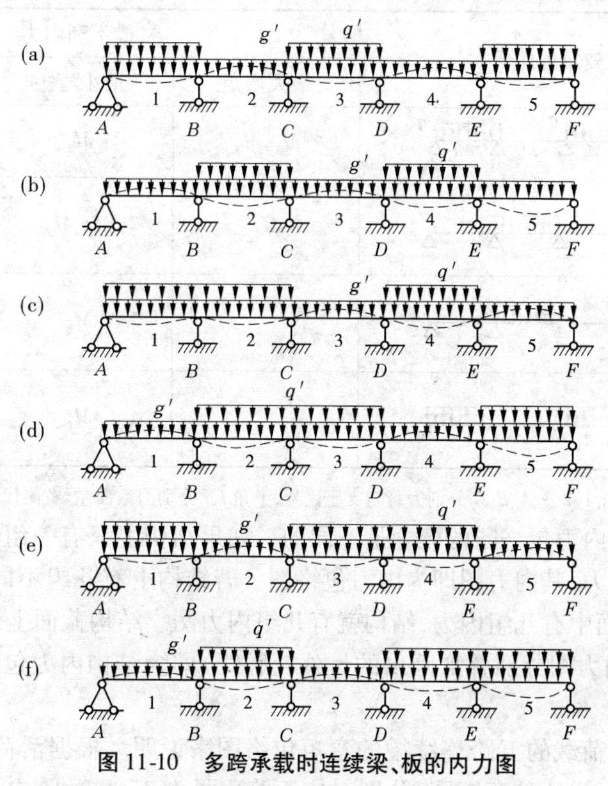

图 11-10　多跨承载时连续梁、板的内力图

根据连续梁内力影响线的变化规律,多跨连续梁最不利可变荷载的布置方式如下:

(1)求某跨跨中最大正弯矩时,应在该跨布置可变荷载,然后向其左右隔跨布置可变荷载。

(2)求某跨跨中最小正弯矩时,该跨不布置可变荷载,在其邻跨布置,然后再隔跨布置可变荷载。

(3)求某支座截面的最大负弯矩时,应在该支座左右两跨布置可变荷载,然后再隔跨布置可变荷载。

(4)求某支座截面的最大剪力时,可变荷载的布置与求该支座截面最大负弯矩时相同。

按以上法则,五跨连续梁在求各截面最大(或最小)内力时均布可变荷载的最不利位置如表 11-2 所示。

2. 内力包络图

对于某确定截面,以恒载所产生的内力为基础,叠加上该截面作用最不利的活荷载时所产生的内力,便得到该截面的最大(或最小)内力,但是这些截面一般是结构的控制截面,对于钢筋混凝土连续梁、板结构,由于纵向钢筋的弯起和截断、箍筋直径和间距的变化,结构各截面的承载力是不同的,要保证结构所有截面都能安全可靠地工作,必须知道结构所有截面的最大内力值。

结构各截面的最大内力值(绝对值)的连线或点的轨迹,即为结构内力包络图(包括拉、压、弯、剪、扭内力包络图)。对于梁板结构,主要指弯矩包络图和剪力包络图。

表 11-2　五跨连续梁求最不利内力时均布可变荷载布置图

可变荷载布置图	最不利内力		
	最大弯矩	最小弯矩	最大剪力
q q q；A M_1 B M_2 C M_3 C M_2 B M_1 A	M_1、M_3	M_2	V_A
	M_2	M_1、M_3	
		M_B	V_B^l、V_B^r
		M_C	V_C^l、V_C^r

注:表中 M、N 的下脚标 1、2、3、A、B、C 分别为跨与支座代号,上角 l、r 分别为截面左、右侧代号。

结构内力图和内力包络图的概念是不同的。如果结构上只有一组荷载作用,则结构各截面只有一组内力,其内力图即为内力包络图。若结构上有几组不同作用于结构的荷载时,则结构各截面中有几组内力,结构就有几组内力图。结构截面上最大内力值(绝对值)的连线(几组内力图分别叠加画出的最外轮廓线)即为结构内力包络图,如弯矩包络图和剪力包络图。

现以承受均布荷载的五跨连续梁的弯矩包络图来说明。根据活荷载的不同布置情况,每一跨都可以画出 4 种弯矩图,分别对应于跨内最大正弯矩,跨内最小正弯矩(或负弯矩)和左、右支座截面的最大负正弯矩。当边支座为简支时,边跨只能画出三种弯矩图形。把这些弯矩图形全部按同一比例叠画在一起,并取其外包线所构成的图形即为弯矩包络图,它完整地给出了一个截面可能出现的弯矩设计值的上、下限,如图 11-11(a)所示。同样可画出剪力包络图,如图 11-11(b)所示。

(三)弯矩、剪力的计算值

按弹性理论计算连续梁、板的内力时,其计算跨度一般取支座中心线间的距离,这样求得的支座弯矩及剪力都是支座中心处的,当梁、板与支座整体连接时,支座中心处的截面高度比支座边缘处的高得多,截面的抗力也较大,而危险截面往往在支座边缘处。为了使梁、板结构的设计更加合理,应取支座边缘的内力作为设计依据(见图 11-12),并按下列公式计算:

均布荷载时

$$\left.\begin{aligned} M_{边} &= M - \frac{b}{2}V_0 \\ V_{边} &= V - \frac{b}{2}(g+q) \end{aligned}\right\} \tag{11-9}$$

集中荷载时

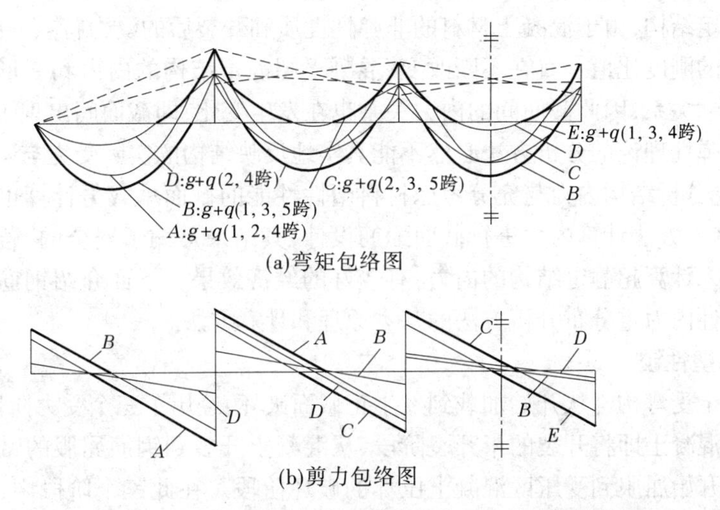

图 11-11　五跨连续梁在均布荷载作用下的内力包络图

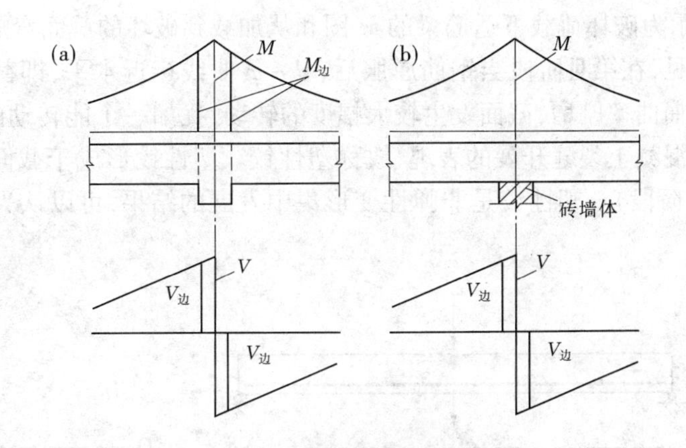

图 11-12　支座控制截面内力

$$\left.\begin{aligned} M_{边} &= M - \frac{b}{2}V_0 \\ V_{边} &= V \end{aligned}\right\} \tag{11-10}$$

式中　M、V——支座中心处的弯矩设计值和剪力设计值,取绝对值;

$M_{边}$、$V_{边}$——支座边缘处弯矩设计值和剪力设计值的绝对值;

V_0——按简支梁计算的支座边缘处的剪力设计值,取绝对值,$V_0 = \frac{1}{2}(g+q)l_n$;

b——结构支座宽度;

g、q——作用于结构上的恒荷载与活荷载的设计值。

当连续梁、板结构支座为墙体时,支座边缘处弯矩取支座中心线处的弯矩值。

四、单向板肋形结构考虑塑性内力重分布的计算

按弹性理论设计,当结构中任何截面内力达到该截面承载能力极限状态时,即可视为整个结构破坏。这对于静定结构或由脆性材料组成的结构来说,是合理的。但是,对于钢

筋混凝土超静定结构，由于混凝土材料的非弹性性质和开裂后的受力特点，在受荷过程中结构各截面间的刚度比值一直在不断改变，混凝土超静定结构的内力和变形与荷载的关系已不再是线性关系，因此截面间的内力关系也在发生变化，即截面间出现了内力重分布现象。结构按弹性理论的分析方法必然不能真实地反映结构的实际受力与工作状态。另外，按弹性理论分析结构内力与充分考虑材料塑性性能的截面承载力计算也是很不协调的。因此，按弹性方法计算内力进行截面配筋设计，其结果是偏于安全的，若按塑性内力重分布的方法来计算超静定结构的内力，有较好的经济效果。下面介绍钢筋混凝土超静定结构考虑塑性内力重分布分析方法的基本原理和计算方法。

（一）结构塑性铰

钢筋混凝土受弯构件从开始加载到发生正截面破坏，经历了三个受力阶段，即从开始加载到受拉区混凝土即将开裂的未开裂阶段、从混凝土开裂到钢筋屈服的带裂缝工作阶段以及从纵筋开始屈服到受压区混凝土压坏的破坏阶段。在此三个阶段内，在弯矩作用下截面产生转动，构件产生弯曲，梁的弯曲曲率用 φ 表示。

图 11-13 所示为破坏荷载下适筋梁的 M 图和从加载到破坏的截面弯矩与曲率的关系曲线。由曲线可见，在第Ⅲ阶段当钢筋屈服后，$M \sim \varphi$ 曲线接近水平，即截面承受的弯矩 M 几乎维持不变而曲率剧增，截面发生较大幅度的转动，犹如一个能转动的“铰”，转动是材料塑性变形及混凝土裂缝开展的表现，故称塑性铰。塑性铰形成于截面应力状态的第Ⅱ阶段末（即Ⅱ$_a$ 阶段）。塑性铰是非弹性变形集中发展的结果，可以认为它是构件的受弯“屈服”现象。

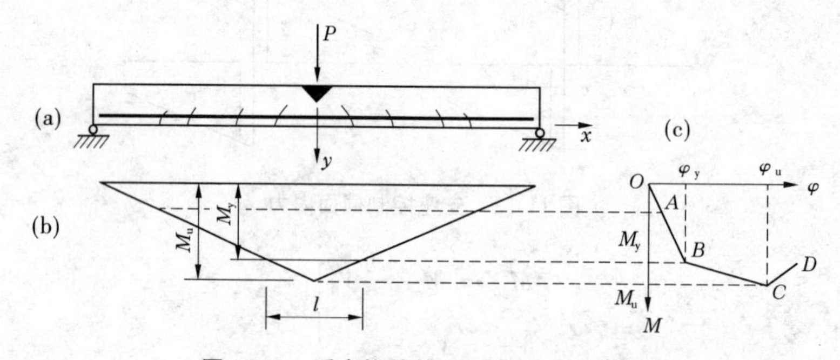

图 11-13　受弯构件的 M 图及 $M \sim \varphi$ 曲线

结构塑性铰总是在结构 M/M_u 最大截面处首先出现，在连续梁板结构中一般都是出现在支座或跨内截面处。支座处塑性铰一般均在板与次梁、次梁与主梁以及主梁与柱交界处出现，当结构中间支座为砖墙、柱时，一般将在墙体中心线处出现塑性铰。塑性铰不是发生在某一个截面处，而是一个区段上，长度为$(1 \sim 1.5)h$，h 为梁的截面高度。

塑性铰与理想铰的区别是：

（1）塑性铰是单向铰，只能沿 M_u 方向转动；

（2）塑性铰可以传递弯矩，$M \leqslant M_u$；

（3）塑性铰的转动是有限的。

（二）塑性内力重分布

与静定结构不同，钢筋混凝土超静定结构出现一个塑性铰，相当于减少一个多余约束，结构还能够继续承受荷载，只有结构出现若干个塑性铰，使结构局部或整体成为几何可变体系时，结构才达到承载力极限状态。

钢筋混凝土超静定结构在出现塑性铰之前，其内力分布规律与按弹性理论获得的结构内力分布规律基本相同。塑性铰出现后结构内力分布与按弹性理论获得的结构内力分布有显著不同。按弹性理论分析时，结构内力与荷载呈线性关系，而按塑性理论分析时，结构内力与荷载为非线性关系。结构内力分布规律相对于弹性内力分布的变化称为内力重分布。

现以两跨连续梁为例说明结构塑性内力重分布，如图 11-14 所示。

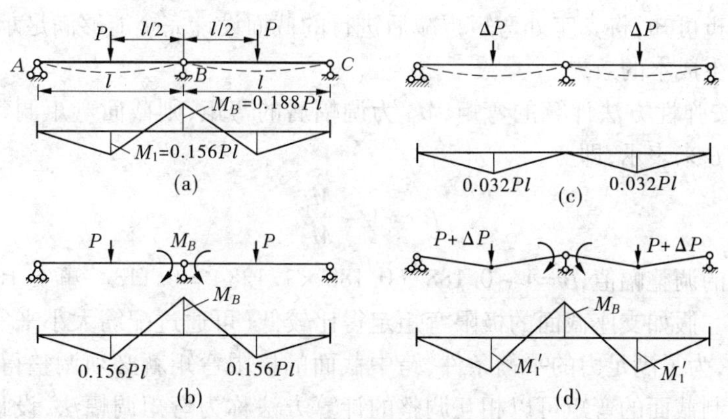

图 11-14　两跨连续梁在集中荷载作用下的塑性内力重分布

设梁各截面的尺寸及上、下配筋量均相同，根据截面设计，梁所能承受的正、负极限弯矩均为 $M_u = 0.188Pl$。当荷载增至 P 时，按弹性方法计算，支座弯矩 $M_B = 0.188Pl$，跨中弯矩 $M_1 = 0.156Pl$，如图 11-14(a)所示。此时支座截面的弯矩已达到该截面的极限弯矩，即按弹性方法计算内力时，P 即为该梁所能承受的最大荷载。

但实际上 P 并不能使整个梁结构立即破坏，而仅使中间支座截面形成塑性铰($M_B/M_u > M_1/M_u$)，此时结构由原来的两跨连续梁改变为两跨静定梁，在梁上仍可继续加载(见图 11-14(b))。在继续加载的过程中，由于支座截面已形成塑性铰，其承担的弯矩保持 $M_B = 0.188Pl$ 不变，而仅使跨中弯矩增大，此时的各跨梁如同简支梁一样工作，计算也与简支梁相同，此时，当荷载达到使跨中出现塑性铰时，结构才达到承载力极限状态。当荷载增量 $\Delta P = 0.128P$ 时，跨中弯矩按简支梁计算增加弯矩等于 $0.032Pl$(见图 11-4(c))，此时跨中弯矩 $M_1' = 0.156Pl + 0.032Pl = 0.188Pl$，即跨中截面也达到了它的极限弯矩而形成塑性铰，此时全梁由于形成三个塑性铰且三铰处于一条直线上，成为机动体系破坏，如图 11-14(d)所示。因此，这根梁承受的极限荷载变为 $P' = P + \Delta P = 1.128P$，而不是按弹性方法计算确定的 P。

上述分析表明，由于结构塑性铰的形成，梁的实际承载力比按弹性计算的提高了 12.8%，充分利用了材料的性能，可以取得较好的经济效果。

(三)按考虑塑性变形内力重分布方法计算连续板、梁的内力

1. 弯矩调幅法

混凝土梁板结构按塑性理论的设计方法中，目前应用较多的是弯矩调幅法，调幅法的

特点是概念清楚，方法简便，弯矩调整幅度明确，平衡条件得到满足。

仍以图 11-14 所示两跨连续梁为例，说明弯矩调幅法的基本思路。设该梁的设计荷载为 $P' = 1.128P$，若按弹性理论设计，则支座处和跨中处截面弯矩为

$$M_B = -0.188P'l = -0.188 \times 1.128\ Pl = -0.212Pl$$

$$M_1 = 0.156P'l = 0.156 \times 1.128\ Pl = 0.176Pl$$

按弹性方法设计时，支座 B 处截面的配筋需按 $M_B = -0.212Pl$ 进行设计，为了利用内力重分布后结构材料的潜力，在设计时，可不按 $M_B = -0.212Pl$ 来设计 B 截面的承载力，而仅按 $M_B = -0.188Pl$ 来设计，这就相当于人为地将支座弯矩设计值降低了 11.3%。由上述计算分析可知，将支座处弯矩折减后进行的截面设计完全能够满足承载力的需要，从而达到了减少成本的效果。

令 M_e 为按弹性方法计算的弯矩，M_p 为调幅后的弯矩，则截面弯矩调整的幅度可用弯矩调幅系数 β 来表示，即

$$\beta = 1 - \frac{M_p}{M_e} \tag{11-11}$$

对于上述的调整幅值，$\beta = 1 - 0.188/(0.188 \times 1.128) = 0.113$。事实上，调幅值是可以人为设定的。假如支座截面的极限弯矩定得比较低（可通过配筋大小来实现），则塑性铰就较早产生，为了满足力的平衡条件，跨中截面的极限弯矩就必须调整得比较大，反之亦然。这种控制截面的弯矩可以相互调整的计算方法称为弯矩调幅法，设计者可通过调整结构各截面的极限弯矩来达到某些构造目的，并使材料得到更充分的利用。

对于连续梁、板首先出现塑性铰的位置宜设计在支座截面，塑性弯矩值按弯矩调整幅度 β 确定。但弯矩调幅不是任意的，在内力重分布的过程中，若塑性铰转角太大，附近受拉混凝土的裂缝开展亦较大，其结构变形也增大。所以，调幅过大，容易出现裂缝宽度和变形控制不满足正常使用要求的情况。因此，应用上将调幅系数限制在一定范围内（一般不宜超过 20%）。

2. 结构塑性内力重分布的限制条件

为保证塑性内力重分布的实现，一方面要求塑性铰有足够的转动能力，另一方面要求塑性铰的转动幅度又不宜过大。为了满足钢筋混凝土结构的安全性和适用性，塑性内力重分布的限制条件如下：

(1) 为保证塑性铰有足够的转动能力，要求钢筋应具有良好的塑性，混凝土应有较大的极限压应变 ε_{cu} 值，因此工程结构中宜采用 HPB235、HPB300、HRB335 级和 HRB400 级热轧钢筋和较低强度等级的混凝土（宜在 C20～C45 范围内）。

(2) 塑性铰处截面的相对受压区高度应满足 $0.1 \leqslant \xi \leqslant 0.35$ 的要求。研究表明，提高截面高度、减小截面相对受压区高度能够有效提高塑性铰的转动能力。

(3) 调幅系数一般建议在 20% 之内，以保证正常使用阶段不会出现塑性铰。

(4) 为使结构满足平衡条件，并具有一定的安全储备，结构跨中截面弯矩应满足

$$\frac{|M'_A| + |M'_B|}{2} + M'_1 \geqslant 1.02M_0 \tag{11-12}$$

M'_A、M'_B 为连续梁任一跨调幅后支座截面弯矩值，M'_1 为调整后跨中截面弯矩值，M_0

为该跨按简支梁计算的跨中截面弯矩值。

(5)塑性铰截面尚应有足够的受剪承载力,不致因为斜截面提前受剪破坏而使结构不能实现完全的内力重分布。因此,应采用按弹性理论和塑性理论计算剪力中的较大值,进行受剪承载力计算,并在塑性铰区段内适当加密箍筋,这样不但能提高结构斜截面受剪承载力,而且还能较为显著地改善混凝土的变形性能,增加塑性铰的转动能力。

(6)按考虑塑性变形内力重分布方法设计的结构,在使用阶段,钢筋应力较高,裂缝宽度及变形较大。因此,以下结构不宜采用塑性内力重分布方法设计:

①直接承受动力荷载作用的工业与民用建筑;

②对承载力、刚度和裂缝控制有较高要求的结构,如主梁;

③受侵蚀气体或液体作用的结构;

④轻质混凝土结构及其他特种混凝土结构;

⑤预应力结构和二次受力叠合结构。

3. 连续梁、板的内力计算

根据弯矩调幅法,均布荷载作用下的等跨连续板、梁的弯矩与剪力按下式计算

$$M = \alpha_m (g + q) l_0^2 \tag{11-13}$$

$$V = \alpha_v (g + q) l_n \tag{11-14}$$

式中　α_m、α_v—— 等跨连续板、梁的弯矩系数和剪力系数,如表 11-3 和表 11-4 所示;

g、q—— 梁、板结构的恒荷载和活荷载设计值;

l_0、l_n—— 梁、板结构的计算跨度和净跨度,具体取值见前述。

表 11-3　连续梁和连续单向板的弯矩系数 α_m

<table>
<tr><th colspan="2" rowspan="3">支承情况</th><th colspan="6">截面位置</th></tr>
<tr><th>端支座</th><th>边跨跨中</th><th>第二支座</th><th>第二跨跨中</th><th>中间支座</th><th>中间跨跨中</th></tr>
<tr><th>A</th><th>Ⅰ</th><th>B</th><th>Ⅱ</th><th>C</th><th>Ⅲ</th></tr>
<tr><td colspan="2">梁、板搁置在墙上</td><td>0</td><td>1/11</td><td rowspan="4">2 跨连续：-1/10
3 跨及 3 跨以上连续：-1/11</td><td rowspan="4">1/16</td><td rowspan="4">-1/14</td><td rowspan="4">1/16</td></tr>
<tr><td>板</td><td rowspan="2">与梁整浇连接</td><td>-1/16</td><td rowspan="2">1/14</td></tr>
<tr><td>梁</td><td>-1/24</td></tr>
<tr><td colspan="2">梁与柱整浇连接</td><td>-1/16</td><td>1/14</td></tr>
</table>

表 11-4　连续梁的剪力系数 α_v

<table>
<tr><th rowspan="3">支承情况</th><th colspan="5">截面位置</th></tr>
<tr><th rowspan="2">端支座内侧 V_A</th><th colspan="2">第二支座</th><th colspan="2">中间支座</th></tr>
<tr><th>外侧 V_B^l</th><th>内侧 V_B^r</th><th>外侧 V_C^l</th><th>内侧 V_C^r</th></tr>
<tr><td>搁置在墙上</td><td>0.45</td><td>0.60</td><td rowspan="2">0.55</td><td rowspan="2">0.55</td><td rowspan="2">0.55</td></tr>
<tr><td>与梁或柱整浇连接</td><td>0.50</td><td>0.55</td></tr>
</table>

对于相同均布荷载作用下的等跨度、等截面连续梁、板的弯矩系数 α_m 和剪力系数

α_v，是根据5跨连续梁、板，活荷载和恒荷载比值 $q/g=3$，弯矩调幅系数大致为20%等条件确定的。如果结构荷载 $q/g=1/3\sim5$，结构跨数大于或小于5跨，各跨跨度相对差值小于10%，上述系数 α_m、α_v 原则上仍可适用。但对于超出上述范围的连续梁、板，结构内力应按考虑塑性内力重分布的一般分析方法自行调幅计算，并确定结构内力包络图。

五、单向板肋形结构的截面设计和构造要求

(一) 连续板、梁的截面设计

1. 连续板的截面设计

板的计算单元通常取为1 m，计算各控制截面的最大内力后，即可按单筋矩形截面设计。为了使板具有一定刚度，同时减轻结构自重，在满足建筑功能和方便施工的条件下，板厚应尽可能薄些。在工程设计中，板厚一般应满足下列要求：

一般屋面　　$h\geqslant 50$ mm

一般楼面　　$h\geqslant 60$ mm

工业厂房楼面　　$h\geqslant 80$ mm

混凝土连续板由于跨高比较大，一般情况下总是 $M/M_u > V/V_u$，即截面设计是由弯矩控制的，应按弯矩计算纵向钢筋用量，因此板一般不必进行受剪承载力计算。

连续单向板在考虑内力重分布时，支座截面在负弯矩作用下，上部开裂，跨中在正弯矩作用下，下部开裂，这使跨内和支座实际的中性轴成为拱形(见图11-15)，受压区的混凝土呈一拱形。当板的周边具有足够的刚度时，在竖向荷载作用下将产生板平面内的水平推力，导致板中各截面弯矩减小。

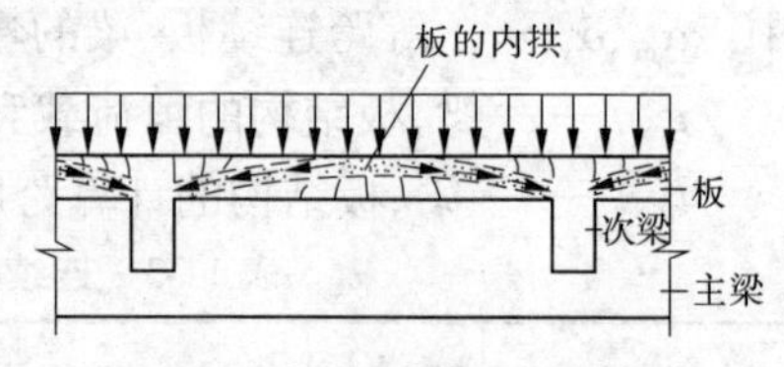

图11-15　结构板的内拱作用

因此，在工程设计中，当单向连续板的周边与梁整浇时，除边跨和离端部第二支座外，各中间跨的跨中和支座弯矩由于内拱有利作用可减小20%。

2. 连续梁的截面设计

次梁和主梁的截面尺寸前面已有叙述，受力钢筋应根据正截面和斜截面承载力的要求计算配置，同时还应满足裂缝宽度和变形的有关要求。

由于板和次梁、主梁整体连接，在梁的截面计算时，应视板为梁的翼缘。在正截面承载力计算时，梁中正弯矩区段翼缘板处于受压区，故应按T形截面计算。在支座负弯矩区段则因翼缘处于受拉区而应按矩形截面计算。另外，在柱与主梁、次梁相交处，主、次梁均承受负弯矩作用，纵向受力钢筋的布置方法是：板的钢筋在最上面，次梁的钢筋设在板钢筋下面，而主梁的钢筋放在最下部。主、次梁截面有效高度 h_0 取值见图11-16。

(二) 连续板、梁的构造要求

1. 连续板的构造要求

1) 受力钢筋

板内受力钢筋包含放置在板面承受负弯矩的受力钢筋和放置在板底承受正弯矩的受力钢筋，前者简称为负钢筋，后者简称为正钢筋。它们的直径常为6 mm、8 mm和10 mm等，且间距不宜小于70 mm。为了防止施工时踩塌负钢筋，负钢筋直径一般不宜太细。当

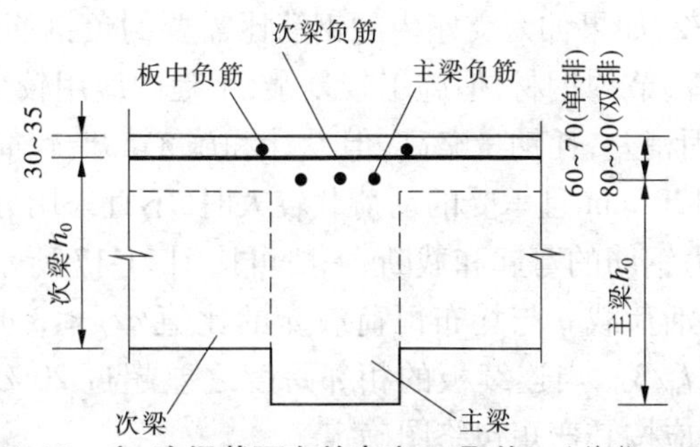

图 11-16　主、次梁截面有效高度 h_0 取值　（单位：mm）

板厚较大时，可设置马凳筋作为防范措施。当板厚 $h \leqslant 150$ mm 时，钢筋间距不应大于 200 mm；当板厚 $h > 150$ mm 时，钢筋间距不应大于 $1.5h$，且每米宽度内不得少于 3 根。从跨中伸入支座的受力钢筋间距不应大于 400 mm，且截面面积不得小于跨中钢筋截面面积的 1/3。当边支座是简支时，下部正钢筋伸入支座的长度不应小于 $5d$。

为了施工方便，选择板内正、负钢筋时，一般宜使它们的间距相同而直径不同，但直径不宜多于两种。选用钢筋的实际面积和计算面积相差一般不超过 ±5%，以保证安全和节约钢材。

连续板内受力钢筋的配筋方式有分离式和弯起式两种，分别如图 11-17(a)、(b)所示。

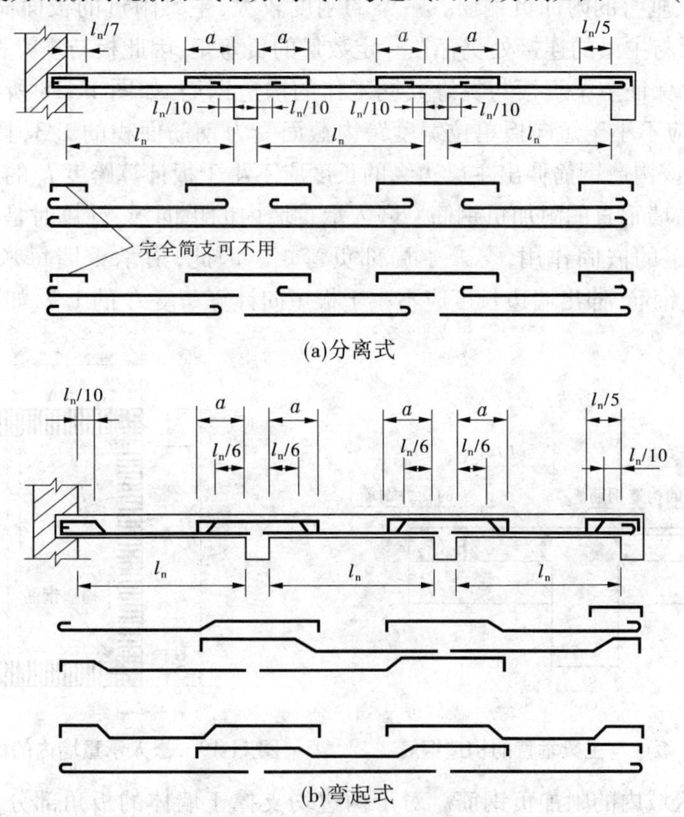

图 11-17　等跨连续板的配筋方案

弯起式配筋的受力钢筋有弯起钢筋和正、负钢筋三种。弯起钢筋可将跨中正钢筋在支座附近弯起 1/3 ~ 1/2,如果伸入支座内的钢筋比需要的负钢筋少,可另加直的负钢筋。弯起式钢筋的锚固较好,节约钢材,但施工较复杂,工程中应用较少。

分离式配筋的锚固稍差,耗钢量略高,但设计和施工都比较简便,是工程中常用的配筋方式。当板厚超过 120 mm 且承受的动荷载较大时,不宜采用分离式配筋。

连续单向板内受力钢筋的弯起和截断,一般可按图 11-17 所示确定。图中 11-17 中 a 的取值为:当板上均布活荷载 q 与均布恒荷载 g 的比值 $q/g \leqslant 3$ 时,$a = l_n/4$(l_n 为板的净跨);当 $q/g > 3$ 时,$a = l_n/3$。当连续板的相邻跨度之差超过 20%,或各跨荷载相差很大时,钢筋的弯起和截断应按其弯矩包络图确定。

2)构造钢筋

连续单向板除按计算配置受力钢筋外,还应按构造要求布置以下四种钢筋:

(1)与受力钢筋垂直的分布钢筋,平行于单向板的长跨,沿正、负受力钢筋的内侧放置。分布钢筋的截面面积不应小于受力钢筋截面面积的 15%,且不宜小于该方向板截面面积的 0.15%,每米宽度内不少于 4 根,直径不宜小于 6 mm,且在受力钢筋弯折处宜布置分布钢筋。分布钢筋的主要作用是:浇筑混凝土时固定受力钢筋的位置,承受混凝土收缩和温度变化所产生的内力,承受板上局部荷载产生的内力以及沿长跨方向实际存在而计算时被忽略的弯矩。

(2)与主梁垂直的附加负钢筋。主梁的刚度较大,主梁附近的板面荷载就近分配给主梁,这样在板与主梁的连接处仍存在一定数量的负弯矩,因此板与主梁相交处亦应设置承受负弯矩,并保证主梁腹板与翼缘共同工作的构造钢筋,如图 11-18 所示。其中,单位宽度配筋面积应不小于短向板单位宽度跨内截面受力钢筋面积的 1/3,且单位长度内应不少于 5 Φ 8,该构造钢筋伸出主梁边缘的长度应不小于板计算跨度 l_0 的 1/4。

(3)与承重墙垂直的附加负钢筋。嵌入承重墙内的单向板,计算时是按简支考虑的,但实际上有一定的嵌固作用,会产生局部负弯矩。因此,沿承重墙每米应配置不少于 5 Φ 8的附加负钢筋,伸出墙边长度应不小于板短向计算跨度 l_1 的 1/7,如图 11-19 所示。

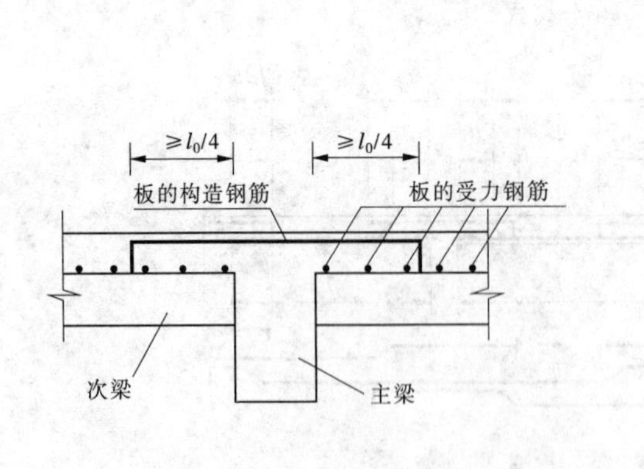

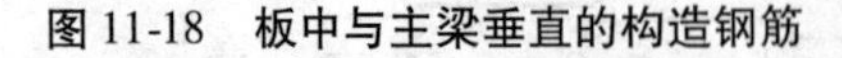

图 11-18　板中与主梁垂直的构造钢筋

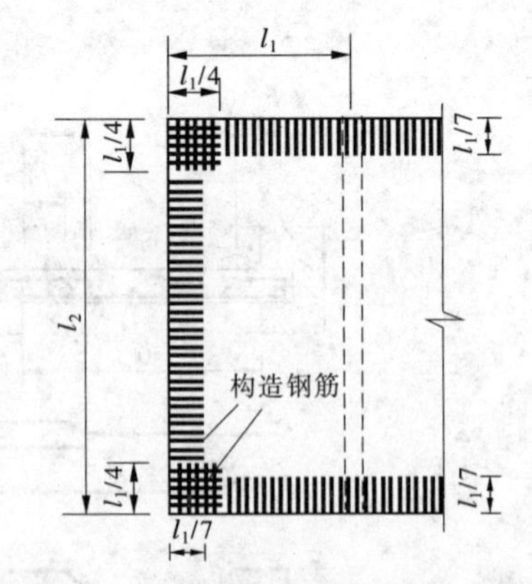

图 11-19　嵌入承重墙内的板面构造钢筋

(4)板角区域内的附加负钢筋。对于两边均支撑于墙体的板角部分,板在荷载作用下板角部分有向上翘起的趋势,当此种上翘趋势受到上部墙体嵌固约束时,板角部位将产生负弯矩作用,并有可能出现圆弧形裂缝,因此在板角部位两个方向均应配置承受负弯矩的构造钢筋，如图 11-19 所示。构造钢筋的数量每米长度不少于 5 Φ 8，伸出墙体边缘的长度应不小于板短向计算跨度 l_1 的 1/4。

(5)板内孔洞周边的附加钢筋。在水电站厂房的楼板上，由于使用要求往往要开设一些孔洞，这些孔洞削弱了板的整体作用。因此，在孔洞周围应布置钢筋予以加强。

①当 b 或 d(b 为垂直于板的受力钢筋方向的孔洞宽度，d 为圆孔直径)小于 300 mm，并小于板宽的 1/3 时，可不设附加钢筋，只将受力钢筋间距作适当调整，或将受力钢筋绕过孔洞边，不予切断。

②当 b 或 d 等于 300 ~ 1 000 mm 时，应在洞边每侧配置附加钢筋，每侧的附加钢筋截面面积不应小于洞口宽度内被切断钢筋截面面积的 1/2，且不小于 2 根直径为 10 mm 的钢筋截面面积；当板厚大于 200 mm 时，宜在板的顶、底部均配置附加钢筋。

③当 b 或 d 大于 1 000 mm 时，除按上述规定配置附加钢筋外，在矩形孔洞四角尚应配置 45°方向的构造钢筋；在圆孔周边尚应配置 2 根直径为 10 mm 的环向钢筋，搭接长度为 $30d$，并设置直径不小于 8 mm、间距不大于 300 mm 的放射形径向钢筋，如图 11-20 所示。

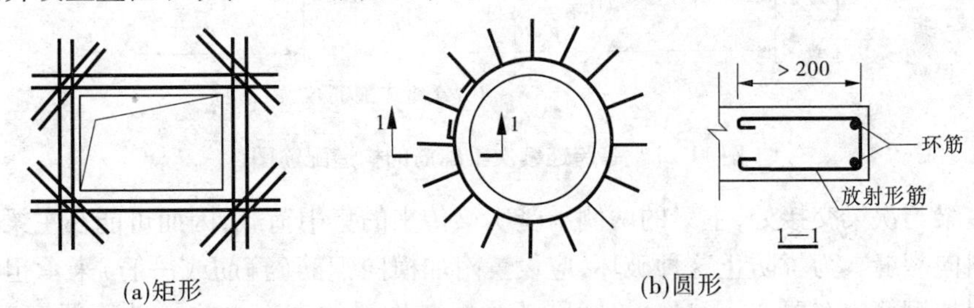

图 11-20　矩形四角及圆孔环向构造钢筋

④当 b 或 d 大于 1 000 mm，并在孔洞附近有较大的集中荷载作用时，宜在洞边加设肋梁。当 b 或 d 大于 1 000 mm，而板厚小于 $0.3b$ 或 $0.3d$ 时，也宜在洞边加设肋梁。

2. 连续梁的构造要求

连续梁的配筋方式与单向板一样，分为弯起式和分离式，前者有弯起钢筋，后者没有。为了设计与施工简便，目前对主、次梁通常采用分离式配筋，但当跨度较大或者板上作用有动荷载时，应采用弯起式配筋。在采用绑扎钢筋骨架的梁中，宜优先采用箍筋作为斜截面受剪钢筋。采用弯起式配筋时，一般先按跨中正弯矩选定跨中钢筋的直径和根数，然后将其中部分钢筋在支座附近弯起后伸过支座，以承担支座处的负弯矩和支座附近区段的剪力，若相邻两跨弯起伸入支座的钢筋尚不能满足支座正截面承载力或斜截面承载力的要求，可在支座上另加直钢筋来抗弯或斜钢筋来承受剪力，但不能采用浮筋，即由梁下方弯起后不再下弯，直接在梁顶支座附近截断，成为 Z 形钢筋。

主、次梁受力钢筋的弯起和截断原则上应按内力包络图确定，但对于均布荷载作用下的等截面连续次梁，若各跨跨度相对差值不超过 20%，且可变荷载与永久荷载之比 $q/g \leq 3$，可按经验布置确定，不必作次梁内力包络图及材料图，如图 11-21 所示。

当连续梁的各跨跨度相对差值超过 20%，且可变荷载与永久荷载之比 $q/g > 3$ 或非均布荷载作用时，梁纵向钢筋的布置、弯起和截断，应根据内力包络图及材料图决定。

由于主梁重要性较高，且受到的是集中荷载，所以主梁的纵向钢筋的布置、弯起和截断，应根据内力包络图及材料图决定。

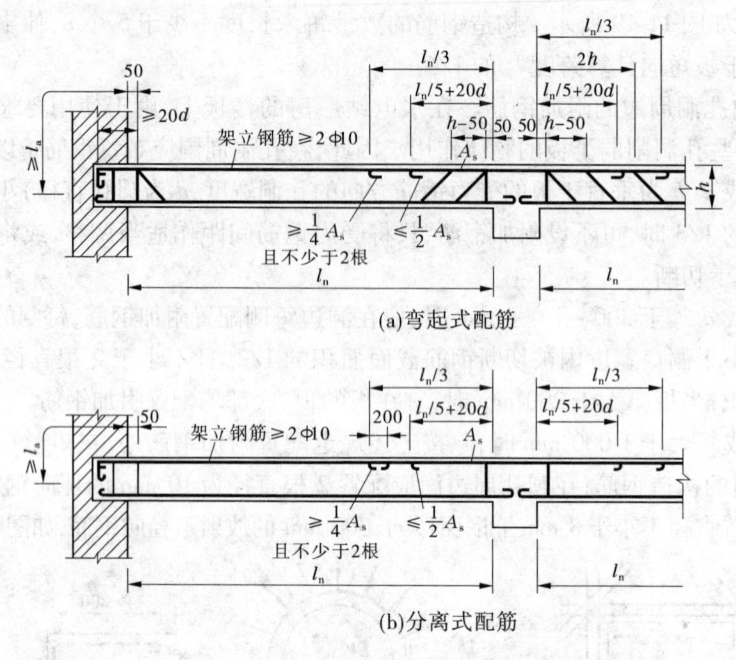

图 11-21　等跨连续次梁配筋的构造配筋图

在主梁与次梁交接处,主梁的两侧承受次梁传来的集中荷载,因而可能在主梁的中下部发生斜向裂缝。为了防止这种破坏,应设置附加横向钢筋(箍筋或吊筋)来承担该集中荷载。附加钢筋应布置在 $s=2h_1+3b$(h_1 为主梁与次梁的高度之差,b 为次梁宽度)的长度范围内(见图 11-22)。

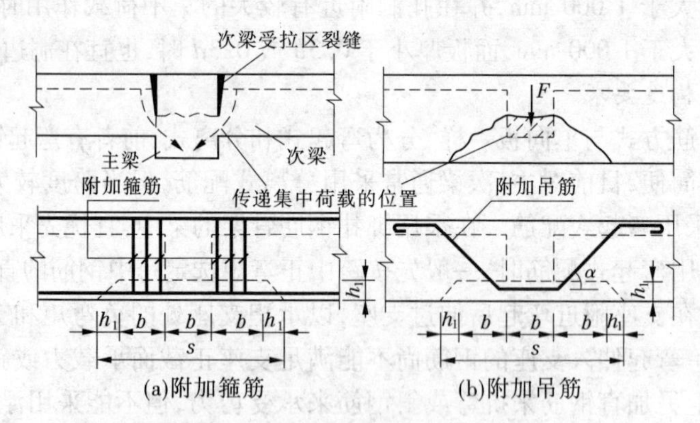

图 11-22　主、次梁相交处的附加钢筋

附加横向钢筋的总截面面积 A_{sv} 可按下式计算

$$A_{sv}=\frac{\gamma_d F}{f_{yv}\sin\alpha} \tag{11-15}$$

式中　F——作用在梁下部或梁截面高度范围内的集中荷载设计值;

f_{yv}——附加横向钢筋的抗拉强度设计值;

α——附加横向钢筋与梁轴线的夹角;

A_{sv}——附加横向钢筋的总截面面积，当仅配箍筋时，$A_{sv}=mnA_{sv1}$，当仅配吊筋时，$A_{sv}=2A_{sb}$，A_{sv1}为单肢附加箍筋的截面面积，n为在同一截面内附加箍筋的肢数，m为在长度s范围内附加箍筋的排数，A_{sb}为附加吊筋的截面面积。

当梁支座处的剪力较大时，也可以加设支托，将梁局部加高，以满足斜截面承载力的要求。支托的尺寸可参考图11-23确定。支托的长度一般为$l_n/6\sim l_n/8$（l_n为梁的净跨度），且不宜小于$l_n/10$，支托高度不宜超过$0.4h$，且应满足斜截面受剪承载力的最小截面尺寸的要求。支托的附加钢筋一般采用2～4根，其直径与纵向受力钢筋的直径相同。

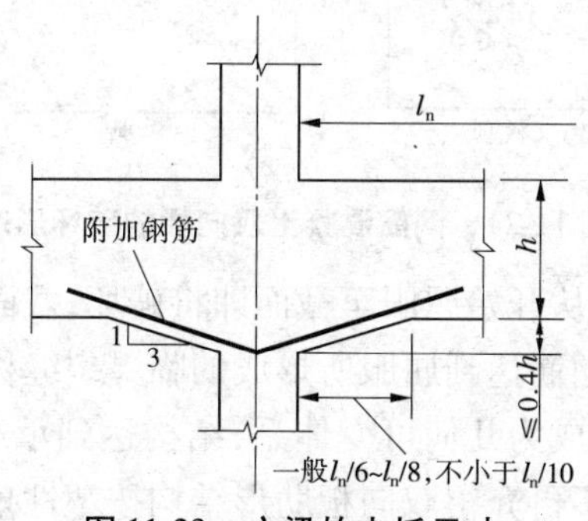

图11-23　主梁的支托尺寸

第三节　双向板肋形结构

整体式双向板肋形结构也是工程中广泛应用的一种结构型式。在理论上，凡纵横两个方向的受力都不能忽略的板称为双向板。双向板的支承形式可以是四边支承（包括四边简支、四边固定、三边简支一边固定、两边简支两边固定和三边固定一边简支）、三边支承或两邻边支承，承受的荷载可以是均布荷载、局部荷载或三角形分布荷载，板的平面形状可以是矩形、圆形、三角形或其他形状。在楼盖设计中，常见的是均布荷载作用下的四边支承矩形板。在工程中，对于四边支承的矩形板，当长边与短边尺寸之比$l_2/l_1\leqslant 2$时，按双向板设计；当$2<l_2/l_1<3$时，宜按双向板设计。整体式双向板肋形结构由于两个方向的结构刚度相近，可跨越比单向板更大的空间，通常应用于民用和工业建筑中柱网间距较大的大厅，商场和车间的楼面、屋盖，以及基础底板等。

一、试验结果及受力特点

双向板受力状态比单向板复杂，国内外做过很多试验研究，现阐述如下：

均布荷载作用下的正方形四边简支双向板，在混凝土裂缝出现之前，板基本上处于弹性工作状态；随着荷载增加，首先在板底中央处出现裂缝，然后裂缝沿对角线方向向板角处扩展，在板接近破坏时板四角处顶面亦出现圆弧形裂缝，它促使板底对角线裂缝进一步扩展，最后由于对角线裂缝处截面受拉钢筋屈服，板随之破坏，如图11-24(a)所示。

均布荷载作用下的矩形四边简支双向板，第一批混凝土裂缝出现在板底中部且平行于板的长边方向，随荷载增加，裂缝向板角处延伸，伸向板角处的裂缝与板边大体呈45°角，在接近破坏时板四角处顶面出现圆弧形裂缝，最后由于跨中及45°角方向裂缝处截面受拉钢筋屈服，板随之破坏，如图 11-24(b)所示。

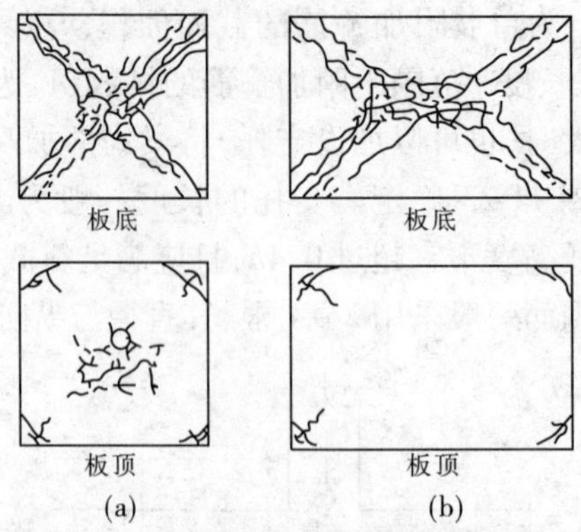

图 11-24　钢筋混凝土双向板的破坏形态

双向板裂缝处截面钢筋从开始屈服至截面即将破坏，截面处于第Ⅲ应力阶段，与前述塑性铰的概念相同，此处因钢筋达到屈服所形成的临界裂缝称为塑性铰线，塑性铰线的出现使结构被分割的若干板块成为几何可变体系，结构达到承载力极限状态。由于水工结构安全储备较大，故本书中不再介绍双向板肋形结构按塑性理论计算的方法，可参考其他文献。

上述试验结果表明双向板具有以下受力特点：

(1)板的荷载由短边和长边两个方向板带共同承受，各板带分配的荷载值与 l_2/l_1 值有关，随 l_2/l_1 值增大，短向板带弯矩值逐渐增大，长向板带弯矩值逐渐减小。由于短向板带对于长向板带具有一定的支承作用，长向板带最大弯矩值并不发生在跨中截面。

(2)双向板在荷载作用下，板的四角处有向上翘起的趋势，由于受到墙或梁的约束，板角处将产生负弯矩，因此会在板面角部产生垂直于对角线的圆弧形裂缝。

(3)由于相邻板带的约束，板的实际竖向位移与弯矩值均有所减小。

二、按弹性理论计算内力

(一)单区格双向板的计算

按照弹性理论精确计算混凝土双向板的内力及变形较为复杂，工程设计中大多按以弹性薄板理论的内力及变形计算结果编制的表格进行计算。《建筑结构静力计算手册》列出了单块双向板计算图标，设计时可查询。对于承受均布荷载的板，本书给出常见的6种不同边界条件的双向板的计算图表(见附录八)，设计时可根据所确定的计算简图直接查得弯矩系数和挠度系数。

工程设计时可按附录八附表中系数计算各种单区格双向板的最大弯矩及挠度值，挠度计算时尚应考虑混凝土收缩、徐变及裂缝对结构变形的影响。由于附表中的弯矩系数是按单位宽度板带，在材料泊松比 $\nu=0$ 的情况下而制定的，尚应考虑双向弯曲对两个方向板带弯矩值的相互影响，按下式计算

$$\left.\begin{aligned} m_1^{(\nu)} &= m_1 + \nu m_2 \\ m_2^{(\nu)} &= m_2 + \nu m_1 \end{aligned}\right\} \tag{11-16}$$

式中　$m_1^{(\nu)}$、$m_2^{(\nu)}$——考虑双向弯矩相互影响后平行于 l_1、l_2 方向单位宽度板带的跨内弯矩设计值；

m_1、m_2——按 $\nu=0$ 计算的平行于 l_1、l_2 方向单位宽度板带的跨内弯矩设计值；

ν——泊松比，对于钢筋混凝土，取 $\nu=1/6$。

对于支座截面弯矩值，由于另一个方向板带弯矩等于零，故不存在两个方向板带弯矩的相互影响问题。

(二)多区格等跨连续双向板的计算

多区格等跨连续双向板内力分析更为复杂，工程设计中采用实用的近似计算方法，通过对双向板活荷载的最不利布置及支承条件的简化，将多区格等跨连续双向板的内力计算转化为单区格板的内力计算，从而可以利用附录八中的弯矩系数进行计算。

首先假定双向板支承梁受弯线刚度与板相比很大，其竖向位移可忽略不计，而支承梁受扭线刚度很小，可以自由转动。这些假定可将支承梁视为双向板的不动铰支座，从而使内力计算得到简化。当双向板在同一方向相邻跨度相对差值小于20%时，均可按下述方法进行内力及变形分析。

多区格等跨连续双向板进行内力分析时，同多跨连续单向板结构类似，也要确定结构的控制截面。即取各支座和跨内截面作为结构的控制截面，以及结构控制截面产生最危险内力时的最不利荷载组合，即根据结构的变形曲线确定活荷载的最不利布置方法。

1. 各区格板跨内截面最大弯矩值

欲求某区格板两个方向跨内截面最大正弯矩时，除恒荷载外，应在该区格布置活荷载，其活荷载布置应为棋盘式，如图11-25(a)、(b)所示。例如对于A区格，若想得到该区格的最大跨内双向正弯矩，则应在该区格内施加活荷载，然后棋盘式布置活荷载，这样各个施加活荷载的区格内的荷载效应是相互累加的，自然会使A区格板跨内双向正弯矩达到最大值，而且也同时使所有布置活荷载的区格板跨内双向正弯矩达到最大值。

多区格等跨连续板在均布恒荷载及棋盘形式布置的活荷载的共同作用下，任意单区格板的边界支承条件既非完全固定也非简支。为了能利用单区格双向板的内力及变形系数表，计算多区格连续双向板时，可采用下述近似内力分析方法：把棋盘式布置的活荷载分解为各区格板满布的对称荷载 $+q/2$ 和区格板棋盘式相间布置的反对称荷载 $+q/2$ 和 $-q/2$，如图11-25(c)、(d)所示，即连续双向板上作用荷载为：

正对称荷载

$$g' = g + \frac{q}{2}$$

反对称荷载

$$q' = \pm \frac{q}{2}$$

多区格等跨连续板在正对称荷载 $g' = g + \frac{q}{2}$ 作用下，所有板的中间支座两侧荷载均相同，若忽略边区格板荷载作用的影响，可近似认为中间支座截面转角为零，即将中间区格板的所有中间支座均可视为固定支座，则中间区格板均可视为四边固定的单区格双向

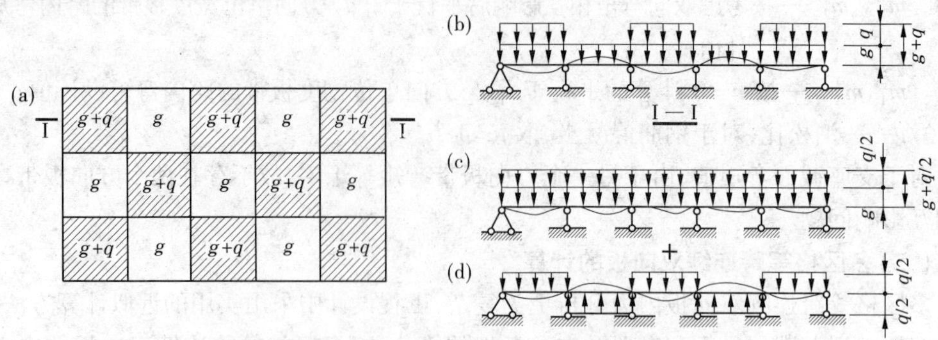

图 11-25　连续双向板的计算简图

板;对于边区格板和角区格板的外边界支承条件按实际情况确定。当角区格板支承于墙体上时,可简化为铰支座,则角区格板视为两邻边为简支,另外两邻边为固定支座的双向板;其余边区格板可视为三边固定一边简支的双向板。根据各区格板的四边支承条件,可分别求出板在对称荷载作用下的跨内截面正弯矩值。

多区格等跨连续板在反对称荷载 $q' = \pm \frac{q}{2}$ 作用下,板的中间支座相邻区格在支座处具有相同的转动趋势,相互之间基本没有约束作用,因此可近似认为中间支座截面弯矩很小,可忽略不计,即将中间区格板所有中间支座均视为铰支座,则中间区格板均可视为四边简支的双向板;对于边区格板和角区格板的外边界支承条件按实际情况确定。当板支承于墙体上时,可简化为铰支座,则所有区格板均为四边简支双向板。根据各单区格板的四边铰支座条件,可分别求出板在反对称荷载作用下的跨内截面正弯矩值。

同理,也可求出板跨内截面负弯矩值。

最后将各区格板在上述两种荷载作用下求得的跨内截面正、负弯矩值叠加,即可得到各区格板的跨内截面最大正、负弯矩值。

2. 各区格板支座截面最大负弯矩值

计算表明,按活荷载最不利布置与按各区格板满布活荷载求得的支座弯矩值相差很小,为了简化计算,可近似将活荷载满布于所有区格板。这样,可将中间支座视为固定支座,对于边区格和角区格的外界支承条件按实际情况而定。

根据支承情况和 $g+q$ 的荷载查单区格板的表格计算相应的支座弯矩。计算可从较大的区格开始,当相邻两跨所求得的同一支座的弯矩不等时,一般可取两区格计算值的平均值。

三、双向板的截面设计与构造要求

(一) 截面设计

1. 双向板厚度

一般不做刚度验算时板的最小厚度 $h = (1/40 \sim 1/50) l_1$ (l_1 为双向板的短向计算跨度),且应满足 $h \geqslant 80$ mm。当双向板平面尺寸较大时,板除进行结构承载力计算外,尚应进行变形、裂缝控制验算;必要时还应考虑活荷载作用下结构的振颤问题。

2. 板的截面有效高度

由于双向板短向板带的弯矩值比长向板带的弯矩值大，故短向钢筋应放在长向钢筋的外侧，截面有效高度 h_0 可取为：短边方向 $h_0=h-20$ mm，长边方向 $h_0=h-30$ mm。

求出单位宽度内截面弯矩设计值 M 后，可按矩形截面正截面承载力计算受力钢筋面积，也可按下式直接计算

$$A_s=\frac{\gamma_d M}{f_y\gamma_s h_0} \tag{11-17}$$

式中内力臂系数 γ_s 可近似取 0.90～0.95。

3. 板的空间内拱作用

多区格连续双向板在荷载作用下，由于四边支承梁的约束作用，与多跨连续单向板相似，双向板也存在空间拱作用，使板的支座及跨中截面弯矩值均将减小。因此，周边与梁整体连接的双向板，其截面弯矩计算值按下述情况予以减小：

(1) 中间区格板的支座及跨内截面减小 20%。

(2) 边区格板的跨内截面及第一内支座截面：当 $l_2/l_1<1.5$ 时，减小 20%；当 $1.5\leqslant l_2/l_1\leqslant 2.0$ 时，减小 10%。l_2 为沿板边缘方向的计算跨度，l_1 为垂直板边缘方向的计算跨度。

(3) 角区格板截面弯矩值不予折减。

(二) 构造要求

双向板的受力钢筋一般沿板的两个方向，即平行于短边和长边方向布置。对于单跨矩形双向板，在角部板面应配置对角线方向的斜钢筋，以承担负主弯矩，在角部板底配置垂直于对角线的斜钢筋，以承担正主弯矩。由于斜筋长短不一，施工不便，故常用平行于板边的钢筋所构成的钢筋网来代替斜钢筋，如图 11-26 所示。

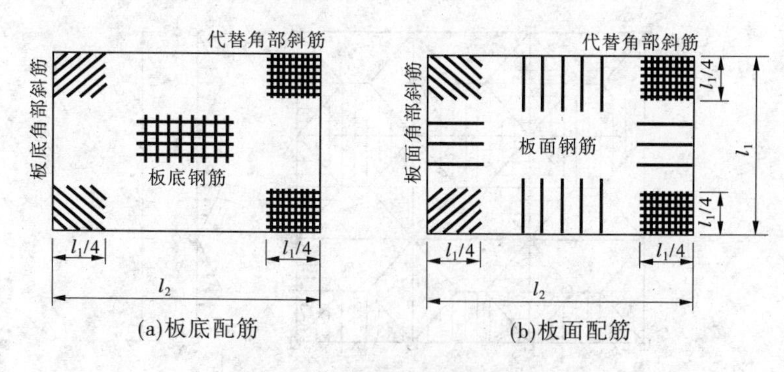

图 11-26　双向板配筋示意图

配筋方式类似单向板，有弯起式和分离式两种配筋方案，为施工方便，目前在工程中多采用分离式配筋。

按弹性理论计算时，板跨内截面配筋数量是根据中央板带最大正弯矩值确定的，而靠近两边的板带跨内截面正弯矩值向两边逐渐减小，故配筋数量亦应向两边逐渐减小。当双向板短边方向计算跨度 $l_1\geqslant 2.5$ m 时，考虑施工方便，可将板在两个方向上各划分成 3 个板带，即边区板带和中间板带，如图 11-27 所示。板的中间板带跨内截面按最大正弯矩配筋，而边区板带配筋数量可减少一半，且每米宽度内不得少于 5 根。当 $l_1<2.5$ m 时可

不划分板带，统一按中间板带配置钢筋。在同样配筋率时，采用直径较小的钢筋对抑制混凝土裂缝开展有利。

对于多区格连续板，支座截面负弯矩配筋在支座宽度范围内均匀设置。

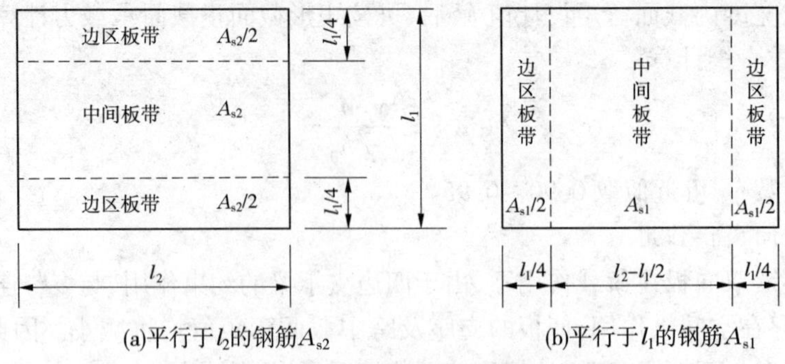

图 11-27　双向板配筋时板带划分示意图

四、双向板支承梁的计算特点

精确确定双向板传递给支承梁的荷载是非常困难的，在工程设计中也是不必要的。与单向板均匀地传递荷载给支承梁不同，双向板通常采用沙堆法或塑性铰线法确定梁的荷载分配，近似如图 11-28 所示。从每一区格板四角处作 45°角线与平行于长边的中线相交，将整板分成 4 个板块，每格板块上的荷载传递给相邻的支承梁，因此除梁自重和直接作用在梁上的荷载外，双向板传递给支承梁的荷载分布为：长边支承梁上荷载呈梯形分布，短边支承梁上荷载呈三角形分布。支承梁结构自重或直接作用在梁上的荷载则应按实际情况考虑。当梁的受荷面积确定后，仍应考虑活荷载最不利布置，以计算内力。

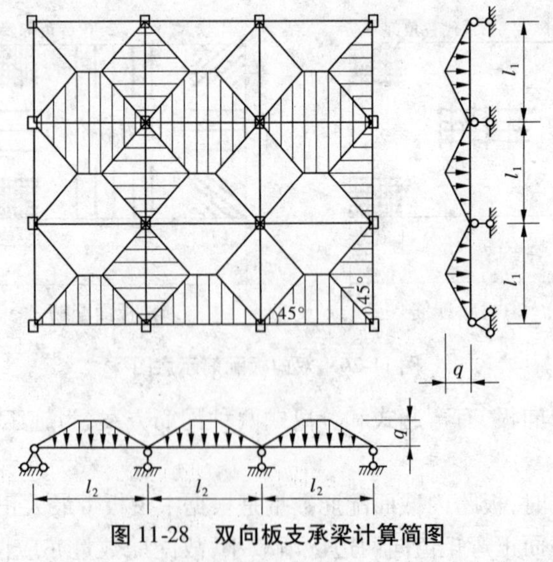

图 11-28　双向板支承梁计算简图

按弹性理论计算支承梁时，可将支承梁上的梯形或三角形荷载，根据支座截面弯矩相等的原则换算为等效均布荷载，如图 11-29 所示。连续梁在等效均布荷载作用下，按结构力学的一般方法求得支座弯矩值，对于等跨度、等截面连续梁，也可利用结构计算表格求得支座弯矩值。由于等效均布荷载是根据梁支座弯矩值相等的条件确定的,因此按等效均布荷载求得连续梁支座弯矩值后,各跨的跨内弯矩和支座处剪力值应按梁上原有荷载形式进行计算。例如,欲求某跨的跨内最大正弯矩,应按等效均布荷载确定该跨两端支座截面弯矩值,然后按单跨梁在梯形或三角形荷载作用下,求得梁跨内截面正弯矩值。

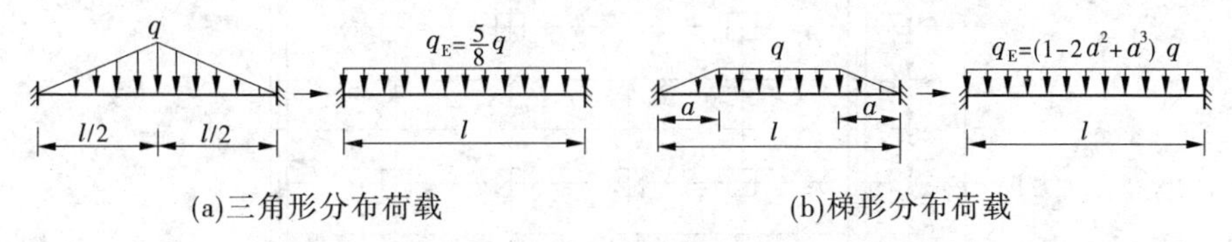

(a)三角形分布荷载　(b)梯形分布荷载

图 11-29　三角形及梯形荷载换算为等效均布荷载

支承梁的纵向钢筋配筋方案,应按连续梁的内力包络图及材料图确定纵筋弯起和切断,箍筋形式、数量和布置等构造要求与单向板支承梁相同。

第四节　钢筋混凝土肋形结构设计实例

例一

某水电厂房的楼盖结构平面布置图如图 11-30 所示。楼盖采用现浇钢筋混凝土单向板肋形楼盖,试对该楼盖进行设计。相关设计资料如下:楼面活荷载标准值取 7.2 kN/m²;楼面做法为 20 mm 厚水泥砂浆面层,钢筋混凝土现浇板,15 mm 厚石灰砂浆抹底;混凝土为 C20,梁内受力主筋采用 HRB335 级,其他钢筋采用 HPB235 级。

(一)梁、板尺寸及材料强度

结构平面布置如图 11-30 所示,即主梁跨度为 6.0 m,次梁跨度为 4.5 m,板跨度为 2.0 m,主梁每跨内布置两根次梁,其弯矩图形较为平缓。

确定板厚:工业房屋楼面要求 $h\geqslant 70$ mm,并且对于连续板还要求 $h\geqslant l/40=50$ mm,考虑到可变荷载较大和振动荷载的影响,取 $h=80$ mm。

确定次梁的截面尺寸:$h=l/18\sim l/12=250\sim 375$ mm,考虑活荷载较大,取 $h=400$ mm,$b=(1/3\sim 1/2)h\approx 200$ mm。

确定主梁的截面尺寸:$h=(1/15\sim 1/10)l=400\sim 600$ mm,取 $h=600$ mm,$b=(1/3\sim 1/2)h=200\sim 300$ mm,取 $b=250$ mm。

C20 混凝土:$f_c=9.6$ N/mm²,$f_t=1.10$ N/mm²;混凝土重力密度 25 kN/m³,砂浆抹面层重力密度 20 kN/m³,石灰砂浆重力密度 17 kN/m³。

HRB335 级钢筋:$f_y=f'_y=300$ N/mm²;HPB235 级钢筋:$f_y=210$ N/mm²。

(二)板的设计

1. 荷载计算

板自重设计值　$1.05\times 25\times 0.08=2.1$(kN/m²)

水泥砂浆面层　$1.05\times 20\times 0.02=0.42$(kN/m²)

石灰砂浆面层　$1.05\times 17\times 0.015=0.26$(kN/m²)

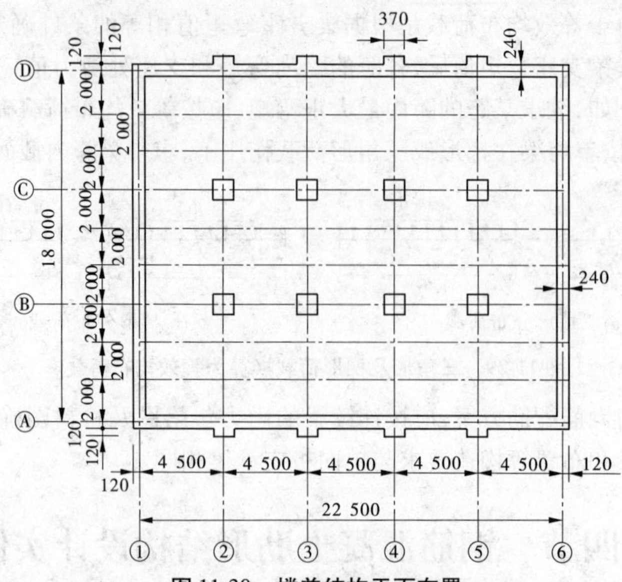

图 11-30　楼盖结构平面布置

恒载设计值　　　　　　$g = 2.78\ \mathrm{kN/m^2}$

活荷载设计值　　　　　$q = 1.2 \times 7.2 = 8.64(\mathrm{kN/m^2})$

板的折算荷载　　　　$g' = g + q/2 = 7.1\ \mathrm{kN/m^2}$，　$q' = q/2 = 4.32\ \mathrm{kN/m^2}$

2. 板的计算简图

次梁截面为 200 mm × 400 mm，板在墙上的支承长度取 120 mm，板厚为 80 mm，板的跨度如图 11-31 所示。

计算跨度：$b/l_c = 200/2\ 000 = 0.1$。

边跨、中跨跨度均取：$l_0 = l_c = 2\ 000$ mm。

连续板实际 9 跨，跨度相差小于 10%，可按五等跨连续板计算，取 1 m 宽的板带作为计算单元。计算简图如图 11-32 所示。

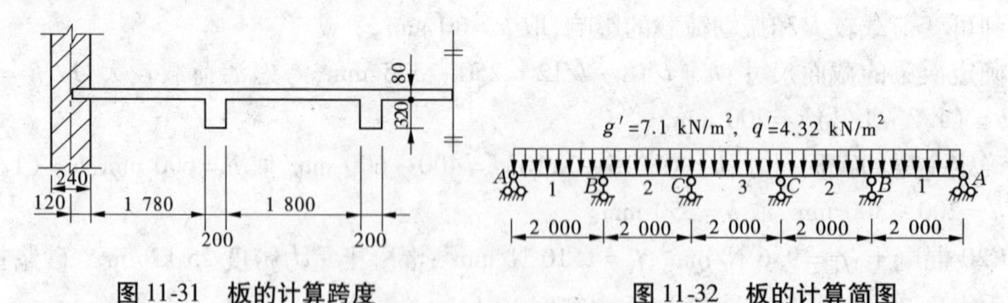

图 11-31　板的计算跨度　　　　图 11-32　板的计算简图

3. 弯矩设计值

查附录六附表 6-4 五跨连续梁板内力计算表可得：

跨中弯矩

$$M_1 = (0.078 \times 7.1 + 0.100 \times 4.32) \times 2.0^2 = 3.94(\mathrm{kN \cdot m})$$

$$M_2 = (0.033 \times 7.1 + 0.079 \times 4.32) \times 2.0^2 = 2.30(\mathrm{kN \cdot m})$$

$$M_3 = (0.046 \times 7.1 + 0.085 \times 4.32) \times 2.0^2 = 2.78(\text{kN} \cdot \text{m})$$

支座弯矩

$$M_B = -(0.105 \times 7.1 + 0.119 \times 4.32) \times 2.0^2 = -5.04(\text{kN} \cdot \text{m})$$

$$M_C = -(0.079 \times 7.1 + 0.111 \times 4.32) \times 2.0^2 = -4.16(\text{kN} \cdot \text{m})$$

支座边缘处弯矩

$$M_{Be} = M_B - V_0 b/2 = -5.04 + 0.2 \times (7.1 + 4.32)/2 = -3.90(\text{kN} \cdot \text{m})$$

$$M_{Ce} = M_C - V_0 b/2 = -4.16 + 0.2 \times (7.1 + 4.32)/2 = -3.02(\text{kN} \cdot \text{m})$$

4. 配筋的计算

板截面的有效高度为 $h_0 = h - 25 = 55$ mm，$f_c = 9.6$ N/mm²，$f_y = 210$ N/mm²。板的配筋计算见表 11-5。

表 11-5　板的配筋计算

截面	边跨跨中	第一内支座	第二跨跨中	中间支座	中间跨中
弯矩设计值(kN·m)	3.94	-3.90	2.30	-3.02	2.78
$\alpha_s = \gamma_d M/(f_c b h_0^2)$	0.137	0.135	0.080	0.105	0.096
ξ	0.148	0.146	0.083	0.111	0.102
$A_s = \xi f_c b h_0 / f_y$(mm²)	406	400	229	304	278
实配钢筋	Φ 8@125 (402 mm²)	Φ 8@125 (402 mm²)	Φ 6/8@125 (314 mm²)	Φ 6/8@125 (314 mm²)	Φ 6/8@125 (314 mm²)

(三)次梁的设计

次梁的设计按弹性方法进行。

1. 荷载的计算

根据结构平面布置，次梁所承受的荷载范围的宽度为相邻两次梁间中心线间的距离，即 2.0 m，所以荷载设计值如下：

板传来恒载设计值　　$2.78 \times 2.0 = 5.56$(kN/m)

次梁自重设计值　　$1.05 \times 25 \times 0.2 \times (0.4 - 0.08) = 1.68$(kN/m)

恒荷载设计值　　$g = 7.24$ kN/m

活荷载设计值　　$q = 8.64 \times 2 = 17.28$(kN/m)

荷载总设计值　　$g + q = 24.52$ kN/m

因为 $q/g = 2.39 < 3$，考虑主梁扭转刚度的影响，次梁的折算荷载为

$$g' = g + q/4 = 11.56 \text{ kN/m}, \quad q' = 3q/4 = 12.96 \text{ kN/m}^2$$

2. 计算简图

主梁的截面尺寸为 250 mm×600 mm，次梁在砖墙上的支承长度取为 240 mm。次梁的计算跨度与计算简图分别见图 11-33 和图 11-34。由于次梁相邻跨差小于 10%，故按五

等跨连续梁计算。

计算跨度　　$b/l_c = 250/4\ 500 = 0.056 > 0.05$

边跨取　　$l_0 = 1.05l_n = 1.05 \times 4\ 255 = 4\ 468(\text{mm})$

中跨取　　$l_0 = 1.05l_n = 1.05 \times 4\ 250 = 4\ 463(\text{mm})$

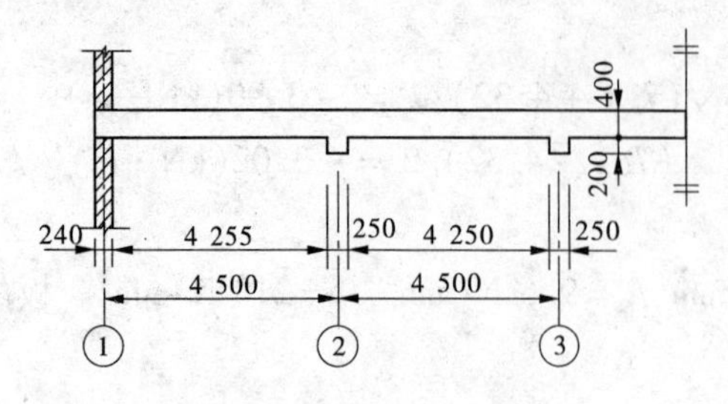

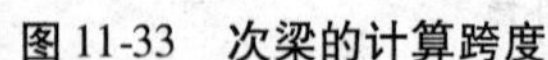

图 11-33　次梁的计算跨度

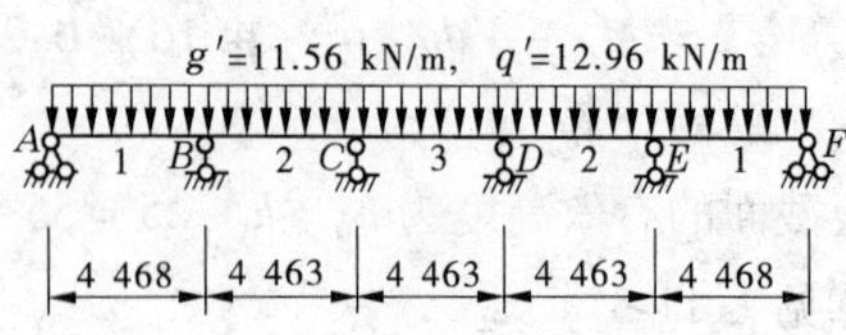

图 11-34　次梁的计算简图

3. 内力的计算

由附录六附表6-4可得:

跨中弯矩

$$M_1 = (0.078 \times 11.56 + 0.100 \times 12.96) \times 4.468^2 = 43.87(\text{kN}\cdot\text{m})$$

$$M_2 = (0.033 \times 11.56 + 0.079 \times 12.96) \times 4.463^2 = 28.00(\text{kN}\cdot\text{m})$$

$$M_3 = (0.046 \times 11.56 + 0.085 \times 12.96) \times 4.463^2 = 32.53(\text{kN}\cdot\text{m})$$

支座弯矩

$$M_B = -(0.105 \times 11.56 + 0.119 \times 12.96) \times 4.465^2 = -54.95(\text{kN}\cdot\text{m})$$

$$M_C = -(0.079 \times 11.56 + 0.111 \times 12.96) \times 4.463^2 = -46.84(\text{kN}\cdot\text{m})$$

支座边缘处弯矩

$$M_{Be} = M_B - V_0 \times 0.025l_n = -48.11(\text{kN}\cdot\text{m})$$

$$M_{Ce} = M_C - V_0 \times 0.025l_n = -40.00(\text{kN}\cdot\text{m})$$

支座剪力

$$V_A = (0.394 \times 11.56 + 0.447 \times 12.96) \times 4.255 = 44.03(\text{kN})$$

$$V_B^l = -(0.606 \times 11.56 + 0.620 \times 12.96) \times 4.250 = -63.92(\text{kN})$$

$$V_B^r = (0.526 \times 11.56 + 0.598 \times 12.96) \times 4.250 = 58.78(\text{kN})$$

$$V_C^l = -(0.474 \times 11.56 + 0.576 \times 12.96) \times 4.250 = -55.01(\text{kN})$$

$$V_C^r = (0.500 \times 11.56 + 0.591 \times 12.96) \times 4.250 = 57.12(\text{kN})$$

4. 配筋的计算

1)次梁正截面设计

在次梁支座处,次梁的计算截面为 200 mm×400 mm 的矩形截面。

在次梁的跨中处,次梁按 T 形截面考虑。

按计算跨度　　$b_f' = l_0/3 = 4\ 463/3 = 1\ 488(\text{mm})$

按梁肋净距　　$b_f' = b + s_n = 200 + 1\ 800 = 2\ 000(\text{mm})$

取较小值　　$b_f' = 1\ 488\ \text{mm}$

次梁各截面考虑布置一排钢筋，故 $h_0 = h - 40 = 400 - 40 = 360$(mm)，次梁中受力主筋采用 HRB335 级，$f_y = 300\ N/mm^2$。次梁各截面的配筋计算如表 11-6 所示。

表 11-6　次梁正截面配筋计算

截面	边跨跨中	第一内支座	第二跨跨中	中间支座	中间跨中
弯矩设计值(kN·m)	43.87	-48.11	28.00	-40.00	32.53
$\alpha_s = \gamma_d M/(f_c b_f' h_0^2)$ 或 $\alpha_s = \gamma_d M/(f_c b h_0^2)$	0.028	0.232	0.018	0.193	0.021
ξ	0.029	0.268	0.018	0.216	0.021
$A_s = \xi b_f' h_0 f_c / f_y$ 或 $A_s = \xi b h_0 f_c / f_y$ (mm^2)	495	617	314	498	365
实配钢筋	3 Φ 12 + 1 Φ 14 ($493\ mm^2$)	4 Φ 14 ($615\ mm^2$)	2 Φ 12 + 1 Φ 14 ($380\ mm^2$)	3 Φ 14 ($461\ mm^2$)	2 Φ 12 + 1 Φ 14 ($380\ mm^2$)

$f_c b_f' h_f'(h_0 - 0.5h_f') = 9.6 \times 1\,488 \times 80 \times (360 - 0.5 \times 80) = 365.7(kN \cdot m) > \gamma_d M$

跨中截面均为第一类 T 形截面。

2)次梁斜截面设计

验算截面尺寸：

$$h_w = h_0 - h_f' = 360 - 80 = 280(mm);\quad h_w/b = 280/200 = 1.40 < 4$$

$$0.25 f_c b h_0 = 0.25 \times 9.6 \times 200 \times 360 = 172.8(kN)$$

$$> \gamma_d V_{max} = \gamma_d V_B^l = 1.2 \times 63.92 = 76.7(kN)$$

所以截面尺寸符合要求。

$$\gamma_d V_{max} \leqslant 0.7 f_t b h_0 + 1.0 f_{yv} \frac{A_{sv}}{s} h_0 = 0.7 \times 1.10 \times 200 \times 360 + 1.0 \times 210 \times 360 \times A_{sv}/s$$

$$= 55\,440 + 75\,600 \times 56.88/s$$

$$s \leqslant 202\ mm$$

取箍筋间距 $s = 180$ mm，沿梁全长均匀配置，各个支座斜截面承载力均满足要求。

配箍率下限值为　$\rho_{svmin} = 0.15\%$

实际配箍率　$\rho_{sv} = A_{sv}/(bs) = 56.88/(200 \times 180) = 0.158\% > 0.15\%$

满足要求。

(四)主梁的设计

主梁的内力按弹性理论的方法计算。

1. 荷载计算

主梁主要承受次梁传来的荷载、主梁的自重以及粉刷层重，为简化计算，主梁自重、粉刷层重也简化为集中荷载，作用于与次梁传来的荷载相同的位置。

次梁传来恒载设计值　$7.24 \times 4.5 = 32.58(kN)$

主梁的自重　　$1.05 \times 25 \times (0.6 - 0.08) \times 2 \times 0.25 = 6.83(\text{kN})$

恒荷载设计值　　$G = 39.41\ \text{kN}$

活荷载设计值　　$Q = 17.28 \times 4.5 = 77.76(\text{kN})$

荷载总设计值　　$G + Q = 117\ \text{kN}$

2. 计算简图

主梁为两端支承于砖墙上、中间支承于柱顶的三跨连续梁，主梁在砖墙上的支承长度为 370 mm，柱的截面尺寸为 400 mm × 400 mm。

计算跨度的确定：主梁的跨长如图 11-35 所示，计算简图如图 11-36 所示，跨差小于 10%，故可按附录六计算内力。

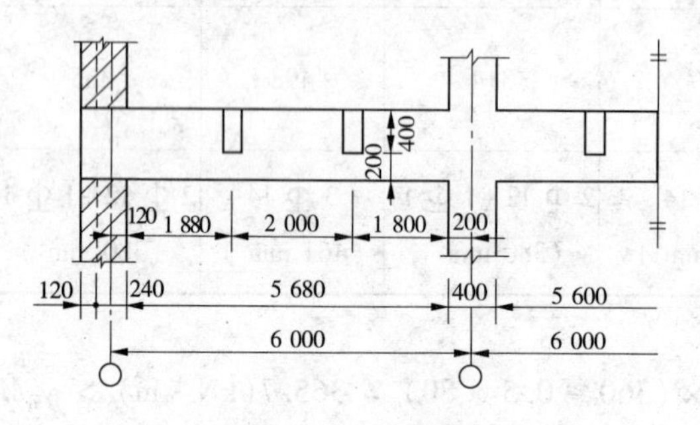

图 11-35　主梁跨度

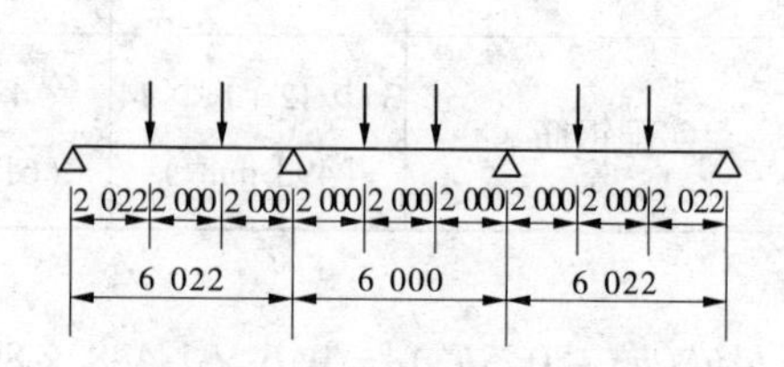

图 11-36　主梁的计算简图

边跨：$l_0 = 6\,060$ mm，或 $l_0 = 6\,022$ mm，取小值 $l_0 = 6\,022$ mm。

中跨：$l_0 = l = 6\,000$ mm

3. 内力的计算及内力包络图

1) 弯矩设计值

计算公式：$M = \alpha_1 G l_0 + \alpha_2 Q l_0$。计算结果见表 11-7。

表 11-7　主梁弯矩计算

项次	荷载简图	α/M_1	α/M_B	α/M_2	α/M_C
①	G G G G G G	0.244 58.78	−0.267 −64.2	0.067 16.1	−0.267 −64.2
②	Q Q Q Q	0.289 135.75	−0.133 −62.36	−0.133 −62.24	−0.133 −62.36
③	Q Q	−0.044 −20.4	−0.133 −62.36	0.200 93.6	−0.133 −62.36
④④′	Q Q Q Q	−0.229 −107.57	−0.311 −145.82	0.170 79.56	−0.089 −41.73
组合项次 $M_{\min}$ (kN · m)		①+③ 38.38	①+④ −210	①+② −46.16	①+④(④′) −105.93(−210)
组合项次 $M_{\max}$ (kN · m)		①+② 194.53		①+③ 109.68	

2）剪力设计值

计算公式：$V=\beta_1 G+\beta_2 Q$；计算结果见表 11-8。

表 11-8　主梁剪力计算

项次	荷载简图	β/V_A	β/V_B^l	β/V_B^r
1	G G G G G G	0.733 29.32	−1.267 −50.68	1.0 40
2	Q Q Q Q	0.866 67.55	−1.134 −88.45	0 0
4	Q Q Q Q	0.689 53.74	−1.311 −102.26	1.222 95.32
组合项次 $\pm V_{max}$（kN）		①+② 96.87	①+④ −152.94	①+④ 135.32

3）内力包络图

弯矩包络图：边跨的控制弯矩有跨内最大弯矩 M_{max}、跨内最小弯矩 M_{min}、B 支座最大负弯矩 $-M_{Bmax}$，它们分别对应的荷载组合是：①+②、①+③、①+④。在同一基线上分别绘制在这三组荷载作用下的弯矩图。

在荷载组合①+②作用下，$M_A=0$，$M_B=-64.2+(-62.36)=-126.56(\text{kN}\cdot\text{m})$，以这两个支座弯矩值的连线为基线，叠加边跨在集中荷载 $G+Q=117$ kN 作用下的简支梁弯矩图。

第一个集中荷载处的弯矩值为

$$1/3(G+Q)l_{01}-1/3M_B=1/3\times117\times6.022-1/3\times126.56=192.67(\text{kN}\cdot\text{m})$$

第二个集中荷载处的弯矩值为

$$1/3(G+Q)l_{01}-2/3M_B=1/3\times117\times6.022-2/3\times126.56=150.48(\text{kN}\cdot\text{m})$$

至此，可以绘出边跨在荷载组合①+②作用下的弯矩图，同样也可以绘制边跨分别在①+③作用下和在①+④作用下的弯矩图。

中跨的控制弯矩有跨内最大弯矩 M_{max}、跨内最小弯矩 M_{min}、B 支座最大负弯矩 $-M_{Bmax}$、C 支座最大负弯矩 $-M_{Cmax}$，它们分别对应的荷载组合是：①+③、①+②、①+④和①+④′。在同一基线上分别绘制在这些荷载组合作用下的弯矩图，即可得到中跨的弯矩包络图。

所计算的跨内最大弯矩与表 11-7 中的跨内最大弯矩稍有差异，这主要是由于计算跨度并不是完全等跨。

主梁的弯矩包络图如图 11-37 所示。

剪力包络图：根据表 11-8，在荷载组合①+②时，$V_{Amax}=96.87$ kN，至第一集中荷载处剪力降为 $96.87-118=-21.13$（kN），至第二集中荷载处，剪力降为 $-21.13-118=-139.13$（kN）；同样可以计算在荷载组合①+④作用下各处的剪力值。据此即可绘制剪力包络图，如图 11-38 所示。

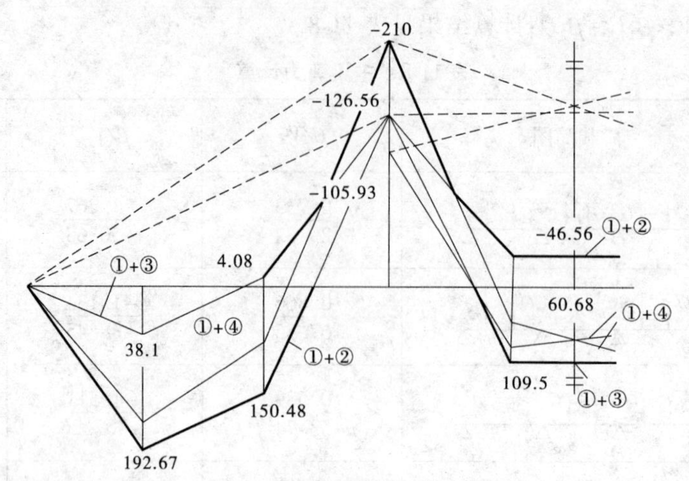

图 11-37　主梁的弯矩包络图

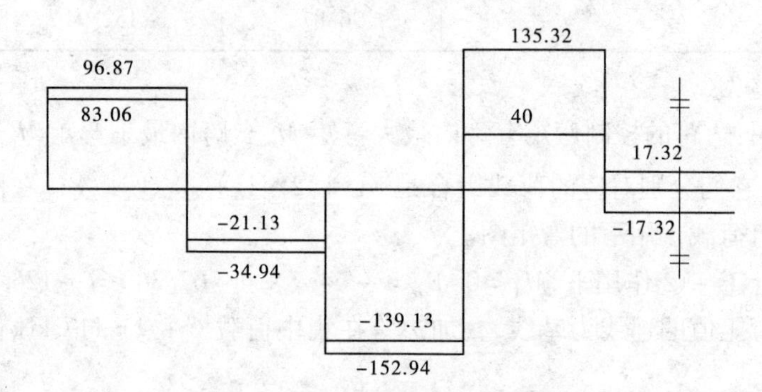

图 11-38　主梁的剪力包络图

4）截面设计

（1）主梁正截面设计。

主梁支座按矩形截面设计，截面尺寸为 250 mm × 600 mm，跨内按 T 形截面设计，翼缘宽度按如下确定：

$\frac{h_f'}{h_0}=\frac{80}{570}=0.14>0.1$，所以翼缘宽度取下两式最小值：

$b_f'=l_0/3=6\ 000/3=2\ 000(\mathrm{mm})$；　$b_f'=b+s_n=250+4\ 500=4\ 750(\mathrm{mm})$

即取 $b_f'=2\ 000$ mm。

主梁考虑内支座处布置两排钢筋，跨中布置一排钢筋，因此跨中 $h_0=h-35=600-35=565(\mathrm{mm})$，支座截面 $h_0=h-70=600-70=530(\mathrm{mm})$。

考虑主梁支座宽度的影响，B 支座截面的弯矩设计值为：$M_B=186.42\ \mathrm{kN\cdot m}$。

跨内截面处

$\gamma_d M=192.67\ \mathrm{kN\cdot m}$

$<f_c b_f' h_f'(h_0-h_f'/2)=9.6\times 2\ 000\times 80\times(570-80/2)=814(\mathrm{kN\cdot m})$

因此属于第一类 T 形截面，配筋的具体计算见表 11-9。

表 11-9　主梁正截面配筋计算

截面	边跨跨中	第一内支座	中间跨中	中间支座
弯矩设计值(kN/m)	192.67	-186.42	109.5	-46.56
$\alpha_s=\gamma_d M/(f_c bh_0^2)$	0.038 1	0.332	0.021	0.083
ξ	0.038	0.42	0.021	0.087 5
$A_s=\xi bh_0 f_c/f_y$ (mm²)	1 372	1 779	761	370
选钢筋	2 Φ 20(弯) + 3 Φ 18(弯 1) (1 391)	3 Φ 20(弯) + 3 Φ 18(弯) (1 704)	2 Φ 18 + 1 Φ 20(弯) (823)	2 Φ 18 (509)

(2)主梁斜截面设计。

验算截面尺寸：

$$h_w = h_0 - 80 = 530 - 80 = 450(\text{mm}),\ h_w/b = 1.8 < 4$$

$$0.25 f_c bh_0 = 0.25 \times 9.6 \times 250 \times 530 = 318(\text{kN})$$

$$> \gamma_d V_{max} = 1.2 \times 152.94 = 183.53(\text{kN})$$

即截面尺寸符合要求。

箍筋的计算：

假设采用双肢箍筋Φ 8@200，则

$$V_{cs} = 172\ 005\ \text{N} > \gamma_d V_A = 116\ 240\ \text{N} > \gamma_d V_B^r = 162\ 380\ \text{N} < \gamma_d V_B^l = 183\ 530\ \text{N}$$

即 B 支座左边尚应配弯起钢筋：$A_{sb}=67.9\ \text{mm}^2$。

按 45°角弯起一根 1 Φ 18，$A_{sb}=254.5\ \text{mm}^2>38.8\ \text{mm}^2$。

因主梁剪力图形呈矩形，故在支座左边 2 m 长度内布置 3 道弯起钢筋，即先后弯起 2 Φ 20 +1 Φ 18。

次梁处附加横向钢筋：

由次梁传来的集中力

$$F_1 = 32.85 + 78 = 110.85(\text{kN})$$

$$h_1 = 600 - 400 = 200(\text{mm}),\quad s = 2h_1 + 3b = 2 \times 200 + 3 \times 200 = 1\ 000(\text{mm})$$

取附加箍筋为双肢Φ 8@200，另配以吊筋 1 Φ 18，箍筋在次梁两侧各布置 3 排，则

$$2f_y A_{sb}\sin\alpha + mnf_{yv}A_{sv1} = 2 \times 300 \times 254.5 \times \sin 45° + 6 \times 2 \times 210 \times 50.3 = 234\ 714.9\ (\text{N})$$

$$> \gamma_d F_1 = 1.2 \times 110\ 850 = 133\ 020(\text{N})$$

即满足要求。

5)主梁下砌体局部承压强度的验算

主梁下设梁垫，具体计算略。

(五) 绘制板、次梁、主梁的施工图

板、次梁、主梁施工图分别见图 11-39、图 11-40 和图 11-41。

例二

某厂房双向板肋形楼盖的结构布置如图 11-42 所示，楼盖支承梁截面为 250 mm×500 mm，楼面活荷载标准值 $q_k=7.2\ \text{kN/m}^2$，楼盖总的恒荷载标准值 $g_k=4.286\ \text{kN/m}^2$，板厚为

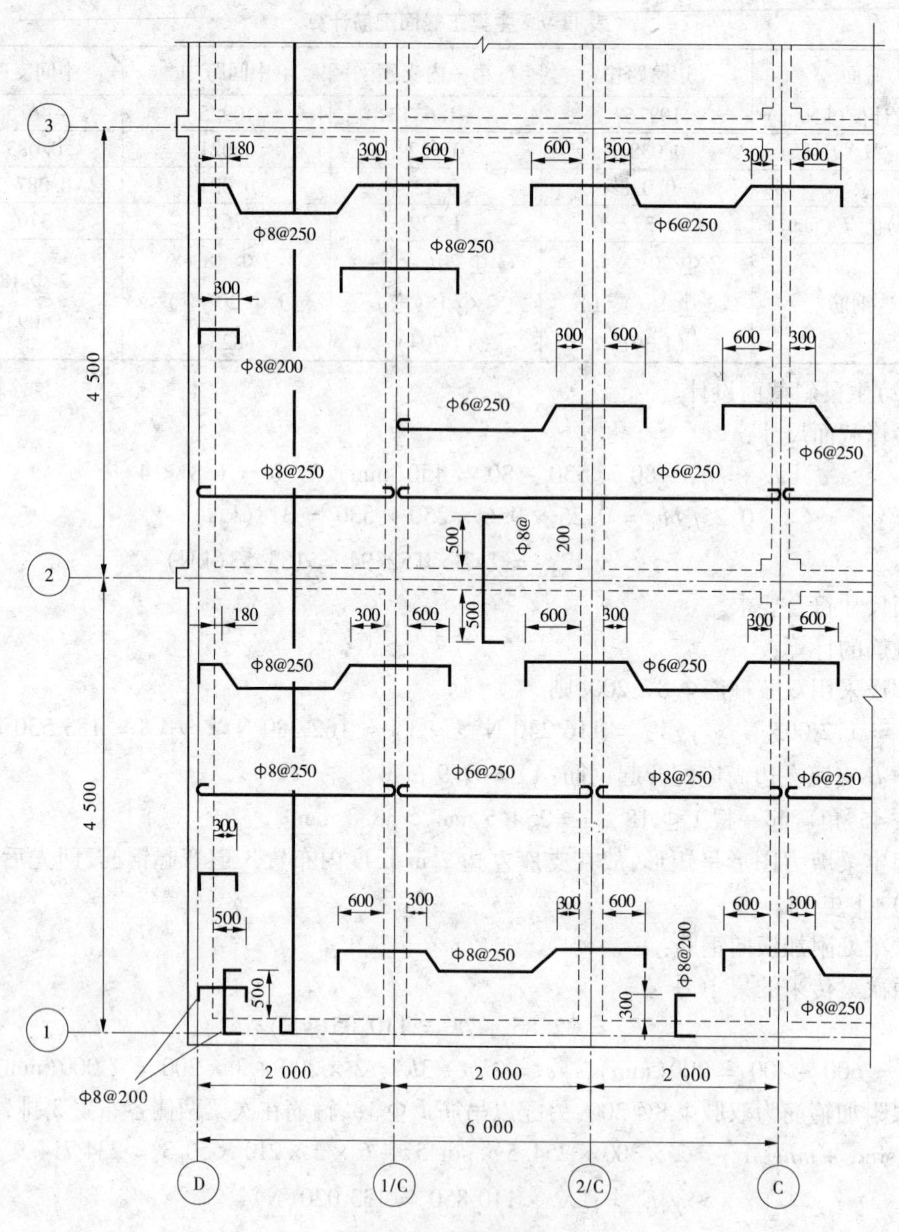

图 11-39　板的配筋图

100 mm,混凝土强度等级采用 C20,板中钢筋为 HPB235 级。试按弹性理论设计此楼盖。

(一)设计荷载计算

1. 荷载设计值

恒荷载设计值　　$g = g_k \times 1.05 = 4.286 \times 1.05 = 4.5(\mathrm{kN/m^2})$

活荷载设计值　　$q = q_k \times 1.2 = 7.2 \times 1.2 = 8.64(\mathrm{kN/m^2})$

正对称荷载　　$g' = g + q/2 = 4.5 + 4.32 = 8.82(\mathrm{kN/m^2})$

反对称荷载　　$q' = \pm q/2 = \pm 4.32\ \mathrm{kN/m^2}$

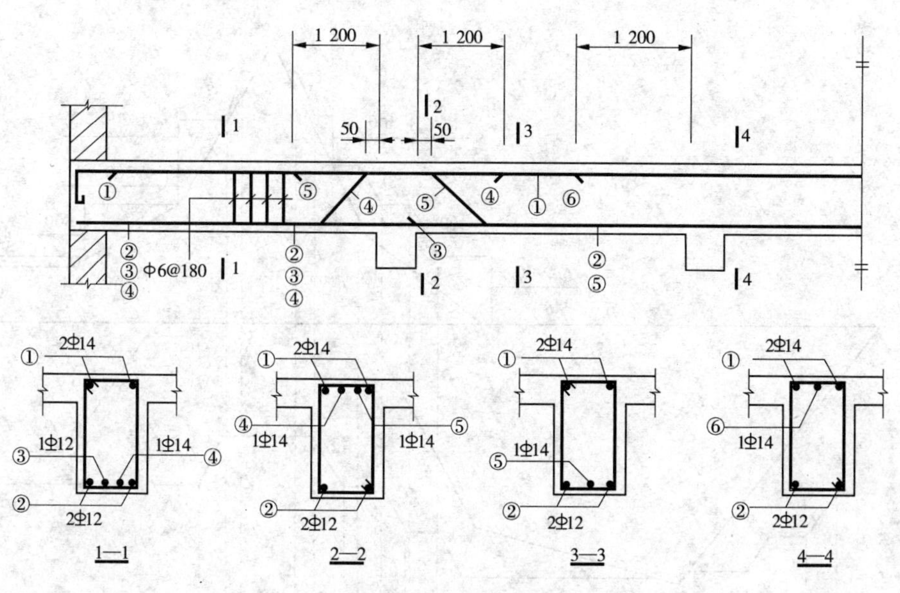

图 11-40　次梁的配筋图

荷载总设计值　　$g+q=4.5+8.64=13.14(\mathrm{kN/m^2})$

2. 计算跨度

内区格板的计算跨度取支承中心间的距离；边区格板的计算跨度取净跨 + 内支座宽度的一半 + 板厚的一半或取净跨 + 内支座宽度的一半 + 边支座支承长度的一半，两者取小值，具体数值见表 11-10。

3. 弯矩设计值

现以 A 区格板为例说明各弯矩设计值的计算过程。

$$l_1/l_2 = 0.812\,5$$

先计算跨中弯矩

$$m_1 = (k_1 g' l_1^2 + k_2 q' l_1^2)$$

$$m_2 = (k_3 g' l_1^2 + k_4 q' l_1^2)$$

所以

$$m_1 = 7.15\ \mathrm{kN\cdot m} \qquad m_2 = 4.20\ \mathrm{kN\cdot m}$$

$$m_1^{(\nu)} = m_1 + \nu m_2 = 7.85\ \mathrm{kN\cdot m}$$

$$m_2^{(\nu)} = m_2 + \nu m_1 = 5.39\ \mathrm{kN\cdot m}$$

计算支座弯矩

计算公式

$$m_1' = k_1'(g+q)l_1^2$$

$$m_1'' = k_1''(g+q)l_1^2$$

$$m_2' = k_2'(g+q)l_1^2$$

$$m_2'' = k_2''(g+q)l_1^2$$

所以

$$m_1' = -13.08\ \mathrm{kN\cdot m} \qquad m_1'' = m_1' = -13.08\ \mathrm{kN\cdot m}$$

$$m_2' = -11.13\ \mathrm{kN\cdot m} \qquad m_2'' = m_2' = -11.13\ \mathrm{kN\cdot m}$$

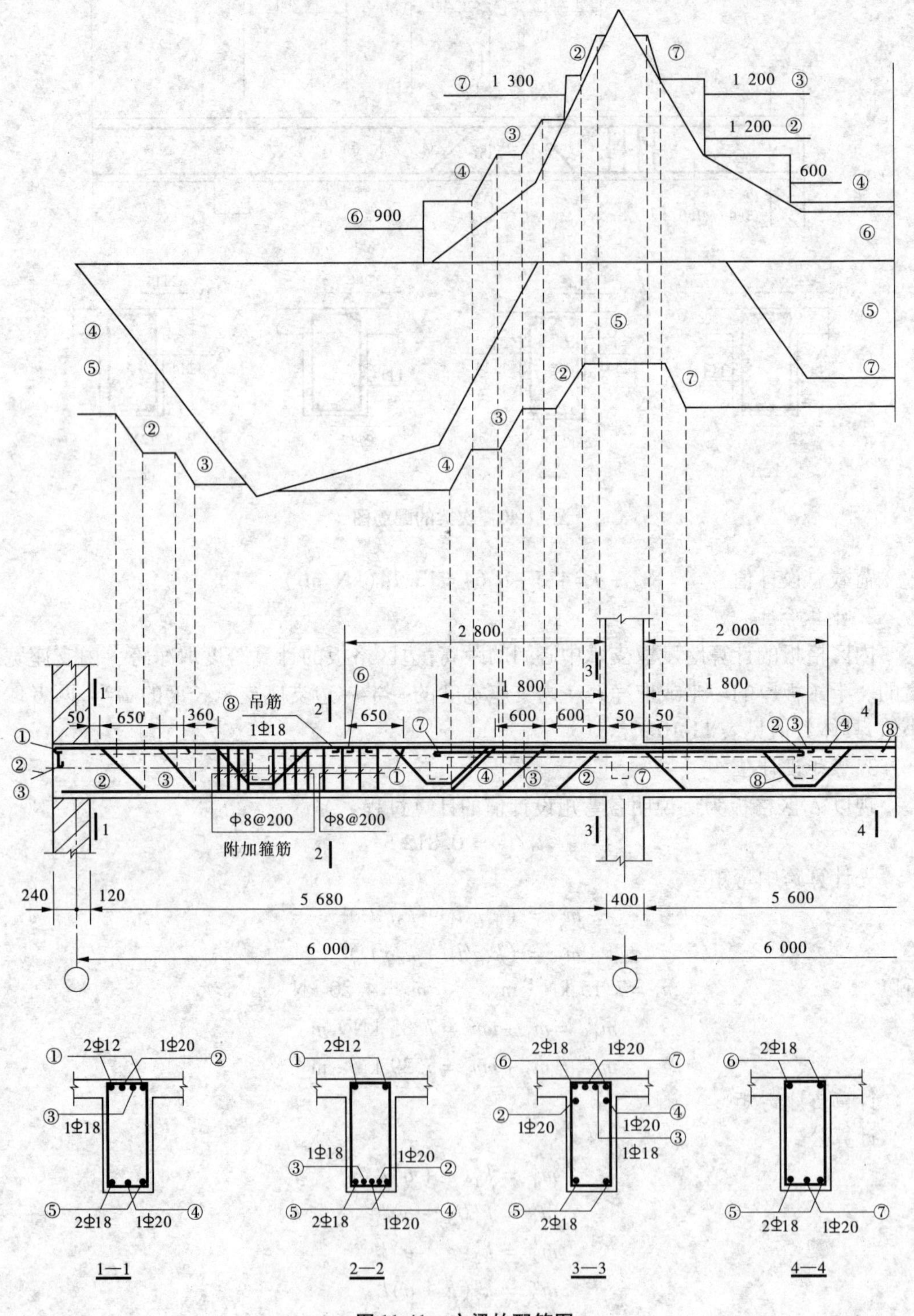

图 11-41　主梁的配筋图

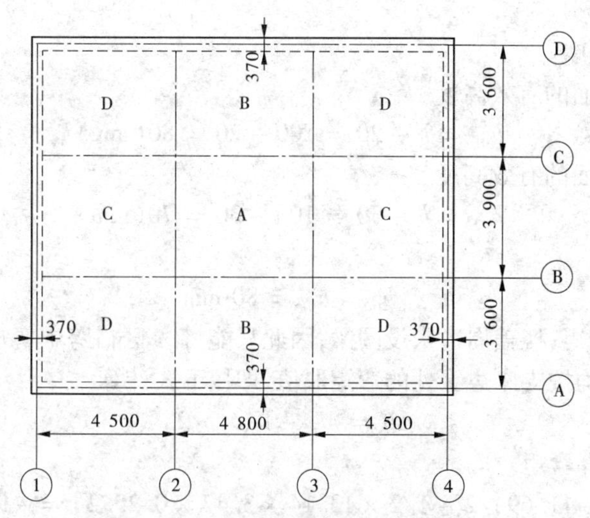

图 11-42　双向板肋形楼盖的结构布置

按照同样的方法可以求得其他各区格在各截面上的弯矩设计值。计算结果见表 11-10。

表 11-10　截面弯矩计算表

项目	A 区格	B 区格	C 区格	D 区格
l_1	3.9	3.47	3.9	3.47
l_2	4.8	4.8	4.37	4.37
l_1/l_2	0.812 5	0.723	0.892	0.794
m_1 (kN·m)	$0.026\,5\times8.82\times3.9^2+0.054\,73\times4.32\times3.9^2=7.15$	$0.020\,0\times8.82\times3.47^2+0.065\,1\times4.32\times3.47^2=5.51$	$0.027\,2\times8.82\times3.9^2+0.046\,6\times4.32\times3.9^2=6.71$	$0.036\,62\times8.82\times3.47^2+0.057\,87\times4.32\times3.47^2=6.90$
m_2 (kN·m)	$0.014\,7\times8.82\times3.9^2+0.033\,75\times4.32\times3.9^2=4.20$	$0.035\,0\times8.82\times3.47^2+0.030\,6\times4.32\times3.47^2=5.31$	$0.015\,5\times8.82\times3.9^2+0.035\,6\times4.32\times3.9^2=4.42$	$0.019\,95\times8.82\times3.47^2+0.032\,9\times4.32\times3.47^2=3.83$
$m_1^{(\nu)}$ (kN·m)	$7.15+1/6\times4.2=7.85$	$5.51+1/6\times5.31=6.40$	$6.71+1/6\times4.42=7.45$	$6.90+1/6\times3.83=7.54$
$m_2^{(\nu)}$ (kN·m)	$4.2+1/6\times7.15=5.39$	$5.31+1/6\times5.51=6.23$	$4.42+1/6\times6.71=5.54$	$3.83+1/6\times6.90=4.98$
m_1' (kN·m)	$-0.065\,45\times13.14\times3.9^2=-13.08$	$-0.073\,9\times13.14\times3.47^2=-11.69$	$-0.066\,9\times13.14\times3.9^2=-13.37$	$-0.089\,9\times13.14\times3.47^2=-14.22$
m_1'' (kN·m)	−13.08	0	−13.37	0
m_2' (kN·m)	$-0.055\,7\times13.14\times3.9^2=-11.13$	$-0.087\,1\times13.14\times3.47^2=-13.78$	0	0
m_2'' (kN·m)	−11.13	−13.78	$-0.056\,4\times13.14\times3.9^2=-11.27$	$-0.075\,2\times13.14\times3.47^2=-11.90$

(二)截面设计

截面的有效高度:

l_1方向跨中截面的有效高度

$$h_{01} = h - 20 = 100 - 20 = 80(\text{mm})$$

l_2方向跨中截面的有效高度

$$h_{02} = h - 30 = 100 - 30 = 70(\text{mm})$$

支座截面

$$h_0 = h_{01} = 80 \text{ mm}$$

截面的设计弯矩:楼盖周边未设圈梁,因此只能将 A 区格跨中弯矩折减 20%,其余均不折减;支座弯矩均按支座边缘处的弯矩取值,即按下式计算

$$M = M_c - V_0 \times b/2$$

A—B 支座计算弯矩

$$-[(13.08 + 11.69)/2 - 1/2 \times 13.14 \times 3.47 \times 0.25/2] = -9.54(\text{kN}\cdot\text{m})$$

A—C 支座计算弯矩

$$-[(11.13 + 11.27)/2 - 1/2 \times 13.14 \times 4.37 \times 0.25/2] = -7.61(\text{kN}\cdot\text{m})$$

B—D 支座计算弯矩

$$-[(13.78 + 11.90)/2 - 1/2 \times 13.14 \times 4.37 \times 0.25/2] = -9.25(\text{kN}\cdot\text{m})$$

C—D 支座计算弯矩

$$-[(13.37 + 14.22)/2 - 1/2 \times 13.14 \times 3.47 \times 0.25/2] = -10.95(\text{kN}\cdot\text{m})$$

所需钢筋的面积:为计算简便,近似取 $\gamma = 0.9, \gamma_d = 1.2$。

$$A_s = \gamma_d m/(0.9 h_0 f_y)$$

截面配筋计算见表 11-11。

表 11-11　截面配筋计算

截面			h_0 (mm)	m (kN·m/m)	A_s (mm²/m)	配筋	实配 A_s(mm²/m)
跨中	A 格区	l_1方向	80	7.85×0.8 = 6.28	498	Φ 8@100	503
		l_2方向	70	5.39×0.8 = 4.31	391	Φ 10@200	393
	B 格区	l_1方向	80	6.40	508	Φ 8@100	503
		l_2方向	70	6.23	567	Φ 8@80	629
	C 格区	l_1方向	80	7.45	591	Φ 10@130	604
		l_2方向	70	5.54	502	Φ 8@100	503
	D 格区	l_1方向	80	7.54	598	Φ 10@130	604
		l_2方向	70	4.98	452	Φ 10@160	491

续表 11-11

截面			h_0 (mm)	m (kN·m/m)	A_s (mm²/m)	配筋	实配 A_s(mm²/m)
支座	A—B		80	-9.54	757	Φ 10@100	785
	A—C		80	-7.61	604	Φ 8/10@100	644
	B—D		80	-9.25	734	Φ 8/10@80	805
	C—D		80	-10.95	869	Φ 12@130	870

(三)施工图的绘制

按弹性理论计算的配筋的施工图如图 11-43 所示。

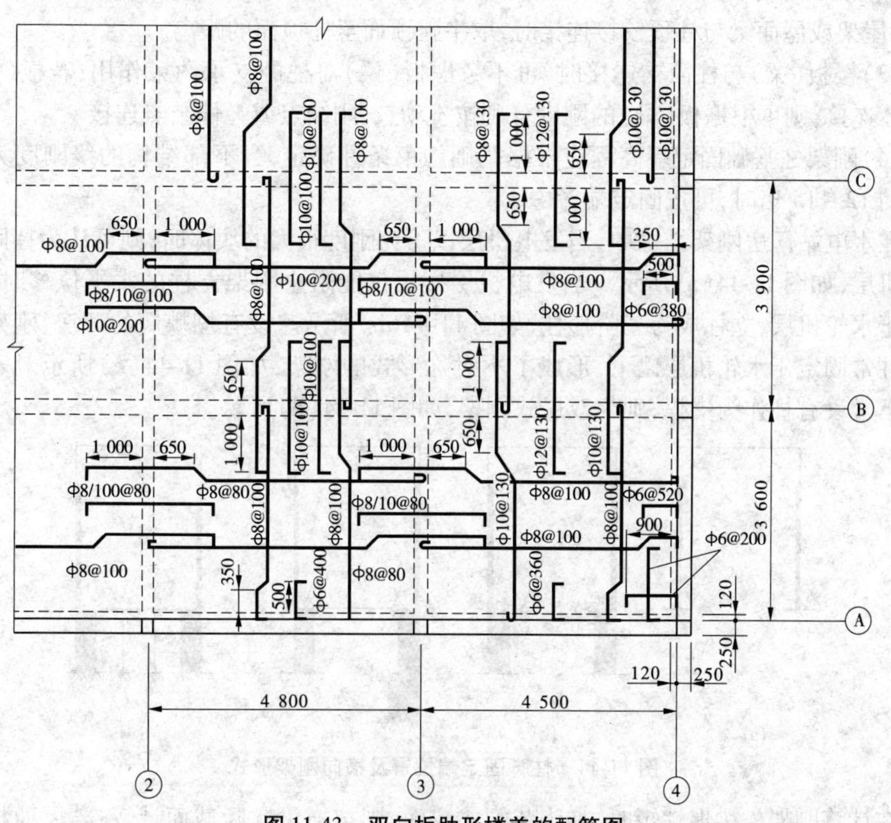

图 11-43　双向板肋形楼盖的配筋图

第五节　钢筋混凝土刚架结构的计算与构造

整体式构架立柱与屋面大梁整体浇筑，刚性联结，称为刚架。刚架的刚度大，抗震性能好，但模板工作量大，施工干扰多，周期长。考虑到构件的数量、尺寸、吊装设备以及成本等因素,水电站厂房构架多为钢筋混凝土现浇刚架结构,此外,支撑渡槽槽身和支撑工作桥桥面的承重刚架也都采用刚架结构。刚架结构可以是单层多跨的,也可以是多层多跨的,刚架结构通常也称为框架结构。刚架的立柱与基础的连接可分为铰接和固接两种,主要取决于地基土壤的特性。

一、计算简图

整体式刚架结构中,纵梁、横梁与柱整体连接,组成复杂的空间杆件结构体系,为了简化计算,一般将空间刚架简化为横向和纵向两个方向的平面刚架进行结构分析。纵向刚架的柱根数较多,刚度较大,柱顶变形较小,当纵向刚架立柱总数多于 7 根时,可不进行计算。因此,本节仅阐述横向刚架的结构计算。

计算简图应遵循下列规定:

(1)横向跨度取柱截面轴线,对阶形变截面柱,轴线通过最小截面中点。

(2)下柱高度取固定端至牛腿顶面的距离,上柱高度取牛腿顶面至横梁中心的距离(当为屋架或屋面梁与柱顶铰接连接时,取牛腿顶面至柱顶面的距离)。

(3)楼板(梁)与柱简支连接时,可不考虑板(梁)对柱的支承约束作用;若板(梁)与柱整体连接,则可根据板(梁)的刚度分别按不动铰、刚结点或弹性结点连接。

(4)刚架柱基础固定端高程应根据基础约束条件确定,当下部结构的线刚度为柱线刚度的 12 ~ 15 倍时,可按固定端考虑。

在水电站厂房刚架结构中,当发电机层以下为刚度很大的块体时,则可认为柱固定在发电机层,如图 11-44(a)所示。当发电机层楼板仅能阻止刚架立柱的水平位移时,柱底固定于水轮机层,立柱成为三阶形柱,如图 11-44(b)所示。设有蝴蝶阀的厂房,刚架上游侧立柱常固定于水轮机层以下,形成了不对称形式的刚架,如图 11-44(c)所示。安装间大梁下常设有柱作为支撑,则为双层式刚架,如图 11-44(d)所示。

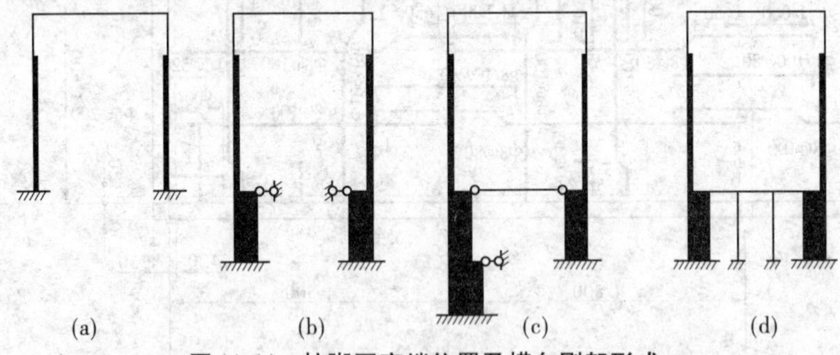

图 11-44 柱脚固定端位置及横向刚架形式

在计算刚架横梁惯性矩时,如为装配式屋面,则按横梁实际截面计算;若屋面板与梁为现浇整体式梁板结构,则应考虑板参与横梁工作,按 T 形截面计算。当计算立柱截面惯性矩时,若围护墙是砖墙,则取立柱实际截面计算;若围护墙为与柱整浇的钢筋混凝土墙,则应考虑墙的作用,取 T 形截面计算。

T 形截面惯性矩可按下列简化方法计算:

伸缩缝区段两端的刚架 $I = 1.5I_0$

伸缩缝区段中间的刚架　　$I=2.0I_0$

其中，I_0 是不考虑翼缘挑出部分的作用，按腹板计算的惯性矩。

刚架结构为超静定结构，应先确定构件截面尺寸。横梁截面可先按 $M=(0.6\sim0.8)M_0$，配筋率 $\rho=1.3\%\sim1.8\%$ 估算截面尺寸，M_0 是按简支梁计算的跨中最大弯矩；立柱可先按轴心受压构件估算，计入可能出现的最大轴向力，然后将所得到的截面尺寸扩大50%~80%。

对于先估算的构件截面尺寸，内力计算后如有必要可进行调整。一般只有当各杆件的相对惯性矩的变化超过3倍时，需重新计算内力。

当刚架横梁两端设有支托（加腋），但其支座截面高度与跨中截面高度之比 $h_c/h<1.6$，或截面惯性矩之比 $I_c/I<4$ 时，可不考虑支托的影响，按等截面横梁刚度计算。

二、荷载计算

钢筋混凝土刚架一般为厂房上部的主要承重结构，承受屋面、吊车、楼面、风雪等荷载，除吊车荷载外，其他荷载均取自计算单元范围内。屋面、楼面荷载的计算方法前已述及，本节主要介绍风荷载、吊车荷载和雪荷载的确定方法。

（一）风荷载

作用在刚架上的风荷载，是由计算单元这部分墙面及屋面传来的，其作用方向垂直于建筑物表面，在迎风面产生压力，在背风面和侧面产生吸力。作用在建筑物表面的风荷载，其标准值按下式计算

$$w_k=\beta_z\mu_z\mu_s w_0 \tag{11-18}$$

式中　w_k——风荷载标准值，kN/m^2；

β_z——高度 z 处的风振系数；

μ_z——风压高度变化系数；

μ_s——风荷载体型系数；

w_0——基本风压值，kN/m^2。

1. 基本风压值 w_0

基本风压是以当地比较空旷平坦地面上离地 10 m 高统计所得的50年一遇10 min平均最大风速为标准确定的风压值，可查《建筑结构荷载规范》（GB 50009—2001）。

对于水工建筑物，全国基本风压值还应进行以下修正：

（1）对于水工高耸结构，w_0 值乘以1.1后采用；对于特别重要和有特殊使用要求的结构或建筑物，w_0 值乘以1.2后采用。

（2）山间盆地、谷地等闭塞地形，w_0 值乘以0.75~0.85采用；与大风方向一致的山口、谷口，w_0 值乘以1.2~1.5采用。

2. 风压高度变化系数 μ_z

随着距地面高度增加，风速加大，风压值也加大，设计中采用风压高度变化系数 μ_z 来修正基本风压值。μ_z 可根据所在地区的地面粗糙程度类别和所求风压值处距地面的高度从《建筑结构荷载规范》（GB 50009—2001）中查得。

3. 风荷载体型系数 μ_s

风荷载体型系数即指风吹到建筑物表面引起的压力或吸力与理论风压的比值，与建筑物的外表体型和尺度有关。

水工建筑物的风荷载体型系数 μ_s 可按《建筑结构荷载规范》(GB 50009—2001)中的有关规定采用。图 11-45 所示为封闭式双坡屋面的风荷载体型系数。其中正值为压力，方向指向建筑物表面，负值为吸力，方向背离建筑物表面，均与建筑物表面垂直。

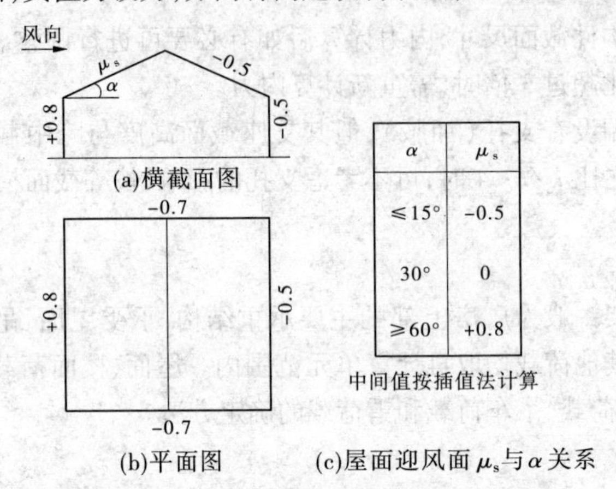

图 11-45　封闭式双坡屋面的风荷载体型系数

4. 风振系数 β_z

实际风荷载是随机的波动荷载，且在其平均值上下波动，使建筑物在平均水平位移附近左右摇晃，产生动力效应。设计时，采用加大风荷载的方法考虑这一动力效应，这种风压放大效应称为风振系数。

对于高度大于 30 m 且高宽比大于 1.5 的水电站厂房，风振系数可按相关规定计算，当不属于上述情形时，可取 $\beta_z = 1.0$。

5. 刚架上的风荷载

式(11-18)计算得到的是建筑物表面上高度 z 处单位面积上的风荷载标准值，对于刚架，其风荷载值为各表面的风荷载之和。

当刚架高度不大时，作用在屋面梁轴线以下的风荷载可按均布荷载考虑，β_z、μ_z 按横梁轴线标高取值；当建筑物高度较大时，为减小误差，横梁轴线以下的风荷载按阶梯形分布考虑，如图 11-46 所示。

各段的 β_z、μ_z 可按本段柱上端的标高取值，风荷载标准值按下式计算

$$q_{ki} = w_{ki}B = \beta_{zi}\mu_{zi}\mu_{si}w_0B \tag{11-19}$$

式中，B 为计算单元宽度。

作用在屋面梁轴线以上的风荷载仍然为均布荷载，对刚架的作用可按作用在柱顶的水平集中风荷载 F_{wk} 考虑。F_{wk} 为梁轴线以上的各表面风荷载的合力的水平分量之和，β_z、μ_z 按檐口标高确定。

$$F_{wk} = \beta_z\mu_z[(\mu_{s3} + \mu_{s4})h_1 + (\mu_{s6} - \mu_{s5})h_2]w_0B \tag{11-20}$$

式(11-20)中风压力、风吸力已按实际作用方向考虑，故风荷载体型系数 μ_{s3}、μ_{s4}、μ_{s5}、μ_{s6} 均

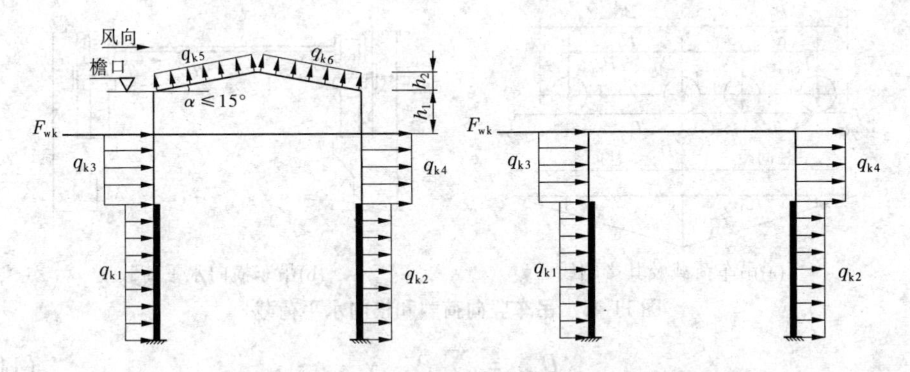

图 11-46　阶梯形分布风荷载

可按其绝对值代入。风荷载标准值乘以风荷载分项系数即得其设计值。另外,风的方向是随机的,因此在计算刚架时,要考虑左风和右风两种情况。

(二)吊车荷载

作用在横向刚架上的吊车荷载有吊车竖向荷载和横向水平荷载,作用在纵向刚架上的为吊车纵向水平荷载。

1. 吊车竖向荷载

电动桥式吊车由大车(桥梁)和小车组成(见图 11-47),大车在吊车轨道上沿厂房纵向运行,小车在大车的轨道上沿厂房横向运行。当小车满载(即吊有额定起重量)运行至大车一侧的极限位置时,小车所在一侧轮压将出现最大值 P_{max},成为最大轮压,另一侧吊车轮压成为最小轮压 P_{min},P_{max} 和 P_{min} 同时出现,如图 11-47 所示。P_{max} 和 P_{min} 可从吊车制造厂家提供的吊车产品说明书中查得。

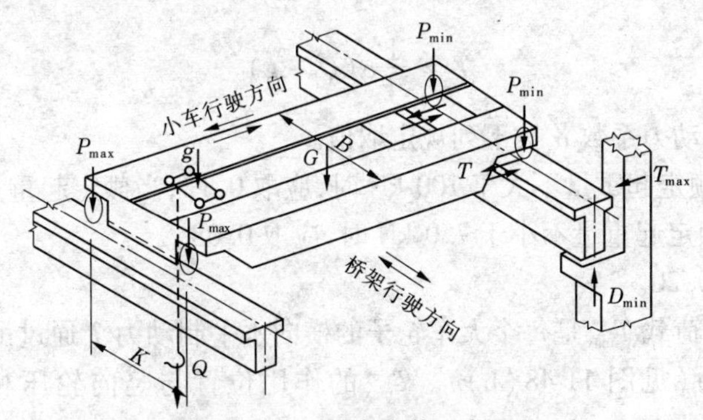

图 11-47　吊车荷载示意图

最大轮压和最小轮压同时出现,发生在同一跨两侧牛腿的吊车梁上。吊车的竖向荷载指作用在横向刚架柱上的吊车梁最大的支座反力 D_{max} 和最小支座反力 D_{min}。由于吊车荷载是移动荷载,同时考虑多台吊车共同工作的情况,需要根据影响线原理计算吊车梁的最大支座反力 D_{max} 或 D_{min}。最大反力为当两台吊车紧挨并行,其中一台的最大轮压 $P_{1,max}$($P_{1,max} \geqslant P_{2,max}$)正好运行到计算刚架柱轴线处时的反力,如图 11-48(a)所示。

D_{max} 和 D_{min} 的标准值按下式计算

$$D_{max} = \sum P_{i,max} y_i \tag{11-21}$$

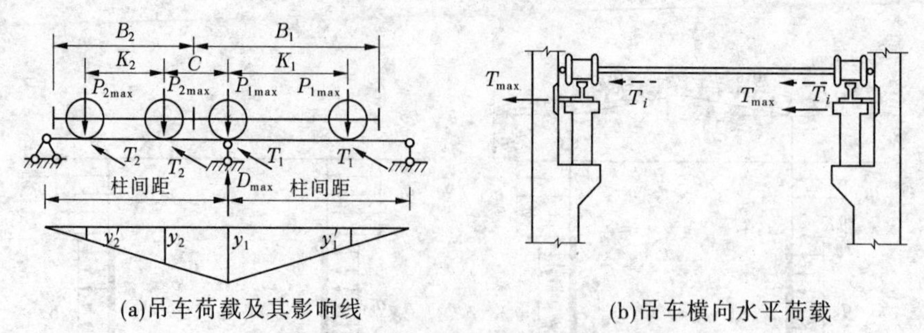

(a)吊车荷载及其影响线　　(b)吊车横向水平荷载

图 11-48　吊车竖向荷载和横向水平荷载

$$D_{min} = \sum P_{i,min} y_i \tag{11-22}$$

式中　$P_{i,max}$、$P_{i,min}$——第 i 台吊车的最大轮压和最小轮压；

y_i——与吊车轮压相对应的支座反力影响线的竖向坐标值。

吊车竖向荷载 D_{max} 和 D_{min} 分别作用在同一跨两侧刚架柱的牛腿顶面，作用点位置与吊车梁和轨道自重相同，距下柱截面形心的偏心距为 e_3，为计算方便，可将其换算成作用在下柱柱顶的轴心压力和力矩，其中力矩为 $D_{max}e_3$ 和 $D_{min}\ e_3$。

2. 吊车水平荷载

桥式吊车的小车在起吊重物后启动和制动时将产生惯性力，即横向水平制动力，其值为 $\alpha(Q+g)$（其中 α 为横向水平制动力系数，Q 为吊车的额定起重量的重力荷载，g 为小车的重力荷载）。此力通过小车制动轮与钢轨之间的摩擦传给刚架结构（见图 11-48(b)）。为计算简便，可将横向水平制动力在两边轨道上平均分配，即每边轨道上的横向水平制动力为 $\alpha(Q+g)/2$。对于一般四轮桥式吊车，每一轮子作用在轨道上的横向水平制动力 T 为

$$T = \frac{1}{4}\alpha(Q+g) \tag{11-23}$$

式中的横向水平制动力系数 α 按下列规定取值。

软钩吊车：当额定起重量不大于 100 kN 时，应取 0.12；当额定起重量为 160～500 kN 时，应取 0.10；当额定起重量不小于 750 kN 时，应取 0.08。

硬钩吊车：取 0.20。

吊车横向水平荷载 T_{max} 是每个大车轮子的横向水平制动力 T 通过吊车梁传给柱的可能的最大横向反力（见图 11-48(b)）。T_{max} 的作用位置与竖向轮压相同，其标准值按式(11-24)计算

$$T_{max} = \sum T_i y_i \tag{11-24}$$

式中　T_i——第 i 个大车轮子的横向水平制动力。

吊车纵向水平荷载指桥式吊车在纵向启动或制动时，由吊车的自重和吊重的惯性力在纵向刚架上产生的水平制动力。吊车纵向水平荷载标准值 T_0，按作用在一边轨道上所有刹车轮的最大轮压之和的 10% 采用，即

$$T_0 = nP_{max}/10 \tag{11-25}$$

式中　n——施加在一边轨道上所有刹车轮数量，对于一般的四轮吊车，$n=1$。

(三)雪荷载

雪荷载是指建筑物上积雪的重量。对水电站厂房、泵站厂房、渡槽等建筑物,其顶面水平投影面上的雪荷载标准值按下式计算

$$S_k = \mu_r S_0 \tag{11-26}$$

式中　S_k——雪荷载标准值,kN/m²。

S_0——基本雪压,kN/m²,以当地一般空旷平坦地面上统计所得50年一遇最大积雪的自重确定,计算时按《建筑结构荷载规范》(GB 50009)中全国基本雪压图采用;

μ_r——建筑物顶面积雪分布系数,可根据厂房屋面特征,按《建筑结构荷载规范》(GB 50009)规定的屋面积雪分布系数采用。

对山区的基本雪压,应通过实际调查后确定。当无实测资料时,可按当地空旷平坦地面的基本雪压值的1.2倍取用。

雪荷载不与屋面活荷载同时考虑,只取两者中的较大值进行内力计算。

三、刚架内力计算与内力组合

作用在刚架上的荷载有很多种,在这些荷载中,除恒载是在厂房使用期内一直作用在结构上外,其余活荷载则有时出现,有时不出现,有时单独出现,有时又与其他活荷载一起出现,而且它们对结构产生的效应也各不相同。结构设计中为了求得截面的最不利内力,一般是先分别求出各种荷载作用下的刚架内力,然后按照一定的规律将所有可能同时出现的荷载所产生的内力进行组合(叠加),从中挑出最不利(或最大)内力作为配筋依据。此外,在对构件进行截面设计时,往往是以一个或几个控制截面的内力为依据。例如,简支梁的正截面受弯承载力取跨中截面弯矩,斜截面受剪承载力取支座截面剪力等。因此,在进行刚架内力计算时,只需求出控制截面的内力。

(一)刚架梁、柱的控制截面

所谓控制截面,是指对构件配筋和下部块体结构或基础设计起控制作用的那些截面。对刚架横梁,一般是两个支座截面及跨中截面为控制截面,如图11-49中1—1、2—2、3—3截面。支座截面是最大负弯矩和最大剪力作用的截面;在水平荷载作用下还可能出现正弯矩,跨中截面则是最大正弯矩作用的截面。

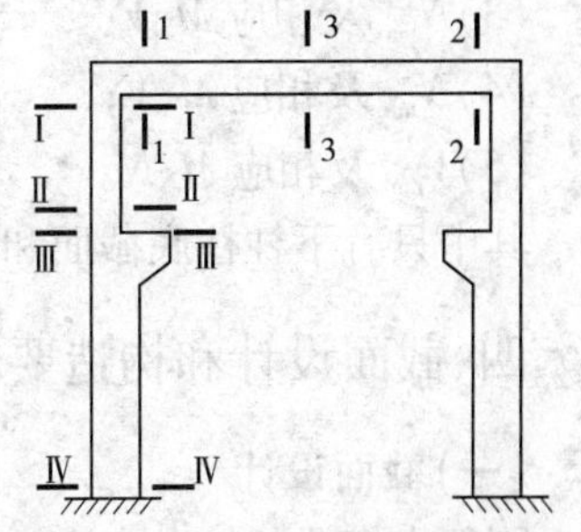

图11-49　刚架梁、柱的控制截面

对于刚架柱,每一柱段的弯矩最大值都在上、下端两个截面,而轴力、剪力在同一柱段中的变化不大,因此各柱段的控制截面都取上、下端两个截面。如图11-49中,上柱控制截面为Ⅰ—Ⅰ、Ⅱ—Ⅱ;下柱控制截面为Ⅲ—Ⅲ、Ⅳ—Ⅳ。其中Ⅳ—Ⅳ截面的内力不仅是计算下柱钢筋的依据,也是下部块体结构或柱下基础设计的依据。

(二)刚架内力计算

刚架是高次超静定结构。为了内力组合的需要,必须计算每一种荷载作用下各控制截面的内力。因此,刚架内力计算是一项相当繁重的工作,设计中一般都借助于计算机程

序来完成。目前,能够用于刚架(框架)结构分析的程序有很多种,但大多是针对一般工业民用建筑结构开发的,能够用于水电站厂房刚架计算的很少。

对于无侧移刚架,内力也可近似采用弯矩分配法计算;对于有侧移刚架,可联合运用弯矩分配法和位移法进行计算。但必须注意,水电站厂房刚架柱为一阶或二阶变截面柱,梁为变截面梁或两端加腋梁。这两种杆件的形常数(抗弯刚度、分配系数、传递系数)和载常数(固端弯矩、固端剪力)等与一般等截面直杆不同。

刚架的内力计算涉及荷载的组合与内力的组合两个部分。荷载组合是确定应选择哪几种荷载参与组合才能得到最不利内力值;内力组合指根据截面承载力计算要求,确定需要组合的内力类型。

对于刚架梁,一般需要进行正截面承载力及斜截面承载力计算,因此应组合弯矩和剪力。

对于刚架柱,一般为偏心受压构件,正截面承载力计算时,需要组合轴力和弯矩,且当轴力一定时,不论大、小偏心受压构件,弯矩越大越不利;当弯矩一定时,对大偏心受压构件轴力越小越不利,对小偏心受压构件则轴力越大越不利。另外,当水平荷载产生的剪力较大时,柱子还应进行斜截面承载力计算,此时应组合剪力及相应轴力;对下柱柱底截面,为满足下部结构或柱下基础设计需要,也应组合剪力及相应轴力。因此,刚架应进行以下内力组合:

刚架梁:

跨中截面 M_{max}、M_{min};

支座截面 M_{max}、M_{min}、V_{max}。

刚架柱:

(1)M_{max}及相应 N、V;

(2)M_{min}及相应 N、V;

(3)N_{max}及相应 M、V;

(4)N_{min}及相应 M、V;

(5)V_{max}及相应 M、N。

其中只有下柱柱底截面和剪力较大的其他柱截面才需进行第(5)项组合。

四、截面设计和构造要求

(一)截面设计

刚架中横梁的轴向力 N 一般很小,可以忽略不计,跨中截面、支座截面的纵向钢筋可根据组合的 M_{max}、M_{min} 按正截面承载力计算确定。

刚架柱的纵向钢筋,由前述的(1)~(4)组不同组合的 M、N 分别进行正截面受压承载力计算后,取最大钢筋截面面积。当柱采用对称配筋时,第(1)、(2)组内力可只取弯矩绝对值较大的一组进行承载力计算。当需考虑柱的纵向弯曲影响时,其计算长度可参考有关规范。

对刚架梁支座截面和需要进行斜截面承载力计算的刚架柱,应进行斜截面承载力计算,确定梁的箍筋、弯起钢筋和柱中箍筋。

(二)刚架结构的构造要求

刚架横梁和立柱的构造,与一般梁、柱相同。下面仅介绍刚架节点的构造。

1. 节点构造

现浇刚架横梁与立柱连接处的应力分布与其内折角的形状有关。内折角做得愈平顺,转角处的应力集中就愈小,如图 11-50 所示。

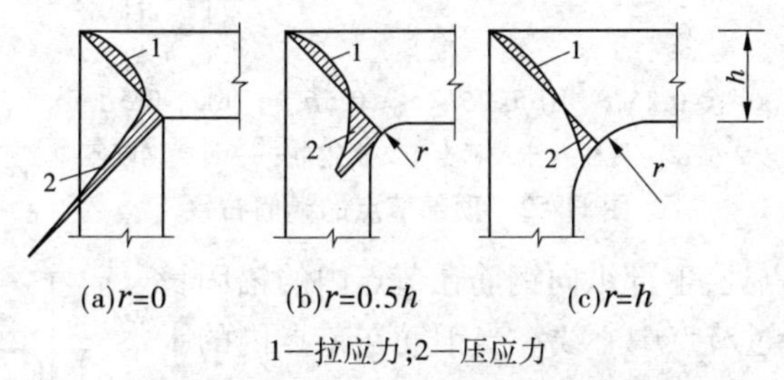

1—拉应力;2—压应力

图 11-50　内折角形状对应力的影响

因此,若转角处的弯矩不大,可将转角做成直角或加一不大的填角;若弯矩较大,则应将内折角做成斜坡状的支托,如图 11-51(a)所示,以缓和应力集中现象。

此外,当梁支座截面处剪力 $V>0.25f_c bh_0/\gamma_d$,而又不能加大梁截面高度时,或当梁、柱刚度相差较大及有其他构造要求时,也应在梁端设支托。支托的坡度一般为 1∶3,长度 l_1 一般取$(1/8\sim1/6)l_n$ 且不小于 $l_n/10$,高度 h_1 不大于 $0.4h$。

当有支托时,应沿支托表面设置附加直钢筋,如图 11-51(b)所示。直钢筋的直径和根数与横梁下部伸入支托的钢筋相同。伸入梁内的长度 l_{a1}:当为受拉时,取 $1.2l_a$(l_a 为受拉钢筋的最小锚固长度)且不小于 300 mm;当为受压时,取 $0.85l_a$ 且不小于 200 mm。伸入柱内的长度 l_{a2}:当可能受拉时取 l_a;当不可能受拉时须伸至柱中心线,且应不小于钢筋在支座中的锚固长度 l_{as}。支托内的箍筋要适当加密,支托终点处增设两个附加箍筋,附加箍筋直径与梁内箍筋相同。

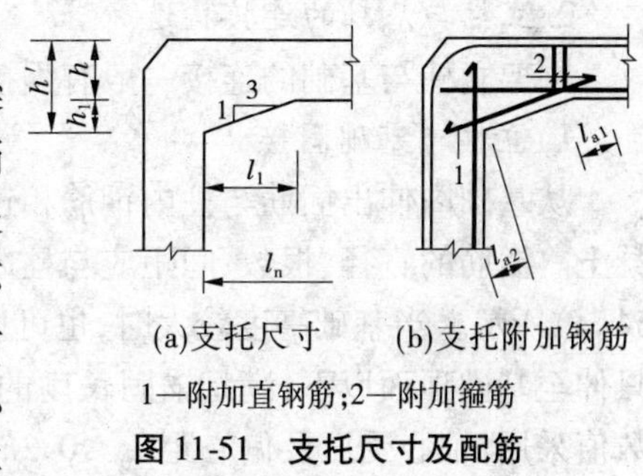

1—附加直钢筋;2—附加箍筋

图 11-51　支托尺寸及配筋

图 11-52 表示常用的刚架顶部节点的钢筋布置,e_0 为顶节点弯矩 M 与轴向力 N 之比。

(1)图 11-52(a)所示 $e_0\leqslant0.25h$ 时,横梁上部钢筋应伸进柱内并与柱内钢筋搭接 l_a。

(2)图 11-52(b)所示 $0.25h<e_0\leqslant0.5h$ 时,横梁上部钢筋应伸进柱内,并应不少于两根钢筋伸过横梁下边 l_a,同时在每一搭接接头内的钢筋根数不应多于 4 根。

(3)图 11-52(c)所示 $e_0>0.5h$ 时,横梁上部钢筋应全部伸进柱内,且伸过横梁下边应不小于 l_a,每次切断不应多于 2 根。柱内一部分钢筋伸到顶端,另一部分钢筋应伸到横梁内,根数按计算确定,且不少于 2 根。

刚架梁中间节点处的上部纵向钢筋应贯穿节点,下部纵向钢筋应伸入节点。当计算中不利用其强度时,伸入长度不小于 l_{as}:当计算中充分利用其强度时,受拉钢筋伸入长度不小于 l_a,受压钢筋伸入长度不小于 $0.7l_a$。

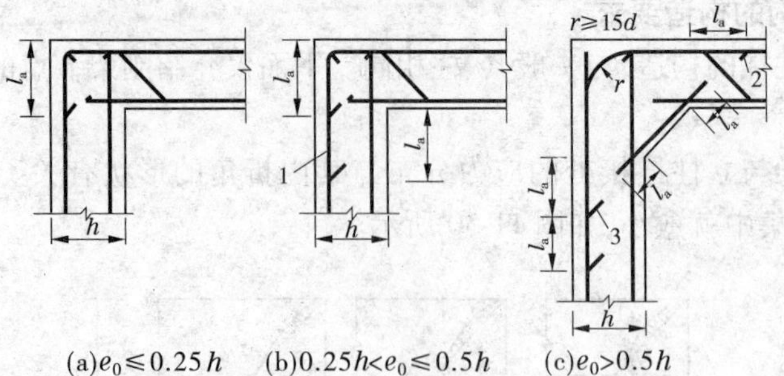

(a)$e_0 \leqslant 0.25h$　(b)$0.25h < e_0 \leqslant 0.5h$　(c)$e_0 > 0.5h$

1—不少于2根;2—从柱内伸入不少于2根钢筋;3—每次切断不应多于2根

图11-52　顶部节点的钢筋布置

刚架中间层端节点处,上部纵向钢筋在节点内的锚固长度不应小于l_a,并应伸过节点中心线。当钢筋在节点内的水平锚固长度不够时,应伸至对面柱边后面向下弯折,经弯折后的水平投影长度不应小于$0.4l_a$,垂直投影长度不应小于$15d$,如图11-53所示。当在纵向钢筋的弯弧内侧中点处设置一根直径不小于该纵向钢筋直径且不小于25 mm的横向插筋时,纵筋弯折后的水平投影长度可乘以0.85的折减系数,插筋长度应取为梁截面宽度。

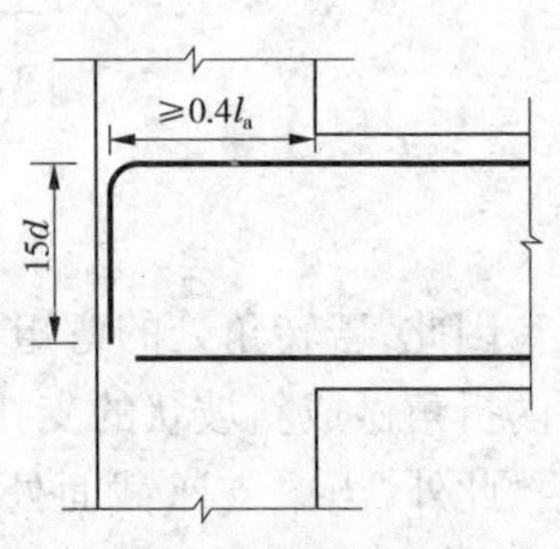

图11-53　刚架中间层端节点钢筋的锚固

2. 立柱与基础的连接构造

刚架立柱与基础的连接一般有固接和铰接两种。

1)立柱与基础固接

从基础内伸出插筋与柱内钢筋相连接,然后浇筑柱的混凝土。插筋的直径、根数、间距应与柱内钢筋相同。插筋一般均应伸至基础底部如图11-54(a)所示。当基础高度较大时,也可仅将柱子四角处的插筋伸至基础底部,而其余插筋只伸至基础顶面以下,满足锚固长度的要求即可,如图11-54(b)所示。锚固长度按下列数值采用:轴心受压及偏心距$e_0 \leqslant 0.2h$(h为柱子截面高度)时,$l_a \geqslant 15d$;偏心距$e_0 > 0.2h$时,$l_a \geqslant 25d$。

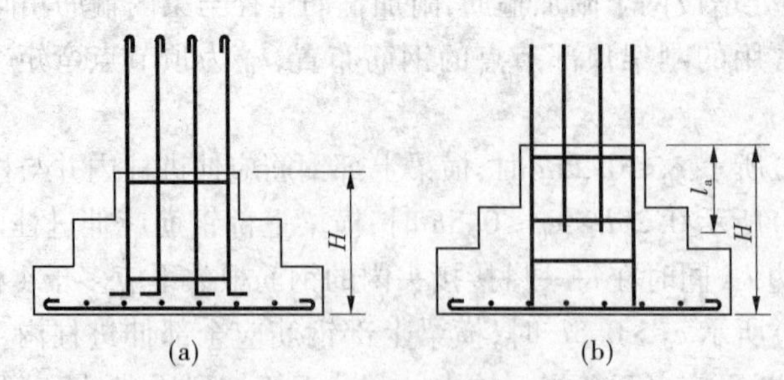

图11-54　立柱与基础固接的做法

当采用杯形基础时,按一定要求将柱插入杯口内,周围回填不低于C20级的细石混凝土,即可形成固定支座(见图11-55)。

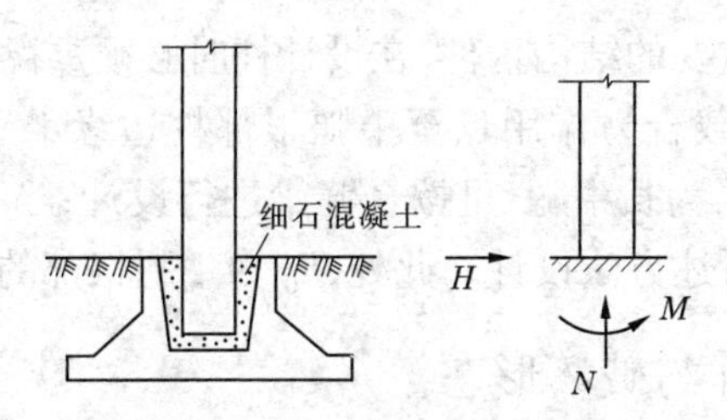

图 11-55　立柱与杯形基础的固接

2)立柱与基础铰接

在连接处将柱截面减小为原截面的1/2～1/3,并用交叉钢筋或垂直钢栓或带肋钢筋连接(见图11-56)。在紧邻此铰链的柱和基础中应增设箍筋和钢筋网。这样的连接将此处的弯矩削减到实用上可以忽略的程度。柱中的轴向力由钢筋和保留的混凝土来传递,按局部受压核算。

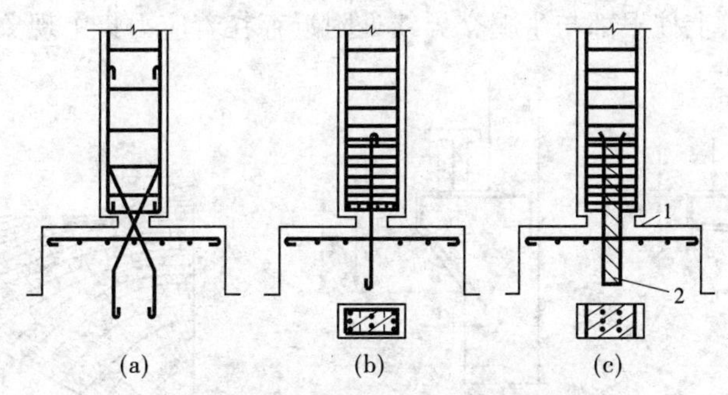

1—油毛毡或其他垫料;2—等高肋钢筋

图 11-56　立柱与基础铰接的做法

当采用杯形基础时,先在杯底填以50 mm不低于C20级的细石混凝土,将柱子插入杯口内后,周围再用沥青麻丝填实(见图11-57)。在荷载作用下,柱脚的水平和竖向移动虽都被限制,但它仍可作微小的转动,故可看做铰接支座。

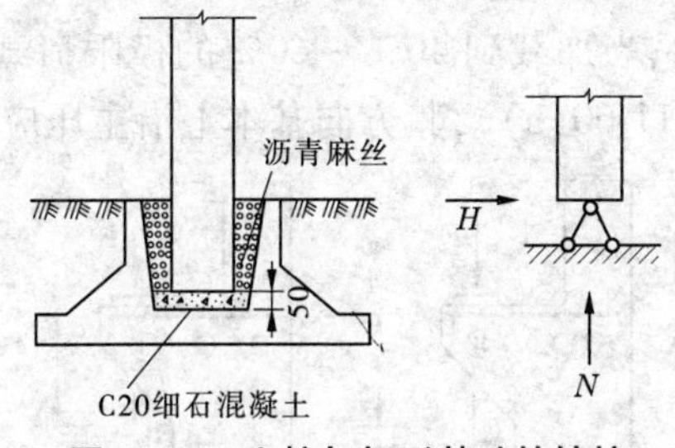

图 11-57　立柱与杯形基础的铰接

第六节　钢筋混凝土立柱独立牛腿的设计

立柱独立牛腿(简称牛腿)是从柱侧伸出的短悬臂构件,用来支承吊车梁、屋架、托架和连系梁等构件。牛腿承受很大的竖向荷载,有时也承受地震作用和风荷载引起的水平荷载,所以它是一个比较重要的结构构件,在设计柱时必须重视牛腿的设计。

牛腿按承受的竖向荷载合力作用点至牛腿根部柱边缘水平距离 a 的不同分为两类(见图 11-58):当 $a>h_0$ 时,为长牛腿,可按悬臂梁进行设计;当 $a \leqslant h_0$ 时,为短牛腿,是一变截面悬臂深梁,按本节所述方法设计。此处,h_0 为牛腿根部的有效高度。

一、牛腿的受力特征与破坏形态

试验研究表明,从加载到破坏,牛腿大体经历了弹性阶段、裂缝出现与开展阶段和破坏阶段三个时期。

(一)弹性阶段

通过 $a/h_0=0.5$ 环氧树脂牛腿模型的光弹试验,得到的主应力迹线如图 11-59 所示。由图可见,上边缘附近的主拉应力迹线大致与上边缘平行,表明牛腿上表面的拉应力沿其长度方向分布比较均匀;牛腿斜边附近的主压应力迹线大体与 ab 连线平行,压应力分布也比较均匀。另外,上柱根部与牛腿交界线处附近存在着应力集中现象。

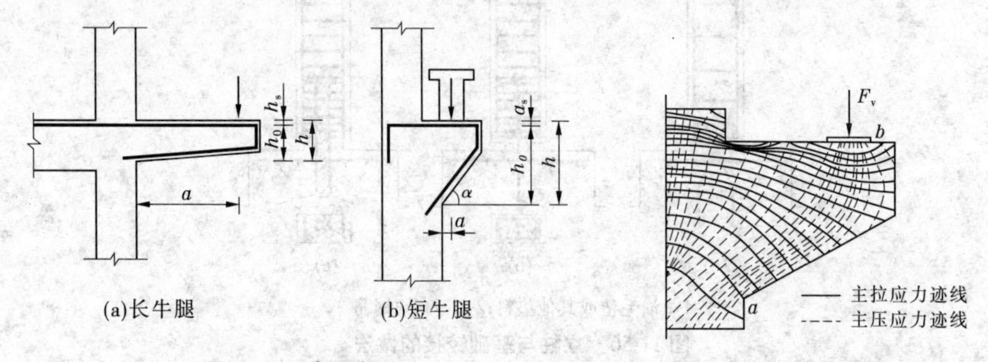

图 11-58　牛腿类别　　　图 11-59　牛腿应力状态

(二)裂缝出现与开展阶段

试验表明,当加载到 20% ~40% 的极限荷载时,由于上柱根部与牛腿交界处的主拉应力集中,该处首先出现自上而下的竖向裂缝①(见图 11-60(a)),裂缝细小且开展较慢,对牛腿的受力性能影响不大;当加载到 40% ~60% 的极限荷载时,在加载垫板内侧附近出现第一条斜裂缝②(见图 11-60(a)),其方向基本上沿主压应力轨迹线。

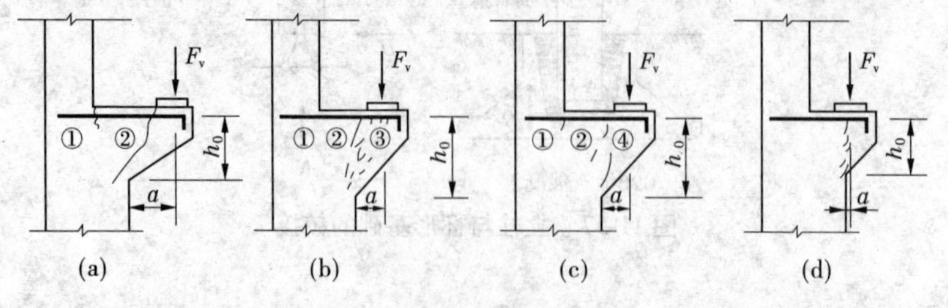

图 11-60　牛腿的破坏形态

(三)破坏阶段

继续加载,随着 a/h_0 值的不同,牛腿在竖向荷载作用下,主要有三种破坏形态。

1. 弯压破坏

当 $0.75 < a/h_0 < 1$，且纵向受力钢筋配筋率较低时，随着荷载增加，斜裂缝②不断向受压区延伸，纵筋应力不断增加并逐渐达到屈服强度，这时斜裂缝②外侧部分绕牛腿下部与柱交接点转动，致使受压区混凝土压碎而引起破坏，如图 11-60(a)所示。设计中应配置足够数量的纵向受拉钢筋来避免这种破坏现象。

2. 斜压破坏

当 $a/h_0 = 0.2 \sim 0.75$ 时，随着荷载增加，在斜裂缝②外侧整个压杆范围内，出现大量短小斜裂缝③，当这些斜裂缝逐渐贯通时，压杆内混凝土剥落崩出，牛腿即破坏，如图 11-60(b)所示。有些牛腿可能不出现裂缝③，而是在加载垫板下突然出现一条通长斜裂缝④而破坏，如图 11-60(c)所示。该现象称为斜压破坏，破坏时纵向受拉钢筋应力达到屈服强度。牛腿承载力计算主要是以这种破坏模式为依据的。

3. 剪切破坏

当 $a/h_0 < 0.2$，或虽 a/h_0 值较大但牛腿边缘高度 h_1 较小时，牛腿与下柱的交接面上出现一系列短而细的斜裂缝，最后牛腿沿此裂缝从柱上切下而破坏，如图 11-60(d)所示。这一破坏现象可通过控制牛腿截面尺寸 h_1 和采用必要的构造措施加以避免。

此外，还有由于加载板过小而导致加载板下混凝土压碎破坏和由于纵向受拉钢筋锚固不良而被拔出等破坏现象。

当牛腿顶部还有水平拉力 F_h 作用时，各裂缝会提前出现。

二、牛腿截面尺寸的确定

牛腿的截面宽度一般与柱宽相同，故确定牛腿的截面尺寸主要是确定其截面高度。牛腿在使用阶段一般要求不出现斜裂缝或以斜裂缝宽度≤0.05 mm 作为控制条件。

试验表明，牛腿斜截面的抗裂性能除与截面尺寸 bh_0 和混凝土抗拉强度标准值 f_{tk} 有关外，还与 a/h_0 以及水平拉力 F_{hk} 值有关。因此，设计时应以下式作为裂缝控制条件来确定牛腿截面高度

$$F_{vk} \leqslant \beta\left(1 - 0.5\frac{F_{hk}}{F_{vk}}\right)\frac{f_{tk}bh_0}{0.5 + \dfrac{a}{h_0}} \tag{11-27}$$

式中 F_{vk}——按荷载标准值计算得出的作用于牛腿顶面的竖向力值；

F_{hk}——按荷载标准值计算得出的作用于牛腿顶面的水平拉力值；

β——裂缝控制系数，对于水电站厂房吊车梁的牛腿，取 $\beta = 0.7$，其他牛腿，取 $\beta = 0.80$；

a——竖向力作用点至下柱边缘的水平距离，应考虑安装偏差 20 mm，当考虑 20 mm 安装偏差后的竖向力作用点仍位于下柱截面以内时，应取 $a = 0$；

f_{tk}——混凝土轴心抗拉强度标准值；

b——牛腿宽度；

h_0——牛腿与下柱交接处的垂直截面有效高度，取 $h_0 = h_1 - a_s + c\tan\alpha$，此处，$h_1$、$a_s$、$c$ 及 α 的意义见图 11-61，当 $\alpha > 45°$时，取 $\alpha = 45°$。

此外，牛腿外形尺寸还应满足以下要求：

(1)牛腿的外边缘高度 h_1 不应小于 $h/3$，且不应小于200 mm。

(2)牛腿外边缘至吊车梁外边缘的距离不宜小于100 mm；牛腿底边倾斜角 $\alpha \leqslant 45°$（一般取 $\alpha = 45°$），以防止斜裂缝出现后可能引起底面与下柱交接处产生严重的应力集中。

(3)牛腿顶面在竖向力设计值 F_v 作用下，其局部受压应力不应超过 $0.9f_c$。否则，应采取加大受压面积、提高混凝土强度等级或配置钢筋网片等有效措施。

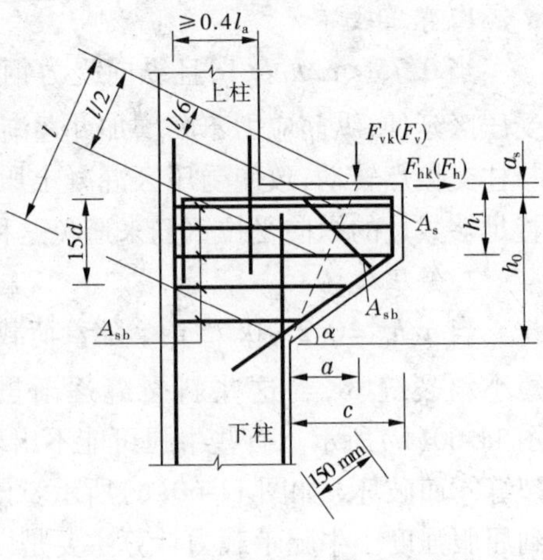

图 11-61 牛腿的尺寸和配筋构造

三、牛腿的配筋计算与构造

(一)斜截面抗弯承载力计算

1. 当 $a/h_0 \geqslant 0.2$ 时

当牛腿的剪跨比 $a/h_0 \geqslant 0.2$ 时，可近似地把牛腿看做是一个以顶部纵向受力钢筋为水平拉杆（拉力为 f_yA_s），以混凝土斜向压力带为压杆的三角形桁架，如图11-62所示。

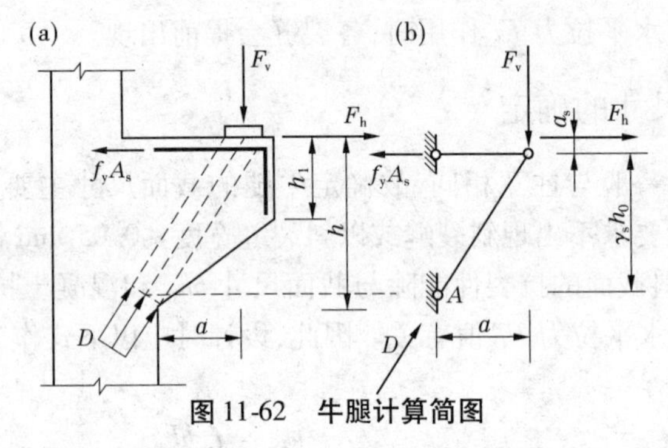

图 11-62 牛腿计算简图

根据计算简图，当牛腿受竖向力设计值 F_v 和水平拉力设计值 F_h 共同作用时，通过对 A 点取力矩平衡可得下列设计表达式

$$F_v a + F_h(z + a_s) \leqslant \frac{1}{\gamma_d} f_y A_s z \tag{11-28}$$

近似取 $z \approx 0.85h_0$，$a_s/z \approx 0.2$，得

$$A_s \geqslant \gamma_d \left(\frac{F_v a}{0.85 f_y h_0} + 1.2 \frac{F_h}{f_y} \right) \tag{11-29}$$

式中 γ_d——结构系数；

F_v——作用在牛腿顶面的竖向力设计值；

F_h——作用在牛腿顶面的水平拉力设计值；

A_s——独立牛腿中承受竖向力所需的受拉钢筋和承受水平拉力所需的锚筋组成的受力钢筋的总截面面积。

受力钢筋宜采用 HRB335、HRB400 级和 HRB500 级钢筋。承受竖向力所需的受拉钢筋的配筋率(以截面 bh_0 计)不应小于0.2%,也不宜大于0.6%,且根数不宜少于4根,直径不应小于12 mm。受拉钢筋不得下弯兼作弯起钢筋。

承受水平拉力的锚筋应焊在预埋件上,且不应少于2根,直径不应小于12 mm。全部纵向受力钢筋及弯起钢筋宜沿牛腿外边缘向下伸入下柱内150 mm后截断(见图11-61)。

2. 当 $a/h_0<0.2$ 时

当牛腿的剪跨比 $a/h_0<0.2$ 时,牛腿的配筋设计应符合下列要求:

(1)牛腿顶面承受竖向力所需的水平钢筋和承受水平拉力所需的锚筋组成的受力钢筋的总截面面积 A_s 应符合下式

$$A_s \geqslant \frac{\beta_s(\gamma_d F_v - f_t b h_0)}{(1.65 - 3\dfrac{a}{h_0})f_y} + 1.2\frac{\gamma_d F_h}{f_y} \tag{11-30}$$

牛腿中承受竖向力所需的水平箍筋总截面面积 A_{sh} 应符合下式

$$A_{sh} \geqslant \frac{(1-\beta_s)(\gamma_d F_v - f_t b h_0)}{(1.65 - 3\dfrac{a}{h_0})f_{yh}} \tag{11-31}$$

式中　f_t——混凝土抗拉强度设计值;

f_y——水平受拉钢筋抗拉强度设计值;

f_{yh}——牛腿高度范围内的水平箍筋抗拉强度设计值;

β_s——受力钢筋配筋量调整系数,取 $\beta_s=0.6\sim0.4$,剪跨比较大时取大值,剪跨比较小时取小值。

(2)承受竖向力所需的受拉钢筋的配筋率(以截面 bh_0 计)不应小于0.15%。

(3)水平箍筋宜采用 HRB335 级钢筋,直径不小于8 mm,间距为100~150 mm,其配筋率 $\rho_{sh}=\dfrac{nA_{sh1}}{bs_v}$ 不应小于0.15%,在此,A_{sh1} 为单肢箍筋的截面面积,n 为肢数,s_v 为水平箍筋的间距。

(4)当牛腿的剪跨比 $a/h_0<0$ 时,可不进行牛腿的配筋计算,仅按构造要求配置水平箍筋。但当牛腿顶面作用有水平拉力 F_h 时,承受水平拉力所需锚筋的截面面积按 $1.2\gamma_d F_h/f_y$ 计算,并应满足构造要求。

(二)箍筋和弯筋的配置要求

牛腿中除应计算配置受力钢筋外,还应配置水平箍筋。水平箍筋的直径不应小于6 mm,间距为100~150 mm,且在上部 $2h_0/3$ 范围内的水平箍筋总截面面积不应小于承受竖向力的受拉钢筋截面面积的1/2。

当牛腿的剪跨比 $a/h_0\geqslant0.3$ 时,宜设置弯起钢筋 A_{sb}。弯起钢筋宜采用 HRB335、HRB400 级和 HRB500 级钢筋,并宜使其与集中荷载作用点到牛腿斜边下端点连线的交点位于牛腿上部 $l/6$ 至 $l/2$ 之间的范围内,l 为该连线的长度(见图11-61),其截面面积不应小于承受竖向力的受拉钢筋截面面积的1/2,根数不应少于2根,直径不应小于12 mm。

第七节　钢筋混凝土柱下基础

一、基础的分类

基础是建筑物将荷载传递给地基的下部结构。按照构造一般可分为五种：独立基础、条形基础、筏板基础及箱形基础与壳体基础。

采用较为广泛的是柱下独立基础，其主要形式有杯形基础、高杯基础、爆扩桩基础和预制桩基础等。杯形基础有阶形和锥形两种，因与柱连接的部分做成杯口，故称为杯形基础。这种基础外形简单，施工方便，适用于地基土质较均匀、地基承载力较大而上部结构荷载不太大的建筑，是目前柱下独立基础中应用最普遍的一种基础形式。

当柱基由于地基条件限制，或是附近有较深的设备基础或地坑而需深埋时，为了不使柱长度过大，可做成带短柱的平板式基础。这种由杯口、矩形柱和底板组成的基础称为高杯基础。

当上部结构荷载较大，地基表层土松软或为冻土地基，而合适的持力层又较深时，宜采用爆扩桩基础。这种基础通过端部扩大的短桩将荷载较好地传递到持力层，从而减少土方量且节省混凝土。

当上部结构荷载较大，地基土软弱而坚硬土层较深时，可采用预制桩基础。这种基础造价高，施工周期较长。

墙的基础通常连续设置成长条形，称为条形基础。

当柱子或墙传来的荷载很大，地基土较软弱，用单独基础或条形基础都不能满足地基承载力要求时，往往需要把整个建筑物底面（或地下室部分）做成一片连续的钢筋混凝土板，作为建筑物的基础，称为筏板基础。为了增加基础板的刚度，以减小不均匀沉降，高层建筑往往把地下室的底板、顶板、侧墙及一定数量的内隔墙一起构成一个整体刚度很强的钢筋混凝土箱形结构，称为箱形基础。

为改善基础的受力性能，基础的形式可不做成台阶状，而做成各种形式的壳体，称做壳体基础。

本书详细讲解柱下独立基础的设计方法，简要介绍条形基础的设计，其余基础类型可参考有关设计手册。

二、独立基础的设计

柱下独立基础可分为轴心受压基础和偏心受压基础，在基础形式和埋置深度确定后，基础设计的主要内容为：确定基础底面尺寸和基础高度，计算基础底板配筋并采取必要的构造措施等。

（一）基础底面尺寸的确定

基础底面尺寸根据地基承载力条件计算确定。

1. 轴心受压基础

轴心受压时，假定基础底面的压力为均匀分布（见图 11-63），设计时应满足下式

$$p_k = \frac{N_k + G_k}{A} \leqslant f_a \tag{11-32}$$

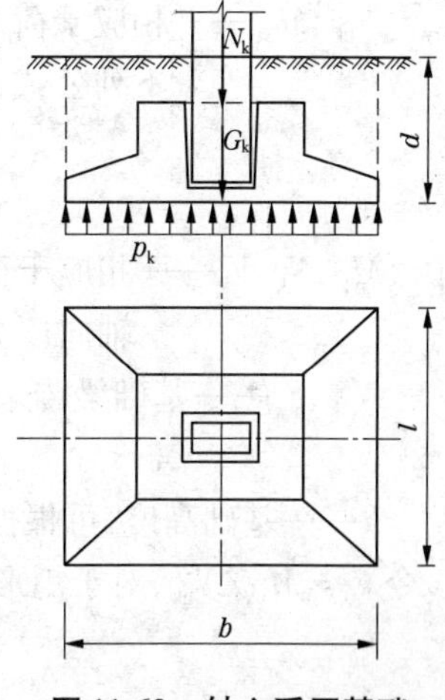

图11-63　轴心受压基础

式中　p_k——相应于荷载效应标准组合时，基础底面处的平均压力值；

N_k——相应于荷载效应标准组合时，上部结构传至基础顶部的竖向力值；

G_k——基础自重和基础上的土重；

A——基础底面面积；

f_a——经埋深与基础宽度修正后的地基承载力特征值。

将 $G_k = \gamma_m Ad$ 带入式(11-32)，得

$$A \geqslant \frac{N_k}{f_a - \gamma_m d} \tag{11-33}$$

式中　γ_m——基础与其上填土的平均重度，可取 20 kN/m³；

d——基础在室内地面标高(±0.000)以下的埋置深度。

设计时先按式(11-33)确定基础底面面积 A，再选定基础底面宽度 b，即可求得另一边长 l。轴心受压基础底面一般用正方形或边长比不大于 1.5 的矩形。边长宜取 100 mm 的倍数。

2. 偏心受压基础

偏心受压基础的底面尺寸由试算法确定。基础承受偏心荷载或同时有轴力和弯矩作用时，假定其底面的压力为直线分布(见图11-64)，基础边缘的压力可按下式计算

$$\left.\begin{matrix} p_{k,max} \\ p_{k,min} \end{matrix}\right\} = \frac{N_{bk}}{bl} \pm \frac{M_{bk}}{W} \tag{11-34}$$

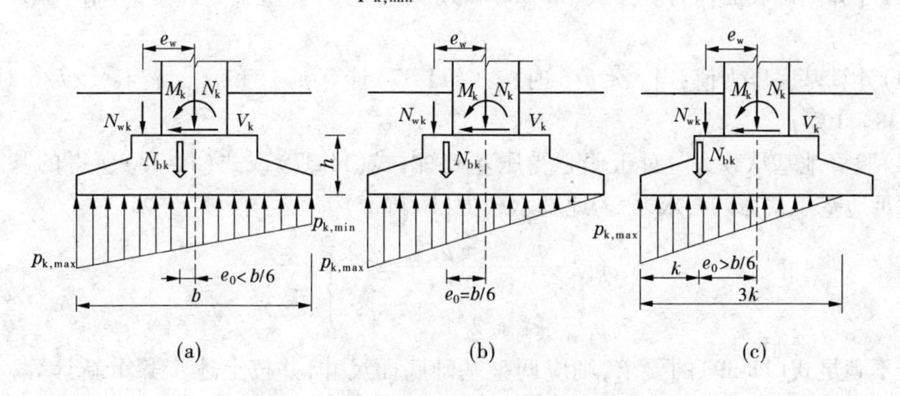

图11-64　偏心受压基础基底压力分布

式中　$p_{k,max}$、$p_{k,min}$——相应于荷载效应标准组合时，基础底面的最大、最小压力值；

W——基础底面的抵抗矩；

b——力矩作用方向的基础底面边长；

l——垂直于力矩作用方向的基础底面边长；

N_{bk}、M_{bk}——相应于荷载效应标准组合时,基础底面处的轴向压力和弯矩值,可按下列公式计算

$$N_{bk} = N_k + G_k + N_{wk} \tag{11-35}$$

$$M_{bk} = M_k + V_k h \pm N_{wk} e_w \tag{11-36}$$

式中　M_k、N_k、V_k——相应于荷载效应标准组合时,由上部结构传至基础顶面处的弯矩、轴向压力和剪力值的标准值;

N_{wk}、e_w——基础梁传来的竖向力标准值及基础梁中心线至基础底面中心线的距离;

h——基础高度,可根据后续构造要求初步拟定。

令 $e_0 = M_{bk}/N_{bk}$,对于矩形基础,$W = lb^2/6$,则式(11-34)可变为

$$\left.\begin{matrix} p_{k,max} \\ p_{k,min} \end{matrix}\right\} = \frac{N_{bk}}{bl}\left(1 \pm \frac{6e_0}{b}\right) \tag{11-37}$$

由式(11-37)可知:

当 $e_0 \leqslant b/6$ 时,$p_{k,min} \geqslant 0$,基底压力分布为梯形或三角形,基础底面全截面受压;

当 $e_0 > b/6$ 时,$p_{k,min} < 0$,部分基础底面不与地基土接触,地基反力为部分三角形,其最大基底压力按下式计算

$$p_{k,max} = \frac{2N_{bk}}{3lk} \tag{11-38}$$

式中　k——基底压合力作用点(或 N_{bk} 作用点)至基础底面最大压力边缘的距离。

设计步骤如下:

(1)按轴心受压基础初步估算底面面积。再适当放大10%~40%。基础底面一般采用矩形,长、短边之比一般为1.5~2,多用1.5左右。基础边长应为100 mm的倍数。

(2)计算基础底面内力。按式(11-35)和式(11-36)计算基础底面处的轴向压力和弯矩值。

(3)计算基底压力值:当 $e_0 \leqslant b/6$ 时按式(11-37)计算 $p_{k,max}$ 和 $p_{k,min}$;当 $e_0 > b/6$ 时,按式(11-38)计算 $p_{k,max}$。

(4)验算地基承载力。对于偏心受压基础,由式(11-37)或式(11-38)所得的基底压力应满足地基承载力的要求,f_a 为地基承载力(N/mm^2)。

$$\left.\begin{matrix} p_k = \dfrac{p_{k,max} + p_{k,min}}{2} \leqslant f_a \\ p_{k,max} \leqslant 1.2 f_a \end{matrix}\right\} \tag{11-39}$$

若不满足式(11-39)的要求,则应调整基础底面尺寸,并按上述步骤重新计算,直至满足。

(二)基础高度的确定

柱下独立基础的高度(包括各阶高度)主要取决于基础受冲切承载力要求。试验表明,基础承受柱传来的荷载,如果柱周边或变阶处的高度不够,将会沿这些截面产生冲切破坏,如图11-65所示,基础从柱的周边或变阶处沿45°角斜面拉裂,形成冲切角锥体,这是一种混凝土斜截面上的主拉应力超过混凝土抗拉强度的斜拉破坏。

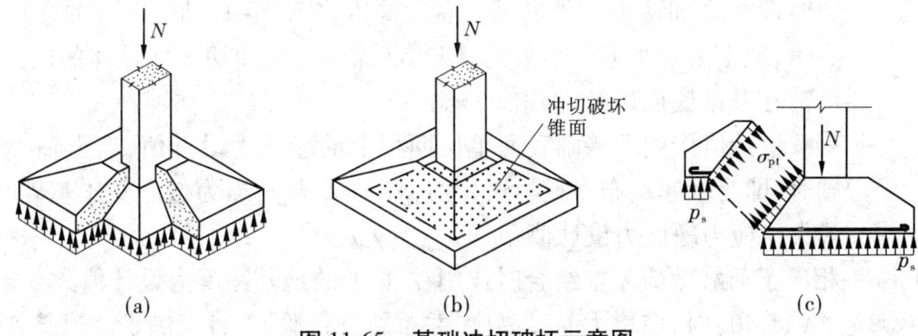

图 11-65　基础冲切破坏示意图

为了防止冲切破坏,必须使冲切面外的地基反力所产生的冲切力 F_l 小于等于冲切面处混凝土的受冲切承载力。对于矩形截面柱的阶形基础,在柱与基础交接处以及基础变阶处的受冲切承载力应满足下列要求,式中参数意义参见图 11-66。

$$F_l \leqslant \frac{1}{\gamma_d}(0.7\beta_h f_t b_m h_0) \tag{11-40}$$

$$F_l = p_s A_l \tag{11-41}$$

$$b_m = (b_t + b_b)/2 \tag{11-42}$$

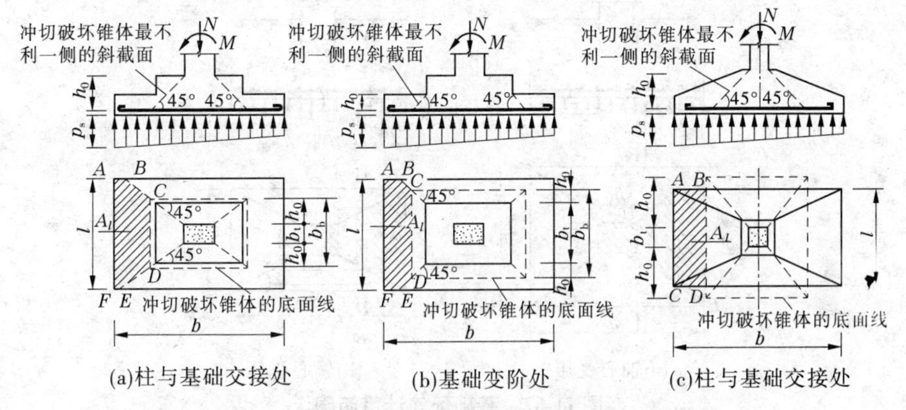

图 11-66　计算阶形基础的受冲切承载力截面的位置

式中 A_l——冲切验算时取用的部分基底面积,即图 11-66(a)、(b)中的阴影面积 $ABCDEF$,或图 11-66(c)中的阴影面积 $ABCD$;

β_h——受冲切承载力截面高度影响系数,当 h 不大于 800 mm,取 1.0,当 h 大于 2 000 mm,取 0.9,其间按线性内插法取用;

f_t——混凝土轴心抗拉强度设计值;

h_0——基础冲切破坏锥体的有效高度;

b_m——冲切破坏锥体最不利一侧计算长度,取破坏锥体截面上边长 b_t 和下边长 b_b 的平均值;

b_t——冲切破坏锥体最不利一侧斜截面的上边长,当计算柱与基础交接处的受冲切承载力时,取柱宽,当计算基础变阶处的受冲切承载力时,取上阶宽;

b_b——冲切破坏锥体最不利一侧斜截面在基础底面面积范围内的下边长,当冲切破坏锥体的底面落在基础底面以内时,计算柱与基础交接处的受冲切承载力时取柱宽加两倍该处的基础有效高度，当计算基础变阶处的受冲切承载力时，取上阶宽加两倍该处的基础有效高度，当冲切破坏锥体的底面在 l 方向落在基础底面以外时，取 $b_b = l$；

p_s——荷载设计值作用下基础底面单位面积上的净反力设计值，当为轴心受压基础时，即为基底均布净反力设计值，$p_s = N/(bl)$，当为偏心受压基础时，即为最大压应力净反力设计值，$p_s = p_{max} - \gamma_m d$；

F_l——相应于荷载效应基本组合时作用在 A_l 上的地基净反力设计值。

当不满足式(11-40)时，应增大基础高度，并重新进行验算，直至满足。当基础底面落在从柱边或变阶处向外扩散的45°线以内时，不必验算该处的基础高度。

(三)基础配筋计算

基础底板在地基净反力作用下，两个方向均产生向上的弯曲，因此需要在底板下双向配置受力钢筋。配筋计算的控制截面一般取柱与基础交接处和变阶处。计算两个方向的弯矩时，将基础底板划分为相互没有关系的4个区块，每个区块都视为固定于柱周边(或台阶周边)的四边挑出的倒置变截面悬臂板，如图11-67所示。

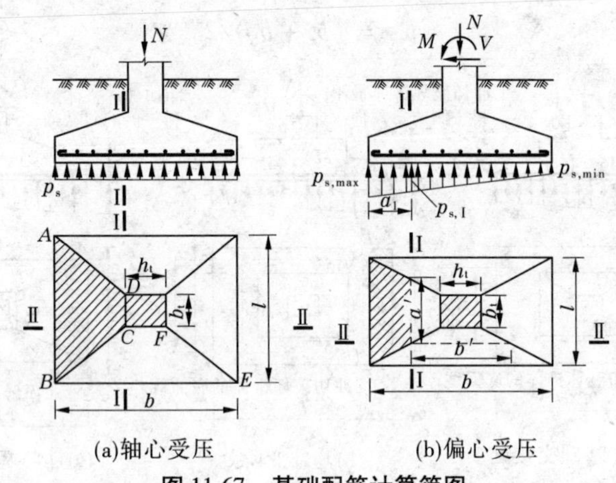

图11-67 基础配筋计算简图

1. 轴心受压基础

沿长边 b 方向的截面Ⅰ—Ⅰ处的弯矩 $M_Ⅰ$，等于作用在梯形面积 $ABCD$ 上的总地基净反力与该面积形心到柱边截面(Ⅰ—Ⅰ截面)距离的乘积，则得

$$M_Ⅰ = \frac{p_s}{24}(b - h_t)^2(2l + b_t) \tag{11-43}$$

同理，可得沿短边 l 方向的截面Ⅱ—Ⅱ处的弯矩 $M_Ⅱ$：

$$M_Ⅱ = \frac{p_s}{24}(l - b_t)^2(2b + h_t) \tag{11-44}$$

式中 $M_Ⅰ$、$M_Ⅱ$——截面Ⅰ—Ⅰ、Ⅱ—Ⅱ处相应于荷载效应基本组合的弯矩设计值；

p_s——相应于荷载效应基本组合时的地基净反力；

其余符号意义见图11-67。

Ⅰ—Ⅰ、Ⅱ—Ⅱ截面所需的受力钢筋截面面积按以下近似公式计算：

由于长边方向的钢筋一般置于沿短边方向钢筋的下面,此处若假定 b 方向为长边,则沿长边 b 方向的受力钢筋截面面积为

$$A_{s\,\mathrm{I}} = \frac{\gamma_d M_{\mathrm{I}}}{0.9 h_0 f_y} \tag{11-45}$$

如果基础底板两个方向受力钢筋直径均为 d,则截面Ⅱ—Ⅱ的有效高度为 h_0,故沿短边 l 方向的受力钢筋截面面积为

$$A_{s\,\mathrm{II}} = \frac{\gamma_d M_{\mathrm{II}}}{0.9(h_0 - d) f_y} \tag{11-46}$$

当计算基础变阶处截面由地基净反力产生的弯矩设计值时,应用台阶长度和宽度代替式(11-43)和式(11-44)中的柱截面高度(h_t)和截面宽度(b_t)。这两个截面的钢筋面积仍按式(11-45)和式(11-46)计算,但式中的 h_0 应为变阶处的截面有效高度。

基础底板两个方向的配筋均应取柱与基础交接处和基础变阶处计算所得钢筋截面面积的较大者。

2. 偏心受压基础

当偏心距小于或等于1/6 基础宽度时,沿弯矩作用方向在任意截面Ⅰ—Ⅰ处,及垂直于弯矩作用方向在任意截面Ⅱ—Ⅱ处相应于荷载效应基本组合时的弯矩设计值可分别按下列公式计算

$$M_{\mathrm{I}} = \frac{1}{12} a_1^2 [(2l + a')(p_{s,\max} + p_{s,\mathrm{I}}) + (p_{s,\max} - p_{s,\mathrm{I}}) l] \tag{11-47}$$

$$M_{\mathrm{II}} = \frac{1}{48} (l - a')^2 (2b + b')(p_{s,\max} + p_{s,\min}) \tag{11-48}$$

式中　a_1——任意截面Ⅰ—Ⅰ至基底边缘最大反力处的距离;

$p_{s,\mathrm{I}}$——相应于荷载效应基本组合时,在任意截面Ⅰ—Ⅰ处基础底面地基反力设计值;

其余符号意义见图11-67(b)。

当按上式求得弯矩设计值 M_{I}、M_{II} 后,其相应的基础底板受力钢筋截面面积可近似地按轴心受压公式进行计算。

(四)基础的构造要求

1. 基础形状

独立基础的底面一般为矩形,长宽比宜小于2。基础的截面形状一般可采用对称的阶梯形或锥形。

2. 基础尺寸

独立基础的尺寸构造要求如图11-68所示。

锥形基础边缘高度一般取 $a_2 \geqslant 200$ mm,且 $a_2 \geqslant a_1$ 和 $a_2 \geqslant h_c/4$,一般取 $\tan\alpha = 3.0 \sim 4.0$。

柱子的插入深度 h_1 见表11-12。

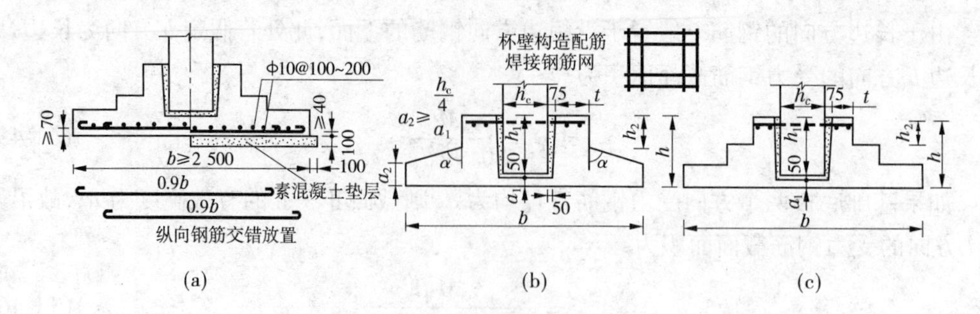

图 11-68　基础尺寸构造要求　(单位:mm)

表 11-12　柱子的插入深度 h_1　(单位:mm)

矩形和 I 形截面柱			
$h_c<500$	$h_c=500\sim800$	$h_c=800\sim1\,000$	$h_c>1\,000$
$(1.0\sim1.2)h_c$	h_c	$0.9h_c$ 且≥800	$0.8h_c$ 且≥1 000

阶形基础分阶:三阶,$h>1\,000$ mm;二阶,$h=500\sim1\,000$ mm;一阶,$h\leqslant500$ mm。每阶高度一般取 300 ~ 500 mm。

3. 混凝土强度等级

基础的混凝土强度等级不宜低于 C20。垫层的混凝土强度等级应为 C10,垫层的厚度一般为 100 mm,不宜小于 70 mm,垫层四周应伸出基础 100 mm。

4. 底板配筋

基础底板受力钢筋宜采用 HRB335 级或 HPB235 级,最小直径不宜小于 10 mm,间距不宜大于 200 mm,也不宜小于 100 mm。当基础底面边长大于或等于 2.5 m 时,底板受力钢筋的长度可取边长的 0.9 倍,并宜交错布置。

5. 杯壁配筋

当柱为轴心受压或小偏心受压且 $t/h_2\geqslant0.65$ 时,或大偏心受压且 $t/h_2\geqslant0.75$ 时,杯壁可不配筋;当柱为轴心受压或小偏心受压且 $0.5\leqslant t/h_2<0.65$ 时,杯壁可按表 11-13 构造配筋;其他情况下,应按计算配筋,杯口配筋构造见图 11-68(b)。

表 11-13　杯壁构造配筋

柱截面长边尺寸(mm)	$h<1\,000$	$1\,000\leqslant h<1\,500$	$1\,500\leqslant h<2\,000$
钢筋直径(mm)	8 ~ 10	10 ~ 12	12 ~ 16

三、条形基础的设计

当建筑场地软弱而上部荷载较大,一般的浅基础难以满足要求时,如支承渡槽的基础,可以使用支承面积更大、抗弯刚度更高的基础结构,通常将两个柱基础连在一起,做成钢筋混凝土条形基础。

柱下条形基础是指柱列下的长条形钢筋混凝土扩展基础,如图 11-69(a)所示,也称梁式基础；若平面上纵横两个方向的柱下条形基础交叉连接，则构成了交叉条形基础，如图 11-69(b)所示。

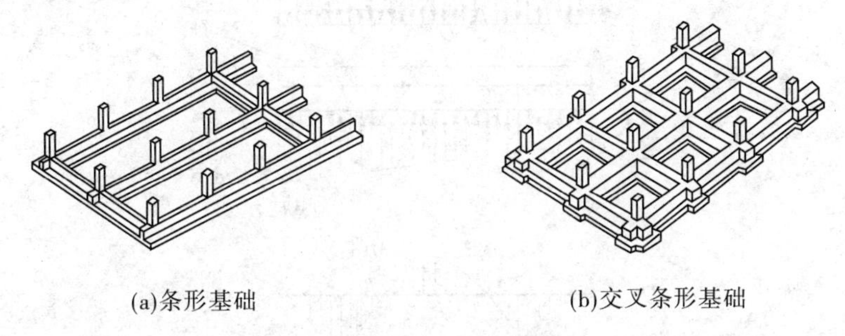

(a)条形基础　　(b)交叉条形基础

图 11-69　柱下条形基础

条形基础的设计，一般是先拟定各部分的尺寸，进行地基反力的验算，再作基础承载力计算。

当地基承载力较好时，可采用静定分析法，假定地基反力呈线性分布，可按下式计算（参见图 11-70 和图 11-71）

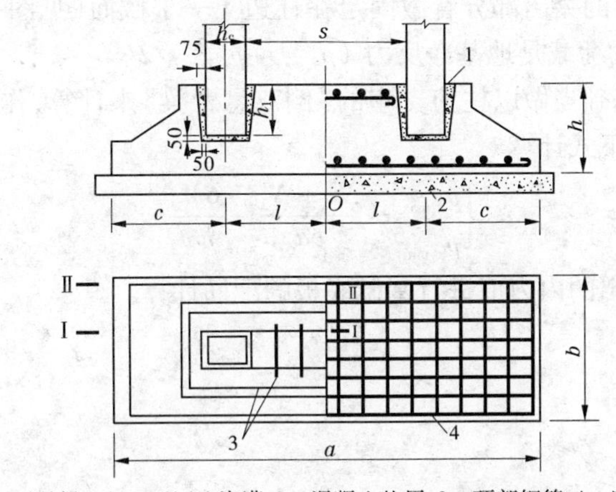

1—细石混凝土(C20 以上)浇灌；2—混凝土垫层；3—顶部钢筋；4—底部钢筋

图 11-70　条形基础和基础内配筋

$$\begin{cases}p_{\max}\\p_{\min}\end{cases}=\frac{N_1+N_2}{ba}+q\pm\frac{6M_0}{ba^2}\tag{11-49}$$

式中　N_1、N_2——立柱传至基础顶面的轴向力设计值；

q——单位面积基础自重及回填土重(近似按均布荷载考虑)，$q=\gamma_m db$，此处 d 为基础埋置深度；

M_0——立柱传至基础顶面的 N_1、N_2、V_1、V_2 及 M_1、M_2 对基础底面中心 O 点的力矩，$M_0=M_1+M_2+(V_1+V_2)h+(N_1-N_2)l$；

b——基础底面的短边尺寸；

a—— 基础底面的长边尺寸。

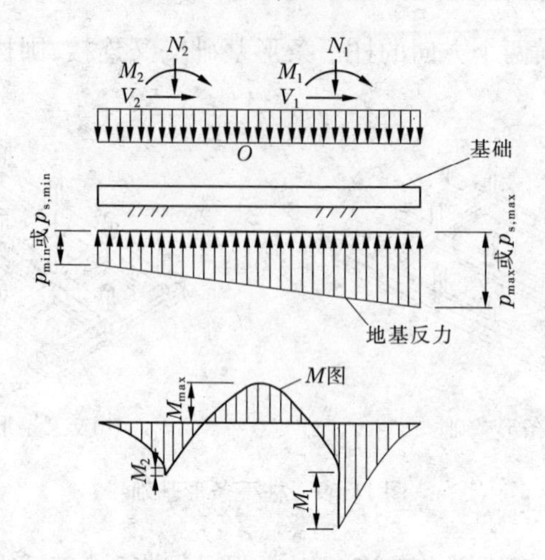

图 11-71　条形基础计算简图

应满足 $p_{max} \leqslant 1.2f_a/\gamma_d$，及$(p_{max}+p_{min})/2 \leqslant f_a/\gamma_d$。

基础的承载力计算分短边和长边两个方向进行。

在短边，可把基础的突出部分看做固定在柱边Ⅰ—Ⅰ截面（见图 11-70）的“悬臂板”计算，“悬臂板”承受的荷载是地基净反力$(p_{s,max}+p_{s,min})/2$。

在长边，则可把基础当做以柱为支座的“倒双悬臂梁”来计算，作用的荷载也是地基反力。地基净反力按下式计算

$$\left\{\begin{matrix} p_{s,max} \\ p_{s,min} \end{matrix}\right. = \frac{N_1+N_2}{ba} \pm \frac{6M_0}{ba^2} \tag{11-50}$$

根据上述方法求出的内力值进行基础底板的配筋计算。

第十二章　水工钢筋混凝土结构耐久性设计

第一节　影响混凝土结构耐久性的主要因素及防治措施

结构耐久性是指在设计确定的环境作用和维修、使用条件下,结构构件在设计使用年限内保持其适用性和安全性的能力。耐久性好的混凝土结构暴露于使用环境时,具有保持原有形状、质量和适用性的能力,不会由于保护层碳化或裂缝宽度过大而引起钢筋腐蚀,不发生混凝土严重腐蚀破坏而影响结构的使用寿命。结构的耐久性与结构的使用寿命总是相联系的,结构的耐久性越好,使用寿命越长。

设计永久性建筑时,耐久性是结构必须满足的功能之一。在使用年限内,要求结构在正常使用和维护条件下,随时间变化而能满足预定功能的要求。一般混凝土结构的使用年限要求大于50年,但有调查资料发现,近几十年来,混凝土结构因材质劣化造成失效以致破坏崩塌的事故在国内外时有发生,用于混凝土结构维修、改造和大修的费用日益增加。因此,混凝土结构的耐久性问题越来越受到人们的重视。在设计混凝土结构时,除进行承载力计算以及变形和裂缝验算外,还应进行耐久性设计。

混凝土结构的耐久性设计实质上是针对影响耐久性能的主要因素提出相应的对策。

影响混凝土结构耐久性的因素主要有内部和外部两个方面。内部因素主要有混凝土的强度、渗透性,保护层厚度,水泥品种和等级及用量,外加剂,骨料的活性等,外部因素则主要有环境温度、湿度、CO_2含量、侵蚀性介质等。耐久性劣化往往是内部的不完善性和外部的不利因素综合作用的结果,而结构缺陷往往是设计缺陷、施工不良引起的,也有因使用、维护不当引起的。混凝土结构耐久性问题有混凝土碳化、钢筋锈蚀、碱-骨料反应、混凝土冻融破坏、侵蚀性介质腐蚀、机械磨损等。由于水工结构所处的自然环境和使用特点,这些问题都曾出现过,近年的调查表明,有的比较严重。所以,水工混凝土结构的耐久性日益受到人们的重视。

下面介绍影响混凝土结构耐久性的主要因素及防治措施。

一、混凝土的碳化

空气、土壤、地下水等环境中的酸性气体或液体侵入混凝土中,与水泥石中的碱性物质发生反应,使混凝土中的pH值下降的过程称为混凝土的中性化过程,其中,由大气环境中的CO_2引起的中性化过程称为混凝土的碳化。由于大气中有一定含量的CO_2,碳化是最普遍的混凝土中性化过程。

在混凝土的强碱环境中,钢筋表面生成一种非常致密的稳定的氧化膜(称为钝化膜),保护钢筋免于锈蚀。碳化会降低混凝土的碱度,破坏钢筋表面的钝化膜,使混凝土失去对钢筋的保护作用,给混凝土中钢筋防锈带来不利的影响,同时,混凝土碳化还会加剧混凝土的收缩，这些都可能导致混凝土开裂和结构的破坏。因此，混凝土碳化与混凝土结构的耐久性密切相关，是衡量钢筋混凝土结构物可靠性的重要指标。

影响碳化的因素有环境外部因素和混凝土自身的内部因素。环境外部因素主要有 CO_2 的含量和空气湿度。CO_2 的含量越高，混凝土的碳化速度越快；当空气中相对湿度在60%～80%时，混凝土碳化速度最快。混凝土自身的内部因素主要有水灰比、水泥品种与用量、组成材料、配合比、混凝土强度、养护条件等。

防止混凝土碳化的措施有：降低混凝土的水灰比，降低单方混凝土水泥的用量；采用聚合物水泥混凝土；在混凝土表面涂装砂浆或有机、无机装饰材料等。

二、钢筋的锈蚀

钢筋锈蚀是影响钢筋混凝土结构耐久性的最关键问题，也是混凝土结构最常见和数量最大的耐久性问题。新成型的混凝土是一种高碱性的材料，在钢筋表面形成一层致密的钝化膜，有效地保护钢筋不发生锈蚀。混凝土保护层的碳化和氯离子等腐蚀介质的影响是钢筋锈蚀的主要原因。当空气中的 CO_2、SO_2 等气体及其他酸性介质通过混凝土的孔隙进入混凝土内部后，与混凝土孔隙溶液中的 $Ca(OH)_2$ 发生化学反应，使溶液的碱度降低，钢筋表面出现脱钝现象，如果有足够的氧和水，钢筋就会被腐蚀。若混凝土成型时使用了含氯离子的原材料，如海砂、海水或含氯的外加剂等，或混凝土结构处于使用含氯原材料的工业环境、海洋环境、盐渍土与含氯地下水的环境和使用化冰盐的环境中，氯离子通过构件表面侵入混凝土内部，达到钢筋表面，钝化膜也会提早破坏，钢筋锈蚀就会更严重。随着混凝土保护层的剥落，钢筋锈蚀加速，直到构件破坏。

混凝土中的钢筋锈蚀是电化学腐蚀。首先在裂缝宽度较大处发生个别点的“坑蚀”，进而逐渐形成“环蚀”，同时向裂缝两边扩展，形成锈蚀面，使钢筋截面削弱，锈蚀产生的铁锈体积要比原来的体积增大3～4倍，使周围的混凝土产生拉应力。钢筋锈蚀严重时，体积膨胀导致沿钢筋长度出现纵向裂缝（见图12-1）。顺筋裂缝的产生又加剧了钢筋的锈蚀，形成恶性循环。如果混凝土的保护层比较薄，最终会导致混凝土保护层剥落，钢筋也可能锈断，导致截面承载力降低，直到构件丧失承载力。

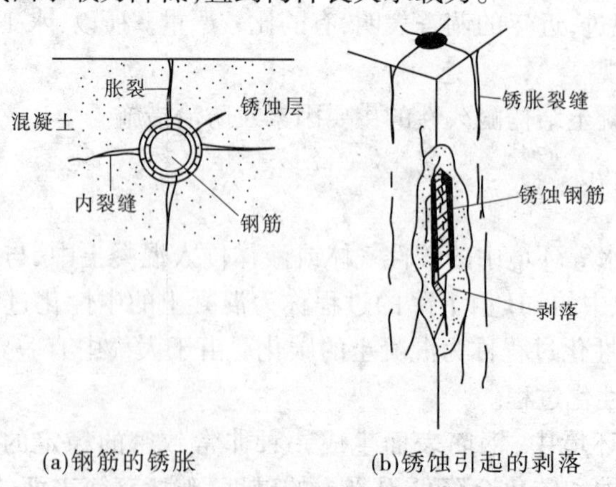

图12-1　钢筋锈蚀的影响

三、混凝土的碱－骨料反应

混凝土碱－骨料反应(Alkali－Aggregate Reaction)是指混凝土微孔中来自水泥、外加剂等的可溶性碱溶液与具有碱活性的骨料发生的膨胀性反应。发生碱－骨料反应后,会在界面生成可吸水膨胀的凝胶或体积膨胀的晶体,使混凝土内部局部发生体积膨胀,使混凝土产生裂纹,严重时会发生开裂破坏。碱溶液还会浸入骨料在破碎加工时产生的裂缝中发生反应,使骨料受膨胀力作用而破坏。

碱－骨料反应将引起混凝土体积膨胀和开裂,改变混凝土的微结构,使混凝土的抗压强度、抗拉强度、弹性模量等力学性能下降,严重影响混凝土结构的安全性,而且反应一旦发生很难阻止,更不易修补和挽救,被称为混凝土结构的"癌症"。

碱－骨料反应分为两类:一类为碱－硅反应,指混凝土中的碱性溶液与骨料中活性组分 SiO_2 反应,生成碱硅酸盐凝胶,凝胶吸水膨胀导致混凝土膨胀或开裂;另一类为碱－碳酸盐反应,指混凝土中的碱性溶液与含有白云石的碳酸盐骨料发生反应,生成水镁石($Mg(OH)_2$),水镁石在白云石周围和周围基层之间的受限空间内结晶生长,使骨料膨胀,进而使混凝土膨胀开裂。混凝土由于碱－硅反应破坏的特征是呈地图形裂缝,碱－碳酸盐反应造成的裂缝中还会有白色浆状物渗出。

碱－骨料反应必须同时满足碱活性骨料、碱和水同时存在才能发生,这三方面条件除去其中之一就可以抑制碱－骨料反应的发生。对于碱－骨料反应必须以预防为主。为了预防碱－骨料反应,可以在以下三方面采取预防对策:

(1)正确选择原材料。采用低碱水泥,如可以在混凝土中掺入矿物质粉体材料,如粉煤灰、磨细矿粉等。

(2)优化混凝土配合比。增加混凝土的密实性,甚至在混凝土中加入适当的引气剂。

(3)改善施工与使用环境。保持周围环境干燥,表面涂抹防水层,以减少水的侵入,从而抑制碱－骨料反应的反应程度。

四、混凝土的冻融循环破坏

混凝土水化结硬后,内部有很多孔隙,非结晶水便滞留在这些孔隙中。在寒冷地区,由于低温时混凝土孔隙中的水冻结成冰后产生体积膨胀,引起混凝土结构内部损伤。在多次冻融作用下,混凝土结构内部损伤逐渐积累达到一定程度而引起宏观的破坏。破坏前期是混凝土强度和弹性模量降低,接着是混凝土由表及里的剥落。我国部分地区特别是北方地区的室外混凝土结构存在冻融破坏问题。与环境水接触较多的混凝土,如电厂的通风冷却塔、水厂的水池、外露阳台、水工结构等的冻融破坏相对严重。

当混凝土孔隙溶液中含有一定量的氯离子时,混凝土的冻融破坏加剧。海港工程等均有此类问题。

防止混凝土冻融循环破坏的主要措施:首先,降低水灰比,减少混凝土中的自由游离水;其次,在浇筑混凝土时加入引气剂,在混凝土中形成微细气孔;改进施工操作、加强混凝土的密实性、减小孔隙率等都对提高抗冻性有很好的作用。

五、氯盐的侵蚀

钢筋混凝土结构在使用寿命期间可能遇到的各种暴露条件中,氯化物是一种最危险的侵蚀介质,它的危害是多方面的。其主要危害是对钢筋腐蚀而导致钢筋混凝土结构的破坏,对混凝土也有一定程度的破坏作用。

氯离子进入混凝土中通常有两种途径:一是“混入”,如掺用含氯离子外加剂、使用海砂、施工用水含氯离子、在含盐环境中拌制浇筑混凝土等;二是“渗入”,环境中的氯离子通过混凝土的宏观、微观缺陷渗入混凝土中,并到达钢筋表面。

氯盐对钢筋的腐蚀属于电化学过程,受综合性、多因素影响。对处于化学侵蚀性环境中的混凝土,应采用抗侵蚀性水泥,并掺用优质活性掺合料,或同时采用特殊的表面涂层等。因此,单一的防护措施往往不能奏效,应该采取综合性措施,要综合考虑到施工、使用、管理、维护等。

第二节　混凝土结构耐久性设计

一、耐久性设计的基本原则

耐久性设计的基本原则是根据结构的环境条件类别和设计使用年限进行设计,主要解决环境作用与材料抵抗环境作用能力的问题。要求在规定的设计使用年限内,混凝土结构应能在自然和人为环境的化学与物理作用下,不出现无法接受的承载力减小、使用功能降低和不能接受的外观破损等耐久性问题。所出现的问题通过正常的维护即可解决,而不能付出很高的代价。由于混凝土的碳化及钢筋锈蚀是影响混凝土结构耐久性的最主要的综合因素,因此耐久性设计主要是延迟钢筋发生锈蚀的时间,要求

$$T_0 + T_1 \geqslant T \tag{12-1}$$

式中　T——结构的设计使用年限;

T_0——混凝土保护层的碳化时间;

T_1——从钢筋开始锈蚀至出现沿钢筋的纵向裂缝的时间。

不同结构的耐久性极限状态应赋予不同的定义,当不允许钢筋锈蚀时,混凝土保护层完全碳化,$T_0 \geqslant T$;当允许钢筋锈蚀一定量值时,$T_0 + T_1 \geqslant T$。

目前对混凝土结构耐久性的研究尚不够深入,关于耐久性的设计方法也不完善,因此耐久性设计主要采取以下保证措施。

二、环境类别

混凝土结构耐久性与结构的工作环境条件有密切的关系。同一结构在强腐蚀性环境中要比在一般大气环境中使用寿命要短。对结构所处的环境划分类别可使设计者针对不同的环境采用相应的对策。根据工程经验,参考国外有关研究成果,《水工混凝土结构设计规范》(DL/T 5057—2009)将混凝土结构的使用环境分为5个类别,见附录一附表1-4。

对于设计使用年限为50年的结构,可按结构所处环境条件类别提出相应的耐久性要

求。设计使用年限低于50年的结构,其耐久性要求可将环境条件类别降低一类,但不可低于一类环境条件。临时性建筑物可不提出耐久性的要求。

三、混凝土最低强度等级

对于有耐久性要求的结构,混凝土强度等级不宜过低,应按不同环境条件类别,采用不低于表12-1所列的最低值。

表12-1 混凝土最低强度等级

环境类别	素混凝土	钢筋混凝土		预应力混凝土	
		HPB235、HPB300	HRB335、HRB400、RRB400、HRB500	钢棒、螺纹钢筋	钢绞线、消除应力钢丝
一	C15	C20	C20	C30	C40
二	C15	C20	C25	C30	C40
三	C15	C20	C25	C35	C40
四	C20	C25	C30	C35	C40
五	C25	C30	C35	C35	C40

注:①桥面及处于露天的梁、柱结构,混凝土强度等级不宜低于C25。
②有抗冲耐磨要求的部位,其混凝土强度等级应进行专门研究确定,且不宜低于C30。
③承受重复荷载作用的钢筋混凝土构件,混凝土强度等级不宜低于C25。
④大体积预应力混凝土结构的混凝土强度等级不应低于C30。

四、混凝土最大水灰比

控制混凝土最大水灰比与最小水泥用量是保证混凝土密实性、提高混凝土耐久性的主要措施。钢筋混凝土和预应力混凝土结构的水灰比不宜大于表12-2所列数值,素混凝土结构的最大水灰比可按表12-2所列数值增大0.05。

表12-2 混凝土最大水灰比

环境类别	一	二	三	四	五
最大水灰比	0.60	0.55	0.50	0.45	0.40

注:①结构类型为薄壁或薄腹构件时,最大水灰比宜适当减小。
②处于三、四、五类环境条件又受冻严重或受冲刷严重的结构,最大水灰比应按照《水工建筑物抗冰冻设计规范》(DL/T 5082—1998)的规定执行。
③承受水力梯度较大的结构,最大水灰比宜适当减小。

五、混凝土最小水泥用量

水泥用量也是影响混凝土密实性和混凝土的碱性(抗碳化能力)的重要因素。为提高耐久性,混凝土水泥用量不宜少于表12-3所列数值。当混凝土加入活性掺合剂或能提高耐久性的外加剂时,可适当降低最小水泥用量。

表 12-3 混凝土的最小水泥用量 （单位:kg/m³）

环境类别	最小水泥用量		
	素混凝土	钢筋混凝土	预应力混凝土
一	200	220	280
二	230	260	300
三	260	300	340
四	280	340	360
五	300	360	380

六、混凝土中最大氯离子含量和最大碱含量

氯离子是引起混凝土中钢筋锈蚀的主要原因之一，试验和大量工程调查表明，在潮湿环境中，当混凝土中的水溶性氯离子达到凝胶材料重量的约 0.4% 时会引起钢筋锈蚀；在干燥环境中，超过 1.0% 时没有发现锈蚀的情况。

由于碱－骨料反应发生的条件除碱含量大、有活性骨料外，还需要水的参与，当环境条件干燥时，不会发生碱－骨料反应，所以对于一类环境中的混凝土结构，未限制混凝土的碱含量。

根据结构所处的环境类别，合理地选择混凝土原材料，控制混凝土中的氯离子含量和碱含量，防止碱－骨料反应。改善混凝土的级配，控制最大水灰比、最小水泥用量和最低混凝土强度等级，提高混凝土的抗渗性能和密实度。《水工混凝土结构设计规范》（DL/T 5057—2009）规定：对于一类、二类和三类环境中，设计使用年限为 50 年的结构混凝土应符合表 12-4 的规定。

表 12-4 混凝土中最大氯离子含量和最大碱含量

环境类别	最大氯离子含量（%）		最大碱含量（kg/m³）
	钢筋混凝土	预应力混凝土	
一	1.0	0.06	不限制
二	0.3	0.06	3.0
三	0.2	0.06	3.0
四	0.1	0.06	2.5
五	0.06	0.06	2.5

注：①氯离子含量是指水溶性氯离子占水泥用量的百分比。

②碱含量为可溶性碱在混凝土原料中的含量，以 Na_2O 当量。

对于设计使用年限为 100 年的水工结构，混凝土耐久性基本要求除应满足表 12-1 ~ 表 12-4 的规定外，尚应符合下列要求：混凝土强度等级宜按表 12-1 的规定提高一级；混凝土中的氯离子含量不应大于 0.06%；未经论证，混凝土不应采用碱活性骨料。

七、混凝土抗冻等级

混凝土处在冻融交替的环境中,如果抗冻性不足,就会发生剥蚀破坏。混凝土的抗冻性用抗冻等级来标志,按 28 d 龄期的试件用快冻试验方法测定,分为 F400、F300、F250、F200、F150、F100 和 F50 七级。经论证,也可以用 60 d 或 90 d 龄期的试件测定。对于有抗冻要求的水工结构,应按表 12-5 根据气候分区、冻融循环次数、表面局部小气候条件、水分饱和程度、结构重要性和检修条件等选定抗冻等级。在不利因素较多时,可选用提高一级的抗冻等级。

抗冻混凝土应掺加引气剂。其水泥、掺合剂、外加剂的品种和数量、配合比及含气量应通过试验确定,或按照《水工建筑物抗冰冻设计规范》(DL/T 5082—1998)选用。处于海洋环境中的混凝土,即使没有抗冰冻要求,也宜掺用引气剂。

八、混凝土抗渗性

混凝土越密实,水灰比越小,其抗渗性越好。混凝土的抗渗性用抗渗等级表示,混凝土抗渗等级按 28 d 龄期的标准试件测定,分为 W2、W4、W6、W8、W10 和 W12 六级。根据建筑物开始承受水压力的时间,也可利用 60 d 或 90 d 龄期的试件测定抗渗等级。结构所需的混凝土抗渗等级应根据所承受的水头、水力梯度以及下游排水条件、水质条件和渗透水的危害程度等因素确定,并不低于表 12-6 的规定值。

表 12-5　混凝土抗冻等级

项次	气候分区	严寒		寒冷		温和
	年冻融循环次数	≥100	<100	≥100	<100	—
1	受冻严重且难以检修的部位: (1)水电站尾水部位、蓄能电站进出口的冬季水位变化区的构件、闸门槽二期混凝土、轨道基础; (2)冬季通航或受电站尾水位影响的不通航船闸的水位变化区的构件、二期混凝土; (3)流速大于 25 m/s、过冰、多沙或多推移质的溢洪道,深孔或其他输水部位的过水面及二期混凝土; (4)冬季有水的露天钢筋混凝土压力水管、渡槽、薄壁充水闸门井	F400	F300	F300	F200	F100
2	受冻严重但有检修条件的部位: (1)大体积混凝土结构上游面冬季水位变化区; (2)水电站或船闸的尾水渠,引航道的挡墙、护坡; (3)流速小于 25 m/s 的溢洪道、输水洞(孔)、引水系统的过水面; (4)易积雪、结霜或饱和的路面、平台栏杆、挑檐、墙、梁、板、柱、墩、廊道或竖井的薄壁等构件	F300	F250	F200	F150	F50

续表 12-5

项次	气候分区	严寒		寒冷		温和
	年冻融循环次数	≥100	<100	≥100	<100	—
3	受冻较重部位： (1)大体积混凝土结构外露的阴面部位； (2)冬季有水或易长期积雪结冰的渠系建筑物	F250	F200	F150	F150	F50
4	受冻较轻部位： (1)大体积混凝土结构外露的阳面部位； (2)冬季无水干燥的渠系建筑物； (3)水下薄壁构件； (4)水下流速大于 25 m/s 的过水面	F200	F150	F100	F100	F50
5	水下、土中及大体积内部混凝土	F50	F50	F50	F50	F50

注：①年冻融循环次数分别按一年内气温从 +3 ℃以上降至 -3 ℃以下，然后回升到 +3 ℃以上的交替次数和一年中日平均气温低于 -3 ℃期间设计预定水位的涨落次数统计，并取其中的大值。

②气候分区划分标准为：

严寒：最冷月平均气温低于 -10 ℃；

寒冷：最冷月平均气温高于或等于 -10 ℃、低于或等于 -3 ℃；

温和：最冷月平均气温高于 -3 ℃。

③冬季水位变化区是指运行期间可能遇到的冬季最低水位以下 0.5 ~1 m 至冬季最高水位以上 1 m(阳面)、2 m(阴面)、4 m(水电站尾水区)的部位。

④阳面是指冬季大多为晴天，平均每天有 4 h 阳光照射，不受山体或建筑物遮挡的表面，否则均按阴面考虑。

⑤最冷月平均气温低于 -25 ℃地区的混凝土抗冻等级宜根据具体情况研究确定。

⑥在无抗冻要求的地区，混凝土抗冻等级也不宜低于 F50。

表 12-6　混凝土抗渗等级的最小允许值

项次	结构类型及运用条件		抗渗等级
1	大体积混凝土结构的下游面及建筑物内部		W2
2	大体积混凝土结构的挡水面	$H<30$	W4
		$30\leqslant H<70$	W6
		$70\leqslant H<150$	W8
		$H\geqslant 150$	W10
3	素混凝土及钢筋混凝土结构构件的背水面能自由渗水者	$i<10$	W4
		$10\leqslant i<30$	W6
		$30\leqslant i<50$	W8
		$i\geqslant 50$	W10

注：①表中 H 为水头(m)，i 为水力梯度。

②当结构表层设有专门可靠的防渗层时，表中规定的抗渗等级可适当降低。

③承受腐蚀性水作用的结构，混凝土抗渗等级应进行专门的试验研究，但不应低于 W4。

④埋置在地基中的结构构件(如基础防渗墙等)，可按照表中项次 3 的规定选择混凝土抗渗等级。

⑤对背水面能自由渗水的素混凝土及钢筋混凝土结构构件，当水头小于 10 m 时，其混凝土抗渗等级可按表中项次 3 的规定降低一级。

⑥对严寒、寒冷地区且水力梯度较大的结构，其抗渗等级可按表中的规定提高一级。

九、混凝土抗氯离子侵入性指标

目前,我国建造的潮汐电站逐渐增多。潮汐电站的环境属于海洋环境,钢筋锈蚀严重,做好耐久性设计非常重要。

海洋环境中的氯离子渗入混凝土是引起混凝土中钢筋锈蚀的主要根源,所以避免混凝土中钢筋锈蚀的基本措施是提高混凝土的抗渗性能,主要抗渗措施是降低混凝土的水灰比,使用高效减水剂,掺用大量矿物掺合料或采用高性能混凝土。在海洋环境中,重要水工结构或设计使用年限大于 50 年的水工结构,混凝土抗氯离子侵入性指标宜符合表 12-7的规定。

表 12-7　混凝土抗氯离子侵入性指标

抗侵入性指标	环境类别		
	三	四	五
电量指标(56 d 龄期)(库仑)	$<1\,500$	$<1\,200$	<800
氯离子扩散系数 D_{RCM}(28 d 龄期)($\times10^{-12}m^2/s$)	<10	<7	<4

注:①表中的混凝土抗氯离子侵入性指标可根据钢筋保护层厚度和水灰比的具体特点对表中数据作适当调整。

②表中的 D_{RCM}值,仅适用于较大或大掺量矿物掺合料的混凝土,对于胶凝材料中主要成分为硅酸盐水泥熟料的混凝土则适当降低。

当不满足表 12-7 中的要求时,可采取下列一项或多项措施:①混凝土表面涂层;②混凝土表面硅烷浸渍;③环氧涂层钢筋;④钢筋阻锈剂;⑤阴极保护。

十、环境水腐蚀判别标准

化学腐蚀环境中宜测定水中 SO_4^{2-}、Mg^{2+}和 CO_2 的含量及水的 pH 值,根据其含量和水的酸性按表 12-8 所列数值范围确定化学腐蚀程度。

对处于化学腐蚀性环境中的混凝土,应采用抗腐蚀性水泥,并掺用优质活性掺合料,或同时采用特殊的表面涂层等防护措施。

十一、钢筋混凝土保护层

混凝土保护层厚度的大小及保护层的密实性是决定混凝土保护层的碳化时间 T_0 的根本因素,环境条件及保护层厚度又是 T_1 的决定因素。因此,保护层厚度成为主要因素。所以,规范规定,按环境类别的不同,混凝土保护层厚度应不小于附录四附表 4-1 所列数值。同时,还严格保证保护层的振捣与养护质量。

十二、结构配筋与型式

结构的型式应有利于排去局部积水,避免水汽凝聚和有害物质积聚。当环境类别为四类、五类时,不宜采用薄壁和薄腹的结构型式,因为这种结构暴露面大,比平整表面更易使混凝土碳化而导致钢筋锈蚀,应尽量避免。

表 12-8　环境水腐蚀判别标准

腐蚀性类型		腐蚀性特征判定依据	腐蚀程度	界限指标	
分解类	溶出型	HCO_3^- 含量（mmol/L）	无腐蚀	$HCO_3^- > 1.07$	
			弱腐蚀	$1.07 \geqslant HCO_3^- > 0.70$	
			中等腐蚀	$HCO_3^- \leqslant 0.70$	
			强腐蚀	—	
	一般酸性型	pH 值	无腐蚀	$pH > 6.5$	
			弱腐蚀	$6.5 \geqslant pH > 6.0$	
			中等腐蚀	$6.0 \geqslant pH > 5.5$	
			强腐蚀	$pH \leqslant 5.5$	
	碳酸性型	游离 CO_2（mg/L）	无腐蚀	$CO_2 < 15$	
			弱腐蚀	$15 \leqslant CO_2 < 30$	
			中等腐蚀	$30 \leqslant CO_2 < 60$	
			强腐蚀	$CO_2 \geqslant 60$	
分解结晶复合类	硫酸镁型	Mg^{2+} 含量（mg/L）	无腐蚀	$Mg^{2+} < 1\,000$	
			弱腐蚀	$1\,000 \leqslant Mg^{2+} < 1\,500$	
			中等腐蚀	$1\,500 \leqslant Mg^{2+} < 2\,000$	
			强腐蚀	$2\,000 \leqslant Mg^{2+} < 3\,000$	
结晶类	硫酸盐型	SO_4^{2-} 含量（mg/L）	无腐蚀	普通水泥	抗硫酸盐水泥
			弱腐蚀	$SO_4^{2-} < 250$	$SO_4^{2-} < 3\,000$
			中等腐蚀	$250 \leqslant SO_4^{2-} < 400$	$3\,000 \leqslant SO_4^{2-} < 4\,000$
			强腐蚀	$SO_4^{2-} \geqslant 500$	$SO_4^{2-} \geqslant 500$

注：①当采用表进行环境水对混凝土腐蚀性判别时，应符合下列要求：

a. 所属场地应是不具有干湿交替或冻融交替作用的地区和具有干湿交替或冻融交替作用的半湿润、湿润地区；

b. 混凝土一侧承受净水压力，另一侧暴露于大气中，最大作用水头与混凝土壁厚之比大于 5；

c. 混凝土建筑物所采用的混凝土抗渗等级不应小于 W4，水灰比不应小于 0.6；

d. 混凝土建筑物不应直接接触污染源。有关污染源对混凝土的直接腐蚀作用应专门研究。

②当所属场地为具有干湿交替或冻融交替作用的干旱、半干旱地区以及高程 3 000 m 以上的高寒地区时，应进行专门论证。

采用细直径、密间距的配筋方式，是有利于控制受力裂缝宽度的。但是，实践证明，对于普通钢筋混凝土，横向受力裂缝的危害并不十分严重，而在某些结构部位，如闸门门槽，构造钢筋及预埋件特别多，若配筋又过分细而密，反而会造成混凝土浇筑不密实，对钢筋锈蚀影响严重，将严重降低结构的耐久性。

对遭受高速水流空蚀的部位，应采用合理的结构型式，改善通气条件，提高混凝土密实度，严格控制结构表面的平整度或设置专门防护面层等。在有泥沙磨蚀的部位，应采用质地坚硬的骨料，降低水灰比，提高混凝土强度等级，改进施工方法，必要时还应采用耐磨护面材料。

十三、规定裂缝控制等级及其限值

裂缝的出现加快了混凝土的碳化,也是钢筋开始锈蚀的主要条件。因此,《水工混凝土结构设计规范》(DL/T 5057—2009)根据钢筋混凝土结构和预应力混凝土结构所处的环境条件类别和构件受力特征,规定了裂缝控制等级和最大裂缝宽度限值,见附录五附表5-1和附表5-2。对于采用高强钢丝的预应力混凝土构件,则必须严格执行抗裂要求或控制裂缝宽度。因为,高强钢丝为腐蚀敏感的钢材,稍有锈蚀,就易引发应力腐蚀而脆断。

第三节 混凝土结构耐久性研究展望

混凝土结构的耐久性研究是一个十分复杂的结构工程问题,其中涉及很多模糊及不确定性的因素,而且这些模糊及不确定性的因素随着人们对混凝土耐久性问题认识的不断深入而日益突出。

目前,针对混凝土耐久性的研究已经进行了许多工作,主要集中在材料层次的耐久性机制研究、受腐蚀构件承载力的相关研究、服役结构的耐久性评价和剩余寿命预测、受腐蚀结构的维修决策、结构腐蚀的防护及检测技术研究方面,但对耐久性研究仍有许多不完善的地方有待解决。

一、混凝土耐久性的多种影响因素的计算模型难以准确地反映实际情况

混凝土耐久性的影响因素主要有碳化、钢筋锈蚀、碱-骨料反应、氯离子侵蚀及冻融等。按已有的建立模型的方法来看分为两类:一类侧重于从理论上推导,另一类侧重于从试验研究分析影响因素。理论模型还有很多缺点,离实用还有很大距离。经验模型的依据是试验数据,由于试验数据多数是基于快速法的,而快速法的环境条件与实际情况有很大差异,其结果过于苛刻,因此需要建立一个合理的计算模型。

不论是何种非力学破坏因素(如冻融作用、钢筋锈蚀等),混凝土耐久性破坏的内在机制都可归结为非力学作用引起的混凝土内部微裂缝的产生和扩展导致混凝土基体破坏,直至发展到混凝土结构的破坏。

混凝土耐久性劣化必然是由相应的破坏应力引起的,所以可以用力学方法对非力学因素引起的耐久性劣化进行研究。而力学方法的最大特点就在于可以实现量化地处理问题。基于混凝土微裂缝的产生、扩展是一个典型的损伤发育和演化过程,现代损伤力学是研究这个过程的强有力的手段。因此,以现代材料测试手段为基础,通过试验测量及理论分析,获得在非力学破坏因素作用下混凝土细观结构的状态改变量及相对应的宏观性能指标的变化量,结合损伤力学的理论,建立混凝土耐久性衰减过程的损伤力学模型,以此来研究混凝土的耐久性破坏过程,进而可以用此模型对混凝土结构的耐久性进行评估。

另外,目前国内外对混凝土结构耐久性的研究,主要是在实验室中针对某一具体影响因素展开研究,而实际环境中混凝土结构遭受着碳化、钢筋锈蚀、冻融等多种破坏因素的影响,其影响因素涉及材料、环境、受力状况等诸多方面。因此,研究结构全生命周期内的

耐久性研究技术，结合实际存在的多种因素影响模式，建立基于工程实际条件的耐久性衰减或预测多因素模型，将是混凝土结构耐久性研究的发展方向之一。

二、混凝土结构耐久性检测与评估方法的研究

对混凝土中钢筋锈蚀程度的检测方法很多，但由于各种因素的限制，在工程实际检测中，仍以定性检测为主，而定量检测方法距工程实际应用仍有一段距离。另外，基于动力模态分析的损伤识别，仍需要进一步的理论分析和实际工程的检验。

目前，有关混凝土结构耐久性评估存在着效率较低、成本高、准确率不高、主观经验性的内容较多等不足之处，主要原因之一就是混凝土结构耐久性检测技术尚不发达，评估方法还不很科学。所以，研究开发新的结构耐久性检测技术，尤其是高效、准确的无损检测技术，将是一个新的研究方向，它将随着其他相关学科的发展而发展。如果能在这方面取得突破，那么将使钢筋混凝土结构耐久性评估的费用大大得到降低，耐久性评估的结果也将更精确、更可靠。

对钢筋锈蚀检测结果评判标准的统一，在很大程度上取决于大量的试验检测数据和现场调查数据的支持。在我国，由于种种主观或客观因素的限制，相关检测数据的采集是非常困难的。而对相关检测数据的整理归纳，还需考虑宏观与微观环境、结构类型及结构材料等因素的影响。

三、锈蚀构件承载力计算模型的研究

混凝土中的钢筋锈蚀是造成混凝土结构耐久性损伤的最主要因素，它造成结构破坏的原因主要表现在三个方面：一是钢筋有效截面面积的减小和强度降低；二是钢筋与混凝土之间黏结性能的改变；三是钢筋锈蚀将产生体积膨胀，导致混凝土保护层开裂，甚至脱落，从而使混凝土截面产生损伤。

这些损伤随着服役结构的使用时间、使用环境及腐蚀损伤情况而发生变化。而承载力计算模型的确定是锈蚀构件承载力以及耐久性评估的关键，其研究成果将为混凝土结构耐久性评估提供科学依据。

由于问题的特殊性、复杂性及结构种类的多样性，进一步的理论和试验研究工作是必要的。

四、混凝土结构耐久性失效准则的确定

耐久性研究的趋势就是开展混凝土结构组成材料、构件及结构体系三个层次的耐久性研究，分析耐久性的影响因素，弄清其组成材料在不同应力水平及不同环境下的损失、破坏机制及耐久性失效的原因，建立结构、构件及材料在多种荷载组合作用下的耐久性失效的随机模型。钢筋混凝土耐久性研究将逐步由定性分析向定量分析发展，制定出以概率理论为基础、在可靠度意义上的耐久性设计及评估方法。

五、混凝土结构耐久性设计方法的研究

要实现混凝土结构耐久性设计，必须确定出类似结构强度设计那样的设计参数。该

设计参数是混凝土结构性能的特征参数。为此,必须确定衡量混凝土结构耐久性的评定指标以及混凝土结构耐久性完全失效的判定标准,还需确定耐久性衰减模型,然后根据结构设计使用寿命确定混凝土结构的性能参数,它可以反映混凝土的本质特征。

六、受腐蚀混凝土结构的优化维修决策理论研究

在混凝土结构的使用阶段,应重视对结构的正常维护和管理。对于处于腐蚀性环境下的混凝土结构,当其服役一段时间后,常常由于结构本身的腐蚀损伤,不能保证其在后续使用期间内的正常使用。鉴于我国原有混凝土结构对耐久性考虑不周,应重视对服役混凝土结构的检测和评估,评估结构要不要维修、维修到什么程度、是维修还是拆除等问题,而对结构本身而言,这些都是重大的决策问题。

在进行优化维修决策时,对服役结构的耐久性进行评估是首先要解决的问题。长期以来,对服役结构耐久性评估一直依赖于有经验的技术人员对此作出的评价和处理。其次,是对结构后续使用期间内的荷载效应及环境腐蚀性的预估。这应建立于结构已服役期间所提供的反馈信息的基础上,并应对各类防护或维修方案的可靠性及经济性进行验证。

对于受腐蚀混凝土结构,由于其后续使用期间内的诸多不确定性,还需对受腐蚀混凝土结构的优化维修决策开展进一步研究。

七、混凝土结构的防护

随着材料科学和工艺技术的日趋发展,混凝土结构中钢筋的锈蚀在很大程度上可以做到很好的防治。混凝土结构设计时采用掺入矿物的高性能混凝土,或者在混凝土中加入阻锈剂等,都能大大提高混凝土结构的耐久性。采用环氧树脂钢筋、阴极保护和混凝土表面处理也是发展较为成熟的措施,但是由于费用较高,这些措施的广泛使用受到一定的限制。

第十三章　水工非杆件混凝土结构

水工建筑物中的大部分混凝土结构可视为杆件体系，按前面几章所讲的方法进行配筋计算，如水电站厂房的上部结构、渡槽的排架、水闸的上部结构等。但还有一些形体或受力复杂的结构，如跨高比小于5的深受弯构件，水电站厂房的机墩、蜗壳和尾水管结构，坝内孔口，廊道等，由于形体复杂、外形尺寸大、空间整体性强，不易简化成杆件结构，也无法按杆件体系用结构力学方法求出截面内力并按前面几章的公式配筋，此类结构通常被称为非杆件结构。

对于这类非杆件结构，目前常用三种方法进行配筋计算：①弹性应力图形法，该方法适用于所有非杆件结构，由弹性力学求出弹性状态下的截面应力图形，再按拉应力图形面积确定配筋截面面积；②极限状态配筋计算方法，该方法仅限于深受弯构件、牛腿、弧门支座等少数常用的结构构件，根据专门的理论分析和试验结果，建立相应的极限承载力配筋计算公式；③钢筋混凝土非线性有限单元法，直接运用钢筋混凝土有限元方法对结构进行全过程分析，解决其抗裂和承载力计算问题。

第一节　按弹性应力图形配筋的设计原则

一些非杆件结构可以简化成杆件结构，用结构力学的方法求出内力，则可按前面几章所讲的方法进行配筋计算。

而大多数水工非杆件结构，如果将其简化成杆件结构计算可能带来较大的误差，则可由弹性力学分析方法求得结构在弹性状态下的截面应力图形，再根据拉应力图形面积确定承载力所要求的配筋数量。

一、按弹性应力图形配筋的计算公式

当截面在配筋方向的正应力图形接近线性分布时，可换算为内力，按第三章至第八章的规定进行配筋计算，按第九章的规定进行抗裂验算或裂缝宽度控制验算。

当截面在配筋方向的正应力图形偏离线性较大时，受拉钢筋截面面积 A_s 可按下式计算

$$T \leqslant \frac{1}{\gamma_d}(0.6T_c + f_y A_s) \tag{13-1}$$

式中　T——由荷载设计值（包含结构重要性系数 γ_0 及设计状况系数 ψ）确定的主拉应力在配筋方向上形成的总拉力，$T = Ab$，在此，A 为截面主拉应力在配筋方向投影图形的总面积，b 为结构截面宽度；

T_c——混凝土承担的拉力，$T_c = A_{ct} b$，在此，A_{ct} 为截面主拉应力在配筋方向投影图形中，拉应力值小于混凝土轴心抗拉强度设计值 f_t 的图形面积（图13-1中的

阴影部分)；

f_y——钢筋抗拉强度设计值；

γ_d——钢筋混凝土结构的结构系数。

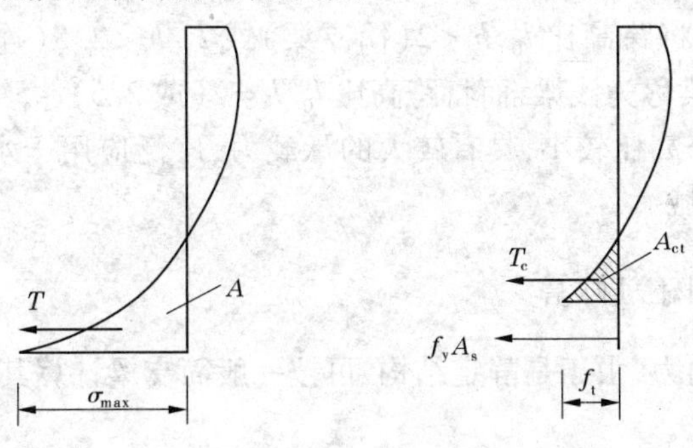

图 13-1　按弹性应力图形配筋示意图

设计时应注意,混凝土承担的拉力 T_c 不宜超过总拉力 T 的 30%。当弹性应力图形的受拉区高度大于结构截面高度的 2/3 时,取 T_c 等于零。

二、按弹性应力图形配筋的构造措施

当弹性应力图形的受拉区高度小于结构截面高度的 2/3,且截面边缘最大拉应力 σ_{max} 小于或等于 $0.5f_t$ 时,可不配置受拉钢筋或仅配置构造钢筋。

受拉钢筋的配置方式应根据应力图形及结构受力特点确定。当配筋主要为了承载力,且结构具有较明显的弯曲破坏特征时,可集中配置在受拉区边缘;当配筋主要为了控制裂缝宽度时,钢筋可在拉应力较大的范围内分层布置,各层钢筋的数量宜与拉应力图形的分布相对应。

按弹性应力图形进行非杆件结构配筋的方法,在工程中应用得比较广泛。但应注意的是,该方法所依据的应力图形是未开裂前的弹性应力图形,一旦混凝土开裂,钢筋发挥其受拉作用,应力重分布会使结构的应力图形随之变化。因此,用开裂前的应力图形作为配筋的依据从理论上说不尽合理。

一般情况下,按应力图形法计算得到的配筋偏于保守,但对开裂前后应力状态有明显改变的结构有时也会偏于不安全。因此,《水工混凝土结构设计规范》(DL/T 5057—2009)要求,对混凝土开裂前后受力状态无显著变化的非杆件体系钢筋混凝土结构,按承载力计算所需的钢筋用量可由弹性理论分析方法求得的弹性主拉应力图形面积确定;对混凝土开裂前后受力状态有显著变化的非杆件体系钢筋混凝土结构,承载力所需钢筋用量按弹性应力图形面积确定后,还宜用非线性方法分析与调整。水利行业《水工混凝土结构设计规范》(SL 191—2008)也有类似要求。

应当注意的是,按弹性应力图形法无法对结构的裂缝控制做出相应的估计。

第二节　深受弯构件的承载力计算

跨高比 $l_0/h\leqslant5$ 的简支钢筋混凝土单跨梁或多跨连续梁被称为深受弯构件。有限元分析和试验表明，对钢筋混凝土受弯构件，当跨高比 $l_0/h>5$ 时，其正截面应变符合平截面假定，称其为浅梁。对跨高比 $l_0/h\leqslant5$ 的受弯构件，由于跨高比较小，其正截面应变不再符合平截面假定，因此称之为深受弯构件（包括深梁、短梁和厚板）。

在实际工程中，一般将跨高比 $l_0/h<2$（简支梁）或 $l_0/h<2.5$（连续梁）的梁称为深梁，将跨高比 $l_0/h>5$ 的梁称为浅梁，而将跨高比 $l_0/h=2$（或 2.5）~5 的梁称为短梁。

由于深受弯构件的跨高比较小，具有较大的承载力，广泛应用于水工、港工、铁路、公路、市政及建筑工程等领域。

一、深受弯构件的内力计算

简支深受弯构件的内力，由于是静定结构，可按一般简支梁计算其内力（弯矩 M 和剪力 V）。

连续深受弯构件的内力不但与结构的刚度有关，而且与跨高比有关，通过二跨至五跨连续梁的有限元分析结果与结构力学计算结果的比较可知，跨高比 $l_0/h\leqslant2.5$ 的连续深受弯构件的内力应按弹性力学的方法计算，而 $l_0/h>2.5$ 的短梁，可近似按结构力学的方法计算内力。

二、深受弯构件的受力特性及破坏形态

（一）深梁的受力特性及破坏形态

1. 受力阶段

从加载到破坏，深梁的工作状态可分为三个阶段，即弹性工作阶段、带裂缝工作阶段和破坏阶段。

1）弹性工作阶段

裂缝出现前，处于弹性工作阶段。深梁的变形及应力分布与弹件方法的计算结果基本相符，其正截面应变不符合平截面假定，荷载—挠度和荷载—应变间呈线性关系。

在弹性工作阶段，外加荷载通过梁内形成主压力线和主拉力线的共同作用传至支座。一般称主压力线的作用为拱作用，称主拉力线的作用为梁作用。这一阶段的特点是梁作用和拱作用并存，根据各自的刚度分担外荷载。

2）带裂缝工作阶段

当荷载加至破坏荷载的10%～30%时，一般在纯弯段或加荷点下最大弯矩附近梁的底部出现第一条垂直于梁底的正裂缝，通常可称为弯曲裂缝，它标志着深受弯梁弹性工作阶段结束，进入带裂缝工作阶段，这时，梁的刚度稍有降低。随着荷载的增加，不断出现新的正裂缝，并向梁的中部发展。若纵向钢筋配置较多，则裂缝发展缓慢。若纵向钢筋配置较少，随着荷载的增加，垂直裂缝将发展成为弯曲破坏的主要裂缝，其特征和一般浅梁的受弯破坏相仿。

随着荷载的增加，在剪跨段由于斜向主拉应力超过混凝土的抗拉强度而出现斜裂缝。斜裂缝的形成有两种情况：

（1）由剪跨段的垂直裂缝向上斜向发展成斜裂缝。裂缝下面宽、上面窄，一般可称为弯剪裂缝。

(2)在加荷点与支座连线附近出现通长的斜裂缝。它往往由梁腹下部约 $h/3$ 处开始,分别向加荷点和支座延伸,裂缝一出现即较长,且发展较迅速,一般称为腹剪裂缝。

斜裂缝的出现与发展,标志着深梁的工作特性发生了重大的转折。腹部斜裂缝两侧混凝土的主压应力由于主拉力线的卸荷作用而显著增大,梁内产生明显的应力重分布。从梁作用与拱作用并存转化为以拱作用为主,使深梁跨中的中下部的混凝土形成低应力区。此时,支座附近的纵向钢筋应力迅速增大,很快与跨中的钢筋应力趋于一致,从而形成以纵向受力钢筋为拉杆,以加荷点至支座之间的混凝土为拱腹的"拉杆拱"受力机构,其破坏形态与纵筋的配筋率、钢筋强度、混凝土强度、腹筋配筋率、跨高比等有关。

3)破坏阶段

当荷载增加至破坏荷载时,试件将发生破坏,深梁的破坏形态主要有弯曲破坏、剪切破坏、局部受压破坏和锚固破坏等。

2. 破坏形态

1)弯曲破坏

当纵向钢筋配筋率较低时,在垂直裂缝出现之后,斜裂缝没有出现或出现甚少,"拉杆拱"受力机构未能形成,而纵向钢筋首先达到屈服强度,垂直裂缝迅速向上延伸,挠度急剧增大。这时深梁所承担的荷载称为屈服荷载。正截面承载力计算将以屈服荷载为依据,亦即将深梁的屈服荷载定义为深梁的弯曲破坏荷载。随后,钢筋将进入强化阶段。这时,对深梁可继续施加荷载,垂直裂缝继续发展,混凝土受压区不断缩小,最后梁顶混凝土被压碎,深梁即丧失承载能力,其破坏特征类似于浅梁的弯曲破坏,具有较好的延性。这时,深梁所承担的荷载定义为极限荷载。极限荷载为屈服荷载的1.1~1.3倍。

当纵向钢筋的配筋率较大时,跨中垂直裂缝出现后,剪跨区段的垂直裂缝在弯剪复合应力下发展为斜裂缝。斜裂缝的发展较跨中垂直裂缝为快,逐步形成"拉杆拱"的受力体系。在"拉杆拱"式受力体系中,若"拉杆"首先达到屈服强度,其破坏亦属弯曲破坏。

2)剪切破坏

深梁在形成拱式受力体系后,深梁的大部分剪力是通过拱腹受压来传递的。试验表明,拱作用最终承受85%~90%的剪力,纵向钢筋的销栓作用和裂缝间的咬合作用等承受10%~15%的剪力。

当纵向钢筋配筋率超过某一界限时,深梁的受弯承载力将大于受剪承载力,随着荷载的增加,"拱腹"首先破坏,即发生剪切破坏。此时,纵向钢筋一般达不到屈服强度。若纵向钢筋配置适当,也可能达到屈服强度。但是,剪切破坏时,纵向钢筋不会进入强化阶段。

根据斜裂缝发展的特征,深梁的剪切破坏可分为斜压破坏和劈裂破坏。

(1)斜压破坏。"拉杆拱"受力体系形成后,随着荷载的增加,拱肋(梁腹)和拱顶(梁顶受压区)混凝土的压应力亦随之增加,在梁腹出现许多大致平行于支座至加载点连线的斜裂缝,最后,导致混凝土被压碎,这种破坏称为斜压破坏。

(2)劈裂破坏。深梁在产生斜裂缝后,随着荷载的增加,主要的一条斜裂缝继续斜向延伸,临近破坏时,在主要斜裂缝的外侧突然出现一条和它大致平行的通长劈裂裂缝,导致构件破坏,这种破坏称为劈裂破坏。

3）局部受压破坏

深梁支座处是局部高压应力区，当支承垫板面积过小时，深梁会在支座处发生局部受压破坏。在深梁顶部集中荷载作用点处，也是局部高压应力区，也易发生局部受压破坏。

4）锚固破坏

如前所述，在斜裂缝发展时，支座附近的纵向钢筋应力迅速增加，容易被从支座拔出而发生锚固破坏。

（二）短梁的受力特性及破坏形态

1. 受力阶段

从加载到破坏，短梁的工作状态同样可分为三个阶段，即弹性工作阶段、带裂缝工作阶段和破坏阶段。

1）弹性工作阶段

从加荷至出现裂缝以前，短梁处于弹性工作阶段。试验结果和理论分析表明，当跨高比 l_0/h 为 2.5～5 时，其正截面的应变沿截面高度的变化与平截面假定有一定的偏离，但偏离程度随跨高比的增大而减小，当跨高比为 5 时，其截面应变已基本符合平截面假定。在弹性工作阶段，短梁的荷载—挠度和荷载—应变基本上呈线性关系。

2）带裂缝工作阶段

当加荷至破坏荷载的 20%～30% 时，一般在最大弯矩截面附近首先出现垂直于梁底的裂缝（弯曲裂缝），然后在剪跨段出现斜裂缝。但对于剪跨比较小（如剪跨比小于 1.5）的集中荷载梁或跨高比较小的均布荷载梁，也可能先出现斜裂缝，而后出现弯曲裂缝。斜裂缝有两种情况：弯剪裂缝和腹剪裂缝，腹剪裂缝一般出现在中和轴略偏下的位置。

3）破坏阶段

当荷载增加至破坏荷载时，短梁将发生破坏，破坏形态主要有弯曲破坏和剪切破坏两种，也可能发生局部受压破坏和锚固破坏。

2. 破坏形态

根据试验，简支短梁的破坏可归纳为两种破坏形态。

1）弯曲破坏

短梁发生弯曲破坏时，随着其纵向钢筋配筋特征值不同，有如下几种破坏形态：

（1）超筋破坏。短梁与深梁不同，当配筋量较大时，会发生超筋破坏，即在纵向受拉钢筋未屈服时，受压区混凝土先被压坏。

（2）适筋破坏。当配筋量适当时，纵向受拉钢筋首先屈服，而后受压区混凝土被压坏，梁即告破坏，其破坏特征类似于浅梁的适筋破坏。

（3）少筋破坏。当配筋量较少时，一旦受拉区出现弯曲裂缝，纵向受拉钢筋即屈服，并可能进入强化阶段，裂缝迅速向上延伸，但受压区混凝土未被压碎，短梁由于挠度过大或裂缝过宽而失效。

2）剪切破坏

根据斜裂缝发展的特征，短梁斜截面破坏有以下几种破坏形态：斜压破坏、剪压破坏和斜拉破坏。对于剪跨比小于 1.25 的集中荷载梁和跨高比为 2～3 的分布荷载梁，一般发生斜压破坏；对于剪跨比为 1.5～2.5 的集中荷载梁和跨高比为 3.5～5 的分布荷载梁，一般发生剪压破坏；对于剪跨比大于2.5的集中荷载梁和跨高比大于6的分布荷载梁(此类梁已超出短梁范畴)，一般发生斜拉破坏。

综上所述，短梁的破坏特征基本上介于浅梁和深梁之间。

三、深受弯构件的承载力计算

根据上述深梁的破坏形态，深梁的承载力计算应包括正截面受弯承载力、斜截面受剪承载力和局部受压承载力等方面。

必须指出，在本节中，凡冠有“深受弯构件”的内容将同时适用于深梁、短梁和厚板，而冠有“深梁”的内容则只适用于深梁，而不适用于短梁和厚板。

(一)正截面受弯承载力计算

对于无水平分布筋的深受弯构件(包括深梁、短梁和实心厚板)，当正截面受弯破坏时，取分离体如图13-2所示，于是正截面受弯承载力设计值 M_u 按下式计算

$$M_u = f_y A_s z \tag{13-2}$$

式中 f_y——钢筋的抗拉强度设计值；

A_s——纵向受拉钢筋的截面面积；

z——内力臂。

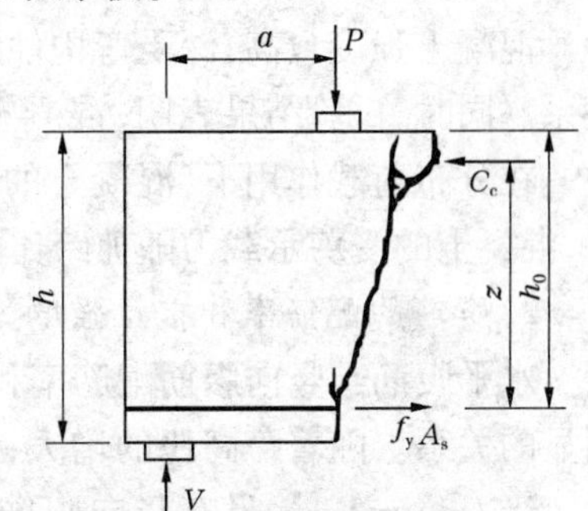

图13-2　深受弯构件正截面受弯承载力计算应力图形

由式(13-2)可见，计算 M_u 的关键在于确定内力臂 z。对于深梁，其顶部混凝土处于双向受压状态，且跨中截面应变不符合平截面假定，故一般梁破坏时的应力图形是不适用的。对于短梁，当其跨高比接近于深梁时，其破坏时的应力图形与深梁相近，当其跨高比接近于一般梁时，其破坏时的应力图形与浅梁相近。因此，根据试验资料和有限元分析结果，并考虑到与一般梁的计算公式相衔接，其内力臂 z 按下列公式计算：

当 $l_0/h \geqslant 1$ 时

$$z = \alpha_d (h_0 - 0.5x) \tag{13-3}$$

$$\alpha_d = 0.80 + 0.04 \frac{l_0}{h} \tag{13-4}$$

当 $l_0/h < 1$ 时

$$z = 0.6 l_0 \tag{13-5}$$

式中 x——截面受压区高度，按一般受弯构件计算(见第三章)，当 $x < 0.2h_0$ 时，取 $x = 0.2h_0$；

h_0——截面有效高度，$h_0 = h - a_s$，其中 h 为截面高度，当 $l_0/h \leqslant 2$ 时，跨中截面 a_s 取 $0.1h$，支座截面 a_s 取 $0.2h$，当 $l_0/h > 2$ 时，a_s 按受拉区纵向钢筋截面中心至受拉边缘的实际距离取用。

设计时，应满足下式要求

$$M \leqslant \frac{1}{\gamma_d} M_u \tag{13-6}$$

试验表明，对于配有水平分布钢筋的深梁，水平分布钢筋对抗弯能力的贡献占10% ~ 30%。为简化计算，不考虑水平分布钢筋对抗弯能力的作用，作为安全储备；对于连续梁支座截面，水平分布钢筋的作用已考虑在内力臂 z 的取值中。

按上述公式计算所需的纵向受拉钢筋的截面面积应按本节“五、深受弯构件的配筋构造”的要求配置。

（二）斜截面受剪承载力计算

1. 影响斜截面受剪承载力的主要因素

影响深受弯构件斜截面受剪承载力的主要因素与一般梁相同，现分述如下。

1）混凝土强度

混凝土强度愈高，深受弯构件的受剪承载力愈大，基本上与混凝土的抗拉强度呈线性关系。同时，试验结果表明，混凝土的受剪承载力还与跨高比（l_0/h）或剪跨比（a/h_0）有关。在分布荷载作用下，混凝土的受剪承载力随跨高比的增大而减小；在集中荷载作用下，混凝土的受剪承载力随剪跨比的增大而减小，而与跨高比无明显关系。

2）腹筋的配筋率和抗拉强度

水平腹筋与竖向腹筋配筋率和抗拉强度对深受弯构件受剪承载力的影响与跨高比有明显的关系。随着跨高比的增大，水平腹筋的作用逐渐减小，而竖向腹筋的作用逐渐增大。当 $l_0/h=5$ 时，只有竖向腹筋对受剪承载力有作用，而水平腹筋几乎没有作用；当 l_0/h 较小时，只有水平腹筋对受剪承载力起一定的作用，而竖向腹筋基本上不起作用。

3）纵向受拉钢筋的配筋率和抗拉强度

纵向受拉钢筋的配筋率和抗拉强度对深受弯构件的受剪承载力有一定的影响，随着纵向受拉钢筋的配筋率和抗拉强度的增加，深受弯构件的受剪承载力随之增大，但增大的程度有限。

4）剪跨比和跨高比

剪跨比和跨高比对深受弯构件斜截面受剪承载力有较明显的影响。对于在集中荷载作用下的深受弯构件，随着剪跨比的增大，其受剪承载力将逐渐降低，但降低的速率逐渐减缓，同时，随着跨高比的增大，竖向腹筋对受剪承载力的提高作用逐渐增大，而水平腹筋对受剪承载力的提高作用将逐渐减小。对于在分布荷载作用下的深受弯构件，随着跨高比增大，混凝土的受剪承载力逐渐减小，水平腹筋对受剪承载力的提高作用也逐渐降低，而竖向腹筋对受剪承载力的提高作用略有提高。由于混凝土的抗剪能力起着较大的作用，因此随着跨高比增大，其受剪承载力将逐渐降低。

5）支座支承长度

深受弯构件的受剪承载力随支座支承长度的增大而提高。对于均布荷载作用下的简支梁，因剪切破坏面离支座较近，支承长度对受剪承载力的影响更大。

2. 斜截面受剪承载力的计算

试验表明，在分布荷载作用下，无腹筋深受弯构件受剪承载力随跨高比的减小而增大，在集中荷载作用下，无腹筋深受弯构件受剪承载力随剪跨比的减小而增大，所以对深受弯构件应考虑跨高比（或剪跨比）减小时对混凝土受剪承载力的提高作用。同时，试验资料表明，在深受弯构件中实测水平腹筋（即水平分布钢筋）的应力随跨高比的增大而降低,竖向钢筋(即竖向分布钢筋)的应力则随跨高比的减小而降低。因此,在跨高比较小时,竖向腹筋的贡献可以不作计算,仅按构造配置;当跨高比较大时,水平腹筋的贡献也可以不作计算,仅按构造配置。

1)深梁和短梁斜截面受剪承载力计算

深梁和短梁受剪承载力计算公式的建立原则如下:

(1)混凝土的受剪承载力:当 $l_0/h=5$ 时,计算公式与一般受弯构件衔接,取 $V_c=0.7f_tbh_0$;当 $l_0/h=2$ 时,参照国内外规范和试验结果,取 $V_c=1.4f_tbh_0$。

(2)腹筋的受剪承载力:当 $l_0/h=5$ 时,竖向腹筋所承担的剪力 $V_{sv}=f_{yv}\frac{A_{sv}}{s_h}h_0$,而水平腹筋所承担的剪力 $V_{sh}=0$;当 $l_0/h=2$ 时,$V_{sh}=0.5f_{yh}\frac{A_{sh}}{s_v}h_0$,$V_{sv}=0$。因为 $l_0/h<2$ 时受剪破坏形态为斜压破坏,不出现剪压破坏,所以以 $l_0/h=2$ 作为受剪承载力计算的下限。

(3)在 $2<l_0/h<5$ 时,V_c、V_{sv}、V_{sh} 呈线性变化。

因此,规范规定,当配有竖向分布钢筋和水平分布钢筋时,深梁和短梁的斜截面受剪承载力应按下列公式计算

$$V\leqslant\frac{1}{\gamma_d}(V_c+V_{sv}+V_{sh}) \tag{13-7}$$

$$V_c=0.7\frac{(8-l_0/h)}{3}f_tbh_0 \tag{13-8}$$

$$V_{sv}=\frac{1}{3}(\frac{l_0}{h}-2)f_{yv}\frac{A_{sv}}{s_h}h_0 \tag{13-9}$$

$$V_{sh}=\frac{1}{6}(5-\frac{l_0}{h})f_{yh}\frac{A_{sh}}{s_v}h_0 \tag{13-10}$$

式中 f_{yv}、f_{yh}——竖向分布钢筋和水平分布钢筋的抗拉强度设计值;

A_{sv}——间距为 s_h 的同一排竖向分布钢筋的截面面积;

A_{sh}——间距为 s_v 的同一层水平分布钢筋的截面面积;

s_h——竖向分布钢筋的水平间距;

s_v——水平分布钢筋的竖向间距。

在上述公式中,当 $l_0/h<2$ 时,取 $l_0/h=2$。

应注意的是,由于深梁中水平分布钢筋及竖向分布钢筋对受剪承载力的作用有限,当深梁受剪承载力不足时,应主要通过调整截面尺寸或提高混凝土强度来满足受剪承载力要求。

同时,在深受弯构件受剪承载力计算公式中,混凝土项反映了随 l_0/h 的减小,剪切破坏模式由剪压型向斜压型过渡,且混凝土项在受剪承载力中所占的比重不断增大的变化规律。

2)实心厚板的斜截面受剪承载力计算

承受分布荷载的实心厚板,其斜截面受剪承载力应按下列公式计算

$$V\leqslant\frac{1}{\gamma_d}(V_c+V_{sb}) \tag{13-11}$$

$$V_{sb} = \alpha_{sb} f_{yb} A_{sb} \sin\alpha_s \tag{13-12}$$

式中　V_c——混凝土的受剪承载力，按式(13-8)计算；

f_{yb}——弯起钢筋抗拉强度设计值；

A_{sb}——同一弯起平面内弯起钢筋的截面面积；

α_s——弯起钢筋与构件纵向轴线的夹角，一般可取为60°；

α_{sb}——弯起钢筋受剪承载力系数，$\alpha_{sb} = 0.60 + 0.08 l_0/h$，此处，当 $l_0/h < 2.5$ 时，取 $l_0/h = 2.5$。

按式(13-12)计算的 V_{sb} 值大于 $0.8 f_t b h_0$ 时，取 $V_{sb} = 0.8 f_t b h_0$。

3）截面限制条件

根据深受弯构件的试验结果并参考薄腹梁的截面限制条件，规范规定，钢筋混凝土深受弯构件的斜截面受剪承载力计算时，其截面应符合下列要求：

(1)当 $h_w/b \leqslant 4.0$ 时

$$V \leqslant \frac{1}{60\gamma_d}\left(10 + \frac{l_0}{h}\right) f_c b h_0 \tag{13-13}$$

(2)当 $h_w/b \geqslant 6.0$ 时

$$V \leqslant \frac{1}{60\gamma_d}\left(7 + \frac{l_0}{h}\right) f_c b h_0 \tag{13-14}$$

(3)当 $4.0 < h_w/b < 6.0$ 时，按直线内插法取用。

式中　V——构件斜截面上的最大剪力设计值；

l_0——计算跨度，当 $l_0/h < 2$ 时，取 $l_0/h = 2$；

b——矩形截面的宽度和T形、I形截面的腹板宽度。

(三)局部受压承载力验算

对于深受弯构件，支座的支承面和集中荷载的加荷点都是高应力区，很容易发生局部受压破坏，故应按第八章第三节验算其局部受压承载力，必要时，应配置间接钢筋，以保证安全。

四、深受弯构件的正常使用极限状态验算

(一)抗裂验算

1. 正截面抗裂验算

使用上不允许出现竖向裂缝的深受弯构件应进行抗裂验算，其验算公式可采用式(9-6)，但截面抵抗矩塑性系数 γ_m 按附录五附表5-4取用后，尚应再乘以系数$(0.70 + 0.06 l_0/h)$，此处，当 $l_0/h < 1$ 时，取 $l_0/h = 1$。

2. 斜截面抗裂验算

对于深梁，一旦出现斜裂缝，其长度和宽度均较大。因此，使用上要求不出现斜裂缝的深梁，应满足下式的要求

$$V_k \leqslant 0.5 f_{tk} b h \tag{13-15}$$

式中　V_k——按荷载效应标准组合计算的剪力值。

(二)裂缝宽度验算

使用上要求限制裂缝宽度的深受弯构件应验算裂缝宽度，按荷载效应的短期组合

（并考虑部分荷载的长期作用的影响）及长期组合所求得的最大裂缝宽度 w_{max} 不应超过附录五附表 5-1 规定的最大裂缝宽度限值。其最大垂直裂缝宽度可按式（9-24）计算，但构件受力特征系数取为 $\alpha_{cr}=(0.76l_0/h+1.9)/3$，且当 $l_0/h<1$ 时可不作验算。

若深受弯构件的剪力设计值符合式（13-7）～式（13-14）的要求，在使用荷载下其斜裂缝宽度可控制在 0.2 mm 以内。

（三）挠度验算

深受弯构件的竖向刚度较大，挠度较小，一般都能满足要求，可不进行挠度验算。

五、深受弯构件的配筋构造

（一）深梁的构造要求

设计深梁时，除按要求进行承载力计算外，尚应符合下列构造要求：

深梁的截面宽度或腹板宽度不应小于 140 mm。为避免出现平面失稳，对其高宽比（h/b）或跨宽比（l_0/b）应予以限制。当 $l_0/h\geqslant1.0$ 时，h/b 不宜大于 25；当 $l_0/h<1.0$ 时，l_0/b 不宜大于 25。深梁的混凝土强度等级不应低于 C20。当深梁下部支承在钢筋混凝土柱上时，宜将柱伸至深梁顶，形成梁端加劲肋，以增大深梁的稳定性。深梁顶应与楼板等水平构件可靠连接。

单跨深梁和连续深梁的下部纵向受拉钢筋应均匀地布置在下边缘以上 0.2h 范围内（见图 13-3 和图 13-4）。

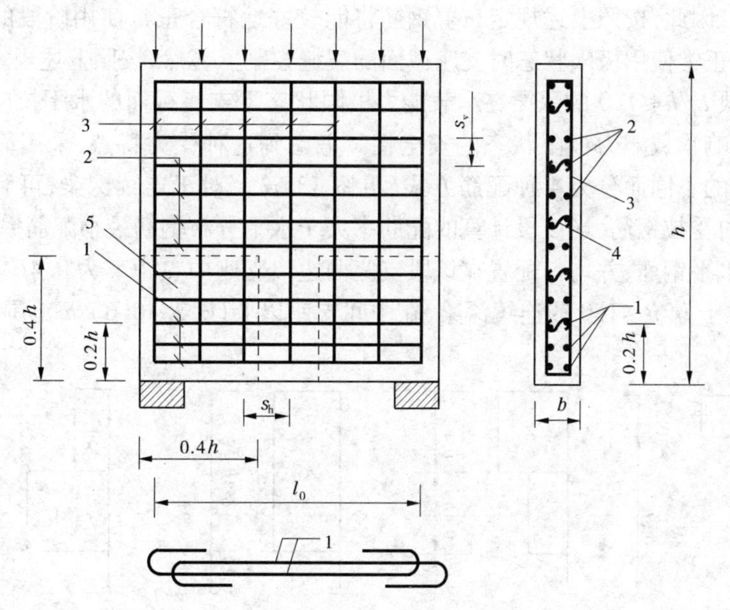

1—下部纵向受拉钢筋；2—水平分布钢筋；3—竖向分布钢筋；4—拉筋；5—拉筋加密区

图 13-3　单跨简支深梁钢筋布置图

试验和分析表明，在弹性阶段，连续深梁支座截面上水平应力 σ_x 的分布随跨高比 l_0/h 的不同而改变，受压区很小，约在梁底 0.2h 范围内，在此以上部位均为受拉区。当 $l_0/h>1.5$ 时，最大拉应力位于梁顶。随着 l_0/h 的减小，最大拉应力位置下移。当 $l_0/h=$

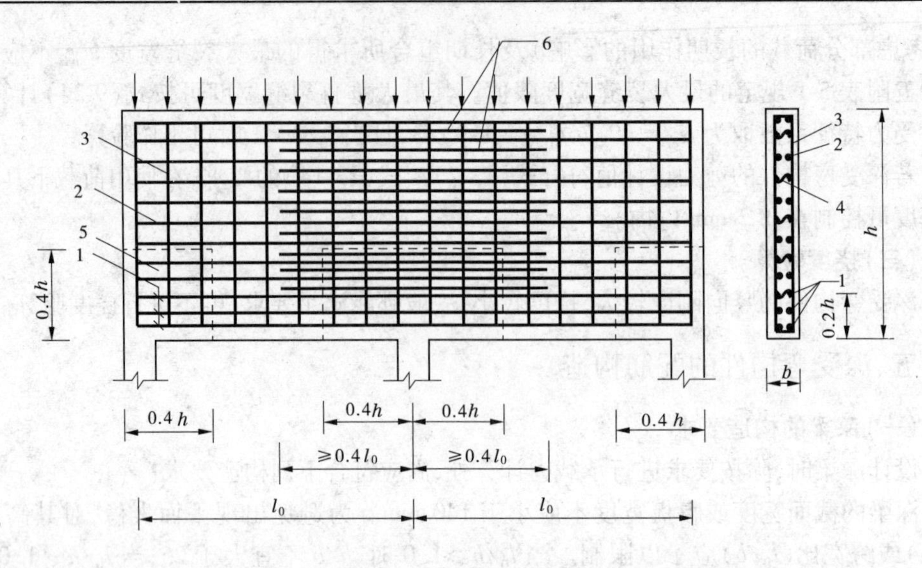

1—下部纵向受拉钢筋；2—水平分布钢筋；3—竖向分布钢筋；
4—拉筋；5—拉筋加密区；6—支座截面上部的附加水平钢筋

图 13-4 连续深梁钢筋布置图

1.0 时，最大拉应力位于(0.2 ~0.6) h 的范围内(从梁底算起)，梁顶拉应力则相对较小。当达到承载能力极限状态时，由于支座截面已开裂，将产生应力重分布，梁顶钢筋的应力将显著增大。因此，按照上述规定布置钢筋将能较好地符合正常使用阶段的拉应力分布规律，有利于正常使用极限状态时支座截面的裂缝控制。显然，按照上述规定布置钢筋将未能充分反映 $l_0/h \leqslant 1.0$ 的深梁在承载能力极限状态下支座截面的水平拉应力的分布规律，但并不影响承载能力极限状态的安全性。考虑到这种受力特点，采用简化的配筋方法，按跨高比的不同而分为 4 种配筋方式(见图 13-5)。对于连续深梁，可利用水平分布钢筋作为纵向受拉钢筋，当该段计算的配筋率大于水平分布钢筋最小配筋率时，超出部分应配置附加水平钢筋，并均匀配置在该段支座两边离支座中点距离为 $0.4l_0$ 的范围内(见图 13-4)。对于 $l_0/h \leqslant 1.0$ 的连续深梁，在中间支座以上(0.2 ~0.6) h 范围内，总配筋率不应小于 0.5%。

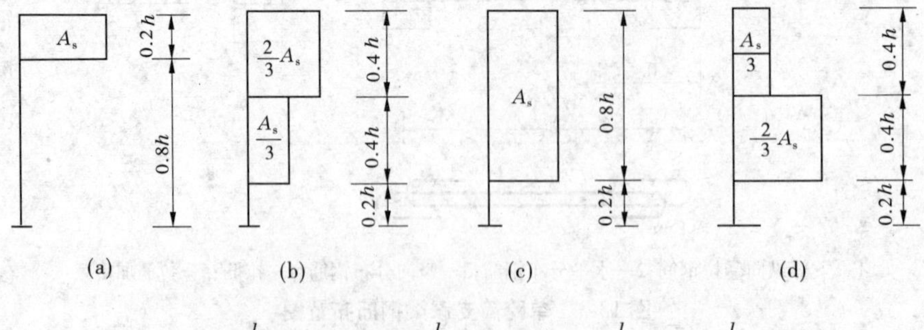

(a) $5.0 \geqslant \frac{l_0}{h} > 2.5$；(b) $2.5 \geqslant \frac{l_0}{h} > 1.5$；(c) $1.5 \geqslant \frac{l_0}{h} > 1$；(d) $\frac{l_0}{h} \leqslant 1$

图 13-5 中间支座部位连续深梁和连续短梁上部纵向受拉钢筋布置

深梁在垂直裂缝以及斜裂缝出现后将形成“拉杆拱”传力机构，此时下部纵向受拉钢筋的应力直至支座附近仍然很大。因此，深梁底部的纵向受拉钢筋应全部伸入支座，不应在跨中弯起或截断。在简支深梁支座和连续深梁端部的简支支座处，纵向受拉钢筋不应采用竖向弯构。因为采用竖向弯钩时，将在弯钩端形成竖向劈尖，产生水平方向劈裂应力，并与支座竖向压力形成的水平拉应力叠加，引起深梁支座区沿深梁中面的开裂，对纵向受拉钢筋的锚固不利，故纵向受拉钢筋应沿水平方向弯折，并按弯折180°的方式锚固（见图13-3），且锚固长度不应小于附录四附表4-2规定的受拉钢筋锚固长度 l_a 乘以系数1.1。当不能满足上述规定时，应采取在纵向受拉钢筋上加焊横向短筋，或可靠地焊在锚固钢板上，或将纵向受拉钢筋末端搭焊成环形等有效锚固措施。连续深梁的下部纵向受拉钢筋应全部伸过中间支座的中心线，其自支座边缘算起的锚固长度不应小于 l_a。

深梁应配置不少于两片由水平和竖向分布钢筋组成的钢筋网（见图13-3）。水平分布钢筋宜在端部弯折锚固（见图13-6（a）），或在中部错位搭接（见图13-6（b））或焊接。分布钢筋直径不应小于8 mm，间距不应大于200 mm，且不宜小于100 mm。在分布钢筋的最外排两肢之间应设置拉筋，拉筋在水平和竖向两个方向的间距均不宜大于600 mm。在支座区高度与宽度各为0.4 h 的范围（见图13-3和图13-4中的虚线部分）内，拉筋的水平和竖向间距不宜大于300 mm。

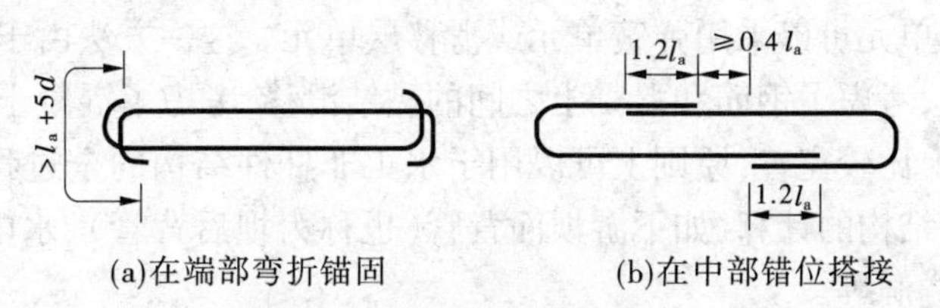

(a)在端部弯折锚固　　(b)在中部错位搭接

图13-6　分布钢筋的搭接

深梁、短梁的纵向受拉钢筋配筋率 $\rho\left(\rho=\frac{A_s}{bh_0}\right)$ 和水平分布钢筋配筋率 $\rho_{sh}\left(\rho_{sh}=\frac{A_{sh}}{bs_v}\right)$、竖向分布钢筋配筋率 $\rho_{sv}\left(\rho_{sv}=\frac{A_{sv}}{bs_h}\right)$ 不应小于表13-1的规定，该规定是参考国内外有关规范，同时考虑承受温度、收缩应力等因素而确定的。

表13-1　深梁、短梁的最小配筋率　（%）

钢筋种类	纵向受拉钢筋	水平分布钢筋	竖向分布钢筋
HPB235	0.25(0.25)	0.25(0.15)	0.20(0.15)
HRB335、HRB400、RRB400、HRB500	0.20(0.20)	0.20(0.10)	0.15(0.10)

注：深梁取用不带括号的值，短梁取用带括号的值。

（二）短梁的构造要求

对于跨高比 $l_0/h>3.5$ 的短梁可不配置水平分布钢筋，此时，竖向分布钢筋截面面积可按式(13-7)～式(13-10)取 $A_{sh}=0$ 进行计算，但竖向分布钢筋的最小配筋率仍应遵守表13-1的规定。

短梁的纵向受力钢筋、箍筋及纵向构造钢筋的构造规定与一般梁相同，但短梁构件下部约截面一半高度范围内和中间支座上部约截面一半高度范围内布置的纵向构造钢筋宜较一般梁适当加强。

第三节　钢筋混凝土非线性有限单元法配筋原则

按弹性应力图形进行非杆件结构配筋的方法，简单方便，但不能了解结构在各阶段的工作状态，无法判断正常使用极限状态能否满足设计要求，对开裂前后应力状态有明显改变的结构有时会偏于不安全。

20 世纪 60 年代发展起来的钢筋混凝土有限元分析方法已日趋成熟，成为工程实际应用的有力分析工具。按钢筋混凝土有限单元法进行非杆件结构配筋设计，能了解结构从加载到破坏的全过程受力状态，特别是能考虑混凝土开裂引起的温度应力释放，了解结构的裂缝宽度和位移是否满足要求，弥补了按弹性应力图形面积配筋法的不足，是目前非杆件体系结构配筋设计的一种有效方法。

一、钢筋混凝土有限单元法计算模型

如图 13-7 所示，混凝土作为连续介质来剖分，单元类型有常应变平面三角形单元、矩形单元、平面及空间等参单元。钢筋一般离散为轴力杆单元。钢筋和混凝土之间用黏结单元连接。黏结单元可以采用弹簧单元或滑移层单元。这一方法由于考虑了两种不同材料的非线性特性，考虑了钢筋和混凝土之间的黏结滑移，考虑了混凝土开裂后的应力重分布，所以在理论上比较完善，原则上可以用于水工非杆件结构的全过程分析，因此被广泛地用于各种水工结构的计算，如下游坝面背管（也称为坝后背管）、水电站蜗壳和尾水管、坝内埋管、引水隧洞等。

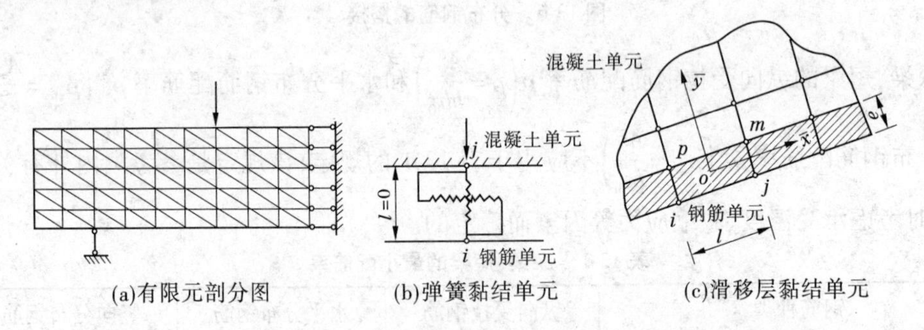

(a)有限元剖分图　(b)弹簧黏结单元　(c)滑移层黏结单元

图 13-7　钢筋混凝土有限元计算模型示意图

二、钢筋混凝土有限单元法配筋计算的原则与步骤

虽然钢筋混凝土有限单元法是目前非杆件体系结构配筋设计的一种有效方法，但它需要专门的程序，计算量大，且本构关系、强度准则、迭代方式，特别是有限元网格的大小与形态都会影响计算结果，因而目前尚无统一的计算规定。

（一）钢筋混凝土有限元分析的原则

（1）非线性分析时，结构形状、尺寸和边界条件，以及所用材料的强度等级和主要配筋量等应预先设定。

（2）材料的、截面的、构件的非线性本构关系宜通过试验测定，也可采用经过验证的数学模型,其参数值应经过标定或有可靠的依据。混凝土的单轴应力—应变关系、多轴强度和破坏准则也可参见 DL/T 5057—2009 附录 E。

(3)结构设计时,无论是承载力计算还是裂缝控制验算,材料强度均可取标准值。裂缝控制验算时,荷载采用作用效应的标准组合值。承载力验算时,荷载取作用效应组合设计值与增大系数的乘积。当结构为钢筋受拉破坏时,增大系数取为 $1.1\gamma_0\gamma_d\psi$;当结构为混凝土受压破坏时,增大系数取为 $1.4\gamma_0\gamma_d\psi$。γ_0、γ_d、ψ 各参数的意义及取值见本书第二章。

(4)对非杆件体系结构,按钢筋混凝土有限单元法进行非线性分析时,宜采用分离式或组合式单元模型及相应的材料本构关系。

对杆件体系结构,按杆件有限单元法进行非线性分析时,可采用杆件单元及截面或构件的本构关系,必要时也可采用钢筋混凝土有限单元法进行更详细的分析。当几何非线性效应不可忽略时,应计入它对作用效应的不利影响。

(5)裂缝控制验算时,应考虑钢筋和混凝土之间的黏结滑移。在裂缝形成之前,钢筋和混凝土之间可认为完全黏结,不发生黏结滑移。裂缝形成之后,裂缝模型可取为离散式或涂抹(分布)式。如需模拟钢筋与混凝土之间的黏结滑移,可在钢筋与混凝土之间设置黏结单元或黏结结合面单元。

(6)裂缝控制验算时,宜用钢筋混凝土有限元程序直接得出裂缝的分布与裂缝的宽度;对可事先确定裂缝间距的结构,裂缝宽度也可由裂缝区域中一个裂缝间距两端的相对位移确定。

(7)对特别重要的结构,宜配合进行专门的模型试验,与钢筋混凝土有限元分析计算相互验证。对结构试验进行对比性验算时,材料强度应取实测值。

(二)非杆件体系结构有限单元法配筋设计步骤

(1)按应力图形法初步确定钢筋用量与钢筋布置。

(2)对需严格控制裂缝宽度的非杆件体系结构,采用钢筋混凝土有限单元法计算使用荷载下的裂缝宽度和钢筋应力。若裂缝宽度或钢筋应力大于相应的限值,则调整钢筋布置,必要时增加钢筋用量,重新计算,直至裂缝宽度或钢筋应力满足设计要求。

(3)对开裂前后应力状态有明显改变的非杆件体系结构,采用钢筋混凝土有限单元法计算至结构的承载能力极限状态,若承载力不能满足要求,调整钢筋用量与布置,重新计算,直至承载力满足设计要求。

第四节　温度作用配筋原则

在水利水电工程中,通常认为结构物的最小尺寸超过 1 m 的混凝土结构是大体积混凝土结构。以此,部分水工非杆件结构应属大体积混凝土结构。但是,与坝工大体积混凝土结构相比,水工非杆件结构具有其特殊性。

(1)具有大体积混凝土结构的主要特点,易产生温度裂缝。如混凝土硬化期间水泥放出大量水化热,内部温度不断上升,在表面引起拉应力。后期降温过程中,由于受到基础或老混凝土的约束,又会在混凝土内部出现拉应力。气温的降低也会在混凝土表面引起很大的拉应力。当这些拉应力超过混凝土的抗裂能力时,即会出现裂缝。

(2)结构的体型特点使其不能像大坝一样简化为平面应变问题,三维空间结构的所有暴露面均为自由面,在温度应力分析时要考虑其三维空间热交换性。

(3)非杆件结构属钢筋混凝土结构,相对于大体积混凝土结构,其受力配筋在一定程度上可减小温度裂缝宽度,限制温度裂缝的进一步发展。

(4)非杆件结构温度裂缝影响因素主要有混凝土材料性能、结构尺寸、外界温度变化、浇筑层厚度、浇筑温度、间歇时间、拆模后混凝土表面保护措施、浇筑仓面保护方式、通水冷却方式等。

(5)防止混凝土温度裂缝、减小温度应力的措施,可从控制温度、改善约束条件和增强混凝土抗裂性能三方面综合考虑。

一、混凝土温度应力发展过程及类型

(一)混凝土水化热温升发展过程

混凝土结构水化热温升变化一般过程如图 13-8 所示。当混凝土结构和周围环境无热交换而处于绝热状态时,其水化热温升变化过程如图 13-8 中虚线所示;当混凝土结构表面与周围环境有热交换而散失一部分热量时,其水化热温升变化过程如图 13-8 中实线所示,上升到最高温度(T_p+T_r)后温度即开始下降。上层覆盖新混凝土后,受到新混凝土中水化热的影响,老混凝土中的温度还会略有回升;过了第二个温度高峰以后,温度继续下降。如果该点离开侧面比较远,温度将持续而缓慢地下降,最后降低到最终稳定温度 T_f。同时,由于外界气温变化的影响,其持续温降还会随着时间而有一定的波动,如图中实线所示。最后在 T_f 的上下有周期性的小幅度的变化,称为准稳定温度。

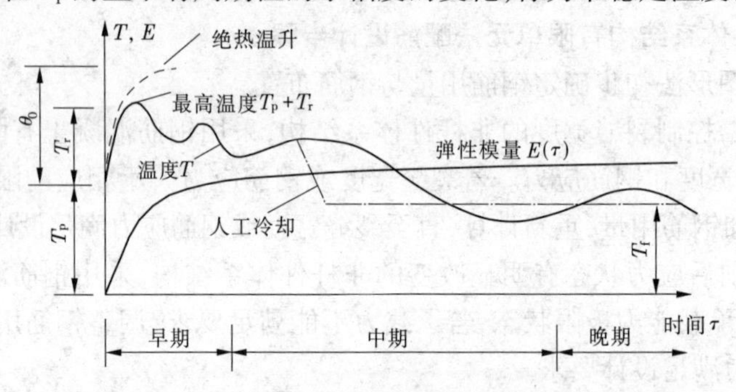

图 13-8 混凝土温度应力的发展过程

混凝土结构中的水化热温升发展变化过程主要受混凝土绝热温升 θ_0、浇筑温度 T_p、外界环境温度和结构散热边界条件等影响。

(1)浇筑温度 T_p 是混凝土新浇筑完毕后具有的温度,其高低主要由浇筑时的气温、混凝土各原材料在拌和时的温度、拌和过程产生的机械能引起的附加温度等决定。

(2)混凝土绝热温升 θ_0 是指混凝土拌和物中的水泥等胶凝材料在水化过程中放出的全部热量引起的混凝土温度升高值,主要由单位体积混凝土中胶凝材料的含量、比例、品种和成分等决定。

(3)外界环境温度主要指混凝土结构所处环境介质温度,如气温、水温、日照辐射、地温等,这些均对混凝土结构的温度变化有一定的影响。

(4)结构散热边界条件主要指混凝土结构与周围环境介质之间的热交换条件,主要由结构体型、养护条件、拆模时间和外部环境条件等决定。

(5)水化热温升 T_r 是指混凝土拌和物中的水泥等胶凝材料在水化过程中放出的热量受周围环境影响后引起的混凝土温度实际升高值。

(二)温度应力发展过程

在大体积混凝土结构中,从混凝土浇筑成型到使用阶段,由于混凝土弹性模量随龄期而变化特性的影响,温度应力的发展过程可以分为以下三个阶段:

(1)早期:自浇筑混凝土开始至水泥放热作用基本结束时止,一般约一个月。这个阶段的混凝土有两个特征,一是水泥放出大量的水化热,二是混凝土弹性模量急剧增大。由于弹性模量的变化,这一时期在混凝土内会形成温度残余应力。

(2)中期:自水泥放热作用基本结束时起至混凝土冷却至稳定温度时止。这个阶段温度应力主要由混凝土的冷却及外界气温变化所引起,这些应力与早期形成的温度残余应力相叠加。在此期间混凝土的弹性模量变化渐趋稳定。

(3)晚期:混凝土处于准稳定温度场的运行期。在此阶段温度应力主要由内外界气温和水温的变化所引起,这些应力与早期和中期的温度残余应力互相叠加形成晚期温度应力(不考虑使用期荷载引起的应力)。

(三)温度应力类型及产生条件

温度应力通常可分为以下两类:

(1)自生应力。边界上没有受到任何约束或者完全静定的结构,当内部温度非线性分布时,由结构本身的互相约束而产生的温度应力称为自生应力。

自生应力的特点是在整个截面上拉应力与压应力互相平衡,如图13-9(a)所示。

(2)约束应力。结构的全部或部分边界受到外界约束,温度变化时不能自由变形,从而引起的温度应力称为约束应力。例如,混凝土浇筑块在冷却时受到基础的约束而出现的温度应力为约束应力,如图13-9(b)所示。

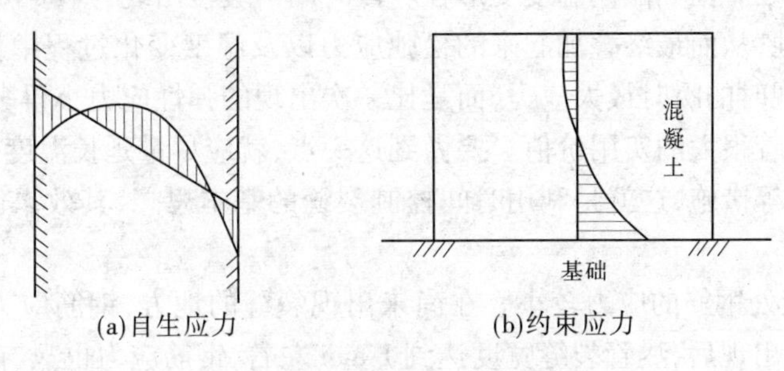

图13-9　温度应力示意图

在静定结构内只会出现自生应力,在超静定结构内可能同时出现约束应力和自生应力。

二、混凝土温度裂缝的主要特点和类型

(一)混凝土结构温度裂缝的类型

按温度裂缝产生的位置,通常将温度裂缝分为表面裂缝、深层裂缝和贯穿裂缝,如

图 13-10 所示。

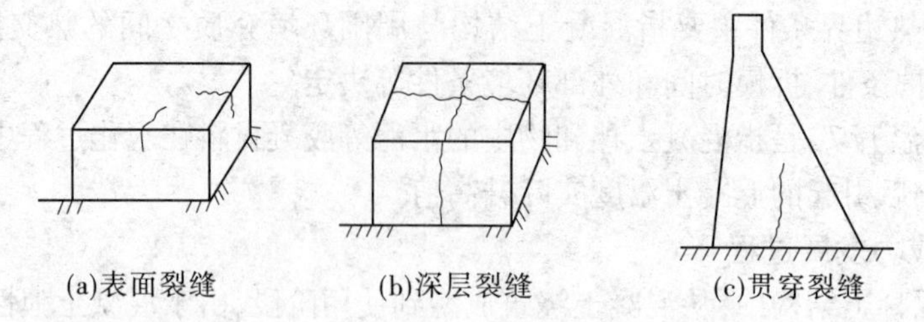

图 13-10　温度裂缝类型示意图

表面裂缝发生在混凝土浅表层范围内,一般危害性较小。但处于基础或老混凝土约束范围以内的表面裂缝,在内部混凝土降温过程中,可能发展为贯穿裂缝。深层裂缝部分地切断了结构断面,也有一定的危害性。贯穿裂缝切断了结构断面,可能破坏结构的整体性和稳定性,具有较严重的危害性。

(二)混凝土结构温度裂缝的特点

与荷载作用产生的裂缝相比,对于大体积混凝土结构,温度作用产生的裂缝有如下几个显著的特点:

(1)温度裂缝由混凝土的变形能力控制。温度裂缝的起因是结构因温度变化而产生变形,当变形受约束时引起应力,当应力超过一定值后则产生裂缝。裂缝出现后,变形得到满足或部分满足,应力就发生松弛。某些材料虽强度不高,但有良好的韧性,也可适应变形的要求,抗裂性较高。因此,如何提高混凝土承受变形的能力,即提高其极限拉应变,是混凝土温度裂缝控制的主要措施之一。

(2)温度裂缝具有时间性。混凝土结构温度作用,从温度的变化、变形的产生,到约束应力的形成、裂缝的出现和扩展等都不是在同一瞬时发生的,它有一个时间过程,是一个多次产生和发展的过程。如果温度变化全部在同一瞬时出现,且当时的瞬时应力最大并接近于弹性应力,那么以后逐渐松弛的现象对工程并无实用价值。因为最高应力已经出现,混凝土已开裂。但如能使温度变形在一段时间内缓慢出现,则每一时段温差引起的约束应力逐渐松弛,从而最终叠加起来的松弛应力以及温度变化过程中任何时刻的应力都达不到一次出现时的瞬时最大应力,而是比一次出现的弹性应力小得多,混凝土就可能不会开裂,这就有着很大的实用价值。要做到这一点,就应尽量延长温度作用的时间。例如,采取表面保温等措施,这就是利用时间控制裂缝的基本思想,其效果已为许多工程所证实。

(3)温度裂缝处钢筋的应力较小。在尚未出现裂缝的地方,钢筋应力一般只有 20 ~ 30 MPa,温度裂缝出现后,尽管裂缝宽度达到 1 mm 左右,钢筋应力也只有 100 ~ 200 MPa。

(4)温度作用时应力和应变不再符合简单的虎克定律。荷载作用下应力与应变在弹性范围内是符合虎克定律的,即应力与应变成正比。而温度作用下的应力与应变就不再符合简单的虎克定律关系。一般来说,应变小而应力大,应变大而应力小,但平面变形规律仍然适用。温度应力与平面变形后所保留的温度应变和温度自由应变差成正比。

三、混凝土温度场及应力场计算

(一)非稳定温度场计算

根据热传导理论,在混凝土中,热的传导满足下列微分方程

$$\frac{\partial T}{\partial \tau} = a\left(\frac{\partial^2 T}{\partial x^2} + \frac{\partial^2 T}{\partial y^2} + \frac{\partial^2 T}{\partial z^2}\right) + \frac{\partial \theta}{\partial \tau} \tag{13-16}$$

$$a = \frac{\lambda}{c\rho}$$

式中　T——温度,℃;

τ——时间,h;

x、y、z——直角坐标;

a——混凝土的导温系数,m^2/h;

θ——混凝土的绝热温升,℃;

λ——混凝土的导热系数,kJ/(m·h·℃);

c——比热,kJ/(kg·℃);

ρ——密度,kg/m^3。

热传导方程(13-16)建立了混凝土结构的温度与时间、空间的一般关系。依据其实际可能存在的初始条件和边界条件,可推导出既满足有内热源非稳态的热传导微分方程,又满足某些特定边界条件的特解。

初始条件为在物体内部初始瞬时温度场的分布规律。边界条件包括周围介质与混凝土表面相互作用的规律及物体的几何形状。初始条件和边界条件统称为初边条件。

(二)边界条件

1. 混凝土与空气接触的上表面

基础底板类大体积混凝土的上表面与空气相接触,依据能量守恒定律,在任一时间段 dt 内,混凝土内部质点通过热传递作用传递给表层质点的热流量 $Q_{内}$ 与混凝土表面通过对流作用传递给空气的热流量 $Q_{外}$ 是相等的,即

$$Q_{内} = Q_{外}$$

$$Q_{内} = -\lambda \frac{\partial T}{\partial n}$$

$$Q_{外} = \beta \cdot (T_b - T_a)$$

式中　β——传热系数,kJ/(m^2·h·℃);

T_b——边界面混凝土温度(这里取 T_b = 入模温度);

T_a——空气温度。

则

$$-\lambda \frac{\partial T}{\partial n} = \beta(T_b - T_a) \tag{13-17}$$

式(13-17)通常称为混凝土温度场计算的第三类边界条件 $\bar{S}_t^3$。

2. 混凝土与土壤接触的下表面

因为混凝土与土壤直接接触,所以大体积混凝土与地基接触的边界面上有

$$T = T_s$$

同时根据热平衡原理有

$$-\lambda \frac{\partial T}{\partial n} = \lambda_s \frac{\partial T_s}{\partial n} = q(t) \tag{13-18}$$

式中　T_s——地基表面的温度；

$q(t)$——沿接触面法向传递的热流密度；

λ_s——土壤的导热系数；

n——混凝土与地基接触面的垂直法线。

3. 初始条件

大体积混凝土开始浇筑时的初始温度为混凝土的入模温度，即

$$\left.\begin{aligned} &t = 0 \\ &T(x,y,z,0) = \text{入模温度 } T_j \end{aligned}\right\} \tag{13-19}$$

(三)温度场计算

根据热传导微分方程和相应的初始条件与边界条件，以及有关变分原理，三维非稳定温度场问题的有限单元法求解可取如下泛函 $I(T)$

$$I(T) = \iiint_{R_t} \left\{ \frac{1}{2}\left[\left(\frac{\partial T}{\partial x}\right)^2 + \left(\frac{\partial T}{\partial y}\right)^2 + \left(\frac{\partial T}{\partial z}\right)^2 \right] + \frac{1}{a}\left(\frac{\partial T}{\partial t} - \frac{\partial \theta}{\partial \tau}\right) T \right\} \mathrm{d}x\mathrm{d}y\mathrm{d}z + \iint_{S_t^3} \frac{\beta}{\lambda}\left(\frac{T}{2} - T_a\right) T\mathrm{d}s \tag{13-20}$$

式中　R_t——计算域；

其他符号意义同前。

由泛函的驻值条件$\frac{\delta I}{\delta T}=0$和时间差分，可得向后差分的温度场求解的有限单元法格式为

$$\left[[H] + \frac{1}{\Delta t_n}[R] \right]\{T_{n+1}\} - \frac{1}{\Delta t_n}[R]\{T_n\} + \{F_{n+1}\} = 0 \tag{13-21}$$

式中　$[H]$——热传导矩阵；

$[R]$——热传导补充矩阵；

$\{T_n\}$、$\{T_{n+1}\}$——结点温度列阵；

$\{F_{n+1}\}$——结点温度载荷列阵。

(四)温度应力计算

大体积混凝土结构在温度作用下的应力宜根据徐变应力分析理论的有限单元法计算。

根据弹性徐变理论，通常用增量初应变方法计算施工期和运行期由于混凝土自身体积变形、变温和干缩等因素而引起的混凝土的应力，总应变增量为

$$\{\Delta\varepsilon_n\} = \{\Delta\varepsilon_n^e\} + \{\Delta\varepsilon_n^C\} + \{\Delta\varepsilon_n^T\} + \{\Delta\varepsilon_n^0\} + \{\Delta\varepsilon_n^S\} \tag{13-22}$$

式中　$\{\Delta\varepsilon_n^e\}$—— 弹性应变增量；

$\{\Delta\varepsilon_n^C\}$——徐变应变增量；

$\{\Delta\varepsilon_n^T\}$—— 温度应变增量；

$\{\Delta\varepsilon_n^0\}$——自生体积应变增量；

$\{\Delta\varepsilon_n^S\}$—— 干缩应变增量。

由物理方程、几何方程和平衡方程可得到任一时段 Δt_n 内，在区域 R 上的有限元法支配方程

$$[K]\{\Delta\delta_n\} = \{\Delta P_n^G\} + \{\Delta P_n^C\} + \{\Delta P_n^T\} + \{\Delta P_n^S\} + \{\Delta P_n^0\} \tag{13-23}$$

式中　$\{\Delta\delta_n\}$—— 结点位移增量；

$\{\Delta P_n^G\}$、$\{\Delta P_n^C\}$、$\{\Delta P_n^T\}$、$\{\Delta P_n^S\}$、$\{\Delta P_n^0\}$——外荷载、徐变、变温、干缩、自身体积变形引起的等效结点力增量。

由式(13-23)求得任意时段内的结点位移增量 $\Delta\delta_n$，再由下式可得该时段内各个单元的应力增量

$$[\Delta\sigma_n] = [D][B]\{\Delta\delta_n^e\} - [D](\{\Delta\varepsilon_n^C\} + \{\Delta\varepsilon_n^T\} + \{\Delta\varepsilon_n^S\}) \tag{13-24}$$

将各时段的应力增量累加，可得到任意时刻的温度应力

$$\sigma^*(t) = \sum_{i=1}^{n} \Delta\sigma_i \tag{13-25}$$

对于弹性基础上的混凝土结构，当基础与结构的材料特性符合比例变形条件时，或刚性基础上的混凝土结构，也可利用混凝土应力松弛系数进行徐变温度应力计算。此时，可将时间划分为 n 个时段，计算每一时段首末的温差 ΔT_i、混凝土线胀系数 α_c 及混凝土在该时段的平均弹性模量 $E_c(\tau_i)$，然后求得第 i 时段 $\Delta\tau_i$ 内弹性温度应力的增量 $\Delta\sigma_i$，并利用松弛系数考虑混凝土的徐变。时刻 t 时的徐变温度应力可按下列公式计算

$$\sigma^*(t) = \sum_{i=1}^{n} \Delta\sigma_i K_r(t,\tau_i) \tag{13-26}$$

式中　t——计算时刻的混凝土龄期；

τ_i——混凝土在第 i 时段中点的龄期；

$K_r(t,\tau_i)$——混凝土的应力松弛系数。

四、大体积混凝土在温度作用下的裂缝控制

求出温度应力后，大体积混凝土结构在温度作用下的抗裂验算可按下式计算

$$\gamma_0\sigma^*(t) \leqslant \varepsilon_t(t)E_c(t) \tag{13-27}$$

$$\varepsilon_t(t) = [0.655\tan^{-1}(0.84t)]\varepsilon_{t(28)} \tag{13-28}$$

$$E_c(t) = 1.44[1 - \exp(-0.41t^{0.32})]E_{c(28)} \tag{13-29}$$

式中　γ_0—— 结构重要性系数；

$\varepsilon_t(t)$——计算时刻 t 时的混凝土允许拉应变，对于不掺粉煤灰的混凝土可按式(13-28)计算；

$E_c(t)$——计算时刻 t 时的混凝土弹性模量；

$\varepsilon_{t(28)}$——28 d 龄期混凝土的允许拉应变，可按表 13-2 取值；

$E_{c(28)}$——28 d 龄期的混凝土弹性模量，可按附录二附表 2-3 采用。

表 13-2　28 d 龄期时的混凝土允许拉应变

混凝土强度等级	C15	C20	C25	C30
$\varepsilon_{t(28)}$ ($\times 10^{-4}$)	0.50	0.55	0.60	0.65

对于必须抗裂的混凝土结构，当考虑温度作用影响且不满足式(13-27)抗裂要求时，应采取加大结构截面尺寸、提高混凝土强度等级、选择低热水泥等温控措施来满足抗裂要求。对于允许出现裂缝的结构，当考虑温度作用影响且不满足抗裂要求时，应配置温度钢筋限制温度裂缝扩展。

由于温度配筋计算的复杂性，对于一些常用的底板、墙类水工混凝土结构，也可根据工程经验，按构造配置一定数量的温度钢筋，而不再进行温度配筋计算。《水工混凝土结构设计规范》(DL/T 5057—2009)规定：

(1)对于闸墩等底部受基岩约束的竖直墙体(见图 13-11(a))：①在离基岩 $L/4$ 高度范围内，墙体每一侧面的水平钢筋配筋率宜为 0.2%，但每米配筋不多于 5 根直径为 20 mm 的钢筋；②上部其余高度范围内水平钢筋和墙体竖直钢筋的配筋率宜为 0.1%，但每米配筋不多于 5 根直径为 16 mm 的钢筋。

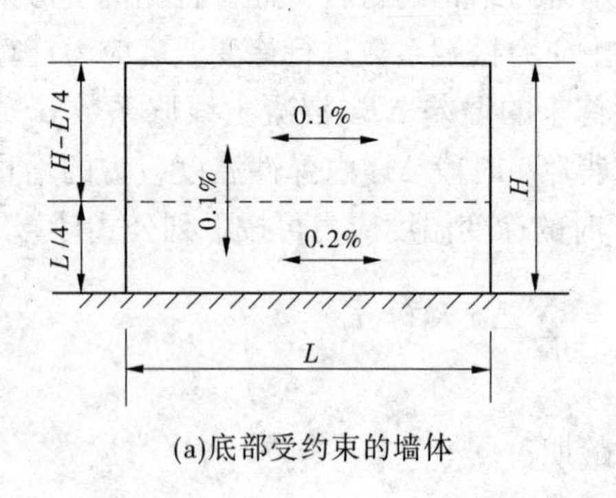

(a)底部受约束的墙体

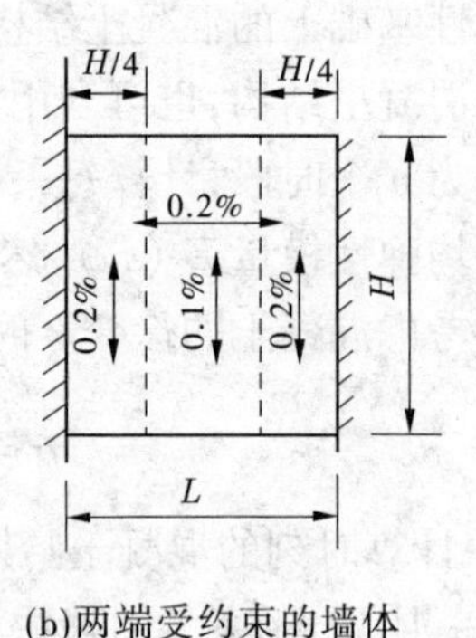

(b)两端受约束的墙体

L—墙长；H—墙高

图 13-11　墙体温度钢筋配置示意图

(2)对于两端受大体积混凝土约束的墙体(见图 13-11(b))：①每一侧墙体水平钢筋配筋率宜为 0.2%，但每米配筋不多于 5 根直径为 20 mm 的钢筋；②在离约束边 $H/4$ 长度范围内，每侧竖向钢筋配筋率宜为 0.2%，但每米不多于 5 根直径为 20 mm 的钢筋；③其余部位的竖向钢筋配筋率宜为 0.1%，但每米不多于 5 根直径为 16 mm 的钢筋。

(3)底面受基岩约束的底板，应在板顶面配置钢筋网，每一方向的配筋率宜为 0.1%，但每米配筋不多于 5 根直径为 16 mm 的钢筋。

(4)当大体积混凝土块体因本身温降收缩受到基岩或老混凝土的约束而产生基础裂缝时，应在块体底部配置限裂钢筋。

(5)温度作用与其他荷载共同作用时，当其他荷载所需的受拉钢筋面积超过上述配筋用量时，可不另配温度钢筋。

第五节　纵向受力钢筋的最小配筋率

一、一般钢筋混凝土结构构件

对于一般板、梁、柱构件，要求其配筋率不得小于表13-3的要求。

表13-3　钢筋混凝土构件纵向受力钢筋的最小配筋率 ρ_{min}　（%）

项次	构件分类	钢筋种类	
		HPB235、HPB300	HRB335、HRB400、RRB400、HRB500
1	受弯构件、偏心受拉构件的受拉钢筋 梁 板	 0.25 0.20	 0.20 0.15
2	轴心受压柱的全部纵向钢筋	0.60	0.50
3	偏心受压构件的受拉或受压钢筋 柱、肋拱 墩墙、板拱	 0.25 0.20	 0.20 0.15

表13-3在使用时应注意：①项次1、3中的配筋率是指钢筋截面面积与构件肋宽乘以有效高度的混凝土截面面积的比值，即 $\rho=\frac{A_s}{bh_0}$ 或 $\rho'=\frac{A'_s}{bh_0}$，项次2中的配筋率是指全部纵向钢筋截面面积与柱截面面积的比值；②温度、收缩等因素对结构产生的影响较大时，受拉纵筋的最小配筋率应适当增大。

从表13-3可知：①最小配筋率与混凝土强度等级无关；②偏心受压构件的受拉纵筋与受压纵筋的最小配筋率取为同一值；③取消了偏心受拉构件受压钢筋的最小配筋率；④梁和板、柱和墩墙采用不同的最小配筋率。但与SL/T 191—96相比，DL/T 5057—2009规定的最小配筋率在数值上有适当的提高，特别对纵向受压钢筋的最小配筋率提高得相对多一些。由于受压钢筋的最小配筋率主要是从承载力要求考虑的，因此钢筋等级越低时最小配筋率数值越大。另外，由于纵向受拉钢筋的最小配筋率除考虑承载力要求外还兼顾到控制裂缝开展的需求，因此除光圆钢筋采用较大的数值外，对HRB335和HRB400等钢筋，最小配筋率取相同的数值。

二、卧置在地基上的厚板

对卧置在地基上以承受竖向荷载为主，板厚大于2.5 m的底板，当按受弯承载力计算得出的配筋率 ρ 小于表13-3所规定的最小配筋率 ρ_{min} 时，应配置的最低限度的受拉纵向钢筋截面面积 A_s 可由 $\rho_{min}bh_0$ 再乘以一个小于1的系数，该系数对底板为 $\frac{\gamma_d M}{M_u}$，即

$$A_s=\rho_{min}bh_0\frac{\gamma_d M}{M_u} \tag{13-30}$$

对矩形截面实心板，$M_u = \xi(1-0.5\xi) f_c b h_0^2$，当配筋率很低时，$\xi$ 值极小，$\xi(1-0.5\xi) \cong \xi$，所以可得 $M_u = \xi f_c b h_0^2$，代入式（13-30），并取 $\xi f_c b h_0 = A_s f_y$，即得

$$A_s = \rho_{min} b h_0 \frac{\gamma_d M}{\xi f_c b h_0^2} = \rho_{min} b h_0 \frac{\gamma_d M}{f_y A_s h_0}$$

因此

$$A_s = \sqrt{\frac{\gamma_d M \rho_{min} b}{f_y}} \tag{13-31}$$

式中　γ_d——结构系数；

M——弯矩设计值；

f_y——钢筋抗拉强度设计值；

ρ_{min}——受拉钢筋最小配筋率；

b——截面宽度。

底板受拉钢筋的配筋面积除按式（13-31）计算外，还应满足每米宽度内的钢筋截面面积不少于 2 500 mm^2。

由式（13-31）可见，配筋面积 A_s 已与板厚 h 无关，不论板厚 h 增至多大，配筋量将始终保持在同一水平上。

还应注意，式（13-31）只能应用于"卧置在地基上"的厚板，这是因为卧置在地基上的板一旦开裂，地基反力会随之调整，不会像架空的梁板那样发生突然性破坏，所以确定其最小配筋量时可不考虑突然破坏这一因素。同时，式（13-31）还只适用于"承受竖向荷载为主"的底板，以限定底板是受弯为主的构件。对于船闸闸室一类的底板，因受有由闸墙传来的侧向水压力，底板为一偏心受拉构件，式（13-31）就不再适用。

三、厚度大于 2.5 m 的墩墙

若墩墙属于大偏心受压构件，当承载力计算得出的墩墙一侧的竖向受拉钢筋的配筋率 ρ 小于表 13-3 所规定的最小配筋率 ρ_{min} 时，配筋面积仍可由式（13-31）计算，但式中的 M 要用 Ne' 替代，即

$$A_s = \sqrt{\frac{\gamma_d N e' \rho_{min} b}{f_y}} \tag{13-32}$$

式中　N——轴向压力设计值；

e'——轴向压力至受压混凝土合力点的距离。

若墩墙属于小偏心受压构件或轴心受压构件，当其截面极限承载力没有充分利用时，其配筋面积 A'_s 近似按 $\rho'_{min} bh$ 计算后，同样可再乘以 $\frac{\gamma_d N}{N_u}$ 的系数，即

$$A'_s = \rho'_{min} bh \frac{\gamma_d N}{N_u} \tag{13-33}$$

而

$$N_u = f_c bh + f_y' A'_s \tag{13-34}$$

对常用的混凝土和钢筋种类，在低配筋的情况下，由钢筋承担的轴力只占总轴力的 5% 左右，因此可近似地略去不计，取 $N_u = f_c bh$。将 N_u 代入式（13-33），即可得出

$$A'_s = \frac{\gamma_d N \rho'_{min}}{f_c} \tag{13-35}$$

式中　f_c——混凝土轴心抗压强度设计值；

ρ'_{min}——受压钢筋最小配筋率。

式(13-32)和式(13-35)与墩墙厚度无关,所以不论墩墙厚度增大到多少,纵向钢筋的总量将保持不变。当然,对墩墙而言,受压纵向钢筋的总量除按上式计算外,还应满足构造配筋要求,例如闸墩墩墙每侧每米配筋至少不少于3根,竖向钢筋直径不能过细,一般不小于16 mm等。

第十四章　水工钢筋混凝土结构的抗震设计

第一节　地震基本知识

地震是指因地球内部缓慢积累的能量突然释放而引起的地球表层的振动，是地球内部构造运动的一种自然现象。地球每年平均发生500万次左右的地震，其中，强烈地震如果影响到人类，则会造成地震灾害，给人类带来严重的人身伤亡和经济损失。我国是世界上的多震国家之一，历史上曾发生过多次特大的破坏性地震，造成的损失极为严重。

我国地震灾害较严重的主要原因是：①地震活动带几乎遍布全国，无法集中力量作重点设防；②我国强震的重演周期长，易引起麻痹，对抗震设计不予重视；③不少地震发生在人口稠密的城镇地区；④我国虽较早地制定了抗震设计规范，但曾以为地震烈度为6度的地区可以不设防，而最近几十年中，在6度地区却发生了多次大地震。

按照地震的成因可将地震分为诱发地震（由于人工爆破、矿山开采及工程活动引发的地震）、陷落地震（由于地表或者地下岩层突然发生大规模陷落和崩塌而造成的地震）、火山地震（由于火山爆发而引起的地震）和构造地震（由于地球内部岩层的构造变动引起的地震）。其中构造地震发生次数多（约占地震发生的90%），影响范围广，是地震工程的主要研究对象。

一、地震术语

震源：地球内岩体断裂错动并引起周围介质剧烈振动的部位称为震源。

震源深度：震源到震中的垂直距离。按震源的深度不同，可将地震分为三种类型：

浅源地震：震源深度在60 km以内的地震；

中源地震：震源深度在60～300 km范围内的地震；

深源地震：震源深度超过300 km的地震。

震中：震源正上方的地面位置称为震中。

震中距：地面某处至震中的水平距离称为震中距。

二、地震波、震级和地震烈度

（一）地震波

地震发生时，地球内岩体断裂、错动产生的振动，即地震动，以波的形式通过介质从震源向四周传播，这就是地震波。地震波是一种弹性波，它包括体波和面波。

在地球内部传播的波为体波。体波有纵波和横波两种形式。纵波是压缩波（P波），其介质质点运动方向与波的前进方向相同。纵波周期短，振幅较小，传播速度最快，引起地面上下颠簸；横波是剪切波（S波），其介质质点运动方向与波的前进方向垂直。横波周期长、振幅较大,传播速度仅次于纵波,引起地面左右晃动。

沿地球表面传播的波叫做面波。面波有瑞雷波(R 波)和乐夫波(L 波)两种形式。瑞雷波传播时,质点在波的前进方向与地表法向组成的平面内做逆向的椭圆运动,会引起地面晃动;乐夫波在与波的前进方向垂直的水平方向做蛇形运动。面波传播速度较慢,周期长,振幅大,比体波衰减慢。

综上所述,地震时纵波最先到达,横波次之,面波最慢;就振幅而言,面波最大。当横波和面波都到达时振动最为强烈,面波的能量大,是引起地表和建筑物破坏的主要原因。由于地震波在传播的过程中逐渐衰减,随震中距的增加,地面振动逐渐减弱,地震的破坏作用也逐渐减轻。

(二)震级

震级是按照地震本身强度而定的等级标度,是表示一次地震时所释放的能量的多少,也是表示地震强度大小的指标,用符号 M 表示。目前,我国采用的是国际通用的里氏震级,它以标准地震仪在距震中 100 km 处记录的最大水平地动位移 A(即振幅,以 μm 计)的对数值来表示该次地震的震级,其表达式如下

$$M = \lg A + R(\Delta) \tag{14-1}$$

式中　A——地震记录图上量得的以 μm 为单位的最大水平位移(振幅);

$R(\Delta)$——随震中距而变化的起算函数。

震级 M 与地震释放的能量 E 之间的关系为

$$\lg E = 1.5M + 11.8 \tag{14-2}$$

式(14-2)表明,震级 M 每增加一级,地震所释放的能量 E 约增加 32 倍。

一次地震只有一个震级。一般说,小于 2 级的地震,称为无感地震或微震;2 级到 5 级地震称为有感地震;5 级以上的地震称为破坏性地震;7 级以上的地震称为强烈地震;8 级以上的地震称为特大地震。至今记录到的世界上最大地震震级为 8.9 级。

(三)地震烈度

地震烈度 I 是指某一地区的地面和各类建筑物遭受一次地震影响的平均强弱程度。震中距不同,地震的影响程度也不相同,即烈度不同。一般而言,震中附近地区的地震烈度高,称为震中烈度;距离震中越远的地区地震烈度越低,我国目前采用 1 ~ 12 度烈度表。烈度大小是根据人的感觉、家具的振动、房屋和构筑物的破坏情况及地表现象分级的。

第二节　抗震基本概念

一、基本烈度、小震和大震

(一)基本烈度

基本烈度是指一个地区在一定时期(我国取 50 年)内在一般场地条件下,按一定的超越概率(我国取 10%)可能遭遇到的最大地震烈度。基本烈度可以取为抗震设防的烈度。目前,我国已将国土划分为不同基本烈度所覆盖的区域。

(二) 小震和大震

每一地区在一定期限内实际发生的烈度是随机的。根据对 45 个城镇地震危险性分析成果的统计分析，烈度 I 的概率分布如图 14-1 所示。其中出现概率最大的称为众值烈度 I_1，其超越概率约为 63.2%，基本烈度 I_0 的超越概率约为 10%，I_1 比 I_0 约小 1.55 度。超越概率为 2% ~3% 的烈度称为罕遇烈度 I_2，I_2 约比 I_0 大 1 度。

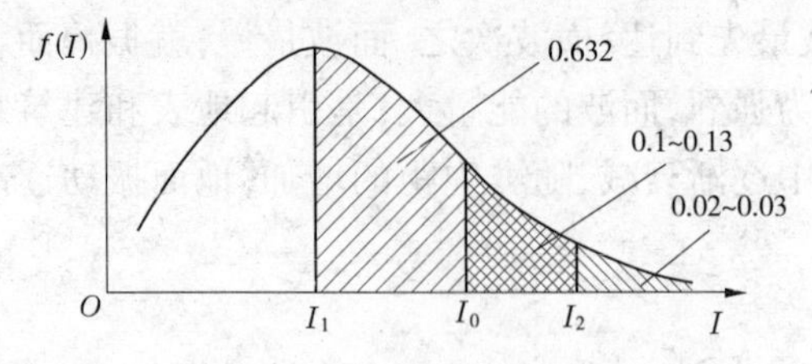

图 14-1　烈度 I 的概率分布曲线

相应于众值烈度的地震一般可视为该地区的"小震"，相应于基本烈度的地震可视为该地区的"中震"，相应于罕遇烈度的地震即为该地区的"大震"。

二、场地类别

(一) 覆盖层厚度

场地覆盖层厚度，原意是指地表面至地下基岩面的距离。从理论上讲，当相邻两土层中的下层剪切波速比上层剪切波速大很多时，下层可以看做基岩，下层顶面至地表的距离则看做覆盖层厚度。覆盖层厚度的大小直接影响场地的周期和加速度。我国抗震设计规范中按如下原则确定场地覆盖层厚度：

(1) 一般情况下，按地面至剪切波速大于 500 m/s 的土层顶面的距离确定。

(2) 当地面 5 m 以下存在剪切波速大于相邻上层土剪切波速 2.5 倍的土层，且其下卧岩土层的剪切波速均不小于 400 m/s 时，可按地面至该土层顶面的距离确定。

(3) 剪切波速大于 500 m/s 的孤石、透镜体，应视同周围土层。

(4) 土层中的火山岩硬夹层，应视为刚体，其厚度应从覆盖土层中扣除。

(二) 土层的等效剪切波速

土层的等效剪切波速反映各土层的平均刚度，可按下列公式计算

$$v_{se} = d_0/t \tag{14-3}$$

$$t = \sum_{i=1}^{n} d_i/v_{si} \tag{14-4}$$

式中　v_{se}——土层等效剪切波速，m/s；

d_0——计算深度，取覆盖层厚度和 20 m 二者较小者，m；

t——剪切波在地面至计算深度之间的传播时间，s；

d_i——计算深度范围内第 i 土层的厚度，m；

v_{si}——计算深度范围内第 i 土层的实测剪切波速，m/s；

n——计算深度范围内土层的分层数。

对于不超过 10 层并且高度不超过 30 m 的丙类建筑和丁类建筑，如果无实测剪切波

速,可根据岩土名称和性状,按表14-1划分场地土的类型,再利用当地经验在表14-1的剪切波速范围内估计土层的剪切波速 v_{si}。

表14-1　土的类型划分和剪切波速范围

土的类型	岩土名称和性状	土层剪切波速范围(m/s)
坚硬土或岩石	稳定岩石,密实的碎石土	$v_s > 500$
中硬土	中密、稍密的碎石土,密实、中密的砾,粗、中砂,$f_{ak} >$ 200 kPa的黏性土和粉土,坚硬黄土	$250 < v_s \leqslant 500$
中软土	稍密的砾、粗、中砂,除松散外的细、粉砂,$f_{ak} > 130$ kPa的黏性土和粉土,可塑黄土	$140 < v_s \leqslant 250$
软弱土	淤泥和淤泥质土,松散的砂,新近沉积的黏性土和粉土,$f_{ak} \leqslant 130$ kPa的填土,流塑黄土	$v_s \leqslant 140$

注:f_{ak} 为由荷载试验等方法得到的地基承载力特征值,kPa;v_s 为岩土剪切波速。

(三)场地类别

建筑场地的类别是场地条件的基本特征,场地条件对地震的影响已被大量地震观测记录所证实。研究表明,两个场地条件是影响场地地震动的主要因素:场地的土层刚度和场地覆盖层厚度。场地的土层刚度可通过土层的等效剪切波速来反映。抗震设计规范根据场地土层的等效剪切波速和覆盖层厚度将建筑场地分为4类(见表14-2)。建筑场地划分的目的,是在地震作用计算时根据不同的场地条件,可以采用合理的计算参数。

表14-2　各类建筑场地的覆盖层厚度　(单位:m)

等效剪切波速(m/s)	场地类别			
	Ⅰ	Ⅱ	Ⅲ	Ⅳ
$v_{se} > 500$	0	—	—	—
$250 < v_{se} \leqslant 500$	<5	≥5	—	—
$140 < v_{se} \leqslant 250$	<3	3~50	>50	—
$v_{se} \leqslant 140$	<3	3~15	>15~80	>80

三、建筑物重要性分类

由于建筑物功能特性不同,地震破坏所造成的社会后果和经济后果是不同的。对于不同用途的建筑物,应当采用不同的抗震设防标准。我国建筑抗震设计规范根据建筑物重要性及地震破坏后果的严重性,将建筑物的抗震设防分为4类。

(1)甲类建筑:指重大建筑工程和地震时可能发生严重次生灾害的建筑。该类建筑的破坏后果严重。

(2)乙类建筑:指地震时使用功能不能中断或需尽快恢复的建筑。如城市生命线工程,一般包括供水、供电、交通、通信、医疗救护、供气、供热等系统。

(3)丙类建筑:指除甲、乙、丁类建筑外的一般工业与民用建筑。

(4)丁类建筑:指次要建筑,包括一般仓库、辅助建筑等。

四、抗震设防标准及设防目标

(一)设防标准

建筑物抗震设防标准按下列要求采用:

(1)甲类建筑,在设防烈度为6~8度地区时,地震作用和抗震措施按本区设防烈度提高一度的标准确定,当为9度时,应满足比9度抗震设防更高的要求。

(2)乙类建筑,在设防烈度为6~8度地区时,地震作用应按该地区设防烈度进行抗震计算,抗震措施应符合本区设防烈度提高一度的要求,当为9度时,应满足比9度抗震设防更高的要求。

对较小的乙类建筑,当其结构改用抗震性能较好的结构类型时,应允许仍按本地区抗震设防烈度的要求采取抗震措施。

(3)丙类建筑的地震作用和抗震措施应满足本地区抗震设防烈度的要求。

(4)丁类建筑按本区设防烈度进行抗震计算,抗震措施可适当降低要求,但不低于设防烈度为6度时的要求。

(二)设防目标

抗震设防是指对建筑物或构筑物进行抗震设计,以达到结构抗震的作用和目标。抗震设防的目标就是在一定的经济条件下,最大限度地减轻建筑物的地震破坏,保障人民生命财产的安全。目前,许多国家的抗震设计规范都趋于以"小震不坏,中震可修,大震不倒"作为建筑抗震设计的基本准则。

我国《建筑抗震设计规范》(GB 50011—2010)规定,设防烈度为6度及6度以上地区必须进行抗震设计,并提出三水准抗震设防目标。

第一水准:当建筑物遭受低于本地区设防烈度的多遇地震影响时,一般不受损坏或不需修理可继续使用(小震不坏)。

第二水准:当建筑物遭受相当于本地区设防烈度的地震影响时,可能损坏,但经一般修理或不需修理仍可继续使用(中震可修)。

第三水准:当建筑物遭受高于本地区设防烈度的罕遇地震影响时,不致倒塌或发生危及生命的严重破坏(大震不倒)。

(三)设计方法

为实现上述三水准的抗震设防目标,我国《建筑抗震设计规范》(GB 50011—2010)采用两阶段设计方法。

第一阶段:当遭遇第一水准烈度时,结构处于弹性变形阶段。按与设防烈度对应的多遇地震烈度的地震作用效应和其他荷载效应组合,进行结构构件的承载能力和结构的弹性变形验算,从而满足第一水准和第二水准的要求,并通过概念设计和抗震构造措施来满足第三水准的要求。

第二阶段:当遭遇第三水准烈度时,结构处于非弹性变形阶段。还应按与设防烈度对应的罕遇烈度的地震作用效应进行弹塑性层间位移验算,并采取相应的抗震构造措施来满足第三水准的要求。

对于大多数比较规则的建筑结构，一般可只进行第一阶段的设计，而对于一些有特殊要求的建筑和不规则的结构，除进行第一阶段设计外，还应进行第二阶段设计。

《水工建筑物抗震设计规范》(DL 5073—2000)规定，对于水工结构可不再分小震、中震和大震，而仅按设计烈度进行抗震设计。即认为在遭遇设计烈度(一般取基本烈度)的地震时，容许结构有一定的塑性变形或损坏，但要求不需修理或经一般修理仍可正常使用。根据工程实践经验，这一设计准则也就隐含了“小震不坏”的要求。同时关于“大震不倒”的要求主要依赖于抗震结构构造措施来保证，这是因为对于多数结构，尤其是水工建筑物中的混凝土坝体等构筑物，是很难给出与“大震不倒”的要求相适应的弹塑性变形极限状态和判别标准的。

第三节　抗震概念设计

地震引起的振动以波的形式从震源向各方向传播。由于震源机制、地层地质条件及地面扰动等复杂性，这几种波综合叠加在一起，形成极为复杂的波列，很难分解区别，地震作用的大小和特性以及它所引起的结构的反应也就很难正确估算。所以，在抗震设防时，不能完全依赖于计算，更重要的是要有一个良好、正确的概念设计。

抗震概念设计是指根据地震灾害和工程经验等所形成的结构总体设计准则、设计思想，进行结构的总体布置、确定细部构造的设计过程，对从根本上消除建筑中的抗震薄弱环节，构造良好的结构抗震性能具有重要的决定作用；抗震计算和验算为抗震设计提供定量手段；抗震构造措施可以保证结构的整体性、加强局部薄弱环节，以及保证抗震计算结果的有效性。这三个层面中如果忽视任何一个部分，都可能导致抗震设计的失败。

概念设计的主要内容如下。

一、选择对抗震有利的场地、地基和基础

建筑物场地选择的原则是根据区域地质构造、场地土和地形地貌条件以及历史地震资料，尽量选择对建筑物抗震相对有利的地段，避开不利场地，未经充分论证，不应在危险地段进行建设。

有利地段是指邻近地区无晚近期活动性断裂，地质构造相对稳定，地基为比较完整的岩体和密实土层的地段。不利地段是指邻近地区地质构造复杂，有晚近期活动性断裂、可能发生液化的土层，以及陡坡、河岸、孤立山丘、半挖半填、不均匀土层等地段。危险地段是指地质构造复杂，有活动性断裂，可能发生滑坡、崩塌、地陷地裂、泥石流、地表错位等地段。

当无法避开不利地段而必须在其上建造工程时，应加强基础的整体性和刚度，对可能发生液化的土层或淤泥、淤泥质土等软土层，则应采取挖除、人工密实、砂井排水等工程措施。

地基及基础设计的要求是：同一建筑单元不宜设置在性质截然不同的地基上；同一建筑单元宜采用同一类型的基础，不宜部分采用天然地基或浅基础而部分采用桩基；同一建筑单元的基础(或承台)宜埋置在同一标高上；桩基宜采用低承台桩等。

二、合理规划，避免地震时发生次生灾害

次生灾害是非地震直接造成的灾害。如房屋规划过密，地震时房屋倒塌将道路堵塞，造成在地震发生时人口无法疏散，增加伤亡；地震时水管破裂、消防设施失效，会造成火灾发生；煤气罐、油库、化工厂、核反应装置等损坏，更会引起爆炸、毒气外逸和核辐射泄漏；水利工程中的挡水建筑物如有损坏，就会造成下游城镇农田的严重淹没，其后果比建筑物本身的损坏更为严重。

三、建筑物的形体和结构力求规整和对称

高层建筑物的平面宜采用矩形、方形、圆形、正多边形等规整的形状，使地震时结构的变形能整体协调一致，结构的抗震构造处理也较简单，这样，可取得较好的抗震效果。L形、Π形等建筑平面在受震时，建筑物转角处会产生巨大的集中应力，易遭破坏。结构的抗侧力构件也宜在平面上均匀对称布置，使结构的质量中心和刚度中心尽量靠近或重合，以免在地震发生时，除水平向地震作用外，还增添水平地震惯性力对结构刚度中心的附加扭转作用。

建筑物的立面也宜尽量规整，避免局部突出。沿建筑物的高度其质量和刚度不宜突变，以免突变部位在受震时发生局部严重损坏。在建筑物的立面上应尽量少做挑檐等易倒塌脱落的附属构件。

四、尽量减轻建筑物的质量，降低其重心

建筑物所受到的地震作用和它的质量成正比。采用轻质材料，减轻建筑物质量是减小地震作用反应的有效措施。建筑物的重心应尽量降低，以减小结构所承受的地震弯矩。

五、选择合理的抗震结构体系

抗震结构体系应根据建筑物的重要性、设防烈度、场地条件、建筑高度、地基基础及材料、施工状况等，把技术、经济条件综合起来考虑确定。

抗震结构体系应具有明确的计算简图和合理的地震作用传递途径；宜有多道抗震防线，避免因部分结构或构件失效，而导致整个体系丧失抗震能力，或丧失对重力荷载的承载能力；抗震结构体系还应具备必要的强度、良好的变形能力和耗能能力。在设计时，必须综合考虑结构体系的实际刚度和强度分布，避免因局部削弱或突变形成薄弱部位，产生过大的应力集中或塑性变形集中。

六、增强结构构件的延性

延性是结构构件在超过弹性变形后能保持继续变形的能力。延性好的结构构件能大量吸收地震作用的能量，减小作用在结构上的地震作用。因此，对抗震来说，结构构件的延性与结构构件的承载力具有同等重要的意义。

对钢筋混凝土结构构件，为保证结构具有较好的延性，应避免混凝土压碎、锚固失效、剪切破坏等脆性破坏的发生。因此，在钢筋混凝土结构构件中，应限制受拉纵向钢筋配筋

率、增加受压纵向钢筋、增配箍筋、加大钢筋锚固长度,对受压构件应控制其轴压比不要太大,对受弯构件应体现"强剪弱弯"原则等。同时,不应选用强度过低的混凝土及强度过高的钢筋,因为高强钢筋的构件其延性会明显下降。

七、遭遇大震时,框架结构不发生柱铰机构

当遭遇本地区大震时,在框架结构的梁和柱端会发生塑性铰。在抗震设计时,应使其形成如图14-2(a)所示的梁铰机构,而不允许形成如图14-2(b)所示的柱铰机构。这是因为,若形成柱铰机构而又要求它不发生过大的塑性变形,不使结构倒塌,势必要求构件具有极大的延性,事实上是不可能做到的。为了使塑性铰发生在框架梁梁端而不发生在框架柱柱端,设计时应体现"强柱弱梁"的原则。

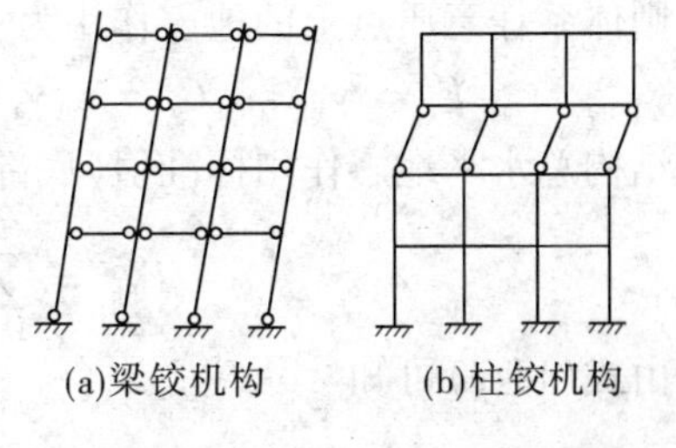

(a)梁铰机构　(b)柱铰机构

图14-2　梁铰机构与柱铰机构

第四节　地震作用效应计算

一、地震作用的概念

地震时由于地面运动时原来处于静止的建筑受到动力作用,产生强迫振动。我们将地震时由地面运动加速度在结构上产生的惯性力称为结构的地震作用。在抗震设计中,通常采用最大惯性力作为地震作用。根据地震引起建筑物主要的振动方向,地震作用分为水平地震作用和竖向地震作用。其大小与地面运动加速度、结构的自身特性(自振频率、阻尼、质量等)有关。

二、地震作用效应计算

(一)底部剪力法

底部剪力法是一种近似方法,具有一定的适用条件。抗震设计规范规定采用底部剪力法必须满足下列条件:高度不超过40 m,以剪切变形为主,且质量与刚度沿高度的分布比较均匀的结构,以及近似于单质点体系的结构(如水塔、单层厂房等)。一般中小型水工建筑也可用底部剪力法进行计算。

底部剪力法的思路是:首先计算出作用于结构总的地震作用,即底部的剪力;然后将总的地震作用按照一定规律分配到各个质点上,从而得到各个质点的水平地震作用;最后按结构力学方法计算出各层地震剪力及位移。该方法的主要优点是不需要进行烦琐的计算。

满足上述条件的结构振型具有以下特点:

(1)结构各层可仅取一个水平自由度;

(2)体系地震位移反应以基本振型为主;

(3)体系基本振型接近于倒三角形分布。

如图 14-3 所示,体系任意质点的第一振型即基本振型的振幅与其高度成正比,即

$$X_{1i} = CH_i \tag{14-5}$$

式中　C——比例系数;

X_{1i}——第 i 质点基本振型的振幅;

H_i——第 i 质点的高度。

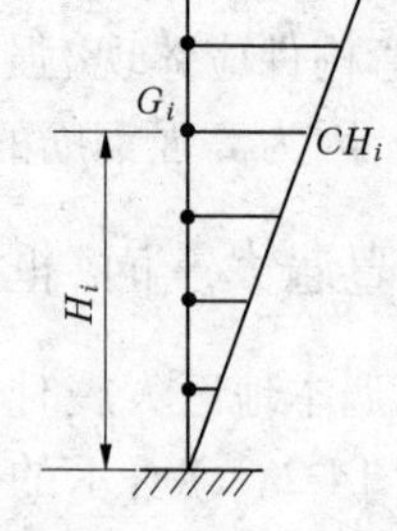

图 14-3　底部剪力法计算简图

则体系任意质点上的地震作用为

$$F_i = \gamma_1 X_{1i}\alpha_1 G_i = \alpha_1\gamma_1 CG_iH_i \tag{14-6}$$

结构总水平地震作用标准值(底部剪力)为

$$F_{\mathrm{Ek}} = \sum_{i=1}^{n} F_i = \alpha_1\gamma_1 C\sum_{i=1}^{n} G_iH_i \tag{14-7}$$

由式(14-7)可知

$$\alpha_1\gamma_1 C = \frac{F_{\mathrm{Ek}}}{\sum_{i=1}^{n} G_iH_i}$$

将上式代入式(14-6),可得各质点地震作用 F_i 的计算式如下

$$F_i = \frac{G_iH_i}{\sum_{j=1}^{n} G_jH_j}F_{\mathrm{Ek}} \quad (i = 1,2,\cdots,n) \tag{14-8}$$

式中　F_{Ek}——结构总水平地震作用标准值(底部剪力);

F_i——质点 i 的地震作用标准值;

G_i、G_j——集中于质点 i、j 的重力荷载代表值,按下式计算

$$G_{\mathrm{E}} = G_{\mathrm{k}} + \sum \psi_i Q_{\mathrm{k}i} \tag{14-9}$$

H_i、H_j——质点 i、j 的计算高度;

γ_1——第一振型的振型参与系数;

α_1——相应于结构基本自振周期的水平地震影响系数,按图 14-4 确定;

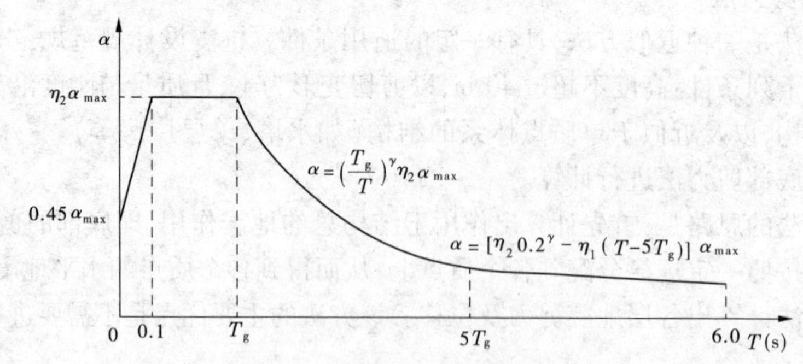

图 14-4　地震影响系数 α 谱曲线

H_i——质点 i 的计算高度;

G_{E}——体系质点重力荷载代表值;

G_k——结构或构件的永久荷载标准值；

Q_{ki}——结构或构件第 i 个可变荷载标准值；

ψ_i——第 i 个可变荷载的组合值系数，按表 14-3 选用。

图 14-4 中的 α 曲线由 4 部分组成：①直线上升段（$0 \leqslant T < 0.1$ s）；②直线水平段（0.1 s$\leqslant T \leqslant T_g$）；③曲线下降段（$T_g < T \leqslant 5T_g$）；④直线下降段（$5T_g < T < 6.0$ s）。

表 14-3　可变荷载组合值系数 ψ_i

可变荷载种类		组合值系数
雪荷载		0.5
屋面积灰荷载		0.5
屋面活荷载		不计入
按实际情况计算的楼面活荷载		1.0
按等效均布荷载计算的楼面活荷载	藏书库、档案库	0.8
	其他民用建筑	0.5
吊车悬吊物重力	硬钩吊车	0.3
	软钩吊车	不计入

α 曲线中各参数的含义分别是：T 为结构自振周期；α_{max} 为水平地震影响系数最大值，按表 14-4 采用；T_g 为场地特征周期，与场地条件和设计地震分组有关，按表 14-5 采用；η_2 为阻尼调整系数，按式（14-10）计算，当小于 0.55 时，取 0.55；η_1 为直线下降段斜率调整系数，按式（14-11）计算，当小于 0 时，取 0；γ 为曲线下降段的衰减指数，按式（14-12）计算。

$$\eta_2 = 1 + \frac{0.05 - \zeta}{0.06 + 1.7\zeta} \tag{14-10}$$

$$\eta_1 = 0.02 + \frac{0.05 - \zeta}{8} \tag{14-11}$$

$$\gamma = 0.9 + \frac{0.05 - \zeta}{0.5 + 5\zeta} \tag{14-12}$$

式中　ζ——结构阻尼比，一般情况下，对钢筋混凝土结构取 $\zeta = 0.05$，此时，$\eta_2 = 1.0$。

表 14-4　水平地震影响系数最大值 α_{max}

地震影响	设防烈度			
	6 度	7 度	8 度	9 度
多遇地震	0.04	0.08(0.12)	0.16(0.24)	0.32
罕遇地震	—	0.50(0.72)	0.90(1.20)	1.40

注：括号中数值分别用于设计基本地震加速度为 $0.15g$ 和 $0.30g$ 的地区。

为简化计算，根据底部剪力相等的原则，可将多质点体系等效为一个与其基本周期相同的单质点体系，即可按单自由度体系公式计算底部剪力 F_{Ek}，即

$$F_{Ek} = \alpha_1 G_{eq} \tag{14-13}$$

$$G_{eq} = \lambda \sum_{i=1}^{n} G_i \tag{14-14}$$

式中　G_{eq}——结构等效总重力荷载；

λ——等效系数，取 $\lambda=0.85$；

其他符号意义同前。

表 14-5　场地特征周期 T_g　（单位：s）

设计地震分组	场地类别			
	Ⅰ	Ⅱ	Ⅲ	Ⅳ
第一组	0.25	0.35	0.45	0.65
第二组	0.30	0.40	0.55	0.75
第三组	0.35	0.45	0.65	0.90

（二）底部剪力法的修正

在振动时，当结构基本周期较长（$T_1>1.4T_g$）时，结构顶部容易出现“鞭端效应”，因此高阶振型对地震作用的影响将不能忽略。分析表明，对于周期较长的结构，按式（14-8）计算的结构顶部质点的地震作用偏小。为此，需要对式（14-8）进行修正。

（1）当 $T_1\leqslant 1.4T_g$ 时，底部剪力可按式（14-13）计算；

（2）当 $T_1>1.4T_g$ 时，应在主体结构顶部质点上附加一个地震作用 ΔF_n

$$\Delta F_n = \delta_n F_{Ek} \tag{14-15}$$

则各质点上的地震作用为

$$F_i = \frac{G_i H_i}{\sum_{j=1}^{n} G_j H_j}(1-\delta_n)F_{Ek} \quad (i=1,2,\cdots,n) \tag{14-16}$$

式中　T_g——场地特征周期，按表 14-5 采用；

δ_n——顶部附加地震作用系数，对于多层钢筋混凝土结构，按表 14-6 采用；

ΔF_n——顶部附加水平地震作用。

表 14-6　顶部附加地震作用系数 δ_n

T_g(s)	$T_1>1.4T_g$	$T_1\leqslant 1.4T_g$
$T_g\leqslant 0.35$	$0.08T_1+0.07$	不考虑
$0.35<T_g\leqslant 0.55$	$0.08T_1+0.01$	
$T_g>0.55$	$0.08T_1-0.02$	

（三）结构自振周期

在底部剪力法的计算中，必须先知道结构的基本自振周期 T_1，计算 T_1 的方法有很多种，其中最常用的有能量法和经验公式。

例如，对于单质点体系，根据质点在振动过程中最大能量和最大位移相等的原理，即可求得自振周期为

$$T = 2\pi\sqrt{m\delta} = 2\pi\sqrt{\frac{G}{g}\delta} \tag{14-17}$$

或
$$T = 2\pi\sqrt{\frac{\Delta}{g}} = 2\sqrt{\Delta}$$

式中　δ——振动体系的柔度系数，即作用在质点上的单位水平力是质点产生的位移，如图 14-5(a)所示；

Δ——假设质点重量 G 水平作用于质点上，使质点产生的水平静力位移。

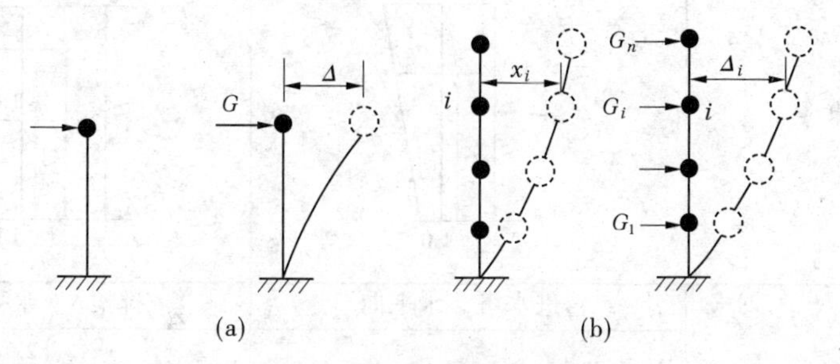

图 14-5　质点的振幅及侧移

对于多质点体系，同样道理可求得其基本自振周期为

$$T_1 = 2\pi\sqrt{\frac{\sum G_i x_i^2}{g\sum G_i x_i}} \tag{14-18}$$

或
$$T_1 = 2\sqrt{\frac{\sum G_i \Delta_i^2}{\sum G_i \Delta_i}}$$

式中　x_i——质点 i 振动时的振幅，如图 14-5(b)所示；

G_i——质点 i 的重量；

Δ_i——假设各质点的重量 G_i 水平作用于相应质点上，质点 i 的侧移。

三、《水工建筑物抗震设计规范》(DL 5073—2000)的地震作用效应计算

在《水工建筑物抗震设计规范》(DL 5073—2000)中，为方便应用，不再按式(14-16)那样求不同高度质点的水平地震作用代表值 F_i，而是直接给出各类结构的地震加速度沿高度的分布系数 α_i，这样就可由式(14-19)计算 F_i，称为拟静力法。

$$F_i = a_h \xi G_{Ei} \alpha_i / g \tag{14-19}$$

式中　ξ——地震作用效应折减系数，在水工建筑中，一般取为 1/4；

α_i——质点 i 的动态分布系数，可按表 14-7 取用；

G_{Ei}——集中在质点 i 的重力荷载代表值；

g——重力加速度；

a_h——水平向设计地震加速度代表值，按表 14-8 取用。

水工钢筋混凝土结构应沿结构的两个主轴方向分别考虑其水平地震作用。当对两个互相正交方向的水平地震作用进行计算时，其地震作用效应可按平方总合平方根法进行组合。

在水工钢筋混凝土结构中，对于基本烈度为 8 度、9 度地区的大跨度结构和高耸结

构，其竖向地震作用产生的轴力在结构上部是不可忽略的，故要求 8 度、9 度区大跨度结构和高耸结构需考虑竖向地震作用。除此之外，一般只考虑水平地震作用。

表 14-7　水平地震质点的动态分布系数 α_i

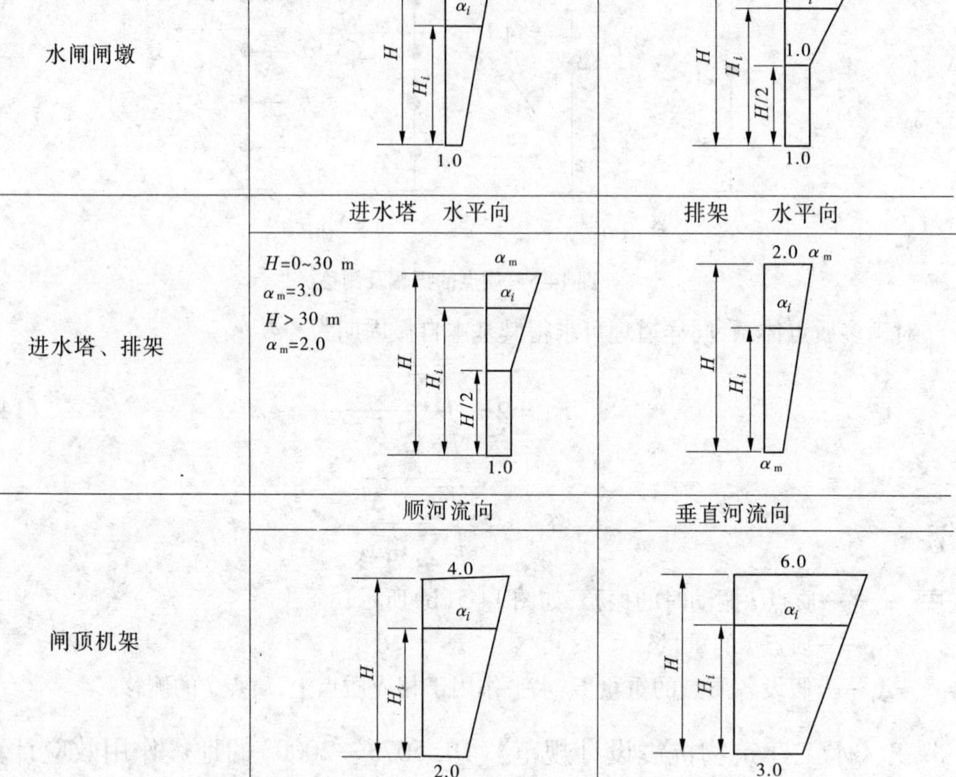

表 14-8　水平向设计地震加速度代表值

设计烈度	7 度	8 度	9 度
水平向设计地震加速度代表值	0.1g	0.2g	0.4g

水工建筑物抗震设计时，对水压力和土压力应考虑其动水压力和动土压力，竖向地震作用中可不计动水压力。

四、考虑地震作用时的承载力设计表达式

考虑地震作用后的计算属于承载力的偶然组合，其设计表达式为

$$\gamma_0 \psi S(\gamma_G G_E, \gamma_Q Q_k, \gamma_E E_k, a_k) \leqslant \frac{1}{\gamma_d} R(f_d, a_k) \tag{14-20}$$

式中　γ_0——结构重要性系数，取值同静力计算；

ψ——设计状况系数，抗震设计属偶然设计状况，取 $\psi = 0.85$；

γ_d——钢筋混凝土结构的结构系数,取值同静力计算;

γ_E——地震作用分项系数,可取 $\gamma_E = 1.0$;

$S(\cdot)$——作用效应函数;

E_k——相当于设计烈度的地震作用代表值,按《水工建筑物抗震设计规范》(DL 5073—2000)计算,应包括地震作用的效应折减系数 ξ 在内。

对于地震作用组合的可变荷载,应根据实际情况,取设计值的全部或其组合值。在一般情况下,与地震作用组合的雪荷载的组合系数可取为0.5;水电站吊车荷载及风荷载的组合系数可取为零;对于高耸结构,风荷载的组合系数应取为0.2。

第五节　钢筋混凝土结构抗震设计的一般规定

一、对材料的要求

对于钢筋混凝土框架及铰接排架等类结构,为增加抗震时结构的延性,当设计烈度为9度时,混凝土强度等级不宜低于C30;当设计烈度为7度、8度时,混凝土强度等级不应低于C25。钢筋级别对结构构件的延性有较大影响,HPB235、HPB300、HRB335、HRB400级钢筋的塑性性能较好。因此,对于框架及铰接排架一类结构,梁、柱的纵向受力钢筋宜选用HRB335、HRB400级钢筋,箍筋宜选用HPB235、HPB300、HRB335级钢筋。

当设计烈度为8度、9度设防时,要求纵向受力钢筋的强屈比大于1.25,屈服强度的实测值与强度标准值的比值不应大于1.3。其目的是使结构某部位出现塑性铰以后有足够的转动能力。同时,钢筋的屈服强度实测值与钢筋强度标准值的比值不应过大,不然,就难以保证强柱弱梁、强剪弱弯的实现。

抗震设计中希望框架的塑性铰发生在梁内,以免形成柱铰型的破坏机构。因此,在施工时不宜任意地用强度较高的钢筋去代替原设计的钢筋品种,以避免原定在梁内发生的塑性铰不适当地转移到柱内。若必须改用其他品种的钢筋,则应按钢筋的受拉承载力相等的原则,换算不同的钢筋截面面积。

二、对钢筋锚固和连接的要求

为避免发生锚固失效而导致脆性破坏,在抗震设计时,规定当设计烈度为8度和9度时,纵向受拉钢筋最小锚固长度 $l_{aE} = 1.15l_a$;设计烈度为7度时,$l_{aE} = 1.05l_a$;设计烈度为6度时,$l_{aE} = l_a$。l_a 为纵向受拉钢筋的锚固长度,按附录四附表4-2确定。

在地震区的纵向受力钢筋的接头宜优先采用焊接接头或机械连接接头。钢筋接头当采用焊接接头时,一定要保证焊接质量。

第六节　钢筋混凝土框架、排架和桥跨结构的抗震设防

钢筋混凝土框架结构的抗震设防措施主要是增大框架梁、柱的延性,贯彻“强剪弱

弯、强柱弱梁”等的原则,其主要内容如下。

一、框架梁

(1)考虑地震作用组合的钢筋混凝土框架梁,其受弯承载力应按第三章相关公式计算。在计算中,计入纵向受压钢筋的梁端混凝土受压区计算高度 x 应符合下列规定:

当设计烈度为9度时　　$x \leqslant 0.25h_0$

当设计烈度为7度、8度时　　$x \leqslant 0.35h_0$

(2)框架梁梁端的剪力设计值 V_b 应按下列公式计算

$$V_b = \frac{\eta(M_b^l + M_b^r)}{l_n} + V_{Gb} \tag{14-21}$$

式中　M_b^l、M_b^r——框架梁在地震作用组合下的左、右端弯矩设计值;

V_{Gb}——考虑地震作用效应组合时的重力荷载产生的剪力设计值,可按简支梁计算;

l_n——梁的净跨;

η——剪力增大系数,当设计烈度为7度时,$\eta = 1.05$,当设计烈度为8度时,$\eta = 1.10$,当设计烈度为9度时,$\eta = 1.25$。

式(14-21)中弯矩设计值之和($M_b^l + M_b^r$)应分别按顺时针方向和逆时针方向计算,并取其较大值。

(3)考虑地震作用组合时,框架梁的斜截面受剪承载力计算:

一般情况下,仅配箍筋时

$$V_b \leqslant \frac{1}{\gamma_d}\left(0.42f_t bh_0 + f_{yv}\frac{A_{sv}}{s}h_0\right) \tag{14-22}$$

以集中荷载为主的独立梁

$$V_b \leqslant \frac{1}{\gamma_d}\left(0.30f_t bh_0 + f_{yv}\frac{A_{sv}}{s}h_0\right) \tag{14-23}$$

设计烈度为7度、8度、9度的框架梁,其截面尺寸应符合下列规定

$$V_b \leqslant \frac{1}{\gamma_d}(0.2f_c bh_0) \tag{14-24}$$

式中　V_b——考虑地震作用组合时框架梁的剪力设计值。

(4)考虑地震作用组合的框架梁,其纵向受拉钢筋的配筋率不应大于2.5%,也不应小于表14-9规定的数值。

纵向钢筋的直径不应小于14 mm。梁的截面上部和下部至少各配置两根贯通全梁的纵向钢筋,其截面面积应分别不小于梁两端上、下部纵向受力钢筋中较大截面面积的1/4。

在框架梁两端的箍筋加密区范围内,纵向受压钢筋和纵向受拉钢筋的截面面积之比 A_s'/A_s 值不应小于0.5(设计烈度为9度)或0.3(设计烈度为7度、8度)。

表 14-9　框架梁纵向受拉钢筋最小配筋率　（%）

设计烈度	梁中位置	
	支座	跨中
9 度	0.40	0.30
8 度	0.30	0.25
6 度、7 度	0.25	0.20

（5）考虑地震作用效应组合的框架梁，在梁端应加密箍筋，加密区长度及加密区内箍筋的间距和直径应按表 14-10 的规定采用。

表 14-10　框架梁梁端箍筋加密区的构造要求

<table>
<tr><th>设计烈度</th><th>箍筋加密区长度</th><th>箍筋间距</th><th>箍筋直径</th></tr>
<tr><td>9 度</td><td>≥2h；≥500 mm</td><td>≤6d；≤h/4；≤100 mm</td><td>≥10 mm；≥d/4</td></tr>
<tr><td>8 度</td><td rowspan="3">≥1.5 h；
≥500 mm</td><td>≤8d；≤h/4；≤100 mm</td><td>≥8 mm；≥d/4</td></tr>
<tr><td>7 度</td><td rowspan="2">≤8d；≤h/4；≤150 mm</td><td>≥8 mm；≥d/4</td></tr>
<tr><td>6 度</td><td>≥6 mm；≥d/4</td></tr>
</table>

注：①表中 h 为梁高，d 为纵向钢筋直径。

②梁端纵向钢筋配筋率大于 2% 时，箍筋直径应增大 2 mm。

第一个箍筋应设置在距节点边缘不大于 50 mm 处。当设计烈度为 8 度和 9 度时，箍筋的肢距不应大于 200 mm 和 20 倍箍筋直径的较大值；当设计烈度为 6 度和 7 度时，不应大于 250 mm 和 20 倍箍筋直径的较大值。箍筋端部应有 135°弯钩，弯钩的平直段长度不小于 $10d_s$（d_s 为箍筋直径）。

承受地震作用为主的框架梁，非加密区的箍筋间距不应大于加密区箍筋间距的 2 倍。沿梁全长的箍筋配筋率 ρ_{sv} 应符合表 14-11 的规定：

表 14-11　沿梁全长的箍筋配筋率 ρ_{sv}　（%）

钢筋种类	设计烈度			
	9 度	8 度	7 度	6 度
HPB235	0.20	0.18	0.17	0.16
HPB300	0.18	0.15	0.13	0.12
HRB335	0.15	0.13	0.12	0.11

二、框架柱

（1）考虑地震作用效应组合的框架，除顶层柱和轴压比$\left(\frac{\gamma_d N}{f_c A}\right)$小于 0.15 者外，框架节点的上、下柱端的弯矩设计值总和应按下列公式计算

$$\sum M_c = \eta_c \sum M_b \tag{14-25}$$

式中　$\sum M_c$——考虑地震作用组合的节点上、下柱端的弯矩设计值之和,柱端弯矩设计值的确定,在一般情况下,可将式(14-25)计算的弯矩之和,按上、下柱端弹性分析所得的考虑地震作用组合的弯矩比进行分配;

$\sum M_b$——同一节点左、右梁端,按顺时针和逆时针方向计算的两端考虑地震作用组合的弯矩设计值之和的较大值,设计烈度为 9 度,当两端弯矩均为负弯矩时,绝对值较小的弯矩值应取零;

η_c——柱端弯矩增大系数,当设计烈度为 7 度、8 度和 9 度时,η_c 分别为 1.05、1.15 和 1.30。

设计烈度为 6 度和轴压比$\frac{\gamma_d N}{f_c A}$小于 0.15 者,柱端弯矩设计值取地震作用组合下的弯矩设计值。

(2)设计烈度为 7 度、8 度及 9 度的框架结构底层柱的下端截面的弯矩设计值,应分别按考虑地震作用组合的弯矩设计值的 1.15 倍、1.25 倍和 1.50 倍进行配筋设计。

(3)设计烈度 7 度、8 度及 9 度时,框架柱考虑地震作用组合的剪力设计值 V_c 应按下列公式计算

$$V_c = \eta_{vc}(M_c^b + M_c^t)/H_n \tag{14-26}$$

式中　H_n——柱的净高;

M_c^t、M_c^b——考虑地震作用组合,且经调整后的柱上、下端截面弯矩设计值;

η_{vc}——柱剪力增大系数,当设计烈度为 7 度、8 度和 9 度时,η_{vc} 分别为 1.05、1.15 和 1.30。

设计烈度为 6 度时,取地震作用组合下的剪力设计值。

在式(14-26)中,M_c^t 与 M_c^b 之和应分别按顺时针和逆时针方向进行计算,并取其较大值。

(4)设计烈度为 7 度、8 度、9 度的框架角柱,其弯矩、剪力设计值应按上述经调整后的弯矩、剪力设计值乘以不小于 1.1 的增大系数。

(5)考虑地震作用组合的框架柱,其斜截面的受剪承载力应按相关公式计算;当框架顶层柱出现拉力时,混凝土的受剪承载力均取 $V_c = 0.3 f_t b h_0$。

(6)考虑地震作用组合的框架柱,其轴压比不宜大于下列数值:设计烈度为 7 度时,0.9;设计烈度为 8 度时,0.8;设计烈度为 9 度时,0.7。

(7)考虑地震作用组合的框架柱中,全部纵向受力钢筋的配筋率不应小于表 14-12 规定的数值。同时,每一侧的配筋率不应小于 0.2%。截面边长大于 400 mm 的柱,纵向钢筋的间距不应大于 200 mm。

表 14-12　框架柱全部纵向受力钢筋最小配筋率　(%)

柱类型	设计烈度			
	6 度	7 度	8 度	9 度
中柱、边柱	0.6	0.7	0.8	1.0
角柱、框支柱	0.8	0.9	1.0	1.2

注:柱全部纵向受力钢筋最小配筋率,当采用 HRB400 、HRB500 级钢筋时,应按表中数值减小 0.1。

(8)考虑地震作用组合的框架柱中,箍筋的配置应符合下列规定:

①各层框架柱的上、下两端的箍筋应加密,加密区的高度应取柱截面长边尺寸 h(或圆形截面直径 d)、层间柱净高 H_n 的1/6和500 mm三者中的最大值。柱根加密区高度应取不小于该层净高的$\frac{1}{3}$;剪跨比 $\lambda \leqslant 2$ 的框架柱应沿柱全高范围内加密箍筋,且箍筋间距不应大于100 mm。按设计烈度为8度、9度设防的角柱应沿柱全高加密箍筋。底层柱在刚性地坪上、下各500 mm范围内也应加密箍筋。

②在箍筋加密区内,箍筋的间距和直径应按表14-13的规定采用。

表14-13　框架柱柱端箍筋加密区的构造要求

设计烈度	箍筋间距	箍筋直径
9度	≤6d;≤100 mm	≥10 mm
8度	≤8d;≤100 mm	≥8 mm
7度	≤8d;≤150 mm (柱根≤100 mm)	≥8 mm
6度		≥6 mm (柱根≥8 mm)

注:表中 d 为纵向钢筋直径。

③设计烈度为8度的框架柱中,当箍筋直径大于或等于10 mm,肢距≤200 mm时,除柱根外,间距可增至150 mm;设计烈度为7度的框架柱的截面尺寸不大于400 mm时,箍筋最小直径应允许采用6 mm;设计烈度为6度的框架柱剪跨比不大于2时,箍筋直径应不小于8 mm。

④在箍筋加密区内,箍筋的体积配筋率 ρ_v 不应小于表14-14的规定。体积配筋率计算中应扣除重叠部分的箍筋体积。

⑤在箍筋加密区内,箍筋的肢距不应大于200 mm(设计烈度为9度)、250 mm(设计烈度为7度、8度)和20d_s(d_s 为箍筋直径)中的较小值及300 mm(设计烈度为6度)。

表14-14　柱箍筋加密区内的箍筋最小体积配筋率　(%)

设计烈度	箍筋形式	轴压比						
		≤0.3	0.4	0.5	0.6	0.7	0.8	0.9
9度	普通箍、复合箍	0.80	0.90	1.05	1.20	1.35		
8度	普通箍、复合箍	0.65	0.70	0.90	1.05	1.20	1.35	
7度	普通箍、复合箍	0.50	0.55	0.70	0.90	1.05	1.20	1.35

注:①表列数值适用于混凝土强度等级小于或等于C35,钢筋为HPB235级;当钢筋为HRB335级时,表列数值应乘以0.7,但对设计烈度为9度、8度、7度、6度的柱,其箍筋加密区的箍筋体积配筋率分别不应小于0.8%、0.6%、0.4%和0.4%;当混凝土强度等级大于C35时,应按强度等级适当提高配筋率。

②普通箍指单个矩形箍筋或单个圆形箍筋;复合箍指由矩形、多边形、圆形箍筋或拉筋组成的箍筋。

⑥在箍筋加密区以外,箍筋体积配筋率不应小于加密区配筋率的一半。箍筋间距不应大于10倍纵向钢筋直径(设计烈度为8度、9度)或15倍纵向钢筋直径(设计烈度为6度、7度)。

⑦当剪跨比 $\lambda \leqslant 2$ 时,设计烈度为 7 度、8 度、9 度的柱应采用复合螺旋箍或井字复合箍。设计烈度为 7 度、8 度时,箍筋体积配筋率不应小于 1.2%;设计烈度为 9 度时,箍筋体积配筋率不应小于 1.5%。

⑧当柱中全部纵向受力钢筋的配筋率超过 3% 时,箍筋应焊成封闭环式。

三、框架梁柱节点

(1)考虑地震作用组合的框架,梁柱节点中的水平箍筋最大间距和最小直径宜按表 14-13取用。水平箍筋的体积配筋率不宜小于 1.0%(设计烈度为 9 度)、0.8%(设计烈度为 8 度)和 0.6%(设计烈度为 7 度)。但当轴压比小于或等于 0.4 时,可仍按表 14-14 的规定取值。

(2)框架梁和框架柱的纵向受力钢筋在框架节点的锚固和搭接应符合下列要求:

①框架中间层的中间节点处,框架梁的上部纵向钢筋应贯穿中间节点;当设计烈度为 9 度、8 度时,梁的下部纵向钢筋伸入中间节点的锚固长度不应小于 l_{aE},且伸过中心线不应小于 $5d$(见图 14-6(a))。梁内贯穿中柱的每根纵向钢筋直径,当设计烈度为 9 度、8 度时,不宜大于柱在该方向截面尺寸的 1/20,对圆柱截面,不宜大于纵向钢筋所在位置柱截面弦长的 1/20。

②框架中间层的端节点处,当框架梁上部纵向钢筋用直线锚固方式锚入端节点时,其锚固长度除不应小于 l_{aE}外,尚应伸过柱中心线不小于 $5d$,此处,d 为梁上部纵向钢筋的直径。当水平直线段锚固长度不足时,梁上部纵向钢筋应伸至柱外边并向下弯折。弯折前的水平投影长度不应小于 0.4 l_{aE},弯折后的竖直投影长度取 $15d$(见图 14-6(b))。梁下部纵向钢筋在中间层端节点中的锚固措施与梁上部纵向钢筋相同,但竖直段应向上弯入节点。

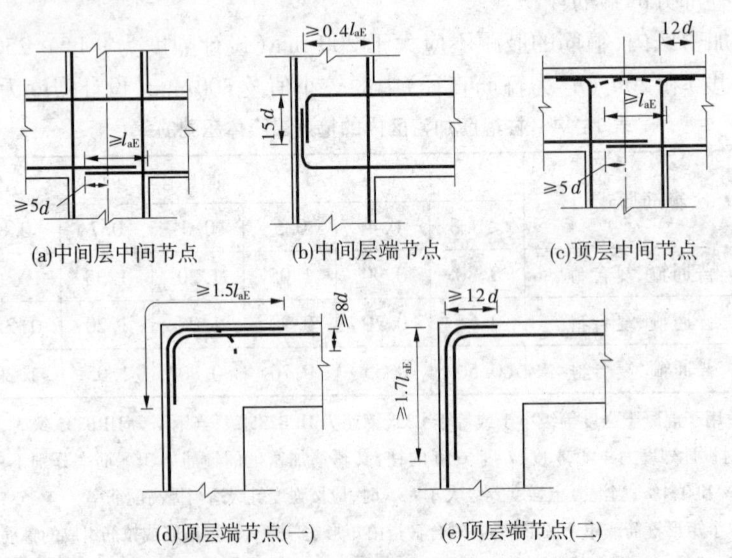

(a)中间层中间节点　(b)中间层端节点　(c)顶层中间节点

(d)顶层端节点(一)　(e)顶层端节点(二)

图 14-6　框架梁和框架柱的纵向受力钢筋在节点区的锚固和搭接

③框架顶层中间节点处,柱纵向钢筋应伸至柱顶。当采用直线锚固方式时,其自梁底

边算起的锚固长度应不小于 l_{aE}。当直线段锚固长度不足时,该纵向钢筋伸到柱顶后可向内弯折,弯折前的锚固段竖向投影长度不应小于 $0.5l_{aE}$,弯折后的水平投影长度取 $12d$;当楼盖为现浇混凝土,且板的混凝土强度等级不低于 C20、板厚不小于 80 mm 时,也可向外弯折,弯折后的水平投影长度取 $12d$(见图 14-6(c))。当设计烈度为 9 度、8 度时,贯穿顶层中间节点的梁上部纵向钢筋的直径不宜大于柱在该方向截面尺寸的 1/25。梁下部纵向钢筋在顶层中间节点中的锚固措施与梁下部纵向钢筋在中间层中间节点处的锚固措施相同。

④框架顶层端节点处,柱外侧纵向钢筋可沿节点外边和梁上边与梁上部纵向钢筋搭接连接(见图 14-6(d)),搭接长度不应小于 $1.5l_{aE}$,且伸入梁内的柱外侧纵向钢筋截面面积不宜小于柱外侧全部纵向钢筋截面面积的 65%,其中不能伸入梁内的柱外侧纵向钢筋,宜沿柱顶伸至柱内边;当该柱筋位于顶部第一层时,伸至柱内边后,宜向下弯折不小于 $8d$ 后截断;当该柱筋位于顶部第二层时,可伸至柱内边后截断。此处,d 为柱外侧纵向钢筋直径。当有现浇板,且现浇板混凝土强度等级不低于 C20、板厚不小于 80 mm 时,梁宽范围外的柱纵向钢筋可伸入板内,其伸入长度与伸入梁内柱纵向钢筋相同。梁上部纵向钢筋应伸至柱外边并向下弯折到梁底标高。当柱外侧纵向钢筋配筋率大于 1.2% 时,伸入梁内的柱纵向钢筋应满足以上规定,且宜分两批截断,其截断点之间的距离不宜小于 $20d$(d 为柱外侧纵向钢筋的直径)。

当梁、柱配筋率较高时,顶层端节点处的梁上部纵向钢筋和柱外侧纵向钢筋的搭接连接也可沿柱外边设置(见图 14-6(e)),搭接长度不应小于 $1.7l_{aE}$,其中,柱外侧纵向钢筋应伸至柱顶,并向内弯折,弯折段的水平投影长度不宜小于 $12d$。

梁上部纵向钢筋及柱外侧纵向钢筋在顶层端节点上角处的弯弧内半径,当钢筋直径 $d \leqslant 25$ mm 时,不宜小于 $6d$,当钢筋直径 $d > 25$ mm 时,不宜小于 $8d$。当梁上部纵向钢筋配筋率大于 1.2% 时,弯入柱外侧的梁上部纵向钢筋除应满足以上搭接长度外,且宜分两批截断,其截断点之间的距离不宜小于 $20d$(d 为梁上部纵向钢筋直径)。

梁下部纵向钢筋在顶层端节点中的锚固措施与中间层端节点处梁上部纵向钢筋的锚固措施相同。柱内侧纵向钢筋在顶层端节点中的锚固措施与顶层中间节点处柱纵向钢筋的锚固措施相同。当柱为对称配筋时,柱内侧纵向钢筋在顶层端节点中的锚固要求可适当放宽,但柱内侧纵向钢筋应伸至柱顶。

⑤柱纵向钢筋不应在中间各层节点内截断。

(3)抗震设计时,构件节点的承载力不应低于其连接构件的承载力。

抗震设计时,预埋件的锚固钢筋实配截面面积应比静力计算时所需截面面积增大 25%,且应相应调整锚板厚度。

四、铰接排架柱

(1)有抗震设防要求的铰接排架柱,其箍筋加密区应符合下列规定:

①箍筋加密区长度:

a. 对柱顶区段,取柱顶以下 500 mm,且不小于柱顶截面高度;

b. 对吊车梁区段,取上柱根部至吊车梁顶面以上 300 mm;

c. 对柱根区段,取基础顶面至地坪以上 500 mm;

d. 对牛腿区段,取牛腿全高;

e. 对柱间支撑与柱连接的节点和柱变位受约束的部位,取节点上、下各 300 mm。

②箍筋加密区的箍筋最大间距为 100 mm。箍筋最小直径应符合表 14-15 的规定。

表 14-15 铰接排架柱箍筋加密区的箍筋最小直径

<table>
<tr><th rowspan="2">加密区区段</th><th colspan="6">抗震设计烈度和场地类别</th></tr>
<tr><th>9 度
各类场地</th><th>8 度
Ⅲ、Ⅳ类场地</th><th>8 度
Ⅰ、Ⅱ类场地</th><th>7 度
Ⅲ、Ⅳ类场地</th><th>7 度
Ⅰ、Ⅱ类场地</th><th>6 度
各类场地</th></tr>
<tr><td>一般柱顶、柱根区段</td><td colspan="2">8(10)</td><td colspan="2">8</td><td colspan="2">6</td></tr>
<tr><td>角柱柱顶</td><td colspan="2">10</td><td colspan="2">10</td><td colspan="2">8</td></tr>
<tr><td>吊车梁、牛腿区段
有支撑的柱根区段</td><td colspan="2">10</td><td colspan="2">8</td><td colspan="2">8</td></tr>
<tr><td>有支撑的柱顶区段
柱变位受约束的部位</td><td colspan="2">10</td><td colspan="2">10</td><td colspan="2">8</td></tr>
</table>

注:表中括号内数值用于柱根。

(2)当铰接排架柱侧向受约束且约束点至柱顶的长度 l 不大于柱截面在该方向边长的两倍(排架平面:$l \leqslant 2h$;垂直排架平面:$l \leqslant 2b$)时,柱顶预埋钢板和柱顶箍筋加密区的构造尚应符合下列要求:

①柱顶预埋钢板沿排架平面方向的长度,宜取柱顶的截面高度 h,但在任何情况下不得小于 $h/2$ 及 300 mm。

②柱顶轴向力在排架平面内的偏心距 e_0 在 $h/6 \sim h/4$ 范围内时,柱顶箍筋加密区内箍筋体积配筋率不宜小于 1.2%(设计烈度为 9 度)、1.0%(设计烈度为 8 度)或 0.8%(设计烈度为 6 度、7 度)。

(3)在地震作用组合的竖向力和水平拉力作用下,支承不等高厂房低跨屋面梁、屋架等屋盖结构的柱牛腿,除应按相应规定进行计算和配筋外,尚应符合下列要求:

①承受水平拉力的锚筋:不应少于 2 根直径为 16 mm 的钢筋(设计烈度为 9 度),不应少于 2 根直径为 14 mm 的钢筋(设计烈度为 8 度),不应少于 2 根直径为 12 mm 的钢筋(设计烈度为 6 度、7 度)。

②牛腿中的纵向受拉钢筋和锚筋的锚固措施及锚固长度应符合立柱牛腿钢筋锚固的规定,但其中的受拉钢筋锚固长度 l_a 应以 l_{aE} 代替。

③牛腿水平箍筋最小直径为 8 mm,最大间距为 100 mm。

五、桥跨结构

(1)对于跨度不大的渡槽、工作桥等桥跨结构的抗震设计,可只考虑水平地震作用效应的组合,验算其支承结构(墩、台、排架、拱等)的抗震承载力及稳定性。地震作用效应的计算按《水工建筑物抗震设计规范》(DL 5073—2000)的有关规定进行。大跨度拱式渡槽在拱平面及出拱平面上的水平地震效应可按有关抗震设计规范计算。

（2）下列桥梁结构可不进行抗震承载力及稳定性验算，但应采取抗震措施：

①设计烈度为6度的桥梁。

②简支桥梁的上部结构。

③设计烈度低于9度，基础位于坚硬场地土和中硬场地土上的跨径不大于30 m的单孔板拱拱圈。

④设计烈度低于8度，位于非液化土和非软弱黏土地基上的实体墩台。

（3）上部结构为简支梁时，梁的活动支座端应采用挡块、螺栓连接或钢夹板连接等防止纵、横落梁的措施。

梁的支座边缘至墩台帽边缘的距离d（见图14-7）不应小于表14-16所列数值。

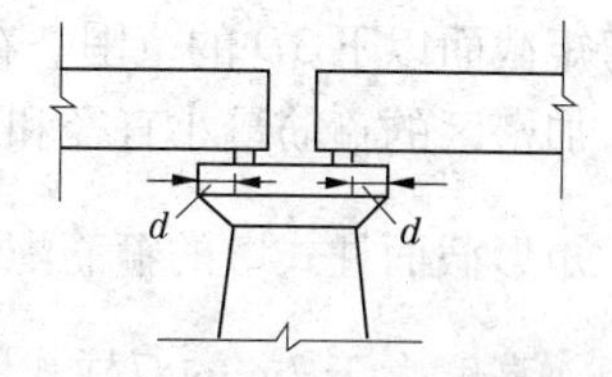

图14-7　支座边缘至墩帽边缘的距离

表14-16　支座边缘至墩台帽边缘的最小距离

桥跨L(m)	10～15	16～20	21～30	31～40
最小距离d(mm)	250	300	350	400

注：当支承墩柱高度大于10 m时，表列d值宜适当增大。

上部结构为连续梁式时，应采取防止横向产生较大位移的措施。

（4）按8度、9度设计烈度设防的工作桥，当采用简支梁式时，梁与梁之间及梁与边墩之间，宜采取加装橡胶垫或其他弹性衬垫等缓冲措施（见图14-8）。当采用连续梁式时，宜采取使上部结构所产生的水平地震作用能由各个墩台共同承担的措施。

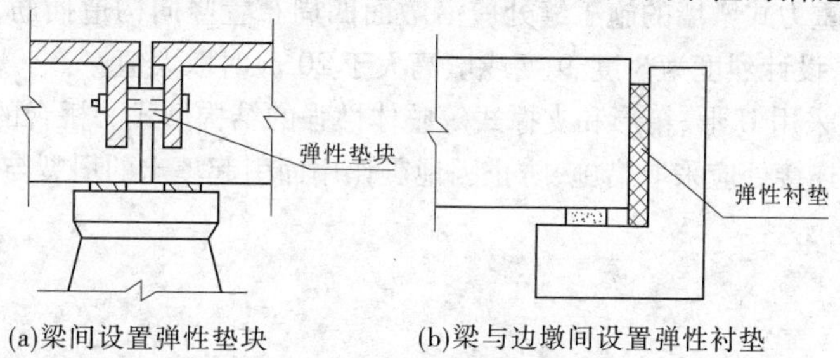

(a)梁间设置弹性垫块　(b)梁与边墩间设置弹性衬垫

图14-8　缓冲措施

（5）渡槽下部结构采用肋拱或桁架拱时，应加强横向联系。采用双曲拱时，应尽量减少预制块数量及接头数量，增设横隔板，加强拱波与拱肋之间的连接强度，增设拱波横向钢筋网并与拱肋锚固钢筋连成整体。主拱圈的纵向钢筋应锚固于墩台拱座内，并适当加强主拱圈与墩台的连接。

（6）设计烈度为8度、9度时，墩台高度超过3 m的多跨连拱，不宜采用双柱式支墩或排架桩墩。当多跨连拱跨数过多时，宜不超过5孔且总长不超过200 m设置一个实体推力墩。

（7）桥跨结构的下部支承结构采用框架结构时，其抗震设计与构造措施应满足框架梁和框架柱的相应规定。

（8）桥跨结构的下部支承结构采用墩式结构，且墩的净高与最大平面尺寸之比大于

2.5 时,可作为柱式墩考虑,其抗震设计与构造措施应满足下列要求:

①考虑地震作用组合的柱式墩,其正截面承载力按第三章计算。

②考虑地震作用组合的柱式墩,其受剪承载力按第四章计算。

③在柱的顶部和底部,应设置箍筋加密区,加密区长度应满足箍筋配置的规定。对于桩基础的柱式墩或排架桩墩,底部加密区长度指的是桩在地面或一般冲刷线以上 D 到最大弯矩截面以下 $3D$ 的范围。在此 D 为桩的直径。

加密区的箍筋最小直径和最大间距按表 14-13 规定采用。

矩形截面柱式墩的箍筋配筋率($\rho_{sv}=\frac{A_{sv}}{bs}$)不应小于 0.3%。

④高度大于 7m 的双柱式墩和排架桩墩应设置横向连系梁,并宜加大柱(桩)截面尺寸或采用双排柱式墩,以提高其纵向刚度。

⑤柱(桩)与盖梁、承台连接处的配筋不应少于柱(桩)身的最大配筋。

⑥柱式墩的截面变化部位宜做成渐变截面或在截面变化处适当增加配筋。

(9)桥跨结构的下部支承结构采用墩式结构,但其净高与最大平面尺寸之比小于 2.5 时,可作为墩墙考虑,其抗震设计与构造措施应满足下列要求:

①考虑地震作用组合的钢筋混凝土墩墙,其正截面受压承载力按第五、第六章计算,斜截面受剪承载力按第四章计算;考虑地震作用组合的素混凝土墩墙按第十五章计算。

②钢筋混凝土墩墙的水平向和竖向钢筋的配筋率不宜小于 0.20%(设计烈度为 8 度、9 度)或 0.15%(设计烈度为 6 度、7 度)。

③素混凝土重力式墩墙的施工缝处应沿墩面四周布置竖向构造插筋,其配筋率可取 0.05% ~0.10%,设计烈度为 8 度、9 度或墩高大于 20 m 时取大值。

(10)桥台宜采用 U 形、箱形和支撑式等整体性强的结构型式。桥台的胸墙宜适当加强。桥台与填土连接处应采取措施,防止因地震作用而引起填土的坍裂与渗漏。

第十五章　素混凝土结构构件的计算

第一节　一般规定

在水电水利工程中，由于抗倾、抗浮、抗滑等稳定性要求，常常需要建造大体积、重力式结构，如挡土墙、闸墩等。计算大体积混凝土结构的内力或应力时，除考虑所受的荷载外，还应计算混凝土由于胶凝材料水化引起的温度变化和收缩引起的应力，温湿应力可能很大，应采取温控措施，尽可能从混凝土材料、外加剂、配合比、设计、构造措施、施工工艺以及混凝土的浇筑和养护等方面采取措施，消除或减小该项应力。

素混凝土结构一般作为匀质弹性材料按工程力学的方法计算内力或应力。

对于素混凝土结构构件，由于混凝土抗拉强度的可靠性低，而混凝土收缩和温度变化效应又难以估计，一旦发生裂缝，容易造成事故，故对于由受拉强度控制的素混凝土结构，应严格限制其使用范围，不得用于受拉构件（包括轴心受拉和偏心受拉）；当裂缝形成会导致破坏、导致不允许的变形或破坏结构的抗渗性能时，不应采用素混凝土受弯构件或合力作用点超出截面范围的偏心受压构件。对于围岩中的隧洞衬砌，经论证，允许采用素混凝土结构。

素混凝土结构构件应进行正截面承载力计算，包括结构稳定性验算；承受局部荷载的部位尚应进行局部受压承载力计算。

第二节　受压构件的承载力计算

一、轴心受压构件

素混凝土轴心受压构件正截面受压承载力按下列公式计算

$$N \leqslant \frac{1}{\gamma_d}\varphi f_c A \tag{15-1}$$

式中　N——构件正截面承受的轴向力设计值；

φ——素混凝土构件的稳定系数，按表 15-1 采用；

f_c——混凝土轴心抗压强度设计值，按附录二附表 2-2 采用；

A——构件的截面面积；

γ_d——素混凝土结构受压破坏的结构系数，按附录一附表 1-3 采用。

表 15-1 素混凝土构件的稳定系数 φ

l_0/b	<4	4	6	8	10	12	14	16	18	20	22	24	26	28	30
l_0/i	<14	14	21	28	35	42	49	56	63	70	76	83	90	97	104
φ	1.00	0.98	0.96	0.91	0.86	0.82	0.77	0.72	0.68	0.63	0.59	0.55	0.51	0.47	0.44

注: l_0 为构件的计算长度,按表 5-2 采用;b 为矩形截面的边长,对轴心受压构件取短边尺寸,对偏心受压构件取弯矩作用平面的截面高度;i 为任意截面的回转半径,对轴心受压构件为最小回转半径,对偏心受压构件为弯矩作用平面的回转半径。

二、偏心受压构件

(一)计算方法选择

素混凝土偏心受压构件的承载力计算,应根据结构的工作条件及轴向力作用点至截面重心的距离 e_0 值的大小,选择下列两种方法之一进行:

(1)不考虑混凝土受拉区作用,仅对受压区承载力进行计算。

(2)考虑混凝土受拉区作用,对受拉区和受压区承载力同时进行计算。

(二)不考虑混凝土受拉区作用,仅对受压区承载力进行计算

不承受水压或无抗裂要求时,可按这种情况进行计算。当计算中不考虑混凝土受拉区作用,仅计算素混凝土受压构件的正截面承载力时,假定受压区的法向应力图形为矩形,其应力值等于混凝土的轴心抗压强度设计值 f_c,此时,轴向力作用点与受压区混凝土合力点相重合。对称于弯矩作用平面的任意截面的受压构件,其正截面受压承载力应符合下列规定

$$N \leqslant \frac{1}{\gamma_d}\varphi f_c A'_c \tag{15-2}$$

受压区高度 x 由下列条件确定

$$e_c = e_0 \tag{15-3}$$

此时,e_0 尚应符合下列规定

$$e_0 \leqslant 0.8y'_c \tag{15-4}$$

式中 A'_c——混凝土受压区的截面面积;

e_c——混凝土受压区的合力点至截面重心的距离;

e_0——轴向力作用点至截面重心的距离;

y'_c——截面重心至受压区边缘的距离;

其他符号意义同前。

对矩形截面,受压区的面积为

$$A'_c = 2b(0.5h - e_c) = b(h - 2e_0) \tag{15-5}$$

代入式(15-2)得(见图 15-1)

$$N \leqslant \frac{1}{\gamma_d}\varphi f_c b(h - 2e_0) \tag{15-6}$$

式中 b——矩形截面宽度;

h——矩形截面高度;

其他符号意义同前。

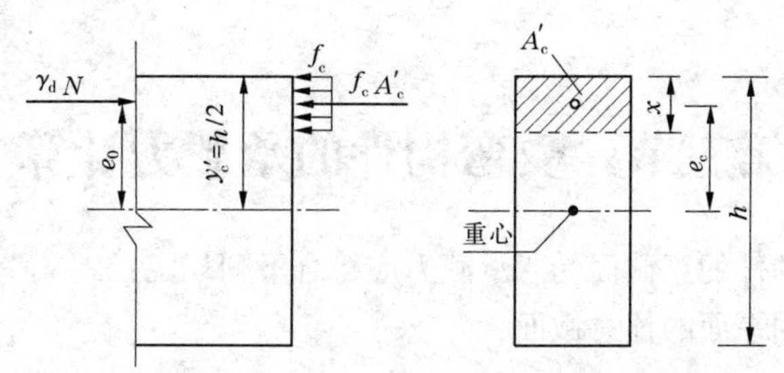

图 15-1　矩形截面的素混凝土受压构件受压承载力计算图

对于没有抗裂要求的构件，当 $e_0 < 0.4\gamma'_c$ 时，可按式（15-2）或式（15-6）计算；当 $0.4\gamma'_c \leqslant e_0 \leqslant 0.8\gamma'_c$ 时，也可按式（15-2）或式（15-6）进行计算，但由于受拉区较大，需在混凝土受拉区配置构造钢筋，其配筋量不少于构件截面面积的 0.05%，但每米宽度内的钢筋截面面积不大于 1 500 mm^2。若能满足式（15-7）或式（15-9）的要求，则可不配置此项构造钢筋。

但对于有抗裂要求的构件（例如承受水压的构件）或没有抗裂要求而 $e_0 > 0.8\gamma'_c$ 的构件，应按第二种方法计算，即应符合式（15-7）或式（15-9）的规定。

（三）考虑混凝土受拉区作用，对受拉区和受压区同时进行计算

当计算中考虑混凝土受拉区的作用时，其正截面承载力应对受拉区和受压区分别进行计算。

受拉区承载力应符合下列规定

$$N \leqslant \frac{1}{\gamma_d}\left(\frac{\varphi\gamma_m f_t W_t}{e_0 - \dfrac{W_t}{A}}\right) \tag{15-7}$$

受压区承载力应符合下列规定

$$N \leqslant \frac{1}{\gamma_d}\left(\frac{\varphi f_c W_c}{e_0 + \dfrac{W_c}{A}}\right) \tag{15-8}$$

式中　f_t——混凝土轴心抗拉强度设计值，按附录二附表 2-2 采用；

W_t、W_c——截面受拉边缘和受压边缘的弹性抵抗矩；

γ_m——截面抵抗矩的塑性系数，按附录五附表 5-4 取值；

其他符号意义同前。

对矩形截面，$W_c = W_t = bh^2/6$，$A = bh$，代入式（15-7）和式（15-8）得

$$N \leqslant \frac{1}{\gamma_d}\left(\frac{\varphi\gamma_m f_t bh}{\dfrac{6e_0}{h} - 1}\right) \tag{15-9}$$

$$N \leqslant \frac{1}{\gamma_d}\left(\frac{\varphi f_c bh}{\dfrac{6e_0}{h} + 1}\right) \tag{15-10}$$

（四）偏心受压构件弯矩作用平面外的受压承载力验算

素混凝土偏心受压构件，除应计算弯矩作用平面的受压承载力外，还应按轴心受压构

件验算垂直于弯矩作用平面的受压承载力。此时,不考虑弯矩作用,但应考虑稳定系数 φ 的影响。

第三节　受弯构件的承载力计算

素混凝土受弯构件的正截面受弯承载力应符合下列规定:

对称于弯矩作用平面的任意截面

$$M \leqslant \frac{1}{\gamma_d}\gamma_m f_t W_t \tag{15-11}$$

式中符号意义同前。

对于矩形截面,$W_t = bh^2/6$,代入式(15-11)得

$$M \leqslant \frac{1}{\gamma_d}\left(\frac{1}{6}\gamma_m f_t bh^2\right) \tag{15-12}$$

第四节　局部受压承载力计算

素混凝土构件的局部受压承载力按第八章第三节的方法进行计算。

【例题 15-1】　某混凝土挡土墙(3 级建筑物),底部厚 1.0 m,高 6 m,在基本荷载组合下每米长度上承受的弯矩设计值 $M = 60$ kN·m,轴向压力设计值 $N =$ 158 kN,采用 C15 混凝土,试复核其是否安全。

解

(1)已知数据:$f_c = 7.2$ N/mm^2,查附表 1-3,$\gamma_d = 1.35$(承受永久荷载为主)。

(2)确定稳定系数:

因挡土墙上端自由,则由表 15-2 知:$l_0 = 2.0l = 2.0 \times 6 = 12$(m)。

$l_0/h = 12/1.0 = 12$,查表 15-1 得 $\varphi = 0.82$。

(3)承载力复核:

$e_0 = \frac{M}{N} = \frac{60}{158} = 0.380$(m) $< 0.8y_c' = 0.8 \times 0.5 = 0.4$(m),由式(15-6)得

$$N = \frac{1}{\gamma_d}\varphi f_c b(h - 2e_0) = \frac{1}{1.35} \times 0.82 \times 7.2 \times 1\,000 \times (1\,000 - 2 \times 380)$$
$$= 1\,049.6\ (\text{kN}) > 158\ \text{kN}$$

故该挡土墙安全,由于 $0.4y_c' < e_0 < 0.8y_c'$,因此按构造要求配置 ⌀14@200 的构造钢筋。

第五节　素混凝土结构构造要求

一、伸缩缝和沉降缝

结构受温度变化和混凝土干缩作用时,应设置伸缩缝;当地基有不均匀沉陷或冻胀

时，应设置沉降缝。在高程有突变的地基上浇筑的结构，在突变处也宜分缝，以免发生贯穿性裂缝，永久的伸缩缝和沉降缝应做成贯通式。承受水压的结构，缝内应设置止水，以防渗漏。

施工期间设置的临时缝和临时宽缝应尽量与施工缝相结合，并设置在结构受力较小处。

临时缝和临时宽缝应根据具体情况，设置键槽和插筋，临时宽缝设置插筋的数量，应根据工程具体情况确定，一般在每平方米面积中设置 4 根直径为 16 mm 的插筋。在基础沉陷基本完成和两侧混凝土冷却后再进行接缝处理，并宜在结构的最低温度期间进行。

伸缩缝的间距可根据当地的气候条件、结构型式、施工程序、温度控制措施和地基特性等情况按照表 15-2 采用。

表 15-2　混凝土结构伸缩缝最大间距　（单位:m）

结构类别	室内或地下		露天	
	岩基	软基	岩基	软基
现浇式（未配构造钢筋）	15	20	10	15
现浇式（配有构造钢筋）	20	30	15	20
装配式	30	40	20	30

注：①在老混凝土上浇筑的结构，伸缩缝间距可取与岩基上的结构相同。

②位于气候干燥或高温多雨地区的结构、混凝土收缩较大或施工期外露时间较长的结构，宜适当减小伸缩缝间距。

经温度作用计算、沉降计算或采取其他可靠技术措施，如加强覆盖保温隔热措施，加强结构的薄弱环节，提高结构抗裂性能，合理选择材料品种，以减少收缩，配置足够的表面限裂钢筋，采取恰当的温控措施，以及必要时设置临时宽缝，加强混凝土浇筑后表面养护（保温、保湿）等，则伸缩缝间距可不受表 15-2 的限制。

二、配置构造钢筋

素混凝土结构在截面尺寸急剧变化处、孔口周围、立墙高度变化处应设置局部构造钢筋；遭受高速水流冲刷的表面应配置构造钢筋网。

对于遭受剧烈温度或湿度变化作用的素混凝土结构表面，宜配置构造钢筋网，其主要受约束方向的钢筋数量可取为构件截面面积的 0.04%，但每米内不多于 1 200 mm^2；钢筋以小直径的为宜，间距不宜大于 250 mm。

三、温控防裂措施

减小大体积混凝土结构的温度应力，防止裂缝产生的技术措施是控制混凝土的内外温差和改善结构的外部约束条件。

控制温度的主要技术措施有：控制骨料级配和含泥量，砂、石含泥量控制在 1% 以内，并不得混有有机质等杂物；添加外加剂，如防水剂、膨胀剂、减水剂、缓凝剂等；减少水泥用量，以降低水泥水化热，或使用低热水泥；减少用水量；降低入仓温度，如掺用冰屑，或将骨料、水泥和拌和用水预冷;采用切实可行的施工工艺,如分层浇筑、斜坡浇筑、在混凝土内预埋冷却管道等;改进施工技术,加强插筋位置的振捣、抹压和养护;规定合理的拆模时间;在气温骤降时采取保温措施等。

改善结构约束条件的措施有:合理地分缝分块;结构基础避免起伏过大;尽量减少形成应力集中的孔口;合理安排施工顺序,各浇筑块尽量均匀上升,避免过大的高差和侧面的长期暴露等。

除上述措施外,应加强混凝土养护,防止表面干缩,必要时在混凝土初凝前用铁滚筒碾压数遍,打磨压实,以闭合混凝土的收水裂缝。特别是严格遵守施工规范,保证混凝土的施工质量,对于防止裂缝是非常重要的。

第十六章　水利行业混凝土结构设计方法简介

由于我国管理体制的不同,涉及水利工程的各种标准、规范和规程等均有两套版本,即水利行业标准和电力行业标准。同样,水工混凝土结构设计规范也分为两个版本,一本为水利行业的水利水电工程《水工混凝土结构设计规范》(SL 191—2008)(以下简称《水利规范》),另一本为电力行业的水电水利工程《水工混凝土结构设计规范》(DL/T 5057—2009)(以下简称《电力规范》)。这两本规范除设计表达式存在较大差异外,其他绝大部分条文的内容基本相同或略有差异。本教材前面各章均按《电力规范》编写,以下介绍《水利规范》的主要内容,请读者注意两者的异同。

第一节　钢筋混凝土结构材料

一、钢筋

(一)钢筋的种类

钢筋分为普通混凝土用钢筋和预应力钢筋。普通混凝土用钢筋有热轧光圆钢筋、热轧带肋钢筋和钢筋焊接网,热轧带肋钢筋又分为普通热轧钢筋和细晶粒热轧钢筋;预应力钢筋有预应力混凝土用钢丝、预应力混凝土用钢绞线、预应力混凝土用钢棒和预应力混凝土用螺纹钢筋。

国家标准《钢筋混凝土用钢 第1部分:热轧光圆钢筋》(GB 1499.1—2008)提供了HPB235和HPB300两个级别的钢筋;《钢筋混凝土用钢 第2部分:热轧带肋钢筋》(GB 1499.2—2007)提供了普通热轧钢筋HRB335、HRB400、HRB500及细晶粒热轧钢筋HRBF335、HRBF400、HRBF500等6个级别的钢筋。

国家标准《预应力混凝土用钢丝》(GB/T 5223—2002)分光圆钢丝、螺旋肋钢丝和刻痕钢丝,《预应力混凝土用钢绞线》(GB/T 5224—2003)有2股、3股和7股三种,均列入《水利规范》和《电力规范》。

国家标准《预应力混凝土用钢棒》(GB/T 5223.3—2005),按钢棒表面形状分为光圆钢棒、螺旋槽钢棒、螺旋肋钢棒、带肋钢棒四种。由于光圆钢棒和带肋钢棒的黏结锚固性能较差,故未列入《水利规范》和《电力规范》。

由于预应力混凝土用螺纹钢筋在我国的桥梁工程及水电站地下厂房的预应力岩壁吊车梁中已有大量应用,故列入《水利规范》和《电力规范》。

关于钢筋的种类,《水利规范》与《电力规范》的区别是《水利规范》未列入热轧钢筋HPB300和HRB500两个级别。

由于《水利规范》与GB 1499.1—2008同步修订,所以HPB300级钢筋未列入《水利规范》。另外,鉴于HRB500级钢筋和HRBF级钢筋的工艺稳定性、可焊性、时效性等问题还需开展必要的研究工作,国内尚缺乏这种钢筋工程应用的试验数据和实践经验,因此也未列入《水利规范》。

(二)钢筋的选用

水工钢筋混凝土结构设计时,以 HRB335 级、HRB 400 级钢筋作为我国水工钢筋混凝土结构的主导钢筋,以钢绞线、钢丝作为我国水工预应力混凝土结构的主导钢筋。这样,不仅可以提高混凝土结构的安全度水平,降低工程造价,还可降低配筋率,缓解钢筋密集带来的施工困难。而且将我国水工混凝土结构用钢筋的水准提高一个等级。

(三)钢筋性能指标

《水利规范》所采用的钢筋强度标准值、设计值及弹性模量等与《电力规范》完全相同,按附录二附表 2-4 ~ 附表 2-8 采用。

二、混凝土

《水利规范》的混凝土强度等级划分为 C15、C20、C25、C30、C35、C40、C45、C50、C55、C60 等 10 个等级,与《电力规范》相比缺少 C10 混凝土。混凝土的强度标准值、设计值及弹性模量等性能指标《水利规范》与《电力规范》完全相同,按附录二附表 2-1 ~ 附表 2-3 采用。

第二节　钢筋混凝土结构设计方法

一、设计一般规定

水工混凝土结构构件的极限状态分为承载能力极限状态和正常使用极限状态两类。结构构件按极限状态设计时,应根据这两类极限状态的要求,分别按下列规定进行计算和验算,并应满足规范规定的构造要求:

(1)所有结构构件均应进行承载力计算。必要时还应进行结构的抗倾、抗滑和抗浮稳定性验算。需要抗震设防的结构,尚应进行结构构件的抗震承载力验算或采取抗震构造设防措施。

(2)使用上需控制变形值的结构构件,应进行变形验算。

(3)使用上要求不出现裂缝的结构构件,应进行混凝土的抗裂验算。使用上需要控制裂缝宽度的结构构件,应进行裂缝宽度验算。

(4)地震等偶然荷载作用时,可不进行变形、抗裂、裂缝宽度等正常使用极限状态验算。

二、承载能力极限状态设计表达式

从第二章可知,《电力规范》按《水利水电工程结构可靠度设计统一标准》(GB 50199—1994)的规定,采用以概率理论为基础的极限状态设计方法,以可靠指标度量结构构件的可靠度,其承载能力设计表达式采用 5 个分项系数即结构重要性系数 γ_0、设计状况系数 ψ、结构系数 γ_d、荷载分项系数 γ_G 和 γ_Q、材料性能分项系数 γ_c 和 γ_s 表达,以保证结构应有的可靠度,详见第二章第四节。

《水利规范》将结构重要性系数 γ_0、设计状况系数 ψ、结构系数 γ_d 合并为单一安全系数 K,$K=\gamma_d\gamma_0\psi$,即采用3个分项系数:安全系数 K、荷载分项系数 γ_G 和 γ_Q、材料性能分项系数 γ_c 和 γ_s 来表达结构的可靠度,但《水利规范》中的 γ_0 和 ψ 的取值与《电力规范》不完全一致。

(一)结构重要性系数 γ_0

国家标准《混凝土结构设计规范》(GB 20010—2010)、《水利规范》与《电力规范》均将结构的安全级别分为Ⅰ级、Ⅱ级和Ⅲ级,相应的结构重要性系数 γ_0《电力规范》和 GB 20010—2010 均分别取 1.1、1.0 和 0.90。对于结构安全等级为Ⅲ级的建筑物,GB 20010—2010 是指使用年限在 5 年及以下的临时性建筑;水利工程是指“装机容量 50 MW 的厂房、0.1 亿 m^3 的水库……的 4、5 级建筑物”,两者不能等同。因此,《水利规范》将结构安全等级为Ⅲ级的建筑物的结构重要性系数取为 0.95,即适当提高了水工 4、5 级建筑物的安全度。

(二)设计状况系数 ψ

《电力规范》将设计状况分为持久状况、短暂状况和偶然状况。鉴于不少工程事故常发生在施工阶段,所以《水利规范》不再设短暂设计状况,对基本组合,设计状况系数 ψ 取为 1.0,对偶然组合,ψ 取为 0.85,即施工检修期的承载力安全系数不再降低。

(三)荷载分项系数 γ_G、γ_Q

《水利规范》把永久荷载分为两类:一类是变异性很小的自重、设备重等,其荷载效应用 S_{Gk1} 表示;另一类为变异性稍大的土压力、围岩压力等,其荷载效应用 S_{Gk2} 表示。可变荷载也分为两类:一类是一般可变荷载,其荷载效应用 S_{Qk1} 表示;另一类是可严格控制其不超出规定限值的可变荷载(或称为“有界荷载”),如按制造厂家铭牌额定值设计的吊车轮压,以满槽水位设计时的水压力等,其荷载效应用 S_{Qk2} 表示。《水利规范》与《电力规范》的荷载分项系数取值见表 16-1。

表 16-1　荷载分项系数

荷载类型	自重、设备重等	土压力、淤沙压力及围岩压力等	一般可变荷载	可控制的可变荷载	偶然荷载
荷载分项系数	γ_{G1}	γ_{G2}	γ_{Q1}	γ_{Q2}	γ_A
《水利规范》	1.05 或 0.95(对结构有利时)	1.20 或 0.95(对结构有利时)	1.20	1.10	1.0
《电力规范》	按《水工建筑物荷载设计规范》(DL 5077—1997)的规定取值,但应不小于 1.05 或 0.95(对结构有利时)		按《水工建筑物荷载设计规范》(DL 5077—1997)的规定取值,但应不小于 1.20	按《水工建筑物荷载设计规范》(DL 5077—1997)的规定取值,但应不小于 1.10	1.0

《水工建筑物荷载设计规范》(DL 5077—1997)规定的主要荷载分项系数见表16-2。

表16-2 《水工建筑物荷载设计规范》(DL 5077—1997)规定的主要荷载分项系数

荷载		荷载分项系数	荷载	荷载分项系数
自重	其作用对结构不利时	1.05	雪荷载	1.30
	其作用对结构有利时	0.95	浪压力	1.20
静止土压力、主动土压力		1.20	灌浆压力	1.30
地应力、围岩压力		1.0	桥机与门机荷载	1.10
静水压力、浮托力		1.0	水锤压力	1.10
风荷载		1.30	静冰压力、动冰压力、冻胀力	1.10
楼面活荷载		1.20	温度作用	1.10

(四)承载能力极限状态设计表达式

将《电力规范》的承载能力极限状态表达式(2-42)改写为

$$\gamma_d \gamma_0 \psi S \leqslant R$$

令$K=\gamma_d \gamma_0 \psi$,则得到《水利规范》的承载能力极限状态表达式

$$KS \leqslant R \tag{16-1}$$

式中 K——承载力安全系数。

将重要性系数γ_0、设计状况系数ψ和结构系数γ_d的数值代入得到《电力规范》的$\gamma_d \gamma_0 \psi$,将$\gamma_d \gamma_0 \psi$按0.05取整,则得到《水利规范》的承载力安全系数,如表16-3所示。

表16-3 混凝土和预应力混凝土结构构件的承载力安全系数

安全裕量及作用效应组合		结构安全等级		
		Ⅰ	Ⅱ	Ⅲ
$\gamma_d \gamma_0 \psi$	基本组合	1.32	1.20	1.14
	偶然组合	1.122	1.02	0.969
K	基本组合	1.35	1.20	1.15
	偶然组合	1.15	1.00	1.00

从表16-3可以看出,混凝土结构构件的承载力安全裕量,对基本组合而言,结构安全等级为Ⅱ级的结构《水利规范》与《电力规范》完全相同;而结构安全等级为Ⅰ、Ⅲ级的结构,就安全裕量来说,《水利规范》略高于《电力规范》。

同理,可得到各种结构的安全系数,《水利规范》的承载力安全系数K如表16-4所示。

《水利规范》承载能力极限状态计算时,结构构件计算截面上的荷载效应组合设计值S应按下列规定计算:

(1)基本组合:

表 16-4　混凝土结构构件的承载力安全系数 K

水工建筑物级别		1		2、3		4、5	
荷载效应组合		基本组合	偶然组合	基本组合	偶然组合	基本组合	偶然组合
钢筋混凝土、预应力混凝土		1.35	1.15	1.20	1.00	1.15	1.00
素混凝土	按受压承载力计算的受压构件、局部承压	1.45	1.25	1.30	1.10	1.25	1.05
	按受拉承载力计算的受压、受弯构件	2.20	1.90	2.00	1.70	1.90	1.60

注：①水工建筑物的级别应根据《水利水电工程等级划分及洪水标准》(SL 252—2000)确定。

②结构在使用、施工、检修期的承载力计算，安全系数 K 应按表中基本组合取值；对地震及校核洪水位的承载力计算，安全系数 K 应按表中偶然组合取值。

③当荷载效应组合由永久荷载控制时，表列安全系数 K 应增加 0.05。

④当结构的受力情况较为复杂、施工特别困难、荷载不能准确计算、缺乏成熟的设计方法或结构有特殊要求时，承载力安全系数 K 宜适当提高。

当永久荷载对结构起不利作用时

$$S = 1.05S_{Gk1} + 1.20S_{Gk2} + 1.20S_{Qk1} + 1.10S_{Qk2} \tag{16-2}$$

当永久荷载对结构起有利作用时

$$S = 0.95S_{Gk1} + 0.95S_{Gk2} + 1.20S_{Qk1} + 1.10S_{Qk2} \tag{16-3}$$

式中　S_{Gk1}——自重、设备等永久荷载标准值产生的荷载效应；

S_{Gk2}——土压力、淤沙压力及围岩压力等永久荷载标准值产生的荷载效应；

S_{Qk1}——一般可变荷载标准值产生的荷载效应；

S_{Qk2}——可控制其不超出规定限值的可变荷载标准值产生的荷载效应。

(2)偶然组合

$$S = 1.05S_{Gk1} + 1.20S_{Gk2} + 1.20S_{Qk1} + 1.10S_{Qk2} + 1.0S_{Ak} \tag{16-4}$$

式中　S_{Ak}——偶然荷载标准值产生的荷载效应。

式(16-4)中，参与组合的某些可变荷载标准值，可根据有关规范作适当折减。

荷载的标准值可按《水工建筑物荷载设计规范》(DL 5077—1997)及《水工建筑物抗震设计规范》(SL 203—97)的规定取用。

三、正常使用极限状态设计表达式

正常使用极限状态验算应按荷载效应的标准组合进行，并采用下列设计表达式

$$S_k(G_k, Q_k, f_k, a_k) \leqslant C \tag{16-5}$$

式中　$S_k(\cdot)$——正常使用极限状态的荷载效应标准组合值函数；

C——结构构件达到正常使用要求所规定的变形、裂缝宽度或应力等的限值；

G_k、Q_k——永久荷载、可变荷载标准值，按《水工建筑物荷载设计规范》(DL 5077—1997)的规定取用；

f_k——材料强度标准值，按附录二附表 2-1、附表 2-4 和附表 2-5 取用；

a_k——结构构件几何参数的标准值。

比较式(16-5)与式(2-46)，两者相差一个 γ_0，正常使用极限状态验算时是否保留结

构重要性系数 γ_0，国内外尚有不同看法。对混凝土拉应力限值系数 α_{ct} 和裂缝宽度限值，《水利规范》与《电力规范》的规定相同。但对受弯构件的挠度限值，《水利规范》与《电力规范》的规定不尽相同。《水利规范》规定的受弯构件的挠度限值如表 16-5 所示。请读者自行对比表 16-5 与附录五附表 5-3 的差异。

表 16-5　受弯构件的挠度限值

项次	构件类型	挠度限值
1	吊车梁：手动吊车 电动吊车	$l_0/500$ $l_0/600$
2	渡槽槽身、架空管道：当 $l_0 \leqslant 10$ m 时 当 $l_0 > 10$ m 时	$l_0/400$ $l_0/500(l_0/600)$
3	工作桥及启闭机下大梁	$l_0/400(l_0/500)$
4	屋盖、楼盖：当 $l_0 \leqslant 6$ m 时 当 6 m $< l_0 \leqslant 12$ m 时 当 $l_0 > 12$ m 时	$l_0/200(l_0/250)$ $l_0/300(l_0/350)$ $l_0/400(l_0/450)$

注：①表中 l_0 为构件的计算跨度。

②表中括号内的数字适用于使用上对挠度有较高要求的构件。

③若构件制作时预先起拱，则在验算最大挠度值时，可将计算所得的挠度减去起拱值；对预应力混凝土构件，尚可减去预加应力所产生的反拱值。

④悬臂构件的挠度限值按表中相应数值乘 2 取用。

第三节　钢筋混凝土结构受弯构件正截面承载力计算

本节所介绍的承载能力极限状态计算公式，适用于混凝土强度等级不大于 C60 的钢筋混凝土构件及跨高比大于 5 的钢筋混凝土受弯构件，而跨高比小于 5 的钢筋混凝土深受弯构件，其承载力计算参考第十三章第二节。

一、构造要求

关于受弯构件的截面形式与构造要求，《水利规范》与《电力规范》的规定基本相同，详见第三章第一节。但对双筋截面，为保证混凝土顺利浇筑，上层钢筋之间的净距除满足第三章第一节的要求外，同时也不应小于粗骨料最大粒径的 1.5 倍。

二、单筋矩形截面正截面承载力计算

（一）基本公式

单筋矩形截面受弯构件正截面承载力计算简图如图 3-17 所示。根据平衡条件，并满足承载能力极限状态设计表达式的要求，可列出其基本方程如下

$$f_c bx = f_y A_s \tag{16-6}$$

$$KM \leqslant M_u = f_c bx\left(h_0 - \frac{x}{2}\right) \tag{16-7a}$$

或

$$KM \leqslant M_u = f_y A_s\left(h_0 - \frac{x}{2}\right) \tag{16-7b}$$

式中　M——弯矩设计值,按式(16-2)、式(16-3)或式(16-4)计算;

K——承载力安全系数,按表16-4采用;

其他符号意义同前。

(二)适用条件

为防止受弯构件发生超筋破坏,保证构件破坏时纵向受拉钢筋首先屈服,应满足

$$\xi \leqslant 0.85\xi_b \tag{16-8a}$$

或

$$x \leqslant 0.85\xi_b h_0 \tag{16-8b}$$

或

$$\rho \leqslant \rho_{max} = 0.85\xi_b \frac{f_c}{f_y} \tag{16-8c}$$

为防止发生少筋破坏,应满足

$$\rho \geqslant \rho_{min} \tag{16-9a}$$

或

$$A_s \geqslant \rho_{min} bh_0 \tag{16-9b}$$

式中　ρ_{min}——构件的最小配筋率,按表16-6取用,对于水工中截面尺寸较大的底板和墩墙,有关ρ_{min}的规定另见第十三章。

表16-6　钢筋混凝土构件纵向受力钢筋的最小配筋率ρ_{min}　(%)

项次	分类	钢筋等级		
		HPB235	HRB335	HRB400 RRB400
1	受弯构件、偏心受拉构件的受拉钢筋 梁 板	 0.25 0.20	 0.20 0.15	 0.20 0.15
2	轴心受压柱的全部纵向钢筋	0.60	0.60	0.55
3	偏心受压构件的受拉或受压钢筋 柱、拱 墩墙	 0.25 0.20	 0.20 0.15	 0.20 0.15

注:①项次1、3中的配筋率是指钢筋截面面积与构件肋宽乘以有效高度的混凝土截面面积的比值,即$\rho = \frac{A_s}{bh_0}$或$\rho' = \frac{A'_s}{bh_0}$;项次2中的配筋率是指全部纵向钢筋截面面积与柱截面面积的比值。

②温度、收缩等因素对结构产生的影响较大时,受拉纵筋的最小配筋率应适当增大。

③当结构有抗震设防要求时,钢筋混凝土框架结构构件的最小配筋率应按第十四章的规定取值。

利用上述公式可进行截面设计和承载力复核,方法步骤参见第三章第四节。当截面受拉区配有不同种类的钢筋时,ξ_b应采用各类钢筋中ξ_b的最小值。

【例题16-1】　条件同例题3-1,试确定该梁的截面尺寸,并计算所需的纵向受拉钢筋A_s。

解

1. 设计参数

$K=1.15$，$f_c=9.6\ \text{N/mm}^2$；HRB335 级钢筋 $f_y=300\ \text{N/mm}^2$；查表 3-2 知：$\xi_b=0.550$。

2. 确定截面尺寸

$$h=\left(\frac{1}{8}\sim\frac{1}{12}\right)l_0=\left(\frac{1}{8}\sim\frac{1}{12}\right)\times 6\,000=750\sim 500(\text{mm})\text{，取 }h=500\text{ mm}$$

$$b=\left(\frac{1}{2}\sim\frac{1}{3}\right)h=\left(\frac{1}{2}\sim\frac{1}{3}\right)\times 500=250\sim 170(\text{mm})\text{，取 }b=200\text{ mm}$$

3. 荷载设计值

混凝土重力密度 $\gamma=25\ \text{kN/m}^3$。

梁自重　　　标准值 $g_k=bh\gamma=0.2\times0.5\times25=2.5(\text{kN/m})$

可变荷载　　标准值 $q_k=8.5\ \text{kN/m}$

4. 内力计算

梁跨中截面最大弯矩为

$$M=\frac{1}{8}(1.05g_k+1.20q_k)l_0^2=\frac{1}{8}\times(1.05\times2.5+1.20\times8.5)\times6^2=57.71(\text{kN}\cdot\text{m})$$

5. 配筋计算

该梁处于室内(一类环境条件)，由附录四附表 4-1 查得混凝土保护层最小厚度 $c=30$ mm，估计钢筋排成一层，所以可取 $a_s=c+d/2=30+20/2=40(\text{mm})$，则 $h_0=h-a_s=500-40=460(\text{mm})$，则

$$\alpha_s=\frac{KM}{f_cbh_0^2}=\frac{1.15\times57.71\times10^6}{9.6\times200\times460^2}=0.163$$

$$\xi=1-\sqrt{1-2\alpha_s}=1-\sqrt{1-2\times0.163}=0.179<0.85\xi_b=0.467\,5\text{，满足要求}$$

按式(16-6)求得

$$A_s=\xi bh_0\frac{f_c}{f_y}=0.179\times200\times460\times\frac{9.6}{300}=527(\text{mm}^2)$$

结果表明，钢筋用量比例题 3-1 大$(527-492)/492=7.1\%$，说明《水利规范》比《电力规范》的安全度高。这是由于《水利规范》将结构安全级别为Ⅲ级的构件的结构重要性系数由 0.9 提高到 0.95 的缘故。

$$\rho=\frac{A_s}{bh_0}=\frac{527}{200\times460}=0.573\%>\rho_{\min}=0.20\%$$

满足要求。

6. 选配钢筋，绘制配筋图

查附录三附表 3-1，选用 3 Φ 16（实际 $A_s=603\ \text{mm}^2$）。钢筋配置如图 3-19 所示。

三、双筋矩形截面正截面承载力计算

(一)基本公式

双筋矩形截面受弯构件正截面承载力计算简图如图 3-21 所示。根据平衡条件，并满足承载能力极限状态设计表达式的要求，可列出其基本方程如下

$$f_c bx + f_y' A_s' = f_y A_s \tag{16-10}$$

$$KM \leqslant M_u = f_c bx\left(h_0 - \frac{x}{2}\right) + f_y' A_s'(h_0 - a_s') \tag{16-11}$$

式中　M——弯矩设计值,按式(16-2)、式(16-3)或式(16-4)计算;

K——承载力安全系数,按表16-4采用;

其他符号意义同前。

(二)适用条件

(1)为防止超筋破坏,保证构件破坏时纵向受拉钢筋首先屈服,应满足

$$\xi \leqslant 0.85\xi_b \quad 或 \quad x \leqslant 0.85\xi_b h_0 \tag{16-12}$$

(2)为了保证受压钢筋在构件破坏时能够达到屈服强度,应满足

$$x \geqslant 2a_s' \quad 或 \quad z \leqslant h_0 - a_s' \tag{16-13}$$

双筋矩形截面受弯构件的配筋率一般大于 ρ_{min},可以不验算。当 $x < 2a_s'$时,按式(16-14)确定钢筋数量

$$KM \leqslant M_u = f_y A_s(h_0 - a_s') \tag{16-14}$$

双筋矩形截面的截面设计和承载力复核的方法步骤参见第三章第五节。

四、T形截面正截面承载力计算

(一)两类T形截面的判别

T形截面的判别方法同第三章第六节,即当满足

$$f_y A_s \leqslant f_c b_f' h_f' \tag{16-15}$$

或

$$KM \leqslant f_c b_f' h_f'\left(h_0 - \frac{h_f'}{2}\right) \tag{16-16}$$

时,属于第一类T形截面;否则属于第二类T形截面。

(二)基本公式与适用条件

1. 第一类T形截面 ($x \leqslant h_f'$)

计算第一类T形截面承载力时,与梁宽为 b_f' 的矩形截面的计算公式相同(见图3-30),即

$$f_c b_f' x = f_y A_s \tag{16-17}$$

$$KM \leqslant M_u = f_c b_f' x\left(h_0 - \frac{x}{2}\right) \tag{16-18}$$

为防止发生超筋破坏,应满足

$$\xi \leqslant 0.85\xi_b$$

为防止发生少筋破坏,应满足

$$\rho \geqslant \rho_{min}$$

2. 第二类T形截面($x > h_f'$)

第二类T形截面承载力计算的基本公式为(见图3-31)

$$f_c bx + f_c(b_f' - b)h_f' = f_y A_s \tag{16-19}$$

$$KM \leqslant M_u = f_c bx\left(h_0 - \frac{x}{2}\right) + f_c(b_f' - b)h_f'\left(h_0 - \frac{h_f'}{2}\right) \tag{16-20}$$

公式适用条件同第一类 T 形截面，由于第二类 T 形截面配筋率较大，故可以不验算最小配筋率条件。

T 形截面的截面设计和承载力复核的方法步骤参见第三章第六节。

第四节　钢筋混凝土结构受弯构件斜截面承载力计算

一、斜截面受剪承载力计算的原则与计算位置

(一)计算原则

《水利规范》规定的钢筋混凝土结构受弯构件斜截面承载力计算的基本原则与《电力规范》相同，即斜截面极限受剪承载力 V_u 为混凝土所承担的剪力 V_c、箍筋所承担的剪力 V_{sv} 和弯起钢筋所承担的剪力 V_{sb} 之和(见图 16-1)，按下列公式计算

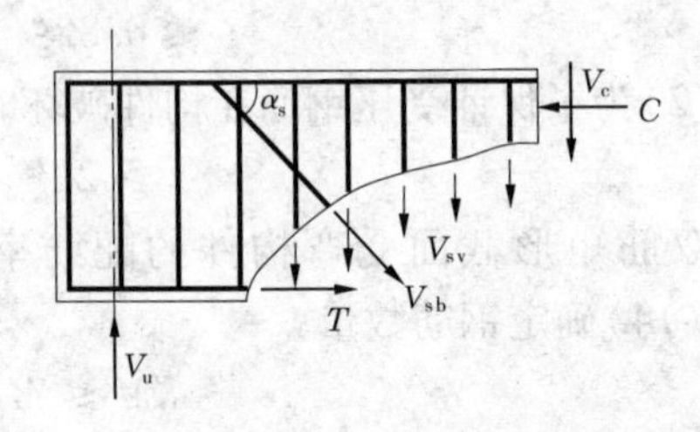

图 16-1　有腹筋的梁斜截面受剪承载力计算图

$$V_u = V_c + V_{sv} + V_{sb} \tag{16-21}$$

式中　V_u——斜截面极限受剪承载力；

V_c——混凝土的受剪承载力；

V_{sv}——箍筋的受剪承载力；

V_{sb}——弯起钢筋的受剪承载力。

当仅配箍筋时

$$V_u = V_c + V_{sv} = V_{cs} \tag{16-22}$$

式中　V_{cs}——混凝土和箍筋的受剪承载力。

在设计中为保证斜截面受剪承载力，应满足

$$KV \leqslant V_u \tag{16-23}$$

式中　K——承载力安全系数，按表 16-4 采用；

其他符号意义同前。

(二)计算位置

斜截面受剪承载力计算时，设计剪力的控制截面选取位置《水利规范》与《电力规范》的规定相同，详见第四章第三节(五)(见图 4-17)。

二、斜截面受剪承载力计算的基本公式及适用条件

(一)仅配箍筋梁的斜截面受剪承载力计算

《水利规范》规定，对矩形、T 形和 I 形截面受弯构件，混凝土和箍筋的受剪承载力 V_{cs} 按下列公式计算

$$V_{cs} = 0.7f_t bh_0 + 1.25f_{yv}\frac{A_{sv}}{s}h_0 \tag{16-24}$$

对以承受集中力为主的重要的独立梁(独立梁是指不与混凝土板整浇的梁，包括简

支梁和连续梁)，如厂房吊车梁、门机轨道梁等，为提高其安全度，V_{cs}按下式计算

$$V_{cs} = 0.5f_t bh_0 + f_{yv}\frac{A_{sv}}{s}h_0 \tag{16-25}$$

在设计构件时，要求

$$KV \leqslant V_{cs} \tag{16-26}$$

(二)配有箍筋和弯起钢筋梁的斜截面受剪承载力计算

《水利规范》规定，矩形、T形和I形截面的受弯构件，同时配有箍筋和弯起钢筋时的斜截面受剪承载力计算公式为

$$KV \leqslant V_u = V_{cs} + f_y A_{sb}\sin\alpha_s \tag{16-27}$$

(三)公式适用条件

1. 上限条件

《水利规范》规定，对矩形、T形和I形截面受弯构件，构件截面应符合下列要求：

当 $h_w/b \leqslant 4.0$ 时

对一般梁

$$KV \leqslant 0.25f_c bh_0 \tag{16-28}$$

对T形或I形截面简支梁，当有实践经验时

$$KV \leqslant 0.3f_c bh_0 \tag{16-29}$$

当 $h_w/b \geqslant 6.0$ 时

$$KV \leqslant 0.2f_c bh_0 \tag{16-30}$$

当 $4.0 < h_w/b < 6.0$ 时，按直线内插法取用。

对截面高度较大，控制裂缝开展宽度要求较严的构件，即使 $h_w/b < 6.0$，其截面仍应符合式(16-30)的要求。

当截面尺寸和混凝土强度一定时，式(16-28)或式(16-30)是仅配箍筋梁受剪承载力的上限，也是最大配箍率的限制条件。若式(16-28)或式(16-30)不能满足，应加大截面尺寸或提高混凝土强度等级。

2. 下限条件

为了防止斜拉破坏，规范规定，当 $KV > V_c$ 时，箍筋的配置应满足最小配箍率要求。

对HPB235级钢筋，配箍率应满足

$$\rho_{sv} = \frac{A_{sv}}{bs} \geqslant \rho_{svmin} = 0.15\% \tag{16-31}$$

对HRB335级钢筋，配箍率应满足

$$\rho_{sv} = \frac{A_{sv}}{bs} \geqslant \rho_{svmin} = 0.10\% \tag{16-32}$$

对腹筋的最大间距 s_{max} 值的规定同表4-1。

三、实心板的斜截面受剪承载力计算

(一)不配置抗剪钢筋的实心板

《水利规范》规定，不配置抗剪钢筋的实心板，其斜截面受剪承载力应符合下列规定

$$KV \leqslant 0.7\beta_h f_t bh_0 \tag{16-33a}$$

$$\beta_h = \left(\frac{800}{h_0}\right)^{1/4} \tag{16-33b}$$

式中 β_h——截面高度影响系数,当 $h_0 < 800$ mm 时,取 $h_0 = 800$ mm,当 $h_0 > 2\ 000$ mm 时,取 $h_0 = 2\ 000$ mm。

(二)配置弯起钢筋的实心板

配置弯起钢筋的实心板,其斜截面受剪承载力应符合下列规定

$$KV \leqslant 0.7f_t bh_0 + f_y A_{sb} \sin\alpha_s \tag{16-34}$$

式中符号意义同前。

为了防止弯起钢筋配置过多和板的斜裂缝开展过大,要求 $V_{sb} \leqslant 0.8f_t bh_0$。

实心板若能符合 $KV \leqslant 0.7\beta_h f_t bh_0$ 的条件,则认为混凝土能够承受剪力而不需配置弯起钢筋。

四、斜截面受弯承载力与构造要求

(一)斜截面受弯承载力

为保证斜截面受弯承载力,应通过绘制抵抗弯矩图来确定钢筋切断与弯起的位置。但在满足一定条件的情况下,可不进行斜截面受弯承载力计算或绘制抵抗弯矩图,关于这一点,《水利规范》和《电力规范》的规定相同。

1. 切断纵筋时如何保证斜截面的受弯承载力

为保证钢筋强度的充分发挥,自钢筋的充分利用点至该钢筋的切断点的距离 l_d 及钢筋实际切断点至理论切断点的距离 l_w 应满足下列要求:

当 $KV \leqslant V_c$ 时, $l_d \geqslant 1.2l_a$,$l_w \geqslant 20d$;

当 $KV > V_c$ 时, $l_d \geqslant 1.2l_a + h_0$,$l_w \geqslant h_0$ 且$\geqslant 20d$。

若按上述规定确定的切断点仍位于负弯矩受拉区内,则钢筋还应延长,即应满足

$$l_d \geqslant 1.2l_a + 1.7h_0$$

$$l_w \geqslant 1.3h_0 \text{ 且 } \geqslant 20d$$

2. 纵筋弯起时如何保证斜截面的受弯承载力

在弯起纵筋时,弯起点必须设在该钢筋的充分利用点以外不小于 $0.5h_0$ 的地方。

(二)构造要求

关于构造要求,《水利规范》和《电力规范》的规定基本相同,详见第四章第五节,只是在涉及计算时将计算式中的 γ_d 用 K 替换即可。

第五节 钢筋混凝土结构轴心受力构件承载力计算

一、轴心受压构件承载力计算

《水利规范》规定,配有纵筋和普通箍筋的轴心受压构件正截面承载力,可按下列公式计算

$$KN \leqslant N_u = \varphi(f_c A + f_y' A_s') \tag{16-35}$$

式中　N——轴心压力设计值,按式(16-2)、式(16-3)或式(16-4)计算;

K——承载力安全系数,按表16-4采用;

其他符号意义同前。

截面设计与承载力复核方法步骤参见第五章第二节。

二、轴心受拉构件承载力计算

《水利规范》规定,轴心受拉构件正截面承载力可按下列公式计算

$$KN \leqslant f_y A_s \tag{16-36}$$

式中　N——轴心拉力设计值,按式(16-2)、式(16-3)或式(16-4)计算;

K——承载力安全系数,按表16-4采用;

其他符号意义同前。

第六节　钢筋混凝土结构偏心受力构件承载力计算

一、偏心距增大系数 η

当构件长细比 l_0/h(或 l_0/d)>8时,应考虑构件在弯矩作用平面内的二阶效应的影响(即挠曲对轴向压力偏心距的影响),此时,应对偏心距 e_0 乘以偏心距增大系数 η。

《水利规范》规定,对矩形、T形、I形和圆形截面偏心受压构件的偏心距增大系数 η,按下列公式计算

$$\eta = 1 + \frac{1}{1\,400 e_0/h_0}\left(\frac{l_0}{h}\right)^2 \zeta_1 \zeta_2 \tag{16-37}$$

$$\zeta_1 = \frac{0.5 f_c A}{KN} \tag{16-38}$$

$$\zeta_2 = 1.15 - 0.01\frac{l_0}{h} \tag{16-39}$$

式中　K——承载力安全系数,按表16-4采用;

ζ_1——考虑截面应变对截面曲率的影响系数,当 $\zeta_1 > 1$ 时,取 $\zeta_1 = 1.0$,对大偏心受压构件,直接取 $\zeta_1 = 1.0$;

ζ_2——考虑构件长细比对截面曲率的影响系数,当 $l_0/h < 15$ 时,取 $\zeta_2 = 1.0$;

其他符号意义同前。

二、矩形截面偏心受压构件正截面承载力计算

(一)大、小偏压的判别

偏心受压构件以界限相对受压区高度 ξ_b 为判别大、小偏心受压的条件。即当 $\xi \leqslant \xi_b$ 时,为大偏心受压破坏;当 $\xi > \xi_b$ 时,为小偏心受压破坏。其中 ξ_b 的取值与受弯构件相同。对矩形截面非对称配筋的偏心受压的截面设计,在钢筋未知的情况下,ξ 无法由基本

公式求出。因此,采用偏心距近似进行判别,即当 $\eta e_0 > 0.3h_0$ 时,可按大偏心受压构件设计;当 $\eta e_0 \leqslant 0.3h_0$ 时,可按小偏心受压构件设计。

(二)非对称配筋偏心受压构件的计算

1. 大偏心受压构件基本公式与适用条件

基本公式

$$KN \leqslant N_u = f_c bx + f_y' A_s' - f_y A_s \tag{16-40}$$

$$KNe \leqslant N_u e = f_c bx\left(h_0 - \frac{x}{2}\right) + f_y' A_s'(h_0 - a_s') \tag{16-41}$$

$$e = \eta e_0 + \frac{h}{2} - a_s \tag{16-42}$$

式中　N——轴心拉力设计值,按式(16-2)、式(16-3)或式(16-4)计算;

K——承载力安全系数,按表 16-4 采用;

其他符号意义同前。

适用条件

$$\xi \leqslant \xi_b \quad 或 \quad x \leqslant \xi_b h_0 \tag{16-43}$$

$$x \geqslant 2a_s' \tag{16-44}$$

若不满足式(16-44)条件,则按下式计算 A_s

$$KNe' \leqslant f_y A_s(h_0 - a_s') \tag{16-45}$$

式中　e'——纵向压力作用点至钢筋 A_s' 合力点的距离,$e' = \eta e_0 - h/2 + a_s'$。

2. 小偏心受压构件基本公式与适用条件

基本公式

$$KN \leqslant N_u = f_c bx + f_y' A_s' - \sigma_s A_s \tag{16-46}$$

$$KNe \leqslant N_u e = f_c bx\left(h_0 - \frac{x}{2}\right) + f_y' A_s'(h_0 - a_s') \tag{16-47}$$

$$\sigma_s = \frac{0.8 - \xi}{0.8 - \xi_b} f_y \tag{16-48}$$

式中　σ_s——受拉边或受压较小边纵向钢筋的应力;

其他符号意义同前。

适用条件

$$x > \xi_b h_0 \tag{16-49}$$

当偏心距 e_0 很小且 $KN > f_c bh$ 时,也可能出现远离轴向力一侧的混凝土首先被压坏的现象,为了防止这种情况的发生,还应按对 A_s' 重心取力矩平衡进行计算,应符合下列规定

$$KN\left(\frac{h}{2} - a_s' - e_0\right) \leqslant f_c bh\left(h_0' - \frac{h}{2}\right) + f_y' A_s(h_0' - a_s) \tag{16-50}$$

(三)对称配筋偏心受压构件的计算

1. 大偏心受压构件的计算

《水利规范》规定,对称配筋大偏心受压构件按下列公式计算

$$A_s = A_s' = \frac{KNe - f_c bx\left(h_0 - \frac{x}{2}\right)}{f_y'(h_0 - a_s')} \tag{16-51}$$

式中，$e=\eta e_0+h/2-a_s$。

如果计算所得的 $x=\xi h_0<2a'_s$，应取 $x=2a'_s$，则

$$A_s=A'_s=\frac{KNe'}{f_y(h_0-a'_s)} \tag{16-52}$$

式中，$e'=\eta e_0-h/2+a'_s$。

公式适用条件与非对称配筋相同。

2. 小偏心受压构件的计算

$$\xi=\frac{KN-\xi_b f_c bh_0}{\dfrac{KNe-0.45f_c bh_0^2}{(0.8-\xi_b)(h_0-a'_s)}+f_c bh_0}+\xi_b \tag{16-53}$$

$$A_s=A'_s=\frac{KNe-f_c bh_0^2\xi(1-0.5\xi)}{f'_y(h_0-a'_s)} \tag{16-54}$$

(四)基本公式的应用

基本公式的应用包括截面设计和承载力复核，其方法步骤参见第六章第五节。

三、矩形截面偏心受拉构件正截面承载力计算

(一)大、小偏拉的判别

当纵向拉力作用在钢筋 A_s 合力点与 A'_s 合力点范围以外时，属于大偏心受拉构件；当纵向拉力作用在钢筋 A_s 合力点与 A'_s 合力点范围以内时，属于小偏心受拉构件(见图 6-19(b))。

(二)小偏心受拉构件的计算

小偏心受拉构件的基本计算公式为(见图 6-21)

$$KNe\leqslant N_u e=f_y A'_s(h'_0-a_s) \tag{16-55}$$

$$KNe'\leqslant N_u e'=f_y A_s(h_0-a'_s) \tag{16-56}$$

式中　e——轴向拉力作用点至 A_s 合力点的距离，$e=h/2-a_s-e_0$；

e'——轴向拉力作用点至 A'_s 合力点的距离，$e'=h/2-a'_s+e_0$。

(三)大偏心受拉构件的计算

大偏心受拉构件的基本计算公式为(见图 6-20)

$$KN\leqslant N_u=f_y A_s-f_c bx-f'_y A'_s \tag{16-57}$$

$$KNe\leqslant N_u e=f_c bx\left(h_0-\frac{x}{2}\right)+f'_y A'_s(h_0-a'_s) \tag{16-58}$$

式中，$e=e_0-h/2+a_s$。

公式的适用条件为

$$2a'_s\leqslant x\leqslant 0.85\xi_b h_0 \tag{16-59}$$

当 $x<2a'_s$ 时，取 $x=2a'_s$，满足下式要求

$$KNe'\leqslant N_u e'=f_y A_s(h_0-a'_s) \tag{16-60}$$

式中　e'——轴向力作用点与受压钢筋合力点之间的距离，$e'=e_0+h/2-a'_s$。

四、偏心受力构件斜截面承载力计算

(一)偏心受压构件斜截面受剪承载力计算

《水利规范》规定,矩形、T 形和 I 形截面偏心受压构件,其斜截面受剪承载力应符合下式要求

$$KV \leqslant 0.7f_t bh_0 + 1.25f_{yv}\frac{A_{sv}}{s}h_0 + f_y A_{sb}\sin\alpha_s + 0.07N \tag{16-61}$$

式中　N——与剪力设计值 V 相应的轴向压力设计值,当 $N > 0.3f_c A$ 时,取 $N = 0.3f_c A$,此处,A 为构件的截面面积。

当能符合 $KV \leqslant 0.7f_t bh_0 + 0.07N$ 时,则可不进行斜截面受剪承载力计算,仅按构造要求配置箍筋。

(二)偏心受拉构件斜截面受剪承载力计算

《水利规范》规定,矩形、T 形和 I 形截面的偏心受拉构件,其斜截面受剪承载力应符合下式要求

$$KV \leqslant 0.7f_t bh_0 + 1.25f_{yv}\frac{A_{sv}}{s}h_0 + f_y A_{sb}\sin\alpha_s - 0.2N \tag{16-62}$$

式中　N——与剪力设计值 V 相应的轴向拉力设计值。

当式(16-62)右边的计算值小于 $1.25f_{yv}\frac{A_{sv}}{s}h_0 + f_y A_{sb}\sin\alpha_s$ 时,应取为 $1.25f_{yv}\frac{A_{sv}}{s}h_0 + f_y A_{sb}\sin\alpha_s$,且箍筋的受剪承载力 $1.25f_{yv}\frac{A_{sv}}{s}h_0$ 值不得小于 $0.36f_t bh_0$。

(三)截面尺寸条件

矩形、T 形和 I 形截面的偏心受压和偏心受拉构件,其受剪截面应符合下式要求

$$KV \leqslant 0.25f_c bh_0 \tag{16-63}$$

第七节　钢筋混凝土结构受扭构件承载力计算

一、受扭塑性抵抗矩和开裂抗矩

关于受扭塑性抵抗矩和开裂扭矩的计算,《水利规范》与《电力规范》的规定相同,受扭塑性抵抗矩按式(7-3)~式(7-7)计算,开裂扭矩按式(7-8)或式(7-9)计算。

二、截面尺寸限制条件及构造配筋条件

(一)截面尺寸限制条件

《水利规范》规定,在弯矩、剪力和扭矩共同作用下的矩形、T 形、I 形截面构件,当 $h_w/b<6$ 时,其截面应符合下式要求

$$\frac{KV}{bh_0} + \frac{KT}{W_t} \leqslant 0.25f_c \tag{16-64}$$

式中　K——承载力安全系数,按表16-4采用;

其余符号意义同第七章。

当$h_w/b \geq 6$时,受扭承载力计算应作专门研究。

(二)构造配筋条件

当构件符合下列条件时

$$\frac{KV}{bh_0} + \frac{KT}{W_t} \leq 0.7f_t \tag{16-65}$$

则可不对构件进行剪扭承载力计算,仅需按构造要求配置钢筋。

三、纯扭构件受扭承载力计算

(一)矩形截面纯扭构件的受扭承载力计算

《水利规范》规定,矩形截面纯扭构件的受扭承载力应符合下列要求

$$KT \leq T_u = 0.35f_tW_t + 1.2\sqrt{\zeta}\frac{f_{yv}A_{st1}}{s}A_{cor} \tag{16-66}$$

ζ值应按下式计算

$$\zeta = \frac{f_yA_{st}s}{f_{yv}A_{st1}u_{cor}} \tag{16-67}$$

式中　K——承载力安全系数,按表16-4采用;

其余符号意义同第七章。

(二)T形、I形截面纯扭构件承载力计算

对于T形、I形截面钢筋混凝土纯扭构件,将截面划分为若干单块矩形截面,各单块矩形截面分配的扭矩T_i按式(7-20)计算,再按T_i进行配筋计算。

四、剪扭和弯扭构件的承载力计算

(一)矩形截面剪扭构件承载力计算

在剪力和扭矩共同作用下的矩形截面剪扭构件,其受剪扭承载力应符合下列规定:

(1)剪扭构件的受剪承载力

$$KV \leq 0.7(1.5-\beta_t)f_tbh_0 + 1.25f_{yv}\frac{A_{sv}}{s}h_0 \tag{16-68}$$

式中　β_t——剪扭构件混凝土受扭承载力降低系数,按式(16-70)计算;

A_{sv}——受剪承载力所需的箍筋截面面积。

(2)剪扭构件的受扭承载力

$$KT \leq 0.35\beta_tf_tW_t + 1.2\sqrt{\zeta}\frac{f_{yv}A_{st1}A_{cor}}{s} \tag{16-69}$$

式中　ζ——剪扭构件纵向钢筋与箍筋的配筋强度比值,按式(16-67)计算。

(3)剪扭构件混凝土受扭承载力降低系数β_t按下式计算

$$\beta_t = \frac{1.5}{1+0.5\frac{VW_t}{Tbh_0}} \tag{16-70}$$

当 $\beta_t<0.5$ 时,取 $\beta_t=0.5$;当 $\beta_t>1.0$ 时,取 $\beta_t=1.0$。

(二)T 形、I 形截面剪扭构件承载力计算

T 形、I 形截面剪扭构件的受剪扭承载力应分别按受剪承载力和受扭承载力进行计算:

(1)对腹板,视为矩形截面,其受剪承载力和受扭承载力分别按式(16-68)与式(16-69)计算,但在计算中应将 T 及 W_t 改为 T_w 及 W_{tw}。

(2)对受压翼缘及受拉翼缘,视为矩形截面,仅承受所分配的扭矩,其受扭承载力应按式(16-66)计算,但在计算中应将 T 及 W_t 改为 T'_f 及 W'_{tf} 或改为 T_f 及 W_{tf}。

五、弯矩、剪扭和弯扭共同作用的弯剪扭构件的承载力计算

在弯矩、剪力和扭矩共同作用下的矩形、T 形和 I 形截面弯剪扭构件,可按下列规定计算。

(一)弯扭构件承载力计算

当符合条件 $KV\leqslant 0.35f_tbh_0$ 时,可仅按受弯构件的正截面受弯和纯扭构件的受扭分别进行承载力计算。

(二)弯剪构件承载力计算

当符合条件 $KT\leqslant 0.175f_tW_t$ 时,可仅按受弯构件的正截面受弯和斜截面受剪分别进行承载力计算。

在弯矩、剪力和扭矩共同作用下的矩形、T 形和 I 形截面构件的配筋,其纵向钢筋截面面积应分别按正截面受弯承载力和剪扭构件受扭承载力计算,并将所需的钢筋截面面积分别配置在相应位置上。其箍筋截面面积应分别按剪扭构件的受剪承载力和受扭承载力计算确定,并应配置在相应位置上,在相同位置处,所需的钢筋截面面积应叠加后进行配置。

当采用复合箍筋时,位于截面内部的箍筋不应计入受扭所需的箍筋面积。

六、抗扭钢筋的最小配筋率

《水利规范》规定,纯扭构件的抗扭纵筋和抗扭箍筋的配筋应满足下列要求:

(1)抗扭纵筋

$$\rho_{st}=\frac{A_{st}}{bh}\geqslant\rho_{stmin}=\begin{cases}0.30\% & (\text{HPB235 级钢筋})\\ 0.20\% & (\text{HRB335 级钢筋})\end{cases}\tag{16-71}$$

式中　A_{st}——抗扭纵向钢筋的截面面积。

(2)抗扭箍筋

$$\rho_{sv}=\frac{A_{sv}}{bs}\geqslant\rho_{svmin}=\begin{cases}0.20\% & (\text{HPB235 级钢筋})\\ 0.15\% & (\text{HRB335 级钢筋})\end{cases}\tag{16-72}$$

式中　A_{sv}——配置在同一截面内的抗扭箍筋各肢的全部横截面面积。

第八节　钢筋混凝土结构受冲切和局部受压承载力计算

一、受冲切承载力计算

(一) 无抗冲切钢筋的板

《水利规范》规定，在局部荷载或集中反力作用下不配置箍筋或弯起钢筋的板，其受冲切承载力应符合下列规定

$$KF_l \leqslant 0.7\eta\beta_h f_t u_m h_0 \tag{16-73}$$

$$\eta = 0.4 + \frac{1.2}{\beta_s} \tag{16-74}$$

(二) 配置抗冲切钢筋的板

配置箍筋或弯起钢筋的钢筋混凝土板的受冲切承载力应符合下列规定：

(1) 当配置箍筋时

$$KF_l \leqslant 0.55\eta f_t u_m h_0 + 0.8 f_{yv} A_{svu} \tag{16-75}$$

(2) 当配置弯起钢筋时

$$KF_l \leqslant 0.55\eta f_t u_m h_0 + 0.8 f_y A_{sbu} \sin\alpha \tag{16-76}$$

式中　K——承载力安全系数，按表 16-4 采用；

其余符号意义同第八章。

二、板的受冲切截面尺寸限制条件及构造要求

(一) 板的截面尺寸限制条件

配置受冲切钢筋板应满足下列截面尺寸限制条件

$$KF_l \leqslant 1.05\eta f_t u_m h_0 \tag{16-77}$$

(二) 构造要求

抗冲切箍筋和抗冲切弯起钢筋的构造要求，《水利规范》与《电力规范》的规定相同，详见第八章第二节。

三、局部受压承载力计算

(一) 截面尺寸限制条件

配置间接钢筋的构件，其局部受压区的截面尺寸应符合下列要求

$$KF_l \leqslant 1.5\beta_l f_c A_{ln} \tag{16-78}$$

$$\beta_l = \sqrt{\frac{A_b}{A_l}} \tag{16-79}$$

式中　K——承载力安全系数，按表 16-4 采用；

其余符号意义同第八章。

(二) 配置间接钢筋的混凝土局部受压承载力计算

当配置方格网式或螺旋式间接钢筋，且局部受压面积 A_l 和钢筋网以内的混凝土核心

面积 A_{cor} 符合 $A_l \leqslant A_{cor}$ 的条件时，混凝土局部受压承载力应按下列公式计算

$$KF_l \leqslant (\beta_l f_c + 2\rho_v \beta_{cor} f_y) A_{ln} \tag{16-80}$$

间接钢筋的体积配筋率 ρ_v 是指核心面积 A_{cor} 范围内单位混凝土体积中所包含的间接钢筋体积，按式(8-15)或式(8-16)计算。

第九节　钢筋混凝土结构裂缝宽度和挠度验算

一、抗裂验算

《水利规范》规定，对使用上不允许出现裂缝的钢筋混凝土构件，在荷载效应标准组合下，其抗裂验算应符合下列规定：

(1)轴心受拉构件

$$N_k \leqslant \alpha_{ct} f_{tk} A_0 \tag{16-81}$$

(2)受弯构件

$$M_k \leqslant \gamma_m \alpha_{ct} f_{tk} W_0 \tag{16-82}$$

(3)偏心受压构件

$$N_k \leqslant \frac{\gamma_m \alpha_{ct} f_{tk} A_0 W_0}{e_0 A_0 - W_0} \tag{16-83}$$

(4)偏心受拉构件

$$N_k \leqslant \frac{\gamma_m \alpha_{ct} f_{tk} A_0 W_0}{e_0 A_0 + \gamma_m W_0} \tag{16-84}$$

式中符号意义同第九章第二节。

二、裂缝控制验算

(一)正截面裂缝宽度验算

《水利规范》规定，对使用上要求限制裂缝宽度的钢筋混凝土构件，应进行裂缝宽度的验算，按标准组合并考虑长期作用影响计算的最大裂缝宽度 w_{max} 应符合下列规定

$$w_{max} \leqslant w_{lim} \tag{16-85}$$

式中　w_{lim}——最大裂缝宽度限值，按附录五附表5-1采用。

(二)杆件体系钢筋混凝土构件正截面最大裂缝宽度

《水利规范》规定，配置带肋钢筋的矩形、T形及I形截面受拉、受弯和偏心受压钢筋混凝土构件，在荷载效应标准组合下的最大裂缝宽度 w_{max} 可按下式计算

$$w_{max} = \alpha \frac{\sigma_{sk}}{E_s}\left(30 + c + 0.07\frac{d}{\rho_{te}}\right) \tag{16-86}$$

式中　α——考虑构件受力特征和荷载长期作用的综合影响系数，对受弯和偏心受压构件，取 $\alpha = 2.1$，对偏心受拉构件，取 $\alpha = 2.4$，对轴心受拉构件，取 $\alpha = 2.7$；

c——最外层纵向受拉钢筋外边缘至受拉区边缘的距离，当 $c > 65$ mm 时，取 $c = 65$ mm；

d——钢筋直径,mm,当钢筋用不同直径时,式中的 d 改用换算直径 $4A_s/u$,此处,u 为纵向受拉钢筋截面总周长;

ρ_{te}——纵向受拉钢筋的有效配筋率,$\rho_{te}=\dfrac{A_s}{A_{te}}$,当 $\rho_{te}<0.03$ 时,取 $\rho_{te}=0.03$;

A_{te}——有效受拉混凝土截面面积,对受弯、偏心受拉及大偏心受压构件,A_{te} 取为其重心与受拉钢筋 A_s 重心相一致的混凝土面积,即 $A_{te}=2a_sb$,其中 a_s 为 A_s 重心至截面受拉边缘的距离,b 为矩形截面的宽度,对有受拉翼缘的倒T形及I形截面,b 为受拉翼缘宽度,对轴心受拉构件,A_{te} 取为 $2a_sl_s$,但不大于构件全截面面积,其中 a_s 为一侧钢筋重心至截面边缘的距离,l_s 为沿截面周边配置的受拉钢筋重心连线的总长度;

A_s——受拉区纵向钢筋截面面积,对受弯、偏心受拉及大偏心受压构件,A_s 取受拉区纵向钢筋截面面积,对全截面受拉的偏心受拉构件,A_s 取拉应力较大一侧的钢筋截面面积,对轴心受拉构件,A_s 取全部纵向钢筋截面面积;

σ_{sk}——按荷载标准值计算的构件纵向受拉钢筋应力,按式(9-25)~式(9-31)计算。

(三)非杆件体系钢筋混凝土结构的裂缝宽度控制

《水利规范》规定,对于非杆件体系钢筋混凝土结构的裂缝宽度控制,可按下列方法进行:

(1)控制受拉钢筋的应力。一般情况下,按荷载标准值计算的受拉钢筋的应力 σ_{sk} 宜符合下式规定

$$\sigma_{sk}\leqslant\alpha_sf_{yk} \tag{16-87}$$

式中 σ_{sk}——按荷载标准值计算得出的受拉钢筋应力,当弹性应力图形接近线性分布时,可换算为截面内力,按式(9-25)~式(9-31)计算,当应力图形偏离线性较大时,取 $\sigma_{sk}=T_k/A_s$,其中 A_s 为受拉钢筋截面面积,T_k 为荷载效应标准组合下的由钢筋承担的拉力,当受拉钢筋分层配置时,T_k、A_s 可采用各层相应的拉力及钢筋面积,计算的受拉钢筋应力 σ_{sk} 不宜大于240 N/mm^2;

α_s——考虑环境影响和荷载长期作用的综合影响系数,$\alpha_s=0.5\sim0.7$,对一类环境取大值,对四类环境取小值。

(2)对于重要的结构,宜按钢筋混凝土非线性有限元计算原则对配筋数量和配筋方式与裂缝宽度的关系进行分析,以确定合适的配筋方案。

三、钢筋混凝土受弯构件变形验算

(一)挠度验算

《水利规范》规定,受弯构件的最大挠度应按荷载效应标准组合进行验算,即

$$f_{max}\leqslant f_{lim} \tag{16-88}$$

式中 f_{max}——按荷载效应标准组合并考虑长期作用影响计算的最大挠度,按式(9-36)计算;

f_{lim}——最大挠度限值,按表16-5采用。

(二)受弯构件的刚度

关于受弯构件的刚度计算,《水利规范》与《电力规范》的规定相同。

1. 短期刚度 B_s

即对于不出现裂缝的钢筋混凝土梁,短期刚度 B_s 按式(9-37)计算;对于出现裂缝的矩形、T 形及 I 形截面受弯构件的短期刚度 B_s 按式(9-38)计算。

2. 受弯构件的刚度 B

受弯构件的刚度 B 按式(9-41)计算。

第十节　预应力混凝土结构设计

一、张拉控制应力及预应力损失

(一)张拉控制应力 σ_{con}

《水利规范》将螺纹钢筋和钢棒分为两类,并分别给出了先张法和后张法的张拉控制应力限值[σ_{con}],如表 16-7 所示。

表 16-7　张拉控制应力限值[σ_{con}]

预应力钢筋种类	张拉方法	
	先张法	后张法
消除应力钢丝、钢绞线	$0.75f_{ptk}$	$0.75f_{ptk}$
螺纹钢筋	$0.75f_{ptk}$	$0.70f_{ptk}$
钢棒	$0.70f_{ptk}$	$0.65f_{ptk}$

注:表中 f_{ptk} 为预应力钢筋强度标准值,按附录二附表 2-5 确定。

(二)预应力损失

《水利规范》与《电力规范》关于预应力损失计算的方法及公式完全相同。但预应力钢筋与孔道壁之间的摩擦引起的预应力损失 σ_{l2} 的计算式中系数 κ 和 μ 的取值不尽相同,《水利规范》中 κ 和 μ 的取值见表 16-8。

表 16-8　系数 κ 和 μ 值

孔道成型方式	κ	μ	
		钢绞线、钢丝束	螺纹钢筋、钢棒
预埋金属波纹管	0.001 5	0.20～0.25	0.50
预埋塑料波纹管	0.001 5	0.14～0.17	—
预埋铁皮管	0.003 0	0.35	0.40
预埋钢管	0.001 0	0.25～0.30	—
抽芯成型	0.001 5	0.55	0.60

注:①表中系数也可以根据实测数据确定。

②当采用钢丝束的钢质锥形锚具及类似形式锚具时,尚应考虑锚环口处的附加摩擦损失,其值可根据实测数据确定。

二、预应力混凝土轴心受拉构件的设计

(一)使用阶段承载力计算

预应力混凝土轴心受拉构件承载力计算公式为

$$KN \leqslant f_y A_s + f_{py} A_p \tag{16-89}$$

式中　K——承载力安全系数,按表16-4采用。

(二)使用阶段抗裂度或裂缝宽度验算

对一级裂缝控制和二级裂缝控制,《水利规范》与《电力规范》的规定相同。但对三级裂缝控制,《水利规范》规定,矩形、T形及I形截面的预应力混凝土轴心受拉和受弯构件,在荷载效应标准组合下的最大裂缝宽度 w_{max}(mm)可按下列公式计算

$$w_{max} = \alpha\alpha_1 \frac{\sigma_{sk}}{E_s}\left(30 + c + \frac{0.07d}{\rho_{te}}\right) \tag{16-90}$$

式中　α——考虑构件受力特征和荷载长期作用的综合影响系数,对预应力混凝土轴心受拉构件,取 $\alpha = 2.7$;

α_1——考虑钢筋表面形状和预应力张拉方法的系数,按表16-9采用;

d——钢筋直径,mm,当钢筋用不同直径时,公式中的 d 改用换算直径 $4(A_s + A_p)/u$,此处,u 为纵向受拉钢筋(A_s 及 A_p)截面总周长;

ρ_{te}——纵向受拉钢筋(非预应力钢筋 A_s 及预应力钢筋 A_p)的有效配筋率,按下列规定计算:$\rho_{te} = \dfrac{A_s + A_p}{A_{te}}$,当 $\rho_{te} < 0.03$ 时,取 $\rho_{te} = 0.03$;

A_{te}——有效受拉混凝土截面面积,对受弯构件,取为其重心与 A_s 及 A_p 重心相一致的混凝土面积,即 $A_{te} = 2ab$,其中,a 为受拉钢筋(A_s 及 A_p)重心距截面受拉边缘的距离,b 为矩形截面的宽度,对有受拉翼缘的倒T形及I形截面,b 为受拉翼缘宽度,对轴心受拉构件,当预应力钢筋配置在截面中心范围时,则 A_{te} 取为构件全截面面积;

A_p——受拉区纵向预应力钢筋截面面积,对受弯构件,取受拉区纵向预应力钢筋截面面积,对轴心受拉构件,取全部纵向预应力钢筋截面面积;

σ_{sk}——按荷载标准值计算的预应力混凝土构件纵向受拉钢筋的等效应力,按第十章的规定计算;

E_s——钢筋的弹性模量。

表16-9　考虑钢筋表面形状和预应力张拉方法的系数 α_1

钢筋类别	非预应力带肋钢筋	先张法预应力钢筋		后张法预应力钢筋	
		螺旋肋钢棒	钢绞线、钢丝、螺旋槽钢棒	螺旋肋钢棒	钢绞线、钢丝、螺旋槽钢棒
α_1	1.0	1.0	1.2	1.1	1.4

注:①螺纹钢筋的系数 α_1 取为1.0。

②当采用不同种类的钢筋时,系数 α_1 按钢筋面积加权平均取值。

(三)施工阶段验算

施工阶段混凝土压应力验算和后张法构件端部局部受压承载力计算,《水利规范》与《电力规范》的规定相同。

三、预应力混凝土受弯构件的设计

(一)正截面受弯承载力计算

翼缘位于受压区的T形、I形截面受弯构件,与普通钢筋混凝土构件一样,分为两种类型(见图10-31),即中和轴在受压翼缘内和中和轴在梁肋内。

(1)判别T形截面的类别。当符合下列条件时

$$f_yA_s+f_{py}A_p\leqslant f_cb'_fh'_f+f'_yA'_s-(\sigma'_{p0}-f'_{py})A'_p \tag{16-91}$$

或

$$KM\leqslant f_cb'_fh'_f\left(h_0-\frac{h'_f}{2}\right)+f'_yA'_s(h_0-a'_s)-(\sigma'_{p0}-f'_{py})A'_p(h_0-a'_p) \tag{16-92}$$

有 $x\leqslant h'_f$,即中和轴在受压翼缘内,为第一类T形截面(见图10-31(a)),否则为第二类T形截面。

(2)第一类T形截面承载力计算

$$f_yA_s+f_{py}A_p=f_cb'_fx+f'_yA'_s-(\sigma'_{p0}-f'_{py})A'_p \tag{16-93}$$

$$KM\leqslant f_cb'_fx\left(h_0-\frac{x}{2}\right)+f'_yA'_s(h_0-a'_s)-(\sigma'_{p0}-f'_{py})A'_p(h_0-a'_p) \tag{16-94}$$

(3)第二类T形截面承载力计算

$$f_c[bx+(b'_f-b)h'_f]+f'_yA'_s=f_yA_s+f_{py}A_p+(\sigma'_{p0}-f'_{py})A'_p \tag{16-95}$$

$$KM\leqslant f_cbx\left(h_0-\frac{x}{2}\right)+f_c(b'_f-b)h'_f\left(h_0-\frac{h'_f}{2}\right)+f'_yA'_s(h_0-a'_s)-(\sigma'_{p0}-f'_{py})A'_p(h_0-a'_p) \tag{16-96}$$

(4)公式的适用条件

$$x\leqslant 0.85\xi_bh_0 \tag{16-97}$$

$$x\geqslant 2a' \tag{16-98}$$

(二)斜截面受剪承载力计算

(1)仅配置箍筋时

$$KV\leqslant V_c+V_{sv}+V_p \tag{16-99}$$

$$V_p=0.05N_{p0} \tag{16-100}$$

(2)既配置箍筋又配置弯起钢筋时

$$KV\leqslant V_c+V_{sv}+V_p+V_{sb}+V_{pb} \tag{16-101}$$

$$V_{sb}=f_yA_{sb}\sin\alpha_s \tag{16-102}$$

$$V_{pb}=f_{py}A_{pb}\sin\alpha_p \tag{16-103}$$

式中　K——承载力安全系数,按表16-4采用;

V_p——由预应力所提高的构件的受剪承载力,计算合力 N_{p0} 时不考虑预应力弯起钢筋的作用;

V_{pb}——预应力弯起钢筋的受剪承载力;

A_{sb}、A_{pb}——同一弯起平面内非预应力弯起筋、预应力弯起筋的截面面积；

α_s、α_p——非预应力弯起筋、预应力弯起筋的弯起角度，即弯起筋与构件纵轴的夹角；

N_{p0}——计算截面上混凝土法向预应力等于零时的纵向预应力钢筋及非预应力钢筋的合力；

V_c、V_{sv}意义及计算取值同第四章。

（三）使用阶段抗裂与裂缝宽度验算

1. 正截面抗裂验算

对于在使用阶段不允许开裂的构件，应进行正截面抗裂验算，根据裂缝控制等级分别按式（10-87）或式（10-88）验算。对预应力混凝土受弯构件，其预拉区在施工阶段出现裂缝的区段，式（10-87）和式（10-88）中的σ_{pc}应乘以系数0.9。

2. 斜截面抗裂验算

根据裂缝控制等级，斜截面抗裂验算按式（10-90）~式（10-92）进行计算。

3. 正截面裂缝宽度验算

对于使用阶段允许出现裂缝的预应力混凝土构件，应验算裂缝宽度，要求最大裂缝宽度计算值不应超过规定的限值。对矩形、T形和I形截面的预应力混凝土受弯构件，按标准组合并考虑长期作用影响的最大裂缝宽度可按式（16-90）计算。其中，对预应力混凝土受弯构件，取构件受力特征和荷载长期作用的综合影响系数$\alpha=2.1$。纵向受拉钢筋的等效应力按式（10-100）计算。

预应力混凝土构件的构造要求详见第十章第六节。

附　录

附录一　水工建筑物结构安全级别、作用(荷载)分项系数、结构系数及环境条件类别

一、水工建筑物结构安全级别

水工混凝土结构设计时，应根据《防洪标准》(GB 50201—94)和《水电枢纽工程等级划分及设计安全标准》(DL 5180—2003)的规定，按水工建筑物的级别采用不同的结构安全级别。结构安全级别与水工建筑物级别的对应关系应按附表 1-1 采用。不同结构安全级别的结构重要性系数 γ_0 不应小于附表 1-1 所列的相应数值。

附表 1-1　水工建筑物结构安全级别及结构重要性系数 γ_0

水工建筑物级别	水工建筑物结构安全级别	结构重要性系数 γ_0
1	Ⅰ	1.1
2、3	Ⅱ	1.0
4、5	Ⅲ	0.9

注：对有特殊安全要求的水工建筑物，其结构安全级别应经专门研究确定。结构及结构构件的结构安全级别，应根据其在水工建筑物中的部位、本身破坏对水工建筑物安全影响的大小，采用与水工建筑物的结构安全级别相同或降低一级，但不得低于Ⅲ级。

二、作用(荷载)分项系数

按承载能力极限状态设计时，作用(荷载)分项系数应按《水工建筑物荷载设计规范》(DL 5077—1997)规定采用，但不应小于附表 1-2 中的取值；按正常使用极限状态设计时，作用(荷载)分项系数均应取为 1.0。

附表 1-2　作用(荷载)分项系数 γ_G、γ_{Q1}、γ_{Q2} 的取值

作用类型	永久作用	一般可变作用	可控制的可变作用	偶然作用
作用分项系数	γ_G	γ_{Q1}	γ_{Q2}	γ_A
	1.05(0.95)	1.2	1.1	1.0

注：①当永久作用效应对结构有利时，γ_G 应按括号内数值取用。

②可控制的可变作用是指可以严格控制使其不超出规定限值，如在水电站厂房设计中，由制造厂家提供的吊车最大轮压值、设备铭牌重量值、堆放位置有严格规定并加设垫木的安装间楼面堆放设备荷载等。

三、结构系数

水工混凝土结构构件按承载能力极限状态计算时，应按素混凝土、钢筋混凝土及预应力混凝土结构，采用不同的结构系数。结构系数 γ_d 值如附表 1-3 所示。

附表 1-3　承载能力极限状态计算时的结构系数 γ_d 值

素混凝土结构		钢筋混凝土及预应力混凝土结构
受拉破坏	受压破坏	
2.0	1.3	1.2

注：①承受永久作用（荷载）为主的构件，结构系数 γ_d 应按表中数值增加 0.05。

②对于新型结构或荷载不能准确估计时，结构系数 γ_d 应适当提高。

四、环境条件类别

水工混凝土结构所处的环境条件可按附表 1-4 分为五个类别。

附表 1-4　环境条件类别

环境类别	环境条件
一类	室内正常环境
二类	露天环境；室内潮湿环境；长期处于地下或淡水水下环境
三类	淡水水位变动区；弱腐蚀环境；海水水下环境
四类	海上大气区；海水水位变动区；轻度盐雾作用区；中等腐蚀环境
五类	海水浪溅区及重度盐雾作用区；使用除冰盐的环境；强腐蚀环境

注：①大气区与浪溅区的分界线为设计最高水位加 1.5 m；浪溅区与水位变动区的分界线为设计最高水位减 1.0 m；水位变动区与水下区的分界线为设计最低水位减 1.0 m。

②重度盐雾作用区为离涨潮岸线 50 m 内的陆上室外环境；轻度盐雾作用区为离涨潮岸线 50～500 m 的陆上室外环境。

③环境水腐蚀判别标准见表 12-8。

④冻融比较严重的三类、四类环境条件的建筑物，可将其环境类别提高一类。

附录二　材料强度的标准值、设计值及材料的弹性模量

一、混凝土强度标准值

混凝土轴心抗压、轴心抗拉强度标准值 f_{ck} f_{tk} 应按附表 2-1 采用。

附表 2-1　混凝土强度标准值　（单位：N/mm²）

强度种类	符号	混凝土强度等级										
		C10	C15	C20	C25	C30	C35	C40	C45	C50	C55	C60
轴心抗压	f_{ck}	6.7	10.0	13.4	16.7	20.1	23.4	26.8	29.6	32.4	35.5	38.5
轴心抗拉	f_{tk}	0.9	1.27	1.54	1.78	2.01	2.20	2.39	2.51	2.64	2.74	2.85

二、混凝土强度设计值

混凝土轴心抗压、轴心抗拉强度设计值f_c、f_t应按附表 2-2 采用。

附表 2-2　混凝土强度设计值　　（单位：N/mm^2）

强度种类	符号	混凝土强度等级										
		C10	C15	C20	C25	C30	C35	C40	C45	C50	C55	C60
轴心抗压	f_c	4.8	7.2	9.6	11.9	14.3	16.7	19.1	21.1	23.1	25.3	27.5
轴心抗拉	f_t	0.64	0.91	1.10	1.27	1.43	1.57	1.71	1.80	1.89	1.96	2.04

注：计算现浇钢筋混凝土轴心受压和偏心受压构件时，如截面的长边或直径小于 300 mm，则表中的混凝土强度设计值应乘以系数 0.8。

三、混凝土弹性模量

28 d 龄期时混凝土受压或受拉的弹性模量 E_c 应按附表 2-3 采用。

附表 2-3　混凝土弹性模量 E_c　　（单位：$\times 10^4 N/mm^2$）

混凝土强度等级	C10	C15	C20	C25	C30	C35	C40	C45	C50	C55	C60
E_c	1.75	2.20	2.55	2.80	3.00	3.15	3.25	3.35	3.45	3.55	3.60

四、钢筋强度标准值

普通钢筋的强度标准值f_{yk}应按附表 2-4 采用，预应力钢筋的强度标准值f_{ptk}应按附表 2-5采用。

附表 2-4　普通钢筋强度标准值　　（单位：N/mm^2）

种类		符号	d(mm)	f_{yk}
热轧钢筋	HPB235	Φ	6 ~ 22	235
	HPB300	Φ	6 ~ 22	300
	HRB335	Φ	6 ~ 50	335
	HRB400	Φ	6 ~ 50	400
	RRB400	$Φ^R$	8 ~ 40	400
	HRB500	Φ	6 ~ 50	500

注：①热轧钢筋直径 d 是指公称直径。

②当采用直径大于 40 mm 的钢筋时，应有可靠的工程经验。

附表 2-5 预应力钢筋强度标准值 （单位：N/mm^2）

种类		符号	公称直径 d(mm)	f_{ptk}
钢绞线	1×2	ϕ^S	5，5.8	1 570，1 720，1 860，1 960
			8，10	1 470，1 570，1 720，1 860，1 960
			12	1 470，1 570，1 720，1 860
	1×3		6.2，6.5	1 570，1 720，1 860，1 960
			8.6	1470，1 570，1 720，1 860，1 960
			8.74	1570，1 670，1 860
			10.8，12.9	1 470，1 570，1 720，1 860，1 960
	1×3 I		8.74	1 570，1 670，1 860
	1×7		9.5，11.1，12.7	1 720，1 860，1 960
			15.2	1 470，1 570，1 670，1 720，1 860，1 960
			15.7	1 770，1 860
			17.8	1 720，1 860
	(1×7)C		12.7	1 860
			15.2	1 820
			18.0	1 720
消除应力钢丝	光圆	ϕ^P	4，4.8，5	1 470，1 570，1 670，1 770，1 860
			6，6.25，7	1 470，1 570，1 670，1 770
	螺旋肋	ϕ^H	8，9	1 470，1 570
			10，12	1 470
	刻痕	ϕ^I	≤5	1 470，1 570，1 670，1 770，1 860
			>5	1 470，1 570，1 670，1 770
钢棒	螺旋槽	ϕ^{HG}	7.1，9，10.7，12.6	1 080，1 230，1 420，1 570
	螺旋肋	ϕ^{HR}	6，7，8，10，12，14	
螺纹钢筋	PSB785	ϕ^{PS}	18，25，32，40，50	980
	PSB830			1 030
	PSB930			1 080
	PSB1080			1 230

注：①钢绞线的直径 d 是指钢绞线外接圆直径，即现行国家标准 GB/T 5224 中的公称直径 D_n；钢丝、钢棒和螺纹钢筋的直径 d 均指公称直径。

②1×3 I 为 3 根刻痕钢丝捻制的钢绞线；(1×7)C 为 7 根钢丝捻制又经模拔的钢绞线。

③根据国家标准，同一规格的钢丝（钢绞线、钢棒）有不同的强度级别，因此表中对同一规格的钢丝（钢绞线、钢棒）列出了相应的 f_{ptk} 值，在设计中可自行选用。

五、钢筋强度设计值

普通钢筋的抗拉强度设计值 f_y 及抗压强度设计值 f_y' 应按附表 2-6 采用；预应力钢筋的抗拉强度设计值 f_{py} 及抗压强度设计值 f_{py}' 应按附表 2-7 采用。

附表 2-6　普通钢筋强度设计值　　（单位：N/mm²）

种类			符号	f_y	f_y'
热轧钢筋	HPB235		Φ	210	210
	HPB300		Φ	270	270
	HRB335		Φ	300	300
	HRB400		Φ	360	360
	RRB400		Φ^R	360	360
	HRB500	纵筋	Φ	420	400
		箍筋		360	

注：在钢筋混凝土结构中，轴心受拉和小偏心受拉构件的钢筋抗拉强度设计值大于 300 N/mm² 时，仍应按 300 N/mm² 取用。

附表 2-7　预应力钢筋强度设计值　　（单位：N/mm²）

种类		符号	f_{ptk}	f_{py}	f_{py}'
钢绞线	1×2 1×3 1×3 I 1×7 (1×7)C	Φ^S	1 470	1 040	390
			1 570	1 110	
			1 670	1 180	
			1 720	1 220	
			1 770	1 250	
			1 820	1 290	
			1 860	1 320	
			1 960	1 380	
消除应力钢丝	光圆 螺旋肋 刻痕	Φ^P Φ^H Φ^I	1 470	1 040	410
			1 570	1 110	
			1 670	1 180	
			1 770	1 250	
			1 860	1 320	
钢棒	螺旋槽	Φ^HG	1 080	760	400
			1 230	870	
	螺旋肋	Φ^HR	1 420	1 005	
			1 570	1 110	

续附表 2-7

种类		符号	f_{ptk}	f_{py}	f'_{py}
螺纹钢筋	PSB785	Φ^{PS}	980	650	400
	PSB830		1 030	685	
	PSB930		1 080	720	
	PSB1080		1 230	820	

注:①当预应力钢绞线、钢丝、钢棒的强度标准值不符合附表 2-5 的规定时,其强度设计值应进行换算。
②表中消除应力钢丝的抗拉强度设计值 f_{py} 仅适用于低松弛钢丝。

六、钢筋弹性模量

钢筋弹性模量 E_s 应按附表 2-8 采用。

附表 2-8　钢筋弹性模量 E_s　（单位: $\times 10^5$ N/mm²）

钢筋种类	E_s
HPB235、HPB300 级钢筋	2.1
HRB335、HRB400、RRB400、HRB500 级钢筋	2.0
消除应力钢丝(光圆钢丝、螺旋肋钢丝、刻痕钢丝)	2.05
钢绞线	1.95
钢棒(螺旋槽钢棒、螺旋肋钢棒)、螺纹钢筋	2.0

注:必要时钢绞线可采用实测的弹性模量。

附录三　钢筋、钢绞线、钢棒的公称直径、计算截面面积及理论质量

钢筋的公称直径、计算截面面积及理论质量如附表 3-1 所示。

附表 3-1　钢筋的公称直径、计算截面面积及理论质量

公称直径(mm)	不同根数钢筋的计算截面面积(mm²)									单根钢筋理论质量(kg/m)
	1	2	3	4	5	6	7	8	9	
6	28.3	57	85	113	142	170	198	226	255	0.222
6.5	33.2	66	100	133	166	199	232	265	299	0.260
8	50.3	101	151	201	252	302	352	402	453	0.395
10	78.5	157	236	314	393	471	550	628	707	0.617
12	113.1	226	339	452	565	678	791	904	1 017	0.888
14	153.9	308	461	615	769	923	1 077	1 231	1 385	1.21
16	201.1	402	603	804	1 005	1 206	1 407	1 608	1 809	1.58

续附表 3-1

公称直径(mm)	不同根数钢筋的计算截面面积(mm^2)									单根钢筋理论质量(kg/m)
	1	2	3	4	5	6	7	8	9	
18	254.5	509	763	1 017	1 272	1 527	1 781	2 036	2 290	2.00
20	314.2	628	942	1 256	1 570	1 884	2 199	2 513	2 827	2.47
22	380.1	760	1 140	1 520	1 900	2 281	2 661	3 041	3 421	2.98
25	490.9	982	1 473	1 964	2 454	2 945	3 436	3 927	4 418	3.85
28	615.8	1 232	1 847	2 463	3 079	3 695	4 310	4 926	5 542	4.83
32	804.2	1 609	2 413	3 217	4 021	4 826	5 630	6 434	7 238	6.31
36	1 017.9	2 036	3 054	4 072	5 089	6 107	7 125	8 143	9 161	7.99
40	1 256.6	2 513	3 770	5 027	6 283	7 540	8 796	10 053	11 310	9.87
50	1 964	3 928	5 892	7 856	9 820	11 784	13 748	15 712	17 676	15.42

预应力混凝土用钢丝的公称直径、公称截面面积及理论质量如附表 3-2 所示。

附表 3-2 预应力混凝土用钢丝的公称直径、公称截面面积及理论质量

公称直径(mm)	公称截面面积(mm^2)	理论质量(kg/m)
4.0	12.57	0.099
4.8	18.10	0.142
5.0	19.63	0.154
6.0	28.27	0.222
6.25	30.68	0.241
7.0	38.48	0.302
8.0	50.26	0.394
9.0	63.62	0.499
10.0	78.54	0.616
12.0	113.10	0.888

预应力混凝土用钢绞线的公称直径、公称截面面积及理论质量如附表 3-3 所示。

附表 3-3 预应力混凝土用钢绞线的公称直径、公称截面面积及理论质量

种类	公称直径(mm)	公称截面面积(mm^2)	理论质量(kg/m)
1×2	5.0	9.8	0.077
	5.8	13.2	0.104
	8.0	25.1	0.197
	10.0	39.3	0.309
	12.0	56.5	0.444

续附表 3-3

种类	公称直径（mm）	公称截面面积(mm^2)	理论质量(kg/m)
1×3	6.2	19.8	0.155
	6.5	21.2	0.166
	8.6	37.7	0.296
	8.74	38.6	0.303
	10.8	58.9	0.462
	12.9	84.8	0.666
1×3 I	8.74	38.6	0.303
1×7	9.5	54.8	0.430
	11.1	74.2	0.582
	12.7	98.7	0.775
	15.2	140	1.101
	15.7	150	1.178
	17.8	191	1.500
(1×7)C	12.7	112	0.890
	15.2	165	1.295
	18.0	223	1.750

预应力混凝土用螺纹钢筋的公称直径、公称截面面积及理论质量如附表 3-4 所示。

附表 3-4　预应力混凝土用螺纹钢筋的公称直径、公称截面面积及理论质量

公称直径(mm)	公称截面面积(mm^2)	理论质量(kg/m)
18	254.5	2.11
25	490.9	4.10
32	804.2	6.65
40	1 256.6	10.34
50	1 963.5	16.28

预应力混凝土用钢棒的公称直径、计算截面面积及理论质量如附表 3-5 所示。

附表 3-5　预应力混凝土用钢棒的公称直径、计算截面面积及理论质量

公称直径(mm)	不同根数钢棒的计算截面面积(mm^2)									单根钢棒理论质量(kg/m)
	1	2	3	4	5	6	7	8	9	
6	28.3	57	85	113	142	170	198	226	255	0.222
7	38.5	77	116	154	193	231	270	308	347	0.302
7.1	40.0	80	120	160	200	240	280	320	360	0.314

续附表 3-5

公称直径(mm)	不同根数钢棒的计算截面面积(mm²)									单根钢棒理论质量(kg/m)
	1	2	3	4	5	6	7	8	9	
8	50.3	101	151	201	252	302	352	402	453	0.394
9	64.0	128	192	256	320	384	448	512	576	0.502
10	78.5	157	236	314	393	471	550	628	707	0.616
10.7	90.0	180	270	360	450	540	630	720	810	0.707
11	95.0	190	285	380	475	570	665	760	855	0.746
12	113.0	226	339	452	565	678	791	904	1 017	0.888
12.6	125.0	250	375	500	625	750	875	1 000	1 125	0.981
13	133.0	266	399	532	665	798	931	1 064	1 197	1.044
14	153.9	308	461	615	769	923	1 077	1 231	1 385	1.209
16	201.1	402	603	804	1 005	1 206	1 407	1 608	1 809	1.578

各种钢筋间距时每米板宽中的钢筋截面面积如附表 3-6 所示。

附表 3-6　各种钢筋间距时每米板宽中的钢筋截面面积

钢筋间距(mm)	钢筋直径(mm)为下列数值时的钢筋截面面积(mm²)															
	6	6/8	8	8/10	10	10/12	12	12/14	14	14/16	16	16/18	18	20	22	25
70	404	561	718	920	1 121	1 368	1 615	1 906	2 198	2 534	2 871	3 252	3 633	4 486	5 428	7 009
75	377	523	670	858	1 047	1 277	1 507	1 779	2 051	2 365	2 679	3 035	3 391	4 187	5 066	6 542
80	353	491	628	805	981	1 197	1 413	1 668	1 923	2 218	2 512	2 846	3 179	3 925	4 749	6 133
85	332	462	591	757	924	1 127	1 330	1 570	1 810	2 087	2 364	2 678	2 992	3 694	4 470	5 792
90	314	436	558	715	872	1 064	1 256	1 483	1 710	1 971	2 233	2 529	2 826	3 489	4 222	5 451
95	297	413	529	678	826	1 008	1 190	1 405	1 620	1 867	2 115	2 396	2 677	3 305	3 999	5 164
100	283	393	502	644	785	958	1 130	1 335	1 539	1 774	2 010	2 277	2 543	3 140	3 779	4 906
110	257	357	457	585	714	871	1 028	1 213	1 399	1 613	1 827	2 070	2 312	2 855	3 454	4 460
120	236	327	419	536	654	798	942	1 112	1 282	1 478	1 675	1 897	2 120	2 617	3 166	4 089
125	226	314	402	515	628	766	904	1 068	1 231	1 419	1 608	1 821	2 035	2 512	3 040	3 925
130	217	302	386	495	604	737	870	1 027	1 184	1 365	1 546	1 751	1 956	2 415	2 923	3 774
140	202	280	359	460	561	684	807	953	1 099	1 267	1 435	1 626	1 817	2 243	2 714	3 504
150	188	262	335	429	523	638	754	890	1 026	1 183	1 340	1 518	1 696	2 093	2 533	3 271
160	177	245	314	402	491	599	707	834	962	1 109	1 256	1 423	1 590	1 963	2 375	3 066

续附表 3-6

钢筋间距(mm)	钢筋直径(mm)为下列数值时的钢筋截面面积(mm^2)															
	6	6/8	8	8/10	10	10/12	12	12/14	14	14/16	16	16/18	18	20	22	25
170	166	231	296	379	462	563	665	785	905	1 044	1 182	1 339	1 496	1 847	2 235	2 886
180	157	218	279	358	436	532	628	741	855	986	1 116	1 265	1 413	1 744	2 111	2 726
190	149	207	264	339	413	504	595	702	810	934	1 058	1 198	1 339	1 653	2 000	2 582
200	141	196	251	322	393	479	565	667	769	887	1 005	1 138	1 272	1 570	1 900	2 453
220	128	178	228	293	357	435	514	607	699	806	913	1 035	1 156	1 427	1 727	2 230
240	118	164	209	268	327	399	471	556	641	739	837	949	1 060	1 308	1 583	2 044
250	113	157	201	257	314	383	452	534	615	710	804	911	1 017	1 256	1 520	1 963
260	109	151	193	248	302	368	435	513	592	682	773	876	978	1 208	1 461	1 887
280	101	140	179	230	280	342	404	477	550	634	718	813	908	1 121	1 357	1 752
300	94	131	167	215	262	319	377	445	513	591	670	759	848	1 047	1 266	1 635
320	88	123	157	201	245	299	353	417	481	554	628	711	795	981	1 187	1 533
330	86	119	152	195	238	290	343	404	466	538	609	690	771	952	1 151	1 487

注:表中钢筋直径有写成分式者如 8/10,是指直径 8 mm、10 mm 钢筋间隔配置。

附录四　一般构造规定

一、混凝土保护层

(1)纵向受力普通钢筋和预应力钢筋的混凝土保护层厚度(钢筋外边缘到最近混凝土表面的距离)不应小于钢筋直径及附表 4-1 所列的数值,同时也不应小于粗骨料最大粒径的 1.25 倍。表中环境条件类别如附表 1-4 所示。

附表 4-1　纵向受力钢筋的混凝土保护层最小厚度　　(单位:mm)

项次	构件类别	环境条件类别				
		一类	二类	三类	四类	五类
1	板、墙	20	25	30	40	45
2	梁、柱、墩	30	35	45	50	55
3	截面厚度不小于 2.5 m 的底板及墩墙	30	40	50	55	60

注:①表中数值为设计使用年限 50 年的混凝土保护层厚度,对于设计使用年限为 100 年的混凝土结构,应将表中数值适当增大。

②钢筋端头保护层厚度不应小于 15 mm。

③直接与地基土接触的结构底层钢筋,保护层厚度宜适当增大。

④有抗冲耐磨要求的结构面层钢筋,保护层厚度应适当增大。

⑤钢筋表面涂塑或结构外表面敷设永久性涂料或面层时,保护层厚度可适当减小。

⑥严寒和寒冷地区受冰冻的部位,保护层厚度还应符合现行《水工建筑物抗冰冻设计规范》(DL/T 5082—1998)的规定。

(2)板、墙、壳中分布钢筋的保护层厚度不应小于附表4-1中相应数值减10 mm,且不应小于10 mm;梁、柱中箍筋和构造钢筋的保护层厚度不应小于15 mm。

(3)处于一类环境、混凝土强度等级不低于C20,且浇筑质量有保证的预制构件或薄板,其保护层厚度可按附表4-1中的规定值减少5 mm,但预应力钢筋的保护层厚度不应小于20 mm;预制肋形板主肋钢筋的保护层厚度应按梁的数值取用。

二、受拉钢筋的最小锚固长度 l_a

当计算中充分利用钢筋的抗拉强度时,受拉钢筋伸入支座的锚固长度不应小于附表4-2中规定的数值。纵向受压钢筋的锚固长度不应小于附表4-2所列数值的0.7倍。

附表4-2　普通受拉钢筋的最小锚固长度 l_a

项次	钢筋种类	混凝土强度等级				
		C15	C20	C25	C30、C35	≥C40
1	HPB235级、HPB300级钢筋	$40d$	$35d$	$30d$	$25d$	$20d$
2	HRB335级钢筋		$40d$	$35d$	$30d$	$25d$
3	HRB400级、RRB400级钢筋		$50d$	$40d$	$35d$	$30d$
4	HRB500级钢筋		$55d$	$50d$	$40d$	$35d$

注:①表中 d 为钢筋直径。

②表中光面钢筋的锚固长度 l_a 值不包括弯钩长度。

③当符合下列条件时,最小锚固长度应进行修正:

a. 当HRB335、HRB400、RRB400级和HRB500级钢筋的直径大于25 mm时,其锚固长度应乘以修正系数1.1。

b. 当钢筋在混凝土施工过程中易受扰动(如滑模施工)时,其锚固长度应乘以修正系数1.1。

c. 当HRB335、HRB400、RRB400级和HRB500级钢筋在锚固区的间距大于180 mm,混凝土保护层厚度大于钢筋直径3倍或大于80 mm,且配有箍筋时,其锚固长度可乘以修正系数0.8。

d. 除构造需要的锚固长度外,当纵向受力钢筋的实际配筋截面面积大于其设计计算截面面积时,如有充分依据和可靠措施,其锚固长度可乘以设计计算截面面积与实际配筋截面面积的比值。但对有抗震设防要求及直接承受动力荷载的结构构件,不得采用此项修正。

e. 构件顶层水平钢筋(其下浇筑的新混凝土厚度大于1 m时)的 l_a 宜乘以修正系数1.2。

经上述修正后的锚固长度不应小于附表4-2中的最小锚固长度的0.7倍,且不应小于250 mm。

三、钢筋混凝土构件纵向受力钢筋的最小配筋率

钢筋混凝土构件纵向受力钢筋的配筋率应不小于附表4-3规定的数值。

附表4-3　钢筋混凝土构件纵向受力钢筋的最小配筋率 ρ_{min}　　(%)

项次	分类		钢筋种类	
			HPB235、HPB300	HRB335、HRB400、RRB400、HRB500
1	受弯构件、偏心受拉构件的受拉钢筋	梁	0.25	0.20
		板	0.20	0.15
2	轴心受压柱的全部纵向钢筋		0.60	0.50

续附表 4-3

项次	分类		钢筋种类	
			HPB235、HPB300	HRB335、HRB400、RRB400、HRB500
3	偏心受压构件的受拉或受压钢筋	柱、肋拱	0.25	0.20
		墩墙、板拱	0.20	0.15

注:①项次 1、3 中的配筋率是指钢筋截面面积与构件肋宽乘以有效高度的混凝土截面面积的比值,即 $\rho=\frac{A_s}{bh_0}$ 或 $\rho'=\frac{A_s'}{bh_0}$;项次 2 中的配筋率是指全部纵向钢筋截面面积与柱截面面积的比值。

②温度、收缩等因素对结构产生的影响较大时,受拉纵筋的最小配筋率宜适当增大。

③当结构有抗震设防要求时,钢筋混凝土框架结构构件的最小配筋率应按第十四章的规定取值。

附录五 正常使用极限状态验算的有关限值及系数值

一、最大裂缝宽度限值

需进行裂缝宽度验算的钢筋混凝土结构构件,其最大裂缝宽度计算值不应超过附表 5-1所规定的最大裂缝宽度限值。表中环境条件类别见附表 1-4 规定。

附表 5-1 钢筋混凝土结构构件的最大裂缝宽度限值

环境条件类别	w_{lim}(mm)	环境条件类别	w_{lim}(mm)
一类	0.40	四类	0.20
二类	0.30	五类	0.15
三类	0.25		

注:①当结构构件承受水压且水力梯度 $i>20$ 时,表列数值宜减小 0.05。

②结构构件的混凝土保护层厚度大于 50 mm 时,表列数值可增加 0.05。

③若结构构件表面设有专门的防渗面层等防护措施时,最大裂缝宽度限值可适当加大。

需进行抗裂及裂缝宽度验算的预应力混凝土结构构件,其裂缝控制等级应按附表 5-2 选用;最大裂缝宽度计算值不应超过附表 5-2 所规定的最大裂缝宽度限值。

附表 5-2 预应力混凝土构件裂缝控制等级、混凝土拉应力限制系数及最大裂缝宽度限值

环境条件类别	裂缝控制等级	w_{lim} 或 α_{ct}
一类	三级	$w_{lim}=0.2$ mm
二类	二级	$\alpha_{ct}=0.7$
三类、四类、五类	一级	$\alpha_{ct}=0.0$

注:①表中规定适用于采用预应力钢丝、钢绞线、钢棒及螺纹钢筋的预应力混凝土构件,当采用其他类别的钢丝或钢筋时,其裂缝控制要求可按专门标准确定。

②表中规定的预应力混凝土构件的裂缝控制等级和最大裂缝宽度限值仅适用于正截面的裂缝控制验算。

③当有可靠的论证时,预应力混凝土构件的抗裂要求可适当放宽。

二、受弯构件的挠度限值

需要进行挠度验算的受弯构件,其最大挠度计算值不应超过附表 5-3 规定的挠度限值。

附表 5-3　受弯构件的挠度限值

项次	构件类型	挠度限值(以计算跨度 l_0 计算)
1	吊车梁:手动吊车 电动吊车	$l_0/500$ $l_0/600$
2	渡槽槽身、架空管道:当 $l_0 \leqslant 10$ m 时 当 $l_0 > 10$ m 时	$l_0/400$ $l_0/500$
3	工作桥及启闭机下大梁	$l_0/400(l_0/600)$
4	屋盖、楼盖:当 $l_0 < 7$ m 时 当 7 m$\leqslant l_0 \leqslant$9 m 时 当 $l_0 > 9$ m 时	$l_0/200(l_0/250)$ $l_0/250(l_0/300)$ $l_0/300(l_0/400)$

注:①如果构件制作时预先起拱,则在验算最大挠度值时,可将计算所得的挠度减去起拱值;预应力混凝土构件还可以减去预加应力所产生的反拱值。

②悬臂构件的挠度限值可按表中相应数值乘 2 取用。

③表中括号内的数值适用于使用上对挠度有较高要求的构件。

三、截面抵抗矩的塑性系数

矩形、T 形、I 形等截面的截面抵抗矩的塑性系数 γ_m 值如附表 5-4 所示。

附表 5-4　截面抵抗矩的塑性系数 γ_m 值

项次	截面特征		γ_m	截面图形
1	矩形截面		1.55	
2	翼缘位于受压区的 T 形截面		1.50	
3	对称 I 形或箱形截面	$b_f/b \leqslant 2, h_f/h$ 为任意值	1.45	
		$b_f/b > 2, h_f/h \geqslant 0.2$	1.40	
		$b_f/b > 2, h_f/h < 0.2$	1.35	

续附表 5-4

项次	截面特征		γ_m	截面图形
4	翼缘位于受拉区的倒T形截面	$b_f/b \leq 2, h_f/h$ 为任意值	1.50	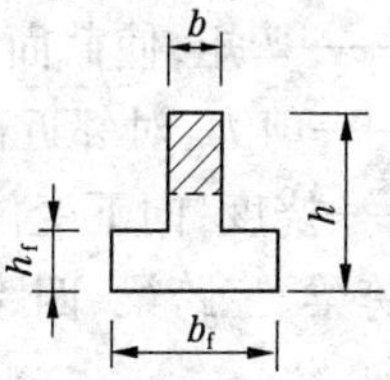
		$b_f/b > 2, h_f/h \geq 0.2$	1.55	
		$b_f/b > 2, h_f/h < 0.2$	1.40	
5	圆形和环形截面		$1.6 - 0.24d_1/d$	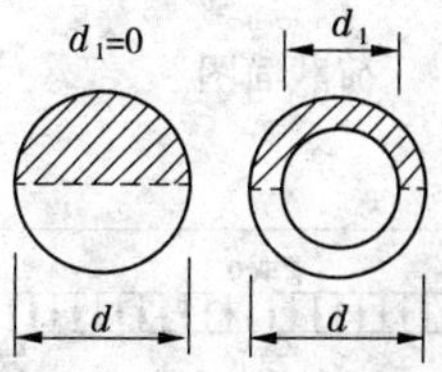
6	U 形截面		1.35	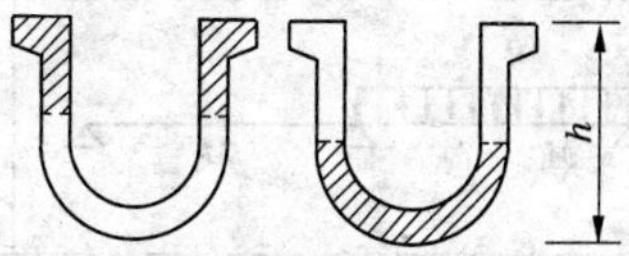

注:①对 $b_f' > b_f$ 的I形截面,可按项次2与项次3之间的数值采用;对 $b_f' < b_f$ 的I形截面,可按项次3与项次4之间的数值采用。

②根据 h 值的不同,表内数值尚应乘以修正系数 $(0.7 + 300/h)$,其值应不大于1.1。式中 h 以mm计,当 $h > 3\ 000$ mm时,取 $h = 3\ 000$ mm。对圆形和环形截面,h 即外径 d。

③对于箱形截面,表中 b 值是指各肋宽度的总和。

附录六　等跨等截面连续梁在常用荷载作用下的内力及挠度系数

计算公式:

(1)在均布及三角形荷载作用下

$$M = \text{表中系数} \times ql_0^2$$

$$V = \text{表中系数} \times ql_n$$

$$f = \text{表中系数} \times \frac{ql_0^4}{100EI}$$

(2)在集中荷载作用下

$$M = \text{表中系数} \times Pl_0$$

$$V = \text{表中系数} \times P$$

$$f = \text{表中系数} \times \frac{Pl_0^3}{100EI}$$

内力正负号的规定：

M ——弯矩，使截面上部受压、下部受拉者为正；

V ——剪力，对邻近截面所产生的力矩沿顺时针方向者为正；

f ——挠度，向下变位者为正。

两跨梁、三跨梁、四跨梁、五跨梁的内力系数如附表 6-1 ~ 附表 6-4 所示。

附表 6-1　两跨梁内力系数

荷载简图	跨内最大弯矩		支座弯矩	剪力			跨度中点挠度	
	M_1	M_2	M_B	V_A	V_B^l V_B^r	V_C	f_1	f_2
g或q; A B C; l_0 l_0	0.070	0.070	-0.125	0.375	-0.625 0.625	-0.375	0.521	0.521
q; M_1 M_2	0.096	—	-0.063	0.437	-0.563 0.063	0.063	0.912	-0.391
q	0.048	0.048	-0.078	0.172	-0.328 0.328	-0.172	0.345	0.345
q	0.064	—	-0.039	0.211	-0.289 0.039	0.039	0.589	-0.244
p p	0.156	0.156	-0.188	0.312	-0.688 0.688	-0.312	0.911	0.911
p	0.203	—	-0.094	0.406	-0.594 0.094	0.094	1.497	-0.586
p p p p	0.222	0.222	-0.333	0.667	-1.333 1.333	-0.667	1.466	1.466
p p	0.278	—	-0.167	0.833	-1.167 0.167	0.167	2.508	-1.042

附表 6-2　三跨梁内力系数

荷载简图	跨内最大弯矩		支座弯矩		剪力				跨度中点挠度		
	M_1	M_2	M_B	M_C	V_A	V_B^l V_B^r	V_C^l V_C^r	V_D	f_1	f_2	f_3
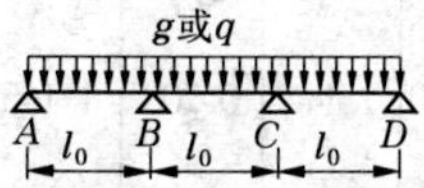 g或q；A l_0 B l_0 C l_0 D	0.080	0.025	−0.100	−0.100	0.400	−0.600 0.500	−0.500 0.600	−0.400	0.677	0.052	0.677
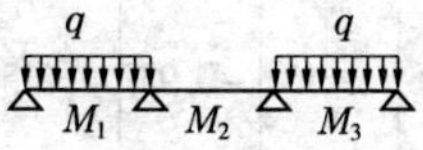 q　q；M_1 M_2 M_3	0.101	—	−0.050	−0.050	0.450	−0.550 0	0 0.550	−0.450	0.990	−0.625	0.990
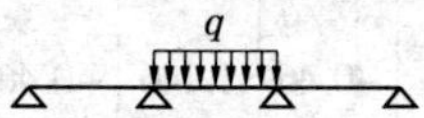 q	—	0.075	−0.050	−0.050	−0.050	−0.050 0.500	−0.500 0.050	0.050	−0.313	0.677	−0.313
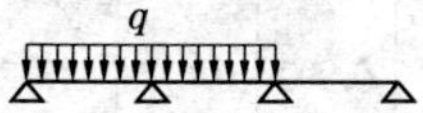 q	0.073	0.054	−0.117	−0.033	0.383	−0.617 0.583	−0.417 0.033	0.033	0.573	0.365	−0.208
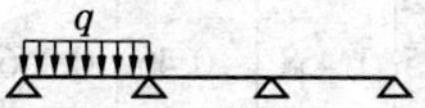 q	0.094	—	−0.067	0.017	0.433	−0.567 0.083	0.083 −0.017	−0.017	0.885	−0.313	0.104
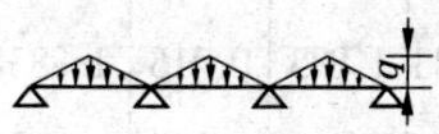 q	0.054	0.021	−0.063	−0.063	0.188	−0.313 0.250	−0.250 0.313	−0.188	0.443	0.052	0.443
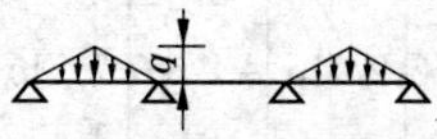 q	0.068	—	−0.031	−0.031	0.219	−0.281 0	0 0.281	−0.219	0.638	−0.391	0.638
 q	—	0.052	−0.031	−0.031	−0.031	−0.031 0.250	−0.250 0.031	0.031	−0.195	0.443	−0.195
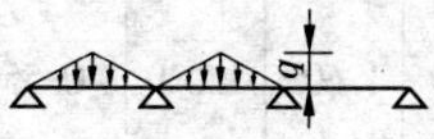 q	0.050	0.038	−0.073	−0.021	0.177	−0.323 0.302	−0.198 0.021	0.021	0.378	0.248	−0.130
 q	0.063	—	−0.042	0.010	0.208	−0.292 0.052	0.052 −0.010	−0.010	0.573	−0.195	0.065

续附表 6-2

荷载简图	跨内最大弯矩		支座弯矩		剪力				跨度中点挠度		
	M_1	M_2	M_B	M_C	V_A	V_B^l V_B^r	V_C^l V_C^r	V_D	f_1	f_2	f_3
	0.175	0.100	-0.150	-0.150	0.350	-0.650 0.500	-0.500 0.650	-0.350	1.146	0.208	1.146
	0.213	—	-0.075	-0.075	0.425	-0.575 0	0 0.575	-0.425	1.615	-0.937	1.615
	—	-0.175	-0.075	-0.075	-0.075	-0.075 0.500	-0.500 0.075	0.075	-0.469	1.146	-0.469
	0.162	0.137	-0.175	-0.050	0.325	-0.675 0.625	-0.375 0.050	0.050	0.990	0.677	0.312
	0.200	—	-0.100	0.025	0.400	-0.600 0.125	0.125 -0.025	-0.025	1.458	-0.469	0.156
	0.244	0.067	-0.267	-0.267	0.733	-1.267 1.000	-1.000 1.267	-0.733	1.883	0.216	1.883
	0.289	—	-0.133	-0.133	0.866	-1.134 0	0 1.134	-0.866	2.716	-1.667	2.716
	—	0.200	-0.133	-0.133	-0.133	-0.133 1.000	-1.000 0.133	0.133	-0.833	1.883	0.833
	0.229	0.170	-0.311	-0.089	0.689	-1.311 1.222	-0.778 0.089	0.089	1.605	1.049	-0.556
	0.274	—	-0.178	0.044	0.822	-1.178 0.222	0.222 -0.044	-0.044	2.438	-0.833	0.278

附表 6-3 四跨梁内力系数

荷载简图	跨内最大弯矩				支座弯矩			剪力					跨度中点挠度			
	M_1	M_2	M_3	M_4	M_B	M_C	M_D	V_A	V_B^l V_B^r	V_C^l V_C^r	V_D^l V_D^r	V_E	f_1	f_2	f_3	f_4
g或q	0.077	0.036	0.036	0.077	-0.107	-0.071	-0.107	0.393	-0.607 0.536	-0.464 0.464	-0.536 0.607	-0.393	0.632	0.186	0.186	0.632
	0.100	—	0.081	—	-0.054	-0.036	-0.054	0.446	-0.554 0.018	0.018 0.482	-0.518 0.054	0.054	0.967	-0.558	0.744	-0.335
	0.072	0.061	—	0.098	-0.121	-0.018	-0.058	0.380	-0.620 0.603	-0.397 -0.040	-0.040 0.558	-0.442	0.549	0.437	-0.474	0.939
	—	0.056	0.056	—	-0.036	-0.107	-0.036	-0.036	-0.036 0.429	-0.571 0.571	-0.429 0.036	0.036	-0.223	0.409	0.409	-0.223
	0.094	—	—	—	-0.067	0.018	-0.004	0.433	-0.567 0.085	0.085 -0.022	-0.022 0.004	0.004	0.884	-0.307	0.084	-0.028
	—	0.074	—	—	-0.049	-0.054	0.013	-0.049	-0.049 0.496	-0.504 0.067	-0.067 0.013	-0.013	-0.307	0.660	-0.251	0.084
	0.052	0.028	0.028	0.052	-0.067	-0.045	-0.067	0.183	-0.317 0.272	-0.228 0.228	-0.272 0.317	-0.183	0.415	0.136	0.136	0.415
	0.067	—	0.055	—	-0.034	-0.022	-0.034	0.217	-0.284 0.011	0.011 0.239	-0.261 0.034	0.034	0.624	-0.349	0.485	-0.209
	0.049	0.042	—	0.066	-0.075	-0.011	-0.036	0.175	-0.325 0.314	-0.186 -0.025	-0.025 0.286	-0.214	0.363	0.293	-0.296	0.607
	—	0.040	0.040	—	-0.022	-0.067	-0.022	-0.022	-0.022 0.205	-0.295 0.295	-0.205 0.022	0.022	-0.140	0.275	0.275	-0.140
	0.063	—	—	—	-0.042	0.011	-0.003	0.208	-0.292 0.053	0.053 -0.014	-0.014 0.003	0.003	0.572	-0.192	0.052	-0.017
	—	0.051	—	—	-0.031	-0.034	0.008	-0.031	-0.031 0.247	-0.253 0.042	0.042 -0.008	-0.008	-0.192	0.432	-0.157	0.052

续附表 6-3

荷载简图	跨内最大弯矩				支座弯矩			剪力					跨度中点挠度			
	M_1	M_2	M_3	M_4	M_B	M_C	M_D	V_A	V_B^l V_B^r	V_C^l V_C^r	V_D^l V_D^r	V_E	f_1	f_2	f_3	f_4
	0.169	0.116	0.116	0.169	−0.161	−0.107	−0.161	0.339	−0.661 0.554	−0.446 0.446	−0.554 0.661	−0.339	1.079	0.409	0.409	1.079
	0.210	—	0.183	—	−0.080	−0.054	−0.080	0.420	−0.580 0.027	0.027 0.473	−0.527 0.080	0.080	1.581	−0.837	1.246	−0.502
	0.159	0.146	—	0.206	−0.181	−0.027	−0.087	0.319	−0.681 0.654	−0.346 −0.060	−0.060 0.587	−0.413	0.953	0.786	−0.711	1.539
	—	0.142	0.142	—	−0.054	−0.161	−0.054	−0.054	−0.054 0.393	−0.607 0.607	−0.393 0.054	0.054	−0.335	0.744	0.744	−0.335
	0.200	—	—	—	−0.100	0.027	−0.007	0.400	−0.600 0.127	0.127 −0.033	−0.033 0.007	0.007	1.456	−0.460	0.126	−0.042
	—	0.173	—	—	−0.074	−0.080	0.020	−0.074	−0.074 0.493	−0.507 0.100	0.100 −0.020	−0.020	−0.460	1.121	−0.377	0.126
	0.238	0.111	0.111	0.238	−0.286	−0.191	−0.286	0.714	−1.286 1.095	−0.905 0.905	−1.095 1.286	−0.714	1.764	0.573	0.573	1.764
	0.286	—	0.222	—	−0.143	−0.095	−0.143	0.857	−1.143 0.048	0.048 0.952	−1.048 0.143	0.143	2.657	−1.488	2.061	−0.892
	0.226	0.194	—	0.282	−0.321	−0.048	−0.155	0.679	−1.321 1.274	−0.726 −0.107	−0.107 1.155	−0.845	1.541	1.243	−1.265	2.582
	—	0.175	0.175	—	−0.095	−0.286	−0.095	−0.095	−0.095 0.810	−1.190 1.190	−0.810 0.095	0.095	−0.595	1.168	1.168	−0.595
	0.274	—	—	—	−0.178	0.048	−0.012	0.822	−1.178 0.226	0.226 −0.060	−0.060 0.012	0.012	2.433	−0.819	0.223	−0.074
	—	0.198	—	—	−0.131	−0.143	0.036	−0.131	−0.131 0.988	−1.012 0.178	0.178 −0.036	−0.036	−0.819	1.838	−0.670	0.223

附表 6-4 五跨梁内力系数

荷载简图	跨内最大弯矩			支座弯矩				剪力						跨中中点挠度				
	M_1	M_2	M_3	M_B	M_C	M_D	M_E	V_A	V_B^l V_B^r	V_C^l V_C^r	V_D^l V_D^r	V_E^l V_E^r	V_F	f_1	f_2	f_3	f_4	f_5
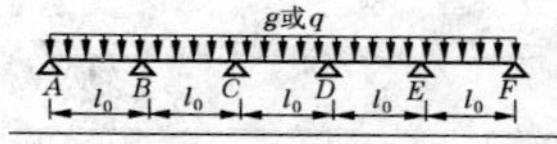 g或q; A B C D E F; l_0 l_0 l_0 l_0 l_0	0.078	0.033	0.046	−0.105	−0.079	−0.079	−0.105	0.394	−0.606 0.526	−0.474 0.500	−0.500 0.474	−0.526 0.606	−0.394	0.644	0.151	0.315	0.151	0.644
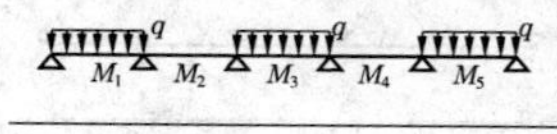 q; M_1 M_2 M_3 M_4 M_5	0.100	—	0.085	−0.053	−0.040	−0.040	−0.053	0.447	−0.553 0.013	0.013 0.500	−0.500 −0.013	−0.013 0.553	−0.447	0.973	−0.576	0.809	−0.576	0.973
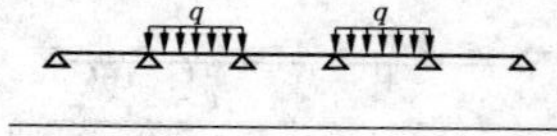 q	—	0.079	—	−0.053	−0.040	−0.040	−0.053	−0.053	−0.053 0.513	−0.487 0	0 0.487	−0.513 0.053	0.053	−0.329	0.727	−0.493	0.727	−0.329
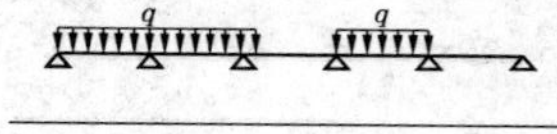 q	0.073	② 0.059 0.078	—	−0.119	−0.022	−0.044	−0.051	0.380	−0.620 0.598	−0.402 −0.023	−0.023 0.493	−0.507 0.052	0.052	0.555	0.420	−0.411	0.704	−0.321
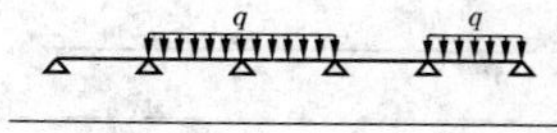 q	① — 0.098	0.055	0.064	−0.035	−0.111	−0.020	−0.057	−0.035	−0.035 0.424	−0.576 0.591	−0.409 −0.037	−0.037 0.557	−0.443	−0.217	0.390	0.480	−0.486	0.943
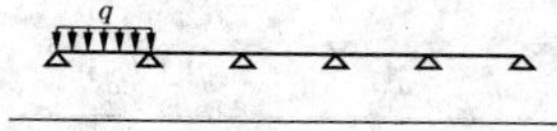 q	0.094	—	—	−0.067	0.018	−0.005	0.001	0.433	−0.567 0.085	0.085 −0.023	−0.023 0.006	0.006 −0.001	−0.001	0.883	−0.307	0.082	−0.022	0.008
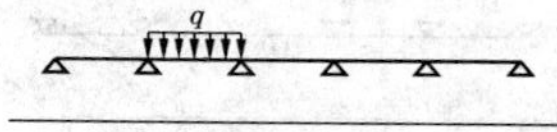 q	—	0.074	—	−0.049	−0.054	0.014	−0.004	−0.049	−0.049 0.495	−0.505 0.068	0.068 −0.018	−0.018 0.004	0.004	−0.307	0.659	−0.247	0.067	−0.022
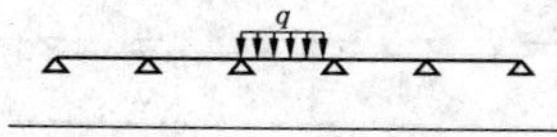 q	—	—	0.072	0.013	−0.053	−0.053	0.013	0.013	0.013 −0.066	−0.066 0.500	−0.500 0.066	0.066 −0.013	−0.013	0.082	−0.247	0.644	−0.247	0.082
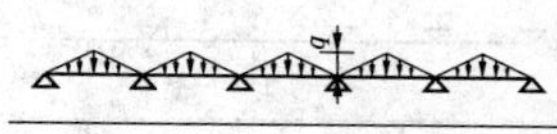	0.053	0.026	0.034	−0.066	−0.049	−0.049	0.066	0.184	−0.316 0.266	−0.234 0.250	−0.250 0.234	−0.266 0.316	−0.184	0.422	0.114	0.217	0.114	0.422
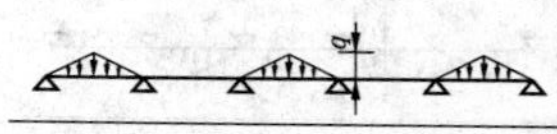	0.067	—	0.059	−0.033	−0.025	−0.025	−0.033	0.217	−0.283 0.008	0.008 0.250	−0.250 −0.008	−0.008 0.283	−0.217	0.628	−0.360	0.525	−0.360	0.628
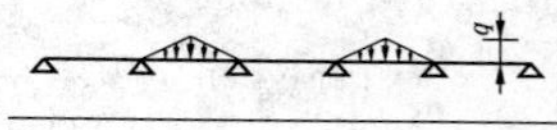	—	0.055	—	−0.033	−0.025	−0.025	−0.033	−0.033	−0.033 0.258	−0.242 0	0 0.242	−0.258 0.033	0.033	−0.205	0.474	−0.308	0.474	−0.205
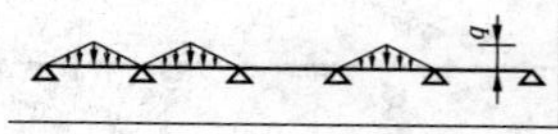	0.049	② −0.041 0.053	—	−0.075	−0.014	−0.028	−0.032	0.175	−0.325 0.311	−0.189 −0.014	−0.014 0.246	−0.255 0.032	0.032	0.366	0.282	−0.257	0.460	−0.201

续附表 6-4

荷载简图	跨内最大弯矩			支座弯矩				剪力						跨中中点挠度				
	M_1	M_2	M_3	M_B	M_C	M_D	M_E	V_A	V_B^l V_B^r	V_C^l V_C^r	V_D^l V_D^r	V_E^l V_E^r	V_F	f_1	f_2	f_3	f_4	f_5
	① — 0.066	0.039	0.044	-0.022	-0.070	-0.013	-0.036	-0.022	-0.022 0.202	-0.298 0.307	-0.193 -0.023	-0.023 0.286	-0.214	-0.136	0.263	0.319	-0.304	0.609
	0.063	—	—	-0.042	0.011	-0.003	0.001	0.208	-0.292 0.053	0.053 -0.014	-0.014 0.004	0.004 -0.001	-0.001	0.572	-0.192	0.051	-0.014	0.005
	—	0.051	—	-0.031	-0.034	0.009	-0.002	-0.031	-0.031 0.247	-0.253 0.043	0.043 -0.011	-0.011 0.002	0.002	-0.192	0.432	-0.154	0.042	-0.014
	—	—	0.050	0.008	-0.033	-0.033	0.008	0.008	0.008 -0.041	-0.041 0.250	-0.250 0.041	0.041 -0.008	-0.008	0.051	-0.154	0.422	-0.154	0.051
	0.171	0.112	0.132	-0.158	-0.118	-0.118	-0.158	0.342	-0.658 0.540	-0.460 0.500	-0.500 0.460	-0.540 0.658	-0.342	1.097	0.356	0.603	0.356	1.097
	0.211	—	0.191	-0.079	-0.059	-0.059	-0.079	0.421	-0.579 0.020	0.020 0.500	-0.500 -0.020	-0.020 0.579	-0.421	1.590	-0.863	1.343	-0.863	1.590
	—	0.181	—	-0.079	-0.059	-0.059	-0.079	-0.079	-0.079 0.520	-0.480 0	0 0.480	-0.520 0.079	0.079	-0.493	1.220	-0.740	1.220	-0.493
	0.160	② 0.144 0.178	—	-0.179	-0.032	-0.066	-0.077	0.321	-0.679 0.647	-0.353 -0.034	-0.034 0.489	-0.511 0.077	0.077	0.962	0.760	-0.617	1.186	-0.482
	① — 0.207	0.140	0.151	-0.052	-0.167	-0.031	-0.086	-0.052	-0.052 0.385	-0.615 0.637	-0.363 -0.056	-0.056 0.586	-0.414	-0.325	0.715	0.850	-0.729	1.545
	0.200	—	—	-0.100	0.027	-0.007	0.002	0.400	-0.600 0.127	0.127 -0.034	-0.034 0.009	0.009 -0.002	-0.002	1.455	-0.460	0.123	-0.034	0.011
	—	0.173	—	-0.073	-0.081	0.022	-0.005	-0.073	-0.073 0.493	-0.507 0.102	0.102 -0.027	-0.027 0.005	0.005	-0.460	1.119	-0.370	0.101	-0.034
	—	—	0.171	0.020	-0.079	-0.079	0.020	0.020	0.020 -0.099	-0.099 0.500	-0.500 0.099	0.099 -0.020	-0.020	0.123	-0.370	1.097	-0.370	0.123

续附表 6-4

荷载简图	跨内最大弯矩			支座弯矩				剪力						跨中中点挠度				
	M_1	M_2	M_3	M_B	M_C	M_D	M_E	V_A	V_B^l V_B^r	V_C^l V_C^r	V_D^l V_D^r	V_E^l V_E^r	V_F	f_1	f_2	f_3	f_4	f_5
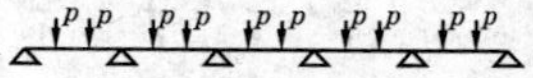	0.240	0.100	0.122	-0.281	-0.211	-0.211	-0.281	0.719	-1.281 1.070	-0.930 1.000	-1.000 0.930	-1.070 1.281	-0.719	1.795	0.479	0.918	0.479	1.795
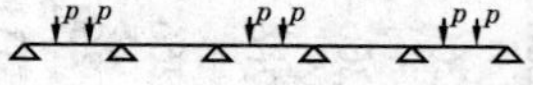	0.287	—	0.228	-0.140	-0.105	-0.105	-0.140	0.860	-1.140 0.035	0.035 1.000	-1.000 -0.035	-0.035 1.140	-0.860	2.672	-1.535	2.234	-1.535	2.672
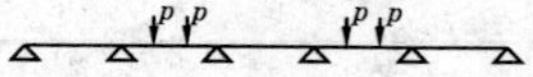	—	0.216	—	-0.140	-0.105	-0.105	-0.140	-0.140	-0.140 1.035	-0.965 0	0 0.965	-1.035 0.140	0.140	-0.877	2.014	-1.316	2.014	-0.877
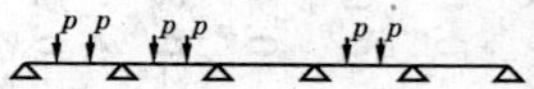	0.227	②0.189 0.209	—	-0.319	-0.057	-0.118	-0.137	0.681	-1.319 1.262	-0.738 -0.061	-0.061 0.981	-1.019 0.137	0.137	1.556	1.197	-1.096	1.955	-0.857
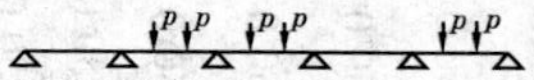	①— 0.282	0.172	0.198	-0.093	-0.297	-0.054	-0.153	-0.093	-0.093 0.796	-1.204 1.243	-0.757 -0.099	-0.099 1.153	-0.847	-0.578	1.117	1.356	-1.296	2.592
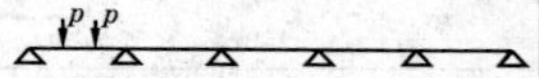	0.274	—	—	-0.179	0.048	-0.013	0.003	0.821	-1.179 0.227	0.227 -0.061	-0.061 0.016	0.016 -0.003	-0.003	2.433	-0.817	0.219	-0.060	0.020
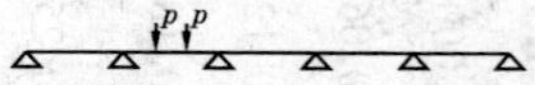	—	0.198	—	-0.131	-0.144	0.038	-0.010	-0.131	-0.131 0.987	-1.013 0.182	0.182 -0.048	-0.048 0.010	0.010	-0.817	1.835	-0.658	0.179	-0.060
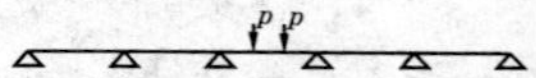	—	—	0.193	0.035	-0.140	-0.140	0.035	0.035	0.035 -0.175	-0.175 1.000	-1.000 0.175	0.175 -0.035	-0.035	0.219	-0.658	1.795	-0.658	0.219

注:①分子及分母分别代表 M_1 及 M_5 的弯矩系数;②分子及分母分别代表 M_2 及 M_4 的弯矩系数。

附录七　端弯矩作用下等跨连续板、梁各截面的弯矩及剪力计算系数

计算公式

$$M = \alpha' M_A$$

$$V = \beta' M_A / l_0$$

式中　M_A——端弯矩；

l_0——梁的计算跨度。

端弯矩作用下弯矩及剪力计算系数如附表 7-1 所示。

附表 7-1　端弯矩作用下弯矩及剪力计算系数

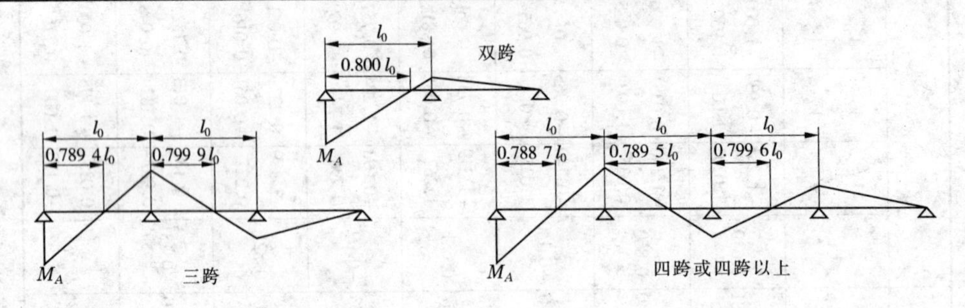

$\frac{x}{l_0}$	双跨		三跨		四跨或四跨以上	
	α'	β'	α'	β'	α'	β'
0.0	1.000 0	-1.250 0	1.000 0	-1.266 7	1.000 0	-1.267 8
0.1	0.875 0	-1.250 0	0.873 3	-1.266 7	0.873 2	-1.267 8
0.2	0.750 0	-1.250 0	0.746 6	-1.266 7	0.746 4	-1.267 8
0.3	0.625 0	-1.250 0	0.619 9	-1.266 7	0.619 6	-1.267 8
0.4	0.500 0	-1.250 0	0.493 2	-1.266 7	0.492 8	-1.267 8
0.5	0.375 0	-1.250 0	0.366 6	-1.266 7	0.366 0	-1.267 8
0.6	0.250 0	-1.250 0	0.239 9	-1.266 7	0.239 2	-1.267 8
0.7	0.125 0	-1.250 0	0.113 2	-1.266 7	0.112 5	-1.267 8
0.8	0.000 0	-1.250 0	-0.013 4	-1.266 7	-0.014 3	-1.267 8
0.85	-0.062 5	-1.250 0	-0.076 7	-1.266 7	-0.077 7	-1.267 8
0.90	-0.125 0	-1.250 0	-0.140 0	-1.266 7	-0.141 0	-1.267 8
0.95	-0.187 5	-1.250 0	-0.203 3	-1.266 7	-0.204 4	-1.267 8
1.0	-0.250 0	{ -1.250 0 +0.250 0	-0.266 7	{ -1.266 7 +0.333 4	-0.267 8	{ -1.267 8 +0.339 2

续附表 7-1

$\frac{x}{l_0}$	双跨		三跨		四跨或四跨以上	
	α'	β'	α'	β'	α'	β'
1.05	-0.237 5	0.250 0	-0.250 0	0.333 4	-0.250 8	0.339 2
1.1	-0.225 0	0.250 0	-0.233 3	0.333 4	-0.233 8	0.339 2
1.15	-0.212 5	0.250 0	-0.216 6	0.333 4	-0.216 9	0.339 2
1.2	-0.200 0	0.250 0	-0.200 0	0.333 4	-0.199 9	0.339 2
1.3	-0.175 0	0.250 0	-0.166 6	0.333 4	-0.166 0	0.339 2
1.4	-0.150 0	0.250 0	-0.133 3	0.333 4	-0.132 1	0.339 2
1.5	-0.125 0	0.250 0	-0.099 9	0.333 4	-0.098 2	0.339 2
1.6	-0.100 0	0.250 0	-0.066 7	0.333 4	-0.064 3	0.339 2
1.7	-0.075 0	0.250 0	-0.033 3	0.333 4	-0.030 4	0.339 2
1.8	-0.050 0	0.250 0	0.000 0	0.333 4	0.003 6	0.339 2
1.85	-0.037 5	0.250 0	0.016 7	0.333 4	0.020 5	0.339 2
1.90	-0.025 0	0.250 0	0.033 4	0.333 4	0.037 5	0.339 2
1.95	-0.012 5	0.250 0	0.050 0	0.333 4	0.054 4	0.339 2
2.0	0.000 0	0.250 0	0.066 7	{+0.333 4 -0.066 7	0.071 4	{+0.339 2 -0.089 3
2.05	—	—	0.063 4	-0.066 7	0.066 9	-0.089 3
2.1	—	—	0.060 0	-0.066 7	0.062 5	-0.089 3
2.2	—	—	0.053 4	-0.066 7	0.053 5	-0.089 3
2.3	—	—	0.046 7	-0.066 7	0.044 6	-0.089 3
2.4	—	—	-0.040 0	-0.066 7	0.035 7	-0.089 3
2.5	—	—	-0.033 4	-0.066 7	0.026 8	-0.089 3
3.0	—	—	0.000 0	-0.066 7	-0.017 9	{-0.089 3 +0.017 9
3.5	—	—	—	—	-0.009 0	0.017 9
4.0	—	—	—	—	0.000 0	0.017 9

注:表中大括号中上下两个值分别代表支座左、右两侧截面的剪力系数。

附录八　按弹性理论计算在均布荷载作用下矩形双向板内力和挠度系数

内力计算公式:

表中内力系数为泊松比 $\nu=0$ 时求得的系数,当 $\nu\neq0$ 时,表中系数需按下式计算

$$\begin{cases} m_1^{(\nu)} = m_1 + \nu m_2 \\ m_2^{(\nu)} = m_2 + \nu m_1 \end{cases}$$

对混凝土结构,可取 $\nu = 0.17$。

B_C——刚度,$B_C = \dfrac{Eh^3}{12(1-\nu^2)}$;

E——弹性模量;

h——板厚;

ν——泊松比;

f、$f_{\max}$——板中心点的挠度系数和最大挠度系数;

m_1、$m_{1,\max}$——平行于 l_1 方向板中心点单位宽内的弯矩系数和板跨最大弯矩系数;

m_2、$m_{2,\max}$——平行于 l_2 方向板中心点单位宽内的弯矩系数和板跨最大弯矩系数;

m_1'——固定边中点沿 l_1 方向单位板宽内的弯矩系数;

m_2'——固定边中点沿 l_2 方向单位板宽内的弯矩系数;

⊥⊥⊥⊥⊥⊥⊥⊥⊥⊥⊥⊥ 代表固定边;

------ 代表简支边。

正负号的规定:

弯矩——使板的受荷面受压者为正;

挠度——变位方向与荷载方向相同者为正。

双向板系数如附表 8-1 ~ 附表 8-6 所示。

附表 8-1 四边简支板系数

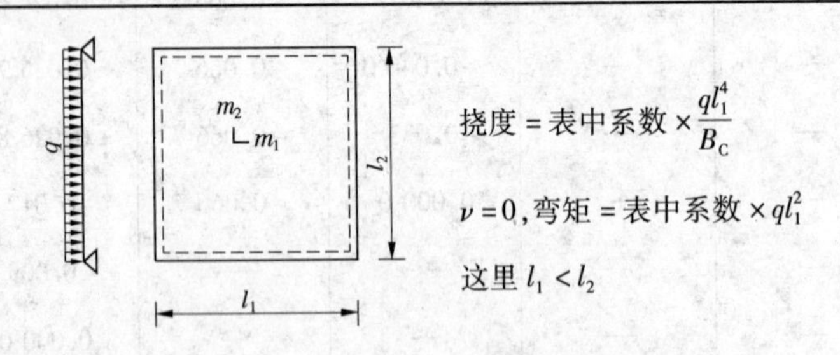

l_1/l_2	f	m_1	m_2	l_1/l_2	f	m_1	m_2
0.50	0.010 13	0.096 5	0.017 4	0.80	0.006 03	0.056 1	0.033 4
0.55	0.009 40	0.089 2	0.021 0	0.85	0.005 47	0.050 6	0.034 8
0.60	0.008 67	0.082 0	0.024 2	0.90	0.004 96	0.045 6	0.035 8
0.65	0.007 96	0.075 0	0.027 1	0.95	0.004 49	0.041 0	0.036 4
0.70	0.007 27	0.068 3	0.029 6	1.00	0.004 06	0.036 8	0.036 8
0.75	0.006 63	0.062 0	0.031 7				

附表 8-2　三边简支一边固定板系数

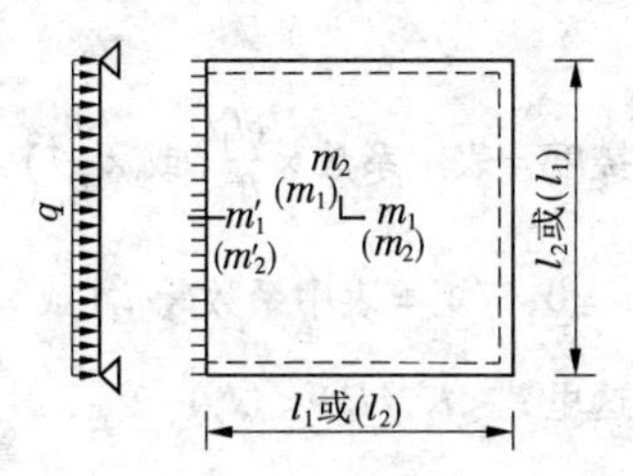

挠度 = 表中系数 $\times \frac{ql_1^4}{B_C}$（或 $\times \frac{ql_2^4}{B_C}$）

$\nu = 0$，弯矩 = 表中系数 $\times ql_1^2$（或 $\times ql_2^2$）

这里 $l_1 < l_2$，$(l_1) < (l_2)$

l_1/l_2	$(l_1)/(l_2)$	f	f_{max}	m_1	m_{1max}	m_2	m_{2max}	(m_1')或(m_2')
0.50		0.004 88	0.005 04	0.058 3	0.064 6	0.006 0	0.006 3	−0.121 2
0.55		0.004 71	0.004 92	0.056 3	0.061 8	0.008 1	0.008 7	−0.118 7
0.60		0.004 53	0.004 72	0.053 9	0.058 9	0.010 4	0.011 1	−0.115 8
0.65		0.004 32	0.004 48	0.051 3	0.055 9	0.012 6	0.013 3	−0.112 4
0.70		0.004 10	0.004 22	0.048 5	0.052 9	0.014 8	0.015 4	−0.108 7
0.75		0.003 88	0.003 99	0.045 7	0.049 6	0.016 8	0.017 4	−0.104 8
0.80		0.003 65	0.003 76	0.042 8	0.046 3	0.018 7	0.019 3	−0.100 7
0.85		0.003 43	0.003 52	0.040 0	0.043 1	0.020 4	0.021 1	−0.096 5
0.90		0.003 21	0.003 29	0.037 2	0.040 0	0.021 9	0.022 6	−0.092 2
0.95		0.002 99	0.003 06	0.034 5	0.036 9	0.023 2	0.023 9	−0.088 0
1.00	1.00	0.002 79	0.002 85	0.031 9	0.034 0	0.024 3	0.024 9	−0.083 9
	0.95	0.003 16	0.003 24	0.032 4	0.034 5	0.028 0	0.028 7	−0.088 2
	0.90	0.003 60	0.003 68	0.032 8	0.034 7	0.032 2	0.033 0	−0.092 6
	0.85	0.004 09	0.004 17	0.032 9	0.034 7	0.037 0	0.037 8	−0.097 0
	0.80	0.004 64	0.004 13	0.032 6	0.034 3	0.042 4	0.043 3	−0.101 4
	0.75	0.005 26	0.005 36	0.031 9	0.033 5	0.048 5	0.049 4	−0.105 6
	0.70	0.005 95	0.006 05	0.030 8	0.032 3	0.055 3	0.056 2	−0.109 6
	0.65	0.006 70	0.006 80	0.029 1	0.030 6	0.062 7	0.063 7	−0.113 3
	0.60	0.007 52	0.007 62	0.026 8	0.028 9	0.070 7	0.071 7	−0.116 6
	0.55	0.008 38	0.008 48	0.023 9	0.027 1	0.079 2	0.080 1	−0.119 3
	0.50	0.009 27	0.009 35	0.020 5	0.024 9	0.088 0	0.088 8	−0.121 5

附表 8-3　两对边简支、两对边固定板系数

挠度 = 表中系数 $\times \frac{ql_1^4}{B_C}$（或 $\times \frac{ql_2^4}{B_C}$）

$\nu=0$，弯矩 = 表中系数 $\times ql_1^2$（或 $\times ql_2^2$）

这里 $l_1 < l_2$，$(l_1) < (l_2)$

l_1/l_2	$(l_1)/(l_2)$	f	m_1	m_2	(m'_1)或(m'_2)
0.50		0.002 61	0.041 6	0.001 7	−0.084 3
0.55		0.002 59	0.041 0	0.002 8	−0.084 0
0.60		0.002 55	0.040 2	0.004 2	−0.083 4
0.65		0.002 50	0.039 2	0.005 7	−0.082 6
0.70		0.002 43	0.037 9	0.007 2	−0.081 4
0.75		0.002 36	0.036 6	0.008 8	−0.079 9
0.80		0.002 28	0.035 1	0.010 3	−0.078 2
0.85		0.002 20	0.033 5	0.011 8	−0.076 3
0.90		0.002 11	0.031 9	0.013 3	−0.074 3
0.95		0.002 01	0.030 2	0.014 6	−0.072 1
1.00	1.00	0.001 92	0.028 5	0.015 8	−0.069 8
	0.95	0.002 23	0.029 6	0.018 9	−0.074 6
	0.90	0.002 60	0.030 6	0.022 4	−0.079 7
	0.85	0.003 03	0.031 4	0.026 6	−0.085 0
	0.80	0.003 54	0.031 9	0.031 6	−0.090 4
	0.75	0.004 13	0.032 1	0.037 4	−0.095 9
	0.70	0.004 82	0.031 8	0.044 1	−0.101 3
	0.65	0.005 60	0.030 8	0.051 8	−0.106 6
	0.60	0.006 47	0.029 2	0.060 4	−0.111 4
	0.55	0.007 43	0.026 7	0.069 8	−0.115 6
	0.50	0.008 44	0.023 4	0.079 8	−0.119 1

附表 8-4　四边固定板系数

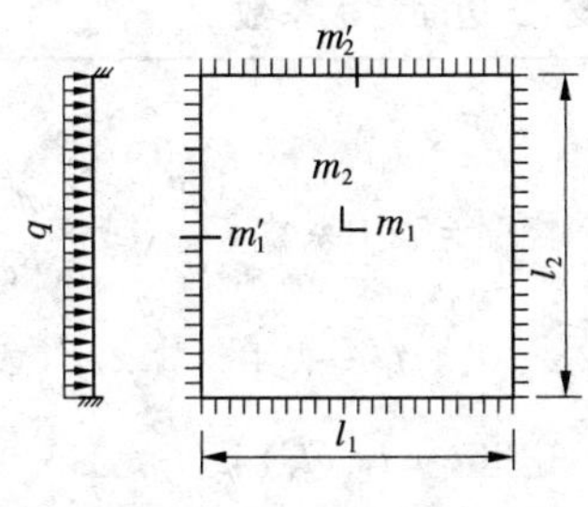

挠度 = 表中系数 × $\frac{ql_1^4}{B_C}$

$\nu=0$,弯矩 = 表中系数 × ql_1^2

这里 $l_1 < l_2$

l_1/l_2	f	m_1	m_2	m_1'	m_2'
0.50	0.002 53	0.040 0	0.003 8	−0.082 9	−0.057 0
0.55	0.002 46	0.038 5	0.005 8	−0.081 4	−0.057 1
0.60	0.002 36	0.036 7	0.007 6	−0.079 3	−0.057 1
0.65	0.002 24	0.034 5	0.009 5	−0.076 6	−0.057 1
0.70	0.002 11	0.032 1	0.011 3	−0.073 5	−0.056 9
0.75	0.001 97	0.029 6	0.013 0	−0.070 1	−0.056 5
0.80	0.001 82	0.027 1	0.014 4	−0.066 4	−0.055 9
0.85	0.001 68	0.024 6	0.015 6	−0.062 6	−0.055 1
0.90	0.001 53	0.022 1	0.016 5	−0.058 8	−0.054 1
0.95	0.001 40	0.019 8	0.017 2	−0.055	−0.052 8
1.00	0.001 27	0.017 6	0.017 6	−0.051 3	−0.051 3

附表 8-5　两邻边简支、两邻边固定板系数

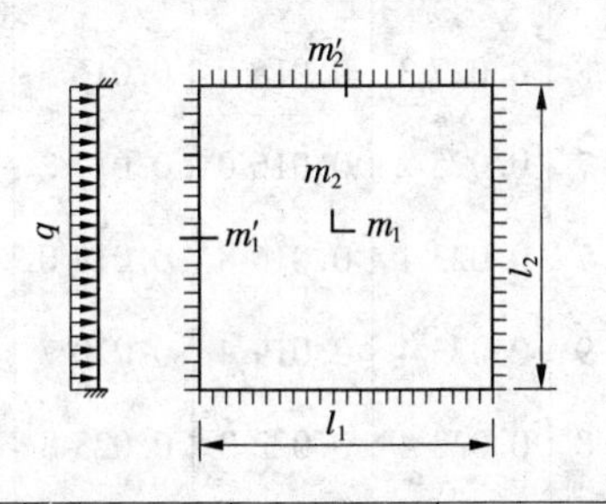

挠度 = 表中系数 × $\frac{ql_1^4}{B_C}$

$\nu=0$,弯矩 = 表中系数 × ql_1^2

这里 $l_1 < l_2$

l_1/l_2	f	f_{max}	m_1	m_{1max}	m_2	m_{2max}	m_1'	m_2'
0.50	0.004 86	0.004 71	0.055 9	0.056 2	0.007 9	0.013 5	−0.117 9	−0.078 6
0.55	0.004 45	0.004 54	0.052 9	0.053 0	0.010 4	0.015 3	−0.114 0	−0.078 5
0.60	0.004 19	0.004 29	0.049 6	0.049 8	0.012 9	0.016 9	−0.109 5	−0.078 2
0.65	0.003 91	0.003 99	0.046 1	0.046 5	0.015 1	0.018 3	−0.104 5	−0.077 7
0.70	0.003 63	0.003 68	0.042 6	0.043 2	0.017 2	0.019 5	−0.099 2	−0.077 0
0.75	0.003 35	0.003 40	0.039 0	0.039 6	0.018 9	0.020 6	−0.093 8	−0.076 0
0.80	0.003 08	0.003 13	0.035 6	0.036 1	0.020 4	0.021 8	−0.088 3	−0.074 8
0.85	0.002 81	0.002 86	0.032 2	0.032 8	0.021 5	0.022 9	−0.082 9	−0.073 3
0.90	0.002 56	0.002 61	0.029 1	0.029 7	0.022 4	0.023 8	−0.077 6	−0.071 6
0.95	0.002 32	0.002 37	0.026 1	0.026 7	0.023 0	0.024 4	−0.072 6	−0.069 8
1.00	0.002 10	0.002 15	0.023 4	0.024 0	0.023 4	0.024 9	−0.067 7	−0.067 7

附表 8-6 一边简支、三边固定板系数

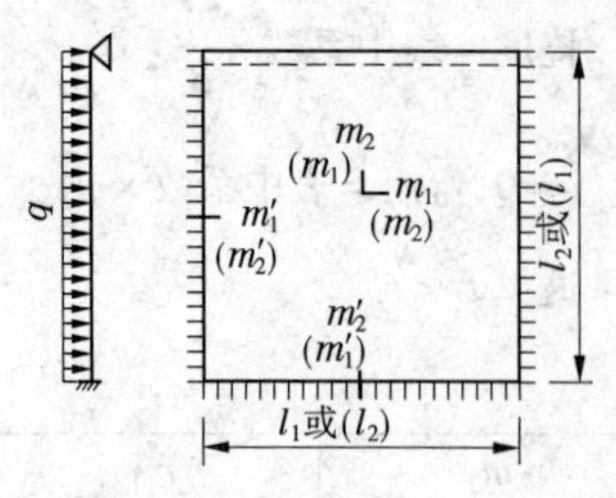

挠度 = 表中系数 × $\frac{ql_1^4}{B_C}$（或 × $\frac{ql_2^4}{B_C}$）

$\nu = 0$，弯矩 = 表中系数 × ql_1^2（或 × ql_2^2）

这里 $l_1 < l_2$，$(l_1) < (l_2)$

l_1/l_2	$(l_1)/(l_2)$	f	f_{max}	m_1	m_{1max}	m_2	m_{2max}	m_1'	m_2'
0.50		0.002 57	0.002 58	0.040 8	0.040 9	0.002 8	0.008 9	−0.083 6	−0.056 9
0.55		0.002 52	0.002 55	0.039 8	0.039 9	0.004 2	0.009 3	−0.082 7	−0.057 0
0.60		0.002 45	0.002 49	0.038 4	0.038 6	0.005 9	0.010 5	−0.081 4	−0.057 1
0.65		0.002 37	0.002 40	0.036 8	0.037 1	0.007 6	0.011 6	−0.079 6	−0.057 2
0.70		0.002 27	0.002 29	0.035 0	0.035 4	0.009 3	0.012 7	−0.077 4	−0.057 2
0.75		0.002 16	0.002 19	0.033 1	0.033 5	0.010 9	0.013 7	−0.075 0	−0.057 2
0.80		0.002 05	0.002 08	0.031 0	0.031 4	0.012 4	0.014 7	−0.072 2	−0.057 0
0.85		0.001 93	0.001 96	0.028 9	0.029 3	0.013 8	0.015 5	−0.069 3	−0.056 7
0.90		0.001 81	0.001 84	0.026 8	0.027 3	0.015 9	0.016 3	−0.066 3	−0.056 3
0.95		0.001 69	0.001 72	0.024 7	0.025 2	0.016 0	0.017 2	−0.063 1	−0.055 8
1.00	1.00	0.001 57	0.001 60	0.022 7	0.023 1	0.016 8	0.018 0	−0.060 0	−0.055 0
	0.95	0.001 78	0.001 82	0.022 9	0.023 4	0.019 4	0.020 7	−0.062 9	−0.059 9
	0.90	0.002 01	0.002 06	0.022 8	0.023 4	0.022 3	0.023 8	−0.065 6	−0.065 3
	0.85	0.002 27	0.002 33	0.022 5	0.023 1	0.025 5	0.027 3	−0.068 3	−0.071 1
	0.80	0.002 56	0.002 62	0.021 9	0.022 4	0.029 0	0.031 1	−0.070 7	−0.077 2
	0.75	0.002 86	0.002 94	0.020 8	0.021 4	0.032 9	0.035 4	−0.072 9	−0.083 7
	0.70	0.003 19	0.003 27	0.019 4	0.020 0	0.037 0	0.040 0	−0.074 8	−0.090 3
	0.65	0.003 52	0.003 65	0.017 5	0.018 2	0.041 2	0.044 6	−0.076 2	−0.097 0
	0.60	0.003 86	0.004 03	0.015 3	0.016 0	0.045 4	0.049 3	−0.077 3	−0.103 3
	0.55	0.004 19	0.004 37	0.012 7	0.013 3	0.049 6	0.054 1	−0.078 0	−0.109 3
	0.50	0.004 49	0.004 63	0.009 9	0.010 3	0.053 4	0.058 8	−0.078 4	−0.114 6

参 考 文 献

[1] 中华人民共和国国家能源局. DL/T 5057—2009 水工混凝土结构设计规范[S]. 北京:中国电力出版社,2009.

[2] 中华人民共和国水利部. SL 191—2008 水工混凝土结构设计规范[S]. 北京:中国水利水电出版社,2009.

[3] 水电水利规划设计总院. GB 50199—1994 水利水电工程结构可靠度设计统一标准[S]. 北京:中国计划出版社,1994.

[4] 中国水电顾问集团中南院. DL 5077—1997 水工建筑物荷载设计规范[S]. 北京:中国电力出版社,1998.

[5] 中华人民共和国国家质量监督检验检疫总局,中国国家标准化管理委员会. GB 1499.1—2008 钢筋混凝土用钢 第1部分:热轧光圆钢筋[S]. 北京:中国标准出版社,2008.

[6] 中华人民共和国国家质量监督检验检疫总局,中国国家标准化管理委员会. GB 1499.2—2007 钢筋混凝土用钢 第2部分:热轧带肋钢筋[S]. 北京:中国标准出版社,2007.

[7] 中华人民共和国国家质量监督检验检疫总局. GB/T 5223—2002 预应力混凝土用钢丝[S]. 北京:中国标准出版社,2002.

[8] 中华人民共和国国家质量监督检验检疫总局. GB/T 5224—2003 预应力混凝土用钢绞线[S]. 北京:中国标准出版社,2003.

[9] 中华人民共和国国家质量监督检验检疫总局,中国国家标准化管理委员会. GB/T 5223.3—2005 预应力混凝土用钢棒[S]. 北京:中国标准出版社,2005.

[10] 中华人民共和国国家质量监督检验检疫总局,中国国家标准化管理委员会. GB/T 20065—2006 预应力混凝土用螺纹钢筋[S]. 北京:中国标准出版社,2006.

[11] 中华人民共和国住房和城乡建设部,中华人民共和国国家质量监督检验检疫总局. GB 50010—2010 混凝土结构设计规范[S]. 北京:中国建筑工业出版社,2010.

[12] 长江水利委员会长江勘测规划设计研究院. SL 252—2000 水利水电工程等级划分及洪水标准[S]. 北京:中国水利水电出版社,2000.

[13] 河海大学,武汉大学,大连理工大学,等. 水工钢筋混凝土结构学[M]. 4版. 北京:中国水利水电出版社,2009.

[14] 赵国藩. 高等钢筋混凝土结构学[M]. 北京:机械工业出版社,2005.

[15] 东南大学,同济大学,天津大学. 混凝土结构(上册)[M]. 北京:中国建筑工业出版社,2008.

[16] 蓝宗建. 混凝土结构设计原理[M]. 南京:东南大学出版社,2002.

[17] 叶列平. 混凝土结构设计(上册)[M]. 北京:清华大学出版社,2004.

[18] 沈蒲生. 混凝土结构设计原理[M]. 北京:高等教育出版社,2007.

[19] 江见鲸. 混凝土结构工程学[M]. 北京:中国建筑工业出版社,1998.

[20] 张誉. 混凝土结构基本原理[M]. 北京:中国建筑工业出版社,2000.